凯程 教育硕士考研系列图书

333教育综合
应试题库

试题册 主编 徐影

编委会 凯程教研室

北京理工大学出版社
BEIJING INSTITUTE OF TECHNOLOGY PRESS

图书在版编目（CIP）数据

333教育综合应试题库：函套2册 / 徐影主编. --
北京：北京理工大学出版社，2024.5（2025.3重印）
ISBN 978-7-5763-4010-5

Ⅰ.①3… Ⅱ.①徐… Ⅲ.①教育学－研究生－入学考试－习题集 Ⅳ.①G40-44

中国国家版本馆CIP数据核字（2024）第100049号

责任编辑：多海鹏 文案编辑：多海鹏
责任校对：周瑞红 责任印制：李志强

出版发行 / 北京理工大学出版社有限责任公司
社 址 / 北京市丰台区四合庄路6号
邮 编 / 100070
电 话 / （010）68944451（大众售后服务热线）
（010）68912824（大众售后服务热线）
网 址 / http：//www.bitpress.com.cn

版 印 次 / 2025年3月第1版第3次印刷
印 刷 / 河北鹏润印刷有限公司
开 本 / 889 mm×1194 mm 1/16
印 张 / 29
字 数 / 724千字
定 价 / 89.80元（全2册）

前言

亲爱的考研学子：

感谢您选择凯程教研室出品的《333 教育综合应试题库》(以下简称《题库》)。它作为《333 教育综合应试解析》(以下简称《解析》) 的姊妹篇，是巩固练习阶段的必备刷题资料，一直备受考生喜爱。为了使《题库》更好地发挥它的价值，建议考生将《解析》与《题库》配合使用。

2026 版的《题库》根据教育综合统考的考纲要求、333 统考真题的出题特点、考生学习的阶段规律，以及 333 和 311 统考真题对各知识点的考查频率、考查题型与考查能力要求等，进行了新一轮更新。《题库》按照"科目—章—题型—题目"详细分类，重新筛选、组合和编写题目，确保覆盖全部考点与考试题型。《题库》有四大突出特点：

特点一：紧扣考纲，题型多样。

《题库》包括单项选择题、论述题、材料分析题三种考纲规定的题型，并根据考题规律与学习阶段要求对题目进行了分类。其中，客观题包括单项选择题，分为基础特训（练基础）和拔高特训（仿真题）两部分，主观题包括论述题（中外教育史的常考高频题）、材料分析题（教育心理学、教育学原理的知识应用题）和每个科目最后的综述题特训专题（综合运用题）。《题库》结构清晰、层次鲜明，贴合考纲的考查目标，考查考生多方面的能力，具有基础性、强化性、针对性的特点，能满足考生各阶段的学习需求。

特点二：讲练结合，阶段提升。

《题库》力求考生在练习中巩固基础，在强化中提升能力。《题库》的知识点考查顺序与《解析》的知识点罗列顺序基本保持一致。每章中单项选择题的基础特训和主观题部分主要用于课后练习，进行知识巩固。而每章中单项选择题的拔高特训和每科目最后的综述题特训部分适用于强化训练，提升知识的综合运用能力。通过基础巩固与拔高强化，考生可以快速明确出题范围与考查思路，掌握答题方法与技巧，提升应试能力。

特点三：题目新颖，结合热点。

《题库》的题目按考纲要求，突出情境与热点的使用。根据 2024—2025 年 333 教育综合真题与样卷，并借鉴 311 历年统考真题，我们发现部分单项选择题和材料分析题的材料多采用当前的教育热点现象与问题、教育政策与法案。因此，在单项选择题上，我们精选了大量情境式的短案例材料，编写成理解型和综合型题目；在材料分析题上，我们优选热点专题，结合教育实际进行考查，以提高考生灵活应用知识的能力。

特点四：答案精练，点拨思路。

《题库》解析具备多维度的精心设计，旨在全方位助力考生提升答题能力。首先，对客观题题目进行类别分析，确定题目考查类型，包括记忆型、理解型、综合型、热点型、推理型、拓展型以及这几种类型的组合；其次，点明客观题考查的知识点，帮助考生分析题目的考查目标；再次，对客观题现有答案进行优化，每一道题目都提供了答案与解析，详略得当，对浅显的题目直指核心，对易迷惑考生的题目每项做细致分析；最后，主观题的答案力求贴合真题要求，精练准确、富有条理，便于考生抓住答题要点和重点，体会答题思路。

为帮助考生更好地利用《题库》，凯程在这里对《题库》的使用方法给出一些建议，考生可酌情参考：客观题中的基础特训题目重基础，知识点覆盖全面，适用于第一轮学习，考生可在学完凯程基础班课程后将其作为知识巩固；客观题中的拔高特训题目难度加大，主要为理解类、综合类题目，适用于第二、三轮学习，考生可配合凯程强化班课程将其作为强化练习，以提升学习效果；主观题中，不论是章节中的题目还是每个科目最后综述题特训的题目，都是精选的高频考题或经典考题，建议考生在练习主观题时，不必完整地写出每道题的答案，只需写下或者复述答案要点，在充分思考之后，再对比参考答案，查漏补缺，把握技巧，省时、高效地学习。

《题库》若存在不足之处，欢迎广大考生提出宝贵意见和建议，我们会不断修改和完善本书，未来更好地为大家提供更为优质的资料。同时，我们会根据大家的反馈对本书进行相关勘误与修订，考生可扫描目录下方二维码查看相关内容！

主编　徐影老师

目录

扫码查看
勘误内容

第一部分　中国教育史

第一章　官学制度的建立与“六艺”教育的形成

易错题讲解[1]

单项选择题

基础特训

1. “有官斯有法，故法具于官。有法斯有书，故官守其书。有书斯有学，故师传其学”描述的教育现象出现在（　　）

A. 氏族公社时期　　B. 西周时期

C. 春秋战国时期　　D. 秦始皇时期

2. 西周时期，天子和诸侯所设大学分别称为（　　）

A. 成均、泮宫　　B. 辟雍、庠序

C. 辟雍、泮宫　　D. 辟雍、泽宫

3. 以下不属于西周时期家庭教育内容的是（　　）

A. 基本的生活技能　　B. 初步的礼仪规则

C. 初级的数的观念　　D. 基本的军事技能

4. 下列关于西周时期的“六艺”，说法不正确的是（　　）

A. “六艺”是指《诗》《书》《礼》《乐》《易》《春秋》

B. “六艺”是西周时期教育的基本内容

C. “六艺”体现了文武兼备、诸育兼顾的特点

D. “六艺”反映了中华文明发展早期的辉煌

5. 下列关于“六艺”教育的表述，正确的是（　　）

A. “礼”只注重礼仪、规范的养成，而不是政治教育

B. “乐”包括诗歌、舞蹈和音乐，是当时的艺术教育

C. “御”指御下、治下之术

D. 小学时期主要学习“六艺”中的“礼、乐”

① 扫码回复关键词“易错题讲解”，查看单项选择题的易错题讲解视频。下同，不再赘述。

拔高特训

1. “畴人世官”现象出现的根本原因是（　　）

A. 惟官有书，而民无书　　B. 惟官有器，而民无器

C. 惟官有学，而民无学　　D. 奴隶社会生产力低下

2. “惟官有学，而民无学”的“学”主要学习的内容为（　　）

A. 儒经　　B. “六艺”　　C. 理学　　D. 帖括

3. 天子的大学四周环水称作辟雍，诸侯的大学半周环水称作泮宫，说明（　　）

A. 大学具有森严的等级性　　B. 大学等级由地理位置决定

C. 大学的设立迎合了学生的需要　　D. 大学为贵族子弟专享

4. 《礼记·王制》:“凡居民，量地以制邑，度地以居民。地、邑、民、居，必参相得也。无旷土，无游民，食节事时，民咸安其居，乐事劝功，尊君亲上，然后兴学。”《礼记·学记》:“古之教者，家有塾，党有庠，术有序，国有学。”这体现了西周教育制度的特点是（　　）

A. 地方政府根据级别和区划设有不同的教育机构

B. 建立了相当完备的中央官学和地方官学制度

C. 学校有地域与规模之分，没有阶层等级之分

D. 有完备的学校教育制度，官学与私学同步发展

5. 西周时期的乡学是指（　　）

A. 为贵族子弟设立的高等学府

B. 在诸侯所在的都城设立的小学

C. 在都城之外为一般奴隶主和部分庶民子弟设立的学校

D. 在都城之外为贵族子弟设立的学校

6. 西周时期，大学的教育内容主要是（　　）

A. 礼、乐、射、御　　B. 德、行、艺、仪

C. “六德”“六行”“六艺”　　D. 军事训练

7. 西周时期将主持国学的人称为（　　）

A. 大司徒　　B. 国子祭酒　　C. 大司乐　　D. 博士

8. “六年，教之数与方名”“九年，教之数日”“十年，出就外傅，居宿于外，学书计”“十有三年学乐，诵《诗》，舞《勺》”“二十而冠，始学礼”。上述没有体现的是（　　）

A. 考虑到了教学内容的深浅、难易和人的身心发展水平

B. 学习过程是由浅入深的，具有循序渐进的特点

C. 贯穿大学小学两个教育阶段，具有整体性

D. 由于内容不同，书与数的学习是各自独立的

论述题

试述“六艺”教育（内容、特征、发展）及其历史价值（对当今教育改革的启示）。

第二章　私人讲学的兴起和传统教育思想的奠基

单项选择题

基础特训

1. 以下不属于春秋时期私学兴起的原因的是（　　）
   A. 世袭制度造成贵族不重视教育　　B. 天子为了维护社会稳定，鼓励创办私学
   C. 新兴士阶层的出现　　D. 战争动乱打破旧的文化垄断
2. 下列对稷下学宫的性质描述最准确的是（　　）
   A. 由官方出资兴办的官学
   B. 以私人讲学为主，因而是私学性质
   C. 一种学术交流机构，而非学校的性质
   D. 一所由官家操办而由私家主持的特殊形式的学校
3. 孔子曰："政者，正也。子帅以正，孰敢不正？"这体现了孔子政治主张的基本出发点是（　　）
   A. 利　　B. 仁　　C. 德　　D. 信
4. 下列能反映出孔子教育思想的局限的是（　　）
   A. "唯上智与下愚不移"　　B. "性相近也，习相远也"
   C. "为政以德"　　D. "不愤不启，不悱不发"
5. 下列关于孔子对于经济与教育关系的论述，说法正确的是（　　）
   A. "庶、富、教"无顺序关系，同等重要　　B. "庶"与"富"是实施教育的先决条件
   C. 通过受教育来促进经济建设　　D. 成为劳动力就可以接受教育
6. 孔子主张"不愤不启，不悱不发"，其中"发"的意思是（　　）
   A. "心求通而未得之意"　　B. "口欲言而未能之貌"
   C. "开其意"　　D. "达其辞"
7. "学问之道无他，求其放心而已矣"，这一观点的提出者是（　　）
   A. 孔子　　B. 孟子　　C. 荀子　　D. 庄子
8. 孟子提出"盈科而进"的观点，这里的"科"指（　　）
   A. 坑、洼　　B. 科目　　C. 课程　　D. 教育内容
9. 实现"大丈夫"这一人格理想的途径不包括（　　）
   A. 动心忍性　　B. 持志养气　　C. "深造自得"　　D. 存心养性
10. （　　）将教师视为治国之本，把国家兴亡与教师的关系作为一条规律总结出来，把教师的地位提高到与天地、祖宗并列的地位。
    A. 孔子　　B. 老子　　C. 荀子　　D. 孟子
11. "列德而尚贤，虽在农与工肆之人，有能则举之"体现的是（　　）的学说。
    A. 荀子　　B. 墨子　　C. 庄子　　D. 孟子

12. 墨子主张“合其志功”的实践方法，这里的“功”指（　　）

A. 效果　B. 动机　C. 功能　D. 奖励

13. 墨子在教育作用上主张“素丝说”，这一思想相较于孔子的人性论，在社会意义方面的进步之处在于（　　）

A. 肯定了教育对个人的作用

B. 肯定了教育对社会的作用

C. 认为人的品性影响了教育的作用

D. 认为教育影响了人的品性的形成

14. “官无常贵，而民无终贱。有能则举之，无能则下之。”这句话体现的是（　　）的观点。

A. 荀子　B. 墨子　C. 庄子　D. 孟子

15. 下列选项中，不是先秦时期《大学》中提到的教育目的的是（　　）

A. “明明德”　B. “仁政”　C. “止于至善”　D. “亲民”

16. “自诚明，谓之性；自明诚，谓之教”出自（　　）

A.《学记》　B.《中庸》　C.《大学》　D.《论语》

17. 下列关于《学记》的表述中不正确的是（　　）

A.《学记》中所记载的塾、庠、序、学都是当时的教育场所

B.《学记》中阐述了教育制度、学校管理、教学原则、教学方法以及教师等方面

C.《学记》是中国历史上第一个“大学”课程标准，完整描述了“大学”的课程实施方案

D.《学记》中提出了“不愤不启，不悱不发，举一隅不以三隅反，则不复也”的启发式教学思想

18. “学者有四失，教者必知之。人之学也，或失则多，或失则寡，或失则易，或失则止。此四者，心之莫同也。知其心，然后能救其失也。”这体现了《学记》中的（　　）原则。

A. 藏息相辅　B. 长善救失　C. 及时施教　D. 启发诱导

19.《学记》规定每隔一年考查一次，以表示这一阶段学业的完成。考查内容包括学业成绩和道德品行，不同的年级有不同的要求。其中，不属于“小成”的是（　　）

A. “视离经辨志”

B. “视博习亲师”

C. “视论学取友”

D. “知类通达，强立而不反”

20. 世界上最早的专门论述教育、教学问题的专著，被誉为教育学的雏形的是（　　）

A.《中庸》　B.《学记》　C.《大学》　D.《乐记》

拔高特训

1. 下列关于春秋时期私学的特点，说法错误的是（　　）

A. 私学的社会阶级基础以新兴地主阶级为首

B. 政教分设，教育有独立的组织机构

C. 向平民开放，使文化知识能够下移到民间

D. 按一定方向、一定规格培养人才

2. 下列关于稷下学宫的描述，错误的是（　　）

A. 其出现意味着先秦士阶层发展的登峰造极以及养士的制度化

B. 它是一所由官家举办而由私家主持的特殊形式的学校

C. 流动的游学制度使稷下学宫处于不断交流、活力发展的状态

D. 礼贤下士，学者的待遇优厚，直接授予学者上大夫的官职

3. 下列选项中，不能体现孔子“因材施教”思想的是（　　）

A.“闻斯行诸”　　B.“听其言，观其行”

C.“视其所以，观其所由，察其所安”　　D.“不愤不启，不悱不发”

4. 下列选项中，描述孔子论述教师品质的句子是（　　）

A.“善为师者，既美其道，有慎其行”　　B.“立教有本，躬行为起化之原”

C.“诵说而不陵不犯，可以为师”　　D.“爱之，能勿劳乎？忠焉，能勿诲乎？”

5. 子夏问曰：“‘巧笑倩兮，美目盼兮，素以为绚兮’何谓也？”子曰：“绘事后素。”曰：“礼后乎？”子曰：“起予者商也，始可与言《诗》已矣。”上述孔子与弟子的对话体现的教师素养是（　　）

A. 以身作则　　B. 诲人不倦　　C. 教学相长　　D. 学而不厌

6. 孔子提倡的教学内容包括“文、行、忠、信”四个方面。其中，性质不同于其他三种的是（　　）

A. 文　　B. 行　　C. 忠　　D. 信

7.《孟子》一书中提到“不以文害辞，不以辞害志，以意逆志，是为得之”，这一教育思想体现了（　　）

A.“深造自得”　　B.“教亦多术”　　C.“盈科而进”　　D.“专心致志”

8. 孟子认为人先天具有恻隐之心、羞恶之心、恭敬之心和是非之心，其中恻隐之心是（　　）

A. 仁之端　　B. 义之端　　C. 礼之端　　D. 智之端

9. 孟子倡导“性善论”，认为教育是扩充“善端”的过程。下列能够体现孟子“性善论”思想的是（　　）

A.“民为贵，社稷次之，君为轻”　　B.“少成若天性，习贯如自然”

C.“仁义礼智，我固有之”　　D.“今人之性，生而有好利焉”

10. 下列选项中，关于荀子“知”的说法，正确的是（　　）

A.“知”就是善于运用思维的功能去把握事物的“统类”和“道贯”

B.“知”就是“知识”，掌握的知识越多，力量越大，注重积累知识经验

C.“知”就是“知义”，教育通过使天下人“知义”实现社会的完善

D.“知”就是“知止”，是一种对待认识的态度，即不强求其知

11.“足蔽下光，故成景于上；首蔽上光，故成景于下。”这体现的是（　　）学派的思想。

A. 儒家　　B. 道家　　C. 法家　　D. 墨家

12. 下列有关“三表法”中所说的“下原察百姓耳目之实”，解释正确的是（　　）

A. 积累历史的经验和知识

B. 依据民众的经历，以广见闻

C. 在社会实践中检验自己的思想正确与否，看民众是否真的受利

D. 去考证百姓说的话是否真实

13.《中庸》中说道：“或生而知之；或学而知之；或困而知之：及其知之，一也。或安而行之；或利而行之；或勉强而行之：及其成功，一也。”这句话体现了（　　）

A. 把人性分为三种不同的等级　　B. 鼓励个体充分发挥主观能动性

C. 坚持恰到好处的为人处世原则　　D. 把先天赋予的“善性”发挥出来

14. 下列选项属于《学记》中表达对老师尊敬之情的句子是（　　）

A.“大学始教，皮弁祭菜，示敬道也”　　B.“言而不称师谓之畔（叛）”

C.“自行束脩以上，吾未尝无诲焉” D.“道之所存，师之所存也”

15. “良冶之子，必学为裘；良弓之子，必学为箕；始驾马者反之，车在马前。君子察于此三者，可以有志于学矣。”这句话体现的《学记》中的教学方法是（　　）

A. 讲解法 B. 问答法 C. 练习法 D. 类比法

16. 墨子和孔子都重视实践，二者的共同之处在于（　　）

A. 重视实践的动机

B. 重视实践的结果

C. 要求生产劳动、科学技术、道德思想等方方面面都要与实践相结合

D. 目的是实现兼爱天下的社会理想

17. 下列关于儒家君子观发展历程的表述，不正确的是（　　）

A. 孔子最早提出培养君子，并提出了培养德才兼备的君子的教育目的

B. 孔子主张教育宗旨是培养积极参与政治活动、实现社会理想和人生价值的君子

C. 荀子直接继承了孔子的君子观，进一步提出了“大儒”的教育目标

D. 孟子直接继承了孔子的君子观，进一步提出了“大丈夫”的理想人格

18. 下列关于我国古代教育家教学思想的论述，错误的是（　　）

A. 孔子提出“教亦多术”，强调因材施教的教学思想

B. 荀子强调“师云亦云”，强调教师在教学过程中处于绝对的主导地位

C.《学记》中提出的“教学相长”，本义指教师在教的过程中自身也在学习，后被引申为教师的教和学生的学互相促进

D. 韩愈提出了“弟子不必不如师，师不必贤于弟子”这一较为民主的师生观

论述题

1. 试述孔子的道德教育思想（德育原则）及其当代价值（现实意义）。

2. 试述《学记》的教育思想及其现实意义（对我国教育的启示）。

3. 习近平总书记曾提出“四有”好老师的标准，孔子也曾对教师提出一些具体的要求，请将二者结合起来谈谈你的看法。

4. 阅读材料，分析并评论其中的教育思想。①

材料：虽有嘉肴，弗食，不知其旨也；虽有至道，弗学，不知其善也。是故学然后知不足，教然后知困。知不足，然后能自反也；知困，然后能自强也。故曰：教学相长也。《兑命》曰：“学学半。”其此之谓乎？

5. 试比较孟子与荀子教育思想的异同。

6. 试比较儒、墨两家教育思想的异同。

7. 孔子的“不愤不启，不悱不发。举一隅不以三隅反，则不复也”和《学记》中的“道（导）而弗牵，强而弗抑，开而弗达”分别是如何论述启发式教学方法的？指出二者的异同。

① 根据 333 统考大纲规定的题型和 333 统考真题分析，中外教育史的主要考查题型为论述题，但不排除以后考查材料分析题的可能性。本书中选择的中外教育史的材料分析题都是经典考点和考题，建议考生进行练习，以便更加灵活地运用所学知识。

第三章　儒学独尊与读经做官教育模式的初步形成

单项选择题

基础特训

1. 汉朝初期，有百家争鸣之遗风，促进各家各派私学蓬勃发展和学术繁荣的文教政策是（　　）
   A. 黄老之学　B. 独尊儒术　C. 兴文教，抑武事　D. 重振儒术，兼用佛道
2. 对汉代文教政策的“推明孔氏，罢黜百家”中的“罢黜百家”理解正确的是（　　）
   A. 推崇儒学，废除百家　B. 推崇儒学，限制百家
   C. 推崇今文经学，废除古文经学与其他百家　D. 推崇今文经学，限制古文经学与其他百家
3. 随着“独尊儒术”文教政策的施行，中国经学教育制度正式建立，其标志是（　　）
   A. 设置博士　B. 守师法家法　C. 建立察举制　D. 创办太学
4. 太学最初采用个别教学的形式教学，后来随着太学生人数的增加，出现了集体上课的教学形式，这种集体上课的形式被称为（　　）
   A. “大都授”　B. “都讲”　C. 讲座　D. 讲会
5. 汉代私学中，前期主要从事识字和书法教育，后期则开始接触儒学基础内容的是（　　）
   A. 经馆　B. 贵胄学校　C. 书馆　D. 郡国学
6. 创办于东汉时期的（　　）是世界上最早的文学艺术专门学校。
   A. 四门学　B. 宫邸学　C. 鸿都门学　D. 画学
7. 汉代郡国学的主要培养目标是（　　）
   A. 本郡官吏　B. 科举士子　C. 地方诸侯　D. 太学学生
8. 东汉时期郡国学盛极一时，郡国学的创立始于（　　）
   A. “文翁兴学”　B. “庆历兴学”　C. “崇宁兴学”　D. “熙宁兴学”
9. 下列关于汉代今文经学与古文经学的说法，正确的是（　　）
   A. 今文经学：对先秦经典进行改造后的学问，以王充等为代表人物
   B. 古文经学：研究先秦真实经学的学问，其代表人物为董仲舒
   C. 先有家法，后有师法
   D. 章句实际上是经师教学所用的讲义
10. 汉代经学教育中，弟子常常被分为两类进行管理，其中一类无缘直接聆听老师的教诲，只是被老师承认为弟子，以后便可在需要的时候请教，被称为（　　）
   A. 授业弟子　B. 著录弟子　C. 再传弟子　D. 及门弟子
11. 汉武帝时期，（　　）的设立标志着察举制登上历史舞台。
   A. 贤良文学　B. 茂才　C. 明经　D. 孝廉

12. 下列教学方法中，不属于汉代的是（　　）

A.“大都授”　　B. 下帷讲学　　C. 讲论讲会　　D. 次相传授

13. 汉代太学的考试基本上采用“设科射策”的形式。其中“科”是指（　　）

A. 试题　　B. 坑、洼　　C. 等级　　D. 科目

14. 对于先秦儒家学者所概括出的五种人伦关系，董仲舒最为强调的三种是（　　）

A. 君臣、父子、兄弟　　B. 君臣、父子、夫妇　　C. 君臣、父子、朋友　　D. 父子、兄弟、夫妇

15. 道德教育是董仲舒教育思想的核心，下列能体现出董仲舒的德育观的是（　　）

A. 重义轻利　　B. 重利轻义　　C. 利义一致　　D. 利义相悖

16. 王充的思想中，与儒家神学明显对立的论点不包括（　　）

A. 天道自然　　B. 性有善恶　　C. 万物自生，万物一元　　D. 人死神灭

17. 在处理学生与教师关系的问题上，王充提出的观点是（　　）

A.“师云亦云”　　B.“问难”与“距师”　　C.“师道尊严”　　D.“道之所存，师之所存”

18. 在中国教育史上，首次明确提出教育应培养创造性的学术理论人才的是（　　）

A. 王充　　B. 韩愈　　C. 颜元　　D. 董仲舒

拔高特训

1. 汉代贯彻儒家“量材而授官，录德而定位”的用人思想，其所谓“材”是指（　　）

A. 经术之才　　B. 吏治之才　　C. 辞章之才　　D. 货殖之才

2. 以下不属于两汉私学兴盛的原因的是（　　）

A. 汉初缺乏官学设置，私人讲学承担了传播文化、发展学术、培养人才的责任

B.“独尊儒术”的文教政策，使得士人必读儒家经典才能有做官的机会

C. 太学路途遥远，进入地方官学受一定条件的限制

D. 今文经学者为了提高自己的学术地位，扩大学术影响，不得不到民间传授

3. 在教育理念上，鸿都门学与“文翁兴学”的不同点在于（　　）

A. 鸿都门学注重实用技能，“文翁兴学”注重道德修养

B. 鸿都门学注重学术研究，“文翁兴学”注重教育普及

C. 鸿都门学注重兴趣爱好，“文翁兴学”注重地方教化

D. 鸿都门学注重儒家经典，“文翁兴学”注重文学艺术

4. 汉朝的书馆中，从语辞学的角度对汉字的构造、组词及名物术语进行解释，能够使学生形成对汉字的系统认识的字书是（　　）

A.《尔雅》　　B.《急就篇》　　C.《仓颉篇》　　D.《凡将篇》

5. 今文经学与古文经学的区别主要在于对“六经”的解读与看法不同。古文经学认为应该按照“六经”的产生次序进行排列，以下属于古文经学对“六经”的排序的是（　　）

A.《诗》《书》《礼》《乐》《易》《春秋》　　B.《易》《书》《诗》《礼》《乐》《春秋》

C.《诗》《书》《礼》《易》《乐》《春秋》　　D.《易》《书》《诗》《乐》《礼》《春秋》

6. “得一端而多连之，见一空而博贯之”是董仲舒对（　　）教学方法的论述。

A. 强勉努力　　B. 专心致志　　C. 精思要旨　　D. 必仁且智

7. 少则能够通儒家经书中的一种，“能说一经”，“旦夕讲授章句”，多则兼通“五经”。这种描述指的是（　　）

A. 通人　　B. 儒生　　C. 文人　　D. 文吏

8. 以下有关汉代学校的说法，错误的是（　　）

A. 汉代曾设有宫邸学，分为贵胄学校和宫廷学校

B. 汉代的书馆是著名学者聚徒讲学的场所，又称精舍或精庐

C. 汉代诸多儒学流派可以归结为两大学术流派——今文经学和古文经学

D. 汉代经学教育多采用章句的形式教学

论述题

西汉时期，董仲舒与汉武帝进行了著名的对贤良策。汉武帝以董仲舒提到的文教政策作为国家的治国方略，并以董仲舒提到的道德教育内容作为整个汉代乃至封建社会的道德纲领。请述评董仲舒的三大文教政策以及道德教育思想，并说明董仲舒的思想深受汉武帝重视的原因。

第四章　封建国家教育体制的完善

单项选择题

基础特训

1. 西晋时期设立了一所中央官学，与太学学习内容相同，但级别在太学之上，这所学校是（　　）

A. 太学　　B. 国子学　　C. 郡国学　　D. 四门学

2. 南朝宋文帝当政时期，官学教育出现了暂时的繁荣，他设立的“四馆”打破了经学教育独霸官学的局面。“四馆”分别是（　　）

A. 儒学馆、玄学馆、医学馆、史学馆　　B. 儒学馆、玄学馆、文学馆、医学馆

C. 儒学馆、医学馆、文学馆、史学馆　　D. 儒学馆、玄学馆、文学馆、史学馆

3. 南朝宋明帝时期，设立了总明观。下列对总明观的描述正确的是（　　）

A. 将单科性质的大学发展成在多科性大学中实行分科教授的制度

B. 打破了经学教育独霸官学的局面

C. 政府专为皇室及贵族子弟创办的贵胄学校

D. 是世界上最早的文学艺术专门学校，为后来专门学校的发展提供了经验

4. 隋唐时期的文教政策是（　　）

A. 黄老之学　　B. 独尊儒术　　C. 兴文教，抑武事　　D. 重振儒术，兼用佛道

5. 在我国封建社会里，既是隋朝中央政府教育行政机构，又是国家最高学府的是（　　）

A. 太学　　B. 国子监　　C. 弘文馆　　D. 国子学

6. 唐朝在国子监的领导之下建立了“六学”和“一馆”。“六学一馆”不包括（　　）

A. 弘文馆　　B. 国子学　　C. 太学　　D. 算学

7. 书院是由私人读书藏书的场所演化为讲学授徒的场所而产生的，其最早产生于（　　）

A. 隋朝　　B. 唐朝　　C. 宋朝　　D. 五代

8. 隋朝（　　）科的设立，标志着科举制度的正式产生。

A. 进士　　B. 秀才　　C. 明经　　D. 明法

9. 唐朝的考试科目中，常科中最为盛行的是（　　）

A. 秀才、进士　　B. 进士、明经　　C. 秀才、明经　　D. 明经、明法

10. 武则天在科举制度中实行的创举有（　　）

A. 殿试、武举、糊名法　　B. 殿试、武举、誊录法

C. 誊录法、武举、糊名法　　D. 殿试、誊录法、糊名法

11. 在古代科举考试中，与当今考试填空题类似的试题类型是（　　）

A. 帖经　　B. 墨义　　C. 诗赋　　D. 策论

12. 颜之推是南朝梁到隋朝初期的著名教育家和思想家，他编写的（　　）是我国封建社会第一部系统完整的家庭教育教科书。

A.《颜氏家训》　　B.《童蒙须知》　　C.《太公家教》　　D.《童蒙训》

13. 颜之推认为，士大夫的教育目的就是要培养统治人才，而统治人才必须具备的素质为（　　）

A.“正其谊（义）不谋其利，明其道不计其功”　　B.“德艺周厚”

C.“兼相爱，交相利”　　D.“富贵不能淫，贫贱不能移，威武不能屈”

14. 下列选项中，属于颜之推教育思想的是（　　）

A. 勤学、切磋、眼学　　B. 心学、真学、王学　　C. 见闻为、开心意　　D. 心到、眼到、口到

15. 韩愈主张发展学校教育，以下不属于他采取的改革学校教育的措施的是（　　）

A. 德礼为先，辅以政刑　　B. 放宽招生等级的限制

C. 凭年资选拔学官　　D. 恢复州学

16. 唐代韩愈所写的（　　）是我国教育史上第一篇比较全面的从理论上论述教师观的文章。

A.《马说》　　B.《师说》　　C.《原性》　　D.《原道》

拔高特训

1. 下列有关西晋时期国子学的说法，正确的是（　　）

A. 国子学的学生大多数是庶民百姓　　B. 国子学成立初期隶属太学

C. 国子学的产生使教育的等级性得以缓和　　D. 国子学是一所地方官学

2. 魏晋南北朝时期教育事业处于变革、转型时期，在教育观念、内容、方法和学校类型等方面取得建树，丰富了学校教育，可称继汉开唐。下列关于此时期的教育制度创新，按时间先后排序正确的是（　　）

A. 创办律学、创办“四馆”、设立国子学、诏立总明观

B. 创办律学、设立国子学、创办“四馆”、诏立总明观

C. 创办“四馆”、创办律学、设立国子学、诏立总明观

D. 设立国子学、创办律学、诏立总明观、创办“四馆”

3. 唐代官学制度中包含惩罚制度。下列关于惩罚制度中不良行为和惩罚对应错误的是（　　）

A. 不率师教——退学　　B. 学业无成——减少补贴

C. 作乐杂戏——退学　　D. 假违程限无充分理由——退学

4. （　　）是唐代收藏、校理书籍和研究教授儒家经典的专门场所。

A. 太学、书学　　B. 广文馆、国子学　　C. 弘文馆、崇文馆　　D. 四门学、书学

5. 按照唐代官学入学制度的规定，以下学校中均招收庶人中优秀人才的是（　　）

A. 国子学、太学、四门学　　B. 太学、四门学、律学

C. 国子学、太学、书学　　D. 四门学、律学、书学、算学

6. 唐朝礼制规定，全体学生学官都要参加行礼仪式，还要奏请在京文武七品以上清资官并从观礼……行礼完毕，接着举行讲学活动，执经论议，不同见解可相互交流。这一学礼制度被称为（　　）

A. 乡饮酒礼　　B. 束脩礼　　C. 释奠礼　　D. 谒见礼

7. 唐代凡申请入国子监的学生，年龄也有一定的限制。唯有（　　）不受年龄限制。

A. 律学　　B. 算学　　C. 广文生　　D. 书学

8. 唐代开元年间，将学校中相关学令集中整理，让教育工作有法可依的著作为（　　）

A.《弟子职》　　B.《弟子规》　　C.《唐六典》　　D.《童蒙须知》

9. 唐朝时期，儒生学习的正宗课本为（　　），它也是科举考试的依据。

A. “四书五经”　　B.《五经正义》　　C.《孝经》　　D.《论语》

10. 下列关于科举制度的表述，正确的是（　　）

A. 隋唐时期停察举制，开始实行科举制度的创举

B. 科举制度是阻碍学校教育发展的根本原因

C. 相较于隋唐之前的选官制度，科举制人才选拔较为公正客观

D. 科举制度对我国当今高考已经没有了借鉴意义

11. “国家以礼部为考秀之门，考文章于甲乙，故天下响应，驱驰于才艺，不务于德行。”这反映隋唐科举选官标准发生了根本性变化，其选官标准为（　　）

A. 出身标准　　B. 道德品质　　C. 文艺才能　　D. 德才兼备

12. 颜之推批判“贵耳贱目”，认为不仅要勤学典籍，而且要结合社会实践经验才能下结论，因此他主张“眼学”。下列关于眼学的描述中错误的是（　　）

A. 必须眼学，勿信耳受　　B. 排斥耳受，只需眼学

C. 耳听为虚，眼见为实　　D. 踏实观察，亲身体验

13. 下列不符合韩愈师生观观点的是（　　）

A. “举世不师，故道益离”

B. “古之学者必严其师，师严然后道尊”

C. “师道立，则善人多。善人多，则朝廷正，而天下治矣”

D. “言而不称师谓之畔，教而不称师谓之倍”

14. “上智不教而成，下愚虽教无益，中庸之人，不教不知也。”以下教育家在教育作用方面的观点与此不符的是（　　）

A. 孟子　　B. 孔子　　C. 颜之推　　D. 董仲舒

论述题

1. 试述科举制的价值 / 启示（对当今考试制度 / 高考改革的启示）。
2. 试述韩愈的师道观（《师说》的教育思想）在历史中的理论意义及其现实价值。
3. 颜之推是南北朝末隋初重要的思想家，他对士大夫阶层如何在家庭中推行儿童教育有完整的描述。试论颜之推注重儿童教育的原因及其家庭教育的原则与方法，以及对当代儿童教育的启示。

第五章　理学教育思想和学校的改革与发展

单项选择题

基础特训

1. 下列文教政策按出现的时间先后排序，正确的是（　　）
   ①“治国以教化为先，教化以学校为本”　②“兴文教，崇经术，以开太平”
   ③“遵用汉法”　④“兴文教，抑武事”
   A. ④①③②　B. ②③①④　C. ③①②④　D. ④③①②
2. 我国设立专门的教育行政机构来管理地方官学，始于（　　）。其设立，在中国教育史上具有创新意义。
   A. 国子监　B. 提举学事司　C. 儒学提举司　D. 都司儒学
3. 下列关于宋代官学制度的特点，说法错误的是（　　）
   A. 管理体制进一步完善，由地方政府的提举学事司管理地方官学
   B. 官学类型多样化，并创立分斋教学制度
   C. 中央官学的等级制度更加森严
   D. 首创学田制度，宋朝地方学校均有学田，作为学校经费的主要来源
4. “择通晓经书者为学师，农隙使子弟入学，如学文有成者，申覆官司照验。”元代时期设在农村地区，利用农闲时节，以农家子弟为对象的具有蒙学性质的教育机构是（　　）
   A. 冬学　B. 村学　C. 社学　D. 家学
5. 在中国教学制度发展史上，第一次按照实际需要在同一学校中分科设学，不仅是我国历史上最早的分科教学制度，也开创了主修和辅修的先河。这一教学方法是（　　）
   A.“苏湖教法”　B.“三舍法”　C. 积分法　D.“六等黜陟法”
6. 元朝国子学中实行“升斋等第法”和积分法，其中，“升斋等第法”是以下哪个管理制度的发展？（　　）
   A.“分斋教学法”　B.“三舍法”　C.“监生历事”　D.“六等黜陟法”
7. 太学的学生中，可不经科举考试进入仕途的是（　　）
   A. 外舍生中优异者　B. 内舍生中优异者　C. 上舍生中优异者　D. 各舍考试中优异者

8. 明代设立了我国最早的教学实习制度，被称为（　　）
A.“分斋教学法”　B.“三舍法”　C.“监生历事”　D.“六等黜陟法”

9. “六等黜陟法”是清朝实施的一种（　　）对生员进行定级的考试制度，并有相应的奖惩措施。
A. 中央官学　B. 地方官学　C. 太学　D. 私学

10. 下列各项改革中不属于“崇宁兴学”的是（　　）
A. 改革太学，创立“三舍法”
B. 建立县学、州学、太学三级相联系的学制系统
C. 新建辟雍，发展太学
D. 罢科举，改由学校取士

11. 宋朝历史上为了改革科举，强化学校教育，先后出现了三次兴学运动，这三次运动——“庆历兴学”“熙宁兴学”“崇宁兴学”在太学中所使用的教学方法分别是（　　）
A. 积分法、“苏湖教法”、“三舍法”
B.“三舍法”、“苏湖教法”、积分法
C.“苏湖教法”、“三舍法”、积分法
D.“三舍法”、积分法、“苏湖教法”

12. 朱熹制定了《白鹿洞书院揭示》，其中“言忠信，行笃敬，惩忿窒欲，迁善改过”是对（　　）的阐述。
A. 教育目的　B. 接物之要　C. 处事之要　D. 修身之要

13.（　　）标志着书院作为一种教育制度正式形成。
A.《白鹿洞书院揭示》　B. 学田制度的确立　C. 政府任命书院教师　D.《东林会约》

14. 在下列著名书院中，创立专课肄业生制度的是（　　）
A. 诂经精舍　B. 东林书院　C. 漳南书院　D. 学海堂

15. 清朝有四类书院，以博习经史词章为主和体现实学色彩为主的书院分别是（　　）
A. 诂经精舍、漳南书院
B. 漳南书院、关中书院
C. 漳南书院、白鹿洞书院
D. 白鹿洞书院、诂经精舍

16. “风声雨声读书声声声入耳，家事国事天下事事事关心”描述的是（　　）
A. 岳麓书院　B. 诂经精舍　C. 漳南书院　D. 东林书院

17. 顾宪成、顾允成建立了明朝影响力最大的书院，该书院有明显的政治色彩。（　　）的制定标志着书院中的讲会活动已经制度化。
A.《学海堂章程》　B.《东林会约》　C.《白鹿洞书院揭示》　D.《白鹿洞志》

18. 下列关于蒙学的说法，错误的是（　　）
A. 西周时期的《史籀篇》是中国最早的蒙学教材
B. 一般将 8～15 岁儿童的“小学”教育阶段称为“蒙养”教育阶段
C. 秦代蒙学识字读本《仓颉篇》是秦始皇统一文字的范本
D. 南朝宋周兴嗣的《千字文》流传非常广泛

19. 宋元时期，我国出现了蒙学教材按专题分类编写的现象，标志着蒙学教材走向了发展的繁荣期，以下蒙学教材中，不属于识字类的是（　　）
A.《三字经》　B.《百家姓》　C.《千字文》　D.《蒙求》

20. 宋代在防止科场作弊上建立了很多新制度，其中规定凡是省试主考官、州郡发解官和地方长官的子弟、亲戚、门生故旧等参加科举考试，都应另派考官，别院应试的方法是（　　）
A. 锁院制　B. 别头试　C. 糊名制　D. 誊录制

21. 下列关于朱熹对治学顺序的论述，错误的是（　　）

A. 朱熹认为“四书”是“五经”的“阶梯”，要先学习“四书”，再学习“五经”

B. 朱熹提出“四书”内部应先学习《论语》，其次是《大学》《中庸》，最后是《孟子》

C. 朱熹认为《近思录》是学习“四书”的入门之作

D. 朱熹认为《中庸》是对“四书”的总结，并将《大学》《论语》《孟子》的精神推至极处

22. 朱熹一生编撰了多种书籍，其中成为广大士人和各类学校必读的教科书，影响中国封建社会后期的文化教育长达数百年的是（　　）

A.《近思录》　B.《朱子语类》　C.《白鹿洞书院揭示》　D.《四书章句集注》

23. 以下关于朱熹教育作用和目的的描述，错误的是（　　）

A. 认为人性分为“天命之性”和“气质之性”

B. 从主观唯心主义思想出发解释人性论

C. 学校教育的目的是“明人伦”

D. 教育的作用在于“变化气质”，发挥善性，去蔽明善

24. 朱熹完整地论述了封建社会中小学和大学的教育思想，他认为小学应该学事，大学应该学理。下列哪一项不是小学应该具有的教学方法？（　　）

A. 激发兴趣　B. 创建学规　C.“心到、口到、眼到”　D. 注重自学

25. 在教育作用上，认为教育的作用在于“存天理，灭人欲”，因此“不假外求”，而重在“内求”的教育家是（　　）

A. 孟子　B. 荀子　C. 朱熹　D. 王守仁

26. 王守仁以给幼苗浇水为例，认为“若些小萌芽，有一桶水在，尽要倾上，便浸坏他了”，这是有害无益的。由此他提出了（　　）

A.“学而必习，习又必行”　B. 学思“相资以为功”

C.“随人分限所及”　D.“以仁安人，以义正我”

27. 下列不属于王守仁的“随人分限所及”原则的是（　　）

A. 因材施教　B. 量力施教　C. 循序渐进　D. 启发诱导

28. 揭露和批判传统儿童教育的弊端，认为“大抵童子之情，乐嬉游而惮拘检，如草木之始萌芽，舒畅之则条达，摧挠之则衰痿”的教育家是（　　）

A. 孟子　B. 荀子　C. 朱熹　D. 王守仁

拔高特训

1. 下列关于宋朝专科学校的表述，正确的是（　　）

A. 武学是宋朝设立最早的专科学校，培养军事人才

B. 在“兴文教，抑武事”的政策下不设立武学

C. 宋朝专科学校有六所，分别是律学、医学、文学、算学、书学、画学

D. 画学非宋朝的创举

2. 国子监作为国家高等教育机构，其规模不是一成不变，而是不同时期不同条件下有不同的规模。下列关于各朝代国子监的说法中错误的是（　　）

A. 宋朝提举学事司隶属于其管辖　　B. 元朝另设蒙古国子监和回回国子监

C. 明朝分为北京国子监和南京国子监　　D. 清朝管理国学、算学、八旗官学

3. 古代的学生要去一家开在乡镇地区的教育机构上学，该机构制度完备，学生一起诵读《三字经》《百家姓》《千字文》……这所教育机构最可能是（　　）

A. 私塾　　B. 社学　　C. 书馆　　D. 精舍

4. （　　）朝规定“民间子弟八岁不就学者，罚其父兄”。

A. 宋　　B. 元　　C. 明　　D. 清

5. 以下有关“三舍法”的表述，不正确的是（　　）

A. 是我国古代首创以考试成绩选拔人才的制度

B. 融养士和取士于太学，提高了太学的地位

C. 是我国古代大学管理制度的一项创新

D. 对学生的考查和选拔力求做到将平时行艺与考试成绩相结合

6. 宋元明清时期出现了很多新式的教学管理方法，下列哪一项方法没有促进学生平时学习的积极性？（　　）

A. 积分法　　B.“三舍法”　　C.“苏湖教法”　　D.“六等黜陟法”

7. 以下书院按创立时间的排序，正确的是（　　）

A. 白鹿洞书院、漳南书院、东林书院　　B. 东林书院、白鹿洞书院、漳南书院

C. 漳南书院、白鹿洞书院、东林书院　　D. 白鹿洞书院、东林书院、漳南书院

8. 诂经精舍和学海堂在办学宗旨、教学内容、教学方法上显现的优点不包括（　　）

A. 不举课试之文，专志于学术研究

B. 批判义利相对，主张义利统一

C. 各用所长，因材施教

D. 教学与研究紧密结合，刊刻师生研究成果

9. 下列关于书院教育的特点，说法错误的是（　　）

A. 书院教学的方向和程序见于“学规”中，书院管理走向制度化建设

B. 书院教学以教师讲授为主要教学方式，不注重学生自学和独立研究

C. 书院既是教学场地，也是研究场所，将教学活动与学术研究相结合

D. 书院受制于政府，被纳入官学体系，书院教育官方化倾向逐渐出现

10. 在宋代某私人书院中，以下情况发生概率最小的是（　　）

A. 官府严格控制私人书院的教师聘任和学生就业

B. 书院主人将书院捐赠给朝廷，获得了官职

C. 书院遇到灾害，破损严重，地方政府拨款修复

D. 书院获得朝廷赏赐的书籍和田地

11.《白鹿洞书院揭示》标志着南宋书院走向了制度化的发展，该学规的内容中明确说到教育目的是“父子有亲，君臣有义，夫妇有别，长幼有序，朋友有信”，以及修身之要的前半句是“言忠信，行笃敬”，这两句话分别出自（　　）

A.《孟子》《中庸》　B.《论语》《中庸》　C.《论语》《孟子》　D.《孟子》《论语》

12.《旧唐书》：李德裕设有家塾以教授诸子。润州句容人刘邺七岁能赋诗，德裕对他特别怜爱，让他在家塾与诸子同砚席而学。以下选项中，李德裕会教刘邺的蒙学教材有（　　）

A.《开蒙要训》《急就篇》《千字文》　B.《声律启蒙》《训蒙诗》《百家姓》

C.《颜氏家训》《三字经》《训蒙诗》　D.《童蒙须知》《急就篇》《千字文》

13. 下列关于私塾教育的特点，说法错误的是（　　）

A. 重视用《须知》《学则》的形式培养行为习惯

B. 注意根据心理特点，因势利导，激发学习兴趣

C. 在教学内容上，文化知识与伦理道德并重

D. 在教学组织形式上，采取集体教学

14. “宽著期限，紧著课程”是朱熹的读书法。此处的“课程”是（　　）

A. 课业的进程　B. 学科　C. “教程”　D. “六艺”

15. 下列选项中，既属于朱熹道德修养的方法又属于读书的方法的是（　　）

A. 居敬　B. 虚心　C. 涵泳　D. 循序渐进

16. 朱熹总结了古代圣人的读书方法，被誉为著名的“朱子读书法”，其中“居敬持志”中的“居敬”指（　　）

A. 注意力集中　B. 对书本知识怀有敬意　C. 虚怀若谷　D. 反复咀嚼

17. “朱子读书法”中的“切己体察”，强调的是对（　　）的身体力行。

A. 伦理道德思想　B. 自然科学知识　C. 艺术创作　D. 实践与实验

18. 以下论点中不是王守仁的观点的是（　　）

A. “‘六经’皆史”　B. “知行合一”

C. “随人分限所及”　D. “‘六经’注我，我注‘六经’”

19. 王守仁认为可以使儿童“精神宣畅，心气和平”的是（　　）

A. 歌诗　B. 习礼　C. 读书　D. 静坐

20. 下列关于人性论的论述与其他三人不同的教育家是（　　）

A. 王守仁　B. 颜之推　C. 董仲舒　D. 韩愈

21. 提出量力施教的教育家是（　　）

A. 王守仁、荀子　B. 朱熹、孔子　C. 王守仁、墨子　D. 墨子、荀子

论述题

1. 试述王守仁的教育思想。
2. “朱子读书法”的内容是什么？当代社会“快餐文化”与“朱子读书法”二者之间有何关系？
3. 试比较朱熹与王守仁的儿童教育观。

第六章　理学教育思想的批判与反思

单项选择题

基础特训

1. 明末清初，我国出现了批判理学的早期启蒙思想，早期启蒙思想家主张的共同的教育目标是（　　）
A. 治术之士　　B. 实德实才之士　　C. 统治人才　　D. 明道之人
2. 明清之际，下列选项中哪一个不是早期启蒙思想家所主张的观点？（　　）
A. 培养经世致用的人才　　B. 主张个性自由发展
C. 学习自然科学知识　　D. 主张陆王心学，反对程朱理学
3. 明末清初，著名思想家黄宗羲提出“公其非是于学校”，其核心思想是（　　）
A. 主张学校议政　　B. 主张国家干预教育
C. 主张学校由国家来办　　D. 主张重视学校教育内容
4. 颜元主持的漳南书院在性质上属于（　　）
A. 理学书院　　B. 实学书院　　C. 制艺书院　　D. 考据书院
5. 下列关于颜元的“实学”教育理论体系的说法，错误的是（　　）
A.“正其谊（义）以谋其利，明其道而计其功”　　B. 培养实才实德之士
C. 主张“真学”“实学”　　D. 排斥书本知识
6. 在人性和教育作用关系的问题上，王夫之提出“性日生日成”和“习与性成”的观点，旨在强调（　　）
A. 人性如素丝　　B. 人性有善有恶
C. 人性具有生成变化性　　D. 人性具有稳定性

拔高特训

1. 顾炎武说：“天下之人，唯知此物可以取科名，享富贵。此之谓学问，此之谓士人，而他书一切不观。”这句话中的“此物”指的是（　　）
A. 科举考试　　B. 学校教育　　C. 儒家经典　　D. 八股文
2. 东林书院的一个重要特点集中地体现在一副对联上：“风声雨声读书声声声入耳，家事国事天下事事事关心。”下列哪位教育家提出了与这一特点相同的观点？（　　）
A. 王守仁　　B. 朱熹　　C. 颜元　　D. 黄宗羲
3. 明中叶后，理学教学极端空虚无用。当时的各种学者严重脱离实际，专注于八股时文，而一旦遇到国家有事需要报国时，“则蒙然张口，如坐云雾”，束手无策。为了改变这种风气，黄宗羲提出（　　）思想。
A. 学贵适用　　B. 力学致知　　C. 学贵独创　　D. 不为迂儒

4. 颜元在漳南书院中实行“六斋”教学，“课水学、火学、工学、象数”是“六斋”教学中的（　　）

A. 武备斋　　B. 理学斋　　C. 艺能斋　　D. 帖括斋

5. 将自己的家塾“思古斋”改为“习斋”，强调“思不如学，而学必以习”“读书无他道，只需在‘行’字上著力”的教育家是（　　）

A. 王夫之　　B. 王阳明　　C. 颜元　　D. 朱熹

6. 以下对颜元思想的评价，错误的是（　　）

A. 在批判传统的基础上提出自己的思想，具有历史进步意义

B. 以维护封建统治为目的是颜元思想的阶级局限性

C. 冲破了理学教育的桎梏，具有鲜明的经世致用的特性

D. 冲破了封建思想的阶级局限，认识到封建教育的根本问题所在

7. “王者之治天下，不外乎政教之二端。语其本末，则教本也，政末也”是我国明清时期的教育家（　）提出的。

A. 黄宗羲　　B. 颜元　　C. 朱熹　　D. 王夫之

论述题

试论颜元的“实学”教育思想。

第七章　近代教育的起步

单项选择题

基础特训

1. 1890 年，标榜“以提高对中国教育之兴趣，促进教学人员友好合作为宗旨”，对整个在华基督教教育进行指导，后来实际上成为中国基督教教会教育的最高领导机构的是（　　）

A. 英华书院　　B. 马礼逊学堂

C. 学校与教科书委员会　　D. 中华教育会

2. 中国近代早期教会学校中开设儒学经典课程是为了（　　）

A. 满足在校士大夫子弟的要求　　B. 执行中国政府的相关文教政策

C. 提高学生对儒家学说的批判能力　　D. 便于学校在中国文化环境中立足

3. 早期教会学校在中国的办学并不顺利，其主要原因不包括（　　）

A. 受传统观念影响，教会在招收女生时格外困难　　B. 国人对教会学校存有猜忌，怀疑其虐童

C. 由于战争，人们抱有反抗和仇恨的情绪　　D. 经费短缺，无法保证学生的日常开销

4. 下列选项中，最能体现中国近代教育半封建半殖民地性质的是（　　）

A. 洋务学堂　　B. 教会学校　　C. 清末学制　　D. 幼童留学

5. 下列不属于洋务运动时期开设的学堂的是（　　）

A. 新疆俄文馆　　B. 福建船政学堂　　C. 京师同文馆　　D. 经正女学

6. 以下不属于洋务运动时期的教育改革措施的是（　　）

A. 创办新式学堂　　B. 幼童留美　　C. 派遣留欧　　D. 京师大学堂

7. 1877 年 1 月，李鸿章等奏请派遣福建船政学堂学生留欧，朝廷照准执行。（　　）学生赴法国学习（　　）;（　　）学生赴西班牙、英国学习（　　）

A. 前学堂、驾驶技术；后学堂、绘图技术　　B. 后学堂、驾驶技术；前学堂、制造技术

C. 后学堂、制造技术；前学堂、绘图技术　　D. 前学堂、制造技术；后学堂、驾驶技术

8. 在前学堂增设“艺圃”，通过工读结合的形式有计划地培养生产骨干和技术骨干，开创了我国近代职工在职教育的先声的是（　　）

A. 湖北武备学堂　　B. 上海电报学堂　　C. 湖北矿务局工程学堂　　D. 福建船政学堂

9. 洋务派所创办的学堂在中国历史上持续时间最长的一所是（　　）

A. 京师同文馆　　B. 福建船政学堂　　C. 广东水陆师学堂　　D. 天津电报学堂

10. 洋务派最早创办的外国语学堂是（　　）

A. 上海广方言馆　　B. 京师同文馆　　C. 京师大学堂　　D. 广州同文馆

11. 以下关于洋务学堂的特点，说法不正确的是（　　）

A. 在培养目标上，培养各项洋务事业需要的专门人才

B. 在办学性质上，是提供专门技术训练的专科性学校

C. 在教学管理上，制度严格清明，民主高效独立

D. 在教学方法上，重视理解，注重理论与实践结合

12. 对中国近代留学教育做出重大贡献的爱国人士容闳就读的教会学校是（　　），他倡导并促成了（　　）

A. 英华书院；幼童留美　　B. 马礼逊学堂；幼童留美

C. 英华书院；派遣留欧　　D. 马礼逊学堂；派遣留欧

13. 开启中国近代以来留学教育先河的是（　　）

A. 留美教育　　B. 留欧教育　　C. 留日教育　　D. 留法教育

14. 1875 年，得益于大臣沈葆桢的建议，中国开启留欧教育，留欧教育的学生的主要来源是（　　）

A. 福建船政学堂里的青年俊才　　B. 福建船政学堂里的幼童

C. 京师同文馆里毕业的青年俊才　　D. 京师同文馆里毕业的幼童

15. 对幼童留美教育和留欧教育做出杰出贡献的教育家是（　　）

A. 李鸿章、沈葆桢　　B. 陈兰彬、左宗棠　　C. 容闳、沈葆桢　　D. 陈兰彬、沈葆桢

16. 下列关于“中体西用”的相关内容，表述错误的是（　　）

A.“中学”也称“旧学”，“四书五经、中国史事、政书、地图为旧学”

B.“西学”也称“新学”，“西政、西艺、西史为新学”

C.“中体西用”是顺应时代发展潮流的思想，破除了中国近代发展的障碍

D. 严复批判“中体西用”思想，他主张“体用一致”的文化教育观

17. 以下教育举措与张之洞《劝学篇》的思想相符合的是（　　）

A. 完全摒弃中国传统教育，只开设西方课程

B. 只教授中国的“四书五经”，不涉及西方知识

C. 建立新式学堂，既教授中国传统经典，也引进西方科学知识

D. 拒绝接受西方教育理念和方法，坚持传统教育模式

18. 对洋务运动进行理论总结，并试图为之后的中国教育改革提供理论模式的著作是（　　）

A. 张之洞的《劝学篇》　　B. 沈寿康的《匡时策》

C. 冯桂芬的《校邠庐抗议》　　D. 孙家鼐的《议复开办京师大学堂折》

拔高特训

1. 关于洋务运动时期的教会学校，下列说法正确的是（　　）

A. 一直由主办者自行选择、编写教材与安排课程　　B. 教会办学的整体规模大于洋务教育的规模

C. “中华教育会”是最早的教会学校联合组织　　D. 是中国传统教育向近代教育过渡的阻碍因素

2. “夫习造轮船，非为造轮船也，欲尽其制造驾驶之术耳；非徒求一二人能制造驾驶也，欲广其传，使中国才艺日进，制造、驾驶展转授受，传习无穷耳。故必开艺局，选少年颖悟子弟习其语言、文字，诵其书，通其算学，而后西法可衍于中国。”这段话是围绕（　　）阐述的。

A. 京师同文馆　　B. 湖北矿务局工程学堂

C. 求是堂艺局　　D. 江南制造局操炮学堂

3. 我国最早的官办新式学校是（　　）

A. 广州同文馆　　B. 京师大学堂　　C. 京师同文馆　　D. 福建船政学堂

4. 以下措施中，不是京师同文馆在中国近代教育史中实行的是（　　）

A. 最早的新式学堂　　B. 最早制定了班级授课制和分年课程

C. 最早创立了化学实验室和博物馆　　D. 洋务运动时期最早的外国语学堂

5. 下列关于京师同文馆的说法，不正确的是（　　）

A. 在性质上，既有封建性，又有殖民性

B. 在教学组织形式上，采用分年课程和班级授课制

C. 在课程内容上，侧重“西文”“西艺”，不再学习汉文经学

D. 在管理上，以外国人为主，受外国列强控制

6. 下列对福建船政学堂的描述，不正确的是（　　）

A. 福建船政学堂首创派学生赴欧洲留学之举　　B. 福建船政学堂的创办者是左宗棠

C. 福建船政学堂培养军事人才和军工技术人才　　D. 福建船政学堂是由维新派创办的军事学校

7. “赴法国深究其造船之方，及其推陈出新之理”，指的是福建船政学堂中的哪类学生？（　　）

A. 前学堂的优秀学生　　B. 后学堂的优秀学生

C. “绘事院”的学生　　D. “艺圃”的学生

8. 下列关于张之洞的“中体西用”思想与实践，表述正确的是（　　）
   A. 张之洞最早提出了“中学为体，西学为用”的主张
   B. 张之洞一直是坚定的洋务派，致力于兴建洋务学堂
   C. 张之洞的“中学”也称“旧学”，“四书五经、中国史事、政书、地图为旧学”；“西学”也称“新学”，“西政、西艺、西史为新学”
   D. 张之洞认为“西艺”难学，适合于年长者；“西政”相对易学，适合于年少者

论述题

试论张之洞的“中体西用”教育思想，并说明其历史意义和局限性。

第八章　近代教育体系的建立

单项选择题

基础特训

1. 提出“设于各州县者为小学，设于各府省会者为中学，设于京师者为大学”的早期改良派人物是（　　）
   A. 王韬　　B. 马建忠　　C. 容闳　　D. 郑观应
2. “时文不废，人才不生，必去时文尚实学，乃见天下之真才”，指的是早期改良派主张（　　）
   A. 全面学习西学　　B. 改革科举制度　　C. 建立近代学制　　D. 倡导女子教育
3. 下列措施中不属于维新运动时期的是（　　）
   A. 兴办学堂：万木草堂、湖南时务学堂等　　B. 废八股，改革科举制度
   C. 创办京师大学堂　　D. 留学教育：留日教育和庚款兴学
4. 下列关于京师大学堂的论述中错误的是（　　）
   A. 不仅是全国最高学府，也是全国最高教育行政机关
   B. 封建等级色彩非常浓厚，中学比例高于西学
   C. 办学宗旨为“中学为体，西学为用”
   D. 是北京大学前身
5. 下列选项中，不属于清末“百日维新”中教育改革措施的是（　　）
   A. 废除八股考试　　B. 颁布近代学制　　C. 设立京师大学堂　　D. 书院改学堂
6. 维新派通过发行报刊进行维新思想的启蒙，（　　）是其创办的第一份刊物。
   A.《时务报》　　B.《中外纪闻》　　C.《求是报》　　D.《国闻报》
7. 下列维新派发行的报刊与其创办者匹配正确的是（　　）
   A.《万国公报》——康有为　　B.《时务报》——谭嗣同
   C.《强学报》——盛宣怀　　D.《国闻报》——梁启超

8. 康有为设想了一个“人人平等，天下为公”的大同社会，进而设计了完整而系统的理想教育体制蓝图。其认为，儿童自出生后应先后进入（ ）学习。

A. 人本院—慈幼院—小学院—中学院—大学院　B. 育婴院—慈幼院—小学院—中学院—大学院

C. 人本院—育婴院—小学院—中学院—大学院　D. 育婴院—人本院—小学院—中学院—大学院

9. 梁启超在《变法通议》中没有涉及的教育领域是（ ）

A. 职业教育　B. 师范教育　C. 女子教育　D. 儿童教育

10. 我国近代史上第一个比较系统地介绍和传播西方资产阶级自然科学和社会科学的启蒙人物是（ ）

A. 康有为　B. 梁启超　C. 张之洞　D. 严复

11. 下列不属于严复指出的八股式教育的弊端的是（ ）

A. 锢智慧　B. 阻进步　C. 坏心术　D. 滋游手

12. 下列选项中，属于清末新政时期教育变革的重要举措的是（ ）

A. 颁布“壬子癸丑学制”　B. 确立男女同校制度

C. 设立学部　D. 创办京师大学堂

13. 我国近代颁布的、第一个正式实施的学制是（ ）

A.“壬寅学制”　B.“癸卯学制”　C.“壬戌学制”　D.“壬子癸丑学制”

14. 中国近代第一次正式宣布的教育宗旨是（ ）

A. 思想自由，兼容并包　B. 自由、平等、博爱

C. 德、智、体、美、劳，“五育”并举　D. 忠君、尊孔、尚公、尚武、尚实

15. 1906 年，清政府颁布了中国近代教育史上第一个以政府法令形式颁布的教育宗旨。教育宗旨的方案为五条十字，具体表述为：忠君、尊孔、尚公、尚武、尚实。其中被称为“中国政教之所固有，而亟宜发明以距异说者”的两个是（ ）

A. 忠君、尊孔　B. 忠君、尚公　C. 尊孔、尚公　D. 尚武、尚实

16. 中日甲午战争之后，中国兴起了留日教育的高潮，这期间前去日本的学生的主要特点是（ ）

A. 翻译了大量日文先进书籍　B. 形成了资产阶级革命派群体

C. 传播了近代西方科学技术　D. 促进了新式学堂的发展

17. 美国将庚子赔款中的一部分以先赔后退的形式退还给中国用来办学的事件史称“庚款兴学”或“退款兴学”，美国这一举措的目的是（ ）

A. 将中国的留学潮流引向美国　B. 帮助中国加强经济建设

C. 发展中国的留学教育　D. 培植效忠于美帝国主义的中国“精英”

18. 下列不属于资产阶级革命派创办的新型学校的是（ ）

A. 爱国学社　B. 爱国女学　C. 大通师范学堂　D. 中国教育会

19. 资产阶级革命派为了培养革命人才，举办了一系列的学校。下列属于资产阶级革命派创办的学校的是（ ）

A. 京师同文馆　B. 经正女学　C. 万木草堂　D. 爱国学社

拔高特训

1. 采取西方近代学校体系的形式，分初、中、高等级，相互衔接，并按年级逐年递升，具有近代三级学制的雏形，并且将早期改良派学制改革思想付诸实践的学校是（　　）

A. 京师同文馆　　B. 南洋公学　　C. 经正女学　　D. 京师大学堂

2. 下列学堂中，属于维新运动的代表人物最早为培养骨干、传播维新思想而设立的学堂是（　　）

A. 万木草堂　　B. 北洋西学堂　　C. 南洋公学　　D. 经正女学

3. 近代以来，我国第一所以专门培养教师为主的师范学校是（　　）

A. 万木草堂　　B. 湖南时务学堂　　C. 南洋公学　　D. 经正女学

4. 以下几项中，对康有为的学制系统表述不正确的是（　　）

A. 重视学前教育　　B. 特别强调师范教育　　C. 提倡实施公费教育　　D. 主张男女教育平等

5. 批判新式学堂的教师“是欲开民智而适以愚之，欲使民强而适以弱之也”的中国近代教育家是（　　）

A. 康有为　　B. 梁启超　　C. 严复　　D. 蔡元培

6. 指出西方科学技术、社会学科和社会制度的基础是“实验的学术”，不同于中国崇尚虚文，主张将誓死求是的治学精神普及于社会的教育家是（　　）

A. 梁启超　　B. 蔡元培　　C. 晏阳初　　D. 严复

7. 清末颁布的“壬寅学制”和“癸卯学制”既具有半资本主义性，又具有半封建性，下列选项中能体现出半封建性的是（　　）

A. 试行西方流行的三级学制系统模式　　B. 注重学生德、智、体协调发展

C. 读经讲经课程的比重过大　　D. 西学课程比重占主导地位

8. 规定初等教育阶段“无论何色人等皆应受此七年教育”的学制是（　　）

A.“壬寅学制”　　B.“癸卯学制”　　C.“壬子癸丑学制”　　D.“壬戌学制”

9. 严复认为一个国家的强弱取决于该国民力的强弱、民智的高下、民德的好坏，基于此他提出了“三育论”，其中“鼓民力”主要是通过（　　）来实现。

A. 加强体育锻炼和军事训练　　B. 改善国民饮食和生活条件

C. 培养国民的新道德观念　　D. 加强实际知识和实业本领

10. 清代爱国诗人黄遵宪对一事件发出感叹：“亡羊补恐迟，蹉跎一失足，再遣终无期，目送海舟返，万感心伤悲。”这一事件是指（　　）

A. 幼童留美　　B. 派遣留欧　　C. 留学日本　　D.“庚款兴学”

论述题

1896 年，梁启超在《时务报》上发表《变法通议·论女学》，系统论述了女子教育问题。试论梁启超的女子教育思想。

第九章　近代教育体制的变革

单项选择题

基础特训

1. 民国初年的国家教育方针是基于蔡元培的《对于教育方针之意见》形成的，国家所采纳的蔡元培的思想包括（　　）

①道德教育　②实利教育　③军国民教育　④美感教育　⑤世界观教育

A. ①②③④　　B. ①②③⑤　　C. ①②④⑤　　D. ①③④⑤

2. 在中国教育制度发展史上，体现了鲜明的反封建色彩，取消了按学校等级奖给毕业生出身制度的学制是（　　）

A. “壬寅学制”　　B. “癸卯学制”　　C. “壬子癸丑学制”　　D. “壬戌学制”

3. （　　）不属于“壬子癸丑学制”与“癸卯学制”相比的进步之处。

A. 取消对毕业生科举出身的奖励，消除了科举制度的阴影

B. 增加了师范和实业两个教育系统

C. 女子教育取得一定地位，开创了男女同校

D. 课程上增加了自然科学和生产技能的训练

4. 在中国教育制度发展史上，首次将美术与音乐两门艺术学科列入中国高等教育的体系之中的学制是（　　）

A. “壬寅学制”　　B. “壬子癸丑学制”　　C. “癸卯学制”　　D. 1922 年“新学制”

5. 在我国近代学制改革中，明确规定将学堂改为学校，实行男女教育平等，允许初等小学男女同校的学制是（　　）

A. “壬寅学制”　　B. “癸卯学制”　　C. “壬子癸丑学制”　　D. “壬戌学制”

6. 关于我国的“第一个学制”，以下说法对应正确的是（　　）

A. 近代第一个正式颁布的法定学制——“壬戌学制”

B. 近代第一个颁布并实施的法定学制——“壬寅学制”

C. 近代第一个资产阶级性质的学制——“壬子癸丑学制”

D. 近代第一个以中央政府名义制定的全国性学制系统——“癸卯学制”

7. 为适应不同发展水平学生的需要，1922 年“新学制”开始在中学实行选科制和分科制，下列哪一选项不是高级中学的学生会选择的科目？（　　）

A. 普通科　　B. 家事科　　C. 师范科　　D. 政事科

8. 以下不属于“壬戌学制”特点的是（　　）

A. 依据我国学龄儿童的身心发展规律划分教育阶段

B. 缩短中等教育年限，分为初、高中两级

C. 大学取消预科，不再承担普通教育的任务

D. 职业教育系统自成体系，兼顾升学和就业

9. 1922 年“新学制”是我国学制史上的里程碑，是近代学制发展史上第一次依据我国儿童身心发展规律划分教育阶段的学制。其中（　　）是“新学制”的改制核心。

A. 初等教育　　B. 中等教育　　C. 高等教育　　D. 职业教育

10. 从制度上首次确立我国学校职业教育体系的是（　　）

A.“戊辰学制”　　B.“癸卯学制”　　C.“壬子癸丑学制”　　D.“壬戌学制”

11. 当教会教育在中国扩张时，第一个提出“收回教育权”的是（　　）

A. 蔡元培　　B. 余家菊　　C. 吴玉章　　D. 杨贤江

12. 下列对蔡元培的教育独立思想，理解错误的是（　　）

A. 教育经费独立，不得挪为他用

B. 教育管理独立，由校长负责

C. 教育权脱离宗教而独立

D. 教育内容稳定，不受政治干扰

13. 下列选项中，不属于蔡元培的教育实践及改革措施的是（　　）

A. 担任民国第一任教育总长　　B. 开办爱国学社

C. 发起“华法教育会”　　D. 创办《青年杂志》并担任主编

14. 蔡元培任北大校长后，确立的全校最高的立法机构和权力机构为（　　）

A. 教授会　　B. 教务会　　C. 评议会　　D. 委员会

15. 在蔡元培“五育”并举的教育方针中，最为根本的是（　　）

A. 军国民教育　　B. 世界观教育　　C. 美感教育　　D. 公民道德教育

16. 蔡元培提出了“五育”并举的教育思想，他认为世界观教育的主要途径是（　　）

A. 军国民教育　　B. 实利主义教育　　C. 公民道德教育　　D. 美感教育

17. 主张“以美育代宗教”的教育家是（　　）

A. 陶行知　　B. 徐特立　　C. 杨贤江　　D. 蔡元培

18. “与其守成法，毋宁尚自然；与其求划一，毋宁展个性。”提出这一主张的教育家是（　　）

A. 张之洞　　B. 康有为　　C. 蔡元培　　D. 晏阳初

19. “治学者可谓之大学，治术者可谓之高等专门学校，二者有性质之别，而不必有年限和程度之差”体现了蔡元培北大改革中的哪一项举措？（　　）

A. 教授治校，民主管理　　B. 思想自由，兼容并包

C. 扩充文理，改变“轻学而重术”的思想　　D. 沟通文理，废科设系

20. 20 世纪 20 年代，教育及心理测量、智力测验、教育统计、学务调查在此时期的中国教育界成为流行的研究手段，这体现了（　　）

A. 教育科学化　　B. 科学平民化　　C. 教育实用化　　D. 教育个性化

21. 下列不属于新文化运动时期的教育思潮的是（　　）

A. 科学教育思潮　　B. 人文主义教育思潮　　C. 平民教育思潮　　D. 工读主义教育思潮

22. 工读主义者分为四派，其中胡适代表的是（　　）

A. 共产主义思想的知识分子　　B. 纯粹的工读主义者

C. 工学主义者　　D. 无政府主义者

23. 新文化运动促使中国现代教育观念发生了巨大的变化。坚持教育的“庶民”方向，打破以往社会有贵贱上下、劳心与劳力、治人与被治种种差别的阶级教育，令平民大众都能享有教育，体现了新文化运动促进了教育的（　　）

A. 个性化　　B. 平民化　　C. 实用化　　D. 科学化

24. 清末以来，西方的教学法开始渐次输入中国，其中输入最早的是（　　）的教学法。

A. 杜威　　B. 赫尔巴特　　C. 桑代克　　D. 帕克赫斯特

拔高特训

1. 在高等师范学校和高等专门学校不设置预科的学制是（　　）

A.“壬寅学制”　　B.“壬戌学制”　　C.“戊辰学制”　　D.“壬子癸丑学制”

2. 下列关于壬子癸丑“1912—1913 年学制”的说法中正确的是（　　）

A. 以儿童身心发展规律为依据，采用“六三三”分段标准，将学制划分为三段

B. 第一次依据我国学龄儿童的身心发展规律划分教育阶段

C. 仿照日本，是中国近代第一个资产阶级性质的学制

D. 提出两项“附则”：注重天才教育；注重特种教育

3. 胡适曾说：“中国这样广大的区域，这样种种不同的地方情形，这样种种不同的生活状况，只有五花八门的弹性学制是最适用的。”胡适这段话评价的是（　　）

A.“癸卯学制”　　B.“壬子癸丑学制”　　C.“壬戌学制”　　D.“戊辰学制”

4. 在中国教育制度发展史上，中学阶段最早兼顾升学和就业双重需要的学制是（　　）

A.“壬戌学制”　　B.“壬子癸丑学制”　　C.“癸卯学制”　　D.“戊辰学制”

5. 下列关于我国近代学制的论述，错误的是（　　）

A.“壬寅学制”是中国近代第一个以中央政府名义制定的全国性学制系统

B.“癸卯学制”是中国近代由中央政府颁布并首次得到实施的全国性法定学制系统

C. 清末学制都是仿日的学制，资产阶级革命派的学制都是仿美的学制

D. 1922 年“新学制”标志着中国近代化学制的确立，是中国教育制度的里程碑

6. 关于我国近代学制，下列说法错误的是（　　）

A.“壬寅学制”将义务教育年限设置为七年

B.“癸卯学制”将义务教育年限设置为五年

C.“壬子癸丑学制”将义务教育年限设置为四年，废除读经讲经和修身课程

D.“壬戌学制”将义务教育年限设置为四年，中学实行分科制和选科制

7. 我国经正式颁布并在全国范围内实际推行的学制中，修业年限最长的一个是（　　）

A.“壬子癸丑学制”　　B.“壬戌学制”　　C.“癸卯学制”　　D.“壬寅学制”

8. 收回教育权运动最大的实际性成果是《外人捐资设立学校请求认可办法》的颁布与执行。下列关于这一文件的描述中错误的是（　　）
A. 外人需要捐资助学时，必须到各地教育厅请求认可
B. 外人捐资设学的学校必须在名称上冠以私立字样
C. 学校的校长与副校长中至少有一人为中国人
D. 学校不得以传布宗教为宗旨

9. 从 1921 年 9 月开始，巴顿调查团对中国的基督教教育进行了调查，调查报告提出的针对教会学校发展的三条重要建议为（　　）
A. 更基督化、更有质量、更中国化　　B. 更有效率、更基督化、更有质量
C. 更有效率、更基督化、更中国化　　D. 更有效率、更有质量、更中国化

10. 收回教育权运动最终并没有结束教会教育在中国的历史，而是促使教会学校纷纷朝着更加世俗化和中国化的方向进行变革。教会学校的变革不包括（　　）
A. 向教育部立案注册　　B. 逐渐取消开设宗教课程
C. 为工农业生产提供帮助　　D. 逐渐采用国立编译馆出版的教材

11. 我国教育家蔡元培先生曾留学德国，他深受德国柏林大学改革思想的影响，并且将该影响体现在后来北京大学的改革实践中。蔡元培北京大学改革不同于洪堡柏林大学改革的是（　　）
A. 在保守氛围中进行改革　　B. 教学与科研相结合
C. 主张自由自治　　D. 各个专业地位平等

12. 蔡元培提出的根本目的是“兼采周秦诸子、印度哲学及欧洲哲学，以打破两千年来墨守孔学的旧习”的教育是（ ）
A. 军国民教育　　B. 实利主义教育　　C. 世界观教育　　D. 美感教育

13. 蔡元培认为：“无论为何种学派，苟其言之成理，持之有故，尚不达自然淘汰之命运者，虽彼此相反，而悉听其自由发展。”这句话表达的思想是（　　）
A. 思想自由，兼容并包　　B. 抱定宗旨，改变校风
C. 教授治校，民主管理　　D. 学科与教学体制改革

14. 被蔡元培形容为“介乎现象世界与实体世界之间，而为津梁”的教育是（　　）
A. 军国民教育　　B. 公民道德教育　　C. 世界观教育　　D. 美感教育

15. 平民教育思潮中以资产阶级和小资产阶级知识分子为代表的实践有（　　）
A. 毛泽东在湖南第一师范学校读书期间举办了工人夜校
B. 邓中夏发起组织了“平民教育讲演团”及负责筹备了长辛店劳动补习学校
C. 晏阳初主编了教材《平民千字课》
D. 陈独秀、李大钊、邓中夏成立中华平民教育促进总会，向全国推广平民教育

16. 下列工读主义提倡者和其观点对应正确的是（　　）
A. 匡互生——初步提出了知识分子与工农结合的思想
B. 王光圻——将工读视为实现新组织、新生活、新社会的有效手段
C. 张东荪——主张把工学作为实现民主自由、发展实业、救济中国社会的武器
D. 李大钊——将工读看成纯粹的经济问题，不承认其改造社会的功能

论述题

1. 试述蔡元培改革北大的措施和意义（对我国现代大学发展的意义）。
2. 试述 1922 年“新学制”的中学改革的特点。
3. 试述蔡元培“五育”并举的教育方针。

第十章 南京国民政府时期的教育

单项选择题

基础特训

1. 抗战期间，国民政府实施以（　　）为核心的抗战教育政策，客观上维持了教育的连续性。
   A.“战时须作平时看”　B.“民办公助”　C. 统一战线　D. 党化主义
2. 抗日战争时期，国民政府提出（　　）的口号，实施国民教育制度，使得初等教育在时局动荡中仍能维持一定发展。
   A.“教育救国”　B.“抗战建国”　C.“党化”教育　D.“三民主义”教育
3. 在“战时须作平时看”教育方针的指导下，国民政府将一批高校合并迁往陕西，其中不包括（　　）
   A. 国立北洋工学院　B. 国立中央大学　C. 国立北平大学　D. 国立北平师范大学
4. 南京国民政府遵循“战时须作平时看”的战时教育方针，抗战时期主要采取的应变措施有（　　）
   ①高校迁移　②学校国立　③建立战地失学青年招致训练委员会
   ④设置战区教育指导委员会，实施战区教育
   A. ①②　B. ①②③　C. ①③④　D. ①②③④
5. 在国民党政府的改革中，照搬外国教育行政制度而忽视中国国情，从而导致最终失败的教育管理制度是（　　）
   A. 会考制　B. 督导制　C. 大学院和大学区制　D.“戊辰学制”
6. 1927 年，国民党中央执委会根据蔡元培的建议，仿照（　　）教育行政制度模式，中央设中华民国大学院主管全国教育，地方试行大学区。
   A. 英国　B. 法国　C. 美国　D. 德国
7. 相较于“壬戌学制”，“戊辰学制”的不同之处体现在（　　）
   A. 注重学生的个性发展　B. 促进教育普及
   C. 适应民生需要　D. 提高学科标准
8. 抗日战争时期，为保存国家教育实力，国民政府将一些著名大学西迁并进行合并。组成国立西南联合大学的是国立北京大学、国立清华大学和（　　）
   A. 浙江大学　B. 同济大学　C. 天津大学　D. 私立南开大学
9. 最为集中体现国民党训育思想的纲领性文件是（　　）
   A.《青年守则》　B.《训育纲要》　C.《训育理论》　D.《党员守则》

10. 国民政府时期，(　　) 以上实行军事训练。

A. 小学　　B. 初中　　C. 高中　　D. 大学

11. 国民政府建立和完善教科书审查制度的根本目的在于 (　　)

A. 积累教材编纂经验　　B. 贯彻国民党的党义和"三民主义"精神

C. 提高教科书的质量　　D. 强调课程的统一性和规范性

拔高特训

1. 下列关于我国近代公民教育宗旨的论述，错误的是 (　　)

A. 维新派培养"新民"

B. 洋务时期提出"忠君、尊孔、尚公、尚武、尚实"

C. 民国初年，蔡元培提出"五育"并举的教育方针

D. 南京国民政府提出"三民主义"的教育方针

2. 以下哪所大学是抗战时期国民政府新建的？(　　)

A. 国立清华大学　　B. 贵州大学　　C. 云南大学　　D. 复旦大学

3. 1932 年，国民政府教育部以"系统混杂，目标分歧"为由，整顿全国中学教育，其主要措施是 (　　)

A. 中学分设初级中学和高级中学　　B. 高中分设普通科和职业科

C. 高中分设文科和理科　　D. 中学分设普通学校、师范学校和职业学校

4. 南京国民政府时期，幼稚园中采用最多的教学方法是 (　　)

A. 道尔顿制　　B. 文纳特卡制　　C. 设计教学法　　D. 葛雷制

5. 南京国民政府为了加强思想控制，实行了毕业会考制度，其中在高等教育领域，将毕业考试改为 (　　)

A. 总考制　　B. 高考制　　C. 综合考制　　D. 论文考制

6. 以下选项中，不属于蔡元培实行"大学院与大学区制"的目的的是 (　　)

A. 促使教育和学术相结合　　B. 让教育摆脱官僚的支配

C. 让教育脱离宗教而独立　　D. 实现国家和地区教育决策、实施的民主化

论述题

阅读材料，并按要求回答问题。

材料：有一所高校入学不军训，组成"湘黔滇旅行团"，暴走小半个中国，在行程三千多里的行走当中，他们真正了解了生于斯长于斯的土地和人民，他们的意志得到磨砺，心灵受到震撼，思想得以升华。这次行走成为师生的共同精神财富，"刚毅坚卓"得以成为校训。

请回答：

(1) 材料描述的是哪所学校？它的历史背景是什么？

(2) 结合实际，谈谈此次事件的意义。

第十一章　新民主主义教育的发展

单项选择题

基础特训

1. 国共合作时期的黄埔军校把（　　）放在首位。
A. 军事教育　　B. 政治教育　　C. 思想教育　　D. 干部教育

2. 下列哪所学校不是中国共产党早期创办的？（　　）
A. 湖南自修大学　　B. 鲁迅艺术学院　　C. 上海大学　　D. 农民运动讲习所

3. 抗战时期，中国共产党领导下的工农教育采用的主要教育形式是（　　）
A. 因地制宜、灵活多样　　B. 讲演　　C. 游艺　　D. 补习学校

4. 李大钊是中国共产主义运动的先驱，是中国共产党的创始人和领导人之一，也是中国马克思主义教育理论的奠基者之一。下列有关李大钊的教育思想，说法错误的是（　　）
A. 教育不仅受制于经济基础，而且受政治制约
B. 倡导工农大众教育，尤其认识到农民教育的重要性
C. 主张实行儿童公育，设立专门机构，使儿童一出生就受到良好的公共教育
D. 倡导青年教育

5. 抗日战争时期中国共产党的教育方针政策不包括（　　）
A. “民办公助”　　B. “干部教育第一，国民教育第二”
C. “实行教育与生产劳动相结合”　　D. “一切仍以维持正常教育”

6. 为适应革命战争的需要，抗日根据地的文教政策规定，将（　　）放在第一位。
A. 国民教育　　B. 干部教育　　C. 士兵教育　　D. 儿童教育

7. 以下不属于中国人民抗日军事政治大学办学方针的是（　　）
A. 坚定不移的政治方向　　B. 坚持不懈的抗战信念
C. 艰苦奋斗的工作作风　　D. 机动灵活的战略战术

8. 中国人民抗日军事政治大学是中国共产党领导下创立和发展起来的一所干部学校，其办学宗旨是（　　）
A. 理论联系实际　　B. 训练抗日救国军政领导人才
C. “团结、紧张、严肃、活泼”　　D. 军事、政治、文化并重

9. 毛泽东题词：“坚定不移的政治方向，艰苦奋斗的工作作风，加上机动灵活的战略战术，便一定能够驱逐日本帝国主义，建立自由解放的新中国。”这是为（　　）所题。
A. 中国人民抗日军事政治大学　　B. 华北人民革命大学
C. 东北军政大学　　D. 延安大学

10. 以下办学形式，不属于抗日根据地普通中小学教育的是（　　）
A. 游击小学　　B. 两面小学　　C. 民众学校　　D. 巡回小学

11. 抗日战争时期，在群众教育中最受欢迎、最普遍和最广泛的社会教育形式是（　　）

A. 识字班与夜校　　B. 识字班与半日校　　C. 夜校与民校　　D. 冬学与民校

12. 解放战争后期，解放区高等教育的发展趋势是（　　）

A. 从普通教育向干部教育转轨　　B. 从群众教育向干部教育转轨

C. 从干部教育向群众教育转轨　　D. 从干部教育向普通教育转轨

13. 下列不属于革命根据地的办学经验的是（　　）

A. 政府能力有限，不可能包办教育，办教育需要走群众路线

B. 教育为政治服务，坚持教育为革命战争和阶级斗争服务

C. 教育与生产劳动相结合

D. 训育制度与导师制度可以丰富学校管理

拔高特训

1. 以下关于恽代英的教科书改革主张，有误的是（　　）

A. 遵循自学辅导的指导思想　　B. 以演绎法编撰

C. 强调各科联系　　D. 教材组织“打破理论的次序，建立心理的次序”

2. 1921 年，毛泽东、何叔衡等在长沙办起了湖南自修大学，为中国共产党培养了许多干部，它的办学宗旨是（　　）

A. 为“改造社会”做准备　　B. 培养研究社会实际问题的革命人才

C. 办成一所“平民主义的大学”　　D. 传授革命道理

3. 以下哪项不属于黄埔军校的办学特色？（　　）

A. 贯彻“新三民主义”的办学宗旨，把政治教育放在首位

B. 实行教学与现实斗争相结合，将学生锻炼成革命军战士

C. 教学方式采取课堂讲授与课外实习、自学与集体讨论、调查研究相结合的方式

D. 纪律严明，管理规范，从严治校

4. 下列不属于革命根据地的干部学校的是（　　）

A. 鲁迅艺术文学院　　B. 中国人民抗日军事政治大学

C. 黄埔军校　　D. 陕北公学

5. 以下哪所学校不属于新民主主义革命时期的高级干部学校？（　　）

A. 国立西北联合大学　　B. 鲁迅艺术文学院　　C. 陕北公学　　D. 华北联合大学

6. 以下哪所是解放区时期创办的新大学？（　　）

A. 东北军政大学　　B. 中国人民大学　　C. 哈尔滨工业大学　　D. 华北人民革命大学

7. 苏区实施儿童教育的机构，名称有劳动小学、列宁小学、红色小学，后来一律改称为（　　）

A. 劳动小学　　B. 列宁小学　　C. 红色小学　　D. 游击小学

8. 下列关于抗日民主根据地“民办公助”的办学形式，说法错误的是（　　）

A. 普通小学如果条件许可，也可以改为民办　　B. 民办不能与公助相脱离，不能任其发展

C. 主要在抗日根据地的群众教育中实施　　D. 为了保证教育质量，统一各种民办小学的形式

论述题

论述中国共产党领导下在革命根据地实行“教育与生产劳动相结合”的基本经验。

第十二章　现代教育家的教育理论与实践

单项选择题

基础特训

1. 下列教育家中提出了“全人生指导”教育思想的是（　　）

A. 黄炎培　B. 杨贤江　C. 陶行知　D. 梁漱溟

2. 关于杨贤江的教育本质思想，下面表述正确的是（　　）

A. 教育不属于生产力

B. 教育不属于上层建筑

C. 教育既属于生产力，也属于上层建筑

D. 教育既不属于生产力，也不属于上层建筑

3. 与同时代教育家相比，杨贤江的独特建树表现在（　　）

①致力于中国的马克思主义理论建设　②撰写了《教育史 ABC》《新教育大纲》两部著作

③提出了“全人生指导”的青年教育思想　④创造性地阐述了教育本质问题

A. ①②　B. ①②③　C. ②③④　D. ①②③④

4. 杨贤江提倡“全人生的指导”，其中占核心地位的是（　　）

A. 生活观指导　B. 人生观指导　C. 学习观指导　D. 政治观指导

5. 1913 年，黄炎培发表《学校教育采用实用主义之商榷》一文，深刻反思“癸卯学制”颁行以来中国教育发展的问题，提出必须（　　）

A. 改革普通教育　B. 发展师范教育　C. 扩大高等教育　D. 推进社会教育

6. 下列关于黄炎培及其职业教育思想的说法，错误的是（　　）

A. 职业教育在于“谋个性之发展，为个人谋生之准备，为个人服务社会之准备，为国家及世界增进生产力之准备”

B. 黄炎培认为职业教育应当补充普通教育的缺陷，合并成为一个教育系统

C. 黄炎培认为职业教育的目的是“使无业者有业，使有业者乐业”

D. 黄炎培认为职业教育的方针是社会化和科学化

7. 我国活动时间最长的人民教育团体是（　　）

A. 山海工学团　B. 晓庄学校　C. 中华职业教育社　D. 育才学校

8. 黄炎培把职业道德教育的基本要求概括为（　　），并以之为中华职业学校的校训。

A. 谋生济人　B. 敬业乐群　C. 爱国崇实　D. 奉献社会

9. 我国近代以来最早提出中国化的职业教育思想，并被誉为我国“职业教育之父”的教育家是（　　）

A. 黄炎培　　B. 杨贤江　　C. 陶行知　　D. 梁漱溟

10. “在全国人民没有知识力、生产力、强健力和团结力以前，随你用什么办法来号召都是不成的。”所以晏阳初认为头痛医头脚痛医脚，贴膏药式的方法是行不通的，必须采取“救国救民的唯一办法”即（　　）

A. 平民教育　　B. “生活教育”　　C. 实用教育　　D. 训育教育

11. 在乡村教育中，主持了中华平民教育促进总会所进行的河北定县乡村教育实验的教育家是（　　）

A. 梁漱溟　　B. 陶行知　　C. 晏阳初　　D. 费孝通

12. 晏阳初认为“四大教育”是连锁的，不是孤立的，其中最根本的是进行（　　）

A. 文艺教育　　B. 生计教育　　C. 卫生教育　　D. 公民教育

13. 晏阳初认为，中国农村问题千头万绪，但基本可以用“愚”“穷”“弱”“私”这四个字来代表。据此，他提出了著名的“四大教育”理论，其中，解决“愚”这一问题的是（　　）

A. 生计教育　　B. 卫生教育　　C. 文艺教育　　D. 公民教育

14. 梁漱溟在山东邹平、菏泽两县设立的乡农学校性质上属于（　　）

A. 农业职校　　B. 农民夜校

C. 教育与行政合一机构　　D. 教育与军事合一机构

15. 梁漱溟的乡村建设理论是从寻找中国问题的病因入手的。其著作《村学乡学须知》是立足于（　　）而编写的。

A. 西学　　B. 自然科学　　C. 传统道德　　D. 社会科学

16. 下列哪位教育家参与创办了山东乡村建设研究院？（　　）

A. 晏阳初　　B. 黄炎培　　C. 梁漱溟　　D. 陶行知

17. 20 世纪 20 年代的“活教育”实验，探索了中国化的学前教育思想，该思想是由（　　）提出的。

A. 黄炎培　　B. 晏阳初　　C. 梁漱溟　　D. 陈鹤琴

18. 陈鹤琴赋予“现代中国人”健全的身体、建设的能力、创造的能力、（　　）、有服务的精神的要求。

A. 能够合作　　B. 自治的能力　　C. 反思的能力　　D. 批判的能力

19. （　　）是“活教育”教学的第一步。

A. 实验观察　　B. 阅读思考　　C. 创作发表　　D. 批评研讨

20. 陈鹤琴创办了我国最早的幼儿教育中心，就是（　　）

A. 鼓楼幼稚园　　B. 江西省立实验幼稚师范学校

C. 山海工学团　　D. 育才学校

21. 著名教育家陈鹤琴将“活教育”的教学过程分为四个步骤，分别为实验观察、阅读思考、创作发表和批评研讨。下列对“批评研讨”的理解最为准确的是（　　）

A. 教师之间相互讨论，相互批评，总结教学经验

B. 学生要在每一次创作发表后进行自我反思

C. 教师督促学生时时进行自我检讨

D. 师生共同研讨，总结学习成果

22. 20 世纪 20 年代，我国第一所具有实验性质的幼儿教育机构是（　　）

A. 燕子矶幼稚园　　B. 香山慈幼院　　C. 集美幼稚园　　D. 鼓楼幼稚园

23. 陶行知以种田为例指出："种田这件事，要在田里做，就要在田里学，也要在田里教。"他的教学主张中与此相呼应的是（　　）

A. "事怎样教便怎样学，怎样学便怎样做"　　B. "从做中学"

C. "做中教、做中学、做中求进步"　　D. "教学做合一"

24. 陶行知推动了"科学下嫁运动"，实行了"小先生制"等教育方法，目的是进行（　　）

A. 普及教育　　B. 儿童教育　　C. "生活教育"　　D. 创造教育

25. 人民教育家陶行知为了收容战争中流离失所的难童，培养有特殊才能的幼苗，在重庆创办（　　），苦心兴学，培养了一批艺术人才。

A. 晓庄学校　　B. 联合小学　　C. 平民小学　　D. 育才小学

26. 被誉为"一个无保留追随党的党外布尔什维克"的民主教育家是（　　）

A. 陶行知　　B. 黄炎培　　C. 晏阳初　　D. 梁漱溟

27. 陶行知创立"小先生制"的主要目的在于（　　）

A. 解决普及教育的师资问题　　B. 培养学生的创造精神

C. 发挥优秀学生的帮扶作用　　D. 尽早完成儿童的社会化

28. 陶行知创办的学校中实行"艺友制"的是（　　）

A. 晓庄学校　　B. 山海工学团　　C. 育才学校　　D. 自然科学园

29. 陶行知认为，如果"过的是少爷生活，虽天天读劳动的书籍，不算是受着劳动教育；过的是迷信生活，虽天天听科学的演讲，不算是受着科学教育……"，为了解决这种问题，陶行知提出（　　）

A. 生活含有教育的意义　　B. 实际生活是教育的中心

C. 学校含有社会的意味　　D. 社会含有学校的意味

30. 下列关于陶行知教育思想的论述，不正确的是（　　）

A. "教学做合一"指对注入式教学法的否定

B. "六大解放"指解放儿童的头脑、双手、嘴、眼睛、时间和空间

C. "教学做合一"指怎么教的就怎么学，怎么学的就怎么做

D. "社会即学校"指拆除学校围墙，在社会中创建学校

拔高特训

1. 下列关于杨贤江对教育本质的看法中，表述错误的是（　　）

A. 教育取决于经济基础，又反作用于经济基础

B. 反对"教育万能""教育救国""先教育后革命"等论点

C. 在当前的社会中，教育是"社会的上层建筑之一"

D. 在阶级社会中，教育是"社会所需要的劳动领域之一"

2. 杨贤江对青年的生活提出了很多指导性意见，他认为，完美的青年生活是多方面的。其中"科学、文艺、语言、常识、游历等的研究和欣赏活动，可促进社会进步"属于下列哪一活动？（　　）

A. 体育生活　　B. 职业生活　　C. 社会生活　　D. 学艺生活

3. 以下教育家中，均批评“教育救国”论的是（　　）

A. 李大钊、蔡元培、晏阳初　　B. 李大钊、恽代英、杨贤江

C. 蔡元培、晏阳初、杨贤江　　D. 恽代英、杨贤江、蔡元培

4. 黄炎培将（　　）视为“职业教育机关唯一的生命”。

A.“为群众服务”　　B. 社会化　　C.“正统的”　　D. 科学化

5. “充分依靠教育界、职业界的各种力量，尤其是校长要擅长联络、发挥社会各方面力量。”这属于黄炎培职业教育社会化的哪一方面？（　　）

A. 办学宗旨的社会化　　B. 培养目标的社会化　　C. 办学组织的社会化　　D. 办学方式的社会化

6. 在中国率先运用心理测验的手段进行职业学校招生，倡导根据学生的心理性向确定其所适宜从事的专业的人是（　　）

A. 黄炎培　　B. 陶行知　　C. 杨贤江　　D. 梁漱溟

7. 关于晏阳初乡村教育里的“三大方式”教育，以下说法不正确的是（　　）

A. 学校式教育以学校为基本途径，是推进乡村平民教育集中而有效的组织形式

B. 社会式教育要由社会教育部负责组织实施，平民学校同学会负责开展各项活动

C. 家庭式教育是把家庭地位不同的成员组织起来，进行与其家庭角色相一致的教育

D. 从三者关系来看，学校教育起主导作用，社会教育起辅助作用，家庭教育起推广作用

8. 下列有关晏阳初的教育主张，不正确的是（　　）

A. 晏阳初提出“农民科学化，科学简单化”的平民教育目标

B. 晏阳初作为一个教育救国论者，不可能认识到中国农村问题产生的根源

C. 晏阳初的乡村建设作为社会改革运动，实际上是一个不彻底的资本主义运动

D. 晏阳初在认识到社会问题的根源是阶级压迫和剥削的基础上提出乡村教育

9. 梁漱溟在乡村教育改革中，将乡农学校的办学原则表述为“政、教、养、卫合一”。下列教育思想或措施中，和这一原则有相同目的的是（　　）

A.“五育”并举的教育方针　　B. 鼓楼幼稚园的创办

C. 大学院与大学区制　　D.“小先生制”

10. 运用兴趣迁移原理，杜绝不良兴趣，并将已发生的不良兴趣引导到积极方面。这体现的是陈鹤琴教学论中所提倡的（　　）

A. 暗示教学法　　B. 比较教学法　　C. 替代教学法　　D. 生活教学法

11. 陈鹤琴是我国近代学前儿童教育理论与实践的开创者，研究总结提出了“活教育”思想体系，在“活教育”的课程论中，陈鹤琴主张采取符合儿童身心发展的活动中心和活动单元体系——“五指活动”，其中不包括（　　）

A. 儿童健康活动　　B. 儿童语文活动　　C. 儿童科学活动　　D. 儿童社会活动

12. 下列关于陈鹤琴总结归纳的“活教育”思想，说法错误的是（　　）

A.“活教育”教学的四个步骤：实验观察、阅读思考、创作发表和批评研讨

B. 在“活教育”教学的四个步骤中最重要的是批评研讨

C.“做中教，做中学，做中求进步”，是“活教育”教学方法的基本原则

D.“大自然、大社会都是活教材”，是陈鹤琴对“活教育”课程论的概括表述

13. 下列有关陈鹤琴对幼儿教育和儿童教育的探索，说法不正确的是（　　）

A. 20 世纪 20 年代，陈鹤琴对长子陈一鸣进行了追踪研究，探索儿童心理发展及教育规律

B. 20 世纪 20 年代，他创办了中国第一所实验幼稚园——鼓楼幼稚园

C. 尊重儿童，创办“儿童自动学校”，认为小孩儿也能做大事

D. 创办了《活教育》杂志，标志着“活教育”理论和运动的形成

14. 下列不属于陈鹤琴的儿童教育思想的是（　　）

A. 书本知识可以作为参考资料　　B. 需要按学科逻辑组织课程体系

C. 学生在教学活动中具有主体性　　D. 学生直接在自然与社会中学习

15. 中国幼儿教育在起步阶段，多模仿国外做法，如幼稚园多采用西方的设计教学法，办园形式以半日制为主，很少有符合本国国情的举措。陶行知形象地批判中国的幼儿教育害了三种病：外国病、花钱病和（　　）

A. 富贵病　　B. 攀比病　　C. 贫穷病　　D. 功利病

16. 下列关于陶行知和陈鹤琴的教育思想，说法错误的是（　　）

A. 二者的理论都是受杜威实用主义教育思想影响，并结合中国教育实际而形成

B. 二者的理论都反对课堂中心和学校中心，强调教育与社会生活和大自然的联系

C. 二者都重视书本教育的核心地位

D. 二者都重视直接经验的价值

论述题

1. 试论黄炎培的职业教育思想。
2. 试述晏阳初和梁漱溟所提出的乡村教育方案，并比较他们乡村教育理论的异同。
3. 试论陶行知的“生活教育”和陈鹤琴的“活教育”及二者的共同特点。/ 试论陶行知的“生活教育”和陈鹤琴的教育思想的内容和差别。
4. 试论陈鹤琴的教育思想及其当代价值。
5. 试述陶行知的“生活教育”思想及其当代价值。
6. 论述杨贤江的“全人生指导”教育思想。

中国教育史综述题特训

1. 有观点认为，春秋战国时期的教育思想体现出平等精神。请依据实例，对这种观点进行分析。
2. 试比较孔子、孟子、荀子、墨子的教育作用观。
3. 春秋战国时期是一个私学发展的时代，也是一个百家争鸣的时代。请从人性论、教育目的、教育内容三个角度论述孟子、荀子、墨子对孔子教育思想的看法。
4. 孔子、荀子、《中庸》对学习过程的论述。
5. 论述中国古代教育家的教师观及其“尊师重道”的思想。
6. 从白鹿洞书院、东林书院、漳南书院看我国古代书院教育的特点。
7. 试论科举制度的发展过程及其影响。

8. 梁启超说："近五十年来，中国人渐渐知道自己的不足了……第一期，先从机器上感觉不足……上海制造局等渐次建立起来。……第二期是制度上感觉不足……第三期便从文化上感觉不足。"试论这句话描述的"三期教育"的演变过程及其改革措施与改革思想。
9. 评述民国初年至20世纪20年代末的学制改革。
10. 试从教育思想、制度、实践三个方面，说明新文化运动时期民主思想在当时中国教育领域里的体现。
11. 论述民国时期的乡村教育发展及其对当代教育的启示。
12. 新文化运动时期，美国著名教育家杜威来到中国。两年后，他离开时，胡适写道："我们可以说，自从中国与西洋文化接触以来，没有一个外国学者在中国思想界的影响有杜威先生这样大的。我们还可以说，在最近的将来几十年中，也未必有别个西洋学者在中国的影响可以比杜威先生还大的。"请从教育制度、教育思想和教育实践三个角度，论述杜威的教育思想对民国时期的中国教育发展的影响。

第二部分　外国教育史

第一章　东方文明古国的教育

单项选择题

易错题讲解

基础特训

1. 古代巴比伦时期出现的人类历史上最早的学校被称为（　　）
   A. 泥板书舍　B. 古儒学校　C. 昆它布　D. 堂区学校
2. 在泥板书舍中，教师被称为（　　）
   A. “校父”　B. “大兄长”　C. “专家”　D. “校子”
3. 古代埃及的教育较为发达，与其他国家相比，其教育制度较为完善，学校种类也更多一些，其中着重学习科学知识的是（　　）
   A. 宫廷学校　B. 僧侣学校　C. 职官学校　D. 文士学校
4. 古代埃及的文字是写在（　　）上的。
   A. 纸草　B. 泥板　C. 棕榈树叶　D. 竹简
5. 以“古儒学校”为教育形式，教师被称为“古儒”的古代印度教育是（　　）
   A. 佛教学校教育　B. 佛教家庭教育　C. 婆罗门学校教育　D. 婆罗门家庭教育
6. （　　）是古代印度婆罗门教育主要的学习内容。
   A.《古兰经》　B.《吠陀》经　C.《金刚经》　D.《论语》
7. 古代希伯来人将教育当作神圣的事业，教育工作者受到尊重，在学校的教育中，古代希伯来的教师被称为（　　）
   A. “文士”　B. “拉比”　C. “比丘”　D. “古儒”
8. 古代希伯来的初等教育的特点不包括（　　）
   A. 教育具有普及性　B. 不教授世俗知识
   C. 教育鼓励发问　D. 普遍形成尊师的风尚
9. 下列各东方文明古国的学校中，不进行宗教教育的是（　　）
   A. 古儒学校　B. 寺院学校　C. 僧侣学校　D. 泥板书舍
10. 下列关于东方文明古国的教育特点，说法错误的是（　　）
    A. 教育对象按等级、门第被安排进入不同的学校
    B. 教育内容较为丰富，但宗教色彩浓厚
    C. 教育机构种类繁多，学校教育与家庭教育并行
    D. 教学方法突出灵活，但常常采用体罚

拔高特训

1. 在古代巴比伦的泥板书舍中，教师和学生分别被称为（　　）

A. 专家和弟子　　B. 校父和校子　　C. 专家和校子　　D. 大兄长和弟子

2. 古代巴比伦是最初的学校教育的摇篮，也是人类正式教育的起点，下列关于其教育方面的描述，正确的是（　　）

A. 教师在教学时鼓励儿童发问，认为不善发问就不善学习

B. 教师常常利用年长儿童充当助手，由助手协助教师把知识传给一般儿童

C. 已经开始出现分级教育，寺庙学校教育分为初级和高级两级

D. 书写和计算是基本的教学内容，其中训诫是主要的书写内容

3. 古代印度的古儒学校采取的独特的教育方法是（　　）

A. 学生观察教师的操作，然后临摹，最后由教师指点和纠错

B. 年长儿童充当助手，由助手协助教师把知识传给一般儿童

C. 鼓励儿童发问，认为不善发问就不善学习

D. 教师讲解佛经与学生独立钻研相结合

4. 下列有关古代埃及教育的表述，正确的是（　　）

A. 古代埃及没有自己的文字，使用的是古代巴比伦的楔形文字

B. 古代埃及在天文学、数学、医学和建筑学方面都有很大的进步

C. 古代埃及教学方法的特点是注重学生的理解和练习

D. 古代埃及的学校主要有两种：宫廷学校和僧侣学校

5. 关于古代印度的婆罗门教育和佛教教育的共同点，下列描述不正确的是（　　）

A. 教育目的和人生目的统一，主要是一种道德陶冶

B. 内容大多是消极的、遁世的，缺乏积极的因素

C. 在一定程度上阻碍了印度社会的变革，也阻碍了科学的发展

D. 均带有强烈的贵族性

6. 下列关于古代希伯来教育的表述，正确的是（　　）

A. 在家庭教育中父亲有权惩戒和体罚子女，儿童地位较低

B. 家长教授子女简单的文化知识以及职业技能

C. 初等教育较为普及，6～10 岁的男女儿童都能接受教育

D. 学校教育重视宗教神学和人文知识的传授

7. 下列属于古代东方国家世俗学校的是（　　）

A. 泥板书舍　　B. 古儒学校　　C. 犹太会堂　　D. 僧侣学校

8. 下列关于东方文明古国教育内容的描述，正确的是（　　）

A. 古代印度的教育内容为《圣经》

B. 古代埃及的学校是泥板书舍

C. 古代希伯来的教育内容为《密西拿》与《革马拉》

D. 古代巴比伦的教育内容无法考证

9. 下列关于东方文明古国的教育，描述错误的一项是（　　）
   A. 古代巴比伦盛行体罚，教育目的主要是培养书吏
   B. 古代埃及学校等级森严，多用灌输与体罚的教育方法
   C. 古代印度教育宗教性强，教育目的只维持种姓等级和宗教意识
   D. 古代希伯来崇尚民主，鼓励学生发问

论述题

论述古代东方文明古国教育的共同特点。

第二章　古希腊教育

单项选择题

基础特训

1. 下列选项中，体现了古希腊荷马时期教育特点的是（　　）
   A. 出现了制度化的教育　　B. 进行集体授课
   C. 培养足智多谋的武士　　D. 不重视道德教育
2. 斯巴达的教育目的是要把贵族子弟培养成（　　）
   A. 身心和谐的公民　　B. 英明的治国者　　C. 保家卫国的战士　　D. 雄辩家
3. 古希腊智者派所确立的“前三艺”不包括（　　）
   A. 修辞学　　B. 音乐　　C. 文法　　D. 辩证法
4. 下列不属于智者派教育特征的是（　　）
   A. 相对主义　　B. 感觉主义　　C. 理想主义　　D. 怀疑主义
5. 古希腊的希腊化时期，教育传向了周边地区，促进了东西方文化的融合。这一时期教育的主要特点是（　　）
   A. 重视知识教育，忽视美育和体育　　B. 重视美育，忽视知识教育和体育
   C. 重视体育，忽视知识教育和美育　　D. 重视美育和体育，促进和谐发展
6. 苏格拉底认为教育的培养目标是（　　）
   A. 哲学家　　B. 治国人才　　C. 公民　　D. 军人
7. 苏格拉底提出了西方最早的启发式教学法——“产婆术”。其中，“帮助学生从具体事物中找到共性和本质”的步骤是（　　）
   A. 讥讽　　B. 助产　　C. 归纳　　D. 定义
8. 苏格拉底是西方哲学史上从自然哲学走向伦理哲学的重要思想家。在伦理道德范畴上，苏格拉底主张（　　）
   A. 知识即美德　　B. 道德不可教　　C. 道德难以归纳和概括　　D. 道德内容难以确定

9. 古希腊时期，被视为雅典第一个永久性的高等教育学府，并对中世纪大学的形成和发展产生重要影响的是（　　）

A. 吕克昂学园　B. 学园　C. 修辞学校　D. 文法学校

10. 认为“美德就是适度，恰如其分，恰到好处”的是（　　）

A. 苏格拉底　B. 柏拉图　C. 亚里士多德　D. 毕达哥拉斯

11. 亚里士多德将人的灵魂分为三部分，其中表现为人的本能、情感、欲望的是（　　）

A. 人的灵魂——理性的部分　B. 动物的灵魂——理性的部分

C. 动物的灵魂——非理性的部分　D. 感觉的灵魂——理性的部分

12. 教育史上第一个对教育进行年龄分期的是（　　），他的这种年龄分期的依据是（　　）

A. 柏拉图；教育适应人的自然天性发展　B. 亚里士多德；教育适应人的自然天性发展

C. 柏拉图；灵魂论　D. 亚里士多德；灵魂论

拔高特训

1. 斯巴达、雅典是古希腊最具代表性的城邦，斯巴达城邦教育有别于雅典城邦教育的主要表现是（　　）

A. 教育方法更加温和，具有民主色彩　B. 重视体、智、德、美和谐发展

C. 培养身心和谐发展的国家公民　D. 重视女子教育

2. 下列关于古希腊的教育，说法正确的是（　　）

A. 斯巴达重视军事体育，忽视文化、道德等教育

B. 雅典高度重视教育，国家负责公民子女 7～20 岁的教育

C. 斯巴达和雅典实行严格的体检制度，即由长老代表国家检查新生儿的体质情况

D. 青年军事训练团是斯巴达、雅典以及其他古希腊城邦都有的一种军事训练学校

3. 古希腊时期，一个 14 岁的雅典城邦青年可能接受学习的地方是（　　）

A. 体育馆　B. 青年军事训练团　C. 体操学校　D. 国家教育机构

4. 下列有关智者派的描述，错误的是（　　）

A. 以教书为职业并且收取学费　B. 教学以“三艺”为主，不教自然科学

C. 教人学会从事政治活动的本领　D. 重视实际利益及其个人主义取向

5. 下列关于古希腊智者派与中国士阶层的教育活动，描述错误的是（　　）

A. 都是在社会动荡、争霸时期出现的群体

B. 都创办私学，收费授徒，促进教师成为一个专门的职业

C. 教育内容都十分丰富，但轻视科技知识

D. 都著书立说，开展学术研究，丰富和传播各种思想观念

6. 苏格拉底认为“一切德行的基础”是（　　）

A. 智慧　B. 勇敢　C. 自制　D. 守法

7. 东方和西方都产生了最早的启发式教学法，表现为孔子的启发诱导和苏格拉底的“产婆术”。下列关于这两种启发式教学法的描述，不正确的是（　　）

A. 在教育对象上，前者适用于任何人，后者适用于有知识基础和思考能力的成年人

B. 在具体方法上，前者是启迪性回答，后者是无穷尽地追问学生，再帮助学生总结

C. 在思维方式上，前者是归纳法，后者是演绎法

D. 在师生对话上，前者是教师被动回答，后者是教师主动提问

8. 规定“不懂几何者莫入”的学校是（ ）

A. 学园　B. 吕克昂　C. 雄辩术学校　D. 文法学校

9. 柏拉图是古希腊杰出的教育家和思想家。关于柏拉图，下列说法错误的是（ ）

A. 柏拉图是西方国家最早提出学前教育的人　B. 柏拉图是最早提出双语教育问题的教育家

C. 柏拉图是最早提倡“寓学习于游戏”的人　D. 柏拉图最早将考试与选拔人才联系在一起

10. 认为“教育要培养人从可见世界上升到可知世界，也就是转离变化着的感性世界、现象世界，看到真理、本质、共相，认识最高的理念——善”的是（ ）

A. 苏格拉底　B. 柏拉图　C. 亚里士多德　D. 毕达哥拉斯

11. 下列关于柏拉图的教育思想，说法错误的是（ ）

A. 柏拉图的《理想国》是教育史上三个里程碑式的著作之一

B. 柏拉图最早提出教育效法自然的原理

C. 柏拉图创办了西方最早的高等教育机构

D. 柏拉图确定了“四艺”的课程体系

12. 下列关于亚里士多德的自由教育，说法正确的是（ ）

A. 自由教育是和谐教育　B. 自由教育的教育内容是自由学科

C. 自由教育的根本目的是进行职业准备　D. 自由教育是自由自在的教育

13. 亚里士多德认为，“一个人生来就是人，而不是其他动物，并且其身心必定有某种特性”。亚里士多德认为人成为人的三个因素是（ ）

A. 自然、环境、教育　B. 自然、习惯、教育

C. 天性、习惯、理性　D. 环境、教育、理性

14. 下列关于“古希腊三哲”思想的共同观点，错误的是（ ）

A. 都注重和谐教育　B. 都肯定教育对人和社会的作用

C. 都把自己的教育思想付诸实践　D. 都注重实践道德

15. 关于古希腊教育家的教育思想，下列论述正确的是（ ）

A. 智者派提出了德智统一观　B. 苏格拉底是第一个试图讲授道德的人

C. 柏拉图最早提出了道德可教　D. 亚里士多德最早提出了实践道德

论述题

1. 论述斯巴达和雅典的教育的异同及启示。

2. 试论“苏格拉底方法”（“产婆术”）及其在实践中的应用 / 启示。

3. 请分析西方古希腊苏格拉底的教育思想与中国孔子的教育思想的异同。

第三章　古罗马教育

单项选择题

基础特训

1. 下列不属于古罗马共和时期的学校的是（　　）
A. 堂区学校　B. 修辞学校　C. 雄辩术学校　D.“卢达斯”

2. 古罗马共和早期的培养目标主要是（　　）
A. 演说家　B. 官吏和顺民　C. 农民和军人　D. 公民

3. 古罗马共和后期的培养目标主要是（　　）
A. 演说家　B. 官吏和顺民　C. 农民和军人　D. 公民

4. 古罗马共和后期主要的教育形式是（　　）
A. 家庭教育　B. 私立教育　C. 国立教育　D. 专科教育

5. 古罗马共和时期的家庭教育是以（　　）为核心的。
A. 道德—公民教育　B. 农民—道德教育　C. 知识—道德教育　D. 知识—公民教育

6. 下列关于古罗马帝国时期的教育描述正确的一项是（　　）
A. 只有国立教育，没有私立教育　B. 只培养官吏和顺民，不再培养雄辩家
C. 教学内容上更重视实用科目　D. 拉丁语学校压倒希腊语学校

7. 公元 4 世纪末基督教被定为合法的国教，其最早的教育活动以成人为主要教育对象。为年轻的基督教学者提供深入研究基督教理论的场所是（　　）
A. 初级教义学校　B. 高级教义学校
C. 君士坦丁堡大座堂学校　D. 堂区学校

8. “一个名副其实的雄辩家，必须能够就眼前任何问题、任何需要运用语言艺术阐述的问题进行演说，以规定的模式，脱离讲稿，伴以恰当的姿势，得体、审慎地进行演说。”这句话出自（　　）
A. 夸美纽斯　B. 西塞罗　C. 昆体良　D. 奥古斯丁

9. “如果以雄辩的才能去支持罪恶，那么无论是从私人的还是从公众的角度看，没有什么东西比雄辩术更有害的了，……如果不是善良的人，就决不能成为雄辩家。”这句话出自（　　）
A. 西塞罗　B. 昆体良　C. 毕达哥拉斯　D. 亚里士多德

10. “最要紧的是要特别当心不要让儿童在还不能热爱学习的时候就厌恶学习。”“要使最初的教育成为一种娱乐。”这两句话出自教育家（　　）
A. 卢梭　B. 杜威　C. 昆体良　D. 洛克

拔高特训

1. 关于古罗马各时期的教育特点，下列描述正确的是（　　）
A. 共和早期主要进行私立教育
B. 共和后期的高等学校主要为修辞学校或雄辩术学校
C. 帝国时期的教育目的是培养雄辩家
D. 帝国时期没有私立教育，取而代之的是国立教育

2. 关于帝国时期的古罗马教育，下列说法正确的是（　　）
A. 教育目的是培养优秀的雄辩家或演说家　　B. 高等教育机构最主要的是拉丁修辞学校
C. 大部分初等学校由私立改为国立　　D. 基督教教育在这一时期始终受到迫害

3. 下列哪一项体现了古希腊教育对古罗马教育的影响？（　　）
A. 法律是学生必须学习的重要内容　　B. 把希腊语作为唯一的教育语言
C. 由非正规教育向正规教育转变　　D. 家庭教育成为最主要的教育形式

4. 昆体良高度评价教育在人的形成中的巨大作用，认为一般的人都是可以通过教育培养成人的。下列关于昆体良的教育思想，描述错误的是（　　）
A. 学校教育优于家庭教育　　B. 第一次提出了双语教育问题
C. 雄辩家宣扬正义和德行　　D. 选择教师的第一要义是有广博的知识

5. 昆体良是教育史上第一个教学理论家，下列教学观与其见解不符的是（　　）
A. 因材施教　　B. 教学适度　　C. 适当体罚　　D. 启发诱导

6. 著名教育家西塞罗和昆体良都主张培养雄辩家，二者的相同点是（　　）
A. 注重学习哲学　　B. 注重培养雄辩家的道德素养
C. 注重教学法　　D. 注重学习广博的知识与技能

论述题

论述昆体良的教育思想以及与西塞罗教育思想的不同之处。

第四章　西欧中世纪教育

单项选择题

基础特训

1. 在中世纪时期，西欧教育当中最典型的教育类型是（　　）
A. 教会教育　　B. 骑士教育　　C. 宫廷学校　　D. 城市学校

2. （　　）是中世纪最典型的教会教育机构。
A. 主教学校　　B. 修道院学校　　C. 耶稣会学校　　D. 堂区学校

3. 宫廷学校采用的教学方法主要是（　　）
A. 练习法　B. 谈话法　C. 问答法　D. 讨论法

4. 骑士教育的实施分为三个阶段。儿童七八岁以后，贵族之家按其等级将儿子送入高级贵族的家中充当侍童，侍奉主人和贵妇。这是进入了（　　）阶段。
A. 家庭教育　B. 礼文教育　C. 侍从教育　D. 社会教育

5. 骑士教育是西欧中世纪封建社会一种特殊的（　　）形式。
A. 社会教育　B. 学校教育　C. 家庭教育　D. 教会教育

6. 迎合新兴市民阶层需要，培养手工业、商业人才，打破教会对学校教育事业独占权的一类学校是（　　）
A. 城市学校　B. 文法学校　C. 实科学校　D. 世俗学校

7. 中世纪时期，新兴市民阶层开办了中世纪大学和城市学校。下列关于城市学校的性质，说法不正确的一项是（　　）
A. 初等教育性质　B. 世俗性质　C. 宗教性质　D. 职业性质

8. 13 世纪以后，中世纪大学的课程趋向统一，其中（　　）属大学预科，一般课程为六年。学生结束学习后分别进入其他学院学习有关专业课程。
A. 文学院　B. 法学院　C. 神学院　D. 医学院

9. 西方学位制度最早起源于（　　）
A. 中世纪　B. 文艺复兴时期　C. 宗教改革时期　D. 19 世纪

10. 中世纪大学在教学方法上主要采取的是（　　）
A. 自学辅导　B. 演讲和辩论　C. 示范和模仿　D. 实践和练习

拔高特训

1. 中世纪时期，一位接受家庭教育的 18 岁贵族青年最有可能正在学习的是（　　）
A. 宗教与健康知识　B. 文法与修辞　C. 游泳与打猎　D. 行为规范及军事训练

2. 中世纪教育相对于古希腊、古罗马时期的教育最大的特点是（　　）
A. 学术性　B. 宗教性　C. 等级性　D. 职业性

3. 下列关于中世纪大学的说法，错误的是（　　）
A. 中世纪大学创建之初，教学内容和课程一般由各大学教师自定
B. 大学毕业后，可最先取得学士学位
C. 在中世纪大学主要的四个学院中，文学院是一种预备性质的机构
D. 中世纪大学教学受经院哲学的影响很深

4. 下列关于城市学校的说法，错误的是（　　）
A. 城市学校的教育具有世俗性、实用性、民族性的特点
B. 城市学校在发展初期得到了教会的大力支持
C. 城市学校的领导权逐渐由行会转移至市政当局的手中
D. 城市学校的兴起与发展，促进了资本主义生产的发展

5. 下列各学校中不属于西欧中世纪学校的是（　　）

A. 波隆那大学　　B. 基尔特学校

C. 君士坦丁堡大学　　D. 法兰克王宫的宫廷学校

6. （　　）是中世纪最典型的教会教育机构，（　　）是新兴市民阶层兴起后最主要的教育机构。

A. 主教学校；城市学校　　B. 教区学校；中世纪大学

C. 修道院学校；城市学校　　D. 慈善学校；中世纪大学

7. 下列关于西欧中世纪的教育，说法错误的是（　　）

A. 该阶段的智力成就低于欧洲历史上任何时期，教育发展是停滞不前或倒退的

B. 建立了以修道院为中心的学术和教育制度，并保留了一些学术书籍

C. 城市学校具有一定的职业训练的性质

D. 中世纪大学为西方高等教育的发展打下了初步基础

8. 下列关于各个时期教育内容的描述，不正确的是（　　）

A. 中世纪——“七艺”——文法、修辞、辩证法、算术、几何、天文、音乐

B. 中世纪——“骑士七技”——骑马、游泳、投枪、击剑、打猎、弈棋、吟诗

C. 古罗马——“五项竞技”——赛跑、跳跃、摔跤、掷铁饼、投标枪

D. 古代中国——“六艺”教育——礼、乐、射、御、书、数

论述题

论述中世纪大学的兴起原因、特点和意义 / 影响。

第五章　文艺复兴与宗教改革时期的教育

单项选择题

基础特训

1. 人文主义教育的核心是（　　）

A. 肯定人的价值　　B. 尊崇感性　　C. 推崇来世享受　　D. 推崇思想保守

2. 文艺复兴时期，人文主义者提出全人思想，下列对全人思想的特征描述不正确的是（　　）

A. 反对禁欲主义，肯定人的自然本性和现实生活

B. 追求个性解放，实现个人理想

C. 主张人生而平等，批判等级制度

D. 主张培养体力劳动与脑力劳动相结合的人

3. 人文主义教育家维多里诺创办的学校是（　　）

A. 儿童之家　　B. 贫儿之家　　C. 乡村教育之家　　D. 快乐之家

4. 弗吉里奥是率先阐述人文主义教育思想的学者，其思想大大受益于（　　）
A. 柏拉图　　B. 西塞罗　　C. 昆体良　　D. 亚里士多德
5. 主张基督教与人文主义并重，即人文主义基督教化、基督教人文主义化的教育家是（　　）
A. 伊拉斯谟　　B. 斯图谟　　C. 奥古斯丁　　D. 弗吉里奥
6. 在人文主义者看来，培养美德最好的方式是（　　）
A. 学习圣经　　B. 学习神学　　C. 学习古典文化　　D. 学习自然科学
7. 宗教改革中，主张将教会权力置于国家之下，由国家办教育的是（　　）
A. 路德派　　B. 加尔文派　　C. 英国国教派　　D. 天主教
8. 加尔文派在教育权的问题上，主张（　　）
A. 教会至高无上，教育只需要由教会负责　　B. 国家应取代教会办教育
C. 国家和教会合作办教育　　D. 教育权既不属于教会也不属于国家
9. 英国国教教育改革的目的是（　　）
A. 国家掌握教育权　　B. 教会掌握教育权
C. 国家和教会联合起来办教育　　D. 教育独立于国家和教会
10. 下列有关耶稣会学校的教学方式，描述不正确的是（　　）
A. 采用了寄宿制和全日制　　B. 经常使用体罚
C. 采取分班教学的模式　　D. 提倡温和纪律、爱的管理方式
11. 人文主义教育与中世纪教育的根本区别是（　　）
A. 宗教性　　B. 科学性　　C. 贵族性　　D. 世俗性

拔高特训

1. 下列关于文艺复兴时期的人文主义教育的说法，错误的是（　　）
A. 人文主义教育具有古典性，但并非全盘复古，而是古为今用
B. 人文主义教育具有平民性，其教育对象主要面向世俗民众
C. 人文主义教育具有人本性，注重人的价值与尊严
D. 人文主义教育仍具有宗教性的特点
2. 意大利和北欧人文主义教育思想的共同点不包括（　　）
A. 走向形式主义　　B. 重视教育与社会的联系
C. 培养君主与朝臣　　D. 重视古典学科和古典语言
3. 下列关于“快乐之家”的说法，错误的是（　　）
A.“快乐之家”是维多里诺创办的，他是弗吉里奥教育思想的实践者
B.“快乐之家”主张通才教育，并以古典学科作为课程的中心
C.“快乐之家”的学生全部住宿，不受家庭干扰
D.“快乐之家”的学生全部都是贵族子弟，需进行约 15 年的学习
4. “快乐之家”的建立和发展没有受到（　　）的启发和影响。
A. 古希腊亚里士多德和谐发展的教育思想　　B. 西塞罗的教育思想
C. 弗吉里奥的教育思想　　D. 伊拉斯谟的教育思想

5. 维多里诺采用多种方式进行教学，如他使用活动字母教授读写，用游戏的方法教授算数的初步知识，有时还和学生一边散步一边讨论和学习。以下不是维多里诺倡导的教育的是（　　）

A. 快乐教育　　B. 个性教育　　C. 专业教育　　D. 古典教育

6. 下列有关人文主义教育的特色，分析不正确的是（　　）

A. 反对权威主义，崇尚自由　　B. 认为教育应该遵循儿童身心发展的规律

C. 批判经院主义的烦琐方法，注重能力培养　　D. 反对一切宗教教育模式

7. “反对理智屈从于权威，认为一个人应有判断力，决不可人云亦云，但人应服从和热爱真理，应虚心好学，敢于并善于纠正自己的错误。”该论述体现的人文主义教育的基本特征是（　　）

A. 人本主义　　B. 古典主义　　C. 世俗性　　D. 宗教性

8. 下列不属于加尔文派和路德派共同特点的是（　　）

A. 都具有宗教性与世俗性　　B. 都提出古典语教学的普及教育

C. 神学和理性思维方式并存　　D. 信仰主义和人本主义并存

9. 下列关于宗教改革中各教派的说法，错误的是（　　）

A. 路德派主张强制义务教育

B. 加尔文派主张实行免费义务教育

C. 英国国教派严格控制师生思想

D. 天主教教育改革的质量与效率低于其他教派

10. 天主教教育和新教教育的主要区别是（　　）

A. 前者具有贵族性，后者具有平民性　　B. 前者重视古典主义，后者重视人本主义

C. 前者具有宗教性，后者具有世俗性　　D. 前者采用体罚，后者更加温和

11. 人文主义教育与新教教育的主要区别是（　　）

A. 前者采用温和的教育方式，后者采用体罚　　B. 前者重视古典主义，后者重视人本主义

C. 前者具有宗教性，后者具有世俗性　　D. 前者具有贵族性，后者具有平民性

12. 下列关于人文主义教育、新教教育、天主教教育的说法，错误的是（　　）

A. 人文主义教育不含有宗教因素，新教教育和天主教教育都是宗教教育

B. 人文主义教育、新教教育、天主教教育都重视古典主义和人本主义

C. 人文主义教育具有贵族性，新教教育具有较强的群众性和普及性

D. 人文主义教育、新教教育、天主教教育的根本差异在于它们所服务的目的不同

论述题

分析比较文艺复兴时期的人文主义教育、新教教育和天主教教育之间的联系、区别和影响。

第六章　英国的近现代教育制度

单项选择题

基础特训

1. 下列关于公学的说法，错误的是（　　）
   A. 公学是面向贵族子弟招生的中等私立学校　　B. 公学受国家教育行政部门干涉与管理
   C. 公学的教育目的是培养学生升入学术型大学　　D. 公学被誉为“英国绅士的摇篮”
2. 17—18 世纪，英国建立了一种面向大贵族和大资产阶级子弟的贵族性文法学校。这类学校的特点是（　　）
   A. 属于公立学校、公开场所上课、实施公共教育
   B. 公众团体集资、提供公平教育、属于公立学校
   C. 公众团体集资、培养公职人员、公开场所上课
   D. 培养公职人员、属于公益教育、提供公平教育
3. （　　）既为升学青年服务，也为就业青年服务，它的实用倾向代表了近代中等教育发展的方向。
   A. 学园　　B. 公学　　C. 文法学校　　D. 实科中学
4. 17—18 世纪，与传统的古典大学相比，高度自治的面向中小资产阶级子弟的学习自然科学和现代外语的大学是（　　）
   A. 苏格兰大学　　B. 牛津大学　　C. 剑桥大学　　D. 伦敦大学
5. 17—18 世纪，英国在教育管理方面的特征是（　　）
   A. 开创了国家通过拨款间接干预教育的先河　　B. 开始建立中央和地方友好合作关系
   C. 继续中央和地方友好合作关系　　D. 自由放任政策
6. 19 世纪上半叶，英国初等教育师资力量极其匮乏，于是贝尔采用了（　　）的教学方法，将其改编为导生制。
   A. 古代印度　　B. 古代希伯来　　C. 古代巴比伦　　D. 古代埃及
7. 英国初等国民教育制度正式形成的标志是（　　）的正式颁布。
   A.《巴尔福教育法》　　B.《福斯特法案》　　C.《巴特勒教育法》　　D.《哈多报告》
8. 标志着英国新大学运动开始的是（　　）的成立。
   A. 伦敦大学学院　　B. 剑桥大学学院　　C. 牛津大学学院　　D. 耶鲁大学学院
9. 19 世纪 40 年代，英国大学推广运动主要满足了普通民众接受高等教育的机会，其最主要的做法是（　　）
   A. 全日制大学以讲座形式将教育推广到社会　　B. 既注重古典知识，也注重实用知识
   C. 建立新式大学　　D. 采取寄宿和走读两种制度

10. 20 世纪初，英国通过了（　　），建立了中央与地方友好合作、以地方为主的教育管理体制。

A.《费舍教育法》　B.《巴尔福教育法》　C.《哈多报告》　D.《斯宾斯报告》

11. 英国教育史上第一次明确宣布教育立法的实施“要考虑到建立面向全体有能力受益的人的全国公共教育制度”的法案是（　　）

A.《福斯特教育法》　B.《巴尔福法案》　C.《费舍教育法》　D.《巴特勒教育法》

12. 在英国教育史上，第一次从国家角度阐明“中等教育面向全体儿童”的法案是（　　）

A.《1988 年教育改革法》　B.《哈多报告》

C.《福斯特法案》　D.《巴特勒教育法》

13. 英国颁布的（　　）不仅肯定了《哈多报告》的发展方向，更明确设想了要开办一种多科性学校。

A.《罗宾斯报告》　B.《斯宾斯报告》　C.《巴特勒教育法》　D.《费舍教育法》

14.《巴特勒教育法》颁布后，英国为促进教育机会均等建立的新型学校是（　　）

A. 综合中学　B. 英王学院　C. 城市学院　D. 初级学院

15. 下列关于《1988 年教育改革法》的描述，错误的是（　　）

A. 在高等教育方面，要求废除“双重制”　B. 义务教育阶段学生必须学习国家统一课程

C. 改革减轻了师生负担　D. 部分小学可以直接接受中央教育机构的指导

16. 在英国历史上首次以立法的形式规定了学校的基本教学内容的法案是（　　）

A.《巴特勒教育法》　B.《罗宾斯报告》

C.《斯宾斯报告》　D.《1988 年教育改革法》

17. 1963 年，英国颁布《罗宾斯报告》，提出了著名的“罗宾斯原则”，其含义是（　　）

A. 提高教学和科研水平，以承担更多的社会和经济课题

B. 多科技术学院将脱离地方教育当局的管辖而成为“独立”机构

C. 为所有在能力和成绩方面合格，并愿意接受高等教育的人提供高等教育课程

D. 建立新的高等教育质量保证体系，包括质量控制、质量审查和质量评估

18.（　　）提出了一项全新的教师职前教育和在职培训计划，即著名的“师资培训三段法”，把师资培训分成由个人高等教育、职前教育专业训练和在职进修三个阶段构成的统一体。

A.《詹姆斯报告》　B.《罗宾斯报告》　C.《哈多报告》　D.《雷弗休姆报告》

19.《雷弗休姆报告》主要是针对哪个教育阶段的？（　　）

A. 初等教育　B. 中等教育　C. 高等教育　D. 继续教育

20. 标志着英国高等教育“双重制”的彻底终结的是（　　）

A.“罗宾斯原则”　B.《詹姆斯报告》

C.《1988 年教育改革法》　D.《1992 年继续教育和高等教育法》

21. 英国为了迎接新千年的高等教育的发展而制定的高等教育发展战略是（　　）

A.《1992 年继续教育和高等教育法》　B.《詹姆斯报告》

C.《学习社会中的高等教育》　D.《雷弗休姆报告》

22. 下列不属于“二战”后英国高等教育发展历程的是（　　）

A. 20 世纪 60 年代的《教育改革法》

B. 20 世纪 70 年代的《詹姆斯报告》

C. 20 世纪 80 年代的《雷弗休姆报告》

D. 20 世纪 90 年代的《1992 年继续教育和高等教育法》

拔高特训

1. 19 世纪英国盛行的导生制主要在（　　）实施。

A. 初等教育　　B. 中等教育　　C. 高等教育　　D. 职业教育

2. 17—18 世纪，英国出现了由公众团体集资兴办的培养公职人员的公学。公学的学习内容不包括（　　）

A. 古典语言、古典知识　B. 上层礼仪　　C. 军事体育　　D. 自然科学知识

3. 19 世纪的英国教育较 17—18 世纪的英国教育进步之处在于（　　）

A. 在教育管理上，出现了国家对教育的直接管理

B. 在初等教育上，通过《初等教育法》建立公立的初等教育制度

C. 在中等教育上，采用汤顿委员会的建议，沿袭旧制，主要由文法中学和公学开展

D. 在高等教育上，开始了新大学运动和大学推广运动，古典大学几乎已经不存在

4. 20 世纪 20 年代英国颁布的《哈多报告》，被视为现代英国教育发展的里程碑之一，其意义不包括（　　）

A. 以 11 岁考试分流突出考试的公平性　　B. 满足社会上不同阶层对中等教育的需要

C. 国家阐明中等教育面向全体儿童的思想　　D. 促进了未来综合中学的发展

5. 19 世纪，在一些具有自由主义思想的非国教派人士、重视科学发展的世俗学者以及一些工业资本家等人物的推动下，英国开始了新大学运动，这些新式大学的建立主要是为了满足（　　）子弟的需要。

A. 资产阶级　　B. 中产阶级　　C. 无产阶级　　D. 工人阶级

6. 下列关于新大学运动和大学推广运动的说法，错误的是（　　）

A. 新大学运动和大学推广运动是德国高等教育改革的体现

B. 新大学运动中学院传授以自然科学学科为主的知识，不再实施宗教教育

C. 新大学运动使高等教育从此面向中产阶级子弟开放

D. 大学推广运动加强了大学与社会的联系，强化了大学的社会服务职能

7. 《费舍教育法》未触及的问题是（　　）

A. 继续教育问题　　B. 初等教育问题　　C. 幼儿教育问题　　D. 双轨制问题

8. 《1988 年教育改革法》是英国自第二次世界大战结束以来规模最大的一次教育改革，该法案强调实施全国统一课程，并规定在义务教育阶段开设的三类课程是（　　）

A. 核心课程、基础课程、附加课程　　B. 核心课程、专业课程、拓展课程

C. 基础课程、专业课程、拓展课程　　D. 专业课程、研究课程、附加课程

9. 下列关于 20 世纪下半叶的英国高等教育发展概况，描述正确的是（　　）

A. 不断响应“罗宾斯原则”，努力扩大招生规模，满足年轻人接受高等教育的愿望

B.《詹姆斯报告》提出师范教育应由“定向和非定向相结合”的体制转变为“定向”体制

C.《雷弗休姆报告》主张扩大入学途径，但不主张改革课程结构

D.《1988 年教育改革法》彻底废除了高等教育“双重制”

10. 沿着《1988 年教育改革法》在高等教育方面继续跟进的法案是（　　）

A.《1992 年继续教育和高等教育法》　　B.《学习社会中的高等教育》

C.《詹姆斯报告》　　D.《雷弗休姆报告》

11. 所谓英国高等教育的“双重制”，指的是（　　）

A. 私立高等教育和公立高等教育并行　　B. 中央管理高等教育与地方管理高等教育并行

C. 综合性大学与专业性大学并行　　D. 大学与学院发展并行

12. 下列关于英国的教育法案，按照时间顺序由早到晚排列正确的是（　　）

A.《费舍教育法》《巴尔福教育法》《哈多报告》《斯宾斯报告》

B.《巴尔福教育法》《费舍教育法》《哈多报告》《斯宾斯报告》

C.《费舍教育法》《巴尔福教育法》《斯宾斯报告》《哈多报告》

D.《巴尔福教育法》《费舍教育法》《斯宾斯报告》《哈多报告》

13.《1944 年教育法》要求实施的义务教育年龄阶段是（　　）

A. 5～12 岁　　B. 5～14 岁　　C. 5～15 岁　　D. 5～16 岁

论述题

1. 论述《1988 年教育改革法》及启示。
2. 试论英国“二战”后高等教育的发展。
3. 阅读材料，并按要求回答问题。

材料 1：伊顿公学位于伦敦 20 英里的温莎小镇，是一座古老的学府，由亨利六世于 1440 年创办，被誉为英国最著名的贵族中学。伊顿公学以“精英摇篮”“绅士文化”闻名世界，也素以军事化的严格管理著称，学生成绩大都优异，被公认为是英国最好的中学，是英国王室、政界、经济界精英的培训之地。

材料 2：“所有正常的儿童都应该接受某种形式的初等教育。如果把整个国家视为一个整体，那么当更多的孩子进入这里所说的‘中等’学校时，有必要使后—初等教育包括多种形式，根据大多数学生将要在学校接受教育的年龄以及学生不同的兴趣和能力开设课程。”

请回答：

（1）材料 1 中伊顿公学出现的背景及特点是什么？

（2）材料 2 体现的是什么法案？它的内容是什么？

（3）试论材料 1 和材料 2 的历史意义。

第七章　法国的近现代教育制度

单项选择题

基础特训

1. 法国大革命期间，资产阶级提出了很多教育改革的基本主张。以下不属于这一内容的是（　　）

A. 主张大力发展职业教育　　B. 主张建立国家教育制度

C. 主张实行普及义务教育　　D. 提倡教育内容的世俗化、科学化

2. 17—18 世纪时期，法国颁布了一系列法案，虽然都没有得到有效实施，但在客观上为法国从封建等级教育制度向近代教育制度的转变铺平了道路，其中不包括（　　）

A.《塔列兰教育法案》　　B.《康多塞方案》

C.《雷佩尔提教育方案》　　D.《基佐法案》

3. 法国在 19 世纪建立了中央集权制，其最高教育管理机构是（　　）

A. 国家教育委员会　　B. 教育署　　C. 教育局　　D. 帝国大学

4. 促进了法国 19 世纪的义务教育发展的法案是（　　）

A.《费里法案》　　B.《哈比法》　　C.《基佐法案》　　D.《富尔法》

5. 《费里法案》为法国国民教育的发展奠定了基础，以下不属于《费里法案》三原则的是（　　）

A. 义务　　B. 基础　　C. 免费　　D. 世俗化

6. 19 世纪，法国的中等教育机构中属于实科性质的学校是（　　）

A. 国立中学　　B. 市立中学　　C. 现代中学　　D. 专门学校

7. 19 世纪，使传统意义上的“大学”重现法国社会，结束了一个世纪之中法国只有一所大学（帝国大学）局面的法案是（　　）

A.《国立大学组织法》　　B.《帝国大学令》　　C.《费里法案》　　D.《高等教育指导法》

8. 1919 年，法国“统一学校运动”提出的主要主张是（　　）

A. 取消教会管理学校的权利　　B. 实施 6~18 岁的免费义务教育

C. 打击双轨制　　D. 大力发展职业教育

9. 法国的“统一学校运动”是由（　　）在批判双轨制教育的斗争中提出来的。

A. “新大学同志会”　　B. 新教育运动协会

C. 法国教育部长让・泽　　D. 进步教育协会

10. 20 世纪初，（　　）被称为法国“技术教育宪章”，并建构了法国职业技术教育的基本框架。

A.《斯宾斯报告》　　B.《巴尔福教育法》　　C.《费里法案》　　D.《阿斯蒂埃法》

11. （　　）虽未实施，却指引了法国民主化和现代化发展的方向，并被誉为法国教育史的“第二次革命”。

A.《费里法案》　　B.《关于统一学校教育事业的修正协定》

C.《郎之万—瓦隆教育改革方案》　　D.《法国学校体制现代化建议》

12. 由于《郎之万—瓦隆教育改革方案》未实施，法国为了实现教育强国梦又颁布了新的法案，要求中等教育第二阶段实行短期职业型、长期职业型、短期普通型、长期普通型的新学制体系。该法案是（　　）

A.《国家与私立学校关系法》　　B.《教育改革法》

C.《法国学校体制现代化建议》　　D.《富尔法》

13. “二战”后，提出国家与私立学校建立契约，国家给予私立学校补助金，要求私立学校以公立学校制度办学，并接受国家监督的法案是（　　）

A.《国家与私立学校关系法》　　B.《高等教育方向指导法》

C.《郎之万—瓦隆教育改革方案》　　D.《教育改革法》

14. 20 世纪 60 年代，旨在改进政府对大学的控制，使高等教育的专业设置更符合经济和科技发展及国际竞争需要，确立法国高等教育发展的“民主”“自治”“多学科”原则的教育法案是（　　）

A.《郎之万—瓦隆教育改革方案》　B.《法国学校体制现代化建议》

C.《大学令》　D.《高等教育方向指导法》

15. 现代法国的教育改革中，在普通学校中以加强职业教育为目的的是（　　）

A.《哈比法》　B.《郎之万—瓦隆教育改革方案》

C.《教育改革法》　D.《高等教育方向指导法》

16. 法国在“二战”之后非常注重对基础教育课程的改革，其中，主张既要做好从小学到高中课程融为一体的纵向改革，又要做好各科知识融会贯通的横向改革的法案是（　　）

A.《哈比法》　B.《课程宪章》　C.《教育改革法》　D.《富尔法》

拔高特训

1. 拿破仑建立了法兰西第一帝国，下列关于这一时期的教育说法不正确的是（　　）

A. 帝国大学是全国最高教育行政机构

B. 帝国大学的总监由皇帝亲自任命

C. 帝国大学管理公立学校的教师，薪酬由地方负责

D. 帝国大学体现了中央集权式的教育管理体制

2. 拿破仑建立法兰西第一帝国后，设立帝国大学，实行学区管理，这一举措也对世界其他国家造成了影响。下列国家中未模仿该教育制度的是（　　）

A. 俄国　B. 中国　C. 日本　D. 美国

3. 《费里法案》确立了法国国民教育义务、免费、世俗化的三大原则，而且把这些原则的贯彻实施予以具体化。下列关于义务原则的说法，不正确的是（　　）

A. 规定 6～13 岁为法定义务教育阶段

B. 接受家庭教育的儿童须自第三年起每年到学校接受一次考试检查

C. 对不送儿童入校学习的家长予以罚款

D. 免除公立幼儿园及初等学校的学杂费

4. 在 19 世纪为法国教育平等做出突出贡献的是（　　）

A. 帝国大学的设立　B.《费里法案》的实施

C. 国立中学与市立中学并行发展　D. 专科、军事及师范学校的产生

5. 《郎之万—瓦隆教育改革方案》虽未实施，但却被看作法国“二战”后最杰出的法案，其主要原因是（　　）

A. 后来的法案都是沿着这一法案实施成功的

B. 其突出了教育现代化和教育民主化的趋势和方向

C. 其设想是符合国情的

D. 未实施是由法国的客观情况造成的，法案本身的设置没有问题

6. 进入 20 世纪 70 年代后，为进一步改进普通学校教育体制，法国议会通过了《法国学校体制现代化建议》，实行“三分制教学法”。下列属于“三分制教学法”的课程组合形式的是（　　）

A. 体育课程、工具课程、劳动课程　　B. 工具课程、启蒙性课程、艺术课程

C. 工具课程、启蒙性课程、体育课程　　D. 劳动课程、启蒙性课程、体育课程

7. （　　）不属于 20 世纪前期英、法两国在教育改革中主要解决的问题。

A. 学制改革　　B. 加强国家对教育的控制

C. 普及初等义务教育　　D. 教育民族主义和政治化

8. 17—18 世纪，英法教育的共同点不包括（　　）

A. 教育体现双轨制　　B. 教会掌握教育权　　C. 提出义务教育法案　　D. 大学突出古典性

9. 下列关于法国的教育特色“方向指导”的说法，不正确的是（　　）

A. 在“统一劳动学校”中设置“方向指导班”作为学制改革的开始

B. 在《郎之万—瓦隆教育改革方案》中设置方向指导班

C.《教育改革法》颁布后，“市立初级中学”问世，它是具有方向指导性质的普通初级中学

D.《哈比法》中的方向指导期为两年，是为了让学生增加与社会的联系

论述题

论述《郎之万—瓦隆教育改革方案》的内容及其对教育现代化的影响。

第八章　德国的近现代教育制度

单项选择题

基础特训

1. 世界上第一所幼儿园创办于（　　）

A. 德国　　B. 法国　　C. 美国　　D. 英国

2. 世界上最早颁布义务教育法令的国家是（　　）

A. 德国　　B. 法国　　C. 英国　　D. 美国

3. 巴西多为泛爱学校编写了（　　），被誉为 18 世纪的《世界图解》，是教育史上第二本有插图的教科书。

A.《母育学校》　　B.《人的教育》　　C.《童年的秘密》　　D.《初级读本》

4. 18 世纪后期的德国，受卢梭和夸美纽斯教育思想影响出现的重视教授实用知识，关注儿童兴趣，寓教学于游戏之中的新式学校是（　　）

A. 文科学校　　B. 实科学校　　C. 泛爱学校　　D. 劳作学校

5. （　　）作为欧洲第一所新式大学，是新大学运动的中心。

A. 哥廷根大学　　B. 哈勒大学　　C. 柏林大学　　D. 慕尼黑大学

6. 德国义务教育得以领先发展是受到（　　）的影响。

A. 马丁·路德　　B. 加尔文　　C. 巴西多　　D. 夸美纽斯

7. 19 世纪初，在民族丧失独立、经济十分困难的情况下，德国创办了一所新式大学，它也是世界上第一个建立了现代大学制度的高等学府。这所大学是（　　）

A. 慕尼黑大学　　B. 哥廷根大学　　C. 柏林大学　　D. 哈勒大学

8. 德国从初等教育着手，开始废除双轨制是在（　　）时期。

A. 魏玛共和国　　B. 纳粹　　C. 联邦德国　　D. 德意志帝国

9. 1959 年，联邦德国公布《改组和统一公立普通学校教育的总纲计划》，建议设置三种中学以培养不同层次的人才，这三种中学是（　　）

A. 主要中学、学术中学、实科学校　　B. 高级中学、技术中学、完全中学

C. 现代中学、实科学校、文法中学　　D. 主要学校、实科学校、高级中学

10. 第二次世界大战后，联邦德国规定联邦各州的所有儿童均应接受九年义务教育的法案是（　　）

A.《总纲计划》　　B.《汉堡协定》　　C.《高等学校总纲法》　　D.《教育基本法》

11. 第二次世界大战后，联邦德国第一部有权威的高等教育方面的法案是（　　）

A.《总纲计划》　　B.《汉堡协定》　　C.《高等学校总纲法》　　D.《德国宪法》

12. 为确保统一后的德国基础教育发展能适应本国经济、社会发展的要求，德国政府除开展基础教育体制与结构改革外，还要求培养（　　）

A. 创造能力、外语能力、信息能力　　B. 创造能力、科学能力、信息能力

C. 科学能力、外语能力、信息能力　　D. 创造能力、外语能力、科学能力

拔高特训

1. 德国是欧洲最早实施义务教育的国家，其主要原因是（　　）

A. 德国经济发展迅速，物质基础雄厚　　B. 德国民众要求政府实施义务教育

C. 德国深受马丁·路德的普及教育思想影响　　D. 德国的重要邦国强制 6～12 岁男女儿童入学

2. 关于 18 世纪后期德国的泛爱学校，以下说法错误的是（　　）

A. 受到卢梭和夸美纽斯的影响　　B. 与赫尔巴特的儿童管理相对立

C. 重视德语，也开设外国语　　D. 教师可以适当进行体罚

3. 泛爱学校是受卢梭和夸美纽斯教育思想影响而出现的新式学校，是自然主义教育思想在德国的实践。下列不属于它的作用与影响的是（　　）

A. 反对封建主义　　B. 反对经院哲学　　C. 反对古典主义　　D. 反对实用主义

4. 18 世纪，德国的实科中学是一种新型的学校，既具有（　　）教育的性质，又具有（　　）教育的性质，因而获得了快速的发展。

A. 普通；职业　　B. 普通；师范　　C. 师范；职业　　D. 职业；高等

5. 下列哪所大学的建立没有受柏林大学的影响？（　　）

A. 东京大学　　B. 北京大学

C. 约翰斯·霍普金斯大学　　D. 牛津大学

6. 下列关于柏林大学与北京大学改革的对比，错误的是（　　）

A. 都是民族危亡、国家落后时期的改革

B. 都注重科研，将哲学视为最高学问而看轻职业性专业

C. 柏林大学是世界高等教育的典范，北京大学引领中国高等教育的发展方向

D. 柏林大学侧重“教自由学自由”，北京大学侧重“思想自由、兼容并包”

7. 德国19世纪的柏林大学与17—18世纪新大学运动中的哈勒大学和哥廷根大学，最根本的不同之处是（　　）

A. 倡导自由的办学原则　　B. 采用讨论的教学方法

C. 倡导学校自治　　D. 把科学研究看作大学发展的最高宗旨

8. 《改组和统一公立普通学校教育的总纲计划》中，建议在中等教育阶段设置三种中学，分别培养不同层次的人才，其中下层子弟可以进入的中学是（　　）

A. 主要学校　　B. 实科学校　　C. 高级中学　　D. 国民学校

9. 下列关于西方高等教育发展史的说法，错误的是（　　）

A. 最早的高等教育场所是亚里士多德创办的吕克昂学园

B. 中世纪大学是现代大学的前身，可以分为“先生”大学和“学生”大学

C. 英国的新大学运动和大学推广运动的发展受到工业革命影响

D. 柏林大学是世界上第一所建立了现代大学制度的高等学府

10. 下列关于德国的职业教育特色，说法正确的是（　　）

A. 采用双元制，即学生必须经过职业学校和企业的双向培训

B.《阿斯蒂埃法》将职业教育变为国家事业

C.《史密斯—休斯法案》形成了从中央到地方的职业教育系统

D. 建立城市技术学院，扩大职业教育的规模

11. 1990年之后，在德国不可能出现的是（　　）

A. 学生不经过考试直接升入主要学校　　B. 学生接受了十年义务教育

C. 学生接受了三年制义务职业教育　　D. 学生经师资养成所培训，成为完全中学的老师

12. 德国20世纪下半叶的《总纲计划》《汉堡协定》和“德国统一以来的教育改革”之间的内在联系是（　　）

A. 对教育内容的继承与改革　　B. 对教学方法的继承与改革

C. 对学制体系的继承与改革　　D. 对课程体系的继承与改革

论述题

述评北大教育改革与柏林大学教育改革的异同。

第九章　俄国（苏联）的近现代教育制度

单项选择题

基础特训

1. 17 世纪后半叶，俄国实行新的文化教育发展政策，开设普通和专门学校，提出创建科学院的设想，使教育得到很大进步，这是（　　）的成果。

A. 叶卡捷琳娜二世改革　　B. 亚历山大一世改革
C. 罗蒙诺索夫改革　　D. 彼得一世改革

2. 18 世纪中期，俄国建立了莫斯科大学，实行世俗化和民主化的原则，不设立神学系。该大学的创立者是（　　）

A. 彼得一世　　B. 叶卡捷琳娜二世　　C. 亚历山大二世　　D. 罗蒙诺索夫

3. 俄国历史上第一部关于国民教育制度的法令是 1786 年颁布的（　　）

A.《大学附属学校章程》　　B.《国民教育暂行条例》
C.《俄罗斯帝国国民学校章程》　　D.《俄罗斯帝国大学章程》

4. 19 世纪，俄国历史上第一次规定建立女子学校的章程是（　　）

A.《俄罗斯帝国大学章程》　　B.《国民教育部女子学校章程》
C.《女子学校令》　　D.《俄罗斯帝国国民学校章程》

5. 苏联在 20 世纪 20 年代颁布的、完全取消学科界限，指定要学生学习的全部知识按照自然、劳动、社会三方面的综合形式编排，且以劳动为中心的文件是（　　）

A. “综合教学大纲”　　B.《关于小学和中学的决定》
C.《统一劳动学校规程》　　D.《关于进一步改进普通中学工作的措施》

6. 苏联提出“建立九年制的统一劳动学校”的文件是（　　）

A. 1917 年《史密斯—休斯法案》
B. 1918 年《统一劳动学校规程》
C. 1932 年《关于中小学教学大纲和教学制度的决定》
D. 1977 年《关于进一步完善普通学校学生的教学、教育和劳动训练的决议》

7. 第二次世界大战结束以前，苏联在实施教育与生产劳动相结合的过程中，曾出现“把智育视为教育的中心任务”“片面追求升学率”“相对忽视劳动教育”的现象。此现象发生于（　　）

A. 建国初期的教育改革　　B. 20 世纪 20 年代的教育改革
C. 20 世纪 30 年代的教育改革　　D. 20 世纪 80 年代的教育改革

8. 苏联在 20 世纪 50 年代再次开启重视劳动教育的新一轮教育改革，这次改革的最根本的特点是（　　）

A. 加强教育与生活的联系，侧重劳动教育　　B. 拉长义务教育年限
C. 重视职业教育　　D. 发展高等教育

9. 苏联形成了四五二学制的时期是（　　）

A. 20 世纪 50 年代　　B. 20 世纪 60 年代　　C. 20 世纪 70 年代　　D. 20 世纪 80 年代

10. 苏联 20 世纪 20—90 年代以来教育改革最为宏观的特点是（　　）

A. 重视劳动教育　　B. 重视知识教育

C. 钟摆现象　　D. 重视劳动与知识相结合

11. 当今俄罗斯的教育管理体制是（　　）

A. 中央集权制　　B. 中央地方合作制

C. 州教育领导制　　D. 联邦中央、联邦主体、地方三级教育管理体制

拔高特训

1. 下列关于《统一劳动学校规程》的说法，错误的是（　　）

A. 学校类型分为高、低两级，具有等级性　　B. 统一劳动学校均具有免费性

C. 所有学生都要参加体力劳动　　D. 贯彻了非宗教的、社会主义的教育原则

2. 下列选项中，不属于苏联建国初期（1917—1920 年）教育改革主要措施的是（　　）

A. 成立了国家教育委员会，作为全国教育的领导机构

B.《统一劳动学校规程》体现了非宗教的、民主的、社会主义的教育原则

C. 规定各种教科书必须由教育人民委员部审查、批准

D. 建立了一支新的无产阶级教师队伍

3. 20 世纪 20 年代苏联“综合教学大纲”的突出特点是（　　）

A. 取消学科界限，并以劳动为中心　　B. 体现知识的综合性和全面性

C. 体现教学方法的综合性和多样性　　D. 体现教学组织形式的多样性

4. 1931 年苏联通过的《关于小学和中学的决定》成为国民教育的纲领性文件，其直接指向之前的改革弊端，即（　　）

A. 重视劳动教育，轻视知识教育　　B. 重视劳动教育，轻视综合训练

C. 重视劳动教育，轻视成绩考核　　D. 重视劳动教育，轻视个性发展

5. “二战”后，为了解决升学和就业之间的矛盾，苏联颁布了《关于加强学校同生活的联系和进一步发展全国国民教育制度的建议》。关于此文件，下列说法错误的是（　　）

A. 主要针对普通教育、职业教育、高等教育开展改革

B. 优点是重知识教学，提高了教育质量

C. 重视职业教育，为学生就业提供机会

D. 义务教育年限延长

6. 赞科夫的“促进一般发展”的教学理念直接有助于促进苏联（　　）[①]

A. 1958 年的教育改革（《关于加强学校同生活的联系和进一步发展全国国民教育制度的建议》）

B. 1966 年的教育改革（《关于进一步改进普通中学工作的措施》）

C. 1977 年的教育改革（《关于进一步完善普通学校学生的教学、教育和劳动训练的决议》）

---

① 此题是考查赞科夫和苏联教育改革的综合题，但更偏重苏联教育改革，所以放在此章节，考生可以在学习完赞科夫的教育思想后再做此题。

D. 1984 年的教育改革（《普通学校和职业学校改革的基本方针》）

7. 关于 20 世纪苏联教育的钟摆现象，下列说法不正确的是（　　）

A. 20 世纪 20 年代：偏向劳动教育　　B. 20 世纪 30 年代：偏向知识教育

C. 20 世纪 50 年代：偏向劳动教育　　D. 20 世纪 70 年代：偏向知识教育

8. 下列不属于欧洲改革“双轨制”教育制度的是（　　）

A. 英国的《哈多报告》　　B. 法国的“统一学校运动”

C. 俄国的《初等国民教育章程》　　D. 德国魏玛共和国的《德国宪法》

论述题

述评《国家学术委员会教学大纲》和《关于小学和中学的决定》中有关系统知识教学与生产劳动相结合的规定及其实施结果。

第十章　美国的近现代教育制度

单项选择题

基础特训

1. 美国最先采取义务教育措施的州是（　　）

A. 弗吉尼亚州　　B. 马萨诸塞州　　C. 威斯康星州　　D. 康涅狄格州

2. 下列关于 17—18 世纪的美国教育，说法正确的是（　　）

A. 北部殖民地兴办义务教育　　B. 南部殖民者热衷兴办中等教育

C. 中部殖民地主要是文实中学　　D. 17 世纪整个美洲还没有一所高等教育院校

3. 美国的教育领导体制是典型的（　　）

A. 中央集权制　　B. 地方分权制　　C. 中央地方共权制　　D. 民族区域自治制

4. 提出实行普及免费的初等教育和建立单轨制免费公立学校系统的理想，成为 19 世纪公立学校运动的先声的是（　　）

A. 富兰克林　　B. 贺拉斯・曼　　C. 杰斐逊　　D. 巴纳德

5. 富兰克林于 1751 年在费城创办了一所学校，这是美国中等教育界的新生事物，是美国中等教育的发展进入新阶段的标志。该学校是（　　）

A. 文实中学　　B. 文法中学　　C. 公立中学　　D. 拉丁文法中学

6. 公立学校运动的本质特征是（　　）

A. 由公众团体集资兴办的，由公职人员管理的且在公开场所办学的教育

B. 由公共税收维持、公共教育机关管理、面向所有公众的教育

C. 由公共税收维持、公共教育机关管理、面向所有中产阶级子弟的义务教育

D. 由公共教育机关管理的、在公共场所办学的、由公共集资兴办的义务教育

7. 下列关于19世纪美国高等教育的说法，错误的是（ ）

A.《赠地法案》发展了新兴农工学院
B. 女子也成为高等教育的对象
C. 霍普金斯大学是美国第一所学术性研究院校
D. 国家兴办和管理高校，不允许私立组织兴办

8. 19世纪，美国从本国实际出发所独创的改变了高等教育重理论轻实际传统的教育机构是（ ）

A. 初级学院 B. 城市学院 C. 技术学院 D. 赠地学院

9. 20世纪上半叶，在美国的现代教育制度改革中，肯定了美国的“六三三学制”和综合中学地位的法案是（ ）

A.《中等教育的基本原则》
B.《中小学教育法》
C.《教育改革法》
D.《美国2000年教育战略》

10. 在美国的教育改革中，以进步主义教育思想为指导的是（ ）

A. 生计教育 B.“八年研究” C. 60年代课程改革 D.“返回基础”

11. 20世纪30年代，美国进行的“八年研究”的主要目的是（ ）

A. 研究大学与中学的关系，解决升学与就业的矛盾
B. 研究中等学校课程改革的问题
C. 研究双轨制所带来的负面影响
D. 探索发展职业教育的途径

12. 初级学院运动实质上是对美国（ ）阶段教育改革的设想。

A. 初等教育 B. 中等教育 C. 职业教育 D. 高等教育

13. 为了更好地推动职业教育的发展，美国在20世纪初主张联邦政府与州合作，提供各种职业教育师资培训的法案是（ ）

A.《史密斯—休斯法案》
B. 全国职业教育促进会
C.《阿斯蒂埃法》
D.《巴尔福教育法》

14. 美国强调“天才教育”的教育法案是（ ）

A.《高等教育法》 B.《职业教育法》 C.《生计教育法》 D.《国防教育法》

15. 1958年，美国联邦政府颁布《国防教育法》，主张加强“新三艺”的教学。其中“新三艺”是指（ ）

A. 数学、自然科学、现代外语
B. 物理学、化学、数学
C. 人文科学、社会科学、自然科学
D. 哲学、经济学、政治学

16. 以下不属于20世纪60年代美国教育改革的主要领域的是（ ）

A. 中小学的课程改革
B. 整顿和规划师范教育
C. 继续解决教育机会不平等的问题
D. 发展高等教育，提高高等教育的质量

17. 1971年，美国教育总署署长马兰为了提升学生的就业能力提出（ ），要求以职业生涯为中心，把普通教育和职业教育结合起来。

A. 生计教育 B. 文艺教育 C. 卫生教育 D. 公民教育

18. 20世纪70年代，由于美国公众对公立学校的教育质量普遍不满，美国掀起了（ ），实质上它是一种恢复传统教育的思潮。

A. 生计教育运动
B.“返回基础”教育运动
C. 初级学院运动
D. 赠地学院运动

19. 1983 年，美国中小学教育质量调查委员会提出《国家处在危险之中：教育改革势在必行》的报告，这个报告也是美国战后第三次课程改革的开端，但该运动也引起了一些新的问题，其中不包括（　　）

A. 过分强调标准化的测试成绩，导致忽视学生个性的培养

B. 教学要求过于统一，导致缺乏灵活性

C. 过分强调提高教育标准和要求，使潜在的辍学人数迅速增加

D. 这场运动从实质上讲是一种恢复传统教育的思潮

20. “正式把确立全国性中小学课程标准作为一项重要任务，要求每州的教改计划都要包括课程内容标准的建立内容。”这一规定出自美国的（　　）

A.《2000 年目标：美国教育法》　　B.《美国 2000 年教育战略》

C.《国防教育法》　　D.《国家处在危险之中：教育改革势在必行》

21. 在分析美国教育存在的问题的基础上，明确指出未来美国教育改革的六大基本目标的法案是（　　）

A.《美国 2000 年教育战略》　　B.《2000 年目标：美国教育法》

C.《莫雷尔法案》　　D.《国家处在危险之中：教育改革势在必行》

拔高特训

1. 18 世纪，在镇周围的乡村设若干教学点，各教学点附近的儿童定时集中，由市镇学校的教师去各教学点上课，被称为“学区制”的萌芽。该类学校指（　　）

A. 文实学校　　B. 巡回学校　　C. 文科学校　　D. 完全学校

2. 美国公立学校运动和英国公学最大的区别在于（　　）

A. 国家税收维持　　B. 是否有管理机构　　C. 是否由国家管理　　D. 是否免费

3. 美国第一部职业教育法是（　　）

A.《莫雷尔法案》　　B.《史密斯—休斯法案》　　C.《阿斯蒂埃法》　　D.《国防教育法》

4. 19 世纪后半叶，美国研究型大学发展所借鉴的办学模式主要源于（　　）

A. 日本大学　　B. 英国大学　　C. 德国大学　　D. 法国大学

5. 《中等教育的基本原则》强调美国教育的指导原则是（　　）

A. 实用主义原则　　B. 精英主义原则　　C. 民主原则　　D. 科学主义原则

6. 20 世纪 50 年代后，美国教育质量逐步提高，下列描述正确的一项是（　　）

A.《国防教育法》主要是为了加强国防教育，保证教育安全

B. 20 世纪 60 年代加强结构主义课程改革，实现了用发现法促进学生的创造性发展，并提高了教育质量

C. 20 世纪 70 年代通过“返回基础”教育运动加强学生的阅读、写作和算术能力

D.《国家处在危险之中：教育改革势在必行》突出活动课程的重要性

7. 20 世纪 70 年代，美国教育总署署长马兰提出要在（　　）加强职业教育和劳动教育。

A. 职业教育学校　　B. 普通教育学校　　C. 劳动教育学校　　D. 艺术教育学校

8. 1983 年，美国出台了《国家处在危险之中：教育改革势在必行》的调查报告，此报告中关于课程方面的改革是（　　）

A. 取消选修课，增加必修课，取消一切点缀性课程

B. 在义务教育阶段开设核心课程、基础课程以及附加课程

C. 中学必须开设数学、英语、自然科学、社会科学、计算机课程
D. 把教学内容分为工具课程、启蒙性课程以及体育课程三个部分

9. 下列教育改革事件或法案中没有试图衔接初等教育和中等教育的是（　　）
A. 统一学校运动　B.《哈多报告》　C. 统一劳动学校　D. 初级学院运动

10. 下列没有涉及职业教育改革的法案是（　　）
A. 美国的《史密斯—休斯法案》　B. 法国的《阿斯蒂埃法》
C. 英国的《巴尔福教育法》　D. 美国的《莫雷尔法案》

11. 下列各项法案或运动中属于高等教育改革的是（　　）
A. 英国的《哈多报告》　B. 法国的“统一学校运动”
C. 法国的《基佐法案》　D. 美国的《莫雷尔法案》

论述题

述评美国“二战”之后教育改革的进程以及对中国教育的启示。

第十一章　日本的近现代教育制度

单项选择题

基础特训

1. 日本在明治维新时期颁布的教育法令是（　　）
A.《教育基本法》　B.《学校教育法》　C.《学制令》　D.《大学令》

2. 1886 年，日本明治政府颁布的《中学校令》中，将普通中学分为（　　）
A. 职业中学和寻常中学　B. 私立中学和公立中学
C. 文科中学和实科中学　D. 寻常中学和高等中学

3. 1918 年，日本政府颁布《大学令》。下列关于《大学令》的说法，正确的是（　　）
A. 除国立大学外，允许设立私立大学和地方公立大学
B. 大学教育以学术为中心，培养学生研究和实验的能力
C. 将原来多种类型的高等教育机构统一为单一类型的大学
D. 在大学基础上设立研究生院

4. “二战”后，确定日本教育体系实行分权制的法案是（　　）
A.《教育基本法》　B.《学校教育法》　C.《教育敕语》　D.《学校令》

5. 规定“教育必须以陶冶人格为目标，培养和平的国家及社会的建设者”的教育法案是（　　）
A.《大学令》　B.《学校教育法》　C.《教育基本法》　D.《教育敕语》

6. 下列选项中，不属于 20 世纪 50—60 年代日本教育改革特征的是（　　）
A. 制定振兴职业教育的政策，公布《产业教育振兴法》

B. 将教育发展计划和教育政策编入国民经济计划，强调振兴科学技术

C. 出现应试教育占统治地位，人们抱怨学校是“考试地狱”等问题

D. 成立“临时教育审议会”，使之成为教育改革的领导机构

7. 日本继明治维新和《教育基本法》两次重大改革之后的所谓“第三次教育改革”的主要依据是（　　）

A.《关于面向 21 世纪的我国教育》

B.《产业教育振兴法》

C.《关于今后学校教育综合扩充、整顿的基本措施》

D.《大学设置标准》

8. 20 世纪 80 年代，日本国会批准成立的指导日本教育改革的领导机构是（　　）

A. “临时教育审议会”　　B. 中央教育审议会

C. 终身教育审议会　　D. 地方教育审议会

9. 进入 20 世纪 90 年代后，日本中央教育审议会提出《面向 21 世纪我国教育的发展方向》的咨询报告，这一报告指出未来日本教育的发展方向的核心是（　　）

A. “国立大学法人化”　　B. 培养“具有主体性的日本人”

C. “在宽松的环境中培养学生的生存能力”　　D. “综合学习时间”

拔高特训

1. 在教育改革方面，日本明治维新与中国洋务运动的相同点不包括（　　）

A. 不希望丢掉本国的文化传统　　B. 进行了全面而系统的改革

C. 聘请洋教员执教　　D. 向海外派遣留学生

2. 日本明治维新的指导思想是“文明开化”，下列对其理解正确的一项是（　　）

A. 否定封建主义，主张资本主义　　B. 全盘西化，完全放弃本民族的立场与文化

C. 不放弃本国文化，西方文化仅仅是辅助　　D. 西方文化是主体，本国文化是辅助

3. 1872 年，日本制定并颁布了近代第一个教育改革法令——《学制令》，对日本教育事业发展具有强制性的指导与规范作用。其中规定（　　）

A. 一律实行男女同校制度　　B. 建立中央集权式的大学区制

C. 全体国民接受九年义务教育　　D. 中学分为普通中学和职业中学

4. 下列关于日本明治维新时期的教育，说法错误的是（　　）

A. 初等教育分为寻常小学和高等小学　　B. 中等教育分为单科高中制和综合制高中

C. 新大学的创办以东京大学的成立为开端　　D. 重视师范教育，师范学校实行公费制

5. 第二次世界大战结束后，日本确立了“六三三四”新学制，学制由双轨制转变为单轨制。这体现了（　　）

A. 国际化原则　　B. 教育机会均等原则　　C. 重视个性原则　　D. 信息化原则

6. 《教育基本法》和《学校教育法》的关系是（　　）

A.《教育基本法》是宗旨，《学校教育法》是具体措施

B.《学校教育法》是宗旨，《教育基本法》是具体措施

C.《教育基本法》和《学校教育法》是衔接的关系

D.《教育基本法》以《学校教育法》为蓝本而编制

7. 通过设立图书馆、博物馆、公民馆等和利用学校的设施以及其他适当的方法来实现教育目的，体现了《教育基本法》对（　　）方面的规定。

A. 终身教育　　B. 学校教育　　C. 社会教育　　D. 政治教育

8. 20 世纪 50 年代日本的教育管理体制是（　　）

A. 中央集权制　　B. 地方分权制

C. 中央、省、市三级管理体制　　D. 中央与地方友好合作制

9. 下列不是“临时教育审议会”的贡献的是（　　）

A. 教育目的是培养年轻一代具有广阔的胸怀、强健的体魄和丰富的创造力

B. 培养具有自由、自律的品格和公共精神，成为面向世界的日本人

C. 提出尊重个性原则、国际化原则、信息化原则和终身教育原则

D. 完善职业教育体制，改革中小学教育体制等

10. 1991 年文部省对《大学设置标准》的修订，成为日本 20 世纪 90 年代高等教育改革的起点，并确立了该时期高等教育改革的主题内容。下列不属于此主题内容的是（　　）

A. 指出教育要在宽松的环境中对学生的生存能力进行培养

B. 注重大学特色建设和个性发展，培养创造性人才

C. 改革研究生教育，提高科学研究的水平

D. 强化大学的社会服务意识，为民众提供终身学习的机会

11. 下列哪项属于 19 世纪世界各国教育发展的共同特征？（　　）

A. 国家化、世俗化、心理学化　　B. 国家化、世俗化、终身化

C. 终身化、心理学化、义务化　　D. 义务化、科学化、终身化

12. 19 世纪欧美和日本的近代教育存在一些共同特征，以下表述不正确的是（　　）

A. 教育权基本完成了从教会向政府的过渡　　B. 创立了国民教育制度

C. 教育心理学化倾向，教育内容从人文走向科学　　D. 大力发展义务教育

13. 下列西欧各国的学校属于相同性质的一组是（　　）

A. 文法中学、实科中学、高级中学　　B. 文科中学、古典中学、市立中学

C. 文法中学、现代中学、实科中学　　D. 国立中学、实科中学、古典中学

论述题

1. 论述清朝洋务运动和日本明治维新改革的异同。

2. 论述日本在第二次世界大战后为教育指明了发展方向的法案。

第十二章　近现代主要的教育家

单项选择题

基础特训

1. 下列四位教育家中，教育思想以世俗性、功利性为显著特点的是（　　）
A. 爱尔维修　　B. 第斯多惠　　C. 赫胥黎　　D. 洛克

2. 在 17 世纪英国教育家洛克所设计的教育体系中，处于前提和基础地位的教育活动是（　　）
A. 能力的提升　　B. 身体的养育　　C. 德行的塑造　　D. 家庭教育

3. （　　）提出了“白板说”，认为人出生后心灵如同一块白板，一切知识都建立在经验的基础上。
A. 赫胥黎　　B. 斯宾塞　　C. 洛克　　D. 乌申斯基

4. 洛克主张教育应该培养身体强健，举止优雅，有德行、智慧和实际才干的教育家。下列关于他的绅士教育的说法，不正确的是（　　）
A. 绅士教育是一种贵族教育　　B. 绅士教育是一种学校教育
C. 绅士教育是一种家庭教育　　D. 绅士教育是一种个人指导教育

5. （　　）提出“科学知识最有价值”的卓越见解，并为每一种教育设计了课程，形成了以科学知识为核心的课程体系。
A. 洛克　　B. 严复　　C. 赫胥黎　　D. 斯宾塞

6. 反对“单一重视科学教育而忽视古典人文学科教育”的教育家是（　　）
A. 赫胥黎　　B. 洛克　　C. 斯宾塞　　D. 巴西多

7. 法国教育家（　　）提出了“教育万能论”。
A. 卢梭　　B. 赫胥黎　　C. 拉夏洛泰　　D. 爱尔维修

8. 法国启蒙思想家（　　）在《论国民教育》一书中系统地阐述了国家办学的教育思想。
A. 拉夏洛泰　　B. 赫胥黎　　C. 爱尔维修　　D. 卢梭

9. 19 世纪初，（　　）对德国各级学校进行整顿和改革，奠定了德国现代教育制度的基础。
A. 福禄培尔　　B. 洪堡　　C. 第斯多惠　　D. 赫尔巴特

10. （　　）在高等教育上主张德国应创办一所纯研究性的大学，进而创办了柏林大学。
A. 克鲁普斯卡娅　　B. 赫尔巴特　　C. 洪堡　　D. 第斯多惠

11. 第斯多惠对德国教育尤其是师范教育的发展产生了举世公认的影响，被誉为“德国师范教育之父”，其教育理论代表作是（　　）
A.《德国教师培养指南》　　B.《科学与教育》
C.《人是教育的对象》　　D.《和教师的谈话》

12. 第斯多惠认为教学中既要遵循文化原则，又要遵循自然原则，当二者发生冲突时，应首先遵循的原则是（　　）

A. 文化原则　　B. 直观教学原则　　C. 自然原则　　D. 连续性与彻底性原则

13. 以下不属于贺拉斯·曼的教育贡献的是（　　）

A. 开展公立学校运动　　B. 师范教育的普及

C. 州教育领导体制的建立　　D. 提出知识富人、教育立国的思想

14. 日本明治维新时期的著名教育家福泽谕吉，主张日本应实行以德、智、体“三育论”为主的教育，他的教育代表作是（　　）

A.《劝学篇》　　B.《学制令》　　C.《实业补习学校规程》　　D.《全人教育论》

15. 被誉为“俄国教师的教师”的是（　　）

A. 马卡连柯　　B. 赞科夫　　C. 苏霍姆林斯基　　D. 乌申斯基

16. 乌申斯基认为教育的本质是（　　）

A. 教育是一门艺术，而不是一门科学　　B. 教育是一门科学，而不是一门艺术

C. 教育既是一门科学，又是一门艺术　　D. 教育既不是艺术，也不是科学

17. 苏联成立以后，率先指出社会主义教育必须同无产阶级的政治相联系，整个苏联的教育事业必须贯彻无产阶级精神和注重共产主义道德的培养，为无产阶级专政服务，最终实现共产主义的教育家是（　　）

A. 赞科夫　　B. 巴班斯基　　C. 列宁　　D. 苏霍姆林斯基

18. 俄国第一位马克思主义教育家，苏联著名的社会主义教育理论家和组织者，苏维埃教育学的奠基人之一是（　　）

A. 克鲁普斯卡娅　　B. 巴班斯基　　C. 列宁　　D. 苏霍姆林斯基

19. 马卡连柯认为:“儿童将成为一个怎样的人，主要地决定于你们在他五岁以前把他造成一种什么样子。假如你们在他五岁以前没有按照需要的那样去进行教育，那么，以后就得去进行再教育。”这表明在家庭教育上，马卡连柯认为应该（　　）

A. 及早进行　　B. 环境要优美和谐

C. 注意从细节着手　　D. 尊重信任与严格要求相结合

20. 马卡连柯是苏联早期著名的教育实践活动家和富有创新精神的教育理论家，他的教育思想不包括（　　）

A. 集体教育　　B. 纪律教育　　C. 劳动教育　　D. 公民教育

21. 赞科夫是20世纪六七十年代苏联最有影响力的教育家，他的《教学与发展》一书着重体现了他长期领导的（　　）的教育实验。

A. 教学与发展　　B. 直观教学与智育　　C. 形式教学与实质教学　　D. 最近发展区

22. （　　）提出“教学教育过程最优化的理论，是教育学发展中合乎逻辑的一个阶段。它直接以教育学先前所取得的成就作为依据”。

A. 夸美纽斯　　B. 赫尔巴特　　C. 巴班斯基　　D. 卢梭

23. 在苏霍姆林斯基看来，（　　）在全面和谐的教育中应占有主导的地位。

A. 智育　　B. 美育　　C. 劳动教育　　D. 德育

拔高特训

1. 下列表述中，体现洛克绅士教育主张的是（　　）
A. 健康之精神寓于健康之身体　B. 身体健康重于精神健康
C. 精神健康重于身体健康　D. 健康之身体寓于健康之精神

2. 洛克在《工作学校计划》中主张将贫民子弟组织起来教授宗教与技能，允许雇主挑选儿童当学徒。下列关于这一主张的说法，不正确的是（　　）
A. 具有民主性　B. 具有宗教性　C. 具有技能性　D. 具有职业性

3. 斯宾塞认为，任何知识都具有或大或小的价值，问题的关键在于知识的比较价值，而比较的依据是（　　）
A. 知识对生活和生产的价值　B. 知识对获得理性的价值
C. 知识对传承精神的价值　D. 知识对个人发展的价值

4. 在斯宾塞的课程价值论中，为了“维持正常社会关系”应开设的课程是（　　）
A. 历史学　B. 心理学　C. 文学　D. 生理学

5. 根据教育准备生活说和知识价值论，斯宾塞提出学校应该开设五种类型的课程。其中属于“间接保全自己的知识，使文明生活得以维持的基础”的课程是（　　）
A. 生理学和解剖学　B. 逻辑学、力学、数学等
C. 历史学　D. 文学、艺术等

6. 下列选项中，具有家庭教育属性的是（　　）
A. 古儒学校、骑士教育、绅士教育　B. 古儒学校、骑士教育、泛爱教育
C. 骑士教育、绅士教育、和谐教育　D. 骑士教育、绅士教育、城市教育

7. 下列说法属于教育家拉夏洛泰的核心教育思想的是（　　）
A.“国民教育”　B.“教育万能”
C.“什么知识最有价值”　D. 由“个体我”向“社会我”的转变

8. “教学的艺术不在于传授本领，而在于善于激励唤醒和鼓舞。”这句名言出自（　　）
A. 爱尔维修　B. 洪堡　C. 第斯多惠　D. 斯宾塞

9. 下列关于乌申斯基论述教师思想的说法中错误的是（　　）
A. 国家应该设立教育系　B. 培养学生爱国情感
C. 教育首先是一门科学　D. 教育首先是一门艺术

10. 下列关于马卡连柯的教育理论的表述，不正确的是（　　）
A. 集体主义教育应与劳动教育相结合　B. 优良的家庭教育助力于集体教育
C. 纪律是达到集体目的的最好方式　D. 教育既与个别人发生关系，又与集体发生关系

11. 下列关于赞科夫提出的“一般发展”的概念，论述错误的是（　　）
A.“一般发展”就是“全面发展”　B.“一般发展”不同于“特殊发展”
C.“一般发展”反对“片面发展”　D.“一般发展”包括“智力发展”

12. 下列关于苏霍姆林斯基的思想，论述错误的是（　　）
A. 主张个性全面和谐发展的教育　B. 劳动教育是和谐发展的核心

C. 重视学生的精神生活　　D. 强调要相信学生

13. 下列教育家中，不具有集体主义教育思想的是（　　）

A. 马卡连柯　　B. 乌申斯基　　C. 克鲁普斯卡娅　　D. 苏霍姆林斯基

14. 以下赞科夫的教学原则中，在实验教学体系中起决定性作用的是（　　）

A. 以高难度进行教学的原则　　B. 以高速度进行教学的原则

C. 使学生理解学习过程的原则　　D. 理论知识起主导作用的原则

论述题

1. 论述苏霍姆林斯基的个性全面和谐发展教育观及启示。
2. 论述马卡连柯的集体主义教育思想。
3. 阅读材料，并按要求回答问题。

材料："……教育目标是什么，其关键是什么……调和看似矛盾的地方，觅得教育的真谛。"

——洛克《教育片论》

有时候，我们需要用严厉的方法约束儿童，要求儿童完成他应该完成的事情，制约儿童是一种有效的教育方法，但是，我们也不想看到儿童失去个性，没有自由，因为儿童受到管制就会变得怯懦、不自信。谁要是能调和这两种矛盾，他就可以觅得教育的真谛。

——洛克《教育漫画》

请回答：

（1）洛克认为教育的目标是什么？关键是什么？

（2）看似矛盾的地方是什么？为什么洛克说"调和了看似矛盾的地方就能觅得教育的真谛"？

（3）谈谈你如何看待这对矛盾。

第十三章　近现代超级重量级教育家

单项选择题

基础特训

近现代超级重量级教育家（一）

1. 夸美纽斯主张建立全国统一学制，他把儿童从出生到青年分为四个阶段，每个阶段设立与之相应的学校，在少年期对应的学校是（　　）

A. 拉丁语学校　　B. 国语学校　　C. 大学　　D. 母育学校

2. 下列观点中不属于夸美纽斯"泛智教育"思想的是（　　）

A. "把一切事物教给一切人"

B. "一切儿童都可以教育成人"

C. "一切男女儿童都应该上学"

D. "一切儿童，无论男女、贫富，教育目的应同等看待"

3. （　　）的教学思想是班级授课制的萌芽，（　　）从理论上对班级授课制加以总结和论证，使它基本确立了下来。

A. 西塞罗；夸美纽斯　B. 西塞罗；赫尔巴特　C. 昆体良；夸美纽斯　D. 昆体良；赫尔巴特

4. 夸美纽斯在《大教学论》中举例道："树木在春天发芽长叶，鸟儿在春天孵化小鸟，所以人类应该在人的童年期开始施教，而一天应该在早晨学习为好。"这说明夸美纽斯在《大教学论》中使用的研究方法是（　　）

A. 自然类比法　B. 比较法　C. 归纳研究法　D. 模拟法

5. 下列关于夸美纽斯的教育著作的说法，不正确的是（　　）

A.《母育学校》是西方教育史上第一本学前教育学著作

B.《世界图解》是欧洲第一部儿童看图识字的图书

C.《大教学论》是世界上第一本现代教育学著作

D.《泛智学校》是为实现泛智教育、开办新型学校而拟订的学校工作规划

6. 夸美纽斯认为教育对个人的作用是（　　）

A. 陶冶德性　B. 使"人类得救"　C. 发展天赋　D. 培养理性

7. 夸美纽斯的《大教学论》中，有一条贯穿整个教育理论体系的根本指导原则，这一原则是（　　）

A. 教育适应自然原则　B. 泛智教育原则　C. 统一学制原则　D. 直观性原则

8. 夸美纽斯在《大教学论》中第一次系统的总结了教学原则，其中，他从感觉论出发，提出了（　　）原则是教学必须遵循的"金科玉律"。

A. 直观性　B. 启发性　C. 求知欲　D. 让利

9. "在这本著作中，他论述了班级授课制以及教学内容、教学原则与方法，高度评价了教师的职业，强调了教师的作用，还提出了普及教育的思想。"这句话中的"著作"和"他"分别指的是（　　）

A.《理想国》、柏拉图　B.《大教学论》、夸美纽斯

C.《爱弥儿》、卢梭　D.《林哈德和葛笃德》、裴斯泰洛齐

10. 卢梭认为良好有效教育的基准应该是（　　）

A. 自然的教育　B. 事物的教育　C. 人为的教育　D. 道德的教育

11. 下列关于卢梭的女子教育思想，说法错误的是（　　）

A. 是从他的"遵循自然""归于自然"的思想中引申出来的

B. 在目标、内容、方法等诸方面与男子教育是大相径庭的

C. 他认为女子应该具有高深的知识和观察、分析、判断等能力

D. 他认为女子应当尽情游戏，免除过分的束缚

12. 卢梭是（　　）教育思想的杰出代表，这种思想以（　　）为理论基础。

A. 神学主义；唯心主义　B. 实用主义；心理学

C. 自然主义；白板说　D. 自然主义；性善论

13. 下列关于卢梭的教育思想，表述错误的是（　　）

A. 承认感觉是知识的来源，所有一切都是通过人的感官进入人的头脑的

B. 人性本善，深信人的心灵中存在着认识世界的巨大能量

C. 女子应该和男子接受同样的教育

D. 理性认识事物的前提是感官的成熟，所以要加强儿童的感官训练

14. 以下属于卢梭对“自然人”定义的是（　　）

A. 能够在社会中自食其力的人　B. 回归自然原始状态的人

C. 依赖某种职业求生的人　D. 努力突破自身社会等级的人

15. 在裴斯泰洛齐的教育实践活动中，教育与生产劳动相结合的成功实践发生在（　　）

A.“新庄”时期　B. 斯坦兹孤儿院时期

C. 布格多夫国民学校时期　D. 伊佛东学校时期

16. 裴斯泰洛齐提出的语言教学的三个阶段不包括（　　）

A. 发音教学　B. 单词教学　C. 句子教学　D. 语言教学

17. 裴斯泰洛齐认为，测量教学最基本的要素是（　　）

A. 点　B. 直线　C. 曲线　D. 图形

18. 裴斯泰洛齐任教的（　　）是近代欧洲初等学校诞生的标志。

A. 贫儿之家　B. 伊佛东学校　C. 斯坦兹孤儿院　D. 布格多夫小学

19. 下列不属于裴斯泰洛齐“教育心理学化”的主要含义的是（　　）

A. 教育目的和教育理论心理学化　B. 教学内容心理学化

C. 教育管理制度心理学化　D. 教学原则和教学方法心理学化

20. 裴斯泰洛齐在要素教育中提出，道德教育最基本的要素是（　　）

A. 对母亲的爱　B. 对父亲的爱　C. 爱家人　D. 爱家乡

21. 为保持课程教学的逻辑结构和知识的系统性，赫尔巴特为课程设计提出了“相关”和“集中”两项原则，其依据是（　　）

A. 兴趣　B. 经验　C. 统觉　D. 儿童发展

22. 提出教育性教学原则的教育家是（　　）

A. 马卡连柯　B. 赞科夫　C. 苏霍姆林斯基　D. 赫尔巴特

23. 赫尔巴特提出教学形式阶段理论，认为任何教学活动都必须经历的四个阶段是（　　）

A. 注意、期待、要求、行动　B. 明了、联想、系统、方法

C. 注意、期待、相关、集中　D. 明了、联想、提示、巩固

24. 依据赫尔巴特的教学形式阶段理论，学生的兴趣表现为期待、思维状态处于专心，教师的任务是与学生交流，该教学阶段是（　　）

A. 明了　B. 联想　C. 系统　D. 方法

25. 陈老师在讲解《寒号鸟》一课时，用多媒体给学生展示了许多寒号鸟的图片，使学生获得了生动的表象。这一阶段属于赫尔巴特四段教学法中的（　　）阶段，其兴趣是（　　）阶段。

A. 明了；期待　B. 联想；注意　C. 联想；期待　D. 明了；注意

26. 赫尔巴特课程理论的一个重要特征就是把儿童发展与课程联系起来。他深入探讨了儿童的年龄分期，进而提出了课程的程序。他认为在（　　）发展阶段，儿童应学习《荷马史诗》等具有想象性的材料。

A. 婴儿期　B. 幼儿期　C. 童年期　D. 青年期

27. 下列选项中，哪一个不是在描述赫尔巴特所认为的教育的“可能的目的”？（　　）

A. 与职业相关的目的　B. 发展人的多方面兴趣

C. 发展人的多种能力 D. 养成五种道德观念

近现代超级重量级教育家（二）

28. （　　）是福禄培尔关于幼儿园教育方法的基本原理。
A. 让儿童成为自己的教育者 B. 游戏
C. 社会参与 D. 自我活动
29. （　　）创办了世界上第一所幼儿园。
A. 福禄培尔 B. 夸美纽斯 C. 柏拉图 D. 蒙台梭利
30. 福禄培尔在教育史上第一次把自然哲学中“进化”的概念完全而充分地运用于人的发展和人的教育中，从而提出了（　　）的教育原则。
A. 统一 B. 顺应自然 C. 发展 D. 创造
31. 福禄培尔被誉为“幼儿教育之父”，他的幼儿课程体系以（　　）为中心。
A. 恩物 B. 作业 C. 游戏 D. 工作
32. 蒙台梭利极为重视感官教育，她的感官教育训练主要是（　　）
A. 以视觉练习为主 B. 以听觉练习为主 C. 以嗅觉练习为主 D. 以触觉练习为主
33. 下列关于蒙台梭利幼儿发展的特点，表述不正确的是（　　）
A. 幼儿发展具有心理吸收力 B. 幼儿发展具有敏感期（关键期）
C. 幼儿发展具有阶段性 D. 幼儿发展具有心理爆发期
34. 蒙台梭利认为，儿童身心发展的原动力是（　　）
A. 允许儿童自由活动 B. 儿童的感观教育 C. 儿童的纪律 D. 生命力的冲动
35. “人们对教育目的社会制约性的认识，既要看到社会生产力、政治制度和文化传统对教育目的的制约和影响，也要看到这种制约与影响反映到人的发展上，使教育目的也符合人的发展需要。”马克思主义所言的“人”是（　　）
A. 现实的人 B. 抽象的人 C. 个性的人 D. 自由的人
36. 关于教育与生产劳动相结合的必然性，下列说法不正确的是（　　）
A. 大工业生产对未来综合技术工人的需求，在客观上要求教育与生产劳动相结合
B. 大工业生产对科学技术的需要，要求教育与生产劳动相结合
C. 培养全面发展的人需要教育与生产劳动进行结合
D. 综合技术教育为教育与生产劳动相结合提供了重要的“纽带”
37. 杜威的教育理论主要解决的问题不包括（　　）
A. 教育与社会的脱离 B. 教育与儿童的脱离 C. 教育与劳动的脱离 D. 理论与实践的脱离
38. 杜威提出的“教材心理学化”充分直接地体现了（　　）的思想。
A. “教育即生活” B. “教育即生长” C. “教育即经验的改造” D. “学校即社会”
39. 下列关于杜威的教育目的论，描述正确的是（　　）
A. 教育根本没有目的
B. 教育应以儿童当下的生活为起点
C. 杜威的教育目的论难以顾及儿童的社会化
D. 杜威既强调教育为民主社会服务，又强调增进学生的内在生长，二者相矛盾

40. 西方教育史的三大里程碑不包括（ ）
A.《理想国》 B.《爱弥儿》 C.《民主主义与教育》 D.《普通教育学》
41. 根据“教育即生活”，杜威提出相应的基本教育原则是（ ）
A.“儿童中心” B.“学校即社会” C.“从做中学” D.“反省思维”
42. 明确提出“教育应该为学生的当下生活做准备，而不是为学生未来的生活做准备”的是（ ）
A. 斯宾塞 B. 杜威 C. 陈鹤琴 D. 赞科夫
43. 杜威的“思维五步法”包括经验的情景寻求、问题的产生、资料的占有和观察的开展、解决方法的提出以及方法的运用和检验。他把这种方法称为（ ）
A. 情景思维 B. 逻辑思维 C. 形象思维 D. 反省思维
44. 杜威强调教育目的应当（ ）
A. 放飞儿童天性，任其率性发展 B. 具有内在性和生长性
C. 顺从外部要求，限制儿童行为 D. 只需考虑个性发展，无须考虑社会性发展
45. 杜威批判卢梭极端的个人本位论，是因为（ ）
A. 卢梭更注重儿童个性与自由的发展 B. 杜威更顾及儿童的感受
C. 卢梭没有把儿童发展与社会进步相联系 D. 卢梭未考虑儿童的经验

拔高特训

近现代超级重量级教育家（一）

1. 在夸美纽斯的教育思想体系中，存在的两个重要的教育原则是（ ）
A. 直观性、巩固性 B. 教育适应自然、直观性
C. 教育适应自然、泛智 D. 泛智、直观性
2. 以下这些教育史上的创举，不是由夸美纽斯提出来的是（ ）
A. 首次提出量力性原则 B. 第一个提出分班教学的思想
C. 第一次提出统一的学校体系 D. 第一个提出较完整的教学原则
3. 夸美纽斯在道德教育中纳入的一个新概念是（ ）
A. 爱国教育 B. 公德教育 C. 劳动教育 D. 绅士教育
4. 下列不能体现夸美纽斯教育适应自然的基本原则的是（ ）
A. 直观性原则 B. 统一学制思想，采取班级授课制
C. 教育对象普及化、教育内容泛智化 D. 家庭教育优于学校教育
5. 下列关于夸美纽斯的普及教育思想，说法错误的是（ ）
A. 夸美纽斯主张“把一切事物教给一切人”
B. 夸美纽斯在强调泛智教育时，依然把宗教内容纳入其中
C. 夸美纽斯认为一切青年男女受教育的目的和程度是相同的
D. 夸美纽斯要求学校向全体人民敞开大门，不论富贵贫贱，所有男女儿童都应该上学
6. 下列不属于卢梭要培养的“自然人”的特征的是（ ）
A. 与社会人相对立 B. 与专制国家的公民相对立

C. 有“怜悯心”，爱一切的人　　D. 摆脱封建羁绊的资产阶级新人

7. 下列关于卢梭自然教育的说法，不正确的是（　　）

A. 以城市为学校　　B. 以事物为教材　　C. 以消极教育为方法　　D. 以自然为老师

8. 关于卢梭的自然主义教育思想和公民教育思想，下列理解错误的是（　　）

A. 自然主义教育培养自然人；公民教育培养爱国公民

B. 在封建社会，要在农村用自然主义思想培养人才；在资本主义社会，应由国家承担教育任务，但也要体现自然主义思想

C. 自然主义教育要顺应儿童的天性；公民教育要以国家的要求为标准

D. 自然主义教育和公民教育都可以使用自然后果法

9. 裴斯泰洛齐认为，人的全部才能和潜能获得发展的基础是（　　）

A. 智育　　B. 体育　　C. 德育　　D. 劳动教育

10. 下列关于裴斯泰洛齐和谐教育思想的说法，错误的是（　　）

A. 教育应使儿童德、智、体诸方面的能力得到均衡、和谐的发展

B. 所有人都应受教育，教育应成为所有人的财富

C. 教育应适应儿童能力的发展，遵循社会发展的顺序

D. 通过教育可以改变社会的不平等关系和贫富悬殊的现象

11. 在赫尔巴特看来，根据学生同情的兴趣，应当开设的课程是（　　）

A. 历史　　B. 政治　　C. 外国语和本国语　　D. 神学

12. 关于赫尔巴特的“训育”概念，下列说法不正确的是（　　）

A. 实际上，“训育”是“儿童管理”，是一种道德教育

B. 训育可分为四阶段：道德判断、道德热情、道德决定和道德自制

C. 在训育的四个阶段中，道德判断是训育的起点

D. 训育是指有目的地进行培养，其目的在于形成“性格的道德力量”

13. 以下选项符合赫尔巴特提出的“教育性教学原则”的是（　　）

A. 有用的国家公民，是一切教育的目的

B. 什么知识最有价值，一致的答案就是科学

C. 教学如果没有进行道德教育，只是一种没有目的的手段

D. 教育是对某个经验情境中的问题进行反复、严肃、持续的思考

14. 赫尔巴特的伦理学基础认为，人应该具有五种道德观念，即内心自由、完善、仁慈、正义、公平或报偿。他特别提出人调节自己意志、做出判断的一种尺度，尽可能让人对自己的言行感到满足。对应这种说法的是（　　）

A. 内心自由　　B. 完善　　C. 仁慈　　D. 正义

近现代超级重量级教育家（二）

15. 福禄培尔重视发挥游戏在幼儿教育中的价值，他将游戏看作（　　）

A. 儿童的外部肢体活动　　B. 儿童创造性自我活动的表现

C. 对儿童实施基础教育的最佳形式　　D. 促进儿童身体发展和健康成长的手段

16. 福禄培尔的恩物和作业的区别是（　　）

A. 恩物是一种游戏用具，作业是将恩物用于创造和实践的游戏

B. 恩物在后，作业在前

C. 作业重在接受和吸收，恩物重在发表、创造和表现

D. 作业是恩物的一种材料，恩物还有其他材料

17. 蒙台梭利认为，实施新教育的第一步是（　　）

A. 允许儿童自由活动　　B. 强调生命力的冲动

C. 强调儿童的纪律　　D. 实施儿童的感官教育

18. 关于蒙台梭利的培养儿童的“三大法宝”，下列说法错误的是（　　）

A. 自由应在维护集体利益范围之内　　B. 纪律通过命令和禁止等手段进行

C. 工作是养成儿童纪律的基本途径　　D. 三者之间是相辅相成的统一体

19. 下列关于蒙台梭利自由与纪律的思想，说法错误的是（　　）

A. 自由就是允许儿童天性自发地表现　　B. 儿童的自由应以集体利益为限度

C. 教育既要给儿童自由，也要让儿童守纪律　　D. 儿童通过游戏可以建立良好的纪律

20. 福禄培尔和蒙台梭利都致力于幼儿教育事业，下列关于二者的教育思想，说法错误的是（　　）

A. 福禄培尔主张集体教学，蒙台梭利主张个别活动

B. 福禄培尔强调教师的辅助作用，蒙台梭利强调教师的主导作用

C. 福禄培尔主张游戏，蒙台梭利主张工作

D. 福禄培尔主张创造力，蒙台梭利主张感官训练

21. 下列关于福禄培尔和蒙台梭利的教育思想，说法错误的是（　　）

A. 都强调儿童发展的自主性　　B. 都侧重感官训练和动作训练

C. 都受卢梭的自然教育理论影响　　D. 都主张在进行幼儿教育的同时培育幼师

22. 关于杜威的“反省思维五步法”，下列说法不正确的是（　　）

A. 要尽可能让学生在有意义的情境中学习　　B. 是一种“从做中学”的教学步骤

C. 为“发现法”教学方法的研究奠定了基础　　D. 要按照五个步骤的固定顺序进行教学

23. 杜威认为道德教育的重要途径不包括（　　）

A. 学校生活　　B. 教师　　C. 教材　　D. 教法

24. 杜威所认为的“经验”是指（　　）

A. 感觉作用和感性认识　　B. 有着终极目的的发展过程

C. 包含理性与非理性的各种因素的思想与行为　　D. 有机体被动接受环境塑造的过程

25. 下列关于杜威对课程的观点描述，错误的是（　　）

A. 课程应具有社会性　　B. 课程应依据逻辑顺序编排

C. 课程应符合儿童的兴趣及能力　　D. 课程应体现儿童认识的统一性和整体性

26. 下列关于陈鹤琴和杜威的观点，说法错误的是（　　）

A. 二者都认为要将生活经验与艺术结合在一起

B. 二者把儿童看成独立的个体，真正做到了实践与理论相结合

C. 二者都抓住了生活、儿童、成长与教育的关系

D. 二者的理论在出发点、所使用的方式上是不同的

27. 关于教育家的历史地位，下列说法正确的是（　　）

A. 夸美纽斯提出了教育适应自然的原则，是首次完整总结了自然主义教育理论体系的教育家

B. 裴斯泰洛齐是第一个明确提出“教育心理学化”口号和诉求的教育家，被称为“国民教育之父”

C. 赫尔巴特被誉为“现代教育学之父”，提出以活动、经验、学生为中心的三中心论

D. 福禄培尔是幼儿园的创立者，近代学前教育理论的奠基人，被誉为“儿童世纪的代表”

28. 下列关于教育与生产劳动相结合的观点，说法错误的是（　　）

A. 早期空想社会主义家提出了教育要与生产劳动相结合的教育主张

B. 马克思、恩格斯第一次揭示了教育与生产劳动相结合的历史必然性

C. 裴斯泰洛齐在斯坦兹孤儿院进行了教育与生产劳动相结合的初步实验

D. 苏霍姆林斯基重视教育与生产劳动相结合的重要性，并将理论付诸实践

29. 下列关于几位教育家的和谐教育思想，说法错误的是（　　）

A. 亚里士多德强调德育是和谐教育思想的核心部分

B. 维多里诺热衷于古希腊身心和谐发展的教育理想

C. 苏霍姆林斯基强调培养“个性全面和谐发展”的人

D. 裴斯泰洛齐认为从简单到复杂的教学才能保证人的和谐发展

30. 西尔伯曼在 1970 年发表的《教室里的危机》一书中说：“教室里的学生规规矩矩，改革派们呼吁着改革，但改革派学者忽视了以往的经验，特别是 20 世纪 20 年代和 30 年代教育改革的经验。他们不理解他们所涉及的问题几乎都曾被他早已阐述过了；也不知道他们想搞的工作，都曾被他早就阐述过和搞过了。”这里的“他”指（　　）

A. 赫尔巴特　　B. 福禄培尔　　C. 裴斯泰洛齐　　D. 杜威

论述题

1. 试比较福禄培尔和蒙台梭利的幼儿教育思想。
2. 论述赫尔巴特的道德教育理论及其现实意义。
3. 论述赫尔巴特的教育思想及其影响。
4. 论述杜威的教育本质论及其影响与启示。
5. 杜威曾说道：“回顾一些近代教育改革的尝试，我们很自然地会发现，人们已经把改革的重点放在课程上了。”请论述杜威课程与教材论的相关内容与影响。
6. 论述马克思主义“生产劳动与教育相结合”“教育与生产劳动相结合”各自的目的和内涵。
7. 结合所学，论述蒙台梭利在“儿童之家”中对于“纪律”的理解。
8. 论述陶行知为什么说杜威先生的“教育即生活”理论在中国的经验是“此路不通”。
9. 杜威曾高度评价福禄培尔的游戏思想。他说：“只有古代的柏拉图和近代的福禄培尔算是两个重大的例外。”根据所学，说明杜威认为柏拉图和福禄培尔是重大例外的原因。
10. 结合材料，评述卢梭的自然教育理论，并谈谈对我国目前教育改革的启示。

材料：法国教育家卢梭曾写道：“问题不在于教他各种学问，而在于培养他有爱好学问的兴趣，而且在这种兴趣充分成长起来的时候，教他以研究学问的方法，毫无疑问，这是一切良好的教育的一个基本原则。”

第十四章　近现代教育思潮

单项选择题

基础特训

近代教育思潮

1. 下列不属于自然主义教育的代表人物是（　　）

   A. 洛克　　B. 福禄培尔　　C. 裴斯泰洛齐　　D. 亚里士多德

2. 下列不能说明赫尔巴特的教育心理学化的教育思想的是（　　）

   A. 教学过程应以“统觉论”为基础

   B. 伦理学的五项基本道德是儿童教育心理学化的体现

   C. 兴趣是课程设置和安排教学内容的原则

   D. 儿童的管理、教学和训育应遵循儿童的心理发展规律

3. 用“教育心理学化”替代“教育适应自然”这一术语的教育家是（　　）

   A. 裴斯泰洛齐　　B. 第斯多惠　　C. 赫尔巴特　　D. 福禄培尔

4. 在形式教育论和实质教育论的争论中，抨击传统古典主义教育，强调和宣传科学知识的价值，产生于16世纪末17世纪初，兴盛于19世纪后期，在欧美国家得到广泛传播的是（　　）

   A. 科学教育思潮　　B. 国家主义教育思潮

   C. 自然主义教育思潮　　D. 教育心理学化思潮

5. 关于19世纪国家主义教育思潮，下列说法不正确的是（　　）

   A. 要求培养国家公民　　B. 主张免费的普及教育

   C. 要求国家管理教育　　D. 教育要促进每个人的个性发展

新教育运动与进步教育运动

6. 19世纪末20世纪初，欧洲新教育运动开始的标志性学校是（　　）

   A. 乡村教育之家　　B. 阿博茨霍尔姆学校　　C. 罗歇斯学校　　D. 夏山学校

7. 19世纪末到20世纪50年代，美国进行了进步教育运动，下列哪一事件标志着美国进步教育的终结？（　　）

   A.《进步教育》杂志停办　　B. 分裂阵营

   C. 从初等教育转向中等教育　　D. 个人自由转向社会职能

8. 在新教育运动时期，注重师生之间“小家庭”式的亲密关系，同时拥有“运动学校”之称的学校是（　　）

   A. 阿博茨霍尔姆学校　　B. 萨默希尔学校

   C. 罗歇斯学校　　D. 皮肯希尔学校

9. 下列哪项不是凯兴斯泰纳认为“有用的国家公民”应具备的品质？（ ）
A. 具有关于国家的任务的知识　B. 具有为国家服务的能力
C. 具有愿意效力于祖国的品质　D. 具有关于国家国防安全的意识

10. 在教学改革中反对传统学校的机械教学方法，被誉为“进步教育之父”的教育家是（ ）
A. 杜威　B. 葛雷　C. 帕克　D. 道尔顿

11. 约翰逊称她在 1907 年创办的费尔霍普学校为（ ）
A. 快乐之家　B. 贫儿学校　C. 劳作学校　D. 有机教育学校

12. （ ）被认为是“美国进步教育运动中最卓越的例子”。
A. 昆西教学法　B. 有机教育学校　C. 葛雷制　D. 道尔顿制

13. 某校将全校学生一分为二，一部分在教室上课，另一部分在体育运动场、图书馆、工厂和商店、礼堂等场所活动，上下午对调。这种教育实验是（ ）
A. 设计教学法　B. 葛雷制　C. 道尔顿制　D. 文纳特卡制

14. 在美国进步教育运动中，将课程分为共同知识或技能和创造性的、社会性的作业的教育改革实验是（ ）
A. 葛雷制　B. 道尔顿制　C. 文纳特卡制　D. 设计教学法

15. 在进步教育运动中，出现了一种废除传统教育制度，代之以“公约”的形式进行教学的制度是（ ）
A. 葛雷制　B. 道尔顿制　C. 文纳特卡制　D. 昆西教学法

16. 关于道尔顿制的教育特点，下列说法不正确的是（ ）
A. 以“公约”促进学生学习　B. 用表格法了解学习进度
C. 主张自由与合作　D. 这是一种集体教学制度

17. 设计教学法的本质是（ ）
A. 儿童自动的、自发的、有目的的学习　B. 创造性的、社会性的作业
C.“公约”“表格法”等学习方式　D. 共同的知识技能

18. 下列不属于新教育运动和进步教育运动相同点的是（ ）
A. 都重视儿童在教育过程中的主体地位　B. 都开办新式学校、采用新式教学法
C. 都针对普通民众，是一种大众教育　D. 都向儿童灌输民主、合作的观念

现代欧美教育思潮

19. 20 世纪 30 年代，主张突出社会问题，体现“社会一致”精神的欧美教育思潮是（ ）
A. 永恒主义教育　B. 改造主义教育　C. 新托马斯主义教育　D. 存在主义教育

20. （ ）教育思潮强调教学过程是一个训练智慧的过程。
A. 永恒主义　B. 改造主义　C. 新行为主义　D. 要素主义

21. 要素主义教育思潮中，强调的学习“要素”是（ ）
A. 人类文化遗产中的共同要素　B. 最基本、最简单的要素
C. 永恒的共同理性因素　D. 有利于实现自我生成的一切因素

22. 关于教师在教学过程中的地位和作用，要素主义教育家主张（ ）
A. 教师应该成为学生自我实现的影响者和激励者
B. 教师在教育教学中居于核心和权威地位

C. 教师应通过民主讨论和劝说的方式来教育学生

D. 教师是结构教学中的主要辅助者

23. 在现代欧美教育思潮中，(　　) 是提倡复古的一种教育理论。

A. 存在主义教育　　B. 要素主义教育　　C. 永恒主义教育　　D. 改造主义教育

24. 以下哪一项是新托马斯主义教育的代表作？(　　)

A.《教育处在十字路口》　　B.《人与人之间》

C.《教育与新人》　　D.《教育漫谈》

25. 强调教育的本质和目的在于使学生实现“自我完成”的教育思潮是 (　　)

A. 要素主义教育思潮　　B. 存在主义教育思潮

C. 永恒主义教育思潮　　D. 人本主义教育思潮

26. 在 20 世纪中后期的现代欧美教育思潮中，强调按照程序进行教学的教育思潮是 (　　)

A. 结构主义教育思潮　　B. 多元文化教育思潮

C. 新行为主义教育思潮　　D. 人本主义教育思潮

27. 在现代欧美教育思潮中，主张教授学科的基本概念和原理，提倡发现学习的是 (　　)

A. 改造主义教育　　B. 要素主义教育　　C. 永恒主义教育　　D. 结构主义教育

28. 在现代欧美教育思潮中，(　　) 思潮要求学校里的教学氛围突出自由与民主，注重人的自我实现。

A. 新行为主义教育　　B. 人本主义教育　　C. 多元文化教育　　D. 分析教育哲学

29. 下列关于终身教育思潮的内涵，描述不正确的是 (　　)

A. 人的一生都要学习　　B. 强调人的自主学习

C. 突出学习型社会的建设　　D. 废除学校教育

30. 下列教育思潮中，突出未来发展倾向的是 (　　)

A. 多元文化教育思潮　　B. 人本主义教育思潮　　C. 存在主义教育思潮　　D. 结构主义教育思潮

31. 教育要消除彼此的分歧，培养人们的群体意识和集体心理，形成人们共同的思想、信念以及习惯，使之在口头上和行动上表现一致，最终有利于实现一个民主的富裕社会。体现这一观点的教育思潮是 (　　)

A. 要素主义教育思潮　　B. 改造主义教育思潮　　C. 永恒主义教育思潮　　D. 存在主义教育思潮

拔高特训

近代教育思潮

1. 下列关于自然主义教育思潮的代表人物，描述正确的是 (　　)

A. 夸美纽斯是首个提出教育适应自然的人

B. 卢梭的教育适应自然强调在大自然中接受教育，反对一切知识教育

C. 第斯多惠认为遵循自然和遵循文化同等重要，自然主义更为甚之

D. 自然主义教育思潮的各位代表人物对自然主义的观点完全一致

2. 下列哪个教育思想不是启蒙运动的思潮？(　　)

A. 教育心理学化　　B. 教育科学化　　C. 国家主义教育　　D.“全人”教育

3. 关于自然主义教育思想的局限性，下列描述不正确的是（　　）

A. 自然主义的核心概念不甚清晰，缺乏严谨性　　B. 不具有可行性

C. 研究方法过于简单，缺乏科学依据　　D. 自然主义与科学主义的发展相冲突

4. 虽然（　　）第一个提出“教育心理学化”的口号，但（　　）真正将心理学作为教育学的理论基础，直到经过（　　）的努力使“教育适应自然”这一术语直接被“教育心理学化”替代。

A. 裴斯泰洛齐；第斯多惠；赫尔巴特　　B. 赫尔巴特；第斯多惠；裴斯泰洛齐

C. 赫尔巴特；裴斯泰洛齐；第斯多惠　　D. 裴斯泰洛齐；赫尔巴特；第斯多惠

5. 19 世纪西方近代教育发展的主要趋势是（　　）

A. 自然主义、科学主义、国家主义、教育心理学化

B. 自然主义、古典主义、教育心理学化、理性主义

C. 科学主义、理性主义、古典主义、教育心理学化

D. 自然主义、古典主义、理性主义、科学主义

6. 下列不能体现国家主义教育思潮的实践活动的是（　　）

A. 英国通过立法加强教育控制权

B. 法国颁布《费里法案》，建立强迫性质的义务教育

C. 德国创办并兴起实科中学

D. 美国的贺拉斯 · 曼开展公立学校运动

7. 下列关于 19 世纪教育思潮观点的表述，说法正确的是（　　）

A. 自然主义教育思潮主张先发展儿童的身体和感官

B. 教育适应自然直接被科学教育思潮所代替

C. 泛爱学校以国家主义教育思潮为指导思想

D. 裴斯泰洛齐使教育心理学化思想系统化

新教育运动与进步教育运动

8. 下列属于美国进步教育衰落原因的是（　　）

①进步教育运动不能与美国的社会变化始终一致

②理论实践本身有矛盾，过分强调儿童个人的自由

③进步教育运动在理论上的分化，导致运动内部的决裂

④ 1929 年的大萧条

⑤苏联人造卫星发射上天

A. ①②③　　B. ①②③⑤　　C. ①②③④　　D. ①②③④⑤

9. 葛雷制采用二重编法，将全校学生一分为二：一部分学生上午在教室学习，下午在教室以外的区域进行活动；另一部分学生与此相反。与这一教学方法类似的教学实践是（　　）

A. 阿博茨霍尔姆学校　　B. 罗歇斯学校　　C. “劳作学校”　　D. 皮肯希尔学校

10. 在克伯屈的设计教学法中，属于生产者设计的课程是（　　）

A. 做科学实验　　B. 欣赏芭蕾舞　　C. 苹果为什么落地　　D. 混合运算

11. 关于进步教育运动，以下描述错误的是（　　）

A. “有机教育学校”和“道尔顿制”强调个性发展，重视儿童的兴趣和能力

B.“葛雷制”试图把学习和劳动、抽象的和实用的以及个性的和社会的等因素相结合

C.“有机教育学校”“道尔顿制”“葛雷制”的创办者都受到了卢梭和蒙台梭利的影响

D. 早期的进步教育家们都关心通过学校改变社会

12. 以下不属于新教育运动中的著名实验的是（　　）

A. 帕克的昆西教学法　　B. 尼尔的夏山学校

C. 蒙台梭利的“儿童之家”　　D. 利茨的乡村教育之家

13. 以下新学校与其创办者搭配不正确的是（　　）

A. 德莫林——罗歇斯学校　　B. 利茨——乡村教育之家

C. 尼尔——阿博茨霍尔姆乡村寄宿学校　　D. 蒙台梭利——“儿童之家”

14. 以下关于进步教育运动开展的著名实验，说法正确的是（　　）

A. 道尔顿制实行大班上课、小班研究和个别作业相结合

B. 葛雷制把学校分为体育运动场、教室、工厂和商店、礼堂

C. 特朗普制是“美国进步教育运动中最卓越的例子”

D. 昆西教学法废除课堂教学和课程表，代之以“公约”的学习

15. 进步教育运动和新教育运动最大、最本质的区别是（　　）

A. 进步教育运动在城市的公立学校进行；新教育运动在乡村的私立学校进行

B. 进步教育运动更为激烈；新教育运动较为温和

C. 进步教育运动更侧重儿童的需要和教育的民主性；新教育运动更侧重学校的管理与自制

D. 进步教育运动的影响是世界级的；新教育运动的影响没有进步教育运动的大

现代欧美教育思潮

16. 以下关于改造主义教育的说法，错误的是（　　）

A. 受到苏联人造卫星上天的影响

B. 融合了部分永恒主义教育和要素主义教育的观点

C. 认为教学应当与解决社会实际问题结合起来

D. 是从新教育运动派生出来的一个支流

17. 对美国 20 世纪 60 年代课程改革产生影响的思潮是（　　）

A. 人本主义教育　　B. 永恒主义教育　　C. 改造主义教育　　D. 结构主义教育

18. 没有强调以知识作为教学中心的学派是（　　）

A. 要素主义教育　　B. 改造主义教育　　C. 永恒主义教育　　D. 结构主义教育

19. 下列关于要素主义教育的说法，不正确的是（　　）

A. 要素主义教育认为学生经验兴趣不能凌驾于学科知识逻辑结构之上

B. 要素主义教育强调教师的权威，忽视学生的主体性

C. 要素主义教育强调教学过程是一个训练智慧的过程

D. 中小学最能体现人类文化共同要素的基础知识是“新三艺”，分别为语文、数学、外语

20. 下列著作中，属于永恒主义教育思潮代表作的是（　　）

A.《教育哲学的模式》　　B.《我的教育信条》

C.《为自由而教育》　　D.《教育处在十字路口》

21. 以下选项中不属于新托马斯主义教育的观点的是（　　）

A. 教育应以宗教为基础　　B. 教育的目的是培养真正的基督徒和有用的公民

C. 实施宗教教育是学校课程的核心　　D. 教育权应由国家掌控

22. 下列没有强调教师在教育中要发挥重要作用的学派是（　　）

A. 要素主义教育　　B. 改造主义教育　　C. 永恒主义教育　　D. 人本主义教育

23. 下列有关 20 世纪中后期欧美教育思潮的观点，说法正确的是（　　）

A. 永恒主义教育认为教育的本质就是品格教育

B. 改造主义教育强调行为科学对教育工作的意义

C. 存在主义教育强调对古典名著的学习

D. 要素主义教育重视培养"社会一致"的精神

24. 20 世纪 30 年代，欧美国家出现了要素主义教育、永恒主义教育和新托马斯主义教育，并把这三个教育思潮统称为新传统教育思潮。以下关于它们的共同特点描述错误的是（　　）

A. 在教育观上，都反对进步教育运动的儿童中心主义

B. 在课程设置上，都主张学校恢复以基础知识、基本技能为中心的课程

C. 在教学过程上，都主张注重智力训练，严格规范学业成绩标准

D. 在师生关系上，都主张以教师为主导、学生为主体的教师观

论述题

1. 试述近代西方自然主义教育思想的历史意义和局限性。
2. 比较新教育运动与进步教育运动的异同。
3. 论述 19 世纪末 20 世纪初欧美教育思潮产生和发展的历史背景、共同特征及其历史意义。
4. 试论新传统教育派教育思潮的共有观点，并从教育制度、教育实践、教育思想三个方面分析该思潮给美国带来的积极影响与局限性。
5. 述评 19 世纪以来，西方科学教育思潮发展的时代背景、观点与历史影响。

外国教育史综述题特训

1. 阅读材料，并按要求回答问题。

材料 1："我认为世俗政权有责任迫使老百姓送子女入学，这是有益的，我们的统治者理应完成教育的世俗任务，这样才能始终培养律师、牧师、书记员等各种职业人才。""公民职务远比教师职务更需要智慧的儿童，所以教育理应为世俗政权服务，必须为造就市民服务。"

——《论送子女入学的责任》

材料 2："所有儿童，不分性别与贵贱贫富，都应当接受教育，以学习基督教教义和日常生活所必需的知识、技能；对国家来说，为了保障公民的这种权利，应当开办公立学校，实行免费教育，使所有儿童都能进入学校接受教育。"

——《日内瓦初级学校计划书》

请回答：

（1）比较两则材料中的义务教育观。

（2）简要论述二者的义务教育思想对英、法、德、美初步建立义务教育制度的影响。

2. 16 世纪宗教改革的洪流中，马丁·路德提出了义务教育思想，形成了义务教育思潮，之后 17—19 世纪的历史进程里，西方各国都先后开始实施义务教育制度。试论英、法、德、美四国义务教育的开端，并说明近代义务教育发展的趋势。

3. 论述“二战”后主要发达国家教育改革的具体表现和总体特点。

4. 谈谈 20 世纪初欧美综合中学运动的发展及其特点。

5. 阅读材料，并按要求回答问题。

材料 1：此消息一经传出，美国朝野上下一片惊慌。人们不禁要问：为什么苏联的科技能力超过了美国？痛定思痛，美国人认为，根本的症结在于美国教育的落后和科研体制的不足。著名教育家科南特认为“苏联在技术上的突破，正是因为苏联建立了能够增强苏联技术优势所需要的教育制度”。

材料 2：此消息不仅是美国教育改革的催化剂，也促进了其他西方国家的教育改革，教育在国家政治生活中的地位比以往任何时候都得到重视，各国把教育改革推到了国家议事日程的前沿地带，加紧了教育改革的步伐。

请回答：

（1）“此消息”指什么？

（2）结合所学知识，谈谈在“此消息”的影响下，美国及其他西方国家当即进行的教育改革。

6. 试论西方教育史上教育与生产劳动相结合的主张。

7. 谈谈西方教育史上关于和谐教育的发展。

8. 试述陶行知“生活教育”理论与杜威教育理论的关系与区别（异同）。

9. 阅读材料，并按要求回答问题。

材料 1：杜威说：“学校生活应该成为一种经过选择的、净化的、理想的社会生活，使学校成为一个合乎儿童发展的雏形社会。而要将此落到实处，就必须改革学校课程。”而陶行知回国后，他结合我国社会情况论述了他自己的“生活教育”理论，陶行知将他老师的这一思想“翻了半个跟斗”。

材料 2：杜威过度强调儿童的直接经验。布鲁纳说，直接经验固然重要，但是如果过度重视直接经验的话，“好事就成了坏事”。

请回答：

问题 1：（1）材料 1 体现了杜威的什么教育理论？

（2）简述陶行知结合我国社会情况将杜威的教育理论“翻了半个跟斗”的原因。

（3）谈谈“生活教育”理论中体现的有关学校与社会的关系的观点。

问题 2：（1）材料 2 中“好事就成了坏事”指的是什么？

（2）布鲁纳提出的结构主义理论是如何解决这一问题的？

（3）杜威和布鲁纳的教育改革对我国的教育改革有何启示？请说明理由。

10. 试论杜威与进步教育运动的关系，并分析形成这种关系的原因。

11. 论述“五四”新文化运动时期西方教学理论在中国的传播。

第三部分　教育心理学

第一章　心理发展与教育

易错题讲解

单项选择题

基础特训

1. 以下选项中不属于认知的是（　　）
A. 感知　　B. 记忆　　C. 言语　　D. 动机
2. 以下选项中不属于人格结构的是（　　）
A. 气质　　B. 性格　　C. 自我调控系统　　D. 图式
3. "我们知道，人们的禀赋各异，承受应付文化要求的能力各有其不同的限度。如果人们多容忍些自己的'不完美'，日子就会好过得多。"弗洛伊德的这段话告诉我们应避免过度的（　　）
A. 忘我　　B. 超我　　C. 本我　　D. 自我
4. 个体利用已有的认知结构将新的刺激整合进自己的认知结构的过程是（　　）
A. 同化　　B. 顺应　　C. 平衡　　D. 整合
5. 根据皮亚杰的认知发展阶段理论，认为"人踩在小草身上，它会疼得哭"的孩子处于（　　）
A. 感知运动阶段　　B. 前运算阶段　　C. 具体运算阶段　　D. 形式运算阶段
6. 皮亚杰认为，心理发展的决定因素是（　　）
A. 适应　　B. 同化　　C. 顺应　　D. 平衡
7. 即使没有一个人在听，年龄小的儿童也会高兴地谈论他们在做什么。这可能发生在儿童一个人的时候，甚至更频繁地发生在儿童群体中，每个儿童热情地讨论着，但是没有任何真实的相互作用或交谈。这种情况更可能发生在皮亚杰提出的（　　）
A. 感知运动阶段　　B. 前运算阶段　　C. 具体运算阶段　　D. 形式运算阶段
8. 根据皮亚杰的理论，当儿童认识到"物体不论其形态如何变化，其物质总量是恒定不变的"时，表明儿童已获得（　　）概念。
A. 守恒　　B. 客体永久性　　C. 自我　　D. 逻辑
9. 班主任在设置教学目标时，既要考虑到学生的已有知识水平，也要考虑到他们在老师和同学的指导和帮助下可以达到的潜在水平，维果茨基将这两种水平之间的差距称为（　　）
A. 教学支架　　B. 最近发展区　　C. 先行组织者　　D. 自我差异性

10. 语文教师在初教比较难的文言文时，会给学生提供大量的注释，然后让学生根据这些注释去理解文中的关键句子。一段时间后，教师给学生的注释慢慢减少，学生也逐渐能自己完成文言文的阅读了。这属于受到维果茨基的最近发展区理论启发而提出的（　　）教学模式。

A. 范例教学法　　B. 支架式　　C. 合作学习　　D. 情境式

11. 以下著名的心理学成果，不是由维果茨基提出来的是（　　）

A. 认知地图　　B. 内化论　　C. 最近发展区　　D. 高级心理机能

12. 关于教学和发展的关系，维果茨基的基本观点是（　　）

A. 教学跟随发展　　B. 教学与发展并行　　C. 教学促进发展　　D. 教学等同于发展

13. 2～3 岁孩子的房间内，所有的桌子、椅子、水盆和壁柜都是儿童尺寸的，以便孩子尽可能自己做事，在这种房间的孩子可能发展（　　）

A. 自主性　　B. 主动性　　C. 勤奋感　　D. 信任

14. 根据艾里克森的心理社会发展理论，6～12 岁的儿童的教师和家长应该（　　）

A. 提供食物与爱抚　　B. 允许儿童自主探索

C. 积极鼓励儿童独立活动　　D. 帮助儿童在学习和活动中体验胜任感

15. 当父母做饭时，儿童递过一把勺子，他便认为自己是在从事一项重要的活动，并发挥了重要的作用。但是，由于儿童能力有限，他们的主动活动常常会被成年人禁止，使他们认识到“想做的”和“应该做的”之间的差距，从而可能会减少从事活动的热情。这体现了艾里克森心理社会发展理论的（　　）阶段。

A. 信任感对怀疑感　　B. 自主感对羞怯感　　C. 主动感对内疚感　　D. 勤奋感对自卑感

16. 同学 A 在打扫卫生时不小心打碎了三个杯子，同学 B 因淘气打碎了一个杯子。老师问大家：同学 A 和 B 谁更应受到惩罚？桃桃认为同学 A 更应受到惩罚，因为他打碎的杯子更多。这说明桃桃正处在科尔伯格道德发展阶段理论的（　　）阶段。

A. 惩罚与服从的定向　　B. 人际协调的定向

C. 维护权威或秩序的定向　　D. 社会契约定向

17. 小华认为，法律和道德是一种社会契约，为维护社会公正，每个人都必须履行自己的权利和义务，但同时他又认为，契约可根据需要而改变，使之更符合大众权益。根据科尔伯格的道德发展阶段理论，小华的道德判断处于（　　）

A. 前习俗水平　　B. 习俗水平　　C. 后习俗水平　　D. 超习俗水平

18. 母亲给婴儿哺乳，婴儿饥饿的时候会以哭泣来引起母亲的注意，影响母亲的行为。如果母亲能及时给婴儿喂奶则会消除婴儿哭泣的行为。根据布朗芬布伦纳的生态系统理论，这种情况主要体现了（　　）对儿童的影响。

A. 微观系统　　B. 中间系统　　C. 外层系统　　D. 宏观系统

19. 大器晚成说明了人的（　　）的差异。

A. 智力发展水平　　B. 智力表现早晚　　C. 智力结构　　D. 智力性别

20. 隐蔽图形测验中，要求被试在较复杂的图形中把隐蔽在其中的简单图形分离出来，有些被试能排除背景因素的干扰，迅速分离出知觉指定的简单图形。这些被试的认知方式为（　　）

A. 发散型　　B. 辐合型　　C. 场独立型　　D. 场依存型

21. 安静、稳重、踏实，反应较慢，交际适度，自制力强，话少，适于从事细心、程序化的学习，表现出内倾性，可塑性差，有些死板，缺乏生气，具有以上特点的是（　　）气质类型。

A. 胆汁质　　B. 多血质　　C. 黏液质　　D. 抑郁质

22. 关于学生的性别差异，下列哪项体现的是人格上的性别差异？（　　）

A. 男生在数学能力上更占优势

B. 童年期女生的智力优于男生

C. 男生智力水平分布的离散程度更大

D. 小学阶段女生的成就动机显著高于男生

拔高特训

1. 我非常想吃东西，但我不能偷拿别人的东西吃，偷东西会被警察抓进监狱。根据弗洛伊德的自我发展理论，这属于人格结构中的（　　）

A. 本我　　B. 自我　　C. 超我　　D. 忘我

2. 根据马西娅的自我同一性的建构发展，12～18 岁的学生如果表现为：并非充分考虑自己的各种体验和各种可能的选择，而是把选择的权利交给父母或其他权威人士。这样的个体在同一性状态上属于（　　）

A. 同一性早闭　　B. 同一性获得　　C. 同一性迷乱　　D. 同一性延迟

3. 幼儿往往认为所有会动的东西都是有生命的，因此当他们看到月亮会动时，就坚持认为月亮是有生命的。这种构建知识的方式是（　　）

A. 同化　　B. 顺应　　C. 图式　　D. 平衡

4. 一个 8 岁的儿童，当被要求回答眼前两根长短不一的木棍（长棍 A、短棍 B）哪一根长、哪一根短时，他会毫无困难地指出 A 棍长于 B 棍；拿出更短的 C 棍，继续让这个孩子比较 B 棍和 C 棍，孩子显然也能得出正确答案。但如果不展示 3 根木棍，只通过语言描述让他比较 A 棍与 C 棍的长短，这个孩子就回答不了了。根据皮亚杰的认知发展阶段理论，当这个孩子达到以下哪个发展阶段时，就可以不借助木棍的具体形象而准确地说出 A 棍长于 C 棍？（　　）

A. 感知运动阶段　　B. 前运算阶段　　C. 具体运算阶段　　D. 形式运算阶段

5. 布娃娃爱迪丝的头发颜色比苏珊的淡一些，比莉莎的黑一些，问儿童 3 个布娃娃中谁的头发颜色最黑。根据皮亚杰的认知发展阶段理论，儿童至少需要达到（　　）才可以轻松答出苏珊的头发颜色最黑而不必借助于布娃娃的具体形象。

A. 感知运动阶段　　B. 前运算阶段　　C. 具体运算阶段　　D. 形式运算阶段

6. 根据艾里克森的心理社会发展理论，5 岁孩子想按照自己的想法搭积木，教育者应帮助他形成（　　）

A. 信任感　　B. 自主感　　C. 主动感　　D. 胜任感

7. 老师给了花花 6 块糖果，问她总共有几块，花花点数："1、2、3、4、5、6，一共 6 块糖果。"老师又给了她 4 块，问她现在有多少块糖果。花花边点数边说："1、2、3、4、5、6、7、8、9、10，我有 10 块糖果啦！"就数学领域而言，下列哪项最贴近花花的最近发展区？（　　）

A. 认识和命名更多的物

B. 默数、接着数等计数能力

C. 以一一对应的方式数 10 个以内的物体，并说出总数

D. 通过实物操作锻炼 10 以内加减法的运算能力

8. 在“海因兹偷药”的两难问题上，李红赞同海因兹为妻子偷药的行为。她认为生命是非常宝贵的，每个人的生命只有一次。根据科尔伯格的道德发展阶段理论，李红所处的发展阶段是（　　）

A. 工具性的相对主义定向阶段　　B. 社会契约定向阶段

C. 普遍道德原则的定向阶段　　D. 维护权威或秩序的定向阶段

9. 科尔伯格调查发现，生活在孤儿院的儿童到了青年期，其道德水平也不能达到“好孩子”定向阶段；生活在美国中产阶级家庭的孩子，在较小的年龄阶段就有可能达到道德发展的第五阶段。这一现象体现了（　　）

A. 道德发展与逻辑思维有关　　B. 道德发展与儿童主动性有关

C. 道德发展与身心程度有关　　D. 道德发展与社会环境有关

10. 下列关于布朗芬布伦纳的生态系统理论，说法错误的是（　　）

A. 微观系统是最里层的系统，指个体活动和交往的直接环境——国家的整体课程计划

B. 中间系统是指各微观系统之间，如家庭、学校和同伴群体的联系或相互关系

C. 外层系统是指那些儿童并未直接参与，但对他们的发展产生影响的系统，如父母的工作环境

D. 宏观系统是指存在于微观系统、中间系统、外层系统中的文化、亚文化和社会阶层背景

11. 儿童在家庭中的情感体验可能会受到父母是否喜欢其工作的影响。亲戚可能影响父母的教养态度，从而影响儿童的行为。父母的工作是否顺利，会影响到他们的情绪，这又影响到亲子关系和儿童情绪的发展。根据布朗芬布伦纳的生态系统理论，这些情况主要体现了（　　）对儿童的影响。

A. 微观系统　　B. 中间系统　　C. 外层系统　　D. 宏观系统

12. 更适合采用大单元的方式进行教学设计的教师，他更偏向于（　　）

A. 整体性与表层加工　　B. 系列性与深层加工　　C. 整体性与深层加工　　D. 系列性与表层加工

13. 以下关于认知方式的说法，不正确的是（　　）

A. 具有场独立型认知风格的学生往往数学成绩更好

B. 表层加工有利于侧重事实学习和记忆

C. 采用整体性策略的学生往往更谨慎地使用类比的方法，更注重逻辑顺序

D. 反思型的学生倾向于深思熟虑，用充足的时间考虑、审视问题

材料分析题

1. 阅读材料，并按要求回答问题。

材料 1：小林尿床了，父母立即批评他；打碎了杯子碗碟，父母也严加指责。慢慢地，小林产生了羞耻感。

材料 2：小刚的老师总是能抓住时机恰当地给予小刚表扬和赞许，这使小刚建立起了自信心，并对学习产生了兴趣，能自觉投入到学习中去。

材料 3：小亮面对着众多选择，如升学的选择、理想的选择、职业的选择、异性朋友的选择等。他往往感到茫然、焦虑和不安，不知道自己应该成为什么样的人。

请回答：

（1）结合艾里克森的理论，说明上述三则材料中的学生分别处于哪个发展阶段，如何帮助学生度过这三个阶段？

（2）请从三个角度分析如何帮助学生获得角色同一性。

2. 阅读材料，并按要求回答问题。

材料1：据报道，某附属中学从本学期开始，实行男女分班教学的新模式，学校将新入学的高一年级新生分为五个男生班和五个女生班，各占一个楼层进行教学。而男女分班的主要目的是避免中学生早恋的发生。

材料2：大多数研究表明，从婴儿期到学前，男孩和女孩在综合能力和具体能力上并没有差别。上学之后，标准化的文化公平测验也表明男生和女生在一般智力上没有差别。例如，在一般语言能力、算术能力、抽象推理、空间想象及记忆广度上，不存在性别差异。然而具体能力测试表明，性别之间存在显著差异。例如，从小学到高中，女生在阅读和写作考试中获得的分数普遍要高；在常识、机械推理和心理旋转等测验中，男性比女性得分高；在注意力和计划任务中，女性比男性得分高。

人们通常认为物理、化学是男性主宰的领域，女性学不好。当这种信息被女性学习者接受，并内化为其性别图式时，她们会对学好化学、物理产生无助感，认为自己不可能学好，甚至放弃学习。有人在调查希腊雅典高中十一年级学生对化学的态度是否与他们的学业成绩显著相关时发现，与男生相比，大多数女生对化学课程中的困难表现出消极、否定的态度。

请回答：

（1）请分析材料1中的分班行为是否正确，并说明原因。

（2）结合材料2，谈一谈男女生之间为什么会产生这种性别差异。

（3）作为教师，应如何避免上述问题?

3. 阅读材料，并按要求回答问题。

材料1：6岁的丽莎丢了玩具，请父亲帮忙。父亲问她最后一次看见玩具是在什么地方。这个孩子说："我不记得了。"父亲又问了一系列的问题——你把它放在你房间了吗？外面？隔壁？孩子对每一个问题的回答都是"不"。父亲说："在车里吗？"她说："我想是的。"最后丽莎去车里找回了玩具。又一次，丽莎发现自己的数学课本不见了，她对自己说："数学课本呢？上课时用了，下课后放进书包了，坐公交车的时候也带上了，然后，杰克撞了我一下。嗯，可能是掉在公交车上了。"

材料2：

汤姆：这个我放不进去。(试着将一块拼图放在一个错误的地方)

母亲：哪一块可以放在这?(指着拼图)

汤姆：他的鞋子。(寻找与小丑的鞋子相似的一块，但是尝试错误)

母亲：好，哪一块看起来像这个形状?(再一次指向拼图)

汤姆：棕色的那块。(试一下，正好，然后试另一块，并看着他的母亲)

母亲：试着稍稍转动一下。(给他做手势)

汤姆：我知道了，在那儿。(放入更多块拼图，母亲看着)

请回答：

（1）这两则材料反映了维果茨基的什么观点?

（2）维果茨基从自身理论出发，提出了很多教学模式，请设计一个以支架式教学为核心的课堂教学活动。

4. 阅读材料，并按要求回答问题。

材料："对偶故事法"是皮亚杰研究道德判断时采用的一种方法。其中一个典型的"对偶故事"如下：

A. 一个叫约翰的小男孩正在他的房间里玩，妈妈叫他去吃饭。他走进餐厅时，门后有一把椅子，椅子上有一个盘子，盘子上有 15 个杯子。约翰推门时无意间碰到了盘子，打碎了 15 个杯子。

B. 有个叫亨利的小男孩。一天妈妈出去的时候，他想偷吃饭橱里的果酱。他爬到椅子上去拿果酱，但是够不着。他使劲够，结果碰掉一个杯子，打碎了。

皮亚杰提出两个问题：(1) 约翰和亨利都感到内疚吗？(2) 哪个孩子的行为更不好？

根据回答发现，多数 5~7 岁的儿童都会认为约翰更不好，因为他打碎了 15 个杯子；而 9 岁以上的儿童认为亨利更不好，因为他是想偷吃果酱。(原始材料缺失，凯程新编类似的材料)

请回答：

（1）上述两个发展阶段（两个回答）的儿童分别处于皮亚杰认知发展阶段理论中的哪个阶段？请分别说明特点。

（2）从上述发展阶段来看，皮亚杰认知发展阶段理论认为儿童思维发展具有什么趋势？

5. 阅读材料，并按要求回答问题。

材料 1：某中学给学生做了心理测试，把学生的认知方式分为场独立型和场依存型。A 老师建议给班主任也做测试划分类型，将同类老师和学生分到一个班级更合拍。这样，这一年级的一些班级都是场独立风格的师生，另一些班级都是场依存风格的师生，他们可以各自实行适合自己风格的教学方式，这样的分班应该更能促进学生的发展。

材料 2：小明在学习上遇到问题时，常常利用个人经验独立地对其进行判断，他喜欢用概括的、逻辑的方式分析问题，很少受到老师和同学们建议的影响。而小红遇到问题时常常表现得与小明相反，她更愿意倾听老师和同学们的建议，并将他们的建议作为分析问题的依据。另外，她还善于察言观色，关注社会问题。

请回答：

（1）请从个别差异的角度来评价材料 1 中 A 老师的建议。

（2）结合材料 2 分析小明和小红的认知风格差异。

（3）结合材料 2，假如你是他们的老师，如何根据认知风格差异展开教学？

第二章　学习及其理论解释

单项选择题

基础特训

1. 下列哪一项学习不属于加涅所划分的学习结果类型？（　　）

A. 态度　　B. 习惯　　C. 言语信息　　D. 动作技能

2. 下列哪一项学习的复杂程度最高？（　　）

A. 概念学习　B. 连锁学习　C. 辨别学习　D. 解决问题的学习

3. 心理学家巴甫洛夫曾做过一个经典实验：狗分泌唾液实验。一开始，狗听到铃声不会分泌唾液。后来，给狗食物时同时响铃，多次同步呈现食物和铃声，狗听到响铃就会分泌唾液。对于狗来说，两次铃声分别为（　　）

A. 中性刺激、无条件刺激　B. 无条件刺激、条件刺激

C. 条件刺激、无条件刺激　D. 中性刺激、条件刺激

4. 学生一想到测验或一听到即将举行测验就感到焦虑。根据巴甫洛夫的经典条件作用，其属于（　　）

A. 第一信号系统的刺激　B. 第二信号系统的刺激

C. 消退　D. 分化

5. 在心理学实验中，为了使小狗能够区分圆形光圈和椭圆形光圈，研究者只在圆形光圈出现时才给予食物强化，而在呈现椭圆形光圈时不给予强化，那么小狗便可以学会只对圆形光圈做出反应而不理会椭圆形光圈。该过程称为（　　）

A. 刺激分化　B. 刺激泛化　C. 刺激获得　D. 刺激消退

6. 学习的实质在于形成刺激—反应联结（无须观念作媒介），学习的过程是通过盲目的尝试与错误的渐进过程，人和动物遵循同样的学习律，提出这一学习观念的教育心理学家是（　　）

A. 巴甫洛夫　B. 桑代克　C. 斯金纳　D. 班杜拉

7. 满意的结果会促使个体趋向和维持某一行为，而烦恼的结果则会使个体逃避和放弃某一行为，这说明个体在学习中会遵循（　　）

A. 效果律　B. 练习律　C. 应用律　D. 准备律

8. 枯燥的但有奖品的任务和有意思的但没奖品的任务分别属于（　　）

A. 正强化和替代强化　B. 正强化和负强化　C. 正强化和自我强化　D. 负强化和替代强化

9. 触犯严重刑法的犯人，由于认错态度良好供出同伙，法院酌情减轻了对他的刑罚，这是（　　）

A. 正强化　B. 负强化　C. 正惩罚　D. 负惩罚

10. 一个学生过分害怕兔子，我们可以依次让他看兔子的图片—与他谈论兔子—让他远远地看关在笼中的兔子—让他靠近笼中的兔子—让他摸摸兔子、抱起兔子，以此消除他对兔子的惧怕反应。这种改变行为的方法属于（　　）

A. 代币奖励法　B. 行为塑造法　C. 系统脱敏法　D. 肯定性训练

11. 观察者因看到榜样受到强化而间接受到的强化称为（　　）

A. 一级强化　B. 自我强化　C. 部分强化　D. 替代强化

12. 根据班杜拉的社会（观察）学习理论，在教学中，教师需要进行步骤分解，可以编制一些歌诀，甚至可以将难以记住的、复杂的行为冠以一个名称，作为标签，帮助学生记住完成任务的步骤。这属于（　　）

A. 注意过程　B. 保持过程　C. 复制过程　D. 动机过程

13. 以下心理学家及其理论搭配不正确的一项是（　　）

A. 奥苏伯尔——认知发现说　B. 苛勒——完形—顿悟说

C. 托尔曼——认知目的说　D. 加涅——信息加工理论

14. 在上“圆柱体体积计算”这节课时，教师要求学生通过实验来确定如何测量体积。教师所采取的教学策略是（　　）

A. 接受学习　　B. 操作性条件学习　　C. 发现学习　　D. 观察学习

15. 英语老师先教学生蔬菜、水果、肉的英文单词，再教羊肉、牛肉、胡萝卜、辣椒、西红柿、芒果、木瓜、香蕉等英文单词，并要求学生把后者纳入前者的类别中。这种知识学习属于（　　）

A. 下位学习　　B. 上位学习　　C. 组合学习　　D. 并列学习

16. 学习松树、柳树之前先介绍树，应用的学习原理是（　　）

A. 同化顺应　　B. 先行组织者　　C. 替代性强化　　D. 形成认知结构

17. 按照学习的形式，奥苏伯尔把学习分为（　　）

A. 有意义学习、接受学习　　B. 有意义学习、机械学习

C. 接受学习、发现学习　　D. 发现学习、机械学习

18. 要使信息从短时记忆进入长时记忆必须经过（　　）

A. 应用　　B. 检索　　C. 编码　　D. 提取

19. 建构主义理论流派中，认为知识不能完全主观化，还要看知识本身的特点的是（　　）

A. 激进建构主义　　B. 信息加工建构主义

C. 社会性建构主义　　D. 社会文化认知建构主义

20. 根据认知灵活理论，高级知识的获得主要通过哪种方式？（　　）

A. 练习　　B. 反馈　　C. 案例解决　　D. 讲授

21. 医学生在见习期间，通过观察、参与主任医师处理临床病例的行为，接受经验丰富医生的点拨与指导，从而获得了许多医学经验和技能。面对不同的病例，他们可以灵活应用自己的医学知识。这种教学属于（　　）

A. 支架式教学　　B. 认知学徒制　　C. 随机通达教学　　D. 互惠式教学

22. 董老师总是希望在课堂上尽可能地满足学生爱与被爱的需要。董老师的做法体现了课堂管理的（　　）

A. 建构取向　　B. 行为取向　　C. 认知取向　　D. 人本取向

23. 马斯洛认为，理想的学校应反对外在学习，倡导内在学习。下列观点中，与这种“内在学习”最为一致的是（　　）

A. 接受学习　　B. 发现学习　　C. 认知学习　　D. 经验学习

拔高特训

1. 下列哪种情况发生了学习？（　　）

A. 小红忽然开灯，不自觉地眨眼睛

B. 小明喝酒后脾气暴躁

C. 小张服用兴奋剂后赛跑夺冠

D. 母亲经常教婴儿叫“妈妈”，最后婴儿学会了开口说“妈妈”

2. 学生在了解了长方形面积公式、三角形面积公式及面积的可加性原则后，生成了梯形面积的计算公式。按照加涅的学习分类标准，这种学习属于（　　）

A. 辨别学习　　B. 概念学习　　C. 规则学习　　D. 高级规则学习

3. 在奥苏伯尔的有意义学习理论中，“儿童学会用狗（语音）代表实际见到的狗”和“北京是中国的首都”分别是（　　）

A. 表征学习、概念学习　B. 表征学习、命题学习

C. 概念学习、命题学习　D. 命题学习、符号学习

4. 在二年级课堂上，有些过分焦急的学生不举手就回答教师的问题，这时教师可以不理会他们，反而请那些举了手的学生起来回答，并且提醒全班学生谁举了手在等待回答、谁也举了手等，最后学生举手行为会明显增加。这一过程中，教师使用的方法是（　　）

A. 消退　B. 维持　C. 分化　D. 泛化

5. 测验失败引起学生条件性的紧张与焦虑等情绪反应，属于（　　）

A. 条件作用的获得　B. 操作性条件作用　C. 高级条件作用　D. 回避条件作用

6. 朱熹提倡读书要做到熟读精思，体现了以下哪个学习规律？（　　）

A. 准备律　B. 频因律　C. 效果律　D. 近因律

7. 临近假期，班主任开展防溺水安全教育活动，并要求家长在《防溺水安全承诺书》上签字。该班主任的做法属于（　　）

A. 逃避条件作用　B. 回避条件作用　C. 正强化　D. 替代强化

8. 在日常生活中，面对前方向你飞来的蚊虫，你会躲开或者将其拍死，这属于（　　）

A. 条件反应　B. 逃避条件作用　C. 顿悟　D. 回避条件作用

9. 小鹏经常在班级内搞恶作剧，扰乱班级秩序，班主任严肃地批评了他，反而导致他觉得老师更加关注他，从而增加了恶作剧的行为次数，这属于（　　）

A. 正强化　B. 负强化　C. 正惩罚　D. 负惩罚

10. 在间歇强化的条件下，刺激—反应联结的特点是（　　）

A. 建立快，消退也快　B. 建立快，消退慢　C. 建立慢，消退快　D. 建立慢，消退也慢

11. 观察学习理论中，决定着哪一种经由观察习得的行为得以表现的过程是（　　）

A. 注意过程　B. 保持过程　C. 动作再现过程　D. 动机过程

12. 下列术语中，含义不同于“认知地图”的是（　　）

A. 统觉团　B. 图式　C. 编码系统　D. 知识结构

13. 下列哪种学习属于有意义的接受学习？（　　）

A. 中学生听讲座，理解概念之间的关系　B. 小学生通过学校实验室实验了解到氢气易燃

C. 科学家探索新材料　D. 儿童尝试错误走迷宫

14. 学生在学习杠杆是在力的作用下可以绕固定点转动的硬棒后，再学习定滑轮时，老师强调定滑轮虽然不是硬棒，但也是一种特殊的杠杆，这属于（　　）

A. 派生类属学习　B. 相关类属学习　C. 并列学习　D. 总括学习

15. 学生已经知道了质量的概念，再学习热量，这种学习方式是（　　）

A. 上位学习　B. 下位学习　C. 组合学习　D. 机械学习

16. 根据加涅的信息加工学习理论，下列选项中，对应“概括”阶段的教学事件是（　　）

A. 激发学习兴趣　B. 信息提取　C. 促进学习迁移　D. 选择性知觉

17. 在教学设计中，以下哪种方法最有助于降低认知负荷？（　　）

A. 增加学习材料的难度　　B. 采用大量的文字说明

C. 使用图表和实例辅助教学　　D. 加快教学进度

18. 某历史教师在讲授《罗马人的法律》这一课时，首先通过课件向同学们展示一幅正义女神雕像的图片，并设问正义女神左手持剑，右手握天平的寓意。之后结合课本内容，让学生自主解决法律和古罗马之间有何联系的问题，培养学生独立学习的能力。这种教学模式属于（　　）

A. 随机通达教学　　B. 认知学徒制　　C. 支架式教学　　D. 抛锚式教学

19. 新课程倡导研究性学习、合作学习、教学对话等教学方式，其主要理论依据是（　　）

A. 建构主义学习论　　B. 结构主义学习论　　C. 认知主义学习论　　D. 行为主义学习论

20. 下列有关罗杰斯的自由学习理论的分析，不正确的是（　　）

A. 罗杰斯认为学习有两种，即认知学习和经验学习

B. 在罗杰斯看来，凡是认知学习都是无意义学习

C. 罗杰斯所谓的有意义学习是指与学生已有经验有关的学习

D. 在有意义学习方面，罗杰斯和奥苏伯尔都强调学生的兴趣

材料分析题

1. 阅读材料，并按要求回答问题。

材料：夏夏读初中一年级。他在每天下午 2: 30 到 3: 00 的自习时间里，总爱离开座位，在教室里走来走去。老师观察发现，夏夏在离开座位之前，一般能在座位上待 5 分钟。于是老师开始对夏夏进行行为矫正，目标就是让夏夏能够在座位上待 15 分钟。

老师和夏夏面谈了一次，她告诉夏夏，如果他能连续 5 分钟都待在座位上就可以额外得到 1 枚代币，她解释在方案中，时间要从 2: 30 开始，夏夏在 2: 35、2: 40、2: 45、2: 50、2: 55 和 3: 00 的时候都能获得额外的代币。在这个计划的第一阶段，他每天可以赚到 6 个额外的代币。老师可以使用教室里的钟表来追踪时间，如果前面 5 分钟夏夏一直坐在座位上，在这个 5 分钟间隔结束的时候老师就启动计划，奖励给夏夏 1 个额外的代币。

一周以后，老师告诉夏夏他做得很好，她现在要求夏夏必须连续坐在座位上 10 分钟才能得到额外的代币，此外老师提高了代币的数量，原来每次只能得到 1 个，现在每次可以得到 3 个。在这一阶段，夏夏总共可以得到 9 个代币（2: 40、2: 50 和 3: 00 各 3 个）。

又过了一周，老师告诉夏夏连续坐在座位上 15 分钟才能得到额外的代币，并且把奖励的代币的数量提高为每次 6 个。这样夏夏在 2: 45 和 3: 00 有两次机会获得代币。在这个阶段中，夏夏表现得很好，在自习的 30 分钟内，夏夏经常能拿到全部的 12 个代币。

——陈琦、刘儒德《教育心理学》

请回答：

（1）试分析材料中的老师使用了哪几种行为矫正技术。

（2）除材料中老师的方案之外，请你设计出其他矫正方案。

2. 阅读材料，并按要求回答问题。

材料：某地实验小学一年级转来一名插班生小亮，数学课上王老师提问小亮加法运算，当提问小亮

“3＋5＝？”时，他竟没有回答上来，王老师有些惊讶，但是王老师还是决定帮助小亮掌握这一问题，小亮在王老师一遍又一遍的帮助下似乎学会了，但当遇到“5+4”“2+6”的时候还是不会，王老师的语气开始严厉，但奇怪的是王老师越严厉、越生气，小亮就越是算不对。王老师越想越苦恼，不明白为什么。

请回答：

（1）结合材料，说明为何王老师的教学没有收到明显成效。

（2）请结合加涅的学习层次理论，就如何改善小亮的数学学习情况，给王老师提出建议，并思考此教学案例带来的启示。

3. 阅读材料，并按要求回答问题。

材料：案例教学法是指以案例为教学基础，用法律事件提供的环境进行情境教学，让学生通过自己对法律事件的阅读和分析，在群体讨论中甚至作为某个角色进入特定的法律情境，以培养其推理和解决问题的能力为基本目的，使学生通过归纳或演绎的方法实现或掌握蕴含于其中的法学理论的一种方法。

请回答：

（1）请用人本主义学习理论分析上述材料。

（2）有人说：“现在是建构主义学习理论的时代了，结构主义学习理论已经落后了。”请评述这种观点。

第三章　学习动机

单项选择题

基础特训

1. 小明为赢得父母和老师的夸奖而努力学习，该学习动机属于（　　）

A. 认知内驱力　　B. 自我提高内驱力　　C. 附属内驱力　　D. 自尊内驱力

2. 周恩来总理少年时代立志“为中华之崛起而读书”，这种学习动机属于（　　）

A. 内部动机　　B. 一般动机　　C. 远景的间接性动机　　D. 近景的直接性动机

3. 自我提高内驱力和附属内驱力属于（　　）

A. 内部动机　　B. 外部动机　　C. 直接动机　　D. 间接动机

4. 耶克斯—多德森定律表明，动机强度与学习效果之间的关系是（　　）

A. 正相关　　B. 负相关　　C. 倒 U 型曲线关系　　D. 无关系

5. 根据耶克斯—多德森定律，学生的学习动机为（　　）水平时，其学习效果最好。

A. 零　　B. 弱　　C. 中等　　D. 强

6. 根据耶克斯—多德森定律，在一定范围内，学习效率随学习动机强度增加而（　　），直至达到学习动机最佳强度而获最佳效率，之后则随学习动机强度的进一步增大而（　　）

A. 提高；提高　　B. 提高；不变　　C. 提高；下降　　D. 不变；下降

7. 学习动机的强化理论是由（　　）学习理论家提出来的。

A. 格式塔主义　　B. 联结主义　　C. 认知主义　　D. 建构主义

8. 根据马斯洛的需要层次理论，学校里最重要的缺失需要是（　　）
A. 生理的需要和安全的需要　B. 归属与爱的需要和尊重的需要
C. 求知与理解的需要和美的需要　D. 自我实现的需要

9. 在马斯洛的需要层次理论中，具有永不满足的特点的是（　　）
A. 归属和爱的需要　B. 尊重的需要　C. 生理的需要　D. 自我实现的需要

10. 需要层次理论中的成长需要是指（　　）
A. 自我实现的需要　B. 归属与爱的需要　C. 生理的需要　D. 尊重的需要

11. 根据成就动机理论，避免失败的人在选择任务时倾向于选择（　　）
A. 有一定挑战的任务　B. 与自己水平相当的任务
C. 非常容易或非常难的任务　D. 没主见，看别人怎么选

12. “知之者不如好之者，好之者不如乐之者”，这一论述强调的学习动机类型是（　　）
A. 内部动机　B. 外部动机　C. 社会交往动机　D. 自我提高动机

13. 根据阿特金森的期望—价值理论，在面临不同难度的任务时，力求成功的学生与避免失败的学生相比，在选择任务时会倾向于选择（　　）
A. 高难度的任务　B. 中等难度的任务　C. 低难度的任务　D. 没有难度的任务

14. 在归因训练中，老师要求学生尽量尝试“努力归因”，以增强他们的自信心。因为在韦纳的成败归因理论中，努力属于（　　）
A. 内部的、不稳定的、可控的因素　B. 内部的、不稳定的、不可控的因素
C. 内部的、稳定的、可控的因素　D. 内部的、稳定的、不可控的因素

15. 韦纳认为，学习动机中稳定的内部因素是指（　　）
A. 努力　B. 能力　C. 任务难度　D. 运气

16. 下列对于自我效能感的功能的描述，不正确的是（　　）
A. 决定人们对活动的选择及对该活动的坚持性　B. 影响人们在困难面前的态度
C. 影响活动时的情绪　D. 与行为的结果无关

17. 根据自我价值理论，持有“60 分万岁，多一分浪费”观点的学生属于（　　）
A. 高趋低避型　B. 高趋高避型　C. 低趋高避型　D. 低趋低避型

18. 自我价值理论认为个人追求成功的内在动力是（　　）
A. 自我价值感　B. 需要的满足　C. 自己的兴趣　D. 适当的归因

19. 某学生选择那些比较简单的单词来背，以成为背单词最多的学生，这类学生属于（　　）
A. 自我卷入的学习者　B. 能力卷入的学习者　C. 成功卷入的学习者　D. 任务卷入的学习者

20. 关于成就目标定向与内隐能力观之间的关系，下列表述正确的是（　　）
A. 掌握目标的学生持能力不变观　B. 掌握目标的学生持能力发展观
C. 表现目标的学生持能力发展观　D. 表现目标的学生持能力有限观

21. “任务本身具有较强的趣味性，不管任务完成水平如何，都预先提供物质化奖励，那对于内部动机的影响是致命的。”以上观点出自（　　）
A. 自我效能感理论　B. 成就动机理论　C. 成就目标理论　D. 自我决定理论

22. 以下学习动机理论中，不属于认知理论的是（　　）

A. 自由学习理论　　B. 自我效能感　　C. 成败归因理论　　D. 自我价值理论

拔高特训

1. 学生认为努力学习是自己的职责，因此在学校各科的学习中表现优异，这种动机属于（　　）

A. 个人动机　　B. 外部动机　　C. 情境动机　　D. 远景动机

2. 宋真宗赵恒曾赋诗："富家不用买良田，书中自有千钟粟。安居不用架高堂，书中自有黄金屋。出门莫恨无人随，书中车马多如簇。娶妻莫恨无良媒，书中自有颜如玉。男儿欲遂平生志，五经勤向窗前读。"这首诗中没有涉及的学习动机是（　　）

A. 内部动机　　B. 远景动机　　C. 外部动机　　D. 成就动机

3. 某学生把学习看成是获得他人的尊重和仰慕的手段，根据奥苏伯尔对学习动机影响学生学业成就的不同维度划分，这种学习动机是（　　）

A. 认知内驱力　　B. 附属内驱力　　C. 自我提高内驱力　　D. 主导内驱力

4. 下列关于学习动机与学习效果的关系，描述正确的是（　　）

A. 学习动机是影响学习效果的决定性因素

B. 学习动机的发展依赖于学习效果

C. 学习动机的高低直接影响学习效果的好坏

D. 从事比较容易的学习活动，动机强度的最佳水平点也会低些

5. 关于任务难度与努力程度的关系，以下说法正确的是（　　）

A. 任务越简单，越能激励自己努力

B. 任务越难，越能激励自己努力

C. 中等难度的任务比太难或太易的任务更容易激励自己努力

D. 任务难度与努力程度没有关系

6. 在对学习动机的作用做出解释时，既考虑行为的结果，又考虑个人信念等因素的影响的动机理论学派是（　　）

A. 行为主义学派　　B. 认知主义学派

C. 社会（观察）学习理论学派　　D. 人本主义学派

7. 按照奥苏伯尔对学习动机的划分，称为成就动机的主要组成部分的动机是（　　）

A. 认知内驱力　　B. 自我提高内驱力　　C. 附属内驱力　　D. 内部动机

8. 小叶在多次考试前尝试了不同的复习策略，但成绩均不理想，于是她学习态度变得消极，甚至在课上发呆、睡觉。这可能是因为她将成绩不佳归因于（　　）

A. 能力不足　　B. 运气不佳　　C. 努力不够　　D. 试卷太难

9. 根据韦纳的归因理论，下列结论错误的是（　　）

A. 在付出同样努力时，能力低的，应得到更少的奖励

B. 能力低而努力的人受到最高评价

C. 引导学生将学业成败归于内部的、不稳定的和可控的原因

D. 归因于努力相比于归因为能力，无论成功或失败，都会引发更强烈的情绪体验

10. 认为自己无法控制周围环境的人属于（　　）
A. 内控型　　B. 外控型　　C. 内向型　　D. 外向型
11. 某学生认为自己由于贪玩，课上总是开小差，因此导致考试失利。这种归因属于（　　）
A. 内部、不可控和不稳定归因　　B. 内部、可控和稳定归因
C. 内部、不可控和稳定归因　　D. 内部、可控和不稳定归因
12. 根据自我效能感理论，某学生相信只要努力学习就能考上好大学，但他觉得就算自己认真听讲，也很难听懂。这属于（　　）
A. 结果期望高，效能期望高　　B. 结果期望低，效能期望低
C. 结果期望低，效能期望高　　D. 结果期望高，效能期望低
13. 根据自我价值理论，小明每天看起来十分懒散，他说数学这门课不重要，学好学坏无所谓，他属于（　　）
A. 高趋低避型　　B. 高趋高避型　　C. 低趋高避型　　D. 低趋低避型
14. 根据成就目标理论，努力避免对数学课的内容不完全理解，而努力听数学课的个体具有（　　）
A. 掌握趋近目标　　B. 掌握回避目标　　C. 表现趋近目标　　D. 表现回避目标
15. 根据目标定向理论，某学生为了不给小组拖后腿，尤其怕自己技不如人，在同桌的帮助下最终学会了物理实验操作步骤，该学生具有（　　）
A. 掌握趋近目标　　B. 掌握回避目标　　C. 表现趋近目标　　D. 表现回避目标
16. 甜甜有过一次在全班同学面前唱歌跑调的经历，于是她下定决心要努力练习唱歌，就是为了不在全班同学面前出糗。根据学习动机的自我决定理论，这属于外部动机中的（　　）
A. 外部调节　　B. 内摄调节　　C. 认同调节　　D. 整合调节
17. 根据有机整合理论，学生喜欢学习新的数学知识，享受做数学题，认为解题过程本身就能带来无限快乐，一旦在实际生活中应用数学知识就感到兴奋。这种学习动机属于（　　）
A. 无动机　　B. 外部动机　　C. 内部动机　　D. 内化动机
18. 下列哪种情况下，教师最应该避免使用外部诱因？（　　）
A. 当学生从事挑战性的任务时
B. 当任务就学生能力提供了反馈时
C. 当学生在没有外部诱因的情况下就有工作的动机时
D. 当学生经历了大量的失败时
19. 研究发现，课堂目标结构能影响学生的动机水平。其中，竞争型的课堂结构能激发学生以（　　）为中心的动机系统。
A. 社会目标　　B. 表现目标　　C. 掌握目标　　D. 发展目标

材料分析题

1. 阅读材料，并按要求回答问题。

材料：小红主动让老师帮自己检查作业，因为有一次自己作业全对，老师表扬了自己。她一下子学习变得积极了，但不愿意尝试那些较为复杂和考试不考的难题。

小军喜欢看课外书，想找到自己感兴趣的内容，对布置的作业不感兴趣。他的成绩不理想，认为考

80 分就可以了。

小亮根本没带练习册，不愿意学习，也不在乎，只想着下课赶紧回家。

请回答：

（1）用教育心理学的动机理论分析材料中学生的反应。

（2）请你谈一谈如何加强学生的学习动机。

2. 阅读材料，并按要求回答问题。

材料 1：工学博士黄国平在论文致谢中写道："我走了很远的路，吃了很多的苦，才将这份博士学位论文送到你面前。""身处命运的漩涡，耗尽心力去争取那些可能本就是稀松平常的东西。""如果不是考试后常能从主席台领奖金，顺便能贴一墙奖状满足最后的虚荣心，我可能早已放弃。"

材料 2："摆烂"是现在社交媒体上的网络热词，体现了一种消极的生活态度，俗话说"破罐子破摔"。一次考试成绩出来后，小明这样跟朋友说："我发现学习努力的程度与学习好坏没有关系，我每天都在认真学习，但每次成绩都不理想，分数怎么都提不上去，我真是无能为力了，或许我压根就不是学习的料，算了，我还是'摆烂'吧。"

请回答：

（1）运用韦纳的归因理论，分析材料 1 中所体现的归因的因素及其对学习的影响。

（2）结合材料 2，谈谈小明出现"摆烂"心理的原因。

（3）作为教师，应该如何帮助材料 2 中的学生正确归因，克服"摆烂"心理？

3. 阅读材料，并按要求回答问题。

材料：为激励学生努力学习，提高成绩，某学校规定：今后每次考试都将根据前一次的考试成绩，给全年级学生安排考场。成绩前 50 名的学生在第一考场，第 51～100 名的学生在第二考场，依此类推。

请回答：

（1）结合材料，说明这种做法试图通过影响哪种心理需求来激发学生的学习动机。

（2）试述学习动机与学习效果的关系。

（3）从学习动机与学习效果的关系的角度对这种做法的有效性进行分析。

4. 阅读材料，请分别用 3 种学习动机理论对小明的厌学情绪、弃学行为做出解释。

材料：小明在初中学习阶段，成绩一直居于班级前列。中考时发挥得不太理想，考分比重点高中录取分数线低 5 分。父母设法让小明进入一所市重点高中就读。进入高中学习的头几个月，小明心想不能辜负父母的期望，铆足了劲，刻苦学习，成绩也一直居于班级平均线以上。可是第一学期末的两次年级统考中，小明成绩的总分排名却落到班级第 37 名。寒假期间小明没有休息，希望通过加班加点复习，迎头赶上。但第二学期开学后的几次测验中，小明的成绩一直没有起色，上课的时候，老师也很少让他回答问题，特别是他的数学成绩经常在班级倒数前十的圈子里徘徊。小明开始怀疑自己是不是缺乏数学细胞。原来语文一直是小明的优势学科，现在也明显退步。自此以后，小明就提不起精神，不想看书，有时放学回家连书包也不碰，近来已经有一个多月没有上学了。父母对小明批评过、骂过，但都没有效果。

5. 阅读材料，并按要求回答问题。

材料：某中学英语教师李老师在上课时，发现自己背后被贴了张"我是乌龟，我怕谁"的字条，字条上面还配有乌龟图案。经调查后发现，该行为是李老师所教学生小明所为。小明英语成绩不好，经常被李老师留堂，有时还会挨骂。小明不愿向李老师道歉，并强行将自己画有乌龟的纸条撕掉。李老师觉得受到了学生的极大侮辱，十分生气。气愤之下，她与学生小明扭打起来，并导致小明脖子出现伤痕。

改编自王月芳.马斯洛需要层次理论视角下师生冲突的案例探析[J].教育现代化，2015（08）：40-42.

请回答：

（1）结合马斯洛的需要层次理论，分析材料中的现象。

（2）从教师角度谈谈如何缓解师生间的矛盾。

6. 从自我效能感的角度分析材料，回答问题。

材料：小明本来是一个品学兼优的高中生。他的父母离异后都各自组建了新的家庭，他只能跟着爷爷奶奶生活，之后他开始变得不合群，学习也越来越差。新来的班主任多次在课堂上批评他，他变得越来越沉默，上课更是连书都不打开了。家访后班主任了解到他的情况，开始鼓励他、关心他，后来小明考上了梦想中的大学，并向班主任表达了谢意。

请回答：

（1）结合材料，说明自我效能感对小明的影响有哪些。

（2）分析材料中小明的学习变化最主要受什么因素影响。

第四章　知识的建构

单项选择题

基础特训

1. 陈述性知识和程序性知识，是根据知识的（　　）进行的划分。

A. 抽象程度　　B. 内容的深度　　C. 状态与表述形式　　D. 涵盖的广度

2. 说明“做什么”和“怎么做”，反映活动的具体过程和操作步骤的知识属于（　　）

A. 描述性知识　　B. 陈述性知识　　C. 程序性知识　　D. 条件性知识

3. 对于陈述性知识建构的机制，下列说法不正确的是（　　）

A. 陈述性知识的建构是通过新旧知识的同化和顺应来实现的

B. 同化意味着新旧知识的对立性和改造性，顺应意味着新旧知识的连续性和累积性

C. 同化和顺应是对立统一的

D. 真正的同化离不开顺应的发生

4. 在知识的建构过程中，旧知识由于新知识的加入发生一定的调整和改组，这叫作（　　）

A. 知识的顺应　　B. 知识的改组　　C. 知识的同化　　D. 知识的变革

5. 在多次遇到邻居家的狗之后，儿童形成了对狗的基本理解，包括狗的一般体型特征、生活习性、典型行为等。此时儿童关于狗的知识的表征方式是（　　）

A. 图式　　B. 命题　　C. 表象　　D. 产生式

6. 通过课堂学习，小学生了解了“长方形”具有一系列属性，包括有四条边、对边相等且平行，是一个平面封闭图形。此时，小学生关于长方形的知识的表征形式是（　　）

A. 图式　　B. 命题　　C. 表象　　D. 概念

7. 掌握知识的三个阶段是（ ）

A. 应用—练习—巩固 B. 学习—分析—应用 C. 领会—巩固—应用 D. 习得—巩固—运用

8. 有些学生在考试时，由于紧张，之前已经记住的知识却怎么也想不起来。心理学中对这种现象进行解释的理论是（ ）

A. 痕迹衰退说 B. 材料干扰说 C. 检索困难说 D. 动机性遗忘说

9. 根据迁移内容的抽象和概括水平，可将迁移划分为（ ）

A. 水平迁移和垂直迁移 B. 正迁移和负迁移

C. 一般迁移和具体迁移 D. 顺向迁移和逆向迁移

10. 根据布鲁纳的迁移分类法，原理和态度的迁移属于（ ）

A. 特殊迁移 B. 一般迁移 C. 顺向迁移 D. 逆向迁移

11. 小明的母亲让小明上午学习汉语拼音，晚上学习英文字母，结果小明经常混淆二者的发音，这一学习现象属于（ ）

A. 正迁移 B. 负迁移 C. 顺迁移 D. 逆迁移

12. 由于小明会打羽毛球，很快就学会了打网球。这种现象为（ ）

A. 顺向正迁移 B. 逆向正迁移 C. 顺向负迁移 D. 逆向负迁移

13. 强调前后学习的情境相似性对迁移效果影响的理论是（ ）

A. 经验概括说 B. 共同要素说 C. 关系转换说 D. 结构匹配说

14. 贾德证明学习迁移的概括化理论的实验是（ ）

A. 迷宫实验 B. 小鸡啄米实验 C. 水中打靶实验 D. 迷笼实验

15. 小强利用数学课上所学的知识设计校报的版式。从迁移发生的自动化程度来看，这种迁移属于（ ）

A. 顺向迁移 B. 特殊迁移 C. 低通路迁移 D. 高通路迁移

拔高特训

1. 小刚利用改变物体接触面积大小或光滑程度的方法，来增强或减弱滑板的摩擦力。这主要说明小刚能够运用（ ）

A. 元认知知识 B. 描述性知识 C. 情境性知识 D. 程序性知识

2. 某教师听完一场教学经验交流会后，很受启发，当他想把专家的教学方法运用到自己的教学中时，需要处理大量的（ ）

A. 陈述性知识 B. 程序性知识 C. 结构良好领域知识 D. 结构不良领域知识

3. 我们理解别人的思想和感情，这属于（ ）

A. 隐性知识社会化 B. 隐性知识外化 C. 显性知识内化 D. 显性知识综合化

4. 以下属于陈述性知识的是（ ）

A. 景泰蓝制作过程的介绍 B. 玩具的说明书

C. 烹饪手册 D. 导游对景点的解说

5. “知识就是力量”这一命题所表达的观念，在知识的分类体系中属于（ ）

A. 陈述性知识 B. 程序性知识 C. 条件性知识 D. 策略性知识

6. 学生一旦在新信息与原有认知经验之间建立了逻辑联系，就可以利用相关的背景知识对新信息做出进一步的推理和预期，从而超越给定的信息，生成更丰富的理解。这一知识建构的心理机制是（　　）

A. 同化　　B. 顺应　　C. 平衡　　D. 重组

7. 下图所示是一个幼儿园儿童关于“午饭”的脚本。该图片中呈现的知识的表征方式是（　　）

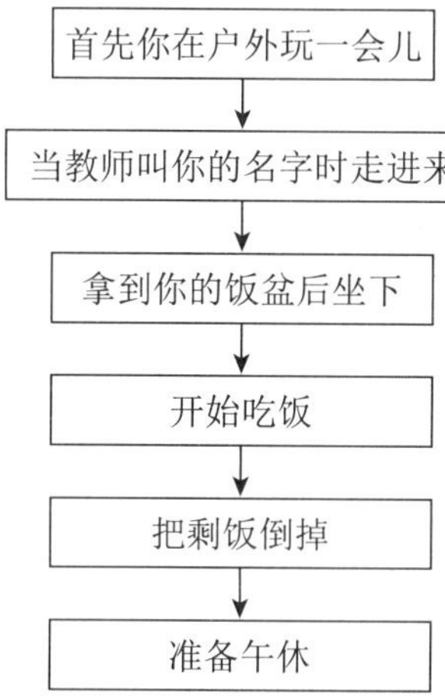

首先你在户外玩一会儿
↓
当教师叫你的名字时走进来
↓
拿到你的饭盆后坐下
↓
开始吃饭
↓
把剩饭倒掉
↓
准备午休

A. 命题和命题网络　　B. 表象　　C. 图式　　D. 产生式

8. 小明在上课的时候听到教师说“蜻蜓是益虫”，回家后他对父母说“蜻蜓是人类的好朋友”，此时小明对于“蜻蜓是益虫”的表征形式是（　　）

A. 图式　　B. 命题　　C. 表象　　D. 概念

9. 小学语文教材第一册识字《日月明》一课中这样表述：“日月明，鱼羊鲜，小土尘，小大尖。”该教学策略运用的迁移理论是（　　）

A. 形式训练说　　B. 相同元素说　　C. 概括化理论　　D. 关系转换理论

10. 学生更容易理解“水”“植物的花”“植物的根”等，但不容易理解“化学键”“分子式”等，这个例子说明影响知识理解的因素是（　　）

A. 学习材料的意义性　　B. 学习材料内容的具体程度

C. 学习材料的相对复杂性　　D. 学习材料的难度

11. 学会了用铅笔写字，自然而然就会用钢笔写字，这属于（　　）

A. 负迁移　　B. 远迁移　　C. 低通路迁移　　D. 高通路迁移

12. 形式训练说所涉及的迁移本质上是（　　）

A. 水平迁移　　B. 垂直迁移　　C. 特殊迁移　　D. 一般迁移

13. 举一反三、闻一知十、触类旁通属于哪种迁移？（　　）

A. 同化迁移　　B. 顺应迁移　　C. 重组迁移　　D. 逆向迁移

14. 学生因“凹透镜”知识掌握得好而促进了“凸透镜”知识的学习。这种迁移现象是（　　）

A. 纵向迁移　　B. 横向迁移　　C. 一般迁移　　D. 普遍迁移

材料分析题

1. 阅读材料，并按要求回答问题。

材料：甲同学在学习英语字母时，因为以前学习了汉语拼音字母，所以很快掌握了英语字母的字形。乙同学在学习英语字母时，因为以前学习了汉语拼音字母，所以在学习英语字母的读音上经常与拼音混淆。

请回答：

（1）从学习迁移的性质来看，材料中甲、乙同学的情况分别属于哪种学习迁移？

（2）说明影响学习迁移的因素有哪些。

（3）就如何指导学习迁移谈谈你的看法。

2. 阅读材料，并按要求回答问题。

材料：贾德 1908 年所做的“水下击靶”实验，是学习迁移研究的经典实验之一。他将实验分成两组，要他们练习用标枪投中水下的靶子。在实验前，对一组讲授了光学折射原理，另一组不讲授，只能从尝试中获得一些经验。在开始投掷练习时，靶子置于水下 1.2 英寸处。结果，讲授过和未讲授过折射原理的被试，其成绩相同。这是由于在开始测验中，所有被试都必须学会运用标枪，理论的说明不能代替练习。当把水下 1.2 英寸处的靶子移到水下 4 英寸处时，两组的差异就明显地表现出来：未讲授折射原理一组的被试不能运用水下 1.2 英寸处的投掷经验以改进靶子位于水下 4 英寸处的投掷练习，错误持续发生；而学过折射原理的被试，则能迅速适应水下 4 英寸处的学习情境，学得快，投得准。

请回答：

（1）贾德在该实验基础上，提出了何种学习迁移理论？

（2）该理论的基本观点是什么？

（3）依据该理论，产生学习迁移的关键是什么？

（4）该理论对教学的主要启示是什么？

第五章 技能的形成

单项选择题

基础特训

1. 下列选项中，不是技能的是（　　）

A. 走路　　B. 骑自行车　　C. 做梦　　D. 制订计划

2. 下列（　　）不属于心智技能。

A. 书写技能　　B. 阅读技能　　C. 写作技能　　D. 心算技能

3. 下列对心智技能的特点的描述，不正确的是（　　）

A. 观念性　　B. 内潜性　　C. 简缩性　　D. 不可重复性

4. 运动技能的表征方式是（　　）

A. 命题　　B. 语义网络　　C. 命题网络　　D. 产生式系统

5. 心智技能的培养，第一步是（　　）

A. 原型操作　　B. 原型定向　　C. 原型内化　　D. 原型反思

6. 按照操作的控制机制不同，可以把操作技能分为（　　）

A. 连续性操作技能和断续性操作技能　　B. 闭合性操作技能和开放性操作技能

C. 徒手性操作技能和器械性操作技能　　D. 细微性操作技能和粗放性操作技能

7. 关于操作技能的熟练阶段的特点，以下表述不正确的是（　　）

A. 完善化　B. 自动化　C. 系统化　D. 外显化

8. 冯忠良把操作技能的形成过程分为（　　）阶段。

A. 定向—练习—巩固—确定　B. 调整—定向—确定—应用

C. 定向—模仿—整合—熟练　D. 模仿—调整—熟练—应用

9. 操作技能的高级阶段是（　　）

A. 熟练阶段　B. 定向阶段　C. 模仿阶段　D. 整合阶段

10. 在学习跳舞时，学习者大部分的注意力集中在观察教师的动作，一到自己做时动作就会不协调，还会产生相互干扰。说明此时学习者的操作技能处于的发展阶段为（　　）

A. 操作定向　B. 操作模仿　C. 操作整合　D. 操作熟练

11. 小明在练习百米赛跑的过程中，发现在几个月之后，虽然还在不断地练习，但是跑步成绩却不再提高，说明小明在练习中出现了（　　）

A. 浮动现象　B. 起伏现象　C. 差异现象　D. 高原现象

拔高特训

1. 下列对技能的描述，正确的是（　　）

A. 技能就是活动程序　B. 技能就是潜能

C. 技能是通过练习提高的　D. 技能一下子就能学会

2. 动作技能必须是合乎规则和程序的身体活动方式，无论是在动作的力量、速度、幅度，还是结构等方面都要有标准可循，体现了动作技能的（　　）

A. 客观性　B. 精确性　C. 协调性　D. 适应性

3. 将一篇在电脑上写好的文章按一定格式排版所属的技能是（　　）

A. 动作技能　B. 心智技能　C. 言语信息　D. 态度

4. 下列属于常见的心智技能的是（　　）

A. 驾驶汽车　B. 洗衣服　C. 打字　D. 解应用题

5. 对于操作技能和心智技能的区别，以下表述不正确的是（　　）

A. 操作技能的对象是具体的物质实体，心智技能的对象是观念性的

B. 操作技能的执行过程是外显的，心智技能的执行过程是内潜性的

C. 操作技能的动作可以合并，心智技能的动作则不能合并

D. 操作技能的动作不能合并，必须切实执行，心智技能的动作可以合并

6. 下列选项中，属于运动技能的是（　　）

A. 摇头　B. 系鞋带　C. 心算　D. 作文

7. 在教异分母分数加法“$\frac{1}{3}+\frac{3}{4}=?$”时，教师先将计算过程逐步展开：$\frac{1}{3}+\frac{3}{4}=\frac{1\times4}{3\times4}+\frac{3\times3}{4\times3}=\frac{4}{12}+\frac{9}{12}=\frac{4+9}{12}=\frac{13}{12}=1\frac{1}{12}$。这说明此时学生的心智技能处于的形成阶段是（　　）

A. 活动定向阶段　B. 物质活动或物质化活动阶段

C. 有声的言语活动阶段　　D. 无声的外部言语活动阶段

8. 以下选项中，哪一个是连续性操作技能？（　　）

A. 射击　　B. 溜冰　　C. 跳绳　　D. 举重

9. 以下属于开放性操作技能的是（　　）

A. 足球　　B. 舞蹈　　C. 体操　　D. 气功

10. “在黑板上徒手快速画一个大圆”属于（　　）

A. 封闭性技能　　B. 开放性技能　　C. 连贯技能　　D. 粗大技能

11. 以下属于闭合性操作技能的是（　　）

A. 网球　　B. 足球　　C. 游泳　　D. 乒乓球

12. 以下属于断续性操作技能的是（　　）

A. 游泳　　B. 滑雪　　C. 开车　　D. 射箭

13. 以下属于徒手性操作技能的是（　　）

A. 芭蕾舞　　B. 骑自行车　　C. 击剑　　D. 溜冰

14. 以下属于器械性操作技能的是（　　）

A. 弹琴　　B. 跑步　　C. 跳舞　　D. 跳远

15. 以下技能中，属于专门心智技能的是（　　）

A. 观察　　B. 分析　　C. 比较　　D. 心算

16. 在动作技能的学习中，学习者经过多次练习，会激发大脑中的相应调节机制，可以在相似情境的激发下自动地调节和控制人的行为，使其活动进行下去。这种调节机制是（　　）

A. 动作程序概念　　B. 动作程序映象　　C. 动作程序产生式　　D. 动作程序图式

17. 教师在教学生游泳时，告诉学生正确的动作对应的肌肉会有什么样的感觉，这给学生的练习提供了（　　）

A. 结果反馈　　B. 情境反馈　　C. 分情况反馈　　D. 内在的动觉反馈

18. 在动作技能的学习中，为了让学生形成正确的动作映象，下列说法中错误的是（　　）

A. 动作示范与言语解释相结合　　B. 整体示范和分解示范相结合

C. 每次示范需要将完整的动作展现给学生　　D. 指导学生观察，并纠正学生的错误理解

19. “见者易，学者难”，这句话说的是在操作技能学习中要强调（　　）

A. 练习　　B. 示范　　C. 联系　　D. 言语指导

材料分析题

阅读材料，并按要求回答问题。

材料：1993 年，加拿大作家格拉德威尔在畅销书《异类》中提出了“1 万小时定律”。他认为，只要练习 1 万小时，任何人都能从平凡变为卓越。这个简单粗暴的理论，让许多人备受鼓舞，看到了希望之光。但是真相并非如此。我们每天都在说话，但大多数人并不会变成口才达人；许多人常年做饭，但是大多数人也达不到厨师水平；许多工作，我们干了一辈子，可是能力并没有与日俱增，有时反而下降了。显然，练习 1 万小时并不是成功的保障，仅有简单的重复练习是不够的。低水平的勤奋，不一定能换来预期的收获。漫无目的地练习，就像小和尚念经，有口无心。当你沉溺在低水平的勤奋中沾沾自喜时，殊不知它正在毁

掉你。因为“自动化水平”的练习，如果没有刻意地提高，能力就会缓慢退化。

20 世纪 90 年代初，艾里克森提出“刻意练习”的概念。不论在什么行业或领域，提高水平的最有效方法，全都遵循一系列普遍原则。这种通用的方法被称为“刻意练习”。“刻意练习”强调明确目标，练习的真正目的在于提高，而并非熟练，一定要进行有目的的练习，用高质量的目标和练习方法，才能拉开和别人的差距。“刻意练习”强调专注投入，专注学习 1 小时，比心不在焉地学习 2 小时，效果要好得多。疲劳作战不如劳逸结合，拼时间不如拼效率。“刻意练习”要求及时反馈，变换训练模式，就不容易陷入停滞，尤其要攻克练习中特定的弱点。刻意练习过程中，需要面对的最大问题就是保持动机，采用各种方法让自己坚持下来，不断挑战舒适区。

请回答：

（1）通过阅读材料，分析“1 万小时定律”的练习与“刻意练习”的区别在哪里。

（2）结合材料，说明“刻意练习”中是否会出现高原现象，为什么？

（3）请从加德纳的多元智力理论出发，谈谈如何更高效地促进“刻意练习”。

第六章　学习策略及其教学

单项选择题

基础特训

1. 以下不属于学习策略的特征的是（　　）

A. 主动性　　B. 有效性　　C. 程序性　　D. 相似性

2. 以下情况中，属于认知策略的是（　　）

A. 学生看书的时候碰到不会的单词就查字典

B. 为了记住要点，看书时标记关键词

C. 学完功课时自己进行测验

D. 为了提高效率，选择在图书馆这样安静的地方学习

3. 有的学生在刚学习“ice”这个单词时，喜欢用“爱思”的发音来帮助记忆。这种学习策略属于（　　）

A. 复述策略　　B. 组织策略　　C. 精细加工策略　　D. 努力管理策略

4. 在学习过程中，学习者对重点内容通过圈点批注的方法来帮助记忆，这种学习策略是（　　）

A. 编码与组织策略　　B. 精细加工策略　　C. 复述策略　　D. 元认知策略

5. 认知策略中有一种精细加工策略，以下不属于这一策略的是（　　）

A. 过度学习　　B. 首字联词法　　C. 关键词法　　D. 视觉想象

6. 在记忆一篇较长的文章时，开头和结尾部分容易记住，中间部分容易遗忘，这是（　　）影响的结果。

A. 同化　　B. 痕迹消退　　C. 压抑　　D. 前摄抑制与倒摄抑制

7. 后面所学的信息干扰了先前所学的信息在记忆中的保存时，这种现象叫作（　　）

A. 前摄促进　　B. 前摄抑制　　C. 倒摄促进　　D. 倒摄抑制

8. 很久以前背诵的课文，后来只记住了开头的几句，这种情况称为（　　）
A. 前摄抑制　　B. 倒摄抑制　　C. 近因效应　　D. 首因效应

9. 随着学习的任务越来越少，学生学得越来越好，完成任务所需要的注意力也就越来越少。这一过程称为（　　）
A. 排除干扰　　B. 自动化　　C. 过度学习　　D. 前摄促进

10. 课堂上，教师利用列提纲的形式进行板书，教师采用的策略是（　　）
A. 组织策略　　B. 精细加工策略　　C. 计划策略　　D. 资源管理策略

11. 下列不属于组织策略的是（　　）
A. 列提纲　　B. 提问　　C. 做流程图　　D. 做表格

12. 研究者在进行实验研究时，经常会自我反问：“我们是否按照已有计划进行问题解决？我们正逐步接近目标吗？哪些措施没有在实验中起作用？”该研究者运用的学习策略是（　　）
A. 精细加工策略　　B. 组织策略　　C. 努力管理策略　　D. 元认知策略

13. 当读者阅读一篇深奥难懂的文章时，会放慢阅读的速度。这种元认知策略是（　　）
A. 计划策略　　B. 领会策略　　C. 精细加工策略　　D. 调节策略

14. 以下哪项不是资源管理策略？（　　）
A. 习惯在固定的一个地方上自习　　B. 相信自己努力就可以学好
C. 碰到不懂的问题向老师请教　　D. 常常思考自己的学习方法是否正确

15. 大学生利用的学习工具有参考资料、工具书、图书馆、广播电视以及电脑与网络等，这属于（　　）
A. 时间管理策略　　B. 努力管理策略　　C. 环境管理策略　　D. 学业求助策略

16. 以下不属于学业求助策略的是（　　）
A. 请老师指出问题的解决思路　　B. 向成绩优秀的学生请教
C. 上网查资料　　D. 把自己的成功经验传授给学弟学妹

17. 以下不属于环境管理策略的是（　　）
A. 学习时，要注意调节自然条件，如流通的空气、适宜的温度等
B. 学习时，要设计好学习的空间，如室内布置、用具摆放等
C. 学习时，要合理安排时间，善于利用零碎时间
D. 学习时，善于选择安静、干扰较小的地点学习，充分利用学习情境的相似性

拔高特训

1. “学会如何学习”实质上是指（　　）
A. 培养对学习的浓厚兴趣　　B. 学会在适当的条件下使用适当的策略
C. 掌握系统的科学概念与原理　　D. 掌握大量而牢固的言语信息

2. 小红认为自己在晚上的记忆效果更好，因此她将侧重记忆的内容安排在晚上学习。她用到的学习策略是（　　）
A. 计划策略　　B. 时间管理策略　　C. 努力管理策略　　D. 环境管理策略

3. 下列不属于注意策略的是（　　）
A. 告知目标　　B. 摘抄

C. 使用标示重点的线索　　D. 增加材料的独特性

4. 地理老师教学生记忆“乞力马扎罗山”时，为方便学生记忆，将之戏称为“骑着马打着锣”。这种学习策略属于（　　）

A. 元认知策略　　B. 精细加工策略　　C. 资源管理策略　　D. 组织策略

5. 下列不属于认知策略的是（　　）

A. 根据句法属性或语义对概念和词等进行分类

B. 通过使用例子来总结规则

C. 运用数字、符号、缩写、关键词等记录和储存信息

D. 分清任务的轻重缓急

6. 在学习“医生讨厌律师”这一句话时，我们附加一句“律师起诉了医生”，以后回忆就相对容易一些。这主要采用了（　　）

A. 精细加工策略　　B. 注意策略　　C. 组织策略　　D. 复述策略

7. 记忆圆周率“3.14159……”时采用口诀“山巅一寺一壶酒……”。这种加工策略是（　　）

A. 位置记忆法　　B. 首字联词法　　C. 限定词法　　D. 关键词法

8. 昨天，我们学习了一个英文单词“interest”，今天学习其形容词形式“interesting”，由于有了昨天的基础，今天学习得特别快。这属于（　　）

A. 前摄促进　　B. 倒摄促进　　C. 前摄抑制　　D. 倒摄抑制

9. 有些教师一上课就检查家庭作业、点名等，其实这并不科学，最好还是一上课就开始介绍最基本的概念。这利用了学生学习的（　　）

A. 酝酿效应　　B. 前测效应　　C. 首因效应　　D. 近因效应

10. 下列情境中所使用的学习策略对应正确的是（　　）

A. 经济 economy（依靠农民），救护车 ambulance（俺不能死）——复述策略

B. 读完《红楼梦》这本书，为里面的人物梳理了一个关系图——监察策略

C. 上课之前，教师提前告知学生这个知识点很重要——注意策略

D. 根据事件的轻重缓急程度对一天的事情进行排序——计划策略

11. 读完文章后，以金字塔的形式把要点呈现出来。这种编码策略叫作（　　）

A. 做关系图　　B. 列提纲　　C. 运用理论模型　　D. 画地图

12. 以下哪项是元认知策略的例子？（　　）

A. 学生考试后，能准确地预测自己的分数

B. 学生在学习中能举一反三

C. 学生能利用复述策略进行记忆

D. 学生在阅读时，遇到难点立即停下来思考或回到前面重新阅读

13. 学生在解题过程中对题目浏览、测查、完成情况的监控及对速度的把握主要采用了（　　）

A. 认知策略　　B. 元认知策略　　C. 组织策略　　D. 复述策略

14. 将一天的事情按照重要和紧急程度进行排序，属于（　　）

A. 时间管理策略　　B. 调节策略　　C. 认知策略　　D. 精细加工策略

材料分析题

阅读材料，并按要求回答问题。

材料 1：一位历史教师在讲授《辛丑条约》时，将其中的内容“清政府赔白银 4.5 亿两；清政府保证严禁人民参加反帝活动；允许帝国主义在中国驻兵；修建使馆，划分租界”，简缩为“前进宾馆”四个字，学生很快就记住了学习的内容，提高了学习效率。

材料 2：2021 年 12 月，教育部办公厅印发的《关于进一步减轻义务教育阶段学生作业负担和校外培训负担的意见》提出，对于提供和传播拍照搜题等惰化学生思维能力、影响学生独立思考、违背教育教学规律的不良学习方法的作业 App，暂时下线。整改到位并经省级教育行政部门审核后，方可恢复备案；未通过审核的，撤销备案。

请回答：

（1）材料 1 中采用的是哪种学习策略？

（2）请从学习策略的角度，分析教育部禁止“拍照搜题”App 的原因。

第七章　问题解决能力与创造性的培养

单项选择题

基础特训

1. 以下不属于传统智力理论的是（　　）

A. 斯滕伯格的成功智力理论　　B. 斯皮尔曼的二因素论

C. 瑟斯顿的群因素论　　D. 吉尔福特的智力三维结构理论

2. 智力三维结构模型中的三个维度是（　　）

A. 流体、晶体、固体　　B. 操作、内容、产物　　C. 普遍、一般、特殊　　D. 记忆、思维、评价

3. 根据卡特尔的智力理论分类，长辈常对晚辈说：“我走过的桥比你走过的路还多。”其中暗指的智力类型是（　　）

A. 语言智力　　B. 内省智力　　C. 流体智力　　D. 晶体智力

4. 关于流体智力和晶体智力发展趋势，说法正确的是（　　）

A. 随着年龄增长，流体智力越来越高　　B. 随着年龄增长，晶体智力越来越高

C. 年纪越轻，流体智力越低　　D. 流体智力、晶体智力都与年龄无必然关系

5. “流体智力和晶体智力”理论是美国心理学家（　　）提出来的。

A. 斯皮尔曼　　B. 吉尔福特　　C. 卡特尔　　D. 斯滕伯格

6. 美国学者加德纳提出多元智力理论，认为人的心理能力中至少包含 8 种不同的智力，下列不属于加德纳概括的 8 种智力的是（　　）

A. 语言　　B. 想象　　C. 人际　　D. 音乐

7. 个体能正确建构自我，知道如何用这些意识察觉做出适当的行为，并规划、引导自己的人生。这种能力属于加德纳多元智力理论中的（　　）

A. 语言智力　　B. 逻辑—数学智力　　C. 空间智力　　D. 内省智力

8. 斯滕伯格的成功智力理论提出了人有三种智力，下列不属于这三种智力的是（　　）

A. 分析性智力　　B. 实践性智力　　C. 反思性智力　　D. 创造性智力

9. 一种用以达到人生中的主要目标，在现实生活中真正能产生举足轻重的影响的智力是（　　）

A. 情绪智力　　B. 情境智力　　C. 成功智力　　D. 学业智力

10. 根据问题的构成要素特点，“求边长为 2cm 的正方形的面积”属于（　　）

A. 结构不良问题　　B. 结构良好问题　　C. 一般性问题　　D. 认知性问题

11. 将解决问题的所有可能方案都列举出来，逐一尝试。这种提出解决问题假设的方式被称为（　　）

A. 启发式　　B. 算法式　　C. 常规式　　D. 创造式

12. 下列有关解决问题的途径，不是启发式方法的是（　　）

A. 逆向反推法　　B. 限定词法　　C. 爬山法　　D. 类比思维

13. 关于动机强度与问题解决效率的关系，表述正确的是（　　）

A. 动机水平越高，问题解决效率越好　　B. 动机水平越高，问题解决效率越差

C. 动机水平适中，问题解决效率最好　　D. 动机水平与问题解决效率无必然关系

14. 有的学生做完作业检查时，总是很难发现其中的错误，但帮助别的同学检查作业时却更容易发现错误，这是受（　　）的影响。

A. 原型启发　　B. 酝酿效应　　C. 功能固着　　D. 思维定势

15. 以下不是影响问题解决的个体因素的是（　　）

A. 问题情境　　B. 知识经验　　C. 思维定势　　D. 动机

16. 以下属于酝酿效应的例子的是（　　）

A. 看到鸟飞，发明了风筝

B. 想了好久的问题都想不出答案，干脆不想了，结果过一会儿突然有了解答

C. 看到别人的办法不错也跟着用

D. 换一个角度去思考问题

17. 创造力的核心是（　　）

A. 创造性思维　　B. 创造性人格品质　　C. 创造性适应品质　　D. 创造性情意特征

18. 华莱士的四阶段论是关于创造性思维过程的最有影响力的理论，该理论认为创造性思维过程是（　　）

A. 准备—酝酿—灵感—验证　　B. 准备—生成—探索—验证

C. 准备—生成—修改—验证　　D. 准备—思考—修订—实践

19. 芬克的生成探索模型揭示了“约束”对创造性思维的影响，对此下列说法正确的是（　　）

A. 创造性思维无须被某种东西“约束”

B. “约束”只会影响创造性思维的生成阶段

C. “约束”只会影响创造性思维的探索阶段

D. 创造性思维的任何发展阶段，都有可能被“约束”

20. 进行思考和讨论时，首先尽量联系出所有可能想出的方法，最后才集中加以评判，这种创造性思维训练方法被称为（　　）

A. 脑激励法　　B. 分合法　　C. 自由联想技术　　D. 定向联想法

21. 下列关于创造性思维的说法，正确的是（　　）

A. 小明能在 1 分钟之内想出 30 个单人旁的字，说明小明的思维具有灵活性

B. 一个班里，只有小芳提出把报纸当作珍藏品出售，说明小芳的思维具有独创性

C. 对同一问题，小红想到 6 种不同的思路，比其他同学都多，说明小红的思维具有流畅性

D. 如果一个人思维的流畅性较好，那么他思维的灵活性一定较好

22. 下列能够影响创造性发展的因素中，表述正确的是（　　）

A. 智力、年龄、情绪与认知风格　　B. 知识、性别、情绪与认知风格

C. 个性、年龄、情绪与认知风格　　D. 智力、动机、情绪与认知风格

拔高特训

1. 下列能力中，属于一般能力的是（　　）

A. 记忆力　　B. 音乐能力　　C. 速记能力　　D. 舞蹈能力

2. 以下属于流体智力的内容的是（　　）

A. 见识　　B. 阅历　　C. 记性　　D.“吃一堑，长一智”

3. 物理教师描述：“想象你的手上长了一个脓包，你开始挤它（体积减小），挤压时，压强将会增大。你越挤，压强就越大，最后这个脓包破了，脓液洒了你一手！”该教学举例属于加德纳多元智力理论中的（　　）

A. 语言智力　　B. 逻辑—数学智力　　C. 空间智力　　D. 自然观察智力

4. 根据斯滕伯格的三元智力理论，成绩好、喜爱学校、能够听从指示、偏爱接受指令的学生属于（　　）

A. 分析能力高的学生　　B. 创造能力高的学生　　C. 实践能力高的学生　　D. 以上三者都高的学生

5. 以下属于“问题解决”的是（　　）

A. 回忆一个人的名字　　B. 幻想自己是“灰姑娘”

C. 用一个词来造句　　D. 荡秋千

6. 下列选项中采用了问题解决策略中的爬山法的是（　　）

A. 李老师每周与成绩薄弱的小青核对一次学习结果，再根据小青的学情为其布置下周的学习任务

B. 当证明不出几何题时，王琴就从结论推论已知条件，直到解出几何题

C. 李华在学会整数的加法交换律之后，可以将其运用到小数的加法交换律中

D. 刘星在解方程时，将可能的解一一列出，然后逐个进行尝试，直到方程成立

7. 下列任务中，属于问题解决的是（　　）

A. 从原文中画出给定的句子　　B. 多次解决同一道较难的题目

C. 机械记忆一串电话号码　　D. 问题答案包含在问题之中

8. 医生在给慢性病人用药时，最适合采用的方法是（　　）

A. 算法式　　B. 类比思维法　　C. 手段—目的分析法　　D. 爬山法

9. 从蒲公英的轻轻飘飞受到启发发明出降落伞，这是（　　）

A. 酝酿效应　B. 原型启发　C. 近因效应　D. 宽大效应

10. 在思维训练课中，老师让大家列举纽扣的用处，小丽只想到纽扣可以钉在衣服前面用来扣衣服，却想不到纽扣可以制作成装饰品、点缀衣服等其他用途。这种现象属于（　　）

A. 功能迁移　B. 功能固着　C. 功能转换　D. 功能变通

11. 以下属于结构良好问题的是（　　）

A. 如何养好一只大熊猫　B. 地月最短距离是多少

C. 一位牧民的羊跑丢了　D. 为班级设计板报

12. 常常用电吹风来吹头发，却没想过用它烘干潮湿的衣服。这种情况属于（　　）

A. 直觉思维　B. 原型启发　C. 功能固着　D. 酝酿效应

13. 以下不属于创造性作品的是（　　）

A.《共产党宣言》　B.《四书集注》

C.《哈利・波特》中文译文　D.《金刚经》原文手抄稿

14. 在创造性思维训练中，教师要求学生在规定时间内尽可能多地举出“矿泉水瓶”的用途，目的是培养学生（　　）

A. 思维的独创性　B. 思维的可逆性　C. 思维的流畅性　D. 思维的突发性

15. 不容易出现功能固着的个体在创造性上更具备什么特征？（　　）

A. 独创性　B. 灵活性　C. 流畅性　D. 新颖性

16. 关于情绪对个体创造性发展的影响，描述正确的是（　　）

A. 高兴可以促进创造性思维的发展

B. 愤怒会抑制创造性思维的发展

C. 对于场独立个体，高兴情绪会促进人的创造性思维

D. 对于场依存个体，愤怒情绪会促进人的创造性思维

17. 爱迪生在发明电灯的过程中，经历了长时间的实验和尝试。在某个瞬间，他突然想到可以用钨丝作为灯丝，这个想法的闪现使他成功地发明了实用的电灯。这里体现的是华莱士创造性思维过程的（　　）

A. 准备阶段　B. 沉思阶段　C. 灵感或启迪阶段　D. 验证阶段

材料分析题

阅读材料，并按要求回答问题。

材料：研究者设计了一个“两绳问题”的实验，在一个房间的天花板上悬挂两根相距较远的绳子，被试者无法同时抓住，这个房间里还有一把椅子、一盒火柴、一把螺丝刀、一把钳子和三支笔。

要求被试者把两根绳子系住（如右图所示），问题解决的方法是：把钳子作为重物系在一根绳子上，从而把两根绳子系起来。结果发现只有 39% 的被试者能在 10 分钟内解决这个问题，大多数被试者认为钳子只有剪断铁丝的功能，没有意识到还可以当作重物使用的问题。

请回答：

（1）上述实验主要说明哪种因素影响问题的解决？该实验结果对教学工作有何启示？

（2）请指出问题的解决还受到哪些因素的影响。

（3）请设计一个教学活动，以体现对学生问题解决能力的培养。

第八章　社会规范学习、态度与品德发展

单项选择题

基础特训

1. 在社会规范学习过程中，个体能够将践行社会规范看作个人的价值信念。此时其社会规范学习处于（　　）

A. 服从水平　　B. 依从水平　　C. 认同水平　　D. 内化水平

2. 个体对社会规范的接受是逐步完成的，是一个由低到高、从外到内的社会价值内化过程，应当依次经历（　　）

A. 遵从—内化—认同　　B. 遵从—认同—内化　　C. 认同—遵从—内化　　D. 内化—认同—遵从

3. 下列哪项不属于态度的心理结构？（　　）

A. 认知成分　　B. 情感成分　　C. 行为意向成分　　D. 行为成分

4. 以下有关道德情感的描述，不正确的是（　　）

A. 道德情感可以调节、控制人的道德行为　　B. 道德情感可以通过引发羞愧感来培养

C. 道德情感是先于道德认识产生的一种内心体验　　D. 道德情感可以激发、引导人的道德认识

5. 影响态度形成与改变的条件可分为主观条件和客观条件，下列哪项属于主观条件？（　　）

A. 外部强化　　B. 榜样人物　　C. 信息的可信度　　D. 认知失调

6. 把道德认知分为“他律”和“自律”两个阶段的是（　　）

A. 科尔伯格　　B. 皮亚杰　　C. 维果茨基　　D. 弗洛伊德

7. 皮亚杰的道德发展阶段论是从（　　）岁开始的，因为他认为在此之前的儿童还谈不上道德发展。

A. 1　　B. 2　　C. 3　　D. 5

8. 在道德品质发展的研究中，科尔伯格等心理学家的研究重点是（　　）

A. 道德认知　　B. 道德情感　　C. 道德意志　　D. 道德行为

9. 科尔伯格的道德两难故事采用（　　）的方法培养道德认知。

A. 言语说服　　B. 道德概念分析　　C. 小组道德讨论　　D. 移情性理解

10. 皮亚杰对道德认知进行研究的方法是（　　）

A. 道德两难故事　　B. 守恒实验　　C. 沙盘游戏　　D. 对偶故事法

11. 班主任为了维护班级纪律，决定让平时调皮的学生担任纪律委员，于是该学生改掉了调皮的习惯，班级纪律也有了很大的改善。该班主任使用的品德培育方式是（　　）

A. 言语说服　　B. 道德讨论　　C. 角色扮演　　D. 引发羞愧感

12. 品德不良学生的转化一般要经历的阶段是（　　）

A. 执拗—醒悟—改变　　B. 醒悟—再犯—顿悟　　C. 醒悟—转变—自新　　D. 转变—自新—醒悟

13. 某班级有同学因学习太累想要弃学回家，李老师告诉他："你的想法我曾经也有，这种想法是很正常的，当你学累的时候，可以适当给自己放个假，让自己放松放松。"李老师与学生沟通过程中使用的技巧是（　　）

A. 移情　　B. 言语说服　　C. 角色扮演　　D. 情绪唤起效应

拔高特训

1. 课堂上，缺乏遵守纪律习惯的学生在严肃的集体气氛下和严格的教师面前也能被迫遵守纪律。这体现了（　　）

A. 社会规范的内化　　B. 社会规范的遵从　　C. 社会规范的信奉　　D. 社会规范的认同

2. 关于态度的描述，不正确的是（　　）

A. 态度是通过学习形成的，而不是天生的

B. 个体所持的任意态度都是指向某一具体对象的

C. 态度往往能从外部直接观察到

D. 个体对某一事物所形成的态度，是对各种具体对象的态度概括化的结果

3. 与道德认知往往结合在一起，构成人的道德动机的是（　　）

A. 道德意念　　B. 品德　　C. 道德情感　　D. 道德行为的方式

4. 一个经常违纪的学生被调到一个风气良好的班级后，发现该班出现违纪的学生会受到严厉的惩罚，其违纪行为暂时很少表现出来。这体现了观察学习的（　　）

A. 习得效应　　B. 情绪唤起效应　　C. 抑制效应　　D. 反应促进效应

5. 当教师在帮助学生改变态度时，其做法正确的是（　　）

A. 对原来持赞同态度的人，应提供双面证据　　B. 对持反对态度的人，应提供单面证据

C. 对低年级的学生，以情动人更见效果　　D. 对待大学生，只需做好说理论证

6. 约翰因为帮母亲做家务打碎了 15 只杯子，因为偷吃东西打碎了 1 只杯子，如果让儿童判断以上两种情况中哪种情况过错更大，儿童的回答是前者的过错更大，因为打碎的杯子更多。根据皮亚杰的道德认知发展理论，该儿童处于的发展阶段为（　　）

A. 前道德阶段　　B. 无律阶段　　C. 他律道德阶段　　D. 自律道德阶段

7. 教师在讲授杜甫所作的《茅屋为秋风所破歌》时，生动地描绘了作者的茅屋被秋风所破以致全家遭雨淋的痛苦经历，这运用了以下哪种方法？（　　）

A. 表情识别　　B. 情境理解　　C. 情绪追忆　　D. 角色扮演

8. 在剑桥实验中学，学生每周要参加一次两小时的会议，大家共同讨论，提出管理学校的各种规章，以投票方式决定是否采用。这种教育方法是（　　）

A. 讨论法　　B. 模拟法庭法　　C. 公正团体法　　D. 模拟市政法

9. 关于道德认知的培养方法，下列说法中错误的是（　　）

A. 道德两难故事有助于提高儿童的道德认知水平

B. 对道德概念进行分析时，需要结合大量的真实情境

C. 对低年级的学生，在言语说服时更适合提供正反两方面的论据

D. 对高年级的学生，逻辑性强的说服内容更为有效

10. “随波逐流”“人云亦云”属于（　　）

A. 认同现象　　B. 旁观者效应　　C. 服从现象　　D. 从众现象

材料分析题

阅读材料，并按要求回答问题。

材料：2019 年 1 月上旬，河北省邢台市清河县挥公实验中学发生了一起校园欺凌事件。一名 12 岁的初中女生，自 2018 年 12 月 5 日起遭到同宿舍和隔壁宿舍的 7 名女同学的多次殴打，医院检查结果显示，女孩出现左肾积水、左输尿管上段扩张、左侧第 8 至第 11 根肋骨骨折。清河县委宣传部于 1 月 4 日发布通报称，校方多位负责人受处理，涉事 7 名学生受纪律处分。但是据受害者母亲反映，该女生已经因此产生厌学情绪。

请回答：

（1）结合材料，分析导致校园欺凌事件的原因有哪些。

（2）结合实际，分析如何纠正与教育学生的这种行为。

教育心理学综述题特训

1. 阅读材料，并按要求回答问题。

材料：北京海淀区的家长因为享受着国内顶尖的教育资源，而被称为“鸡娃”家长。他们对孩子的教育要求极高，希望他们能够在学业上取得优异成绩。然而，这种高强度的学习环境也带来了巨大的学习压力。学生们为了在激烈的竞争中脱颖而出，不得不付出非常大的努力。

海淀区的学生们不仅要面对严格的教学计划和繁重的作业，还要参加各种才艺班和培训班。他们的学习时间几乎被安排得满满当当，没有太多的休闲和娱乐时间，关键是特别缺乏劳动和社会实践活动。有的小学生甚至将数学内容学到了高中水平，这让其他地区的学生感到自愧不如。这种学习压力的紧张程度，让很多海淀区的学生调侃自己已经“学到了高中”，却不知学习的意义。

然而，2023 年有关数据显示，超过 2000 名海淀区的小学生被迫停学，这让人们对鸡娃式教育的弊端再次关注起来。这些学生之所以被迫停学，是因为他们心理出现了问题，无法继续坚持学习。谁又来为这样的悲剧买单呢?

请回答：

（1）结合材料，请从态度的构成要素角度分析孩子对满满当当的学习计划的态度。

（2）借助教育心理学理论，评析参加实践活动对学生潜能发展的帮助。

（3）结合生态系统理论，谈谈如何为学生减负增能。

2. 阅读材料，并按要求回答问题。

材料：高二（三）班的班主任陈老师是个特别要强的数学老师，希望自己带的班级成绩在年级前列，于是在教学中经常会给学生讲解一些很难的题目来拓展他们的思路，如他经常会选择很多高等数学和线性代数的题目来讲解，但班级里仅仅有一两名学生能够跟紧他的进度，其他同学只能刚好达到高二数学的基本目标，很多同学在请教老师、查阅书籍后依然没办法解决题目，结果导致了大多数学生期末成绩退步。在教师评价中，班级里多数同学针对“教师是否顾及了大多数学生的进度和状况”“是否喜欢教师的讲课风格和模式”两个问题上选择了“否”。这让陈老师非常生气，他不明白自己的初衷是希望大家有更多解决题目的方案，考试中可以有选择的余地，但收效甚微，甚至导致多数学生叫苦不迭。

请回答：

（1）结合材料，谈谈陈老师违背了哪种认知发展理论。

（2）该理论对教学有哪些影响？

（3）请用问题解决的基本过程分析陈老师应如何促进学生解决题目。

3. 阅读材料，并按要求回答问题。

材料：我认为，还是理解记忆的效果比较好。比如我班上有个学生很怕英语，我作为班主任就陪他背英语课文，学生一听非常高兴，觉得我与他的心理距离更近一层；然后，我先让他了解文章的内容及前后的关系，再逐个背段落，最后背全文。这种方法不仅拉近了老师与学生之间的距离，更重要的是，这种基于理解的背诵方式效果比较好。

请回答：

（1）上述材料体现了哪种学习策略？

（2）用相关学习理论解释“教师让学生了解文章的内容及前后的关系，再逐个背段落，最后背全文”。

（3）“教师与学生拉近心理距离”体现了什么学习理论？

4. 阅读材料，并按要求回答问题。

材料：静波最近上课不听讲，下课不完成作业，班主任找他了解情况，他认为自己听课认真，听不懂的也会向同学请教，但平时作业仍有很多错误，周测成绩一次比一次差，所以静波觉得自己很笨，老是记不住东西，知识学完很快就忘记，再努力学习成绩也提高不上去。

请回答：

（1）请用学习动机理论，对材料中静波“不听讲，不完成作业”的行为做出解释，并谈谈应如何解决这一问题。

（2）请运用你所了解的学习策略知识，针对静波“老是记不住东西，知识学完很快就忘记”，谈谈你的建议。

5. 阅读材料，并按要求回答问题。

材料：《义务教育语文课程标准（2022年版）》把思维能力列为核心素养目标体系的重要组成部分，而“思维的批判性”是其强调内容之一。下面我们梳理一下国内阅读理解考试出题中是否重视批判性思维的培养。

如以近4年北京、上海、南京、杭州4个城市中考语文卷中的非文学类文本为例，16则语料中属于宏大叙事的比例很高，如“故宫”“扶贫工作成就”“智慧城市”“上海的由来”“郑和的远航”“天问一号”等，这类文本主题重大、事实确定，社会价值也有定评，因而可讨论的余地很少。再诸如“当今大部分青少年学习压力大，长时间看书、写作业，有的还沉迷于手机、电脑……家长、教师应引导孩子在看书学习后休息、远眺，每天进行一定时长的户外活动”(杭州 2020 年卷《近视漫谈》)。这种语言权威感很强，这样的写作题是否可以培养批判性思维。

但是国际 PISA 测试中的阅读考查所给的文章都是开放性主题，且对这一问题有多种声音，中国的阅读材料这样类型的文章真是少之又少。

我还发现，长期以来，国内语文试卷十分重视阅读材料质量，主要考虑“量的要求（篇章长度、总量）”“文体类型（真实、多样）”“语言（难度、语体）”“内容（有新信息、为学生熟悉）”等要素，强调“关注现实，包含新信息，学生具有相应的知识背景，信息量大，有文化、人文色彩”。这样的要求无异于最后促成学生答题的套路化。

语文试卷到底该如何体现批判性思维呢？

请回答：

（1）总结材料中中国中考语文测试题在培育学生批判性思维中出现了什么问题。

（2）依据教育心理学相关理论说明培育学生批判性思维的重要性。

（3）请依据中小学某一学科设计三个试题，来体现你如何对学生的批判性思维进行培养。

6. 阅读材料，并按要求回答问题。

材料：为了指导幼儿园和家庭实施科学的保育和教育，促进幼儿身心全面和谐发展，教育部制定了《3～6 岁儿童学习与发展指南》(以下简称《指南》)。

《指南》将幼儿的学习与发展分为健康、语言、社会、科学、艺术五个领域。每个领域由学习与发展目标、教育建议两部分组成。学习与发展目标部分分别对 3～4 岁、4～5 岁、5～6 岁三个年龄段末期幼儿应该知道什么、能做什么、大致可以达到什么发展水平提出了合理期望；教育建议部分针对幼儿学习与发展目标，列举了一些能够有效帮助和促进幼儿学习与发展的教育途径与方法。

其中，《指南》在幼儿社会领域的学习与发展中指出：幼儿社会领域的学习与发展过程是幼儿社会性不断完善并奠定健全人格基础的过程，主要包括人际交往与社会适应。对于人际交往，其 3～4 岁的目标及具体要求如下：

目标	A ________	B ________	C ________	D ________
具体要求	①喜欢和小朋友一起游戏。 ②喜欢与熟悉的长辈一起活动	①想加入同伴的游戏时，能友好地提出请求。 ②在成人指导下，不争抢、不独霸玩具。 ③与同伴发生冲突时，能听从成人的劝解	①能根据自己的兴趣选择游戏或其他活动。 ②为自己的好行为或活动成果感到高兴。 ③自己能做的事情，愿意自己做。 ④喜欢承担一些小任务	①长辈讲话时能认真听，并能听从长辈的要求。 ②身边的人生病或不开心时表示同情。 ③在提醒下能做到不打扰别人

请回答：

（1）阅读材料，结合《指南》关于 3～4 岁幼儿人际交往的具体要求，对其目标进行总结。

（2）结合教育心理学相关理论，分析《指南》关于 3～4 岁幼儿人际交往的具体要求的合理性。

（3）根据《指南》3～4 岁目标 A 的具体要求，给幼儿园提供一种游戏建议，并说明你的理由。

7. 阅读材料，并按要求回答问题。

材料：古希腊哲学家柏拉图就十分强调美育对人的情绪感染和心理健康的“净化”功能和作用。他认为，接受审美艺术的情绪感染，从精神上的极度狂热到心平气和，就是一种“心理净化”的过程，人们可以通过音乐或其他艺术的感染与净化，使某种过分强烈的情绪因宣泄而达到平静，从而恢复和保持心理和谐。

我国古代教育家孔子则认为，培养完善的人，就要接受艺术教育的熏陶。他特别指出，培养完美的人，必经之路就是“兴于诗，立于礼，成于乐”的教育过程。可见，作为一种特殊的精神食粮、基本心理需要，美育对促进学生心理健康发展，具有其他教育形式无法取代的作用。

请回答：

（1）结合材料分析美育与心理健康的关系。

（2）请用马斯洛的需要层次理论分析审美的需要的重要性。

（3）请结合你所在家乡的传统文化元素，设计一个美育活动，要求写出活动的主题、目的、内容，其中内容中至少包含两种不同的活动类型。

8. 阅读材料，并按要求回答问题。

材料1：下面是两位学生的对话。

学生A：我发现学习英语音标对以后学习英语单词的发音帮助很大。

学生B：我发现平面几何学得好，后来学习立体几何就简单了，知识之间有很大联系。

学生A：不光知识是这样，弹琴也是，会弹电子琴，钢琴也学得快。

学生B：可有时候也不一样，学习英语音标的时候总是会受到汉语拼音的干扰。

学生A：真有趣，学习太奇妙了。

材料2：马老师刚入职就遇到了新课程改革。虽然马老师毕业于师范大学，但是由于在校学习的都是传统的教学方法和教学模式，他在新课程教学中遇到了很多难题。最初一个月，虽然马老师精心备课，分析教材，课堂上对知识讲解面面俱到、逻辑清晰，但学生对新知识的掌握普遍达不到预期效果。马老师对此进行了反思。后来他发现所教授班级的学生都是初中新课改后的毕业生，他们初中所学的内容和马老师以前初中所学的内容大有不同，他们的学习方式也与马老师所想存在很大差异。同时，学校还存在初中所学内容与高中新课程内容在教材衔接上的问题，故此知识迁移不理想。

请回答：

（1）请分析材料1中两位同学谈话所涉及的教育心理学相关知识。

（2）结合材料2，请你谈谈影响学生知识迁移的因素有哪些。

（3）请给材料2中的马老师提一些促进学生知识迁移的建议。（至少四种）

9. 阅读材料，并按要求回答问题。

材料：杭州某知名小学的一年级学生桃桃，连续一周哭闹着不肯上学，她的妈妈一开始以为是天冷了孩子想偷懒，后来觉得没那么简单，再三追问下，性格内向的女儿才吐出实情：“数学不好，不想上学，我怕妈妈和老师批评，使劲学都学不会！”

桃桃的妈妈是杭州一位医学博士，平时带的都是研究生，女儿的话让她着急了。等女儿睡着之后，她翻出女儿的数学书和练习册，自己做了一些练习题，再联系女儿的反馈，以医生望闻问切的职业习惯，为女儿的厌学把脉。

从作业本来看，桃桃妈妈觉得女儿“厌学”的原因主要有两个：一是女儿完全的零起点，导致识字量很少，看题如同看天书。比如，题目中有“数一数”“填一填”，“数”和“填”两个字她都不认识，影响了解读题目的能力。二是老师每天都会布置所谓的“聪明题”，比较难，这是严重打击女儿学习数学信心的

“大杀器”。桃桃妈妈认为，这些“聪明题”的题型都很绕，即使是大人来做，也必须熟悉这种出题思路和语境，不然真的会反应不过来。

这位妈妈说，女儿上小学前是“放养”的，没上过什么辅导班。但女儿上小学后，她很快发现差距，也很努力和女儿一起学，几乎推掉了所有下班后的应酬，每晚保证至少两个小时陪女儿学习，哪知道依然会出现这样的结果。

请回答：

（1）根据材料中桃桃妈妈对女儿“厌学”原因的分析，简要说明现阶段一年级教学存在的问题。

（2）依据材料，从学习理论和动机理论角度分析桃桃不愿上学的原因。

（3）依据最近发展区理论，以桃桃目前的识字水平为基础，为桃桃设计两道数学题，并说明设计思路。

10. 阅读材料，并按要求回答问题。

材料：心理学家爱德华·德西在 1969 年进行了一次心理实验。他把随机选出的大学生分成两组，玩一种叫 Soma 的积木游戏。这种玩具可以拼成不同形状，玩到复杂时非常具有挑战性。两组学生要花半个小时左右的时间按照规程玩这种玩具。第一组被告知，他们每按纸上的图案拼成一个形状，就能挣一美元。按照 1969 年的物价，这对学生来说是一笔不小的钱。另一组学生则没有任何奖励。半个小时一到，主持实验的人告诉大家：“请等一下，我出去几分钟印出有关问卷，请各位填写。”但他出去后并非印制问卷，而是通过秘密观察孔观看屋里的动静。结果发现，能挣一美元的学生，基本就不接着玩儿了。而那些没有挣到钱的学生，许多反而是欲罢不能，用这些积木堆造成许多意想不到的形状。德西把这些实验结果归结为一个问题：什么能有效地驱动人们的行为？

请回答：

（1）请从外在动机和内在动机的角度分析材料中的现象。

（2）谈谈在教学中如何运用奖励。

11. 阅读材料，并按要求回答问题。

材料：在剑桥中学，学生偷窃别人东西是一个普遍的问题。在实验进行的第一年，有一天，一个学生邀请一些学生到她家玩，过后发现丢了一只耳环。当她向学校反映时，没有人愿意提供线索。

一个月后，又有一名同学在学校丢了一只耳环。于是，偷窃的问题便在团体会议上讨论。大家发表了许多个人意见，多数人认为要对偷窃制定一些规定，要对这些损人利己的行为进行惩罚。得出这个建议后，会议就结束了，但偷窃的事在第一年和第二年的开头继续发生。

第二年，有个女生的钱包“少”了 9 美元，她肯定是有人偷去了，但没人承认，于是召开了团体会议来讨论。一些学生认为，偷窃行为有损于团体精神，他们提出每个人拿出 15 美分给她，这样她就可以得到 9 美元，而 15 美分对一个人来说却算不了什么。这些学生的看法受到其他人的支持，大多数人都认为他们对学校发生的事都有责任，也就是说，某人的钱被偷，是团体中每个人的错，因为没有充分关注到团体。大家都谴责小偷，但一致认为，如果在某个时间内钱还没找回，那么每个人都应当付 15 美分。一个星期中，没有人供认，看来每人都要赔钱了。后来有几个同学说他们知道是谁偷了钱，准备私下告诉偷窃者，劝其坦白，但没有成功。这几个学生开始犹豫要不要告知团体。

安尼说：“我有点不敢告发，万一被偷窃者知道是我们告发的，他可能会找我们报仇。”

杰克说：“如果我们知道是谁，还不告发，身边的老师和同学们会怎么看我们，会说我们不热爱集体。”

维斯说：“我们去揭发他，让法律去惩治他，大家肯定会支持我们的。”

最终，他们向团体讲出了偷窃者的姓名，偷窃者被团体开除出学校，之后学校就没有再发生过偷窃。大家一致同意，偷窃是可耻的行为。

请回答：

（1）材料中体现了哪种教育方法？有什么优点？

（2）请用科尔伯格的道德认知发展阶段理论说明安尼、杰克和维斯所处的道德发展阶段。

（3）近年来，校园欺凌事件频繁发生。2021 年 9 月 1 日颁布的《未成年人学校保护规定》第 20 条明确规定，学校应当教育、引导学生建立平等、友善、互助的同学关系，组织教职工学习预防、处理学生欺凌的相关政策、措施和方法对学生开展相应的专题教育。如果你是教师，请设计 3～4 个问题来引导学生继续使用上述方法，以达到预防校园欺凌的目的。

12. 阅读材料，并按要求回答问题。

材料：费曼学习法（Feynman Technique）是一种以美国物理学家理查德•费曼的名字命名的学习方法。这种方法强调通过简单化教学来加深对知识的理解和记忆。费曼学习法一般要求：先要确定你想要学习或深入理解的概念或主题。假设你有一个学生，尝试用自己的话把这个概念解释给他听。这一步的目的是迫使你用自己的语言组织和表达知识，这有助于揭示你可能没有完全理解的地方。当你卡壳或无法解释清楚某个部分时，返回到原始的学习材料，重新学习并简化那个部分，直到你可以清晰地解释它。总之，将你刚刚学到的知识重新组织和复述，尽量用简洁和通俗易懂的语言。你可以写下这些信息，或者口头复述，这样可以帮助你巩固记忆和理解。

“以教代学”是费曼学习法的核心。费曼说：“如果你不能向其他人简单地解释一件事，那么你就还没有真正弄懂它。”这不是空洞的大道理，而是一套科学的学习方法。物理学家费曼把它变成了一个学习系统中至关重要的部分，即在学习的过程中向其他人输出你学到的知识。假设有一个外行人站在面前，你要用对方听得懂的语言把这些知识解释给他听。经过反馈，再检查自己的学习效果。在学习中，听、看和阅读是被动学习，这也是我们中国学生最擅长的技能。我在教学中遇见的 99% 的“好学生”，他们的思维和行为模式惊人的一致，那就是认真地听、拼命地记和反复地高强度练习，依靠勤奋促进知识的增长。但这些方式在内容留存率上处于偏低的水平。只有以讨论、输出为主的学习方法，才能用较少的付出获得较高的内容留存率。

——《费曼学习法》

请回答：

（1）依据材料罗列出使用费曼学习法的步骤。

（2）分析费曼学习法背后的教育心理学机制。

（3）从主动学习和被动学习的角度，分析材料中“如果你不能向其他人简单地解释一件事，那么你就还没有真正弄懂它”的原因。

13. 阅读材料，并按要求回答问题。

材料：习近平总书记指出，要在教育“双减”中做好科学教育加法。教育部等十八部门联合印发《关于加强新时代中小学科学教育工作的意见》，明确提出“科学教育要基于探究实践，培养学生科学兴趣，提升科学素质，努力在孩子心中种下科学的种子，引导孩子编织当科学家的梦想”。

目前，很多学校非常重视 STEM 课程，认为这是促进科学教育的王牌课程。该课程通过创设情境、发现问题来引起学生的注意力，而一旦吸引了学生的注意力，实际上也就激发了学生的求知欲。之后，教师会指导学生探究实践，这一步是促进学生思考方案、重组知识，甚至为了解决问题，而及时地补充新知识，促进新知识的理解、巩固和记忆。然后，再回到探索过程，促进更多相关知识的重组、编码，有时也会巧妙地转化、迁移知识，甚至改造方案，达到问题解决的目的。

请回答：

（1）结合材料，说明 STEM 课程中科学探究的步骤与对应的心理过程。

（2）请从三个认知主义理论出发，分析科学知识的学习过程。

（3）《义务教育科学课程标准（2022 年版）》中规定了科学课的核心素养，主要体现在科学观念、科学思维、探究实践、态度责任四个方面，这些是科学课程育人价值的集中体现。请以“浮与沉”为主题，设计一个科学课程的教学过程环节，并要求体现上述的四种素养。

第四部分　教育学原理

第一章　教育及其产生与发展

单项选择题

易错题讲解

基础特训

1. “教育的概念有很多种，从教育的定义来看，本论文中所说的教育指传递人类文化遗产的有目的的社会实践活动”，这里的“教育”的概念属于（　　）

A. 教育口号　　B. 规定性定义　　C. 纲领性定义　　D. 广义定义

2. 从教育的定义看，“教育是促进受教育者各方面发展的过程，它最终极的目的应是帮助受教育者习得道德和价值的过程”，这是（　　）

A. 描述性定义　　B. 规定性定义　　C. 纲领性定义　　D. 正式性定义

3. 从教育的陈述方式看，“教育决定未来，知识改变命运”属于（　　）

A. 教育口号　　B. 教育隐喻　　C. 教育信念　　D. 教育定义

4. 陶行知说：“教育就像喂鸡一样。先生强迫学生去学习，把知识硬灌给他，他是不情愿学的。即使学也是食而不化，过不了多久，他还是会把知识还给先生的。”根据教育的陈述类型，这种表达属于（　　）

A. 教育术语　　B. 教育隐喻　　C. 教育概念　　D. 教育口号

5. 按照美国教育哲学家谢弗勒对教育定义的分类，作者自己创制的、其内涵在作者的某种话语语境中始终是同一的定义属于（　　）

A. 描述性定义　　B. 纲领性定义　　C. 解释性定义　　D. 规定性定义

6. 下列选项中，不属于非正规教育的是（　　）

A. 社区教育　　B. 国家中小学智慧教育平台

C. 高等教育自学考试　　D. 校外教育补习班

7. 我国最早使用“教育”一词的是（　　）

A. 孔子　　B. 许慎　　C. 朱熹　　D. 孟子

8. 教育活动与其他社会活动的显著区别是（　　）

A. 有目的地培养人　　B. 育人过程具有文化性

C. 综合性的社会实践活动　　D. 促进人全面发展

9. 认为原始教育的形式和方法主要是儿童对成人生活的无意识模仿，这一学说是（　　）

A. 神话起源说　　B. 生物起源说　　C. 心理起源说　　D. 劳动起源说

10. 教育与人类社会共始终，为一切人、一切社会所必需，是新生一代的成长和社会生活的延续与发展不可缺少的手段。这句话未说明教育的（　　）

A. 阶级性　　B. 历史性　　C. 永恒性　　D. 社会性

11. 下列属于原始社会教育的特征的是（　　）

A. 系统性　　B. 制度性　　C. 无阶级性　　D. 阶级性

12. 我国唐代中央官学设有“六学二馆”，其入学条件中明文规定不同级别官员的子孙进入不同的学校。这主要体现了我国封建社会教育制度的（　　）

A. 继承性　　B. 等级性　　C. 历史性　　D. 民族性

13. “教育是与种族需要、种族生活相适应的、天性的，而不是获得的表现形式；教育既无须周密的考虑使它产生，也无须科学予以指导，它是扎根于本能的不可避免的行为。”这种教育起源说属于（　　）

A. 神话起源说　　B. 生物起源说　　C. 心理起源说　　D. 劳动起源说

14. 以下有关现代教育特征的描述，不正确的是（　　）

A. 人的全面发展的思想从理论走向现实　　B. 教育结构日趋稳定，变革速度减慢

C. 教育民主化向纵深发展　　D. 教育的终身化

15. 下列属于马克思主义教育起源说的是（　　）

A. 教育的劳动起源说　　B. 教育的生物起源说

C. 教育的心理起源说　　D. 教育的神话起源说

16. 教育成为个体生活的需要，受教育的过程是满足需要的过程，这是指教育的（　　）

A. 个体谋生功能　　B. 个体享用功能　　C. 个体个性化功能　　D. 个体社会化功能

17. 学校组织开展运动会，既锻炼了学生身心，丰富了学生的课余文化，活跃了校园气氛，又在无形之中增强了班级凝聚力。这说明教育（　　）

A. 既有正向显性功能，又有正向隐性功能　　B. 既有负向显性功能，又有负向隐性功能

C. 既有正向隐性功能，又有负向隐性功能　　D. 既有正向显性功能，又有负向隐性功能

18. 教育的本体功能之一是（　　）

A. 影响人口迁移，提高人口素质　　B. 促进生产发展，服务经济建设

C. 对政治、经济有巨大的影响与作用　　D. 加速年轻一代的身心发展与社会化进程

19. 从形式上说，教育活动方式不包括（　　）

A. 教学内容　　B. 教育手段　　C. 教育方法　　D. 教育组织形式

20. 在下列教育的基本要素中，哪一个要素具有主体性地位？（　　）

A. 学习者　　B. 教育者　　C. 教育活动方式　　D. 教育内容

21. 我国提倡残障儿童接受和普通儿童一样的教育，这体现了（　　）的教育理念。

A. 全民教育　　B. 融合教育　　C. 补偿教育　　D. 生命教育

拔高特训

1. “学校好比一个精致的乐器，它奏出一种人的和谐的旋律，使之影响每一个学生的心灵。”从语言方式上理解，这种表述属于（　　）

A. 教育术语　　B. 教育隐喻　　C. 教育概念　　D. 教育口号

2. 蔡元培认为：“教育是帮助被教育的人，给他能发展自己的能力，完成他的人格，于人类文化上能尽一分子的责任；不是把被教育的人造成一种特别器具。”按照美国教育哲学家谢弗勒的三种教育的定义方式，这种定义属于（　　）

A. 操作性定义　　B. 描述性定义　　C. 纲领性定义　　D. 解释性定义

3. “教师不再是直接给学生金子，而是把挖掘宝藏的钥匙给学生。”从教育的陈述方式和谢弗勒对教育定义的方式看，这句话属于（　　）

A. 教育隐喻 + 纲领性定义　　B. 教育隐喻 + 描述性定义

C. 教育口号 + 纲领性定义　　D. 教育口号 + 描述性定义

4. 有位作者认为：“我把‘教育’这个词只用来表示保存某些社会文化，维持某种社会制度的活动。”根据谢弗勒对教育定义的分类，这种说法属于（　　）

A. 规定性定义 + 描述性定义　　B. 纲领性定义 + 规定性定义

C. 纲领性定义 + 描述性定义　　D. 功能性定义 + 纲领性定义

5. “教育是在一定的社会背景下发生的促使个体社会化和社会个性化的实践活动。”这一陈述属于（　　）

A. 教育口号　　B. 教育隐喻　　C. 教育信念　　D. 教育定义

6. 以下现象属于教育范畴的是（　　）

A. 小明不小心被火灼伤，由此知道火是热的　　B. 妈妈指导小明发生火灾时如何逃生

C. 盗窃团队教给新成员盗窃技巧　　D. 学校严格管理引火物品，使其远离学生

7. 小丁不怎么懂得拒绝别人。有一天，小丁和爸爸正高兴地打着羽毛球，小红过来说也要玩。小丁把球拍让给了小红，可是一脸不情愿的样子。回家的路上，爸爸对小丁说：“你如果还想玩，可以对小红说，我再玩一会儿就给你。”这一案例反映了家庭教育的哪一特点？（　　）

A. 家庭教育是培育人才的起点和基石　　B. 家庭教育具有相机而教的特点

C. 父母应该给予孩子高质量的陪伴　　D. 家庭教育具有很强的情感性

8. 以下关于非正规教育的说法，错误的是（　　）

A. 非正规教育是无组织、无计划的教育活动，与正规教育形成对比

B. 非正规教育难以保障教育的公平与质量

C. 非正规教育需要政府的大力引导和规范

D. 非正规教育对建设学习型社会具有重大的积极意义

9. 1906 年，我国清末学部奏请颁布“教育宗旨”；民国之后，我国正式改“学部”为“教育部”。可见，我国教育现代化和传统教育学实现转换的一个标志是（　　）

A.“教育”一词成为我国教育学的一个基本概念　　B.“学校”一词成为我国教育学的一个基本概念

C.“教学”一词成为我国教育学的一个基本概念　　D.“德育”一词成为我国教育学的一个基本概念

10. 以下关于心理起源说的说法，正确的是（　　）
A. 勒图尔诺说明了人的模仿与动物的本能活动的差别
B. 认为人是有心理活动的，但它忽视了人的教育的有意识性
C. 主张教育起源于儿童对成人生活的有意识模仿
D. 标志着在教育起源的问题上开始从神话解释转向科学解释

11. 下列哪一项属于近代教育发展趋势的表现？（　　）
A. 注重素质教育，培养全面发展的人
B. 注重教育民主化的纵深发展
C. 注重终身教育的发展
D. 注重教育义务化

12. 下列属于家庭教育范畴的是（　　）
A. 妈妈给不能自主进食的幼儿喂饭
B. 小明将抄袭的作文拿去参加比赛，妈妈告诉他做人要诚实
C. 某些山村里，有些父亲认为女孩无用，不让女儿继续读书
D. 小张的妈妈给小张报了金牌培训班补习功课

13. 高收入家庭可以将部分收入投入到下一代的教育中来积累学历优势、技能优势，使其下一代优于收入较低家庭出生的孩子。长此以往，社会流动性下降，阶层逐渐固化，对国家造成的破坏将是毁灭性的。上述材料体现了教育的哪种功能？（　　）
A. 社会显性负向功能
B. 社会隐性负向功能
C. 个体显性负向功能
D. 个体隐性负向功能

14. 光明小学建立学校表扬制度，每周选择道德、学业以及其他各项活动中表现突出的学生张贴在表扬专栏中，这不仅激发了学生的学习热情，与此同时竟然也增强了学生对学校的归属感。这属于（　　）
A. 正向显性功能和正向隐性功能
B. 正向隐性功能和负向隐性功能
C. 负向显性功能和正向隐性功能
D. 负向隐性功能和正向显性功能

15. 下列属于教育的隐性功能的是（　　）
A. 学校照管儿童的功能
B. 促进人的全面和谐发展的功能
C. 传承文化、促进文化延续发展的功能
D. 提高国民科技运用能力、促进经济增长的功能

16. 以下符合“随班就读”所涉及的实践议题的是（　　）
A. 全纳教育、全民教育、融合教育
B. 国际理解教育、补偿教育、民主教育
C. 全纳教育、多元文化教育、融合教育
D. 多元文化教育、全民教育、补偿教育

材料分析题（无）

第二章　教育与社会发展

单项选择题

基础特训

1. “教育是百年树人的大计，谋求远效，而政党的政策追求近功，变化不定，将教育委之于政党，必然变更频仍，难有成效。”这体现了（　　）思想。

A. 教育独立论　B. 教育万能论　C. 筛选假设理论　D. 再生产理论

2. 教育可以实现个人能力的提高，进而促进经济的增长。这种观点属于（　　）

A. 人力资本论　B. 筛选假设理论　C. 劳动力市场理论　D. 教育万能论

3. （　　）是从分析劳动力市场上雇主选聘求职者的过程去说明教育的经济价值的。

A. 教育万能论　B. 人力资本论　C. 筛选假设理论　D. 劳动力市场理论

4. （　　）认为教育系统控制着文化资本的生产、传递和转换，是支配社会地位、形成社会无意识的重要体制，也是再生产不平等社会结构的主要手段。

A. 人力资本论　B. 筛选假设理论　C. 劳动力市场理论　D. 再生产理论

5. 社会对教育事业的需求程度最终取决于（　　）

A. 科技水平　B. 社会制度　C. 文化背景　D. 生产力水平

6. 我国古代教育重视通过学校阵地实现“化民成俗”，可见古代重视教育的（　　）

A. 经济功能　B. 政治功能　C. 文化功能　D. 人口功能

7. 下列选项中，（　　）不是由政治经济制度决定的。

A. 教育的性质　B. 教育发展水平　C. 受教育者的权利　D. 教育的领导权

8. 下列关于教育的社会制约性的表述，不正确的是（　　）

A. 政治经济制度的性质决定着教育的性质　B. 生产力的发展水平决定着教育的发展水平

C. 文化知识影响教育的内容和水平　D. 人口结构决定着教育结构

9. 一些人口学家的研究结果显示：全体国民受教育程度的高低与人口出生率的高低成反比。这说明了（　　）

A. 教育可以影响人口数量　B. 教育可以提高人口质量

C. 教育可以改善人口结构　D. 教育可以促进人口迁移

10. 有报道称：“相比目前普通高等教育严峻的就业形势，职业教育就业率这么多年来可以说是一直居高不下，全国中等职业学校毕业生就业率连续 5 年保持在 95% 以上，对大部分的职业生来说，毕业即就业……”这体现了职业教育的（　　）

A. 政治功能　B. 经济功能　C. 文化功能　D. 科技功能

11. 以下不属于教育的生态功能的是（　　）

A. 教育能够引导建设生态文明的社会活动

B. 教育能够促使生态系统承载能力不断提高

C. 教育能够普及生态文明知识，提高民族素质

D. 教育能够逐步在全社会牢固树立建设生态文明的理念

12. 注重课程的时代性和稳定性的统一、结构性和系统性的统一，加强学科之间的相互渗透，调整必修课和选修课的比例，引进科技发展的新成就、新理论。这体现了教育现代化的何种特点？（ ）

A. 教师素质现代化　　B. 教育观念现代化

C. 教育内容现代化　　D. 教育制度现代化

13. 随着“汉语热”持续升温和中国文化在全球影响力的不断增强，孔子学院开到了许多国家，为各国学员学习中文、了解中国文化提供帮助，为增进人文交流、促进世界和谐和多元化发展做出了重要贡献。这体现了（ ）

A. 教育国际化　　B. 教育现代化　　C. 教育本土化　　D. 教育民族化

14. 有几十年教龄的张老师在一次教师分享会上感慨，教师职业不同以往了。以前在上课时，他觉得自己是教室中知识最丰富的人，现在却总有需要向学生请教的时候，比如视频如何播放、某同学口中的网络用语是什么意思等，这让他很不习惯，课余时间也总想学习些什么。张老师的感慨最能体现的是（ ）

A. 教育科学化　　B. 教育制度化　　C. 教育终身化　　D. 教育全民化

拔高特训

1. “教育并不能提高人的能力，教育只是一个筛子，是用来区别不同人的能力的手段。”“人受了什么样的教育，就成为什么样的人。”以上两种观点分别属于（ ）

A. 劳动力市场理论、教育万能论　　B. 劳动力市场理论、教育独立论

C. 筛选假设理论、教育万能论　　D. 筛选假设理论、教育独立论

2. 关于教育与工资的关系，下列说法中不正确的是（ ）

A. 人力资本论认为人力资本投资能提高生产率，是个体未来薪金、收益的源泉，也是劳动收入增加的根本原因

B. 筛选假设理论认为教育与工资呈正相关

C. 劳动力市场理论认为教育是决定个体进入哪种劳动力市场的重要因素之一

D. 在劳动力市场中，筛选假设理论关于工资与教育的关系依旧成立

3. 关于教育与社会关系的主要理论的描述，说法正确的是（ ）

A. 人力资本论主张教育只能表征而不能提高人的能力

B. 筛选假设论认为教育与个人收入不呈正相关

C. 劳动力市场理论认为信号和标识能表明一个人的生产能力

D. 再生产理论主张学校的教育行为是一种符号暴力

4. 莱布尼茨曾说：“如果给我以教育的全权，不需要一百年，就可以使欧洲改观。”这一说法体现了（ ）

A. 筛选假设理论　　B. 教育万能论　　C. 人力资本论　　D. 劳动力市场理论

5. 对“人力资本论”的评价不包括（　　）

A. 教育能提高个人的能力，然后个人根据能力得到相应的工资

B. 未考虑到劳动力市场的分类

C. 否认了正规教育的优势

D. 揭示了教育与经济的关系

6. 党的十八大报告提出要不断健全现代市场体系，但我国长期以来实行固定工、临时工、合同工等多种用工制度并存的形式，实际上为劳动力贴上了不同的身份标签，这并不会增加社会成员的工作流动性。从教育与社会关系的角度分析，其理论基础是（　　）

A. 教育独立论　　B. 劳动力市场理论　　C. 教育万能论　　D. 人力资本论

7. 在古代，个别教学是主要的教学组织形式；在近现代社会，班级授课制是基本的教学组织形式；20 世纪中叶以后，个别化教学呈现出良好的发展势头。其背后的深层原因是（　　）

A. 教育发展受生产力发展水平的制约　　B. 教育发展受政治经济制度的制约

C. 教育发展受文化的制约　　D. 教育发展受科学技术的制约

8. 过去农村学校教师流动性大，优秀教师少等多方面因素使得农村教育发展缓慢。随着信息技术的发展，教育发达地区的教师可以利用多媒体给远在全国各地的学生同上一堂课，打破时间和地域的限制，扩大了优秀教育资源的受众人群。这一现象主要说明了（　　）

A. 媒介促进了教育发展的规模　　B. 媒介丰富了学生的学习体验

C. 媒介促进了教育内容的传递　　D. 媒介改变了教师的教学模式

9. 在现代学校，世界各国都有开设政治类和思想品德类的课程，如“社会课”“品德课”等，不属于其背后的深层次原因的是（　　）

A. 让学生了解国家的方方面面　　B. 培养国家需要的合格公民

C. 教育为政治服务　　D. 为培养统治人才打好基础

10. 杜威认为:“文化过分庞杂，不能全部吸收，必须通过教育‘简化’，吸收其基本内容……为了使人们避免他所在社会群体的文化局限，必须通过教育来‘平衡’社会文化中的各种成分，以便和更广阔的文化建立充满生机的联系。”这体现了文化的（　　）功能。

A. 传承与融合　　B. 创新与选择　　C. 选择与融合　　D. 传承与创新

11. 中国封建社会有“四大发明”、地动仪等许多先进的科技发明，但最终都没有在近代社会转化成中国的“工业革命”。从教育的角度来说，导致这一现象的深层因素是（　　）

A. 教育观念　　B. 教育内容　　C. 教育目的　　D. 教育媒介

12. 以下不属于教育相对独立性的表现的是（　　）

A. 教育具有自身发展的继承性和发展性　　B. 教育与政治、经济、文化的发展不同步

C. 教育内容的选择受制于社会发展需要　　D. 教育对社会的作用具有能动性

13. 教育现代化是整个社会现代化进程中不可或缺的一部分，其中教育现代化的关键是教师素质的现代化。下列选项中不属于教师素质现代化的表现的是（　　）

A. 坚持“以生为本”“以学为本”的教育发展观　　B. 积极掌握多元化知识

C. 教育教学中驾驭信息技术的素养　　D. 下放教育管理权

14. 2019年，中阿双方正式启动阿联酋中文教学“百校项目”。目前，阿联酋已有171所学校开设中文课程，7.1万名学生学习中文。示范校学生代表用中文致信习近平主席，表达了他们对中国文化的向往和热爱。这体现了（　　）

A. 教育全民化　　B. 教育国际化　　C. 教育现代化　　D. 教育信息化

材料分析题

阅读材料，并按要求回答问题。

材料：2024年7月18日至20日，第五届LIFE教育创新大会在成都成功举办。本届大会以“为未来生活做准备的教育创新”为主题，中国新学校研究会会长、北京第一实验学校校长李希贵做了题为“AI时代如何做教育”的报告。他指出，过去的技术进步给学校带来的是教学方式的改变，而当前这轮AI技术将直接成为新的教育体系，这个教育体系叫作大模型。同时还指出，“今天我们要培养的学生不是一个简单的劳动者，而是一个可以领导人工智能的人。这一目标可以拆分为三个具体目标——自我成长的主理人、问题解决的主导者、他人目标的协同者”。

从国家政策来看，国务院印发的《新一代人工智能发展规划》中明确“建设人工智能学科”，具体包括完善人工智能领域学科布局、设立人工智能专业等。从产业发展来看，近年来人工智能在各行各业快速落地应用。人工智能核心产业规模的迅猛发展，相应地带来了对人工智能专业人才的强劲需求。相关研究机构曾在2020年发布报告指出，中国人工智能人才缺口达30万人。如今众多高校响应国家政策，争相开设人工智能专业，有望源源不断地为国家和社会培育相关人才，我国人工智能技术和产业发展可谓后继有人。不过令人担忧的是，人工智能技术专业门槛高、更新迭代速度快，同时师资力量仍在积累中，这给高校设立人工智能专业带来了不小的挑战。

请回答：

（1）如何理解材料中“今天我们要培养的学生不是一个简单的劳动者，而是一个可以领导人工智能的人”这句话？

（2）分析科技与教育的关系。

（3）面对人工智能时代的变革，教师应如何利用人工智能进行教育？

第三章　教育与人的发展

单项选择题

基础特训

1. “当其可之谓时”“时过而后学，则勤苦而难成”说明人的身心发展具有（　　）

①不平衡性　②顺序性　③阶段性　④差异性

A. ①②　　B. ①③　　C. ②③　　D. ②④

2. 在相同的阶段里，同一个体身心的各方面发展速度有快有慢，存在巨大的差异性，这里指（　　）

A. 发展的顺序性　　B. 发展的阶段性　　C. 发展的不平衡性　　D. 发展的差异性

3. 对残疾儿童进行教育的重要依据之一是（　　）

A. 儿童的身心发展具有顺序性　　B. 儿童的身心发展具有不平衡性

C. 儿童的身心发展具有个别差异性　　D. 儿童的身心发展具有分化与互补的协调性

4. 教师在教学工作中，要时刻关注不同学生的进度和水平，循序渐进地教学，这主要是依据人的身心发展的（　　）

A. 差异性和不平衡性　　B. 阶段性和顺序性　　C. 差异性和顺序性　　D. 阶段性和不平衡性

5. 在某个时期内，个体对某种刺激特别敏感，过了这个时期，同样的刺激则对其影响很小或没有影响。这个时期被称为（　　）

A. 关键期　　B. 发展期　　C. 转折期　　D. 潜伏期

6. 儿童的身心发展具有明显的差异性，这一特点决定了教育工作要（　　）

A. 循序渐进　　B. 因材施教　　C. 教学相长　　D. 求同存异

7. 在胎儿期和婴儿期，人体的生长发育首先从头部开始，然后逐渐延伸到尾部（下肢）。这一特点体现了人的发展具有（　　）

A. 顺序性　　B. 阶段性　　C. 差异性　　D. 不平衡性

8. 教育决定论属于（　　）

A. 单因素论　　B. 多因素论　　C. 内发论　　D. 内因与外因交互作用论

9. 格赛尔的双生子爬楼梯实验说明了（　　）

A. 遗传的重要性　　B. 成熟对个体身心发展的影响

C. 环境对个体发展的影响　　D. 教育的重要性

10. 下列关于人的身心发展影响因素的主要观点中，属于内发论的是（　　）

A. 自然成熟论　　B. 教育万能论　　C. 环境决定论　　D. "白板说"

11. 强调人的动因是人自身的内在需要，身心的发展是人的潜能的完善。这种理论是（　　）

A. 内发论　　B. 外铄论　　C. 成熟论　　D. 多因素相互作用论

12. "个体心理发展的实质是环境影响的结果，环境影响决定个体心理发展的水平与形式"的观点属于（　　）

A. 内发论　　B. 外铄论　　C. 内外因交互作用论　　D. 双因素论

13. 以下不属于持外铄论观点的人物的是（　　）

A. 荀子　　B. 华生　　C. 洛克　　D. 格赛尔

14. "近朱者赤，近墨者黑"说明了（　　）对人的身心发展有重要的作用。

A. 遗传　　B. 环境　　C. 学校教育　　D. 个体的主观能动性

15. 马克思认为："人的发展决定于个人生活的经验发展和表现，而个人生活的经验与表现又决定于社会关系。"这句话启发我们教育的功能在于（　　）

A. 个体社会化　　B. 个体个性化　　C. 个体享用功能　　D. 个体谋生功能

16. 马克思主义教育学说认为，人的发展的根本动力是（　　）

A. 环境影响　　B. 教育作用　　C. 内在因素　　D. 实践活动

17. 某学生积极参与社团、学生会活动，寒暑假外出兼职、实习。因此，他的交际能力要优于身边同学，交际能力是与该同学的（　　）相关的。

A. 学业发展　　B. 个性发展　　C. 生涯发展　　D. 社会性发展

拔高特训

1. 教育是潜在的、间接的生产力，教育成果一般通过受教育者的实际生产活动转化为直接的、物化的生产力。这反映了教育的（　　）

A. 超前性　　B. 继承性　　C. 迟效性　　D. 生产性

2. 近年来，汉服进入了人们的视野，很多学生愿意穿汉服，开设汉服相关的社团，担任汉服模特，甚至自己设计汉服，将其发展为一种爱好与兴趣。这体现了学生的发展具有（　　）

A. 顺序性　　B. 文化性　　C. 时代性　　D. 整体性

3. “杂施而不孙，则坏乱而不修”“学前教育小学化”“印刻效应”体现了人的身心发展的（　　）特点。

A. 顺序性、阶段性、差异性　　B. 差异性、阶段性、不平衡性

C. 顺序性、阶段性、不平衡性　　D. 差异性、顺序性、不平衡性

4. 下列句子与其所体现的人的身心发展的特点对应正确的是（　　）

A. “当其可之谓时”——顺序性　　B. “深其深，浅其浅，尊其尊，益其益”——阶段性

C. “不陵节而施之谓孙”——不平衡性　　D. “柴也愚，参也鲁，师也辟”——差异性

5. 大脑皮层发育的顺序为枕叶→颞叶→顶叶→额叶，脑细胞的发育顺序为轴突→树突→轴突的髓鞘化。这体现了人的身心发展具有（　　）

A. 顺序性　　B. 阶段性　　C. 不平衡性　　D. 差异性

6. 走班制学生依据自己的课表进入不同班级听课，这是对传统的以班级为单位的行政班授课制的重大突破。从本质上说，这遵从了学生身心发展的（　　）

A. 阶段性　　B. 差异性　　C. 不平衡性　　D. 顺序性

7. 认为教育是“园艺艺术”，教师是“园丁”，学生是“祖国的花朵”，这属于（　　）

A. 环境决定论　　B. 成熟论

C. 内因与外因交互作用论　　D. 遗传决定论

8. “染于苍则苍，染于黄则黄，所入者变，其色亦变。”“人性之善也，犹水之就下也。人无有不善，水无有不下。”二者的观点分别属于（　　）

A. 内发论、外铄论　　B. 内发论、内发论　　C. 外铄论、外铄论　　D. 外铄论、内发论

9. 所谓学校教育功能的异化是指学校教育由促进人的全面发展的工具变成了阻碍人的全面发展的异己力量。以下哪个说法不属于学校教育功能异化的表现？（　　）

A. 高效率的班级授课制在压抑学生的个性

B. 日复一日的学校教育在压抑创造精神

C. 学校教育自身的合理性与校外的环境等都制约着学校教育主导作用的发挥

D. 学校教育并没有给予学生想要的快乐的教育，而是苦闷的教育

10. 下列选项中，代表人物及观点对应正确的是（　　）

A. 卢梭——外铄论　B. 孟子——外铄论　C. 欧文——外铄论　D. 洛克——内发论

11. “科学家的孩子更可能成为科学家，画家的孩子更可能成为画家”，对这种观点具有说服力的理论依据是（　　）

A. 遗传决定论　B. 多因素相互作用论　C. 内发论　D. 外铄论

12. “今人之性，生而有好利焉，顺是，故争夺生而辞让亡焉；生而有疾恶焉，顺是，故残贼生而忠信亡焉；生而有耳目之欲，有好声色焉，顺是，故淫乱生而礼义文理亡焉。”这句话体现了（　　）

A. 内发论　B. 外铄论

C. 内因与外因交互作用论　D. 环境决定论

13. 学校教育的特殊性决定了其在学生个体发展中具有主导作用。需要指出的是，教育主导作用的发挥是有条件的，以下不属于学校内部条件的是（　　）

A. 学校教育尊重受教育者的主观能动性与身心发展规律

B. 学校教育的课程设置的合理性、教学方法的有效性

C. 学校教育应统筹家庭教育、社会教育等各种教育资源

D. 学校教育要重视教师的素质

14. 一个出生在画家家庭的孩子，有可能耳濡目染，自己也喜欢画画，并以画画为业；也可能他对父母的画画司空见惯，毫无兴趣，从不画画。这种情况最能体现哪种因素对孩子的影响？（　　）

A. 遗传　B. 环境

C. 个体自身的主观能动性　D. 学校教育

15. 学校教育发挥主导作用，主要表现在促进个体个性化和个体社会化。以下不属于促进个体个性化方面的是（　　）

A. 个体学习未来所扮演的职业角色的知识、技能

B. 人通过创造活动来完善自我

C. 人是历史的创造者，也是改造自然、改造世界的主人

D. 个体具有独特的心理特征和心理倾向性

材料分析题

阅读材料，并按要求回答问题。

材料 1：金溪民方仲永，世隶耕。仲永生五年，未尝识书具，忽啼求之。父异焉，借旁近与之，即书诗四句，并自为其名。其诗以养父母、收族为意，传一乡秀才观之。自是指物作诗立就，其文理皆有可观者。邑人奇之，稍稍宾客其父，或以钱币乞之。父利其然也，日扳仲永环谒于邑人，不使学。余闻之也久。明道中，从先人还家，于舅家见之，十二三矣。令作诗，不能称前时之闻。又七年，还自扬州，复到舅家问焉，曰：“泯然众人矣。”

材料 2：2016 年，报道了这样一则“在家上学”的新闻——11 年前，泸州市一位父亲的举动轰动一时。泸州市纳溪区居民李铁军以“娃娃到学校学不到东西”为由，将女儿李婧磁带回家自己教。随着李婧磁一天天长大，李铁军父女越来越以独来独往的形象出现在邻居面前。如今，11 年过去了，父亲李铁军的教学

成果如何呢？对此，李婧磁坦言，自己连初中试卷都考不及格。

请回答：

（1）结合材料 1，运用影响人的身心发展因素理论分析此案例。

（2）结合材料 2，用相关知识分析“在家上学”的缺点。.

（3）结合材料 1、2，说明学校教育的作用。

第四章　教育目的与培养目标

单项选择题

基础特训

1. 下列关于教育目的与教育方针的关系，说法正确的是（　　）

A. 教育目的包含教育方针，二者具有内在的一致性

B. 教育方针与教育目的是目的和手段的关系

C. 教育方针一般是党提出的，不会改变的

D. 与教育目的相比，教育方针更为侧重“办什么样的教育”“怎样办教育”

2. 2021 年修订的《中华人民共和国教育法》中的教育方针是：“教育必须为社会主义现代化建设服务、为人民服务，必须与生产劳动和社会实践相结合，培养（　　）”

A. 德智体美全面发展的社会主义建设者和接班人

B. 德智体美劳全面发展的社会主义建设者和接班人

C. 德智体全面发展的社会主义建设者和接班人

D. 德智体美劳全面发展的“四有”新人

3. 《义务教育课程方案（2022 年版）》指出：“义务教育要在坚定理想信念、厚植爱国主义情怀、加强品德修养、增长知识见识、培养奋斗精神、增强综合素质上下功夫，使学生有理想、有本领、有担当，培养德智体美劳全面发展的社会主义建设者和接班人。”这属于（　　）

A. 教育目的　　B. 培养目标　　C. 课程目标　　D. 教学目标

4. “学生能获得 C 语言基础、条件、循环、函数等方面的知识，能够熟练阅读和运用结构化程序设计方法设计、编写、调试和运行 C 语言程序。”这项要求属于教育目的的层次中的（　　）

A. 教育目的　　B. 培养目标　　C. 课程目标　　D. 教学目标

5. 涂尔干说：“教育在于使青年社会化，在我们每个人中，造成一个社会的我。这便是教育的目的。”这反映了（　　）

A. 教育适应生活说　　B. 教育准备生活说　　C. 个人本位论　　D. 社会本位论

6. 教育目的的个人本位论的代表人物是（　　）

A. 卢梭　　B. 涂尔干　　C. 杜威　　D. 凯兴斯泰纳

7. 法国教育家卢梭认为“儿童的天性和自由”决定教育目的，这种教育目的的价值取向属于（　　）

A. 个人本位论　　B. 社会本位论　　C. 国家本位论　　D. 生活本位论

8. 根据杜威的观点，“培养绅士”“为未来完满的生活做准备”等教育目的都是（　　）

A. 内在目的论　　B. 教育适应生活说　　C. 外在目的论　　D. 个人本位论

9. “教育的目的在于使个人能够继续他们的教育，或者说，学习的目的和报酬是继续不断的生长能力。”持这种观点的人，在教育目的上主张（　　）

A. 教育准备生活说　　B. 教育适应生活说　　C. 教育超越生活说　　D. 教育改造生活说

10. 在教育史上，重视实科教育，主张学生学习的自觉性，强调教育为完满生活做准备的教育家是（　　）

A. 夸美纽斯　　B. 赫尔巴特　　C. 斯宾塞　　D. 杜威

11. 认为“教育目的就是教育本身”的教育家是（　　）

A. 卢梭　　B. 裴斯泰洛齐　　C. 夸美纽斯　　D. 杜威

12. 马克思关于人的全面发展学说指出，造就全面发展的人的唯一方法是（　　）

A. 脑力劳动与体力劳动相结合　　B. 智育与体育相结合

C. 知识分子与工人农民相结合　　D. 教育与生产劳动相结合

13. 马克思认为造成人的片面发展的根本原因是（　　）

A. 个人天赋　　B. 社会分工　　C. 国家性质　　D. 教育水平

14. 教育目的不是固定的，即便对一个国家而言，也会根据不同阶段社会的发展情况，制定不同时期的教育目的。以下关于影响教育目的演变的因素，表述最全面的是（　　）

A. 时代与社会发展的需要，个体身心发展的特点与需要，社会政治、经济、文化的需要

B. 时代与社会发展的需要，个体身心发展的特点与需要，教育内部的需要

C. 社会生产和科技发展对人才的需要，社会政治、经济、文化的需要，教育内部的需要

D. 时代与社会发展的需要，个体身心发展的特点与需要，社会生产和科技发展对人才的需要

15. 首次提出培养德智体美全面发展的社会主义事业建设者和接班人的文件是（　　）

A.《中华人民共和国教育法》

B.《中国教育改革和发展纲要》

C.《中共中央国务院关于深化教育改革全面推进素质教育的决定》

D.《中共中央关于教育体制改革的决定》

16. 关于我国教育目的的精神实质，以下说法错误的是（　　）

A. 坚持社会主义方向，是我国教育目的的根本特点

B. 全面发展与个性发展是矛盾的

C. 培养劳动者是社会主义教育目的的总要求

D. 社会主义的教育质量标准是提高全民族的素质

17. 学生通过体育活动能够获得愉悦的情感体验，这说明体育具有（　　）

A. 思想性　　B. 技能性　　C. 娱乐性　　D. 竞技性

拔高特训

1. 教育目的是检查教师教育教学质量的重要依据和评判标准，这最能说明的是教育目的具有（　　）

A. 教育评价功能　　B. 控制教育方向的作用

C. 指导和支配教育活动的作用　　D. 端正教育思想的功能

2. 在现代社会中，各个不同政治制度的国家，其教育目的的制定应首先适应它的（　　）

A. 政治制度　　B. 科技水平　　C. 经济基础　　D. 文化传统

3. 下列不属于我国学校培养目标演变的是（　　）

A. 从四有“新人”到四有“公民”　　B. 从“双基”到“三维目标”再到“核心素养”

C. 从片面发展到全面发展　　D. 从培养“劳动者”到培养“建设者和接班人”

4. 《沈阳医学院章程》明确提出该校要培养适应经济社会发展，特别是卫生健康事业发展需要的应用型专门人才。这属于（　　）

A. 教育目的　　B. 培养目标　　C. 课程目标　　D. 教学目标

5. 从实现学校培养目标来看，必修课和选修课之间具有（　　）

A. 层次性　　B. 等量性　　C. 等价性　　D. 主次性

6. 以下属于个人本位论观点的是（　　）

A. 教育即生长

B. 化民成俗，其必由学

C. 为人在世，可贵者在于发展，在于发展个人天赋的内在力量

D. 建国君民，教学为先

7. “社会是铸模，个人是其所要铸造的金子，金子的价值高于铸模。”“宗教信仰、道德信仰与习俗，民族传统的总和就是社会我。塑造社会我，就是教育的目的。”这两句话体现的价值取向分别是（　　）

A. 个人本位论、社会本位论　　B. 社会本位论、个人本位论

C. 生活本位论、社会本位论　　D. 个人本位论、生活本位论

8. “发展个人天赋的内在力量，使其经过锻炼，使人能尽其才、能在社会上达到他应有的地位。这就是教育目的。”这一观点属于（　　）

A. 激进的人本价值取向

B. 非激进的人本价值取向

C. 基于人的社会化、适应社会要求的社会价值取向

D. 基于社会稳定或延续的重要性的社会价值取向

9. 关于内在目的与外在目的的关系，下列说法中不正确的是（　　）

A. 内在教育目的本身就是外在教育目的的实现的操作化转换

B. 外在教育目的总是直接或间接地影响内在教育目的

C. 在具体实际问题中，外在教育目的可以直接替代内在教育目的

D. 杜威把教育目的分为教育过程的外在目的和教育过程本身的目的，即内在目的

10. 关于教育目的的价值取向，以下观点不属于个人本位论的是（　　）
A. 卢梭认为“儿童的自然”决定教育目的
B. 裴斯泰洛齐认为“教育的目的在于发展人的一切天赋力量和能力”
C. 帕克认为“一切教育的真正目的，是人，即人的身体思想和灵魂的和谐发展”
D. 杜威认为“社会是教育的目的，儿童是教育的起点”

11. 在儒家文化中，即便是主张“修身”，也不是为了“养性”，而是为了“齐家”“治国”“平天下”。这种文化传统体现了（　　）价值取向。
A. 社会本位　B. 个人本位　C. 生活本位　D. 文化本位

12. 马克思主义关于人的全面发展学说是在继承和发展历史上有关理论基础上的新的探索和科学概括。下列关于这一学说的说法，错误的是（　　）
A. 社会主义制度的建立为人的全面发展拓宽了道路
B. 马克思主义关于人的全面发展学说为我国教育目的的确立提供了依据
C. 人的全面发展是个性的充分发展，属于个人本位论
D. 追求人的全面发展与实现人的自由发展必须和谐统一

13. 20 世纪末，我国教育界开始倡导素质教育。关于素质教育，下列说法正确的是（　　）
A. 素质教育就是不要考试，特别是不要百分制考试
B. 素质教育就是多开展课外活动，多上文体课
C. 素质教育就是为了克服应试教育弊端提出的教育
D. 素质教育就是不要学生刻苦学习，“减负”就是不给或少给学生留课后作业

14. 下列关于美育和艺术教育的关系，说法正确的是（　　）
A. 美育就是艺术教育
B. 艺术教育就是吹拉弹唱
C. 艺术教育不局限于美育，还包括音乐教育、体育教育等
D. 艺术教育是实施美育的重要手段

15. 在当下教育中，我们倡导劳动教育。下列哪一项不属于劳动教育的主要实施范畴？（　　）
A. 服务性劳动　B. 生产劳动　C. 日常生活劳动　D. 体验式劳动

16. 关于全面发展，以下说法不正确的是（　　）
A.“五育”之间不可分割，不可相互代替　B.“五育”之间并列实施或独立实施
C. 全面发展并不是指人的各方面“平均发展”　D. 全面发展不是忽视人的个性发展

17. 学校进行全面发展教育的基本途径是（　　）
A. 开展选修课程　B. 开展课外活动　C. 进行教学活动　D. 思想道德教育

材料分析题

1. 阅读材料，并按要求回答问题。

材料 1：斯宾塞认为教育应从古典主义的传统束缚中解放出来，应该切实适应社会生活与生产的需要。他指出“学校科目中几乎完全忽视的东西，都是同人生事业最有密切关系的……而一些钦定的教育机构一直念念叨叨的却几乎全是一些陈腐公式”。

材料 2："生活就是发展，而不断发展、不断生长就是生活。""学校主要是一种社会组织。教育既然是一种社会过程，学校便是社会生活的一种形式。""因此，教育是生活的过程，而不是将来生活的准备。"

——杜威

请回答：

（1）材料 1 和材料 2 分别体现了哪种教育目的？评析两则材料中体现的教育目的观。

（2）试论材料 2 体现的价值取向。

（3）简述影响教育目的制定的因素。

2. 阅读材料，并按要求回答问题。

材料 1：实施素质教育，就是全面贯彻党的教育方针，以提高国民素质为根本宗旨，以培养学生的创新精神和实践能力为重点，造就"有理想、有道德、有文化、有纪律"的、德智体美等全面发展的社会主义事业的建设者和接班人。而当前中国教育正面临多个层面的"两难困境"：一面是素质教育轰轰烈烈 20 年，如今却陷入"麻烦治理"，另一面是应试教育不断强化，大有"军备竞赛"之势；一面是力推教育大众化，另一面却是高度功利化的教育观念和精英化的教育资源分配。如今盛行的素质教育、基础教育改革，其核心概念是"从应试教育突围"。

材料 2：国内外舆论对中国基础教育的评价处于非常分离的两端，一方面是现实学生压力大，非常焦虑；另一方面，中国教育又取得许多炫目的成就：2012 年、2015 年的 PISA 测试（PISA 是 OECD 组织在 15 岁青少年当中进行的数学、科学和阅读这三项能力的测试，是评价世界各国教育质量排名的重要依据），上海作为代表参加，位居榜首。但上海实际上是获得了两个第一——学业成就第一，学生负担第一。PISA 测试的权威结果澄清了一些似是而非的概念，上海的学生平均每周作业时间 13.8 小时，加上课外补习时间每周 17 小时，远远高于 OECD 国家的平均 7.8 小时，说明上海的第一是以学生过长的学习时间为代价的。同样在第一梯队的其他亚洲国家和地区，包括韩国、日本以及中国台湾和香港地区，这些地方的学生的负担只有上海的三分之一到二分之一。

请回答：

（1）结合材料，谈谈你对素质教育内涵的理解。

（2）结合材料，试论我国实施素质教育的原因。

（3）实施素质教育就是在落实全面发展教育，试论全面发展教育的构成要素及各要素间的关系。

第五章 教育制度

单项选择题

基础特训

1. 教育制度的核心是（　　）

A. 学校教育制度　　B. 成人教育制度　　C. 教育管理制度　　D. 业余教育制度

2. 学校的考试制度规定：任何学生和教师在考试过程中不能有舞弊行为，否则一经查实，就要给予适当的处分。这主要表明教育制度具有（　　）

A. 规范性　　B. 客观性　　C. 历史性　　D. 强制性

3. 确立学制必须考虑学习者的（　　）

A. 宗教信仰　　B. 经济水平　　C. 智力状况　　D. 身心特点

4. 学校的产生意味着（　　）

A. 文字的产生　　B. 阶级的出现　　C. 生产力的发展　　D. 教育走向制度化

5. 下列不属于学制的要素的是（　　）

A. 学校的类型　　B. 学校的级别　　C. 学校的结构　　D. 课程的类型

6. 学制规定了各级各类学校的性质、任务、入学条件、修业年限以及学校之间的（　　）

A. 主导与辅助关系　　B. 领导与从属关系　　C. 合作与竞争关系　　D. 衔接与分工关系

7. 历史课上，在讲到“学生结束在初级中学的学习，可升入 2 年制中等职业技术学校，也可参加全国统一的高等中学入学考试，升入高级中学学习”时，老师提问：这是哪种学制类型？（　　）

A. 单轨制　　B. 分支型学制　　C. 三轨制　　D. 双轨制

8. 双轨制形成于 18—19 世纪的西欧，其中一轨是学术性的，另一轨是职业性的。以下描述正确的是（　　）

A. 两轨均发端于高等教育，是自上而下的

B. 两轨均发端于高等教育，是自下而上的

C. 学术性一轨是自上而下，职业性一轨是自下而上

D. 学术性一轨是自下而上，职业性一轨是自上而下

9. 《中华人民共和国教育法》规定，我国各类学校系统不包括（　　）

A. 全日制学校、半日制学校、业余学校

B. 普通教育、职业技术教育、成人继续教育、特殊教育

C. 学前教育、初等教育、中等教育、高等教育

D. 基础教育、高等教育、职业技术教育、成人继续教育、特殊教育

10. 20 世纪教育发展总目标中的“两基”是（　　）

A. 基础知识和基本技能　　B. 基本普及九年义务教育，基本扫除青壮年文盲

C. 基本普及九年义务教育，基本实现素质教育　　D. 基础知识和基本素质

11. 《中国教育现代化 2035》提出，到 2035 年，总体实现教育现代化，迈入教育强国行列。《中国教育现代化 2035》中关于“终身教育”的表述是（　　）

A. 构建体系完备的终身教育　　B. 建成服务全民终身学习的现代教育体系

C. 使终身教育成为一项全国性的义务　　D. 健全充满活力的教育体制

12. 下列关于义务教育的表述，错误的是（　　）

A. 普及教育就是义务教育　　B. 义务教育具有强制性

C. 高中教育会逐渐义务化　　D. 学前教育不属于义务教育

13. 习近平总书记在 2024 年两会上指出："我们要实实在在地把职业教育搞好，要树立工匠精神，把第一线的大国工匠一批一批培养出来。"以下关于职业教育的说法，错误的是（　　）

A. 推动专业设置、人才培养与市场需求对接　　B. 深化产教融合、校企合作，延伸办学空间

C. 推动职普融通，增强职业教育的适应性　　D. 职业教育与普通教育的目标与地位均不同

14. 社会主义现代化建设不但需要高级科学技术专家，而且迫切需要大量素质良好的初、中级技术人员，管理人员，技工和其他城乡劳动者，所以必须大力发展（　　）

A. 高等教育　　B. 中等教育　　C. 职业技术教育　　D. 初等教育

15. 依照美国著名社会学家马丁·特罗对高等教育发展阶段的划分，高等教育发展分为三个阶段，其中不包括（　　）

A. 精英化阶段　　B. 终身化阶段　　C. 大众化阶段　　D. 普及化阶段

16. 依据马丁·特罗提出的高等教育发展阶段论，2021 年，我国全国高等教育毛入学率达到 57.8%，已建成世界上规模最大的高等教育体系，进入（　　）阶段。

A. 基础化高等教育　　B. 大众化高等教育

C. 普及化高等教育　　D. 精英高等教育

17.《学会生存——教育世界的今天和明天》这篇报告中特别强调的两个基本理念是（　　）

A. 终身教育和学习型社会　　B. 民主教育和全民教育

C. 终身教育和民主教育　　D. 全民教育和学习型社会

18.《学会生存——教育世界的今天和明天》指出，第二次世界大战结束以来，各国教育面临社会发展的新需求与新挑战，存在三种普遍流行的现象，其中不包括（　　）

A. "教育先行"　　B. "培养完人"

C. "社会拒绝使用学校毕业生"　　D. "为未知社会培养新人"

19. 联合国教科文组织在《教育——财富蕴藏其中》中提出面向 21 世纪教育的四大支柱是学会认知、学会做事、学会共同生活和（　　）

A. 学会关心　　B. 学会生存　　C. 学会创造　　D. 学会交往

拔高特训

1. 学校教育制度的形成与学校的产生和发展息息相关，下列说法正确的是（　　）

A. 我国西周时期的大学、小学与今天的大学、小学同义

B. 在中世纪大学中，只有如今的"硕士""博士"学位，没有"学士"学位

C. 现代大学是通过改良中世纪大学发展起来的，如伦敦大学

D. 欧洲文艺复兴前后，曾出现了学习"七艺"和古典语的学校，这属于中等学校

2. 制定教育制度必须以一定时期社会生产力发展水平和人的身心发展规律为依据，这体现了教育制度的（　　）

A. 客观性　　B. 历史性　　C. 规范性　　D. 强制性

3. 下列选项中，描述不正确的是（　　）

A. 苏联型学制在小学阶段是单轨，小学之后上通下达，左右畅通

B. 英国中等教育阶段普通教育学校与职业教育学校并行发展

C. 美国的学制系统中，正规教育与非正规教育相结合，普通教育与职业教育融为一体

D. 在当代，单轨制、双轨制以及分支型学制事实上变成了高中阶段的三种类型

4. 世界各国的学制存在着差异，但在入学年龄、中小学分段等方面却有着较高的一致性。这说明建立学制要以（　　）为依据。

A. 社会政治经济制度　　B. 生产力发展水平

C. 青少年身心发展规律和年龄特征　　D. 民族和文化传统

5. 关于我国学制，以下说法正确的是（　　）

A. 我国学校教育制度不包括学前教育　　B. 我国普通教育不包括高等教育

C. 我国基础教育不包括普通高中教育　　D. 我国义务教育不包括普通高中教育

6.《中共中央国务院关于深化教育改革全面推进素质教育的决定》指出，基础教育建立新的课程体系，试行（　　）

A. 国家课程　　B. 地方课程　　C. 校本课程　　D. 三者都是

7. 下列不属于《中国教育现代化 2035》提出的基本理念的是（　　）

A. 以德为先，终身学习　　B. 面向人人，全面发展

C. 因材施教，知行合一　　D. 面向乡村，立足当下

8. 以下哪项不属于《中国教育现代化 2035》所提出的主要发展目标？（　　）

A. 普及有质量的学前教育　　B. 实现优质均衡的义务教育

C. 全面普及普高教育　　D. 职业教育服务能力显著提升

9. 中共中央办公厅国务院办公厅印发的《关于构建优质均衡的基本公共教育服务体系的意见》要求“发达地区不得从中西部地区、东北地区抢挖优秀校长和教师”。其旨在（　　）

A. 促进区域协调发展　　B. 推动城乡整体发展

C. 加快校际均衡发展　　D. 保障群体公平发展

10. 下列关于义务教育的说法，正确的是（　　）

A. 义务教育必须是强制教育　　B. 普及教育就是义务教育

C. 义务教育是完全免费的教育　　D. 义务教育的发展趋势是单向延长

11. 关于我国的学前教育，下列说法正确的是（　　）

A. 既属于义务教育，又属于强制教育　　B. 既属于基础教育，又属于国民教育

C. 既属于终身教育，又属于义务教育　　D. 既属于终身教育，又属于强制教育

12. 习近平总书记指出，在全面建设社会主义现代化国家新征程中，职业教育前途广阔、大有可为。以下促进我国职业教育发展的措施不包括（　　）

A. 必须坚持党的领导，发挥中国特色社会主义制度优势

B. 遵循“一带一路”倡议，提高职业教育开放水平

C. 职业学校的教育与职业培训并重

D. 职业教育由政府统筹，地方辅助

13. 近日，教育部召开“教育这十年”“1+1”系列发布会，介绍党的十八大以来我国高等教育改革发展成效。我国在培养基础学科和拔尖创新人才方面采取的举措不包括（　　）

A. 高等教育进入普及化发展阶段，提升国家“软实力”

B. 全方位谋划基础学科拔尖人才培养，提升国家“元实力”

C. 加快卓越工程师培养，提升国家“硬实力”

D. 培养具有交叉思维、复合能力的创新人才，提升国家“锐实力”

14. 联合国教科文组织 1995 年在《教育——财富蕴藏其中》报告中指出，基础教育务必以“学会学习、学会做事、学会与他人共同生活和工作、学会生存”为支柱。在此基础上，2013 年又增加一条（　　）的价值诉求。

A.“学会创新”　　B.“学会改变”　　C.“学会做人”　　D.“学会创造”

15. 以下关于终身教育的说法，不正确的是（　　）

A. 终身教育是基础教育后的延续和发展　　B. 终身教育强调建立学习型社会

C. 终身教育是教育民主化的体现　　D. 终身教育是从小到老所受到的一切教育的总和

16. 终身教育思想始于 20 世纪 20 年代，于 20 世纪 60 年代在国际上流行，特别是《终身教育引论》（保罗・朗格朗）、《教育——财富蕴藏其中》和《学会生存——教育世界的今天和明天》问世后，成为指导未来教育的时代理念。下列关于终身教育的特征，表述错误的是（　　）

A. 终身教育重点关注正规教育之后的成人教育

B. 终身教育从纵的方面寻求教育的连续性和一贯性

C. 终身教育从横的方面寻求教育的统合

D. 终身教育与拔尖主义的教育相反，具有普遍性，主张教育的民主化

材料分析题

阅读材料，并按要求回答问题。

材料：“人永远不会变成一个成人，他的生存是一个无止境的完善过程和学习过程。人和其他生物的不同点主要就是由于他的未完成性。事实上，他必须从他的环境中不断地学习那些自然和本能所没有赋予他的生存技术。为了求生存和求发展，他不得不继续学习。”

“那种想在早年时期一劳永逸地获得一套终身有用的知识或技术的想法已经过时了……我们要学会生活，学会如何去学习，这样便可以终身吸收新的知识；学会自由地和批判地思考；学会热爱世界并使世界更有人情味；学会在创造过程中并通过创造性工作促进发展。”

“教师的职责现在已经越来越少地传递知识，而越来越多地激励思考；除他的正式职能外，他将越来越成为一位顾问，一位意见交换者，一位帮助发现矛盾论点而不是拿出现成真理的人。他必须集中更多的时间和精力去从事那些有效果的和有创造性的活动：互相影响、讨论、激励、了解、鼓舞。”

——《学会生存——教育世界的今天和明天》

请回答：

（1）说明材料所反映的教育思想。

（2）依据材料说明终身教育的五个表现。

（3）在这种教育思想下，结合材料说明师生关系的发展趋势。

第六章　课程

单项选择题

基础特训

1. 任何社会文化中的课程，事实上都是该社会文化的反映，学校教育的职责是要再生产对下一代有用的知识和价值。这反映的课程定义为：课程即（　　）

A. 社会改造的过程　　B. 教学科目　　C. 文化再生产　　D. 学习经验

2. 按照美国学者古德莱德的观点，课程可以分为五个层面，除理想课程、正式课程、领悟课程外，还有（　　）

A. 生活课程和经验课程　　B. 运作课程和经验课程

C. 隐性课程和运作课程　　D. 隐性课程和生活课程

3. 布鲁纳认为，无论我们选择哪种学科，务必使学生理解该学科的基本结构。根据这一观点建立的课程理论是（　　）

A. 存在主义课程论　　B. 学科中心主义课程论

C. 社会改造主义课程论　　D. 学习者中心课程理论

4. 以下几项中，课程理论与其代表人物搭配正确的是（　　）

A. 改造主义课程论——泰勒　　B. 存在主义课程论——布拉梅尔德

C. 后现代主义课程论——杜威　　D. 学科中心主义课程论——布鲁纳

5. “学校课程中相关的真正中心，不是科学，不是文学，不是历史，不是地理，而是儿童本身的社会生活。”这一观点反映的课程理论是（　　）

A. 存在主义课程论　　B. 学科中心主义课程论　　C. 经验主义课程理论　　D. 社会中心课程理论

6. 学校课程有多种类型，其中最有利于学生系统掌握人类所取得的经验和科学认识的课程是（　　）

A. 学科课程　　B. 经验课程　　C. 活动课程　　D. 隐性课程

7. 美国各门课程中多样化的实践活动、日本的综合实践活动课程反映出对（　　）在课程中地位的重视。

A. 知识　　B. 能力　　C. 直接经验　　D. 间接经验

8. 开设人口教育课、环境教育课、闲暇与生活方式课等新课程，这些课程要融合历史、地理、化学、生物、物理等学科知识，这是（　　）

A. 综合课程　　B. 活动课程　　C. 学科课程　　D. 相关课程

9. 从课程类型划分上，核心课程属于一种（　　）

A. 学科课程　　B. 活动课程　　C. 综合课程　　D. 研究课程

10. 从不同的综合程度来看，打破学科界限、将若干相关学科内容融合成一门新学科的综合课程是（　　）

A. 联络课程　　B. 融合课程　　C. 广域课程　　D. 轮形课程

11. 教育界尝试以综合课程来加强学科之间以及学科知识与现实生活之间的联系，典型的综合课程按照课程综合程度，由高到低排列为（　　）

A. 相关课程、广域课程、核心课程　　B. 广域课程、相关课程、核心课程

C. 核心课程、相关课程、广域课程　　D. 核心课程、广域课程、相关课程

12. 某沿海城市在义务教育阶段的学校全面开设海洋教育课程。这种课程属于（　　）

A. 国家课程　　B. 地方课程　　C. 校本课程　　D. 生本课程

13. 某地区有着古老的制陶历史，该地区的某学校凭借这一优势，在校外专家的帮助和校内师生的共同努力下，将陶艺教育从兴趣小组的活动形式，发展到全校的美术课堂中，深受各年级学生的喜爱。该校的陶艺教育课程属于（　　）

A. 国家课程　　B. 广域课程　　C. 地方课程　　D. 校本课程

14. 校园环境、校服、校歌等都属于（　　）

A. 显性课程　　B. 隐性课程　　C. 活动课程　　D. 综合课程

15. 被称为课程领域中“主导的课程范式”的是（　　）

A. 泰勒原理　　B. 教育目标分类学　　C. 过程评价模式　　D. 目标游离评价模式

16. 泰勒的课程编制原理主要强调（　　）

A. 课程目标的主导作用　　B. 教师对课程的再开发

C. 管理者对课程的监控　　D. 学生对课程的评价

17. 在课程开发模式中，追求课程的实践性，但因过于注重实践性、忽视理论而走向相对主义极端的是（　　）

A. 泰勒的目标模式　　B. 施瓦布的实践模式

C. 斯腾豪斯的过程模式　　D. 斯塔弗尔比姆的 CIPP 模式

18. 制定课程计划的核心问题是（　　）

A. 学科设置　　B. 课程顺序　　C. 课时分配　　D. 学年编制

19. 国家教育主管部门对课程设置与课程管理等方面做出规定的指导性文件被称为（　　）

A. 教学计划　　B. 课程计划　　C. 教科书　　D. 课程标准

20.（　　）不属于课程计划的范围。

A. 教学科目的设置　　B. 教学进度　　C. 课时分配　　D. 学年编制

21. 以下选项中的内容，按照从宏观到微观、从总体指导到具体操作的顺序排列的是（　　）

A. 课程标准、教科书、课程计划　　B. 课程计划、课程标准、教科书

C. 课程标准、课程计划、教科书　　D. 教科书、课程标准、课程计划

22. 依据布卢姆教育目标分类学的要求，下列不适合作为教学目标的是（　　）

A. 通过本节课的学习，要求学生掌握人物描写的技巧与方法

B. 通过本节课的学习，培养学生的创新意识与批判思维能力

C. 通过本节课的学习，激发学生对传统文化的热爱之情

D. 通过本节课的学习，要求学生迅速无误地认出五个生字

23. 学生在小学数学课程中通过测量或拼图学习三角形的内角和为 180 度，在中学数学课程中通过原理证明学习三角形的内角和为 180 度。这种课程内容的组织形式是（　　）

A. 直线式　　B. 螺旋式　　C. 纵向式　　D. 横向式

24. 衡量课程实施成功与否的基本标准是课程实施过程中实现预定的课程方案的程度，这属于（　　）

A. 缩减差距取向　　B. 相互调试取向　　C. 课程创生取向　　D. 课程忠实取向

25. 在课程的实施过程中，努力使课程计划与班级或学校实践情境在课程目标、内容、方法、组织模式诸方面相互调整、改变，以促使彼此协调，这是课程实施的（　　）

A. 忠实取向　　B. 相互适应取向　　C. 创生取向　　D. 创新取向

26. 分析课程方案中所反映的课程的基本要素是否具有科学性和可行性，需要了解课程的取向以及一门具体课程的基本特征。从对这些特征的分析中，了解一门课程，或一套课程方案的适应性及其优点与不足。这体现了课程评价的（　　）功能。

A. 指导　　B. 判断　　C. 调整　　D. 激发

27. 认为评价主要是为决策者提供信息，包括背景评价、输入评价、过程评价、结果评价四种评价的课程评价模式的是（　　）

A. CIPP 模式　　B. CSE 评价模式　　C. 综合评价模式　　D. 反对者模式

28. 主张课程评价的重点从“课程计划预期的效果”转向“课程计划实际的结果”的课程评价模式的是（　　）

A. 目标达成模式　　B. 目标游离评价模式　　C. 外观评价模式　　D. CIPP 模式

29. 我国普通高中课程改革由学习领域、科目和模块三个层次构成。这属于（　　）

A. 课程管理的改革　　B. 课程结构的改革　　C. 课程内容的改革　　D. 课程组织的改革

拔高特训

1. 课程的定义较为丰富，学者们普遍认为中国的“六艺”与古希腊的“七艺”的定义方式都属于（　　）

A. 课程即教学科目　　B. 课程即学习经验　　C. 课程即文化再生产　　D. 课程即社会改造的过程

2. 下列关于课程的定义，说法错误的是（　　）

A. 现在的课程改革已明确开设综合实践课，这说明将课程等同于学科是不完全的

B. 将课程定义为学习经验，这说明比较重视系统知识的学习

C. 将课程定义为文化再生产，这强调课程必须关注社会文化的变革

D. 弗莱雷认为课程的重点是要让学生具有批判意识

3. 某教师在进行《春天来了》一文的课程设计时，将教育目标设置为引导学生观察春天景物的特点；以学生的生活经验为基础，激活学生的思维；培养学生的表达能力和习作兴趣。按照古德莱德的课程分类，该教师设计的课程属于（　　）

A. 理想的课程　　B. 正式的课程　　C. 领悟的课程　　D. 经验的课程

4. 主张教育的目的是传递人类共同的文化遗产，训练智力，促进人的自我实现，学校的课程应该给学生提供分化的、有组织的经验，即知识。秉持这种观点的人在课程理论流派上倾向于（　　）

A. 学科中心课程理论　　B. 社会中心课程理论

C. 活动中心课程理论　　D. 后现代主义课程理论

5. 以下关于课程理论与代表人物的搭配，正确的是（　　）

A. 知识中心课程理论——布拉梅尔德——重视知识体系

B. 学习者中心课程理论——巴格莱——重视直接经验

C. 社会中心课程理论——罗杰斯——重视社会改造

D. 学科中心课程理论——布鲁纳——注重学科知识的学习

6. “为了实现教育目的，具有理智训练价值的传统的‘永恒学科’最有价值”，秉持这种观点的人在课程理论流派上倾向于（　　）

A. 知识中心课程理论　　B. 学习者中心课程理论

C. 社会中心课程理论　　D. 活动中心课程理论

7. 某语文教师以“乡愁”为主题设计了一堂课，学生在课上对比赏析了历代诗人的乡愁佳作，总结了乡愁诗中常见的意象。下课时，教师布置了以“乡愁”为主题的写作作业。从课程类型来看，这堂课属于（　　）

A. 分科课程　　B. 相关课程　　C. 核心课程　　D. 校本课程

8. 在新课程改革的课程设置中，属于综合课程的是（　　）

A. 语文　　B. 数学　　C. 外语　　D. 科学

9. 下列关于义务教育劳动课程的说法，不正确的是（　　）

A. 劳动课程是国家课程　　B. 劳动课程是选修课程

C. 劳动课程是活动课程　　D. 劳动课程是显性课程

10. 为做好文化传承工作，努力保护非物质文化遗产，某地将传承几百年的皮影戏纳入了中学课程，请当地的老艺术家们给本地学生开设了独具特色的“皮影课”。这种课程属于（　　）

A. 国家课程　　B. 地方课程　　C. 校本课程　　D. 生本课程

11. 将历史、地理、政治、经济、法律等学科整合为社会科学课程，使学生能从宏观角度了解社会现象。这种课程属于（　　）

A. 核心课程　　B. 融合课程　　C. 相关课程　　D. 广域课程

12. 北京师范大学的校训“学为人师，行为世范”十分精炼地诠释了“师范”的意义，勉励师生“所学要为世人之师，所行应为世人之范”。这属于一种（　　）

A. 隐性课程　　B. 活动课程　　C. 综合课程　　D. 国家课程

13. 目前我国基础教育倡导培养学生的核心素养。从课程论的角度看，该核心素养属于古德莱德课程层次理论中的（　　）

A. 理想的课程　　B. 正式的课程　　C. 实行的课程　　D. 经验的课程

14. 关于核心课程的优点，以下说法错误的是（　　）

A. 强调内容的统一性和实用性

B. 课程内容来自周围的社会生活和问题，学生会产生相当强烈的内在动机

C. 通过积极的方式认识社会和改造社会

D. 强调课程内容的系统性和逻辑性

15. 从课程功能来说，注重加强学生文学、艺术鉴赏方面教育与拓展学生文化素质的文化素养课程和艺术团队活动，以及注重培养学生知识与社会实践相结合的能力和涉及环境保护等方面的课程属于（　　）

A. 基础型课程　　B. 拓展型课程　　C. 研究型课程　　D. 轮形课程

16. 泰勒认为，教育目标的三个来源是（　　）

A. 对知识的研究、对学生的研究、学科专家对目标的建议

B. 对学生的研究、对当代社会生活的研究、学科专家对目标的建议

C. 对知识的研究、学科专家对目标的建议、对可行性的研究

D. 对学生经验的研究、对教育过程的研究、对当代社会生活的研究

17. 关于课程开发，以下描述不正确的是（　　）

A. 斯腾豪斯与施瓦布都批判目标模式

B. 斯腾豪斯与施瓦布都主张对传统的“自下而上”的课程开发模式进行改革

C. 斯腾豪斯与施瓦布都强调要在具体的实践中开发课程

D. 斯腾豪斯与施瓦布的课程开发理论都为校本课程开发提供了理论依据

18. 下列关于综合实践活动课程与各类学科课程关系的说法，错误的是（　　）

A. 学科领域的知识可以在综合实践活动中延伸、综合、重组与提升

B. 综合实践活动中所获得的技能可以在各学科教学中拓展

C. 在某些情况下综合实践活动可以和学科教学打通进行

D. 综合实践活动课程与学科课程是一种主导与从属的关系

19.《义务教育课程方案和课程标准（2022 年版）》中课程标准针对“内容要求”提出“学业要求”“教学提示”，细化了评价与考试命题建议，不仅明确了“为什么教”“教什么”，还明确了“教到什么程度”，这增强了课程标准的（　　）

A. 标准性　　B. 客观性　　C. 指导性　　D. 纲领性

20. 刘老师在教授《穷人》的第二课时时，以三个问题贯穿整个课堂，分别是“本文中的哪些环境、人物动作等描写能反映出桑娜的心理感受？”“课文标题是《穷人》，桑娜和渔夫真的是穷人吗？你怎么看？”“本文中的环境描写非常优秀，你能模仿着写一个以景衬情的小故事吗？”根据布卢姆的教育目标分类学，刘老师在这节课中未涉及的认知目标是（　　）

A. 分析　　B. 理解　　C. 创造　　D. 评价

21. 布卢姆将教育目标分为认知领域、动作技能领域、情感领域的目标，其中属于认知领域最高层次目标的是（　　）

A. 理解文章的大意，可以概括中心思想

B. 学会做一道题目，可以解决同一类题目

C. 阅读一篇文章或材料后，可以区别作者的主观观点和事实

D. 根据一篇报告，要求学生想出解决问题的具体措施

22. 根据布卢姆的教育目标分类学，将以下认知领域的教育目标由低级到高级进行排序，顺序正确的是（　　）

①数学教师在教授平行四边形的概念时，要求学生写出身边是平行四边形形状的物品

②美术课上，运用所学有关抽象画派的知识，评价该派别的一幅画

③英语老师要求学生用今天学到的语法句式写句子

④历史老师要求学生熟记中国近代史上签订的不平等条约

A. ④—②—③—①　　B. ①—③—②—④

C. ④—①—③—②　　D. ①—④—③—②

23. 关于数学教育，中学教学要求学生应在掌握小学阶段数学运算知识的基础上开始掌握方程的运算，这体现了课程目标的（　　）特点。

A. 跳跃性　　B. 层次性　　C. 递进性　　D. 完善性

24. CIPP 模式突出形成性评价和综合性评价的功能，几乎对课程开发的全程都可以评价。其中，在课程实施的学校里了解周边资源应属于（　　）

A. 背景评价　　B. 输入评价　　C. 过程评价　　D. 结果评价

25. 20 世纪，世界各国的课程改革呈现了新的趋势，其趋势不包括（　　）

A. 注重培养学生的思维力、创造力与探索精神　　B. 课程评价更加强调过程性与全程性

C. 课程实施从创生取向走向了忠实取向　　D. 学生的学习方式更加具有主动性与探究性

26. 当今时代，世界各国的课程改革都非常重视选修课程、经验课程、综合课程，体现了（　　）已成为课程改革的趋势。

A. 国际性与民族性的统一　　B. 平等与高质量的统一

C. 多样化的课程结构　　D. 国家开发课程与校本课程开发统一

27. 我国在普通高中深入推进课程改革，积极开展研究性学习、社区服务和社会实践，建立科学的教育质量评价体系，建立学生发展指导制度。采取这些措施的主要目的是（　　）

A. 普通高中教育多样化　　B. 普通高中教育特色化

C. 全面普及普通高中教育　　D. 全面提高普通高中学生综合素质

28. 中国学生发展核心素养的三个方面不包括（　　）

A. 文化基础　　B. 自主发展　　C. 社会参与　　D. 健康生活

29. 下列关于课程设置的说法，错误的是（　　）

A. 小学阶段以综合课程为主　　B. 初中阶段设置分科与综合相结合的课程

C. 高中以分科课程为主　　D. 从小学至高中设置综合实践活动为选修课程

材料分析题

1. 阅读材料，并按要求回答问题。

材料 1：江苏省苏州市青青草学校在校本课程个性化实践方面进行了积极的探索，研发了涵盖德智体美劳各个方面的 78 个“课程超市”项目，比如，为了培养具有家国情怀、国际视野的未来人，学校开设“英文趣味配音”“英文电影欣赏”“英文戏剧社”等外语特色课程；开设“经典诵读”“成语故事”“典籍里的中国”等课程，让学生接受中华优秀传统文化教育。根据学生大多为“新苏州人”的特点，学校结合地方特色开设“苏州童谣”课程，帮助学生了解姑苏风土人情。学校还开设“3D 编程”“魔方世界”等课程，培养学生的逻辑思维能力。此外，还为学有余力的学生提供“妙笔生花”“头脑风暴”“数学思维”“英语口语”等学科兴趣课程。此外，管理团队还定期对“课程超市”的运作情况进行评估和诊断，对学生在各目标课程中的收获进行调查评价，从而及时发现问题，动态调整，努力达到预期成效。学校还调研教师学科教学以外

的兴趣专长，统筹规划“课程超市”项目，确立课程目标，精选学习内容。同时，学校还充分利用校外资源，聘请符合任教条件的民间高手来校指导，为学生学习的自主选择提供了更大的空间。

材料 2：同样是校本课程，江西省南昌市蓝星星小学校本课程的实施状况则不容乐观。蓝星星小学的校本课程一直处于可有可无的状态，教师敷衍开发，也不知道该如何开发，开发的课程自然不能调动学生的学习兴趣，教师压根不知道在校本课堂上讲什么，学生自然不知道学什么。长此以往，校本课堂就成了一种形式化的课堂，沦为教师“变相补课”的课堂。该校五年级一班的班主任认为：“教师日常的工作已经够多了，实在没有精力开发校本课程了，并且校本课程对提高学生的成绩没有意义，花费大量的时间与精力开发校本课程不值得。”

请回答：

（1）结合材料 1，谈谈苏州市青青草学校是如何开发校本课程资源的。

（2）结合材料 2，分析蓝星星小学校本课程难以为继的原因。

（3）如果你是教师，请从材料 1 中任选一门校本课程，做一个课程设计的简要规划。

2.　阅读材料，并按要求回答问题。

材料：任何时候的小学教育都是以整体、综合的方式输入的。可是今天的教育却背道而驰。由于学科分得过细、内容过深，学习就变成了负担，使学生感觉厌烦。这时，小学急需古人那样“整合输入”的方法。整合一共凸显三个特色。第一个特色是学习现代世界儿童经典，第二个特色是体育健康，第三个特色是个性化课程的设置，特别呈现了种子课程和对个体儿童的关注。通过确定素养的价值观，探索整合实践，清华附小人一直在努力尝试着改变与探索。

今天这样的活动好在哪儿？我认为好处是让家长们参与其中。其实小学的基础教育，都是做得挺好的。但是，有时候家长可能会想：窦校长，你们学校的这些课程考试也不考，你们在做的体育耽误我们家孩子学习的时间，我们怎么办？这个时候，我就会想尽各种办法。

这里，我想和大家分享一个小例子，我们有一个小朋友，夏天有两只苍蝇正好落在了他吃饭的桌子上。这个孩子看两只苍蝇看得津津有味，他爸爸和妈妈就非常生气，拿起苍蝇拍要把这两只苍蝇打掉。孩子说：“千万别，你快看，这两只苍蝇，有的腿上有毛，有的没有，肯定一个是爸爸，一个是妈妈”。爸爸就认为这个孩子不正常，为什么对两只苍蝇这么感兴趣呢？然后他就找到了班主任，跟班主任何老师进行沟通。当时，何老师想尽各种办法，提议让他记日记。

这个家长最后就尊重了儿子的选择，现在这个小朋友被爸爸妈妈带着走遍了五大洲，把所有能看到的昆虫都看到了，他们家里已经变成了昆虫的养殖地，班级和学校也为他提供了这样的一个观察环境。

我一直这样认为：小学教育就是要适性扬才。当种子播种之前，我们从来不知道是否会芳草萋萋，或者成为参天大树，而重要的是我们学会探索一种可能性，提供一种选择。

——节选自清华附小窦桂梅《小学教育不能“转基因”，教育要顺从天性》

请回答：

（1）结合材料，谈谈我国目前课程设置存在的问题，以及清华附小是如何解决的。

（2）材料中的例子体现了什么教育原理？谈谈你的理解。

（3）结合我国基础教育课程改革现状，谈谈应该如何进行课程评价。

3. 阅读材料，并按要求回答问题。

材料：江苏省 A 校校长非常重视新课改，致力于领导全校师生实验新课改精神，但是新课改的实施并非一帆风顺，校长费尽了心力。校长发现本校教师忙于学生的成绩，并没有全心全力去研究新课改，所以，校长主动带头，聘请高校教授、特级教师前来培训本校教师，传播新课程的观念以及教学方法，以便课程更符合学生的需要和兴趣，校长也同时采用了新式评教方法评价教师，以提高教师对新课程的关注度。近年来，A 校新课程搞得有声有色。虽然目前还在进一步发展，但校长对目前的成绩颇感欣慰。当记者采访时，他说他赶上需要新课程的时代了，在他早年执教时，就非常讨厌应试教育，但是又迫于无奈。如今，政策在提倡新课程，国内外共同的改革积累了不少经验，学习的资金也比较充足，加上课标等文件的发放，他认为自己完全有能力做好新课程，并且还能敏锐地洞察到新课程某些不完善的方面，可以提出一些意见。校长在本校推行新课程是目前众多学校进行新课改的缩影，值得人们关注和继续探索。

请回答：

（1）根据材料论述影响新课程实施的主要因素有哪些。

（2）你认为新课程实施过程中应树立什么样的学习观？

（3）你认为教师应如何转变教学方式以促进新课程实施？

第七章　教学

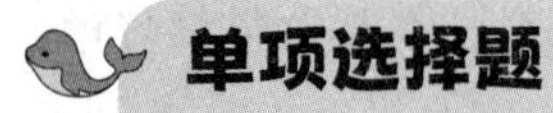

单项选择题

基础特训

1. “教学的根本目标在于尽可能地使学生牢固掌握科学内容，尽可能使学生成为自主且自动的思想家，使其日后能够独立地探索。”这种教学模式属于（　　）

A. 程序教学模式　　B. 发现教学模式　　C. 暗示教学模式　　D. 范例教学模式

2. “以学生为本”“让学生自发学习”“排除对学习者自身的威胁”的教学模式属于（　　）

A. 发展性教学模式　　B. 发现教学模式　　C. 非指导性教学模式　　D. 暗示教学模式

3. 情境陶冶式教学模式的理论基础是（　　）

A. 布卢姆的掌握教学法　　B. 罗扎诺夫的暗示教学法

C. 布鲁纳的发现教学法　　D. 巴班斯基的最优教学法

4. （　　）是教学理论与教学实践的中介和桥梁。

A. 教学原则　　B. 教学方法　　C. 教学模式　　D. 教学组织形式

5. 倾向于废除直接教学、废除考试的教学理论流派是（　　）

A. 行为主义教学理论　　B. 认知主义教学理论　　C. 人本主义教学理论　　D. 建构主义教学理论

6. 传统教育学流派的代表人物赫尔巴特主张的“三中心”是指（　　）

A. 教师中心、教材中心和课堂中心　　B. 儿童中心、经验中心和活动中心

C. 管理中心、活动中心和教学中心　　D. 管理中心、服务中心和教学中心

7. 布鲁纳提倡发现教学方法，认为学生不是被动地接受知识，而是积极主动地在教师创造的学习情境中发现知识。这种教学方法属于（　　）

A. 行为主义教学理论　B. 认知主义教学理论　C. 人本主义教学理论　D. 社会互动教学理论

8. 1951 年提出“范例教学”主张的是（　　）

A. 布鲁纳　B. 罗杰斯　C. 瓦根舍因　D. 布卢姆

9. 在教学方法改革的过程中，布卢姆提出了（　　）

A. 发现学习教学法　B. 掌握学习教学模式　C. 非指导性教学模式　D. 暗示教学法

10. 非指导性教学属于（　　）

A. 认知教学理论流派　　B. 行为主义教学理论流派

C. 情感教学理论流派　　D. 哲学取向的教学理论流派

11. 程序教学模式是（　　）在教学理论上的运用。

A. 认知主义　B. 人本主义　C. 行为主义　D. 建构主义

12. 美国人本主义心理学家罗杰斯将治疗理论应用于教学领域，形成了颇具特色的（　　）的教学理论。

A. 以学生为中心　B. 以教师为中心　C. 以教材为中心　D. 以活动为中心

13. 教学工作的中心环节是（　　）

A. 备课　B. 上课　C. 个别辅导　D. 布置作业

14. 在教育史上最早使用“教学论”一词的是（　　）

A. 康德　B. 赫尔巴特　C. 拉特克　D. 杜威

15. 王老师事先录制了讲解函数概念和基本运算的视频，并上传到学习平台。学生在课前观看视频，完成在线练习和自我评估。课堂上，王老师通过小组讨论、合作探究等方式帮助学生深入理解和应用函数知识。这种教学组织形式是（　　）

A. 个别化教学　B. 分层教学　C. 走班制　D. 翻转课堂

16. 以下不属于泛在学习的特点的是（　　）

A. 泛在性　B. 便捷性　C. 大规模　D. 针对性

17. 按照学生的能力或学习成绩把他们分为水平不同的群体进行教学，这是（　　）

A. 特朗普制　B. 分组教学制　C. 道尔顿制　D. 班级授课制

18. 在 17 世纪，对班级授课制给予了系统的理论描述和概括，从而奠定了它的理论基础的捷克教育家是（　　）

A. 尼德兰　B. 夸美纽斯　C. 斯图谟　D. 福禄培尔

19. 目前在世界范围内，使用的最普遍和最基本的教学组织形式是（　　）

A. 分组教学制　B. 道尔顿制　C. 班级授课制　D. 特朗普制

20. 在教学中教师通过指导学生运用一定的仪器设备进行独立实验作业而获得知识和技能的方法是（　　）

A. 练习法　B. 演示法　C. 实习作业法　D. 实验法

21. 有位低年级教师，在教《谜语》这一课时，首先复习了过去学过的词“跃进”“斗志昂扬”，接着带领学生进行拆分，学生们发现“跃进”的“跃”字的右面一半就是“笑”字的下半部，“斗志昂扬”的

“昂”字下半部加上“辶”就组成了“迎”。这样学生再学习新词“笑迎”，就很容易掌握了。这位教师运用了教学的（　　）

A. 巩固性原则　B. 量力性原则　C. 启发性原则　D. 长善救失原则

22. 在一堂化学课上，张老师运用分子模型和挂图，帮助学生认识乙醛的分子结构。张老师采用的教学方法是（　　）

A. 练习法　B. 演示法　C. 实习作业法　D. 实验法

23. “一个坏的教师奉送真理，一个好的教师叫人发现真理。”这体现了教师要遵循（　　）教学原则。

A. 量力性　B. 系统性　C. 启发性　D. 因材施教

24. 一篇课文教完了，老师组织学生认读、默写、讲解词义、填词、造句，以及形近字、音近字、同音字、近义字的比较辨析，这体现了（　　）

A. 系统性原则　B. 巩固性原则　C. 量力性原则　D. 理论联系实际原则

25. 教师通过语言系统连贯地向学生传授知识、表达情感和价值观念的教学方法是（　　）

A. 演示法　B. 讲授法　C. 谈话法　D. 陶冶法

26. 在学期教学开始或一个单元教学开始时对学生现有的发展水平进行评价，目的是弄清学生已有的知识基础和能力水平，这样的评价叫作（　　）

A. 诊断性评价　B. 形成性评价　C. 终结性评价　D. 增值性评价

27. 下列属于形成性评价的是（　　）

A. 入学摸底考试　B. 课堂小测验　C. 查阅入学前成绩　D. 期末考试

28. 某教师把班级每一位同学这一学期的优秀字帖、高分答卷，以及各种体现学生进步的作品等都收集了起来，并在期末设置了一个展板张贴展示，请同学们相互欣赏。这种学业成就评价方式属于（　　）

A. 诊断性评价　B. 纸笔测验　C. 表现性评价　D. 档案袋评价

29. 正确反映教学和智育之间关系的命题是（　　）

A. 教学是智育的唯一途径　B. 教学是智育的主要途径

C. 智育是教学的唯一任务　D. 智育是教学的次要任务

30. 诸如兴趣、好恶、意志以及其他个性品质实际上是指学生的（　　）

A. 智力因素　B. 理性因素　C. 非智力因素　D. 感知因素

31. “教学活动的每个步骤、每个环节都将受到教学设计方案的约束和控制”说明教学设计具有（　　）

A. 统合性　B. 操作性　C. 创造性　D. 指导性

32. 下列教学模式在运用过程中，能够体现“自上而下的迁移”的是（　　）

A. 发现教学模式　B. 范例教学模式　C. 项目探究教学模式　D. 逆向设计教学模式

33. 任何一个步骤都可以作为教学的起点，向前或向后，很灵活地推动的教学模式是（　　）

A. 系统分析模式　B. 史密斯—雷根模式　C. 目标模式　D. 过程模式

34. 学生除了要认真学习书本知识，还应当在玩（游戏）中学、做中学、研（探究）中学、用中学、创中学，在劳动生产中学，在生活与交往中学，在各种实践活动中学。这体现了教学过程中应处理好（　　）

A. 间接经验与直接经验的关系　B. 掌握知识与培养思想品德的关系

C. 掌握知识与提高能力（智力）的关系　　D. 智力因素与非智力因素的关系

拔高特训

1. 比较准确地体现了启发性教学原则的是（　　）

A. “各因其材”　　B. “学不躐等”　　C. “开而弗达”　　D. “人不知而不愠”

2. 对于学生而言，无论是肯定性的教学评价，还是恰当的否定性评价，都有利于调动学生学习的积极性和参与性，促进学生及时改正错误，提高自身的学习成绩和学习能力。这属于教学评价的（　　）

A. 导向功能　　B. 诊断功能　　C. 激励功能　　D. 修正功能

3. 班主任王老师在对学生评价的过程中，详细记录了学生学习、品德、体育锻炼等各方面的日常表现，较客观地反映了学生的进步与成长。王老师的这种评价方式属于（　　）

A. 形成性评价　　B. 终结性评价　　C. 诊断性评价　　D. 标准性评价

4. 某节小学美术课上，武老师和学生达成了“继承和发扬优秀传统文化是重要的”这一共识后，教师请学生们通过调查和讨论举例哪些内容属于传统文化，同学们完成了《传统文化记录表》，并证实了优秀传统文化的重要性。这一教学模式属于（　　）

A. 问题教学模式　　B. 项目探究教学模式　　C. 逆向设计教学模式　　D. STEM 教学模式

5. 某教师设计了一堂课，以碳酸饮料为载体，让学生学习二氧化碳气体的检验方法与操作步骤，利用二氧化碳与水反应能生成碳酸的原理来制作碳酸饮料，并初步掌握压强、温度对气体溶解能力的影响；学生在对实验进行了分析、推理后，了解并掌握了六大营养素中的糖类以及添加剂的利害与它们科学的使用方法。这一教学模式属于（　　）

A. 逆向设计教学模式　　B. 项目探究教学模式

C. 问题教学模式　　D. 掌握教学模式

6. 某校美院开展“×× 社区设计”，第一周进行课程的介绍和分组；第二、三、四周安排了理论学习、实地考察，以及专家学者经验分享等环节，让学生对社区设计有了初步的认识；之后的三周，各小组积极沟通，在老师们的引导下，围绕选定设计方向，从环境、经济、社会三个层面考量，输出了各组特色的创新设计方案；最后一周进行了展示与教师专家组点评。这一教学模式属于（　　）

A. 逆向设计教学模式　　B. 项目探究教学模式

C. STEM 教学模式　　D. 发现教学模式

7. 广泛利用环境信息，注意调动和发掘大脑无意识领域的潜能，使学生在轻松愉快的气氛中学习。这种教学方法是（　　）

A. 发现教学模式　　B. 非指导性教学模式　　C. 暗示教学模式　　D. 范例教学模式

8. 只要提供了足够的时间和帮助，每一个学生都能实现学习目标。依据这种思想建构的教学模式是（　　）

A. 程序教学模式　　B. 发现教学模式　　C. 掌握学习教学模式　　D. 非指导性教学模式

9. 王老师让学生在课前预习时，先在互联网上搜集查阅有关唐玄宗的事例，还通过直播方式指导学生如何查找、筛选、分享信息。第二天正式上课时，王老师请同学们分享自己查找的信息和看法。课上，

王老师帮助同学们深化了对唐玄宗人物的评价，最后总结出评价一个历史人物的方法。这种教学组织形式是（　　）

A. 小队教学　　B. 混合教学　　C. 分层教学　　D. 泛在学习

10. 依据不同层次学生的学情，李老师在教学设计中设立了不同难度的任务，引导学生达到学习目标，满足各个层次学生发展的需要。这种教学组织形式是（　　）

A. 小队教学　　B. 小组合作学习　　C. 个别化教学　　D. 分层教学

11. 班级里有个别同学特别喜欢告小状，老师想通过模拟的方式让同学们分别来扮演老师和学生，通过角色互换来让同学们自己发现应不应该去告小状，后来班级再也未出现过告小状的情况。这种教学方法是（　　）

A. 情境模拟法　　B. 团体公正法　　C. 角色扮演法　　D. 移情

12. 陶行知先生有一句精辟的名言“接知如接枝”，指学生要用自己的经验作“根”，方能嫁接别人的知识。这句话体现了（　　）

A. 直观性原则和理论联系实际原则　　B. 量力性原则和直观性原则

C. 因材施教原则和理论联系实际原则　　D. 量力性原则和理论联系实际原则

13. 角色扮演法与情境模拟法的区别与联系不包括（　　）

A. 角色扮演法本质上就是一种情境模拟活动

B. 情境模拟法可以是设身处地的，也可以是置身事外的

C. 角色扮演法与情境模拟法都具有开放性

D. 角色扮演法是置身事外的

14. 下列语句中，与“君子之教，喻也”体现了同一教学原则的是（　　）

A.“杂施而不孙，则坏乱而不修”　　B.“接知如接枝”

C.“开其意，达其辞”　　D.“语之而不知，虽舍之可也”

15. 当学生在学习美国北方中心地区时，老师让学生在一幅绘着自然特征和天然资源但没有地名的地图上，找出这个地区主要城市的位置。结果，在课堂争论中，学生很快提出了许多似乎合理的有关城市建设要求的理论：水运理论，把芝加哥放在三个湖的汇合处；矿藏资源理论，把芝加哥放在默萨比山脉附近；食品供应理论，把一个大城市放在艾奥瓦的肥沃土地上等。这种教学过程体现了（　　）的魅力。

A. 发现法和讨论法　　B. 练习法和讨论法　　C. 讲授法和讨论法　　D. 演示法和练习法

16. 语文课上，王老师带领同学们学习《画杨桃》这篇课文时，展示了真正的杨桃，同学们一下子就理解了“我”为什么将杨桃画成了五角星形状的东西。这一做法体现了（　　）

A. 巩固性原则　　B. 直观性原则　　C. 理论联系实际原则　　D. 因材施教原则

17. 暑假开始，某校美术老师请同学们设计一件衣服，这种评价方式属于（　　）

A. 诊断性评价　　B. 终结性评价　　C. 扩展型表现性任务　　D. 限制型表现性任务

18. 学完《静夜思》后，教师点评了学生的《静夜思》朗读表演。对教师的评价方式，下列说法不正确的是（　　）

A. 是表现性评价，评分具有主观性　　B. 是外显性的评价方式

C. 是注重过程的评价　　D. 比纸笔测验更优越

19. 布卢姆根据评价在教学活动中作用的不同，将其分为诊断性评价、形成性评价和终结性评价。下列关于三种教学评价的说法正确的是（　　）

A. 形成性评价不可以量化　　B. 终结性评价不可以质化

C. 形成性评价常用质化　　D. 终结性评价只能量化

20. 小丽数学考了 89 分，在全班同学中处于中间水平，小丽爸爸因此觉得小丽不够努力，此评价属于（　　）

A. 绝对性评价　　B. 相对性评价　　C. 个体内差异评价　　D. 综合性评价

21. 有人认为，“消极地对待儿童，机械地使儿童集合在一起，课程和教学法的划一。概括地说，重心是在儿童以外，重心在教师，在教科书……唯独不在儿童自己的直接的本能和活动”。这体现了其重视（　　）

A. 直接经验　　B. 间接经验　　C. 能力培养　　D. 品德陶冶

22. 掌握知识与发展智力二者之间存在着辩证关系，妥善处理好二者之间的关系是教师应具备的基本能力。关于掌握知识与发展智力的关系，下列表述中不正确的是（　　）

A. 掌握知识是发展智力的内容和手段　　B. 智力的发展是掌握知识的前提条件

C. 掌握知识与发展智力并非同步进行　　D. 掌握知识与发展智力的统一是自然而然实现的

23. 最强调在师生交往中加深学生对知识的理解的教学理论是（　　）

A. 社会互动教学理论　　B. 行为主义教学理论

C. 认知主义教学理论　　D. 人本主义教学理论

材料分析题

1. 阅读材料，并按要求回答问题。

材料：教育评价事关教育发展方向，有什么样的评价指挥棒，就有什么样的办学导向。为深入贯彻落实习近平总书记关于教育的重要论述和全国教育大会精神，完善立德树人体制机制，扭转不科学的教育评价导向，坚决克服唯分数、唯升学、唯文凭、唯论文、唯帽子的顽瘴痼疾，提高教育治理能力和水平，加快推进教育现代化、建设教育强国、办好人民满意的教育，现制定《深化新时代教育评价改革总体方案》。

该方案坚持立德树人，牢记为党育人、为国育才使命，充分发挥教育评价的指挥棒作用，引导确立科学的育人目标，确保教育正确发展方向。坚持问题导向，从党中央关心、群众关切、社会关注的问题入手，破立并举，推进教育评价关键领域改革取得实质性突破。坚持科学有效，改进结果评价，强化过程评价，探索增值评价，健全综合评价。充分利用信息技术，提高教育评价的科学性、专业性、客观性。坚持统筹兼顾，针对不同主体和不同学段、不同类型教育特点，分类设计、稳步推进，增强改革的系统性、整体性、协同性。坚持中国特色，扎根中国、融通中外，立足时代、面向未来，坚定不移走中国特色社会主义教育发展道路。

摘编自中共中央国务院印发《深化新时代教育评价改革总体方案》

请回答：

（1）结合材料与现实，分析我国中小学学生评价中的主要问题。

（2）结合你对未来时代的了解，谈谈变革教育评价的重要性。

（3）结合教育评价相关知识，谈谈怎样“强化过程评价，探索增值评价，健全综合评价”。

2. 阅读材料，并按要求回答问题。

材料：沈老师在教《第一场雪》一文时，问学生："雪景很美，谁能把它美美地读出来？他读的时候，大家闭着眼睛听，体会他能不能把你带到那么美的雪景中去。"第一个学生读完后，沈老师问："你们是不是感觉走到雪野中去了？"大多数学生很犹豫。沈老师笑着说："刚走到雪野的边上，是不是？"大家都笑了起来。沈老师说："看看我能不能把大家领进去。"接着示范读了一遍，然后问："往前走几步没有？"学生都点头说："走了。"沈老师继续说道："相信有同学会比老师读得更好。谁领着大家继续往前走？"……后面的学生果然越读越好。

请回答：

（1）评析这一教学片段中沈老师的教学行为。

（2）结合材料，谈谈教师如何在教学过程中发挥主导作用。

3. 阅读材料，并按要求回答问题。

材料：一堂语文课上，我自信满满地按照事先做好的教学计划让学生开展小组合作学习，我预留了15分钟的时间让大家前后四个人为一小组讨论"你喜欢哪个城市？"的问题。听完我的问题后，同学们马上以四人一小组的形式展开讨论，热闹非凡。但当我参与到学生的小组讨论中时，学生的表现令我大吃一惊：他们很多时间都在相互推诿，你让他先说，他让她先说，几分钟过去了，还没确定好谁是小组发言人，谁负责整理材料，到最后小组也没有陈述相关的内容或见解，表达自己对问题的想法。有的小组一直由学习好的同学唱"独角戏"，小组中的1～2名同学主导着讨论，其他人则无动于衷，充当看客。还有的小组，干脆将讨论的内容弃之一旁，或坐等其他小组讨论的结果，或趁此热闹的场景，和小组成员"聊"起了题外话……到最后，大家分享结论时，我发现每个小组通常由班级内比较活跃的学生代表发言，其他平日里较为"沉默"的学生也一如既往地沉默，我对每个小组的发言进行了简要点评，这堂课的小组讨论活动就结束了。

请回答：

（1）分析材料中小组合作存在的问题。

（2）结合材料及所学知识，分析小组合作出现问题的原因。

（3）如果你是教师，你该如何开展一次有效的小组合作？

第八章　德育

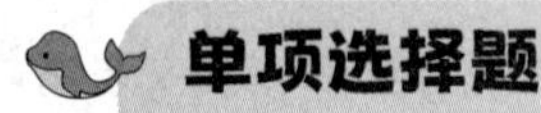

单项选择题

基础特训

1. 以下不属于我国学校德育内容的是（　　）

A. 世界观、人生观和价值观教育

B. 爱国主义、集体主义和社会主义教育

C. 社会主义公民意识教育、理想信念教育和民主法治教育

D. 民族精神、时代精神和文化素养教育

2. 把道德情感的培养置于中心地位的德育模式是（　　）

A. 认知发展模式　　B. 价值澄清模式　　C. 体谅模式　　D. 社会学习模式

3. （　　）认为道德教育的目的是培养道德推动者。

A. 社会学习模式　　B. 社会行动模式　　C. 体谅模式　　D. 集体教育模式

4. "价值观最终是个人的，道德不是灌输的。"这一观点属于（　　）

A. 体谅模式　　B. 价值澄清模式　　C. 社会学习模式　　D. 集体教学模式

5. 班内某学生乱丢垃圾，不管走到哪，不管谁的位置，想扔就扔，老师提醒该同学要把教室当成自己的卧室，如果别人都在你的卧室乱丢垃圾，你是什么心情呢？该教师的做法运用了下列哪一德育方法？（　　）

A. 移情　　B. 团体公正法　　C. 角色扮演法　　D. 情境模拟法

6. 社会学习模式的主要代表人物是（　　）

A. 拉思斯　　B. 麦克菲尔　　C. 科尔伯格　　D. 班杜拉

7. 三年级的小林平时爱看电视。某天，电视里放映了这样一则公益广告：一个小男孩在看见了妈妈给外婆洗脚后，也端着一盆水要给妈妈洗脚，妈妈露出了欣慰的微笑。于是，小林晚上也学着小男孩的样子给妈妈端水洗脚。小林的行为体现的德育模式是（　　）

A. 体谅模式　　B. 道德认知发展模式　　C. 社会行动模式　　D. 社会学习模式

8. "其身正，不令而行；其身不正，虽令不行"体现的德育方法是（　　）

A. 榜样示范法　　B. 陶冶教育法　　C. 实践锻炼法　　D. 品德评价法

9. 李老师周末带领同学们去敬老院帮助孤寡老人，旨在运用（　　）对学生进行思想道德教育。

A. 实践锻炼法　　B. 说服法　　C. 品德评价法　　D. 指导法

10. 一天，孙老师在楼下散步，两个孩子在摇一棵新栽的小树，一位街道阿姨正高声训斥他们，可孩子们却做着鬼脸继续摇。孙老师看在眼里，他走上去，抱着小树，把耳朵贴在小树上，装作认真听的样子，还不住地点头。"您听什么呢？""我听小树说话！""它说什么啦？""它说你们刚才摇得它难受极了，根都要折了，它让我告诉你们别摇了，等它长大了好给你们遮阴凉，行吗？""行！"两个孩子高高兴兴地走了。孙老师使用的是（　　）

A. 说服教育法　　B. 情感陶冶法　　C. 实践锻炼法　　D. 自我教育法

11. 数学教师说："二班学生一点不听话，我没精力管那么多，不听就算了，他讲他的，我讲我的。"音乐教师说："我没精神去骂他们，课实在是上不下来，我就找班主任来压阵。"这两位老师的议论和做法违背了（　　）原则。

A. 正面引导与纪律约束相结合　　B. 发挥积极因素与克服消极因素相结合

C. 照顾年龄特点与照顾个别特点相结合　　D. 教育影响的一致性与连续性

12. 苏联教育家马卡连柯提出的"平行教育影响"的德育原则是指（　　）

A. 知行统一原则　　B. 严格要求与尊主信任相结合原则

C. 集体教育与个别教育相结合原则　　D. 教育影响的一致性和连贯性原则

13. “一把钥匙开一把锁”体现的德育原则是（　　）

A. 教育影响的连续性原则　　B. 发挥积极因素与克服消极因素相结合原则

C. 教育影响的一致性原则　　D. 照顾年龄特点与照顾个性特点相结合原则

14. 高中生小强在课堂上玩手机，下课后，李老师把小强单独叫到办公室，语重心长地谈了课堂上玩手机的不良影响，并告诉小强相信他之后不会再犯这样的错误。从此以后，小强在课堂上再也没有玩过手机了。此处遵循的是德育的（　　）

A. 集体教育与个别教育相结合原则　　B. 教育影响的一致性与连续性原则

C. 严格要求与尊重信任相结合原则　　D. 长善救失原则

15. 班主任谈话与工作属于下列的哪一种途径？（　　）

A. 直接教育　　B. 教学育人　　C. 管理育人　　D. 指导育人

16. 小维明知道自己不应该偷同学的笔记本，但是没有控制住自己的行为，教师针对这种情况选择去纠正小维的不良行为，并没有进行道德理论知识的说服教育。这种情况体现了德育过程的（　　）

A. 间接性　　B. 多开端性　　C. 针对性　　D. 制约性

17. 德育过程的主要矛盾是（　　）

A. 社会的道德要求与学生品德水平的矛盾　　B. 知与不知的矛盾

C. 德育要求与个人需求的矛盾　　D. 正确思想与错误思想的矛盾

18. 体谅模式的创立者围绕学生普遍感到困难的人际与社会交往问题，编制了一套《生命线丛书》情境教材，发展青少年的人际技能，它包含的三部分是（　　）

A.《设身处地》《证明规则》《你会怎么办？》　　B.《敏感性》《证明规则》《你期望什么？》

C.《敏感性》《你期望什么？》《你会怎么办？》　　D.《证明规则》《你期望什么？》《你会怎么办？》

拔高特训

1. 在某中学地理课堂上，地理老师通过展示海洋环境污染有关的视频，引导学生辩证思考人类过度活动对生态环境的破坏，从而培养学生树立环保意识。该教师采用的德育途径是（　　）

A. 指导育人　　B. 学科育人　　C. 环境育人　　D. 活动育人

2. 以下不属于德育任务的是（　　）

A. 形成学生的社会主义和共产主义的道德观

B. 培养学生坚定的政治立场

C. 传授给学生基础知识和基本技能，并充分发展学生的智力

D. 养成学生良好的道德行为习惯

3. 一个学生在学校打架，老师找家长说：“您的孩子有打架骂人的坏习惯，您可得好好教育他。”家长当着老师的面问孩子：“谁教你骂人的，混蛋！谁教你打人来的？”接着就打了孩子一个耳光。这个案例说明了（　　）

A. 儿童会观察和模仿成人的一些行为，成人应该重视在儿童面前自身言行举止的示范性

B. 只有教师才可以成为学生的榜样

C. 学生只有在品德方面会学习家长，把家长作为自己的榜样

D. 儿童选择榜样是随机的，他们选择榜样是没有条件的

4. 某社团经常发生偷窃事件，最近又有一名女生被偷了100元钱，可是社团中没有人知道是谁偷的。于是大家经商讨决定：每个人出一块钱来凑齐她的钱，因为被偷钱也不是她的错误，反而是所有人的过失，每个人都应该关心她的钱被偷了。此后这个社团中再没有发生盗窃事件。该社团采用的德育方法是（　　）

A. 团体公正法　　B. 讨论法　　C. 连坐法　　D. 小组合作法

5. 以下描述不属于体谅模式特征的是（　　）

A. 坚持“性善论”　　B. 坚持“性恶论”　　C. 人的潜能自由发展　　D. 倡导民主德育观

6. 关于价值澄清模式，以下说法错误的是（　　）

A. 价值连续体法适用于大范围内对一些带有普遍意义的问题进行讨论

B. 价值单是指针对那些不善于交谈或不适合交谈和讨论的问题而采取的一种价值澄清手段

C. 澄清应答需要教师面对学生的回答做出一对一的评价

D. 澄清应答的主要目的是激发学生对自己价值观的思考

7. 下列关于道德认知发展模式的说法，错误的是（　　）

A. 尊重儿童道德发展的阶段和规律，有利于针对儿童的阶段发展特征实施德育

B. 注重儿童对道德的自我建构，强调儿童道德发展的主动性

C. 注重道德行为的研究，促进儿童道德水平的提升

D. 让儿童在道德情境或矛盾冲突中逐渐提升道德水平

8. 在班集体中，李老师通过集体来帮助学生减少价值观的混乱，并树立自己的价值观。这体现的德育模式是（　　）

A. 道德认知模式　　B. 社会模仿模式　　C. 价值澄清模式　　D. 集体教育模式

9. 师生共同确定所要讨论的问题后，确认两种极端的态度，并写在一条直线的两端，将处于两种极端态度之间的其他态度都写在连续体上。这种方法的实质就是鼓励学生慎重思考各种选择。这属于价值澄清模式里的（　　）

A. 价值单填写法　　B. 澄清反应法　　C. 价值连续体法　　D. 正反两极法

10. 小明在班级里担任卫生委员一职，期末结束时，班主任在小明的评价表上留下这样一段文字：这学期作为卫生委员，辛苦你了，每天都督促好值日生工作，老师真的很感谢你！你积极肯学，认真对待每一件事情，看你的作业，真的让我赏心悦目！老师想给你提个建议，在学习中，要多思多问，工作中再大胆些，发挥潜力，上课大胆举手发言，课外多阅读书籍，拓宽知识面，向同学们展示你的能力！老师的这段文字属于（　　）

A. 品德评价法　　B. 说服教育法　　C. 榜样示范法　　D. 情感陶冶法

11. 在新冠疫情防控期间，高中生张阳主动担任社区志愿者，为人们提供贴心的服务与帮助，学校教师得知后授予他“爱心天使”的称号。这体现了什么德育方法？（　　）

A. 自我教育法　　B. 情感陶冶法　　C. 榜样示范法　　D. 奖惩法

12. 下列格言中不能体现自我教育法的是（　　）

A. “吾日三省吾身”　　B. “内省不疚，何恤人言”

C.“见贤思齐焉，见不贤而内自省也” D.“纸上得来终觉浅，绝知此事要躬行”

13. 孟子曰：“天将降大任于斯人也，必先苦其心志，劳其筋骨，饿其体肤，空乏其身，行拂乱其所为。”这句话体现了（　　）的重要性。

A. 实践锻炼法 B. 自我教育法 C. 品德评价法 D. 奖惩法

14. “桃李不言，下自成蹊”，这句话体现的德育方法是（　　）

A. 榜样示范法 B. 说服教育法 C. 自我教育法 D. 实践锻炼法

15. 班主任陈老师通过生杏的酸涩和熟杏的香甜来教育一位早恋的初三女生，告诉她：谈恋爱和吃杏子是一样的道理，中学生还没有生长成熟，此时若谈恋爱，就如同吃生杏子一般，只能又苦又涩；只有到成熟后再去品尝，才会香甜可口，无比幸福，从而使这位女生从早恋中走了出来。这体现了德育的（　　）

A. 知行统一原则 B. 长善救失原则 C. 有的放矢原则 D. 疏导原则

16. “不以不善而废其善”“要尽量多地要求一个人，也要尽可能多地尊重一个人”分别体现了（　　）

①知行统一原则 ②长善救失原则 ③严慈相济原则 ④循循善诱原则

A. ①④ B. ②③ C. ①③ D. ②④

17. 奶奶带小敏闯了红灯，小敏告诉奶奶，老师说要遵守交通规则，奶奶告诉小敏跟着人流走就不会有危险了。之后，小敏单独行走时偶尔也会跟着行人闯红灯。出现这种现象的原因是违背了（　　）

A. 教育影响的一致性原则 B. 集体教育与个别教育相结合原则

C. 知行统一原则 D. 发挥积极因素与克服消极因素相结合原则

18. “博我以文，约我以礼，欲罢不能。”这体现了（　　）的德育原则。

A. 知行统一 B. 正面引导与纪律约束相结合

C. 发挥积极因素与克服消极因素相结合 D. 严格要求与尊重信任相结合

19. “人生自古谁无死，留取丹心照汗青”主要反映了作者的（　　）

A. 道德认知 B. 道德情感 C. 道德意志 D. 道德行为

20. 以下对德育过程理解错误的是（　　）

A. 德育过程就是德育的基本规律

B. 人的发展过程是德育过程的基本根据

C. 德育原则与德育规律可能是多对一、一对多的关系

D. 学生的德行只能由内而外形成

21. 衡量思想道德高低好坏的根本标准是（　　）

A. 道德认知 B. 道德情感 C. 道德意志 D. 道德行为

22. 下列教育现象不符合德育过程“内化于心，外化于行”的是（　　）

A. 小王同学被老师教育后，认识到了错误，不再迟到

B. 小张同学看了电影《长津湖》后，撰写了一篇 1500 字的观后感

C. 小黄同学上了道德与法治课后，过马路时严格遵守交通规则

D. 小李同学听老师讲了《小猫钓鱼》的故事后，做事情时专心致志

材料分析题

1. 阅读材料，并按要求回答问题。

材料：开学不久，班主任王老师发现以张伟同学为首的很多男同学经常上课搞恶作剧、不听讲，课后不完成作业，但王老师并没有选择批评张伟同学，而是观察了一段时间，发现张伟和其他同学身上虽然有不少缺点，但也有很多优点，需要引导和鼓励。

为此，王老师开了一次“寻找闪光点”的主题班会，在班会上王老师对张伟同学说：“老师希望你写下自己的三个优点，让我看看我们的男子汉也有很多了不起的闪光点！”然后又动员全班同学一起写，这时班级里平日淘气的男孩子们都认真思考着，低着头写着自己的闪光点。张伟站起来很害羞地说：“王老师，我力气大，愿意帮助同学，毕业后想成为航天员。”王老师说：“这就是了不起的长处。乐于助人，到哪里都需要这种人。力气大，有男子汉气概。想成为宇航员也是非常光荣的事，不过想成为一名优秀的宇航员不只是需要力气大，同样也需要学习很多物理学知识，要有广博的知识储备。”听了老师的话，张伟脸上露出了惭愧的微笑，其他的同学也纷纷看着自己的优点思考了起来，想着王老师说的要有广博的知识储备才能实现自己的理想。

从此班级里很多淘气的男同学都开始严格要求自己，认真学习，养成了良好的习惯，各方面都有了很大的进步。

请回答：

（1）结合材料，谈谈王老师遵循了哪些德育原则。贯彻这些原则有哪些基本要求？

（2）德育的实施途径除了在品德课上专门讲授道德知识，还有哪些其他途径？

（3）如何培养学生形成良好的道德行为？

2. 阅读材料，并按要求回答问题。

材料：这是2006年的一堂以世界杯开场的思想政治课。这堂课之前，在德国世界杯C组第二轮比赛中，阿根廷队以6比0完胜塞黑队，创造了那届世界杯最悬殊的比分。而此前的塞黑队连续10场不败，是世界杯出线队中最出色的球队。当许多球迷学生还沉浸在对这场球的困惑中时，李老师的课开场了：“你们有没有看阿根廷队和塞黑队的那场比赛？你们是不是也奇怪一路高歌猛进的塞黑队为何会突然惨败？”学生们瞪大眼睛，一些人不停地点头。这时，李老师点开了连夜赶制的多媒体课件，呈现在学生眼前的是经过剪辑的画面和新闻回放。

2006年6月3日，黑山共和国宣布独立，球员们得知后难掩心中的迷茫和痛苦。一位塞黑队球员在比赛结束后说：“没有人在自己的祖国刚刚分裂时，还能兴高采烈地享受足球的乐趣。”原来，是祖国的分裂这件事使球队失去了斗志。于是，一堂爱国主义教育课就这样拉开了序幕，这是一堂令人难忘的由真实事件设计出来的情境教学课。这堂课，如果采用传统的方式，仅从书本情境、教师经验进行教学，极有可能上成我们常见的灌输式思想教育课。当我们的教学从真实情境、学生经验出发时，就会带给我们许多惊喜：学生更容易接受通过真实问题或故事构建知识的方法设置的课程。

请回答：

（1）结合材料，谈谈李老师所采用的德育方法及取得的教育效果。

（2）结合材料，谈谈当前我国学校德育存在的主要问题。

（3）针对当前我国学校德育存在的主要问题谈谈解决措施。

第九章　教师与学生

单项选择题

基础特训

1. 一个学生因上课迟到而被教师拒之门外，教师的这一做法侵犯了学生的（　　）
A. 受教育权　B. 名誉权　C. 隐私权　D. 申诉权

2. 下列选项中，不属于《中华人民共和国教师法》明确规定的教师专业权利的是（　　）
A. 指导学生学习与发展的权利　B. 对学校进行管理与领导的权利
C. 选择教法开展教学工作的权利　D. 参加进修或其他方式的培训的权利

3. 陶行知先生的“捧着一颗心来，不带半根草去”的教育信条体现了教师的（　　）素养。
A. 扎实的教育理论知识　B. 崇高的职业道德
C. 丰厚的文化学科知识　D. 过硬的教学基本功

4. 张老师认为，对学生进行有效教学，不仅要有学科专业知识，还要有教育专业知识。因此，他把更多的精力放在教育专业知识的掌握上。张老师的教师专业发展的取向可能是（　　）
A. 生态取向　B. 自我更新取向　C. 专家型取向　D. 理智取向

5. 某师范类高校与隔壁中学结为合作伙伴关系，此高校的在读学生每学期都要去中学旁听与自己所学专业相关的课程，累计不少于 10 节，计入实践学分。这里体现的教师专业发展途径是（　　）
A. 完善师范教育培养体系　B. 形成教师教育网络联盟
C. 形成新老教师的“青蓝工程”　D. 开展校本培训

6. 学生向师性和模仿性的心理特征决定了教师劳动具有（　　）
A. 强烈的示范性　B. 独特的创造性　C. 空间的广延性　D. 时间的连续性

7. 从事教学工作 20 多年的毕业班班主任在教学中的负担和压力越来越重，会出现消极应对工作、对职业失去热情和认同的情况，这种情况属于（　　）
A. 职业迷茫　B. 职业倦怠　C. 职业逃避　D. 职业道德失范

8. “十年树木，百年树人”说明了教师劳动的（　　）
A. 创造性　B. 复杂性　C. 示范性　D. 长期性

9. 教师在教育教学活动中起着（　　）
A. 关键作用　B. 决定作用　C. 主导作用　D. 桥梁作用

10. 李老师以爱护学生为由，擅自拆开学生的私人信件。课堂上，王老师点名让忘带作业的学生回家拿作业。这些行为（　　）
A. 正确，教师有关心、爱护和尊重学生的义务　B. 错误，教师侵犯了学生的隐私权和受教育权
C. 正确，教师有评定学生的学业成绩的权利　D. 错误，教师侵犯了学生的生存权和名誉权

11. 教师为有效地把自己对教育内容的理解转化为学生的知识，解决教育教学中出现的问题，需要有（　　）

A. 高度的政治觉悟　　B. 广博的文化科学知识
C. 教育理论知识与技能　　D. 良好的人际关系

12. 普通话水平属于教师专业素质中的（　　）

A. 职业道德　　B. 专业知识　　C. 专业技能　　D. 文化修养

13. 在自我意识上，自我评价能力开始发展，自尊开始萌芽，如犯了错误会感到羞愧的是（　　）阶段。

A. 幼儿　　B. 小学生　　C. 初中生　　D. 高中生

14. 某学生积极参与社团、学生会活动，寒暑假外出兼职、实习，因此，他的交际能力要优于身边的同学。交际能力是与该学生的（　　）相关的。

A. 学业发展　　B. 个性发展　　C. 生涯发展　　D. 社会性发展

15. 下列属于非正式学生群体的是（　　）

A. 自发形成的兴趣小组　　B. 班级
C. 年级　　D. 教研室

16. 美国著名哲学家赫舍尔说："对动物而言，世界就是它现在的样子；对人来说，这是一个正在被创造的世界，而做人就意味着处在路途中。"该观点体现了（　　）

A. 主体性学生观　　B. 发展性学生观　　C. 完整性学生观　　D. 个性化学生观

17. 张老师认为只要教好书就行了，对于班级里出现的各种问题视而不见，班级里的同学都很讨厌张老师。隔壁班的李老师要求学生的课本必须放到课桌的左上角，见到老师必须 90 度鞠躬，还会大声呵斥班级里的同学，同学们也很讨厌李老师。张老师、李老师与同学之间的师生关系属于（　　）

A. 放任型、放任型　　B. 民主型、专制型　　C. 专制型、和平型　　D. 放任型、专制型

18. "是故弟子不必不如师，师不必贤于弟子，闻道有先后，术业有专攻，如是而已。"这句话体现了（　　）

A. 正确的学生观　　B. 正确的人才观　　C. 合理的知识观　　D. 平等的师生观

19. "儿童中心主义"教育理论违背了（　　）

A. 间接经验与直接经验相结合的规律　　B. 传授知识和发展智力相统一的规律
C. 知识教学与思想教育相统一的规律　　D. 教师主导作用与学生主体作用相结合的规律

拔高特训

1. 舒尔曼认为教师要具有扎实的学科知识、学科教学知识和丰富的实践性知识。其中"实践性知识"指（　　）

A. 具有特色的教育理论和方法的知识　　B. 由个人反思形成的明确的显性知识
C. 在教育情境中支配教师具体行为的知识　　D. 应用科学的范畴的知识

2. 李老师在准备高中语文课《荷塘月色》时，为了讲清楚什么是通感，特别准备了“那些芦苇高高低低地晃动着，如同鼓点有节奏的击打”“她的声音犹如棉花糖一样甘甜，犹如婴儿的棉肚兜一样柔软”这样的例子用于课堂展示。依据舒尔曼对教师知识进行的分类，这属于（　　）

A. 学科内容知识　　B. 与内容相关的教学法知识

C. 一般学科教学法知识　　D. 课程知识

3. “教师的职责现在已经越来越少地传递知识，而越来越多地激励思考；除他的正式职能外，他将越来越多地成为一位顾问、一位意见交换者、一位帮助发现矛盾论点而不是拿出现成真理的人。他必须集中更多的时间和精力去从事那些有效果的创造性的活动：互相影响、讨论、激励、了解、鼓舞。”下列属于雅斯贝尔斯的教师观的是（　　）

A. 教师是人类灵魂的工程师　　B. 教师是园丁

C. 给孩子一杯水，教师要有一桶水　　D. 教师是学生生命成长的促进者

4. 某地规定，为了保证教师的稳定性，教师不得参加学术论坛或进行培训，这种规定违背了教师的（　　）

A. 教育教学自主权　　B. 指导评价权　　C. 参与民主管理权　　D. 进修培训权

5. 某校在实施一项帮助问题学生的特殊教育计划时，泄露了一些学生的家庭困难和个人生理缺陷的信息，导致这些学生的尴尬和不安，甚至有学生再也不愿意上学。根据联合国《儿童权利公约》，这所学校的做法违背了（　　）

A. 儿童最大利益原则　　B. 尊重儿童权利与尊严原则

C. 无歧视原则　　D. 尊重儿童观点原则

6. 之前人们说，“学生要有一杯水，老师要有一桶水”；现在，又有了新说法，“学生要有一杯水，老师只有一桶水是不够的，老师要有一潭水”。这句话体现了（　　）

A. 教师必须拥有足够过硬的本学科知识

B. 教师要拥有广博丰富的知识

C. 教师要拥有更多的教育学、心理学的理论知识

D. 以上都是

7. 2023 年度国家智慧教育平台教师暑期研修开拓数字教研新模式，截至 2023 年 8 月 31 日，全国累计 1609.5 万名教师参与了本次研修，研修点击量累计超过 17 亿次，参训人数和点击量均为历次寒暑假期教师研修最高。该研修活动体现的教师专业发展方式属于（　　）

A. 理论性—集体性　　B. 实践性—集体性　　C. 理论性—个人性　　D. 实践性—个人性

8. 《关于实施新时代基础教育扩优提质行动计划的意见》中关于教师的相关规定，以下说法不正确的是（　　）

A. 完善师范生培养方案，强化师范生综合素质和全面育人能力培养

B. 实施名师名校长培养计划，健全分层分类、固化教师成长发展体系

C. 加强健全各级教研体系，推动各地各校常态化有效开展区域教研

D. 支持开展团队式交流，加快提升薄弱学校、农村学校办学水平

9. 孩子因为喜欢当老师，而在游戏中不断扮演老师的角色，这个孩子正处于成长的（　　）

A. 幻想期　　B. 兴趣期　　C. 能力期　　D. 试探期

10. “皮格马利翁效应”是师生之间（　　）的表现。

A. 工作关系　　B. 政治关系　　C. 道德关系　　D. 心理关系

11. 某学校让三年级的学生停课参加某公司商演活动，并用收到的经济回报购买教学用具。该学校的做法（　　）

A. 正确，改善了教学条件　　B. 错误，侵犯了学生的人身权

C. 正确，学校有管理学生的权利　　D. 错误，侵犯了学生的受教育权

12. 读二年级的小明淘气、顽皮，经常不完成作业。有一次，张老师检查作业，发现小明又没有完成，而且还和她顶嘴，张老师决定对小明采取惩罚措施。以下属于合理惩罚的是（　　）

A. 惩罚小明抄写生字词 200 遍　　B. 惩罚小明在教室内站一节课

C. 惩罚全班学生做 50 个蹲起　　D. 惩罚小明绕操场跑 20 圈

13. 教师主导作用的正确和完全实现，其结果必然是（　　）

A. 学生主动性的丧失　　B. 教师主动性的实现

C. 学生主动性的充分发挥　　D. 造成学生的被动

14. （　　）既有专家型教师的专业结构，也有终身教育理念的学习态度。

A. 生态取向的教师专业发展　　B. 自我更新取向的教师专业发展

C. 创新型取向的教师专业发展　　D. 实践—反思取向的教师专业发展

15. 以下属于非正式组织的是（　　）

A. 中华全国青年联合会　　B. 公益青年自组织

C. 少年儿童小队　　D. 境外童军组织

16. 少年儿童子系统，如大队、中队和小队，是不同于一般的经济组织和行政组织的，少年儿童没有明确的分工和严格的职责，没有等级森严的自上而下的组织层级。这体现了少年儿童组织的（　　）特点。

A. 准自治性　　B. 半制度化　　C. 生活化　　D. 自治性

材料分析题

1. 阅读材料，并按要求回答问题。

材料 1：教育信息化 2.0 行动计划是智能环境下顺应教育发展的必然选择，是推进“互联网 + 教育”的具体实施计划。人工智能、大数据、区块链等技术迅猛发展，将深刻改变人才需求和教育形态。智能环境不仅改变了教与学的方式，而且已经开始深入影响教育的理念、文化和生态。教育信息化 2.0 行动计划是充分激发信息技术革命性影响的关键举措，也是加快实现教育现代化的有效途径。目前，我国已发布《新一代人工智能发展规划》，强调发展智能教育，主动应对新技术浪潮带来的新机遇和新挑战。

材料 2：“教师会被 ChatGPT 取代吗？”“ChatGPT 会导致学校里作弊盛行吗？”……2023 年开年以来，ChatGPT 成为最火热的话题之一。作为一款生成式人工智能软件，ChatGPT 可以根据议题完成回答问题、撰写论文和诗歌、策划活动方案等多种工作。会写论文、写代码、写演讲稿……ChatGPT 的确在很多领域表现出了十分强大的能力，但另一方面，它也暴露出一些问题，比如可能会给抄袭、作弊提供便利。ChatGPT 作为一款先进的自然语言处理技术应用于教育领域中，为学生提供了更加智能化和高效的学习体验，同时

也给教育机构带来了挑战。

材料 3：技术信息化成为国家、社会进步的主流，以网络信息技术和多媒体信息技术掌握为核心的信息技术教育教学也早已成为全球现代教育背景下拓展教师教育教学能力的创造性工具。因此，信息技术与学科教学深度融合是必不可少的。信息技术化建设与教育教学融合，不仅给学校的管理、教学等带来工作上的便利，同时也对教师的信息素养提出了更高要求。新时代的教师要掌握适应现代教育信息技术、研究学科信息化的各个环节，更要积极有效地开展教育教学。教师合理地借助新技术来提高自己的课堂效率，促进课堂创新，调动学生积极性和学习主动性，这是推进信息技术与学科融合的意义，也是信息技术与学科融合下翻转课堂的优势。

请回答：

（1）结合材料 1、2 及所学知识，分析教育信息化给学校教育带来的影响。

（2）从教师角色的角度出发，分析人工智能给教师带来的机遇与挑战。

（3）结合材料 3，请举两例说明教师应如何实现信息技术与学科教学的融合。

2. 阅读材料，并按要求回答问题。

材料：在某小学新教师的入职培训中，围绕“什么样的老师是真正的好老师”这一问题，大家展开了热议。有的说：“好老师是热爱学生的老师。”有的说：“好老师应该为人师表。”还有的说：“教学好才是好老师。”……这时，培训教师跟大家分享了一位作家的故事：“小时候，我非常胆小害羞，上课从不主动举手发言，老师也从不叫我回答问题。一次，我写了一篇题为《每一片叶子都有一个灵魂》的作文。上课时，老师轻轻地走到我的面前，问我是否愿意和大家分享我的作文。她的问话是那么的柔和，那么的亲切，让我无法拒绝。我用颤抖的声音读完了作文，她感谢了我。下课了，当我走到教室门口时，她建议我养成写日记的习惯，将来也可以从事这方面的工作。这些我都做到了。”这个故事引起了大家对于“好老师”更深层次的思考。

请回答：

（1）结合材料，试分析“什么样的老师才是真正的好老师”。

（2）试述教师如何为儿童发展提供适合的教育。

（3）从教师的角度论述如何建立良好的师生关系。

教育学原理综述题特训

1. 阅读材料，并按要求回答问题。

材料：2021 年 10 月 23 日第十三届全国人民代表大会常务委员会第三十一次会议通过了《家庭教育促进法》，并自 2022 年 1 月 1 日起施行。其中：

第十七条规定：未成年人的父母或者其他监护人实施家庭教育，应当关注未成年人的生理、心理、智力发展状况，尊重其参与相关家庭事务和发表意见的权利，合理运用以下方式方法：

（一）亲自养育，加强亲子陪伴；

（二）共同参与，发挥父母双方的作用；

（三）相机而教，寓教于日常生活之中；

（四）潜移默化，言传与身教相结合；

（五）严慈相济，关心爱护与严格要求并重；

（六）尊重差异，根据年龄和个性特点进行科学引导；

（七）平等交流，予以尊重、理解和鼓励；

（八）相互促进，父母与子女共同成长；

（九）其他有益于未成年人全面发展、健康成长的方式方法。

第四十条规定：中小学校、幼儿园可以采取建立家长学校等方式，针对不同年龄段未成年人的特点，定期组织公益性家庭教育指导服务和实践活动，并及时联系、督促未成年人的父母或者其他监护人参加。

第四十三条规定：中小学校发现未成年学生严重违反校规校纪的，应当及时制止、管教，告知其父母或者其他监护人，并为其父母或者其他监护人提供有针对性的家庭教育指导服务；发现未成年学生有不良行为或者严重不良行为的，按照有关法律规定处理。

请回答：

（1）根据《家庭教育促进法》第四十三条规定，结合教育学和心理学知识，谈谈学校实施教育惩戒的理论依据。

（2）根据《家庭教育促进法》第十七条规定，谈谈家庭教育的方法体现了哪些德育原则。

（3）根据《家庭教育促进法》第四十条规定，如果你是一所小学家长学校的负责老师，请使用四种教学组织形式组织家长学习家庭教育的知识。

2.　阅读材料，并按要求回答问题。

材料：2021 年 7 月 24 日，中共中央办公厅、国务院办公厅印发《关于进一步减轻义务教育阶段学生作业负担和校外培训负担的意见》（以下简称《意见》）。《意见》指出，推进“双减”工作，学校的主体作用不可或缺。《意见》印发后，各地中小学积极探索，着力提高教学质量、作业管理水平和课后服务水平，让学生的学习更好地回归校园。

北京师范大学教授、国家教育咨询委员会委员钟秉林说：“减轻学生负担，根本之策在于全面提高学校教学质量，做到应教尽教，强化学校教育的主阵地。只有学校教育最大限度满足学生的需求，让学生在校内学足学好，家长才能不给孩子报班参加校外培训。”

“双减”政策实施以来，基础教育生态得以重构，学校主阵地作用得以加强，社会教育环境得以净化，中小学生学业负担得以明显减轻。在“双减”政策落地的基础上，教育部适时提出了“双增”政策，倡导在减轻学生学业负担的同时，一方面增加学生参加户外活动、体育锻炼、艺术活动、劳动活动的时间和机会；另一方面增加学生接受体育和美育方面课外培训的时间和机会。

请回答：

（1）从学校作用的角度分析你对“减轻学生负担，根本之策在于全面提高学校教学质量”的理解。

（2）从全面发展教育的角度分析“双减”政策落地后提出“双增”政策的现实意义。

（3）结合实际，分析教师应该如何应对“双减”政策带来的挑战。

3.　阅读材料，并按要求回答问题。

材料：小强是班里成绩非常优异的学生，几乎看不到他身上有什么缺点，上课专心听讲，下课认真完成作业，说话文质彬彬，做事很有分寸，是各科老师都很喜欢的学生。于是，李老师邀请小强妈妈在家长会上讲讲自己进行家庭教育的秘诀，小强妈妈开心地答应了。

家长会上小强妈妈侃侃而谈，讲到她对孩子的细心照顾，为了不让孩子在学习上分心，她承担了大量的家务劳动，不让小强做家里的事情，因为对孩子来说，时间就是生命。在今天竞争如此激烈的情况下，孩子的第一要务是学习。如果说她这位妈妈哪里做得好，就是为了不让孩子在学习上分心，她可以做好所有的善后工作。

听完小强妈妈的话，下面的家长开始小声讨论，李老师听到身边的两个家长小声说："你看，国家还提倡什么劳动教育，回家整什么劳动时间记录表，我就说不能全听专家的，最终不是他们的孩子上考场，而是我们的孩子上考场，你说孩子考不上好大学能行吗？将来能有出路吗？"另一位家长小声附和："你说得真对，孩子考上大学才是头等大事。"

李老师一时陷入迷茫，但是接下来这个家长会怎么开呢？她该做什么总结呢？正当她迷茫之际，小强妈妈的演讲结束了，李老师带着很多疑惑走上了讲台。

"感谢小强妈妈的分享，小强妈妈讲的很多东西想必大家都十分赞成，我想和大家讨论一个细节问题——孩子该不该做家务？做吧，或许在咱们看来孩子的学习时间减少了，不做吧，好像咱们的孩子又很缺乏劳动能力，我想听听大家的看法。"

小芳的爷爷起身说话了："我就是个工人，这别的道理不太懂，我就觉得孩子如果不劳动，将来能体会父母的辛劳吗？我怕现在的孩子太依赖父母，能考上好大学，不一定能照顾好自己的后半生，毕竟社会是复杂且残酷的。我还是希望我的孙女能干一点活的。"

"我也希望我的孩子干点活，"一位爸爸站了起来，"我发现我女儿小兰的物理成绩一般，经过分析，我发现她对书中的很多东西不理解，导致她的物理成绩一直上不去。但是这半年来她妈妈生病了，我又很忙，经常出差，她被迫操持起了家务，没想到这孩子的物理成绩上去了，通过观察，发现是她的动手能力上去了，对生活中的很多事物有感觉了，反而更容易理解物理知识。更重要的是，孩子告诉我，爸妈太辛苦了，她不想再让我们为她的学习费心了。我的孩子一下子懂事了。"

家长们听得特别认真，就连小强妈妈也认真地听着，她轻轻地点点头。

李老师这时说："小兰可不只物理成绩上去了，很多成绩都上去了。"家长们的眼中更是一片惊喜，李老师又说："我还想和大家讨论另一个问题：在学习上花费的时间越多，孩子的成绩就越好吗？"

家长们都纷纷发言，场面非常热闹，这个家长会上，李老师并没有做特别的家长会总结，只是和家长热热闹闹地讨论了一番……

请回答：

（1）根据材料，分析劳动教育与德育、智育的关系。

（2）根据材料和现状，从三个教育目的理论评析家长们的教育目的观。

（3）如果你是教师，你会向李老师学习哪些方法和技巧助力家庭教育？

4. 阅读材料，并按要求回答问题。

材料：北京飞机场等待行李出现的时间总是很漫长，一位母亲和看上去只有小学三年级的小女孩突然吵了起来。"这么简单的题都不会，你真的是要急死我，你看你们班多少个 100 分，就你考个 98 分。你现在都这么不细心，将来该怎么办？北京海淀区的孩子们小学毕业时就把初高中的英语都学完了，你也别跟海淀的比了，就这成绩，连库尔勒的同班同学都比不上！"

小女孩一声不吭，只管听妈妈滔滔不绝地说。

旁边一个叔叔开口了："98 分还不好？这分数很高了吧，叔叔觉得你特别好。"

小女孩的眼里一下就有了光芒，认真地看向叔叔，但依旧没开口说话。

"其实 98 分也不错，就是题错得很离谱，那么简单的题，就不该错。"妈妈补充道。

"错了什么题啊？"这位陌生的叔叔很是好奇。

妈妈说："天上的鸟儿，飞啊飞，水里的鱼儿，(　　)啊(　　)。这么简单的填空题都不知道怎么想的，全班同学都写的游啊游，就她写爬啊爬。"

叔叔想了想，一下子乐了，对小女孩说："你是不是养过小乌龟？"

小女孩的眼睛再次被点亮，她拼命地点点头。

叔叔说："那我觉得这样写也对，可以说爬啊爬，为什么答案非得是游啊游，我觉得这个老师或许也没反应过来，你的孩子非常与众不同。"

这位妈妈的心情舒畅了一点，说道："唉，其实，我也觉得可以的。"

小女孩终于开口了："我也觉得爬啊爬是可以的，那老师为什么不给我分呢？"

"小姑娘，乌龟是不是两栖动物？"叔叔问。小女孩说："是啊。"

"那乌龟在地面上时，它是什么动作呢？"叔叔问。小女孩回答："爬啊爬。"

"那它在水里呢？"叔叔又问。小女孩说："游啊游。"

"那乌龟在水里和地面上的动作有什么不同呢？"

"我知道了！"小女孩兴奋地说，"它在地面上是脚落在地上，这才是爬，如果它在水里，脚没在水底，就是游啊游了。"

"叔叔给你点赞，你自己已经发现这个奥秘了，所以老师说的也没错。"叔叔继续说。

小女孩和妈妈都露出了开心的笑容，妈妈说："今天我们偶遇了一个教育高手呢！"

叔叔笑着说："不敢当。海淀区的教育绝对没您想的那么夸张，这都是网上传的，我家就在海淀呢，大部分孩子都一样，我觉得您的孩子就很灵，悄悄告诉您，到了高中阶段，海淀区得抑郁症的孩子可多了，您可得全面了解下情况。"

转述樊登老师亲历的故事

请回答：

（1）比较材料中这位叔叔与妈妈教育方法的不同。

（2）请从三个角度分析中国"从海淀家长到库尔勒家长"都很焦虑的原因。

（3）请从教育与人的身心发展关系的角度分析材料中"超前教育"的弊端。

5. 阅读材料，并按要求回答问题。

材料 1：知乎网友"杜嘟嘟"说，在小学讲正方形、长方形的时候，老师提问："生活中哪些东西是方的呀？"别人说了一些书啊，纸啊，黑板啊，桌子啊之类的教室里就有的东西。"杜嘟嘟"举手说："豆腐是方的。"老师说："你就知道吃！"

材料 2：张老师在讲一道数学题时，按照教师用书的解法，一步步地列出思路，答案刚写出来，一个学生就站出来说："老师，这道题解法太繁杂，我有更简单的！"张老师毫无准备，不耐烦地说："你比教材更厉害吗？"学生脸涨得通红，欲言又止。班里的气氛也一下子紧张了起来。

请回答：

（1）结合材料，分析哪些做法抑制了学生的创造性。

（2）如果你是老师，在课程设置和教学方式上如何培养学生的创造性？

（3）从教育评价的角度，谈谈如何促进创造性发展。

6. 阅读材料，并按要求回答问题。

材料：我是一名数学教师，面对充满变量的数学课堂和思维活跃的学生，我更喜欢上两种课：注重生成性而非预设性的“赤手空拳”课和注重启发式而非“填鸭式”的“舌战群儒”课。教育不是灌输，而是启发和引导，尤其是在面对与众不同的学生个体和千差万别的教学情境时，“授人以鱼，不如授人以渔”。教师要洞察学生的知识结构、认知能力与情感状态，在合适的情境中给出恰当点拨，要先有“脚手架”，再寻找“最近发展区”，引导学生自主学习。

从教 30 年，我始终认为“比成绩更重要的是成长，比上课更重要的是育人”。做一名好教师不仅要启智，更要润心，要注重全人发展，兼顾知识、能力等智力因素和道德品质等非智力因素，让学生在学习知识、启迪智慧的同时，也能塑造高尚的灵魂和健全的人格。

……

朱熹有云：“夫子教人，各因其材。”适合的教育才是最好的教育。每个学生的禀赋潜质各有不同，应创设多元平台载体，寻找集体的最大公约数，注重个体的个性化培养，让学生“能跑的跑起来，能飞的飞更高”。

——浙江教育报《弘扬教育家精神，做教育事业的筑梦人》

请回答：

（1）根据材料的前两段内容分析作者的学生观。

（2）材料在提倡因材施教的同时又提到要“寻找集体的最大公约数”，这是否表明当前的学校教育是矛盾的？

（3）数学教学如何兼顾学生个性与共性的发展？请通过三种教学组织形式进行举例说明。

7. 阅读材料，并按要求回答问题。

无法预约的精彩

课堂上，李老师正按照备课计划讲《鹬蚌相争》这篇课文。突然，有学生举手发言：“老师，我觉得课文有问题。你看，书上写鹬威胁蚌说：‘你不松开壳就等着瞧吧！今天不下雨，明天不下雨，没有了水，你就会干死在这河滩上！’你想呀，鹬的嘴正被蚌夹着呢，怎么可能说话呀？”受此启发，其他同学也认为蚌不可能对鹬说：“我就夹住你的嘴巴不放，今天拔不出来，明天拔不出来，你也会饿死在这河滩上！”因为蚌一旦开口，鹬就会趁机拔出嘴巴逃走了。

李老师暂停了讲课，鼓励学生谈谈自己对这个问题的看法。同学们纷纷发表意见：有的认为课文这样写的确不妥；有的认为课文是根据古文改编的，没有什么问题；有的则反对说，改编也要古为今用，不正确的要修正；有的认为课文是寓言，是在借这个故事说明道理，这么写没什么问题；有的则坚持认为，尽管是寓言，但也要符合实际，比如总不能说鹬夹住蚌的嘴巴吧。

最后，李老师鼓励学生把课文改一改，并给编辑叔叔写一封信。下面是其中一个小组写给编辑叔叔的建议：“鹬用尽力气，还是拔不出来，便狠狠瞪了蚌一眼，心想：哼，等着瞧吧，今天不下雨，明天不下雨，你就干死在这河滩上吧。蚌好像看透了鹬的心思，得意扬扬地想：哼，我就夹住你的嘴巴不放，今天拔不出来，明天拔不出来，吃不到东西，你就会饿死在这河滩上！”

请回答：

（1）请结合教学方法、教学内容、教学过程的相关知识评价这堂语文课。

（2）从古德莱德的课程分类的角度分析这堂语文课。

（3）从师生关系的角度谈谈教师如何在课堂上进行启发式教学。

8. 阅读材料，并按要求回答问题。

材料：一位纳粹集中营的幸存者，后来当上了美国一所学校的校长。在每一位新教师来到学校时，他都会交给那位老师一封信。信的内容完全一样，里面写的是：“亲爱的老师，我是集中营的生还者，我亲眼看到人类所不应该见到的情景：毒气室由学有专长的工程师建造，儿童被学识渊博的医生毒死，幼儿被训练有素的护士杀害，妇女和婴儿被受过大学教育的人枪杀。看到这一切，我怀疑，教育究竟是为了什么？我的请求是：请你帮助学生成为具有人性的人！因为，只有孩子在具有人性的情况下，读写算的能力才有价值！”

请回答：

（1）请用德育相关知识分析“只有孩子在具有人性的情况下，读写算的能力才有价值”这句话。

（2）请用教育与社会政治的关系来分析上述材料。

（3）如果你是教师，设计若干问题（不少于四个）组织学生讨论这个材料，并写出教学目标。

9. 阅读材料，并按要求回答问题。

材料：夫教育目的不能仅在个人。当日多在造成个人为圣为贤，而今教育之最要目的，在谋全社会的进步……若不骂人、不偷、不怒、不谎、不得罪于人等事，先时多谓此为道德很高，然而此为消极的，于今不能谓此为道德。盖彼者，不过无疵而已，于社会虽有若无。今因于社会进步上着想，吾等当另定道德标准，谓“凡人能于社会公共事业，尽力愈大者，其道德愈高。否则，无道德可言。易言之，即凡于社会上有效劳之能者……，则有道德，否则无道德”。若斯数语，包含无限道理。愿诸生用为量人量己之尺，相染成风，使社会上渐渐均用此尺，度己亦用此尺。

节选自张伯苓《以社会之进步为教育之目的》，1919 年

请回答：

（1）从“教育的社会功能”角度，分析材料中观点的合理性。

（2）根据相关理论分析材料中教育目的的价值取向。

（3）联系学校德育实际，阐述材料中观点的现实意义。

10. 阅读材料，并按要求回答问题。

材料：陶行知任校长时，有一个男生用泥块砸自己班上的男生，被陶行知发现制止后，命令他放学时到校长室去。放学后，陶行知来到校长室，男生早已等着挨训了。可是陶行知却笑着掏出一颗糖果送给他，说：“这是奖给你的，因为你按时来到这里，而我却迟到了。”男生接过糖果。随后陶行知高兴地又掏出第二颗糖果放到他的手里，说：“这也是奖励你的，因为我不让你打人时，你立即住手了，这说明你很尊重我，我应该奖励你。”男生惊讶地看着陶行知。这时陶行知又掏出第三颗糖果塞到男生手里，说：“我调查过了，你用泥块砸那些男生，是因为他们欺负女生，你砸他们说明你很正直善良，且有跟坏人做斗争的勇气，应该奖励你啊！”男生感动极了，他流着眼泪后悔地喊道：“陶校长，我错了，我砸的不是坏人，而是同

学……”陶行知满意地笑了，他随即掏出第四颗糖果递过来，说：“为你正确地认识自己的错误，我再奖给你一块糖果，我没有多的糖果了，我们的谈话也可以结束了。”

请回答：

（1）结合材料并联系生活实际，谈谈你对陶行知运用奖惩法的认识和理解。

（2）分析上述材料体现的师生观。

（3）根据上述材料，分析教师该如何对学生做德育的评价反馈。

11. 阅读材料，并按要求回答问题。

材料 1：“你家孩子报的哪个补习班”已经成了很多家长聊天的中心话题。班级里几乎所有同学都上了补习班。某些“名牌补习班”甚至一位难求，招生甚至比公办名校还牛气，放学时常常造成交通拥堵。一些“名校老师”更是炙手可热，大赚钞票，更有补习班或老师违规宣传，拉大旗扯虎皮者有之，李鬼冒充李逵者有之，坑蒙拐骗者也不乏其人。过去是学习差的上补习班，现在是学习好的上补习班。为什么好学生也上补习班？因为别的好学生也正在补习，正在变得更好，你不努力就会落后！至于学习差的，甚至连补习班也不收。好多补习班，要报名需要先考试，掏钱还不一定让你来上。

如此愈演愈烈，可苦了家长和孩子们了。吊诡的是，如此恶性竞相上补习班的结果是和原来一样的排序和升学。不同点在于：家长们的经济负担更沉重了，孩子们的童年更加悲摧了；而补习班和补习老师则大肆敛财，喜笑颜开。

材料 2：近年来，义务教育最突出的问题之一还是中小学生负担太重，短视化、功利性问题没有根本解决。一方面是学生作业负担仍然较重，作业管理不够完善；另一方面是校外培训仍然过热，超前超标培训问题尚未根本解决，一些校外培训项目收费居高，资本过度涌入存在较大风险隐患，培训机构“退费难”“卷钱跑路”等违法违规行为时有发生。这些问题导致学生作业和校外培训负担过重，家长经济和精力负担过重，严重对冲了教育改革发展成果，社会反响强烈。2021 年 7 月，中共中央办公厅、国务院办公厅印发了《关于进一步减轻义务教育阶段学生作业负担和校外培训负担的意见》，简称“双减”。

“双减”工作的总体目标分为两个方面：在校内方面，使学校教育教学质量和服务水平进一步提升，作业布置更加科学合理，学校课后服务基本满足学生需要，让学生的学习更好她回归校园；在校外方面，使校外培训机构培训行为全面规范，学科类校外培训各种乱象基本消除，校外培训热度逐步降温。

请回答：

（1）从教育作用的呈现方式和教育作用的方向上看，材料 1 体现了教育的何种功能？

（2）“双减”政策的目的是什么？

（3）请结合教育学原理中的三个相关理论，谈谈“双减”政策要求教育不能和资本挂钩的原因。

12. 阅读材料，并按要求回答问题。

材料：2018 年全国教育大会上，习近平总书记提出应该把我国的教育方针修改为培养德智体美劳全面发展的社会主义事业的建设者和接班人，比原来的教育方针完善了劳动教育，从此，我国新一轮加强劳动教育的风潮再次袭来。2021 年，我国新《中华人民共和国教育法》从法律层面明确了这一新教育方针。

2020 年 3 月，教育部发布《中共中央国务院关于全面加强新时代大中小学劳动教育的意见》，为构建德智体美劳全面培养的教育体系，对加强新时代大中小学劳动教育提出一些意见和原则。

2020 年 7 月，教育部颁布《大中小学劳动教育指导纲要（试行）》，明确了劳动教育的概念、性质、基本理念、目标和内容，这一纲要旨在加快构建德智体美劳全面培养的教育体系要求，重点解决劳动教育是什么、教什么、怎么教等问题。

2022 年，在《大中小学劳动教育指导纲要（试行）》的规划下，义务教育阶段《劳动教育课程标准》终于问世，为学校的劳动教育更具体地指明了方向和任务。劳动内容应该以家庭领域、社会生产领域和社会服务领域为核心，展开紧密围绕学生生活的劳动内容。

但教育部认为，劳动教育主要以实践为主，全国各地情况差异较大，全国不统一使用一种教材，由各省级教育行政部门基于劳动教育教学的实际需要，明确劳动实践指导手册编写要求，满足不同地区学校的多样化需求，也鼓励各个学校，采取多种方式，避免“一刀切”。

请回答：

（1）从德育结构角度评析劳动中的道德教育价值。

（2）阐述劳动教育的功能。

（3）如何通过学校教育、家庭教育和社会教育促进劳动教育的落实？

13. 阅读材料，并按要求回答问题。

材料：唐老师带领同学们学习了冯骥才的《泥人张》，大家都被泥人张高超的技艺和高尚的人格折服，同时对泥塑这一民间艺术产生了浓厚的兴趣。课后唐老师布置作业，要求学生回家用泥巴做手工，留意制作的过程和感受，给作文积累素材。谁知不久，小强爸爸气势汹汹地来到办公室，对唐老师大吼：“为啥娃儿回家作业不做，就玩泥巴？”唐老师没有生气，和颜悦色地对小强爸爸说：“您的心情我理解，但我先读一篇作文给您听，可以吗？”于是，唐老师就把小强在作文课上写的作文读了一遍。大致内容是：周末，他用泥巴好不容易制成了一辆“新型坦克”，很是得意，正在欣赏自己的作品。不料老爸一看见，就将他的“成果”狠狠地摔个粉碎，还骂自己不务正业，他非常难过……

读完作文，唐老师给小强爸爸讲明为什么要安排孩子回家做这样的作业。小强爸爸听后连声道歉说：“是我不对，我还以为您就是让学生玩呢！”后来，小强爸爸认识到了自己的错误，不仅向小强道了歉，还带小强去了泥塑工作室，向那里的师傅学习。

请回答：

（1）分析唐老师布置的“将做手工与写作文结合起来”的作业体现的教学理念。

（2）评析唐老师与家长沟通的技巧。

（3）从教师和家长两方面，试述家校合作共育的举措。

14. 阅读材料，并按要求回答问题。

材料：信息和人工智能时代的到来，给教育带来了新的挑战。未来教育要帮助年轻人应对当前和未来的经济和社会问题，帮助他们投入未来社会的建设中。随着科学技术的发展，教育还要考虑现在学生所学的技能是否在未来还具有重要性。面向未来的教育，不仅包括教育内容和形式，也包括教育目的，我们可以看到，在互联网、STEM、人工智能、大数据等领域蕴含着丰富的未来教育资源和方式方法。

“互联网 +”是一个时代命题。一方面，传统的纸质教育内容可以放置在互联网上，采用互动、虚拟等技术手段，激发学生的学习兴趣；另一方面，声音、动态画面等多种媒介构成了教育新资源，这些资源更容易引发学生的学习动力。此外，由于采用了电脑、平板等电子介质，学生的学习状况、学业表现等可以通过其便利地上传、反馈、统计，进而为教师改进教学提供及时的数据支持。“互联网 +”教育的模式为教育资源、方法、评价等提供了革新的可能，支持的是学生的学习，追求的是新课程和新技术的深度融合，形成学生中心、学习中心、线上线下融合、交互探究的课堂，并且积极探索学科内外、课堂内外的融通，逐步构建“互联网 +”学习新生态，是当前优化育人方式变革，培养未来社会需要的创新型公民的必然选择。

请回答：

（1）结合教育目的理论，谈谈人工智能时代对教育的要求。

（2）结合材料，分析在信息和人工智能时代教师需要提升的专业素养。

（3）为适应未来社会发展要求，请利用新型评价方法为我国教育评价改革建言献策。

15. 阅读材料，并按要求回答问题。

材料：一位高一的学生在看图作文中这样写道：

今天看到这样一张漫画，一群动物在参加考试，考试内容是爬上一棵大树，我认为这里的考试标准是不合理的。这里的标准对于某些动物来说不公平。它们各有所长，各有所短。

对于猴子来说，爬树轻而易举，因为爬树是它的生存技能，是它的天赋；但对于其他动物来说，爬树是永远都爬不上的，如小鱼。小鱼生活在水中，脱离了水，那就是致命的，它不可能为了考试，连命都不要。这无疑是可笑的。小鸟不需要爬，因为它可以直接飞到树顶。考试标准不能适用于所有动物，这就体现出考试标准的局限性。

这场考试的目的是选拔人才，但因不能展现出其他弱势群体的隐藏天赋，这场考试也是在摧毁人才。这让我联想到生活中的例子。遥想古代考试的“四书五经”，僵化的考试标准限制了人们的思想，成为读书人迸发奇思妙想的精神枷锁。现如今，奥委会开办了残奥会，残疾人也能参加比赛，实现自己的金牌梦，这就是打破统一标准的限制，从而实现更大的公平。

最后，我希望每个教育者都能从这幅漫画中得到启示，要实现教育公平，莫用统一的标准去定义人才。

请回答：

（1）分析材料中的考试标准不合理的原因。

（2）运用教育学原理的有关知识，分析用统一的标准定义人才的弊端。

（3）请以材料中提到的古代“四书五经”考试标准的局限性和现代残奥会打破统一标准实现公平的例子为基础，分析教育评价标准应如何与时俱进，以适应不同类型人才的发展需求。

凯程 教育硕士考研系列图书

333教育综合 应试题库

解析册 主编 徐影

编委会 凯程教研室

北京理工大学出版社
BEIJING INSTITUTE OF TECHNOLOGY PRESS

图书在版编目（CIP）数据

333 教育综合应试题库：函套 2 册 / 徐影主编. --
北京：北京理工大学出版社，2024.5（2025.3 重印）
ISBN 978 - 7 - 5763 - 4010 - 5

Ⅰ. ① 3…　Ⅱ. ①徐…　Ⅲ. ①教育学 - 研究生 - 入学考试 - 习题集　Ⅳ. ① G40-44

中国国家版本馆 CIP 数据核字（2024）第 100049 号

责任编辑：多海鹏　　文案编辑：多海鹏
责任校对：周瑞红　　责任印制：李志强

出版发行 / 北京理工大学出版社有限责任公司
社　　址 / 北京市丰台区四合庄路 6 号
邮　　编 / 100070
电　　话 /（010）68944451（大众售后服务热线）
（010）68912824（大众售后服务热线）
网　　址 / http：//www.bitpress.com.cn

版 印 次 / 2025 年 3 月第 1 版第 3 次印刷
印　　刷 / 河北鹏润印刷有限公司
开　　本 / 889 mm×1194 mm　1/16
印　　张 / 29
字　　数 / 724 千字
定　　价 / 89.80 元（全 2 册）

目录

第一部分　中国教育史

第一章　官学制度的建立与“六艺”教育的形成

单项选择题

基础特训

1.【解析】B　记忆题　此题考查“学在官府”。

题干中的这句话是章学诚对西周时期“学术官守”的论述，表明由于只有官府有学，民间私家无学，所以如果要学习专门知识，必须到官府中去。因此，答案选 B。

2.【解析】C　记忆题　此题考查西周的国学。

西周的国学分为小学和大学两级。大学中，天子所设的大学叫辟雍，诸侯所设的大学叫泮宫，天子和诸侯的大学有规模和等级的差别。因此，答案选 C。

3.【解析】D　理解题　此题考查西周的家庭教育。

西周时期家庭教育的要求如下。《礼记・内则》曰：“子能食食，教以右手；能言，男唯女俞。男鞶革，女鞶丝。六年，教之数与方名。七年，男女不同席，不共食。八年，出入门户，及即席饮食，必后长者，始教之让。九年，教之数日。”这明确了西周时期家庭教育的内容为基本的生活技能，初步的礼仪规则，初级的数的观念、方位观念和时间观念。因此，答案选 D。

4.【解析】A　记忆题　此题考查西周的“六艺”教育。

西周时期的“六艺”是礼、乐、射、御、书、数。因此，答案选 A。

5.【解析】B　记忆题　此题考查西周的“六艺”教育。

A. 西周“礼”的内容极广，凡政治、伦理、道德、礼仪皆为其所包括，以至于社会生活的各方面都不能没有“礼”，西周的“礼”具有政治教育的作用。

B.“乐”包括诗歌、舞蹈和音乐，是当时的艺术教育。因此，答案选 B。

C.“御”指驾驭马拉战车的技术。

D. 小学时期主要学习“六艺”中的“书、数”。大学与小学的教学内容不同，小学以“书、数”为主，因未成年，“射、御”非力所能及，所以暂不做要求。

拔高特训

1.【解析】D　记忆题　此题考查“学在官府”。

家业世世相传者，称为“畴人”；父子相继世居其官，称为“畴官”。“畴人世官”现象出现的根本原因是奴隶社会生产力低下。因此，答案选 D。

2. 【解析】 B　记忆＋理解题　此题考查西周的教育内容。

A. 儒经通常指的是儒家的经典著作，包括四书、五经、六经等。

B. “六艺”教育以礼、乐、射、御、书、数为六项基本内容。“惟官有学，而民无学”是西周时期的教育现象，西周时期的主要学习内容是“六艺”。因此，答案选 B。

C. 理学是宋元明时期儒家主要的思想学说流派。

D. 帖括类似于今天的填空。

3. 【解析】 A　理解题　此题考查西周的大学。

A. 大学的名称与地理位置相关，天子所办的大学“辟雍”是最尊贵的，在地理位置上“四周环水”，也最为优越。诸侯所办的“泮宫”不能与“辟雍”比肩，只能“半周环水”，体现了等级的差异性。因此，答案选 A。

B. 大学的等级是由办学者以及入学者的政治地位决定的，不是由地理位置决定的。

C. 大学是为天子和贵族服务的，代表了统治阶级的意志，不是迎合学生的需要。

D. 大学对入学对象有限制，一类是贵族子弟，另一类是平民中的优秀分子，并不是贵族子弟专享。

4. 【解析】 A　记忆＋理解题　此题考查西周教育制度的特点。

A. 家、党、术、国都是行政体制，地方政府根据级别和区划设有不同的教育机构。因此，答案选 A。

B. 西周形成了完备的国学、乡学制度。隋唐时期，建立了相当完备的中央和地方官学制度，其堪称我国封建社会学校教育制度的典型。

C. 国学设在周天子和诸侯国的王都内，教育对象主要是奴隶主贵族子弟。乡学是设在王都郊外六乡行政区内的地方学校，教育对象主要是中下级奴隶主子弟和具有庶民身份的“万民”。二者有阶层等级之分。

D. 西周已具备了较为完备的学校教育制度，有了不同类型和级别的学校。但西周教育制度的特点是“学在官府”，其私学并没有同步发展。

5. 【解析】 C　记忆题　此题考查西周的乡学。

西周时期的乡学是设在王都郊外六乡行政区中的地方学校，入学对象是一般奴隶主和部分庶民子弟，教育内容是“乡三物”。因此，答案选 C。

6. 【解析】 A　记忆题　此题考查西周时期的“六艺”教育。

A. 大学的教学服从于培养统治者的需要，学大艺，履大节，以礼乐为重，射御次之。因此，答案选 A。

B. 德、行、艺、仪是小学的主要教育内容。

C. “六德”“六行”“六艺”是乡学的教育内容“乡三物”。

D. 军事训练表述片面，大学的教育内容既有军事相关的射、御，还有非军事的礼、乐。

7. 【解析】 C　记忆题　此题考查西周的国学。

西周的国学由大司乐主持，乡学归大司徒主管，国子祭酒是国子监的首领，博士是汉武帝时期太学的教师。因此，答案选 C。

8. 【解析】 D　理解题　此题考查家庭教育的内容。

D 选项中，书和数在学习时有所交融，比如学汉字的同时也是学数字，学方向名称的同时也是学方向，学干支的同时也是学数日，并不是各自独立的。因此，答案选 D。

论述题

试述“六艺”教育（内容、特征、发展）及其历史价值（对当今教育改革的启示）。

答：(1）简介：“六艺”教育是西周时期教育的六项基本内容——礼、乐、射、御、书、数。其中礼、乐是“六艺”的中心，是大学的教学重点；书、数是小学的主要教学内容。

（2）内容：

①礼：凡政治、伦理、道德、礼仪都包括在内，西周时期，礼的教育不仅在于养成礼仪规范，而且具有深刻的政治作用，即通过礼制表明尊卑、上下的关系，强化宗法制度和君臣等级制度。

②乐：包括诗歌、舞蹈和音乐，是当时的艺术教育，包含德育、智育、体育、美育的要求。乐教的作用是陶冶人的感情，使强制性的礼转化为人们内在的道德和精神需求。

③射：指拉弓射箭的技术。

④御：指驾驭马拉战车的技术。

⑤书：指文字读写。文字教学可采取多种方法，其中之一是按汉字构成的方法，以“六书”分类施教。

⑥数：指算法。数学知识到西周有了更多的积累，为系统的教学创造了条件。

（3）特征：“六艺”教育既重视思想道德，也重视文化知识；既重视传统文化，也重视实用技能；既重视文事，也重视武备；既要求符合礼仪规范，也要求加强内心修养。体现了文武兼备、诸育兼顾的特点，反映了早期中华文明发展的辉煌。

（4）发展：孔子继承了以“六艺”为核心的前代课程遗产，根据现实需要进行创造性改造，形成了新的“六艺”课程体系。他赋予“六艺”的新内涵就是“六经”。这是孔子对古代课程的一次重要改革，使以分科为特征的课程改变为以文献为特征的课程。

（5）历史价值（对当今教育改革的启示）：

①在学校教育制度的完善上，创建综合、全面的教育体系，落实素质教育。“六艺”教育是一种兼容并蓄、兼采众长的教育，从语文、数学、天文、体育等多个层面创立了一种综合的教育，在重视礼、乐的同时兼顾其他多个方面的发展。这启发我们的现代教育改革要朝着综合、全面的方向发展。

②在教学目标的设置上，强调“知行合一”，既重视知识能力与实用技能，又重视道德修养水平。在“六艺”教育中，书、数的教育过程就是知识的掌握过程，除此之外，还要求掌握实用的射、御方面的知识。在学习知识的同时，还重视礼、乐的教育。当今教育要以道德教育为先导，以艺术教育、体育教育为途径，以人的全面成长为目的。

③在教育功能的实现上，秉承“文化育人”。通过传统文化来哺育具有内在气质的人格，使受教者具有文化担当的责任意识。当今教育要培育完善的人格，可以通过文化熏陶，形成发自内心、由内向外的文化自觉、文化认同、文化担当。

第二章 私人讲学的兴起和传统教育思想的奠基

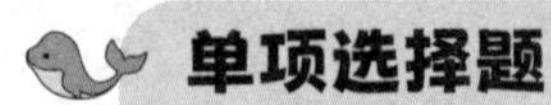

单项选择题

基础特训

1. 【解析】 B 理解题 此题考查春秋时期的私学。

春秋时期既有诸子百家中的代表人物创办的私学，也有各个诸侯国为了扩张而养士创办的私学，此时王权衰落，国家已经失去了对教育的控制。所以，不存在天子为了维护社会稳定，鼓励创办私学这一说。因此，答案选 B。

2. 【解析】 D 记忆题 此题考查稷下学宫的性质。

稷下学宫是一所由官家操办而由私家主持的特殊形式的学校。从主办者和办学目的来看，稷下学宫是官学；从管理方式和教学活动来看，稷下学宫邀请有独立学者身份的私家学者来领导学宫，保证了稷下学宫教学与学术活动的私学性质，官方不多加干预。因此，答案选 D。

3. 【解析】 C 记忆题 此题考查孔子的政治主张。

孔子主张道德教育居于首要地位，其政治主张的基本出发点是德，仁是道德里的核心内容。因此，答案选 C。

4. 【解析】 A 理解题 此题考查孔子教育思想的局限性。

A 选项表明最上等的智者和最下等的愚笨之人不容易改变，这说明了孔子教育思想的局限性。因此，答案选 A。

5. 【解析】 B 理解题 此题考查孔子的教育思想。

A. 孔子明确提出“庶、富、教”的顺序是“先庶，后富，再教”。

B. 孔子提出“先庶，后富，再教”，认为“庶”与“富”是实施教育的先决条件。因此，答案选 B。

C. 孔子认为经济的发展是教育发展的物质基础，而不是通过教育来进行经济建设。

D. 孔子并没有明确提到成为劳动力就可以接受教育，而是强调要有较多数量的劳动力，然后在此基础上进行教育。

6. 【解析】 D 理解题 此题考查孔子的教育思想。

朱熹在《论语集注》中说：“愤者，心求通而未得之意，悱者，口欲言而未能之貌。启，谓开其意，发，谓达其辞。”因此，答案选 D。

7. 【解析】 B 记忆题 此题考查孟子的教育思想。

“学问之道无他，求其放心而已矣”出自《孟子·告子章句上》。这句话的意思是：“学问之道没有别的什么，不过就是把那失去了的本心找回来罢了。”因此，答案选 B。

8. 【解析】 A 理解题 此题考查孟子的教育思想。

“盈科而进”，也称“盈科后进”，出自《孟子·离娄下》。这句话的意思是：“泉水遇到坑、洼，要充满之后才能继续向前流，比喻要想进步、提高，必须打好坚实的基础。”“科”是“坑、洼”的意思。因此，答案选 A。

9.【解析】 C　记忆题　此题考查孟子的“大丈夫”人格理想的培养途径。

“深造自得”为孟子的教学思想，而非“大丈夫”这一人格理想的培养途径。因此，答案选 C。

10.【解析】 C　记忆题　此题考查荀子的教师观。

荀子将教师视为治国之本，把国家兴亡与教师的关系作为一条规律总结出来，把教师的地位提高到与天地、祖宗并列的地位。因此，答案选 C。

11.【解析】 B　记忆题　此题考查墨子的教育思想。

“列德而尚贤，虽在农与工肆之人，有能则举之”出自《墨子・尚贤上》。墨子自称其学说代表“农与工肆之人”的利益，注重实用，强调下层人民的利益。因此，答案选 B。

12.【解析】 A　理解题　此题考查墨子的教学方法。

墨家在实践中主张“合其志功”，即动机与效果统一。“志”就是动机，是出发点；“功”就是效果，是归宿。教育人，不仅要看其动机，还要看其行动的效果，二者必须辩证统一。因此，答案选 A。

13.【解析】 D　理解题　此题考查墨子的人性论。

孔子将教育的社会作用概括为“庶、富、教”，将教育对个人的作用概括为“性相近也，习相远也”。孔子和墨子都重视教育对社会和个人的作用。二者的区别在于，孔子把人性分成等级，认为上智和下愚不移，教育只对中人起作用，认为人的品性影响了教育的作用；而在墨子看来，人性不是先天形成的，就像是待染的素丝，有什么样的环境与教育就造就什么样的人。墨子从人性平等的立场出发认识和阐述教育作用，认为教育影响了人的品性的形成。因此，答案选 D。

14.【解析】 B　理解题　此题考查墨子的教育思想。

题干的意思是：“当官的没有永久高贵的，普通老百姓没有终身低贱的。谁有才能就选拔谁，谁无才能就罢免谁。”这体现了在用人原则上，墨子主张任人唯贤，反对任人唯亲，主张“官无常贵，而民无终贱”。因此，答案选 B。

15.【解析】 B　记忆题　此题考查《大学》的教育目的。

《大学》开篇讲：“大学之道，在明明德，在亲民，在止于至善。”这是儒家对大学教育目的和为学做人目标的纲领性表述。B 选项“仁政”是孟子的观点。因此，答案选 B。

16.【解析】 B　记忆题　此题考查《中庸》中的教育思想。

《中庸》提到“自诚明，谓之性；自明诚，谓之教”的思想。因此，答案选 B。

17.【解析】 D　记忆题　此题考查《学记》的教学思想。

A、B、C 选项均表述正确。D 选项“不愤不启，不悱不发，举一隅不以三隅反，则不复也”是孔子在《论语・述而》中关于启发式教学的论述。因此，答案选 D。

18.【解析】 B　记忆题　此题考查《学记》的教育教学原则。

题干的意思是：“学生有四种过失，当老师的一定要知道。人们的学习，有的错在贪多，有的错在求少，有的错在认为知识太简单，有的错在学知识半途而废。产生这四种过失的心理状态是不同的。知道了他们的心理状态，这样以后才能补救他们的过失。”这句话体现的是长善救失原则。因此，答案选 B。

19.【解析】 D　记忆 + 理解题　此题考查《学记》的学校管理。

《学记》规定每隔一年考查一次，考查内容包括学业成绩和道德品行，不同年级要求不同。其中，第一、三、五、七、九学年都有考试，分别是：

第一年“视离经辨志”：考查阅读能力，看能否分析章句；考查品德方面，看是否确立了高尚的志向。

第三年“视敬业乐群”：考查对学业的态度是否专心致志和与同学相处能否团结友爱。

第五年“视博习亲师”：考查学识的广博程度和与教师是否亲密无间。

第七年“视论学取友”（“小成”）：考查学术见解和交友择友。

第九年“知类通达，强立而不反”（“大成”）：考查学术上的融会贯通和志向上的坚定不移。

因此，答案选 D。

20.【解析】 B 记忆题 此题考查《学记》。

《学记》是《礼记》中的一篇，是世界上最早的专门论述教育、教学问题的专著，被称为“教育学的雏形”。因此，答案选 B。

拔高特训

1. 【解析】 D 理解题 此题考查春秋时期私学的特点。

私学以多种目标、多种规格培养人才，适应建立封建制度的需要，为地主阶级的利益服务。因此，答案选 D。

2. 【解析】 D 记忆题 此题考查齐国的稷下学宫。

D 选项中，稷下学宫发扬了礼贤下士的风格，给稷下学者以非常优厚的待遇。学者们享受同上大夫一样的俸禄。“不治而议论”，但并非直接授予上大夫的官职。因此，答案选 D。

3. 【解析】 D 理解题 此题考查孔子的教学方法。

A.“闻斯行诸”是记载孔子因材施教的一个例子。子路和冉有同样问“闻斯行诸”，孔子却做了不同的回答，这体现了孔子的因材施教。

B.“听其言，观其行”指通过学生的言论和行为来观察学生的特点，是实行因材施教的前提条件。

C.“视其所以，观其所由，察其所安”指注意学生的所作所为，观看他所走的道路，考察他的感情倾向，这样就可以把一个人的感情面貌了解透彻，是实行因材施教的前提条件。

D.“不愤不启，不悱不发”意思是：“不到学生努力想弄明白，但仍然想不明白的程度时，先不要去开导他；不到学生心里明白，却又不能完善表达出来的程度时，也不要去启发他。”这体现了孔子启发诱导的教育方法。因此，答案选 D。

4. 【解析】 D 综合题 此题考查孔子的教师观。

A.“善为师者，既美其道，有慎其行”是董仲舒论述教师品质的句子。董仲舒认为，一个好的教师要具有良好的“道”和“行”，即思想、知识和道德行为素养。

B.“立教有本，躬行为起化之原”是王夫之论述教师品质的句子。王夫之非常重视教师自身的道德行为在教育活动中对学生所产生的潜移默化的影响，曾将此称为“起化之原”。

C.“诵说而不陵不犯，可以为师”是荀子论述教师品质的句子。荀子认为，为师之道就在于：有尊严而令人起敬，德高望重，讲课有条理而不违师法，见解精深而表述合理。

D.“爱之，能勿劳乎？忠焉，能勿诲乎？”的意思是：“爱他，能不为他操劳吗？忠于他，能不对他劝告吗？”对学生的爱和高度负责，是孔子诲人不倦教学态度的思想基础。因此，答案选 D。

5. 【解析】 C 理解题 此题考查孔子的教师观。

题干中这句话讲的是学生学诗有疑难而请教，教师答疑就本意做了说明，学生得到启发进一步考虑此诗可借喻“礼”与“仁”的关系，思考问题更有深度。教师于此反受启发，向学生学习而获益。体现了教学相长的教师素养。因此，答案选 C。

6.【解析】 A　理解题　此题考查孔子的教学内容。

“文、行、忠、信”分别指文化典籍、言行、忠诚和信实，其中“文”属于知识教育，“行、忠和信”都属于德育的范畴。因此，答案选 A。

7.【解析】 A　理解题　此题考查孟子的教育思想。

题干中这句话的意思是：“不能局限于文字本身而忽视优美的辞藻，不能止步于优美的辞藻而忽视诗人之志。用自己切身的体会去推测作者的本意，才能得到正确的理解。”孟子要求读书不拘于文字和词句，而应通过思考去体会深层意蕴，这体现的是“深造自得”。因此，答案选 A。

8.【解析】 A　记忆题　此题考查孟子“性善论”的基本观点。

恻隐之心、羞恶之心、恭敬之心和是非之心是人所固有的，它们分别对应仁、义、礼、智。因此，答案选 A。

9.【解析】 C　理解题　此题考查孟子的“性善论”。

A.“民为贵，社稷次之，君为轻”体现了孟子的“仁政”思想。

B.“少成若天性，习贯如自然”是指少儿时期通过教育养成的智能，犹如天生自然一样。这是孔子对教育的论述。

C. 孟子以为，仁义礼智这些人的“良知”“良能”，是人所固有的，体现了人性本善。因此，答案选 C。

D.“今人之性，生而有好利焉”体现了荀子“性恶论”的观点。

10.【解析】 A　记忆 + 理解题　此题考查荀子的教育思想。

A. 荀子认为“知通统类：如是则可谓大儒矣”。学习并善于运用思维的功能去把握事物的“统类”和“道贯”，即事物的本质与规律，就能自如地应对前所未遇的事变。因此，答案选 A。

B. 王充从“学之乃知，不问不识”“人有知学，则有力矣”分别阐述知识的来源与知识的重要性，反对先知论，认为有知识就有力量，注重知识经验的积累。

C. 墨子主张教育的作用是“知义”，教育通过使天下人“知义”实现社会的完善。他将对人的教育看成是“爱人”“利人”的重要内容和表现。

D. 老庄以“知止”作为解决认识的有涯与无涯矛盾的方法。从老庄思想的整体进行考察，“知止”所表达的是一种认识态度，即不强求其知，而他们解决认识的有涯与无涯矛盾的方法，就在于如何实现对“道”的把握。

11.【解析】 D　记忆题　此题考查墨子的教育内容。

墨家最早提倡以科学与技术为教育内容，主张培养思维能力。《墨子·经说下》指出：“足蔽下光，故成景于上；首蔽上光，故成景于下。”这句话的意思是：“足遮住下面的光，反射出来成影在上；头遮住上面的光，反射出来成影在下。”因此，答案选 D。

12.【解析】 B　记忆题　此题考查墨子的“三表法”。

墨子提出了著名的“三表法”。第一表的内容是历史的经验和知识；第二表的内容是依据民众的经历，以广见闻；第三表的内容是在社会实践中检查思想与言论正确与否。题干中提到的为第二表的内容。因此，答案选 B。

13.【解析】 B　记忆 + 理解题　此题考查教育论著《中庸》。

这句话认为虽然人的智力和能力存在差异，但通过个人努力，可达到相同的效果，鼓励个体充分发挥主观能动性。因此，答案选 B。

14.【解析】 A　记忆 + 理解题　此题考查教育论著《学记》。

A.“大学始教，皮弁祭菜，示敬道也”是《学记》中对于尊师的表述，即大学在举办开学典礼时，需要穿着礼服，准备祭祀用的菜品来祭拜先哲，代表尊师重道。因此，答案选 A。

B.“言而不称师，谓之畔（叛）”是荀子对于尊师的表述。荀子强调尊师，认为不依师法言行者，背叛教师者，人人都应当唾弃他。

C.“自行束脩以上，吾未尝无诲焉”体现了孔子“有教无类”的教育方针。束脩礼在当时也是学生拜见老师时常见的礼物，以表示对老师的尊敬。

D.“道之所存，师之所存也”是韩愈所著《师说》中对尊师的表述，即道理在的地方就是老师在的地方。

15.【解析】 C　记忆 + 理解题　此题考查《学记》的教学方法。

A. 讲解法。语言简约而意思通达；义理微妙而说得精善；举少量典型的例子能使道理明白易懂。

B. 问答法。教师的提问应先易简、后难坚，要循着问题的内在逻辑。而答问则应随其所问，有针对性地作答，恰如其分，适可而止，无过与不及。

C. 练习法。根据学习的内容来安排必要的练习，练习需要有规范，并且应逐步地进行。题干中的句子说的是以铁匠、弓匠之子与小马学驾车为例，强调要从基础练习开始做起。因此，答案选 C。

D. 类比法。从一事物推及同类事物，通过类比，发展学生的思维，提高学习效率，使学生具有“触类旁通”的能力。

16.【解析】 A　综合题　此题考查墨子和孔子教育思想的相同点。

孔子所强调的行主要是指道德实践。他十分强调思想动机的问题，要求慎其独处，或者以为一心一意于善，善就来了。墨子则提出“合其志功而观焉”。志就是动机，功就是效果，主张动机与效果的统一。此外，墨子重行，出于实现兼爱天下的社会理想，墨子的实践除了道德和社会政治方面的，还有生产、军事和科技方面的。因此，答案选 A。

17.【解析】 C　综合题　此题考查儒家的君子观。

荀子的思想虽然与儒家有一定的渊源，但他并非直接继承孔子的君子观来提出“大儒”的教育目标，而是对孔子的君子观进一步改造，从“性恶论”角度提出“大儒”的教育目标，更强调后天的学习和礼法的约束等，与孔子的思想有一定差异。因此，答案选 C。

18.【解析】 A　综合题　此题考查古代教育家的教学思想。

孟子十分强调对不同情形的学生采取不同的教法，这就是“教亦多术”，也反映了“因材施教”的思想。“教亦多术”并非孔子提出的。因此，答案选 A。

论述题

1.　试述孔子的道德教育思想（德育原则）及其当代价值（现实意义）。

答：孔子的教育目的是培养从政的君子，而成为君子的主要条件是具有道德品质修养。所以，在他的私学教育中，道德教育居首要的地位。

（1）孔子的德育思想

①道德教育的内容。

a.“礼”和“仁”是孔子道德教育的主要内容。“礼”为道德规范，其中最重要的两项是忠与孝；“仁”

为最高道德准则，可分为忠与恕，即积极与消极两方面。

b.“礼”和“仁”的关系是形式和内容的关系。“礼”为“仁”的形式，“仁”为“礼”的内容。有了“仁”的精神，“礼”才能真正充实；以“仁”的精神来对待不同的伦理关系时，就有不同的具体的“礼”。

②道德教育的原则和方法（包括道德教育的至理名言）。

a.立志：“三军可夺帅也，匹夫不可夺志也。”孔子教育学生要有志向，并坚持自己的志向，不能过多地计较物质生活，要为社会尽义务。

b.克己：“君子求诸己，小人求诸人。”在处理人际关系时，孔子主张重在严格要求自己，约束和克制自己的言行，使之合乎道德规范。

c.力行：“言必信，行必果。”孔子提倡言行一致，重视行，即重视道德实践。

d.中庸：“中庸者，不偏不倚，无过不及，而平常之理也。”孔子认为待人处事要中庸，防止发生偏向，一切行为都要中道而行，做得恰到好处。

e.内省：“见贤思齐焉，见不贤而内自省也。”内省就是对日常所做的事自觉进行反思。

f.改过：“人非圣贤，孰能无过？”孔子认为人要敢于正视自己的错误，勇于改正。

（2）孔子德育思想的当代价值

①孔子的德育思想是以“君子”为目标的理想信念教育。孔子主张培养“修身”“齐家”“治国”“平天下”的“圣人”和“君子”，他为整个中华民族定格了人格理想。当前，我国教育应该通过创造人人所景仰的人格典范，引导人们追求崇高的道德境界，激励个人完善自我。

②孔子的德育思想是以“仁”为核心内容的和谐精神教育。“仁”是君子的核心精神表现，也是人际交往的重要前提。如今，“仁”与“礼”依然是处理人际关系的重要核心思想，“仁”的精神将会被传承，以符合当今时代“礼”的形式予以表达。

③孔子的德育思想是以“德性优先”为原则的道德自律思想。孔子主张身体力行，学、思、行并重，立志、自省等德育原则和方法。面对多元文化社会的时代背景，我们应认识到孔子思想中培养道德主体人格的重要性，树立现代德育观，尊重主体，由灌输走向对话，由限制个性走向发展个性。

④孔子的德育思想是以“下学而上达”“学、思、行并重”为方法的德育活动。孔子尤其注意“下学”，“能下学，自然上达”。今天的道德教育应进行改革，不仅要学习书本知识，而且要走与实践相结合的道路，使受教育者得到全面的锻炼和发展，做到言行一致、多做实事，从而将德育落到实处。

2.　试述《学记》的教育思想及其现实意义（对我国教育的启示）。

答：《学记》是世界上最早的专门论述教育、教学问题的专著，被誉为“教育学的雏形”，是先秦时期儒家教育活动的理论总结。相传是战国后期孟子的学生乐正克所作，出自《礼记》。

（1）《学记》的教育思想

①教育作用与目的：a.教育对社会的作用。“建国君民，教学为先”“化民成俗”，教化人民，来养成良好习俗。b.教育对个人的作用。“玉不琢，不成器；人不学，不知道。”

②教育制度与学校管理：a.学制。从中央到地方，按行政体制建学，“古之教者，家有塾，党有庠，术有序，国有学”。b.学年。两段，五级，九年，这是古代年级制的萌芽。c.重视视学与考试。

③教学原则：强调预防性原则、及时施教原则、循序渐进原则、学习观摩原则、长善救失原则、启发诱导原则、藏息相辅原则、教学相长原则。

④教学方法：强调讲解法、问答法和练习法。

⑤**教师观：**强调尊师重教与教学相长。

(2)《学记》教育思想的评价 / 地位与贡献

①**《学记》有丰富的古代课程思想。**《学记》中有关大学课程的论述，可视为先秦课程思想的初步总结，可将其看成中国教育史上第一个“大学”的课程标准。

②**《学记》有丰富的古代教学思想。**《学记》结合当时儒家教育教学的现状，系统地总结了先秦时期的教育经验，提出了教学相长、长善救失等教学原则和方法，成为记录先秦时期教学方法的重要典籍。

③**《学记》是对先秦教育教学的思想与经验的完善总结。**《学记》对先秦的教与学做了系统、完整的论述，是先秦时期最重要的教育论文。

④**《学记》为中国后世教育传统奠定了基础。**《学记》为中国教育理论的发展树立了典范，其历史意义和理论价值十分显著。它意味着中国古代教育思想专门化的形成，是中国教育理论发展的良好开端。

(3)《学记》对我国当今教育的启示

①**在学制建设方面，应根据时代的需要，不断完善按行政区域建制建学的教育制度。**《学记》设计了一个从中央到地方、从城市到农村、从初级学校到高等学校的统一的教育体制，对后世具有借鉴意义。

②**在学校管理方面，应继承和发扬德智并重的考试制度，以符合当今发展素质教育的要求。**在教学目标与评价目标的设置上，要以“立德树人”为根本任务，让学生成为德智并重的时代新人。

③**在教学思想方面，应继承《学记》的教学原则和方法，尤其提倡启发式教学方法。**应深入挖掘并解码《学记》中所蕴含的教师育人能力以及如何培育这种能力的先贤智慧，助力新时代教师教学效能的提升。

④**在师生关系方面，应继承和发展“教学相长”的态度，努力构建和谐平等的师生关系。**在教学活动中，教师作为教的主体，要充分发挥自己在教学过程中的作用，以身作则，不断促进教学专业水平的提升。

3. 习近平总书记曾提出“四有”好老师的标准，孔子也曾对教师提出一些具体的要求，请将二者结合起来谈谈你的看法。

答：孔子对教师提出的要求体现在教师观中，强调教师要“学而不厌、诲人不倦、以身作则、爱护学生、温故知新”；习近平总书记提出的“四有”好老师的标准是“有理想信念、有道德情操、有扎实学识、有仁爱之心”，这是对孔子教师观的继承和创新，同时，也富有今天的时代性。

(1) 继承性

①**在师德要求上：**孔子提出教师要“以身作则”，“四有”好老师要求教师“有道德情操”，继承了孔子的师德观。

②**在知识要求上：**孔子提出教师要“学而不厌、温故知新”，“四有”好老师强调“有扎实学识”，继承了孔子对教师知识素养的重视。

③**在师生关系上：**孔子强调教师要“爱护学生、诲人不倦”，“四有”好老师要求教师“有仁爱之心”，继承了孔子的教师关爱学生的思想。

(2) 创新性

①**师德创新。**“四有”好老师除了强调师德，更强调教师的理想信念，从教师私德到公德，全面提升教师道德素养。

②**学识创新。**“四有”好老师比孔子对教师的知识要求更宽泛，孔子强调教师对“六经”的学习。今天我们强调教师既要有学科知识，还要有广博的科学文化知识，知识面要更加丰富。

（3）时代性

①“四有”好老师更强调教师的理想与当今国家发展紧密相关，要求教师坚定地为社会主义培养建设者和接班人，相信教育的力量。

②“四有”好老师更强调教学内容、教学方法与手段等都要具有时代性，能够适应现代化信息社会。

综上所述，“四有”好老师的标准对孔子的教师观既具有继承性，又具有创新性与时代性。虽然在具体的教学内容和现代的道德要求上有所不同，但整体的思想是一脉相承的。

4.　阅读材料，分析并评论其中的教育思想。

答：（1）简介：《学记》是《礼记》中的一篇，是世界上最早的专门论述教育、教学问题的专著，被称为“教育学的雏形”。它是先秦时期儒家教育和教学活动的理论总结，其作者一般被认为是思孟学派中孟子的学生乐正克。

（2）含义：材料中的这段话想表达的是“教学相长”。其意思是：即使有美味的菜，不去品尝，就不知道它的味道的甘美；即使有最好的道理，不去学习，就不知道它的好处。所以学习之后才知道自己的不足，教人之后才知道自己理解不了的地方。知道了自己的不足，然后才能自我反省；知道了自己不懂的地方，然后才能勉励自己。所以说：教和学是相互促进的。《兑命》里说：“教人是学习的一半。”大概说的就是这个道理吧？

（3）发展：我国历史上不止一位教育家表达过教学过程中的“教学相长”思想，如孔子、韩愈等。孔子认为，作为一名优秀的教师，所要具备的，便是在教学中做到教学相长。教育过程中既要教育学生，也要从学生身上领会到自己的不足。韩愈则认为“道之所存，师之所存”，要求人们以道为师，在教学过程中不仅要完成教育的任务，同时看到学生身上的长处时，也要不耻相师，师生关系便发生了转换。

（4）启示：教学相长不仅在教学的过程中起到促进教师和学生双方发展的作用，同时也具备其他意义。现代良好师生关系要求教学相长，共享共创。不仅是为了要与学生相互学习，更是为了构建和谐民主的师生关系。教师应与学生和谐共处，保持平等，这样才更有可能在教学中达到教学相长。

5.　试比较孟子与荀子教育思想的异同。

答：孟子和荀子都是我国春秋战国时期儒家学派著名的代表人物，二者的教育思想既有共同之处，也存在很大的区别。

（1）相同点

①**教育实践：**都对传播和发展儒学起到重要作用，二者的教育思想是儒家思想理论体系的有机组成部分。

②**教育作用：**都肯定教育对个人和社会的作用，渗透教育与政治相结合的思想。不论是孟子教育的作用——扩充“善端”与“行仁政，得民心”，还是荀子教育的“化性起伪”，均突出了教育在社会发展与个体成长中的作用。

③**教育目的：**都主张培养君子，培养知识和道德兼备的统治者。不论是孟子的“明人伦”思想还是荀子培养“大儒”的目标，其本质均是培养君子。

④**教育内容：**都主张学习儒经，强调道德教育是教育内容中的重要方面。孟子“明人伦”的教育目的决定了他的教育内容是以伦理道德教育为主体的。荀子整理“六经”作为教育内容，与孟子“孝悌”的教育内容更是一脉相承。

（2）不同点

①**时代背景**：a. 孟子是战国中期显赫于时代的儒家巨子，生逢百家争鸣高潮和兼并战争正炽。b. 荀子生于战国末期，在荀子的时代，百家争鸣已趋于互相吸收和融合，儒家私学教育已近尾声。

②**教育实践**：a. 孟子周游列国，推行其政治主张。他一生大部分时间从事教育事业，在长期的教育实践过程中，孟子积累了丰富的教学经验，形成了系统的教育思想。b. 荀子的教学活动主要是在稷下学宫，先后接受墨、道、兵、名、农诸家的影响，取百家之长。

③**教育作用**：a. 孟子主张内发论，从"性善论"出发，肯定人天生具有"善端"，教育要"存心养性"，把人天赋的"善端"发扬光大。b. 荀子主张外铄论，从"性恶论"出发，教育在人的发展中起着"化性起伪"的作用，需用"仁义礼法"改变人原始粗陋的本性。

④**教育目的**：a. 孟子主张"明人伦"和"大丈夫"，继承了孔子培养"君子"的目的。b. 荀子主张"大儒"，不仅要求德才兼备，还要从已知推未知，自如地面对从未闻见的新事物，从而自如地治理国家。荀子比孟子进一步提高了要求。

⑤**教育方法**：a. 孟子强调"思"，主张深造自得、专心致志、存养、内省、自得的过程，唯心主义的倾向较重。b. 荀子强调"学"，学习过程包括闻见、知、行三个阶段，反映了其唯物主义的思想。

⑥**教师观**：a. 孟子强调尊重老师，但是也强调"尽信书，不如无书"，反对不假思索地"师云亦云"。b. 荀子最为提倡尊师，认为教师是"治国之本"，要求"师云亦云"，绝对服从教师。

⑦**教育影响**：虽然二人都是先秦儒家重要代表人物，但在封建社会里，孔孟之道被看作儒学正统，一直以来，地位都比荀子高。可以说，孟子的教育思想对封建社会产生的影响力大于荀子。

综上所述，二者都有值得我们吸收、发扬的可贵之处，我们应该取长补短，借鉴吸收。

6. 试比较儒、墨两家教育思想的异同。

答：（1）相同点：

①**时代背景**：都处于春秋战国时期，在私学兴起和养士之风盛行的时代，儒墨两派成为"显学"，都学徒众多，影响力巨大。

②**教育作用**：均肯定教育对个人和社会的作用。不论是儒家学派代表人物孔子、孟子、荀子，还是墨家的代表人物墨子，都论述了教育对个人和社会的作用。

③**教育目的**："君子"和"兼士"都重视知识和道德。儒家主张培养"君子"，强调德才兼备；墨家主张培养"兼士"，强调厚乎德行、博乎道术。

④**教育内容**：均强调文史和政治的学习。儒家与墨家都传授文史知识，都坚持高尚的思想品质和坚定的政治信念。

⑤**教育方法**：均重视实践。儒家和墨家都注重道德和政治实践，并十分注重思想动机的统一。

⑥**教育对象**：都具有全社会性。儒家秉持"有教无类"的教育思想，并付诸实践；墨家是"农与工肆之人"的代表，但其以"兼爱"为核心教育思想，说明墨家的教育对象也具有全社会性。

（2）不同点：

①**教育作用**。a. 对社会：儒家主张维护贵族阶级的利益，教育是治国治民最重要的统治手段，可达到"德礼为治"的效果；墨家强调下层人民的利益，是"农与工肆之人"的代表，重视生产生活实际和人的实利，教育通过使天下人"知义"，实现社会的完善。b. 对个人：儒家提出人性论。"性善论"和"性恶论"体现了通过人性论强调教育有重大作用，教育可以使人向善；墨家提出"素丝说"，认为对人的教育是一种

社会的兴利除弊。在人的发展上反对命定论，重视教育和环境的作用，体现了外铄论。

②**教育目的。** a. 儒家培养“君子”。君子需德才兼备，这是一种官本位的教育模式，教育为政治服务，为国家培养政治人才。b. 墨家培养“兼士”。除了道德和才智，墨家还重视“辩乎言谈”。“兼士”与君子表现出完全不同的人格追求，反映了小生产者的平等思想，后演变为中国的侠义精神。

③**教育内容。** a. 儒家教育内容为“六经”，偏重社会人事、文事，轻视生产劳动。b. 墨家重视科学与技术教育和思维训练，注重实用技术的传习，反感儒家烦琐的礼教和乐教。

④**教育方法。** a. 在教与学上，儒家主张“叩则鸣，不叩则不鸣”，强调学生主动求教；墨家主张“虽不叩则必鸣”，要求教育者主动说教。b. 在传统问题上，儒家主张“述而不作”，强调继承；墨家主张“善述善作”，既肯定继承，又重视创造。c. 在教学实践上，儒家重视政治和道德实践，思想动机的纯正；墨家重行，除政治、道德，还包括科技、军事、生产劳动实践，强调“合其志功”，动机与效果的统一。d. 在教学过程上，儒家主张“学而知之”，从学开始，由学而思进而行，强调直接经验；墨家主张间接获得的知识、推理所得的知识、经验所得的知识，提出了著名的“三表法”。

⑤**道德教育。** a. 儒家教育中，道德教育居首要地位，需要通过文化知识的传授才能落实。b. 墨家把道德修养放在教育工作的第一位，重视劳动，认为进行道德教育在于言传身教和感化。

⑥**教育影响。** 儒家、墨家的教育思想虽然在先秦时期都产生了重要影响，但从后世发展来看，封建社会更重视儒学，把儒学与政治紧密结合，做到政治伦理化，教育儒学化。而汉代后，对墨家不予认同，导致墨家教育思想销声匿迹。

（3）总结： 从总体上看，先秦儒家是教育、道德、政治三位一体的教育体系，其中教育是基础。道德由学习培养得来，即把伦理教育化；治人属于政治范畴，由教育培养得来，又把政治教育化。墨家的品德教育、论辩教育和科学教育重视实践和联系实际，强调通过实际行动来教人。

7. 孔子的“不愤不启，不悱不发。举一隅不以三隅反，则不复也”和《学记》中的“道（导）而弗牵，强而弗抑，开而弗达”分别是如何论述启发式教学方法的？指出二者的异同。

答：（1）孔子对启发式教学方法的表述为：“不愤不启，不悱不发。举一隅不以三隅反，则不复也。”可理解为：教导学生，不到他苦思冥想仍不得其解的时候，不去开导他；不到他想说却说不出来的时候，不去启发他。给他指出一个方面，如果他不能由此推知其他三个方面，就不用再教他了。

（2）在《学记》中，启发诱导被称为“喻”，包括三个方面：“道（导）而弗牵，强而弗抑，开而弗达。”即引导而不是牵着，鼓励而不是压制，启发而不是直接告诉。

（3）二者的相同点： ①都强调教师对学生的引导和学生对问题的思考，而不是教师单方面地传授知识。②通过启发激发学生的求知欲、培养学生的思考能力。

（4）二者的不同点： ①孔子是世界上最早提出启发式教学的教育家，《学记》中的启发式教学是对孔子启发式教学的发展。②《学记》中的启发式教学方法相较于孔子的，提出了更为具体的要求——道（导）而弗牵，强而弗抑，开而弗达。③孔子的启发式教学强调要等待启发的时机，而《学记》中的启发式教学目的在于促进学生的主动学习。

第三章　儒学独尊与读经做官教育模式的初步形成

单项选择题

基础特训

1. 【解析】 A　记忆题　此题考查汉初的文教政策。

A. 汉初统治者以道家的“清静无为”作为政治指导思想，推崇“黄老之学”的文教政策。因此，答案选 A。

B. 汉武帝采纳董仲舒的献策，提出“罢黜百家，独尊儒术”的新文教政策。

C.“兴文教，抑武事”是宋朝推行的文教政策。

D.“重振儒术，兼用佛道”是隋唐时期的文教政策。

2. 【解析】 B　记忆题　此题考查汉代的文教政策。

“罢黜百家”不是消灭其他学问，而是限制其他学问。因此，答案选 B。

3. 【解析】 D　记忆题　此题考查太学。

A.“博士”这一官职在战国时已经出现。

B. 师法家法是随着汉代经学教育的发展而产生的，并非经学教育制度确立的标志。

C. 察举制是选士制度，是对太学养士选才的补充，二者相辅相成。

D. 汉武帝下令在长安设太学，为五经博士置弟子，标志着以经学教育为内容的中国封建教育制度正式确立。因此，答案选 D。

4. 【解析】 A　记忆题　此题考查太学的教学形式。

A. 太学最初采用个别教学的形式教学，后来太学生人数增多，出现了“大都授”集体上课的教学形式和次第相传的教学形式。因此，答案选 A。

B.“都讲”是“大都授”集体上课形式中的主讲博士。

C. 讲座是由教师不定期地向学生讲授与学科有关的科学趣闻或新的发展，以扩大他们知识面的一种教学活动形式。

D. 讲会即书院讲会，产生于南宋，至明朝逐渐制度化。东林书院的讲会制度是明朝讲会制度的突出代表。

5. 【解析】 C　记忆题　此题考查汉代的书馆。

A. 经馆是著名学者聚徒讲学的场所，又称精舍或精庐等。

B. 贵胄学校为汉代中央官学宫邸学的一种，是政府专为皇室及贵族子弟创办的学校。

C. 书馆又称书舍，书馆前期主要是从事识字和书法教育，后期则开始接触儒学基础内容。因此，答案选 C。

D. 郡国学为汉代地方官学。

6. 【解析】 C　记忆题　此题考查鸿都门学。

A. 四门学是唐代“六学一馆”中的学校，其生源为七品以上官员子弟及地方学校之优秀者。

B. 汉朝的宫邸学可以分成两种：一是政府专为皇室及贵族子弟创办的贵胄学校，二是以宫人为教育对象的宫廷学校。

C. 鸿都门学是东汉一种研究文学艺术的专门学校，也是世界上最早的文学艺术专门学校。因此，答案选 C。

D. 画学是宋朝的创举，属于中央官学中的一种专科学校。

7.【解析】 A　记忆题　此题考查郡国学的培养目标。

汉代郡国学是朝廷设立的地方官学，始创于汉景帝时期的“文翁兴学”，主要培养目标是本郡官吏。因此，答案选 A。

8.【解析】 A　记忆题　此题考查郡国学。

汉代实行郡县制，也保留分封制，地方行政单位最高为郡国，地方学校称郡国学校。郡国学校始创于西汉时期的“文翁兴学”。B、C、D 选项为北宋的三次兴学，将在“第五章 理学教育思想和学校的改革与发展”处学习。因此，答案选 A。

9.【解析】 D　记忆 + 理解题　此题考查汉代的经学教育。

A. 今文经学：汉朝初年凭借经学大师的记忆、背诵，采用当时流行的隶书记录下来的“六经”旧典，以董仲舒等为代表人物。

B. 古文经学：汉武帝时期从地下或孔壁中挖掘出来或通过其他途径保存下来的儒经藏本，其代表人物为王充。

C. 汉代经学传授时，将汉代所立博士或经学大师的经说定为师法，而大师的弟子们能够发展师法成为一家之言，得到学术界和朝廷的认可，便称为家法。所以，应该是先有师法，后有家法。

D. 汉代经学教育中多采用章句的形式教学，章句实际上是经师教学所用的讲义。因此，答案选 D。

10.【解析】 B　记忆题　此题考查汉代的经学教育。

汉朝经学大师常常有成百上千的弟子，不可能各个当面传授，弟子常被分为两类进行管理：一类是及门弟子（授业弟子），直接聆听老师的教诲，甚至和老师一起辩论经义，商讨学术；另一类是著录弟子，慕教师之名而来，老师承认他们为弟子，以后便可在需要的时候请教。因此，答案选 B。

11.【解析】 D　记忆 + 理解题　此题考查察举制。

A. 贤良文学（贤良方正）是特科，但却是经常举行并受到重视的科目。此科目在于选拔直言极谏之士，以广开言路，匡正过失。

B. 茂才是汉代察举的一个重要科目，始于武帝元封五年，原称为秀才科，属于特科。东汉时，改称茂材（才），并改为岁举，主要选拔奇才异能之士，故亦称“茂材异等”“茂材特立之士”。

C. 明经科主要察举通晓经学的人才。自汉武帝“独尊儒术”后，两汉察举均重经学。

D. 孝廉是汉代察举中最重要的科目，它的设立标志着察举制登上历史舞台。因此，答案选 D。

12.【解析】 C　记忆题　此题考查汉代主要的教学方法。

书院讲会活动产生于南宋，至明朝逐渐制度化。其中东林书院的讲会制度是明朝讲会制度的突出代表。所以讲论讲会不属于汉代的教学方法。因此，答案选 C。

13.【解析】 C　理解题　此题考查太学的考试制度。

太学的考试基本上采取“设科射策”的形式。“科”是教师用以评定学生成绩的等级标记，从优到劣依次分为甲科、乙科、丙科，学生所取得的实际等级是授官的依据。所以“科”指的是等级。“射”是以射箭的过程来描述学生对试题的理解和答题的过程；“策”指教师所出的试题。“坑、洼”和“科目”与该考试形式无关。因此，答案选 C。

14.【解析】 B　记忆题　此题考查董仲舒的道德教育。

“三纲五常”是董仲舒伦理思想体系的核心，也是其道德教育的基本内容。先秦儒家曾提出“五伦”，即君臣、父子、夫妇、兄弟、朋友。董仲舒又突出强调君臣、父子、夫妇三种关系，这就是所谓的“三纲”，即“君为臣纲”“父为子纲”“夫为妻纲”。“五常”是仁、义、礼、智、信。因此，答案选 B。

15.【解析】 A　记忆题　此题考查董仲舒的德育观。

“正其谊（义）不谋其利，明其道不计其功”是董仲舒对道德教育思想的总概括。因此，答案选 A。

16.【解析】 B　记忆题　此题考查王充的思想。

王充对谶纬神学进行批判，提出了几个与儒家神学相对立的论点：天道自然；万物自生、万物一元；人死神灭。因此，答案选 B。

17.【解析】 B　记忆题　此题考查王充的学习观。

A/C. 荀子在强调尊师的同时，还强调学生对教师的无条件服从，主张“师云亦云”“师道尊严”。

B. 王充在处理学生与教师关系的问题上，提出“问难”与“距师”，强调个人要敢于质疑、敢于否定、敢于批判，同时要和教师保持距离，即不能完全附和教师，要有自己的思考和见解。因此，答案选 B。

D. 韩愈认为，求师的目的是学“道”，能否当教师要以“道”为标准。所以，“道之所存，师之所存”。

18.【解析】 A　记忆题　此题考查王充的教育观。

A. 王充把文人和鸿儒作为教育的培养目标，把培养杰出的政治人才和学术人才作为教育的最高目的。在中国教育史上，王充首次明确提出教育应培养创造性的学术理论人才。因此，答案选 A。

B. 韩愈要求教育要“明先王之教”，要发扬先王所倡导的儒家教育内容，使人们明白“学所以为道”。

C. 颜元主张培养品德高尚、有真才实学的“经世致用”之才。

D. 董仲舒主张培养的人才类型主要包括儒学治术人才和贤良人才。

拔高特训

1. 【解析】 A　理解题　此题考查汉代的文教政策。

“量材而授官，录德而定位”，即把那些真正有德、有才的人推荐上来，经过考核再加以录用，使学校培养出来的人才和社会上的各类人才充分发挥其作用，任用官员，任官唯贤。这里，董仲舒提到的“材”“德”是以儒家的经术和道德观念为标准的，是指经术之才。因此，答案选 A。

2. 【解析】 D　理解题　此题考查汉代的私学。

D 选项表述错误，“今文经学者”应当改为“古文经学者”。今文经学者用统治者的意愿解释经学，受到皇帝支持，在官学中教学。古文经学者主张恢复儒学的本来面目，在朝廷中得不到重用，因此在民间私学进行专经讲授。因此，答案选 D。

3. 【解析】 C　记忆题　此题考查鸿都门学和“文翁兴学”的对比。

A. 鸿都门学不教授实用技能；“文翁兴学”注重道德教化，其实也就是注重道德修养。

B. 鸿都门学不注重学术研究，但发展个人兴趣；“文翁兴学”不注重教育普及，是为了本地的育才和教化。

C. 鸿都门学注重文学艺术，其实就是注重兴趣爱好；“文翁兴学”注重地方教化和育才。因此，答案选 C。

D. 鸿都门学注重文学艺术；“文翁兴学”注重儒家经典。

4. 【解析】 A　记忆题　此题考查汉代私学的教材。

《尔雅》从语辞学的角度对汉字的构造、组词及名物术语进行解释，能够使学生形成对汉字的系统认识，扩大识字面。因此，答案选 A。

5. 【解析】 B　记忆题　此题考查经学教育。

古文经学是按照“六经”产生的早晚排序，排序为《易》《书》《诗》《礼》《乐》《春秋》。因此，答案选 B。

6. 【解析】 C　记忆 + 理解题　此题考查董仲舒的教育思想。

题干中的“得一端而多连之，见一空而博贯之”意思是：“知道事情的一个方面就要把它多方面联系起来，看到一个解决问题的渠道就要把它广泛连贯起来，加以推论，这样就能尽知天下事了。”

A. 强勉努力：学习需要有坚定的意志，勤奋努力，肯于刻苦钻研，这便是“强勉”。

B. 专心致志：只有心志专一，才能保持高效的学习和工作。

C. 精思要旨：所谓“精思”，就是要精心深入思考。董仲舒认为：“辞不能及，皆在于指（旨），非精心达思者，其孰能知之……见其指者，不任其辞。不任其辞，然后可与适道矣。”“指”，即要旨，即所谓原则、大义。要从微言之中把握大义，需要学者精心深入思考，“得一端而多连之，见一空（孔）而博贯之”。因此，答案选 C。

D. 必仁且智：针对道德修养中情感与认知两种不同心理因素之间的关系，董仲舒提出“必仁且智”的命题，认为在道德修养中必须做到“仁”与“智”的统一。

7. 【解析】 B　记忆 + 理解题　此题考查王充的教育思想。

A. 通人：广读各种书籍，掌握了丰富的书本知识，能够“博览古今”，但他们不能把书本知识和社会实际结合起来，缺乏理论思维能力，不能“掇以论说”。

B. 儒生：他们少则能够通儒家经书中的一种，“能说一经”，“旦夕讲授章句”，多则兼通“五经”。虽以教学为职责，但知识面狭窄，既不博古，也不通今，他们只是基础的儒学人才。因此，答案选 B。

C. 文人：知识渊博，能够将各种知识融会贯通，将书本知识和实际政治结合起来，并利用自己拥有的知识“上书奏记”，对实际政治加以评论和提出自己的建议。他们能成为称职的行政人才。

D. 文吏：受过识字教育，但“无篇章之诵，不闻仁义之语”。长大以后，或依靠自己的门第，或攀附权贵，入仕成吏。

8. 【解析】 B　综合题　此题考查汉代的学校。

汉代经馆是著名学者聚徒讲学的场所，又称精舍或精庐等。因此，答案选 B。

论述题

西汉时期，董仲舒与汉武帝进行了著名的对贤良策。汉武帝以董仲舒提到的文教政策作为国家的治国方略，并以董仲舒提到的道德教育内容作为整个汉代乃至封建社会的道德纲领。请述评董仲舒的三大文教政策以及道德教育思想，并说明董仲舒的思想深受汉武帝重视的原因。

答：(1) 董仲舒的三大文教政策：汉武帝即位后，转向“有为”政治，下令举贤良，采用对策的方式咨询治国方略，其中董仲舒三次回答汉武帝的策问，三条建议均被汉武帝采纳，成为后来施行的三大文教政策。

①具体内容：a.“推明孔氏，抑黜百家”（文教政策的总纲领）。b. 兴太学以养士。c. 重视选举，任贤使能。

②三大建议被汉武帝采纳，先后采取的措施：a. 专立五经博士。b. 开设太学。c. 确立察举制。

（2）董仲舒的道德教育思想：

①**德育作用：**德教是立政之本。董仲舒强调了教化是实现仁政德治的手段。他虽然主张以教化与刑罚并用，但也强调以道德教化为主，刑罚为辅。“夫万民之从利也，如水之走下，不以教化堤防之，不能止也。”他高度强调教化对政治的作用。

②**德育内容：**以“三纲五常”为核心。“三纲五常”是董仲舒伦理思想体系的核心，也是其道德教育的中心内容。“三纲”是指“君为臣纲，父为子纲，夫为妻纲”，“五常”是指仁、义、礼、智、信。“三纲五常”成为两千多年来中国封建社会道德教育的中心内容。

③**道德修养的原则和方法：**a.“正其谊（义）不谋其利，明其道不计其功”。董仲舒确立了重义轻利的人生理想。b.“以仁安人，以义正我”。这实际上是对儒家强调主体道德自觉精神的继承和发展。c.“必仁且智”。董仲舒突出强调了道德修养中情感与认知的统一。d.“强勉行道”。董仲舒强调品行的积累。

（3）董仲舒深受汉武帝重视的原因：

①**从社会发展看，董仲舒的思想符合社会发展需要。**汉朝初期的“黄老之学”是无为而治的，会让民众不思进取，社会发展乏力，当时的社会难以选拔真正经世致用的人才，整个国家出现人才匮乏的现状。而董仲舒是能解决当时社会发展时弊的人。

②**对汉武帝自身来说，董仲舒这样的人才符合其寻求霸业的需要。**董仲舒在策问中，提出的建议都能满足汉武帝实现霸业的计划，董仲舒就是与汉武帝思想非常契合的人才。

③**就儒学自身特点而言，儒学是积极进取的学问。**它所建立的道德观念以及经术之学能推动国家的大一统，并非消极无为。这一思想特性符合汉武帝寻求霸业的需要，因此董仲舒推崇儒学也符合汉武帝的需要。

④**董仲舒将儒学知识具体化，变成可行的治国方略。**董仲舒提到如何培养人才、选拔人才以及如何处理统一文化等问题，这些切实可行的治国方略，可以直接为汉武帝所用，所以他受到汉武帝的重视。

第四章　封建国家教育体制的完善

单项选择题

基础特训

1. 【解析】 B　记忆题　此题考查国子学。

晋武帝下令创立一所旨在培养贵族子弟的国子学，与太学传授相同的内容，但明确规定五品官以上的子弟入国子学，六品以下的子弟入太学。这是我国古代在太学之外专为士族子弟设立的另一所儒学学校。因此，答案选 B。

2. 【解析】 D　记忆题　此题考查南朝宋文帝时期的“四馆”。

南朝宋文帝当政时期，社会安定、经济发展，官学教育出现了暂时的繁荣。宋文帝开设了以研究儒学为主的儒学馆，研究老庄学说的玄学馆，还开设了史学馆和文学馆，形成了儒、玄、文、史四馆并列的局面，各自招收学生进行教学与研究。因此，答案选 D。

3.【解析】A　综合题　此题考查魏晋南北朝的官学。

A. 总明观将单科性质的大学发展成在多科性大学中实行分科教授的制度。因此，答案选 A。

B. “四馆”的建立打破了经学教育独霸官学的局面。

C. 政府专为皇室及贵族子弟创办的贵胄学校是汉代宫邸学中的一种。

D. 世界上最早的文学艺术专门学校是鸿都门学。

4.【解析】D　记忆题　此题考查隋唐的文教政策。

隋唐的文教政策可以归纳为“重振儒术，兼用佛道”。同时，根据政治的需要和统治者的主观爱好，不断调整三者的关系，以达到巩固统治的目的。因此，答案选 D。

5.【解析】B　记忆题　此题考查国子监。

隋朝为了加强对教育事业的管理和领导，在中央设置国子寺（后更名为国子监）管理教育事务，这标志着教育管理机构的诞生。国子监既是隋朝中央政府教育行政机构，又是国家最高学府。因此，答案选 B。

6.【解析】A　记忆题　此题考查“六学一馆”。

国子监管理的“六学一馆”是唐朝中央官学的主干，“六学一馆”指的是国子学、太学、四门学、律学、算学、书学、广文馆。弘文馆由门下省主办，不包括在内。因此，答案选 A。

7.【解析】B　记忆题　此题考查书院的产生。

书院产生于唐朝，发展于五代，而繁荣和完善于宋朝。因此，答案选 B。

8.【解析】A　记忆题　此题考查科举制度的产生。

隋炀帝时始建进士科，是科举制度产生的标志。因此，答案选 A。

9.【解析】B　记忆题　此题考查科举制度的考试科目。

进士、明经两科是常科中最为盛行且一直保持的科目，进士科最具代表性，最受人欢迎，不少进士登科者才能出众，步步升迁。因此，答案选 B。

10.【解析】A　记忆题　此题考查武则天在科举中的创举。

武则天对科举考试的主要贡献有：开创了科举考试中殿试的形式，开武举选军事人才的先例，实行糊名考试的办法。因此，答案选 A。

11.【解析】A　记忆题　此题考查科举考试的方法。

帖经是各科考试中普遍应用的方法，类似当今的填空考试，侧重考查考生的记诵能力。因此，答案选 A。

12.【解析】A　记忆题　此题考查颜之推的《颜氏家训》。

A.《颜氏家训》：颜之推编写的我国封建社会第一部系统完整的家庭教育教科书。因此，答案选 A。

B.《童蒙须知》：朱熹编写的蒙学教材。

C.《太公家教》：出现在唐朝，内容以规劝人们接受和践行封建伦理道德为主。

D.《童蒙训》：宋代吕本中编写的伦理道德类蒙学教材。

13.【解析】B　综合题　此题考查颜之推的教育内容。

A. “正其谊（义）不谋其利，明其道不计其功”——董仲舒。

B. “德艺周厚”——颜之推。因此，答案选 B。

C. “兼相爱，交相利”——墨子。

D. “富贵不能淫，贫贱不能移，威武不能屈”——孟子。

14.【解析】 A 综合题 此题考查颜之推的教育思想。

A. 颜之推根据自己积累的经验与当时的现实情况，提出了勤学、切磋、眼学的主张，提倡踏实的学风，重视切磋交流在学习中的作用，重视亲身观察获取的知识。因此，答案选 A。

B. 王守仁创立了与程朱理学异趣的“心学”体系，亦称为“王学”。为了培养“实才实德之士”，教育内容上，颜元针对理学教育的虚浮空疏，提出了“真学”“实学”的主张。

C.“见闻为”即感性认识，教学中首先要依靠耳闻、目见、口问、手做，去直接接触客观事物。“开心意”即理性认识，要求开动脑筋，进行理性思考。此为王充的教育思想。

D. 朱熹在《童蒙须知》中要求在学习习惯方面，读书有三到，谓心到、眼到、口到。

15.【解析】 C 理解题 此题考查韩愈的教育主张。

韩愈主张发展学校教育，措施有：（1）用德礼而重学校；（2）学校的任务在于训练官吏；（3）恢复发展地方学校；（4）整顿国学，对招生制度、学官选任、转变学风方面均提出了要求。其中在学官选任方面，原来只凭年资选官，韩愈主张以实际才学为标准选任学官。因此，答案选 C。

16.【解析】 B 记忆题 此题考查《师说》。

《师说》是我国教育史上第一篇比较全面的从理论上论述教师观的文章。因此，答案选 B。

拔高特训

1. 【解析】 B 记忆题 此题考查国子学。

西晋晋武帝下令创立一所旨在培养贵族子弟的国子学，属于西晋的中央官学体系。国子学严格区分士庶之别，具有强烈的等级性。国子学成立初期隶属太学。因此，答案选 B。

2. 【解析】 B 记忆题 此题考查魏晋南北朝时期的教育制度。

曹魏时期创办律学，是我国律学设置的开端。西晋时期，晋武帝下令设立国子学。南朝宋在学校制度和教育管理体制上的重要贡献是创设儒、玄、文、史四学馆和管理机构总明观。北魏建起了皇宗学，专门教授皇子皇孙，皇宗学为北魏首创。因此，答案选 B。

3. 【解析】 B 记忆题 此题考查唐代的官学制度。

B 选项中，对学业无成者的惩罚是令其退学。因此，答案选 B。

4. 【解析】 C 记忆题 此题考查唐代的中央官学。

唐代中央官学的旁支是中央各专职行政机构所属的学校。其中，最重要的二馆是弘文馆和崇文馆。前者由门下省主办，后者由东宫主办，规定只有皇亲国戚及高级官员子弟方能入学。二馆为收藏、校理书籍和研究教授儒家经典三位一体的场所。因此，答案选 C。

5. 【解析】 D 理解题 此题考查唐代的中央官学。

唐代中央官学实行等级入学制度，其中国子学、太学对入学等级要求最为严格，不招收庶人之子；四门学除了七品以上官员之子，也招收庶人中的优秀人才；律学、书学、算学对等级要求一致，除了文武官八品以下之子，也招收庶人中的优秀人才。因此，答案选 D。

6. 【解析】 C 记忆题 此题考查唐代的学礼制度。

A. 乡饮酒礼：中国古代自先秦至明清一直传承和沿袭的一种以尊老宾贤、宣扬教化为目的的礼仪形式，在维持基层社会秩序、推行道德教化方面有着重要的地位。

B. 束脩礼：学生初入学，约定时日，穿好制服，隆重举行拜师礼，师生见面，表示建立师生关系，礼制还规定向学官敬献礼物。

C. 释奠礼：全体学生学官都要参加行礼仪式，还要奏请在京文武七品以上清资官并从观礼。祭酒为初献，司业为亚献，博士为终献。行礼完毕，接着举行讲学活动，执经论议，不同见解可责疑问难，相互交流。因此，答案选 C。

D. 谒见礼：每年诸州贡士明经进士朝见完毕之后，接下来一项活动就是引导到国子监拜谒先师，两馆及监内的举人亦参加行礼活动，学官为他们举行讲学活动，质问疑义。

7. 【解析】 C　记忆题　此题考查唐代的中央官学。

唐代中央官学实行等级入学制度，贵族与官僚的子弟有优先入学的特权，学生按出身门第的高低、父祖官位的品级入相应的学校。凡申请入国子监的学生，年龄也有一定的限制。一般限年 14 岁以上，19 岁以下；律学 18 岁以上，25 岁以下。唯有广文生不受年龄限制。因此，答案选 C。

8. 【解析】 C　拓展题　此题考查《唐六典》。

A.《弟子职》：稷下学宫制定的我国第一个比较完备的学生守则。

B.《弟子规》：清朝李毓秀所作的三言韵文、儿童行为规范读物。

C.《唐六典》：唐代将学令整理成《唐六典》，对教育工作加以规范，后来的管理者凡是要对学校进行整顿，往往引据《唐六典》，这一著作直到五代还在发挥作用。因此，答案选 C。

D.《童蒙须知》：南宋朱熹编写的蒙学教材。

9. 【解析】 B　记忆题　此题考查科举考试的依据。

A. “四书五经”：“四书”即《大学》《中庸》《论语》《孟子》，“五经”即《诗经》《尚书》《礼记》《周易》《春秋》。

B.《五经正义》：唐朝时期，儒生学习的正宗课本，它也是科举考试的依据。因此，答案选 B。

C.《孝经》：阐述孝道与孝治的儒家经书。相传为孔子所作，也有学者认为是孟子或孟子门人所作。

D.《论语》：孔子的思想学说和事迹，弟子们各有记录，后来汇编成《论语》一书。

10.【解析】 C　理解题　此题考查科举制度。

A. 隋朝建立后，废除门阀把持的九品中正制，继承察举制度，经过改革，初步形成了科举制度。

B. 科举制度与学校教育相互促进、相互制约。科举制度并非阻碍学校教育发展的根本原因。

C. 相较于九品中正制，科举重视人的知识和才能，而非门第。与察举制相比，科举考核策问与诗赋有利于检验人的能力。因此，答案选 C。

D. 科举制在教育内容、人才选拔等方面对当今高考仍有借鉴意义。

11.【解析】 C　理解题　此题考查科举选官标准。

科举考试是为了充实国家官员队伍，选拔高水平的官员，提高官员文化素养，以改进政治。其选才的基本原则是文才出众。同时结合题干“驱驰于才艺，不务于德行”，可知是以文艺才能为标准。因此，答案选 C。

12.【解析】 B　理解题　此题考查颜之推的教育思想。

颜之推并非绝对地排斥“耳受”，一味提倡一切皆需“眼学”，而是认为耳闻的知识虽有一定的价值，但应采取存疑的审慎态度，不可轻易地转述。因此，答案选 B。

13.【解析】 D　记忆题　此题考查韩愈的师生观。

A. “举世不师，故道益离”意思是：“社会上没有人尊重老师，整个社会就愈加背离道统。”

B.“古之学者必严其师，师严然后道尊”意思是：“古代的学者都非常尊重他的老师，老师有了尊严，教育才有地位。”

C.“师道立，则善人多。善人多，则朝廷正，而天下治矣”意思是：“师道确立了，那么善人就多。善人多了，那么朝廷就充满正气，国家就可以得到治理。”

D.“言而不称师谓之畔，教而不称师谓之倍”意思是：“说话不称道老师叫作背离，教学不称道老师叫作违背。”这是荀子的观点，是盲目服从老师的表现。因此，答案选 D。

14.【解析】 A 综合题 此题考查“性三品”思想。

题干中的这句话出自《颜氏家训·教子篇》。其意思是：“上智的人不用教育就能成才，下愚的人即使教育再多也不起作用，只有绝大多数普通人要教育，因为他们不受教育就不知。”孔子、颜之推、董仲舒均有“性三品”思想，都把人性分为三类，认为上智者不教而成，下愚者虽接受教育而无意义。大量的人都为中庸之人，他们不受教育是很难发展的。或者说，只有占绝大多数的普通人应受教育。唯有孟子认为“人人信善，人皆可以为尧舜”。因此，答案选 A。

论述题

1. 试述科举制的价值 / 启示（对当今考试制度 / 高考改革的启示）。

答：（1）历史价值：

①扩大了统治基础，有利于加强中央集权。通过科举考试升迁，平民及中小地主阶层的士子获得了参政的机会，打破了门阀士族地主垄断统治权力的局面，扩大了封建政治的统治基础。通过科举考试，选士大权从地方官吏手中收归于中央政府，强化了中央集权的统治。

②标准统一，制度健全，选拔人才较为客观公正。隋唐科举考试在发展的过程中，逐步建立了较为完备的考试制度，如考试内容较为确定，考试方法逐步固定、统一，实行分级考试，保证考试的客观公正。同时逐步建立了一系列的考试防范措施，加强考试的管理，使得科举考试比两汉的察举制及魏晋南北朝的九品中正制更为客观、公正、科学。

③政教合一，促进了学校教育的发展。由于没有门第、阶层的限制，科举考试成为许多读书士子改变社会地位和经济地位的途径。它激发了广大学子的求学愿望，在社会上形成了“万般皆下品，唯有读书高”的风气，在客观上有利于推动学校教育及封建教育事业的发展。

（2）当代价值：科举考试对当代考试制度的建立和完善（高考改革）有一定借鉴价值。

①考试注重公平取才，选拔高素质人才。采用公开考试、择优录取的公平竞争方式，以考试成绩作为选拔依据，即分数面前人人平等。当今高考的公平竞争性，在素来讲究人情与关系的中国社会起到了制约人情关系的作用，能有效地选拔高素质人才。

②构建统一严密的考试程序，建立法律保障系统。古代的科举考试构建了统一严密的考试程序，如明代科举考试实行编号、闭卷、密封、监考、回避、入闱、复查等办法。当今各项考试制度也需构建统一严密的考试程序，以法律形式对考试的相关事宜做出规定，建立法律保障体系。

③了解考试的双刃性，创建多样化的考试体系，促进人才全面发展。古代的科举考试调动了民间士子学习的积极性，推动了古代文化教育的普及，但也束缚了士子的思想，压抑了人的个性。当代的考试激发了广大青少年学习的积极性，促进了中国的文教发展。我们也要积极引导社会大众的考试心理向正确的方向发展，建立多样化的考试体系，促进人才全面发展。

④积极研究并改革考试的内容与方法。当今考试制度要借鉴古代科举考试的经验教训，在关注考试效

率的同时，也应重视考试的多元性，转变考试组织形式、考试内容、考试方法、考试层次和考试时间，变单一追求效率的考试为多元性的考试，从而真正发挥考试选拔人才的功能。

2. 试述韩愈的师道观（《师说》的教育思想）在历史中的理论意义及其现实价值。

答：唐代韩愈的教育思想主要体现在他的《师说》中，这是我国古代第一篇集中论述教师观的文章。在该文中，他提倡尊师重道。

（1）韩愈的师道观

①**尊师原因：**尊师即卫道，“道”是封建道德的最高境界。

②**教师的任务：**传道、授业、解惑。

③**以“道”为求师的标准：**“道之所存，师之所存。”韩愈提出的“学无常师、唯道是求”的观点，促进了思想文化的交流，有积极意义。

④**建立合理的师生关系：**韩愈强调师生关系在“道”和“业”面前是一种平等关系，师生关系可以互相转化，这是对维护教师绝对权威的师道尊严思想的一种否定。这种含有辩证法和民主平等的师生观，对我国古代教育理论的丰富具有重要的历史意义。

（2）历史价值（在历史中的理论意义）

①**蕴含了朴素辩证法的思想。**韩愈在阐述教师的任务、教师的标准及师生关系的问题中，看到了道与师、道与业、师与生之间既矛盾又统一的关系，包含了朴素教学辩证法的因素。

②**丰富了教师理论。**韩愈这些卓越的见解，极大地丰富了我国古代教师理论，对正确理解教师的职责，正确处理政治与业务、德育与智育、教书与育人、教师与学生之间的关系，具有一定的参考价值。

（3）现实价值

①**坚持“传道授业解惑”的教学任务观。**韩愈提出的教学目的与任务，时至今日，教学仍没有脱离这三方面，只是由于时代不同，所传之道、所授之业、所解之惑的具体内容不同而已。

②**坚持“尊师重教”的社会风气观。**任何时代，要传承文化知识，就要尊重教师。时至今日，我们更要做好尊师重教，依靠教育培育新人，促进社会发展，切不可耻于为师，轻师灭教。

③**坚持“精于传道”的教师观。**教师不可只局限于传递知识，更要传递知识背后的逻辑、义理、思维、观念、方法和道德。韩愈的教师观对当前教育仍然具有重大的指导意义。

④**坚持“师生平等，相互转化”的师生观。**韩愈强调相互学习、相互促进的民主、平等、互动、开放的师生关系，没有走向过分强调师道尊严和教师权威的极端，这对我们处理师生关系仍有很强的借鉴意义。

⑤**坚持“从师问道”的学习观。**韩愈肯定了教学是一种双向、互动的活动。同时，韩愈提出“圣人无常师”，这与当今的终身学习思想是一致的。

3. 颜之推是南北朝末隋初重要的思想家，他对士大夫阶层如何在家庭中推行儿童教育有完整的描述。试论颜之推注重儿童教育的原因及其家庭教育的原则与方法，以及对当代儿童教育的启示。

答：《颜氏家训》是颜之推根据自己的经历和体验，写出的我国封建社会第一部系统完整的家庭教育教科书，对研究颜之推的儿童教育思想具有重要作用。

（1）颜之推注重儿童教育的原因

①**可塑性强。**儿童年幼时期，心理纯净，各种思想观念还没有形成，可塑性很强。

②**记忆力好。**幼年时受外界干扰少，精神专注，记忆力也处于旺盛时期，能把学习的材料牢固地记住。

（2）颜之推家庭教育的原则与方法

①**严慈相济不溺爱，树立威严可体罚**。颜之推认为，对儿童进行教育时，应当遵循严与慈相结合的原则，这样才能收到良好的教育效果。同时，他认为父母应当严肃地对待儿童教育，树立威严，严加督训。

②**切忌偏宠和偏爱，同样爱护与标准**。颜之推认为，在家庭教育中应当切忌偏宠，不论子女聪慧与否，都应以同样的爱护与教育标准来对待。

③**通用语言不方言，语言教育有规范**。颜之推认为，语言的学习应成为儿童教育的一项重要内容，对儿童的语言教育应注意规范，重视通用语言，而不应强调方言。

④**道德教育重风化，示范孝悌和立志**。颜之推认为，对儿童进行道德教育应该以“风化”的方式进行。同时，要求士族应教育其后代以实行尧舜的政治思想为志向，注重气节的培养。

⑤**勤学切磋重交流，读书实践靠眼学**。首先，颜之推认为依靠自己的勤勉努力才能学有所得。其次，他非常重视切磋交流在学习中的作用。最后，他认为在学习上“必须眼学，勿信耳受”。

⑥**学习态度要端正，不为做官和阔论**。颜之推反对士大夫的学习只满足于高谈阔论，获取晋身之阶。他要求学习者必须端正学习动机，一切学习都应为了使自己的德行完善和能实行儒道以利于世。

（3）对当代儿童教育的启示

①**正面启示**：颜之推大量的教学方法至今依旧可以使用，当代父母也需要对子女严慈相济，不要偏宠和溺爱，应教他们使用礼貌语言，注重学生的道德教化，注重学生的学习实践等。

②**反面启示**：a. 颜之推不放弃棍棒教育的主张，认为对学生可以进行体罚，这使其家教理论具有明显的封建专制主义的色彩，体现了其历史局限性。但在今天我们认为体罚并不完全对学生有帮助，应当减少体罚或者禁止体罚。b. 在教育对象上，颜之推强调的是士族子弟的教育，但当今，不应在教育对象上有等级之分。

第五章　理学教育思想和学校的改革与发展

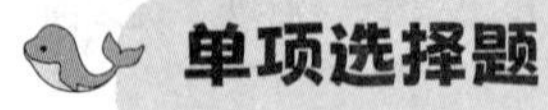

单项选择题

基础特训

1. 【解析】 D　记忆题　此题考查历朝的文教政策。

①②③④分别为明、清、元、宋的文教政策。因此，答案选 D。

2. 【解析】 B　记忆题　此题考查宋朝的官学体制。

提举学事司虽设置时间不长，但在宋朝以前，我国还没有专门的教育行政机构来管理地方官学，它的设立在中国教育史上具有创新意义。因此，答案选 B。

3. 【解析】 C　记忆题　此题考查宋代官学制度的特点。

宋代中央官学的等级制度有所放宽，书学甚至取消了限制。因此，答案选 C。

4. 【解析】 C　记忆题　此题考查元代的蒙学教育机构。

A. 冬学：宋元时期，在农村地区农家子弟利用冬闲时节读书的蒙学。

B. 村学：以村为办学主体，村学不仅招收本村子弟，邻村的儿童也可要求入学，隋唐时期就有。

C. 社学：设在农村地区，利用农闲空隙时间，以农家子弟为对象的初等教育形式。因此，答案选 C。

D. 家学：由父母或兄长在家担当教师。

5. 【解析】 A 记忆题 此题考查“苏湖教法”。

“苏湖教法”即“分斋教学法”，是胡瑗在主持湖州州学时创立的一种新的教学制度。胡瑗在学校内设立经义斋和治事斋，创行“分斋教学”制度。经义斋主要学习儒家经义，属于“明体”之学；治事斋又称治道斋，属于“达用”之学。在治事斋中，学生可以主修一科，兼学其他科。因此，“苏湖教法”不仅是我国历史上最早的分科教学制度，也开创了主修和辅修的先河。因此，答案选 A。

6. 【解析】 B 理解题 此题考查宋元时期的教育改革。

“升斋等第法”就是把国子学分为上、中、下三个等级六个斋舍，学生按程度分别进入各个斋舍学习不同的内容，依据其学业成绩和品德行为依次递升的方法。它是宋代“三舍法”的延续和发展。因此，答案选 B。

7. 【解析】 C 记忆题 此题考查“三舍法”。

太学中的上舍生学习两年后，学行优秀者，可由太学主判直接推荐做官，等于科举及第。因此，答案选 C。

8. 【解析】 C 记忆题 此题考查“监生历事”。

“监生历事”是中国古代大学里最早的教学实习制度，对后世的大学教育有深刻的启发意义。因此，答案选 C。

9. 【解析】 B 理解题 此题考查“六等黜陟法”。

“六等黜陟法”是清朝实施的一种地方官学对生员定级的考试制度，并有相应的奖惩措施。因此，答案选 B。

10. 【解析】 A 记忆题 此题考查“崇宁兴学”。

A.“三舍法”是将太学分为外舍、内舍和上舍，学生依据成绩依次升舍的制度，是由王安石在宋神宗熙宁年间主持的改革制度。属于“熙宁兴学”。因此，答案选 A。

B. 县学考生考试升入州学，州学学生再根据成绩升入太学的不同舍，成绩上者升上舍，中者升下等上舍，下者升内舍，其余升外舍。属于“崇宁兴学”。

C. 崇宁元年营建辟雍，也叫“外学”，作为太学的外舍。同时在太学实行“三舍法”和积分法，增加了学生的数量。属于“崇宁兴学”。

D. 罢科举，改由学校取士。这是对取士制度的重大改革。属于“崇宁兴学”。

11. 【解析】 C 记忆题 此题考查北宋的三次兴学。

“庆历兴学”“熙宁兴学”“崇宁兴学”在太学中所使用的教学方法分别是“苏湖教法”“三舍法”和积分法。因此，答案选 C。

12. 【解析】 D 理解题 此题考查《白鹿洞书院揭示》的内容。

《白鹿洞书院揭示》提出了修身、处事、接物等的基本要求。题干“惩忿窒欲，迁善改过”的意思是：“压抑自己的欲望和怒气，改正自己的错误而向善。”这属于对修身的要求。因此，答案选 D。

13. 【解析】 A 理解题 此题考查《白鹿洞书院揭示》。

朱熹制定的《白鹿洞书院揭示》，明确了书院的教育宗旨、教育教学原则等根本问题，标志着书院作为一种教育制度正式形成。学田制度的确立、政府任命书院教师体现了书院官学化倾向的加强。《东林会约》

是明代东林书院有关讲会的规约。因此，答案选 A。

14.【解析】 D　记忆题　此题考查学海堂的特点。

学海堂创立了专课肄业生制度，允许专课生“各因资性所近，自择一书肄业”，各因自己所长，“于学长八人中择师而从”。这一制度在实践中取得了很好的效果，有的专课生后来成为著名学者。因此，答案选 D。

15.【解析】 A　记忆题　此题考查清朝的书院。

诂经精舍和学海堂以博习经史词章为主，促进了清朝的学术文化发展，对改变清朝腐败的官学化书院教育有重要影响。漳南书院的办学宗旨是“宁粗而实，勿妄而虚”，这一办学宗旨比较集中地反映了颜元的“实才实德”的培养目标、“真学实学”的教育内容和“习行”的教学方法。因此，答案选 A。

16.【解析】 D　理解题　此题考查东林书院。

题干为明朝顾宪成所写的对联，表达的是教育应使人既要致力于读书，又要关心政治，二者要紧密结合，做到学以致用。东林书院的特点之一是学术与政治相结合，密切关注社会政治，因此题干中的对联描述的是东林书院。因此，答案选 D。

17.【解析】 B　记忆题　此题考查书院的讲会制度。

书院讲会活动产生于南宋，至明朝逐渐制度化。东林书院的讲会制度是明朝讲会制度的突出代表，顾宪成以朱熹的《白鹿洞书院揭示》为范本，制定了《东林会约》。《东林会约》对讲会制度做了详细系统的规定，说明东林书院的讲会活动已经制度化。因此，答案选 B。

18.【解析】 D　记忆题　此题考查蒙学教材。

A、B、C 选项说法正确。D 选项中，周兴嗣是南朝梁的史学家，不是南朝宋。因此，答案选 D。

19.【解析】 D　记忆题　此题考查识字类蒙学教材。

《蒙求》是以介绍典故和历史知识为主要内容的蒙学读物，属于历史知识类教材。因此，答案选 D。

20.【解析】 B　记忆题　此题考查科举考试的防作弊制度。

别头试又称“别试”，最初出现于唐朝进士科的考试中。凡考生与主考官礼部侍郎有亲戚故旧关系的，另由吏部考功员外郎主持考试，称为考功别头试。宋太宗时期，别头试作为一种制度被确定下来，规定凡是省试主考官、州郡发解官和地方长官的子弟、亲戚、门生故旧等参加科举考试，都应另派考官，别院应试。因此，答案选 B。

21.【解析】 B　记忆题　此题考查朱熹的教育思想。

学生首先要学习《大学》，其次是《论语》，再次是《孟子》，最后以《中庸》做总结。《中庸》是对“四书”的总结，并将《大学》《论语》《孟子》的精神推至极处。因此，答案选 B。

22.【解析】 D　记忆题　此题考查朱熹的《四书章句集注》。

朱熹编写了《四书章句集注》。元仁宗皇庆二年（1313 年）下诏：规定科举考试从“《大学》《论语》《孟子》《中庸》内设问，用朱氏章句集注”。从此《四书章句集注》成为科举考试的答题标准，取得了与“五经”同等的地位，成为广大士人和各类学校必读的教科书，影响中国封建社会后期的文化教育长达数百年。因此，答案选 D。

23.【解析】 B　记忆题　此题考查朱熹的教育作用和目的。

朱熹从“理”的一元论的客观唯心主义思想出发来解释人性论，提出了人性就是“理”，即“仁、义、礼、智”的封建道德规范的观点。因此，答案选 B。

24.【解析】 D　记忆题　此题考查朱熹的小学教育。

朱熹认为小学的教育方法应该为:(1)主张先入为主，及早施教;(2)要求形象生动，激发兴趣;(3)强调读书要“心到、口到、眼到”，其中，“心到”最重要;(4)首创《须知》《学则》的学规形式，培养儿童的道德行为习惯。因此，答案选 D。

25.【解析】 D　综合题　此题考查王守仁的教育思想。

朱熹和王守仁在教育作用上均强调“存天理，灭人欲”。他们的不同之处在于：朱熹认为天理存在于外部，需要不断地向外学习以助于完善本心；王守仁认为“心即理”，天理存在于人的本心之中，因此它“不假外求”而重在“内求”。因此，答案选 D。

26.【解析】 C　记忆 + 理解题　此题考查王守仁的教育思想。

A.“学而必习，习又必行”——颜元，学习的过程中要练习、运用知识，才能得到真正的知识。

B. 学思“相资以为功”——王夫之，学习和思考是相互结合、补充与依赖的关系。

C.“随人分限所及”——王守仁，教学应当顾及儿童的个性差异，考虑其接受能力。因此，答案选 C。

D.“以仁安人，以义正我”——董仲舒，人要关心别人，同时常自我反省，提高道德修养。

27.【解析】 D　记忆题　此题考查王守仁的“随人分限所及”原则。

王守仁的“随人分限所及”原则包括因材施教、量力施教、循序渐进原则，这些原则承认人的个体差异，承认教育要分限分量，把教学和学生的心理特征结合起来。启发诱导并不是“随人分限所及”原则表达的思想。因此，答案选 D。

28.【解析】 D　记忆题　此题考查王守仁的儿童教育思想。

王守仁揭露和批判了传统儿童教育不顾儿童的身心特点，把儿童当成“小大人”和“囚犯”，认为教育应当顺应儿童“爱好嬉游，厌恶拘束”的性情。因此，答案选 D。

拔高特训

1.　【解析】 A　记忆题　此题考查宋朝的专科学校。

A/B. 武学是宋朝设立最早的专科学校，培养军事人才。因此，答案选 A。

C. 宋朝的专科学校有六所：武学、律学、医学、算学、书学、画学。

D. 画学是宋朝的创举。

2.　【解析】 A　记忆题　此题考查宋元时期的官学制度。

A. 宋朝国子学亦称国子监，中央官学属于国子监管辖的有国子学、太学、辟雍、四门学、广文馆、武学、律学、小学等。提举学事司是崇宁二年设置管理地方官学的，它是由中央政府管辖的，而不是由国子监管辖的。因此，答案选 A。

B. 元朝在中央除设国子监管理国子学外，另设蒙古国子监管理蒙古国子学，回回国子监管理回回国子学。

C. 明朝国子监有南北之分，并以北京国子监为京师国子监。南京国子监规模恢宏，校内建筑直接用于教学活动的有正堂和支堂。

D. 清朝时期，国学、算学、八旗官学隶属于国子监。

3.　【解析】 B　理解题　此题考查古代的教育机构。

A. 私塾：在各朝代均有，是私学性质的蒙学机构，但无完备的制度。

B. 社学：在元明清时期，国家在乡村建立的具有完备制度的蒙学机构。因此，答案选 B。

C. 书馆：汉代学习儒学的具有初等教育性质的私学场所，当时没有出现《三字经》《百家姓》《千字文》。

D. 精舍：发展于东汉时期，是著名学者聚徒讲学的场所，是文化传承和学术交流的重要场所，不属于蒙学机构，不讲授《三字经》《百家姓》《千字文》等蒙学教材。

4. 【解析】 C　记忆题　此题考查明朝的教育制度。

明朝社学是设在城镇和乡村地区，以民间子弟为教育对象的一种地方官学。它招收 8 岁以上、15 岁以下的民间儿童入学，带有某种强制性。故有“民间子弟八岁不就学者，罚其父兄”的规定。因此，答案选 C。

5. 【解析】 A　记忆题　此题考查“三舍法”的历史意义。

“三舍法”的历史意义：有利于调动学生学习的积极性；对学生的考查和选拔力求做到将平时行艺与考试成绩相结合，提高了太学的教学质量；提高了太学的地位；是中国古代大学管理制度上的一项创新。我国古代首创以考试选拔人才的制度是科举制度。因此，答案选 A。

6. 【解析】 C　综合题　此题考查宋元明清时期的教育改革方法。

积分法、“三舍法”“六等黜陟法”的考核都与学生的日常学习有关，因此可以促进学生平时学习的积极性，而“苏湖教法”没有促进学生平时学习的积极性。因此，答案选 C。

7. 【解析】 D　记忆题　此题考查宋元明清时期的书院。

白鹿洞书院原为唐后期李渤、李涉兄弟隐居读书处，南宋时期由朱熹修复。东林书院原为北宋理学家杨时讲学之所，也叫龟山书院，后由明朝顾宪成、顾允成等复创。漳南书院是明末清初杰出的教育家颜元创办的。按时间顺序排序为白鹿洞书院、东林书院、漳南书院。因此，答案选 D。

8. 【解析】 B　记忆题　此题考查清朝的书院。

批判义利相对，主张义利统一是颜元的思想。因此，答案选 B。

9. 【解析】 B　理解题　此题考查书院教育的特点。

在教学方法上，书院最大的特点是自由和民主，其教学以学生自学和独立研究为主，在教学方法上注重质疑问难、讨论与辩论，教师更擅长启发式教学，而非单纯的课堂讲授与知识灌输。因此，答案选 B。

10.【解析】 A　理解题　此题考查书院的官学化倾向。

宋代书院已出现官学化倾向，其表现主要有“以学舍入官”和地方政府兴建书院，包含了 B、C、D 选项的情况。A 选项是书院官学化程度加深后的表现，主要是元明清时期的表现。因此，答案选 A。

11.【解析】 D　综合题　此题考查《白鹿洞书院揭示》的内容。

《白鹿洞书院揭示》的内容：

（1）教育目的：“父子有亲，君臣有义，夫妇有别，长幼有序，朋友有信。”（出自《孟子》）

（2）治学顺序：“博学之，审问之，慎思之，明辨之，笃行之。”（出自《中庸》）

（3）修身之要：“言忠信，行笃敬，惩忿窒欲，迁善改过。”（前两句出自《论语》，后两句出自周敦颐的《通书》）

（4）处事之要：“正其义，不谋其利，明其道，不计其功。”（出自《汉书・董仲舒传》）

（5）接物之要：“己所不欲，勿施于人，行有不得，反求诸己。”（前两句出自《论语》，后两句出自《孟子》）

因此，答案选 D。

12.【解析】 A　记忆题　此题考查蒙学教材。

依据题干，主人公属于唐朝，而《百家姓》《三字经》《童蒙须知》都是宋代著作，唐朝是没有的，所以通过排除法，可排除 B、C、D 选项。因此，答案选 A。

13.【解析】 D　记忆题　此题考查私塾教育的特点。

私塾教育在教学组织形式上采取个别教学。由于学生的入学年龄、知识水平、认知水平不同，塾师往往采用个别教学的形式，针对不同的学生，采取不同的方法，教授不同的内容。因此，答案选 D。

14.【解析】 A　理解题　此题考查朱熹的教育思想。

朱熹提出“宽著期限，紧著课程”，这里“课程”的含义是课业的进程，这与近代的课程含义颇为接近，可以说朱熹是中国最早在这个含义上使用课程的学者。其中，“宽著期限”指为学生的学习留足思考的时间；“紧著课程”指学生要跟紧课程进度。因此，答案选 A。

15.【解析】 A　记忆题　此题考查“朱子读书法”。

A. 居敬：读书时精神专一，注意力集中。居敬持志既是朱熹道德修养的重要方法，也是他最重要的读书法。因此，答案选 A。

B. 虚心：读书时要虚怀若谷，静心思虑，仔细体会书中的意思，不要先入为主，牵强附会。这属于读书方法。

C. 涵泳：读书时要反复咀嚼，细心玩味。这属于读书方法。

D. 循序渐进：朱熹主张读书要“循序渐进”。这属于读书方法。

16.【解析】 A　理解题　此题考查“朱子读书法”。

居敬持志既是朱熹道德修养的重要方法，也是他最重要的读书法。所谓“居敬”，就是读书时精神专一，注意力集中。因此，答案选 A。

17.【解析】 A　理解题　此题考查“朱子读书法”。

“朱子读书法”中的“切己体察”意为读书不能仅停留在书本上，还要见之于具体行动，身体力行。朱熹强调将书中的伦理道德思想进行力行，竭力反对只向书本求义理，而不“体之于身”的读书方法。因此，答案选 A。

18.【解析】 D　综合题　此题考查王守仁的教育思想。

A. 王守仁反对仅仅围绕经学内容进行学习，主张“‘六经’皆史”，并不是摒弃以“六经”为核心的经学课程，而是希望拓宽学习的范围，超越之前规定的机械的课程。

B. 王守仁既注重知，又注重行，主张知行合一，知中有行、行中有知。

C. 王守仁认为儿童期是一个重要的发展时期，儿童的接受能力发展到何种程度，就根据这个程度进行教学，他把这种量力施教的思想概括为“随人分限所及”。

D. “‘六经’注我，我注‘六经’”是陆九渊提出的，意思是：“‘六经’文字是我心的注脚，我心的道理也说明了‘六经’的训条。”因此，答案选 D。

19.【解析】 A　理解题　此题考查王守仁的儿童教育思想。

王守仁认为，对儿童“诱之歌诗”，不但能激发他们的意志，而且能使其情感得到正当的宣泄，这有助于消除他们内心的忧闷和烦恼，使其“精神宣畅，心气和平”。因此，答案选 A。

20.【解析】 A　综合题　此题考查人性论的观点。

颜之推、董仲舒和韩愈都将人性分为三个等级加以区分，然而王守仁则认为“良知”天生就有，并无优劣和等级之分。因此，答案选 A。

21.【解析】 C 综合题 此题考查教育家的量力教学方法。

王守仁认为儿童的接受能力发展到何种程度，便就这个程度进行教学，不可躐等。他把这种量力施教的思想概括为“随人分限所及”。墨子在中国教育史上首先明确提出“量力”这一教育方法，他十分注意在施教时考虑学生的力之所能及。因此，答案选 C。

论述题

1. 试述王守仁的教育思想。

答:（1）“致良知”与教育作用。王守仁认为作为伦理道德观念的“良知”是与生俱来的，是人人所具有的，但是在与外物接触的过程中，会受到外物引诱，会受昏蔽，因而提出了“学以去其昏蔽”的思想，认为教育的作用在于除掉物欲对“良知”的昏蔽，去“明其心”。

（2）“随人分限所及”的教育原则。王守仁认为儿童期是一个重要的发展时期，儿童的接受能力发展到何种程度，就根据这个程度进行教学，他把这种量力施教的思想概括为“随人分限所及”。

（3）论教学。①在教学内容上，王守仁认为，凡是有助于“求其心”者均可作为教学内容，读经、习礼、写字、弹琴、习射等都要学习；认为“‘六经’皆史”而已，读书在于“明其心”，而“六经”不过是人“心”展开过程的记载，因而读书不能迷信书上的东西。**②在道德与修养上，**王守仁提倡事上磨炼，静处体悟，省察克治，贵于改过。

（4）论儿童教育。①揭露和批判传统儿童教育不顾及儿童的身心特点，他认为把儿童当作“小大人”是传统儿童教育致命的弱点，压抑了儿童的个性发展，视儿童为囚犯，视学校为监狱。**②主张儿童教育应该顺应儿童的性情，**实施“趋向鼓舞，中心喜悦”的快乐儿童教育。**③教育方法：**采用诱导、启发、讽劝的栽培涵养方法。**④教育内容：**发挥各门学科多方面的作用，“歌诗”“读书”“习礼”都有各自独特的作用，应综合起来加以作用。**⑤教育程序：**主张动静搭配，体脑并用。**⑥教育原则：**“随人分限所及”。

（5）评价：

①批判传统儿童教育的灌输与荒谬。王守仁身处的明代中叶盛行随意责骂和殴打儿童，采取片面的灌输式教育方式，这种做法对儿童身心健康极为不利。对此，王守仁进行了无情的揭露和尖锐的批判。

②主张顺应儿童的性情，具有自然主义思想的倾向。他反对“小大人”式的传统儿童教育方法和粗暴的体罚等教育手段，要求根据儿童的接受能力施教，反映了其教育思想的自然主义倾向。

③丰富了学习内容，反对局限于儒家经术，更利于发展学生的兴趣。王守仁为儿童教育设计的课程包括“歌诗”“习礼”“读书”，使儿童在德育、智育、体育和美育诸方面得到发展。

④重视内发思考的学习方法，要求儿童成为真正教育的主体。在王守仁看来，学习贵在思考，不能因人废言。学者的品格贵在博采众长、吐故纳新、富有创见、懂得创新、学会创造。

⑤关注儿童的生活世界，在实践中培育美好的品德。王守仁始终将“明人伦”作为儿童教育发展的最终目标。启发当今的学校教育应该加强对学生道德的教育，学校要关心儿童的精神世界和内心体验。

2. “朱子读书法”的内容是什么？当代社会“快餐文化”与“朱子读书法”二者之间有何关系？

答:（1）“朱子读书法”：朱熹酷爱读书，他的弟子门人将朱熹有关读书的经验和见解整理归纳成“朱子读书法”六条，在教育史上具有重要影响。

①循序渐进。首先，读书要按照首尾篇章顺序，不要颠倒。其次，要根据自己的实际情况和能力，量力而行，读书计划要切实遵守。最后，读书强调扎扎实实，一步一步前进，不可囫囵吞枣、急于求成。

②**熟读精思**。读书必须反复阅读，不仅要能够背熟，而且要对书中的内容了如指掌，熟读是精思的基础，在此基础上，要进一步深刻理解文章的精义及其思想真谛。

③**虚心涵泳**。“虚心”指读书要虚怀若谷、精心思虑，体会书中的意思，来不得半点主观臆断或随意发挥；“涵泳”指读书时要反复咀嚼，细心玩味。

④**切己体察**。读书不能仅仅停留在书本上，而要见之于具体行动。

⑤**着紧用力**。读书学习要抓紧时间，发愤忘食，必须精神抖擞、勇猛奋发，绝不放松，反对松松垮垮。

⑥**居敬持志**。读书的关键还在于学者的志向及良好的心态。“居敬”指读书时精神专一，注意力集中；“持志”指有坚定的志向，用顽强的毅力坚持下去。

（2）“快餐文化”：就是只求速度不求内涵的一种现象，如看名著只看精简版，想学东西只想报速成班。“快餐文化”是人们生活节奏加快的产物，是人们对名利过多追逐的产物，也是人们只求其名不求其实的表现。

（3）二者关系：当代“快餐文化”是“朱子读书法”的倒退。

①快餐文化学的浅、碎、窄，缺乏系统性、迁移性、美感性、思考性、创造性。

a. 知识学习的顺序上：没有“循序渐进”，不符合身心发展规律。

b. 知识学习的深度上：没有精思要旨，无法形成理性认识。

c. 知识学习的态度上：不读原著，直接读书评，容易带有偏见。

d. 知识学习的效果上：缺乏与实际行动的联系。

e. 知识学习的时间上：急于求成，无法养成良好的读书习惯。

f. 知识学习的专注度上：与个人志向缺乏联系，难以专注。

②当今时代，“朱子读书法”没有过时，且它依然是最能引导学生获得系统性、迁移性、美感性、思考性、创造性知识的读书方法。

3.　试比较朱熹与王守仁的儿童教育观。

答：（1）朱熹的儿童教育观

①**主张要尽早对儿童进行道德教育**。朱熹认为儿童要在早期养成良好的道德基础，为了培养儿童的道德品质，朱熹编写了《童蒙须知》。

②**儿童教育的内容要具体化、实践化**。朱熹强调对儿童礼仪教育的规范化，对孝悌伦理规范的践行。说话要和缓，不可高声喧闹、玩笑嬉闹。对于父兄师长的教导，应当低头听受，不可妄加议论等，这都是朱熹对儿童言语所提出的具体要求。

③**儿童教育采用“须知”“学则”等方式**。朱熹重视“须知”“学则”的作用，认为可以使儿童的一言一行、一举一动，都有章可循、有规可依。

④**朱熹的儿童教育带有灌输倾向**。朱熹认为儿童的自身认知和理解水平有限，在教授儿童学习时，只管引导儿童依照日常生活规范去做即可，而不用阐述要求这样去做的背后缘由，他侧重于道德伦理的灌输。

（2）王守仁的儿童教育观

①**主张要尽早对儿童进行道德教育**。王守仁认为儿童教育要及时施教、及时早教，陶冶儿童的道德情操，养成良好的道德行为规范。

②**主张应当顺应儿童的性情进行教育**。一般来说，儿童的性情是喜欢嬉戏玩耍而害怕约束，就像草木刚开始发芽时，如果让它舒展畅快地生长，就能迅速发育繁茂，如果摧残它就会很快枯萎。

③强调启发、诱导、生动、有趣的教学方法。他提倡用栽培涵养的“诱、导、讽”代替“督、责、罚”，这是典型的启发式教学。并且尊重儿童的主体性地位和兴趣，注重对儿童的激励与表扬。

（3）朱熹与王守仁儿童教育思想的比较

①相同点：都强调儿童早期道德教育的重要性。

②不同点：朱熹强调通过灌输的方法，制定礼仪规范来培养儿童的道德品质，王守仁则强调用鼓励、启发、诱导的方式来培养儿童的道德品质；朱熹注重教育者主导作用的发挥，王守仁则主张通过激发儿童自发的主动性来教育儿童。

第六章　理学教育思想的批判与反思

单项选择题

基础特训

1. 【解析】 B　记忆题　此题考查早期启蒙思想家的教育思想。

早期启蒙思想家主张培养实德实才之士。因此，答案选 B。

2. 【解析】 D　记忆题　此题考查早期启蒙思想家的教育思想。

D 选项不是早期启蒙思想家所主张的观点，他们不主张陆王心学，也反对程朱理学。因此，答案选 D。

3. 【解析】 A　理解题　此题考查黄宗羲的教育思想。

黄宗羲认为学校不仅具有培养人才、改进社会风气的职能，而且应该议论国家政事。因此，答案选 A。

4. 【解析】 B　记忆题　此题考查漳南书院。

A. 理学书院：研究理学的书院，如东林书院。

B. 实学书院：研究实学的书院，如漳南书院。因此，答案选 B。

C. 制艺书院：参加科举考试的书院，如金台书院。

D. 考据书院：研究如何解释经典的书院，如钟山书院。

5. 【解析】 D　记忆题　此题考查颜元的教育思想。

颜元主张读书、讲学、“习行”相结合，并不排斥书本知识，D 选项错误。因此，答案选 D。

6. 【解析】 C　理解题　此题考查王夫之的教育思想。

王夫之关于教育在人的发展过程中的作用的认识，明确提出人性不是天生的，而是在后天不断生长变化的过程中逐渐形成的。因此，答案选 C。

拔高特训

1. 【解析】 D　记忆题　此题考查早期启蒙思想家的教育思想。

明朝采用八股取士，学习《程墨》《房稿》等各种科举中试者的八股文刻本是读书人的主要功课，而经史等典籍遭到了冷落，才让顾炎武有了这样的感叹。因此，答案选 D。

2.【解析】D　理解题　此题考查黄宗羲的教育思想。

黄宗羲提出“公其非是于学校”，他主张各个学校应当像东林书院一样，将议论政事作为自己的一项重要职能。这样就能够使百姓也参与到国家政策的制定过程中来，促进决策的民主化，改变以一人之是非为标准的局面，防止皇帝或权臣大权独揽、专权独断。因此，答案选 D。

3.【解析】A　理解题　此题考查黄宗羲的教育思想。

题干描述的是明中叶后的学术研究脱离实际。黄宗羲认为学习要与实际相结合，要经世致用，所以能体现这一思想的是学贵适用。因此，答案选 A。

4.【解析】C　记忆题　此题考查颜元的教育思想。

“六斋”分别如下。（1）文事斋：课礼、乐、书、数、天文、地理等科。（2）武备斋：课黄帝、太公以及孙、吴五子兵法，并攻守、营阵、陆水诸战法，射御、技击等科。（3）经史斋：课《十三经》、历代史、诰制、章奏、诗文等科。（4）艺能斋：课水学、火学、工学、象数等科。（5）理学斋：课静坐、编著，程、朱、陆、王之学。（6）帖括斋：课八股举业。因此，答案选 C。

5.【解析】C　记忆 + 理解题　此题考查颜元的教育思想。

颜元认为只有亲身实践，在客观事物中穷理才能获得真知。他指出，“思不如学，而学必以习”，于是将自己的家塾“思古斋”改为“习斋”。他屡次强调“读书无他道，只需在‘行’字上著力”。因此，答案选 C。

6.【解析】D　记忆题　此题考查颜元的教育思想。

颜元批判传统教育，但他没有冲破封建思想的阶级局限，没有认识到封建教育的根本问题在于封建制度。因此，答案选 D。

7.【解析】D　记忆 + 理解题　此题考查王夫之的教育思想。

题干的古文出自王夫之，意为：君王治理天下，不外乎政令（立法）和教化两个方面。要说他们的重要程度，教化是根本，政令（立法）则是次要的，即教育是社会之本。因此，答案选 D。

论述题

试论颜元的“实学”教育思想。

答：(1) 颜元的“实学”教育思想：

①**教育实践：**开办了漳南书院，是清朝著名的经世致用的书院；揭露传统教育严重脱离实际，批判了传统理学教育中的义利对立观，抨击八股取士。

②**教育目标：**培养“实德实才之士”，即品德高尚、有真才实学的“经世致用”之才，包括通才和专门人才。

③**教育内容：**“真学”“实学”。颜元曾按自己的教育思想规划漳南书院，陈设“六斋”，实行“分斋教学”，并规定了各斋的具体教育内容，这是对“真学”“实学”内容最明确也是最有力的说明。

④**教学方法：**“习行”。颜元反对静坐读书，空谈义理，认为“习行”是培养“经世致用”人才的主要途径，符合学习规律，而且有利于学生的身体健康。

(2) 评价：颜元的“实学”教育思想十分丰富、全面、系统。他敢于冲破封建专制思想的束缚，向统治思想的理学宣战，提出了与之相对立的唯物主义教育理论和主张，在中国古代教育思想史上具有重大意义并产生过深远的影响。

①**教育实践：**带有一些近代教育的特征。颜元的教育实践及其设想体现了对传统教育“仕即其学，学

即其仕”的批判，流露出按知识类别制定学校课程的思想萌芽，其思想已带有一些近代教育的特征。

②**教育作用：**经世致用的人才观。对个人来说，改变传统教育只重道德的弊端，注重全面培养；对社会来说，具有较为完善的人才观，有近代化的倾向。

③**教育内容：**文武兼备的内容观。虽然借“六艺”托古改制，但是实际已经超越了“六艺”，包括自然科学、军事知识、经史礼乐等方面的内容，具有近代课程设置的萌芽。

④**教育方法：**反对脱离实际的、注入式的、背诵教条的教学方法，可以说是教学法理论和实践上的一次重大革新。

第七章　近代教育的起步

单项选择题

基础特训

1. 【解析】 D　记忆题　此题考查“中华教育会”。

“中华教育会”于 1890 年由“学校与教科书委员会”改组而来，它标榜“以提高对中国教育之兴趣，促进教学人员友好合作为宗旨”，对整个在华基督教教育进行指导，后来实际上成为中国基督教教会教育的最高领导机构，对当时中国教育的发展产生过较大的影响。因此，答案选 D。

2. 【解析】 D　理解题　此题考查教会学校的课程。

早期教会学校开设儒学经典课程是为了满足中国人学习儒学的需要，适应中国的国情，有助于他们在当前文化环境中立足。因此，答案选 D。

3. 【解析】 D　理解题　此题考查早期教会学校的特点。

A、B、C 选项表述正确。早期教会学校多免收学费和膳食费，甚至还提供衣服和路费等，所以其办学困难的原因并不包括经费短缺。因此，答案选 D。

4. 【解析】 B　理解题　此题考查教会学校的性质。

教会学校是列强文化教育侵略的结果，在性质上是西方殖民扩张的产物，是中国半殖民地的国家地位在教育上的表现。因此，答案选 B。

5. 【解析】 D　记忆题　此题考查洋务派的教育实践。

A/C. 洋务派开设外国语（“方言”）学堂，如京师同文馆、上海广方言馆、新疆俄文馆等。

B. 洋务派开设军事（“武备”）学堂，如福建船政学堂、上海江南制造局操炮学堂等。

D. 维新派的梁启超、经元善创办的经正女学，不属于洋务运动时期开设的学堂。因此，答案选 D。

6. 【解析】 D　记忆题　此题考查洋务派的教育实践。

京师大学堂是维新派的教育措施，不是洋务派的，其余都是洋务派的改革措施。因此，答案选 D。

7. 【解析】 D　记忆题　此题考查派遣留欧的学习内容。

1877 年 1 月，李鸿章等奏请派遣福建船政学堂学生留欧，朝廷照准执行。当时确定留学的具体目标是：到法国学习制造者，“务令通船新式轮机、器具无一不能自制”；到英国学习驾驶者，“务令精通该国水师兵法，能自驾铁甲船于大洋操战”。1877 年 3 月 31 日，前学堂学生赴法国学习制造技术，后学堂学生赴英国、西班牙等国学习驾驶技术。因此，答案选 D。

8.【解析】D　记忆题　此题考查福建船政学堂的结构。

“艺圃”隶属于福建船政学堂的前学堂，实际上是一所在职培训学校，实行半工半读。这种通过工读结合的形式有计划地培养生产骨干和技术骨干的做法，开创了我国近代职工在职教育的先声。因此，答案选 D。

9.【解析】B　记忆题　此题考查福建船政学堂。

福建船政学堂由洋务派创办，是中国历史上持续时间最长的一所学堂。因此，答案选 B。

10.【解析】B　记忆题　此题考查京师同文馆。

洋务派最早创办的外国语学堂是京师同文馆。因此，答案选 B。

11.【解析】C　记忆题　此题考查洋务学堂的特点。

洋务学堂的教学管理具有封建官僚习气，关键管理环节受洋人挟制，影响学堂正常办学。因此，答案选 C。

12.【解析】B　记忆题　此题考查容闳的教育活动。

马礼逊学堂是一所专门为华人开办的学校，容闳曾就读于此。后来，容闳向曾国藩提出派遣留美学生的计划，并在曾国藩等人奏请下得到朝廷批准，最终促成“幼童留美”。因此，答案选 B。

13.【解析】A　记忆题　此题考查中国近代的留学教育。

A. 留美幼童是近代中国政府派出的首批留学生，虽然活动最终夭折，但开启了中国留学教育的先河。因此，答案选 A。

B. 留欧教育始于船政大臣沈葆桢的建议，以福建船政学堂的学生为主。

C. 留日教育始于中日甲午战争（1894—1895 年）之后。

D. 留法教育主要是在辛亥革命前到新文化运动的整个过程中，留法勤工俭学运动一度兴盛。

14.【解析】A　记忆题　此题考查洋务派推动的留欧教育。

留欧教育的目标明确，主要学习造船和航海技术，学生来自福建船政学堂，派遣的是拥有外语和专业知识基础的成人。因此，答案选 A。

15.【解析】C　记忆题　此题考查近代的留学教育。

幼童留美教育——容闳，留欧教育——沈葆桢。因此，答案选 C。

16.【解析】C　理解题　此题考查洋务派的“中体西用”思想。

从整体上看，“中学为体，西学为用”思想推动了近代化进程。它促进了资本主义文化在中国的传播，但并未破除近代发展的障碍。因此，答案选 C。

17.【解析】C　记忆题　此题考查张之洞的《劝学篇》。

《劝学篇》主张“中学为体，西学为用”，在教育上体现为建立新式学堂，将中国传统经典教育与西方科学知识教育相结合，培养既具有传统文化素养，又掌握西方先进技术和知识的人才。A、B、D 选项都不符合《劝学篇》的思想。因此，答案选 C。

18.【解析】A　记忆题　此题考查洋务派的重要著作。

A. 1898 年，张之洞在《劝学篇》中围绕“中体西用”形成了完整的思想体系，它是洋务运动的理论总结，也是改革的理论依据，并试图为之后的中国教育改革提供理论模式。因此，答案选 A。

B. 1895 年，沈寿康在《万国公报》上发表《匡时策》一文，提出“中西学问本自互有得失，为华人计，宜以中学为体，西学为用”。

C. 1861 年，冯桂芬在《校邠庐抗议》的重要篇章《采西学议》中提到“如以中国之伦常名教为原本，辅以诸国富强之术”。这一思想后来被概括为“中学为体，西学为用”。

D. 1896 年，孙家鼐在《议复开办京师大学堂折》中说：“今中国京师创立大学堂，自应以中学为主，西学为辅；中学为体，西学为用。”

拔高特训

1. 【解析】 B 理解题 此题考查近代教会学校的发展。

A. 教会学校的课程设置经历了由各自为政逐渐走向统一的过程。在 1877 年之前，各校基本由主办者自行选择、编写教材，自行安排课程。1877 年后，在第一次基督教传教士大会上设立“学校与教科书委员会”，就是希望通过统一编译教科书的方式引导课程朝规范化发展。

B. 教会学校与洋务学堂并称为新式学堂，但教会办学的整体规模大于洋务教育的规模。因此，答案选 B。

C. “学校与教科书委员会”是近代第一个在华基督教教会的联合组织，后来，“学校与教科书委员会”改组为“中华教育会”。

D. 教会学校在客观上促进了中国教育近代化。教会学校在中国的举办开启了中国教育接触国际的大门，同时，也是中国传统教育向近代教育过渡的促进因素，而非阻碍因素。

2. 【解析】 C 理解题 此题考查福建船政学堂。

题干的主体思想是要将设厂造船和培养人才紧密联系在一起。通过“轮船”可得知这一学堂是福建船政学堂，即求是堂艺局。因此，答案选 C。

3. 【解析】 C 记忆题 此题考查近代学堂的性质。

A. 广州同文馆是洋务派创立的，1864 年，广州将军瑞麟等奏请在广州开设。

B. 1898 年，在维新变法高潮中，京师大学堂成立，同文馆的科技教育部分归于京师大学堂。

C. 京师同文馆是洋务派创立的，1862 年，恭亲王奕䜣奏请设立于北京，是我国最早的官办新式学校。因此，答案选 C。

D. 福建船政学堂是洋务派创立的，1866 年，闽浙总督左宗棠奏请设立于福州。

4. 【解析】 A 记忆题 此题考查京师同文馆。

京师同文馆是第一所洋务学堂，是第一所官办新式学校，但不是第一所新式学堂，因为教会学校（马礼逊学堂）也属于新式学堂。因此，答案选 A。

5. 【解析】 C 记忆题 此题考查京师同文馆。

在课程内容上，京师同文馆侧重“西文”“西艺”，但汉文经学也贯穿教学始终。因此，答案选 C。

6. 【解析】 D 记忆题 此题考查福建船政学堂。

福建船政学堂是晚清时期洋务派为发展海军而创办的第一所培养造船和航海人才的学校。因此，答案选 D。

7. 【解析】 A 理解题 此题考查福建船政学堂的结构。

福建船政学堂分为前学堂和后学堂，其中前学堂的学生学习造船技术，法国造船技术最先进，所以在派遣留欧中，主要去法国学习；后学堂的学生学习驾驶和轮机技术，英国的航海技术最先进，所以在派遣留欧中，主要去英国学习。前学堂中的“绘事院”是培养生产用图纸的制作人员，“艺圃”是在职培训学校。题干中的学生是去法国学习造船的方法，是前学堂的学生。因此，答案选 A。

8. 【解析】 C　记忆题　此题考查张之洞的“中体西用”思想。

A. 张之洞不是最早提出“中学为体，西学为用”主张的人，而是把“中体西用”思想理论化的人。

B. 张之洞的一生以 1884 年中法战争为分界线。前期，他基本上是一个守旧的封建官僚和清流党人。当洋务大臣们致力于发展洋务学堂的时候，张之洞却醉心于举办传统书院。1884 年左右，张之洞开始向洋务派转化。

C. 张之洞的“中学”也称“旧学”，“四书五经、中国史事、政书、地图为旧学”；“西学”也称“新学”，“西政、西艺、西史为新学”。因此，答案选 C。

D. 张之洞认为西艺难学，适合于年少者，着眼于长远；西政相对易学，适合于年长者，着眼于当前急需。

论述题

试论张之洞的“中体西用”教育思想，并说明其历史意义和局限性。

答：（1）张之洞的“中体西用”教育思想：《劝学篇》分内篇和外篇，“内篇务本，以正人心；外篇务通，以开风气”，通篇主旨归于“中体西用”。

①“中学”也称“旧学”，“四书五经、中国史事、政书、地图为旧学”。

②“西学”也称“新学”，“西政、西艺、西史为新学”。

③“中学”与“西学”的关系：“旧学为体，新学为用，不使偏废。”

④《劝学篇》还提出了教育改革的具体措施，如改革科举的设想、倡导留学、制定学制、进行职业教育和培训师资等。

（2）历史意义：

①整体上看：“中学为体，西学为用”的思想推动了社会发展的近代化进程。它将“西学”作为一个整体予以认可，给僵化的封建教育体制打开了一个缺口，使“西学”在中国的发展成为可能，为中国近代的变革注入了新的物质力量和精神力量，加速了封建制度的解体，推动了近代化的步伐。

②教育方面：作为洋务教育的指导纲领，它对中国近代教育主要有如下作用。a. 启动了中国近代教育改革的步伐，促进了新式教育的产生。“中体西用”思想的推动者在民间兴办了一批新式学堂，教育内容增加了自然科学知识，开展了留美教育等，打破了旧学形式一统天下的传统教育格局。**b. 比较切实地引进了西方近代科学、课程及制度。**这对清末教育改革既有思想层面的启发，又有实践层面的推动。洋务运动通过教育首先引进了西方物质文明层面的内容，虽然没有深入到精神文明层面，但为后续维新派、资产阶级革命派的改革奠定了基础。**c. 极大地冲击了传统教育的价值观。**“中体西用”理论对“西学”教育的合理性进行了有效的论证，促进了资本主义文化在中国的传播，为新式教育的进一步推广扫清了障碍。

（3）局限性：

①教育方面：“中体西用”的根本目的是维护封建统治，这是逆行倒流。由于“中体西用”的根本目的是维护封建统治，使新式教育一直受到“忠君、尊孔”的封建信条的支配，阻碍了新式教育的发展进程。尤其是阻碍了维新思想更广泛地传播，不利于近代刚刚开始的思想启蒙运动的发展。

②文化理论方面：中学与西学直接嫁接无法克服二者固有的内在矛盾。“中体西用”作为中西文化接触后的初期结合方式，有其历史的合理性。但是作为文化的整合方案和教育宗旨又是粗糙的，它是在没有克

服中学和西学之间固有的内在矛盾的情况下的直接嫁接，必然会引起二者之间的排异性反应。

第八章　近代教育体系的建立

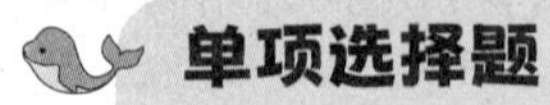

单项选择题

基础特训

1. 【解析】 D　记忆题　此题考查早期改良派的教育主张。

郑观应提出仿照西方学制设立小学、中学、大学三级学制系统，“设于各州县者为小学，设于各府省会者为中学，设于京师者为大学”。因此，答案选 D。

2. 【解析】 B　理解题　此题考查早期改良派的教育主张。

针对科举制度的弊端，早期改良派的王韬认为，“时文不废，人才不生，必去时文尚实学，乃见天下之真才”，主张改革科举制度，“以学时文之精神才力，专注于器艺学术”。因此，答案选 B。

3. 【解析】 D　记忆题　此题考查维新派的教育改革措施。

留日教育和庚款兴学是清末新政时期的教育主张。因此，答案选 D。

4. 【解析】 B　记忆 + 理解题　此题考查京师大学堂。

京师大学堂封建等级色彩非常浓厚，但西学比例高于中学，而不是中学比例高于西学。因此，答案选 B。

5. 【解析】 B　记忆题　此题考查维新派的教育改革措施。

“百日维新”以康有为、梁启超、严复等为代表，在教育上的改革措施有：(1)“百日维新”前——兴办学堂，兴办学会，发行报刊。(2)“百日维新”中——设立京师大学堂，废八股，改科举，讲求西学，建立新式学堂，培养维新人才。“百日维新”期间没有颁布近代学制。因此，答案选 B。

6. 【解析】 B　记忆题　此题考查维新派发行的报刊。

A.《时务报》: 1896 年，梁启超在上海创办。

B.《中外纪闻》: 1895 年，康有为在北京创办《万国公报》(后更名为《中外纪闻》)，这是维新派创办的第一份刊物。因此，答案选 B。

C.《求是报》: 1897 年，曾仰东等人在上海创办。

D.《国闻报》: 1897 年，严复在天津创办。

7. 【解析】 A　记忆题　此题考查维新派的教育实践。

A. 康有为在北京创办了《万国公报》。因此，答案选 A。

B. 梁启超在上海创办了《时务报》。

C. 康有为在上海创办了《强学报》。

D. 严复在天津创办了《国闻报》。

8. 【解析】 B　记忆题　此题考查康有为《大同书》中的教育体系。

康有为认为，儿童在出生前进入人本院，儿童出生后应先后进入育婴院、慈幼院、小学院、中学院与大学院学习。还请注意：在小学院中，学习以德育为先；在大学院中，学习以开智为主。因此，答案选 B。

9. 【解析】 A　记忆题　此题考查梁启超的教育思想。

梁启超在《变法通议》中涉及师范教育、女子教育和儿童教育，没有涉及职业教育。因此，答案选 A。

10.【解析】 D　记忆题　此题考查对严复的评价。

严复是福建船政学堂的第一批留欧生，被派往英国学习海军。留学期间，他注意研究西方资本主义思想文化。回国后，严复主张维新变法和教育改革，并着手翻译《天演论》《原富》等一系列西方名著，影响深远。他是我国近代史上第一个比较系统地介绍和传播西方资产阶级自然科学和社会科学的启蒙人物。因此，答案选 D。

11.【解析】 B　记忆题　此题考查严复的教育思想。

在《救亡决论》中，严复详细地分析了八股式教育的三大弊端：锢智慧、坏心术、滋游手。因此，答案选 B。

12.【解析】 C　记忆题　此题考查清末的教育改革。

“壬子癸丑学制”是民国初年颁布的学制，又称“1912—1913 年学制”，学制中确立了小学男女同校制度；清末新政时期，清政府在中央设立学部，地方设立提学使司，形成了从中央到地方的教育行政系统；创办京师大学堂是戊戌变法时期资产阶级维新派的改革措施之一。因此，答案选 C。

13.【解析】 B　记忆题　此题考查近代学制的实施。

A.“壬寅学制”——近代第一个正式颁布的法定学制。

B.“癸卯学制”——近代第一个颁布并实施的法定学制。因此，答案选 B。

C.“壬戌学制”——第一次依据我国学龄儿童的身心发展规律划分教育阶段的学制。

D.“壬子癸丑学制”——近代第一个资产阶级性质的学制。

14.【解析】 D　记忆题　此题考查新政时期的教育宗旨。

A.“思想自由，兼容并包”是蔡元培改革北大时贯彻的办学原则。

B.“自由、平等、博爱”是法国资产阶级革命标榜的，蔡元培的公民道德教育也与之具有同样的内核。

C. 该选项的内容是我国的教育目的。

D. 1906 年，学部为了反对民权思想的流行和资产阶级革命派的活动，拟定“忠君、尊孔、尚公、尚武、尚实”五项宗旨。这是中国近代第一次正式宣布的教育宗旨。因此，答案选 D。

15.【解析】 A　记忆题　此题考查新政时期的教育宗旨。

“忠君、尊孔”是中国政教所固有的，“尚公、尚武、尚实”是为针对当时中国民众所存之弊病而提出的，体现“西学为用”的教育要求。因此，答案选 A。

16.【解析】 B　理解题　此题考查留日教育的影响。

留日教育虽然壮大了实业技术人才的队伍，但在输入近代西方科技方面整体层次不高，排除 C 选项。A、D 选项本身无误，但并非最主要的。留日学生形成的资产阶级革命派促成了辛亥革命的爆发，这才是对中国近代社会的变革产生的最重大的影响。因此，答案选 B。

17.【解析】 D　理解题　此题考查“庚款兴学”的性质。

“庚款兴学”最根本的目的是培植效忠于美帝国主义的中国“精英”。因此，答案选 D。

18.【解析】 D　记忆题　此题考查资产阶级革命派创办的学校。

资产阶级革命派创办了多所新型学校，主要有：蔡元培等在上海创立的爱国女学、爱国学社；徐锡麟等在绍兴创办的大通学堂（后改为大通师范学堂）。这些学校起到了培养革命骨干、掩护革命活动的作用。中国教育会是清末资产阶级教育团体，不属于新型学校。因此，答案选 D。

19.【解析】 D 记忆题 此题考查资产阶级革命派的教育改革。

A. 京师同文馆是洋务派开设的第一所新式学堂。

B. 经正女学由维新派创办，是近代第一所国人自己创办的女校。

C. 万木草堂是康有为在广州开办的最早的维新派学校。

D. 爱国学社是资产阶级革命派创办的学校。因此，答案选 D。

拔高特训

1. 【解析】 B 记忆题 此题考查维新运动时期的教育实践。

A. 京师同文馆，是洋务学堂的开端，也是中国近代新教育的开端。

B. 南洋公学与北洋西学堂，是两所最早采取西方近代学校体系形式的学校，分初、中、高等级，相互衔接，并按年级逐年递升，具有近代三级学制的雏形，因而事实上将早期改良派学制改革思想付诸实践。因此，答案选 B。

C. 经正女学是梁启超与他人共同建立的近代第一所国人自办的正规女子学校，号称中国第一所女学堂。

D. 创办京师大学堂是维新派的教育改革措施之一。它不仅是全国最高的学府，也是全国最高的教育行政机关。

2. 【解析】 A 记忆题 此题考查维新派办的学堂。

维新性质的学堂包括两类：第一类是维新运动的代表人物为培养骨干、传播维新思想而设立的学堂，包括万木草堂和湖南时务学堂；第二类学堂是在办学类型与模式、招生对象、教学内容等某个或某些方面对洋务办学观念有所突破、领风气之先的学堂，包括北洋西学堂、南洋公学和经正女学。因此，答案选 A。

3. 【解析】 C 记忆题 此题考查南洋公学。

A. 万木草堂是研究和宣传维新变法理论的场所，造就了一批维新人才。

B. 湖南时务学堂主要培养具有维新变法的坚强意志、通晓中外古今的广博知识和具备治理国家能力的专门人才。

C. 南洋公学开设的师范院兼习中西各学，以为中院、上院培养“明体达用，勤学善诲”的教师为目的，此为中国师范教育的开端。因此，答案选 C。

D. 经正女学是近代第一所国人自办的正规女子学校。

4. 【解析】 B 记忆题 此题考查康有为的教育思想。

梁启超强调师范教育，而康有为的学制系统对此没有论述。因此，答案选 B。

5. 【解析】 B 理解题 此题考查梁启超的教育思想。

题干中有“开民智”，这是梁启超关于教育作用的观点，此外，梁启超也是中国近代史上第一个以专文论述师范教育问题的教育家。因此，答案选 B。

6. 【解析】 D 理解题 此题考查严复的教育思想。

中国学者中最早具有科学教育观的当数严复，他指出西方科学技术、社会学科和社会制度的基础是“实验的学术”，因此要用科学的方法研究教育。这也是科学教育思潮的思想来源之一。因此，答案选 D。

7. 【解析】 C　理解题　此题考查清末学制半封建性的体现。

读经讲经课为儒学课程，而 A、B、D 选项均与近代西方的体制或思想有关联。因此，答案选 C。

8. 【解析】 A　理解题　此题考查近代学制的年限。

“壬寅学制”中规定，初等教育阶段包括蒙学堂 4 年、寻常小学堂 3 年、高等小学堂 3 年，规定儿童从 6 岁起入蒙学堂，其宗旨“在培养儿童使有浅近之知识，并调护其身体”。蒙学堂毕业后方可升入小学堂学习，小学堂宗旨是:“在授以道德知识及一切有益身体之事。”蒙学堂和寻常小学堂共 7 年，规划为义务教育性质，“无论何色人等皆应受此七年教育”。因此，答案选 A。

9. 【解析】 A　记忆题　此题考查严复的“三育论”。

严复的“鼓民力”包含重视国民身体素质的提升。加强体育锻炼和军事训练是提升民力的重要途径，可增强国民的体质和体能，使其有更好的身体条件来应对各种事务和挑战。因此，答案选 A。

10.【解析】 A　记忆题　此题考查幼童留美。

题干中诗句的整体基调是惋惜、遗憾的，因此推断这是一个失败的事件。选项中只有幼童留美被迫夭折，于 1881 年撤回全部留学幼童。因此，答案选 A。

论述题

1896 年，梁启超在《时务报》上发表《变法通议 · 论女学》，系统论述了女子教育问题。试论梁启超的女子教育思想。

答:（1）简介: 梁启超是中国近代思想家、政治家、教育家、史学家、文学家，也是中国近代维新派重要的代表人物。他师从康有为，“百日维新”期间力行力倡新法新政，变法失败后撰写了一系列介绍西方资本主义国家的文章，堪称一代资产阶级思想启蒙大师。

（2）内容。重视女子教育是梁启超维新教育思想的重要内容，主要有:

①发展女子教育的原因

a. 必要性。梁启超从女子自养自立、成才成德、教育子女、实施文明胎教等方面揭示了女子教育的必要性。

b. 人才资源。女性是一种独特的人才资源，女子有喜静、心细、有耐心等特点，与男子相比，各有所长，中国应充分开发和利用女性这一巨大的人才资源。

c. 天赋权利。接受教育是女性的天赋权利，也是男女平等的保障。

d. 反映国势。梁启超通过考察世界各国的情况得出结论，女子教育的发展水平反映国势的强弱。中国欲救亡图存，由弱转强，就必须大力发展女子教育。

②发展女子教育的措施

a. 破除缠足。梁启超认为，发展女子教育必须从破除女子缠足陋习、给女子行动自由开始。

b. 创办女学。1898 年，他参与筹办中国第一所国人自办的女学——经正女学，以实际行动推动女子教育的发展。

（3）评价: 梁启超关于女子教育的主张，反映了他男女平权、解放妇女的思想，比“女子无才便是德”的封建教育要进步得多。此外，他的女子教育思想内容广泛，有鲜明的近代特征，为以往论者所不及。

第九章　近代教育体制的变革

单项选择题

基础特训

1. 【解析】 A　记忆题　此题考查民国初年教育方针的内容。

1912 年教育部发布的教育方针基本反映了蔡元培“五育”并举的教育思想，但“世界观教育”因陈义过高，未被多数与会者接受，故未采纳。因此，答案选 A。

2. 【解析】 C　记忆题　此题考查近代学制。

“壬子癸丑学制”明确宣布废止旧的“忠君”“尊孔”的教育宗旨，在学校系统中，取消了按学校等级奖给毕业生出身制度，并取消读经讲经科目。因此，答案选 C。

3. 【解析】 B　记忆题　此题考查近代学制的影响。

“壬子癸丑学制”与“癸卯学制”相比，有很多进步之处，如学制总年限缩短了 3 年，取消对毕业生科举出身的奖励，女子享有和男子平等的法定教育权，课程内容和教学方法更加突出实用性。B 选项是“癸卯学制”的内容。因此，答案选 B。

4. 【解析】 B　记忆题　此题考查近代学制。

“壬子癸丑学制”根据民国教育精神对课程进行重大改革，小学废止了读经课，大学取消了经学科，学校取消尊孔仪式。特别值得注意的是，美术与音乐两门艺术学科首次被列入中国高等教育的体系之中。因此，答案选 B。

5. 【解析】 C　记忆题　此题考查近代学制。

“壬子癸丑学制”要求女子享有与男子平等的法定教育权，男女儿童都要接受义务教育，初等阶段男女可以同校，突破了封建礼教对女性的限制。因此，答案选 C。

6. 【解析】 C　理解题　此题考查近代学制。

A. 近代第一个正式颁布的法定学制——“壬寅学制”。

B. 近代第一个颁布并实施的法定学制——“癸卯学制”。

C. 近代第一个资产阶级性质的学制——“壬子癸丑学制”。因此，答案选 C。

D. 近代第一个以中央政府名义制定的全国性学制系统——“壬寅学制”。

7. 【解析】 D　记忆题　此题考查 1922 年“新学制”的内容。

1922 年“新学制”要求开设综合中学，综合中学里包含三科，普通科、职业科（即家事科）和师范科，以此体现兼顾就业与升学，综合中学不开设政事科。因此，答案选 D。

8. 【解析】 B　记忆题　此题考查“壬戌学制”的特点。

1912—1913 年的“壬子癸丑学制”在中等教育阶段设立 4 年的中学校；1922 年的“壬戌学制”将中学年限延长至 6 年，分为初、高中两级。因此，答案选 B。

9. 【解析】 B　记忆题　此题考查 1922 年“新学制”的改制核心。

在 1922 年“新学制”的内容中，中等教育是改制核心，是“新学制”中的精粹。因此，答案选 B。

10.【解析】 D 记忆题 此题考查近代学制。

“壬戌学制”从横向看分为普通教育体系、师范学校体系和职业学校体系三大平行的体系。该学制的特点之一就是用“职业教育”替代了之前学制里的“实业教育”。因此，答案选 D。

11.【解析】 B 记忆题 此题考查收回教育权运动。

A. 蔡元培在《新教育》杂志上发表《教育独立议》，率先举起了反基督教教育的大旗。

B. 1923 年，余家菊在《少年中国》月刊上发表《教会教育问题》一文，率先提出了“收回教育权”的口号。因此，答案选 B。

C. 吴玉章是工读主义教育思潮的代表人物。

D. 杨贤江是中国最早的马克思主义教育理论家。

12.【解析】 B 记忆题 此题考查蔡元培的教育独立思想。

蔡元培的教育独立思想包括：教育经费独立，教育学术和内容独立，教育行政独立，教育脱离宗教而独立。设立专管教育的行政机构，不附属于政府部门，由懂教育的专业人士主持，不是简单地由校长负责。因此，答案选 B。

13.【解析】 D 记忆题 此题考查蔡元培的教育实践及改革措施。

1915 年，陈独秀在上海创办《青年杂志》并担任主编，揭开了新文化运动的序幕。因此，答案选 D。

14.【解析】 C 记忆题 此题考查蔡元培的北大改革。

蔡元培任北大校长后，当年即组织了评议会，从全校每 5 名教授中选举评议员 1 人，校长为当时的评议长。评议会为全校最高的立法机构和权力机构，凡学校重大事务都必须经过评议会审核通过。因此，答案选 C。

15.【解析】 D 记忆题 此题考查蔡元培“五育”并举的教育方针。

民国教育方针包括德、智、体、美四育因素，以道德教育为核心，将培养受教育者具有共和国国民的健全人格作为首要任务。因此，答案选 D。

16.【解析】 D 理解题 此题考查蔡元培“五育”并举的教育方针。

世界观教育是引导人们具有实体世界的观念，但不是靠简单的说教可以实现的，其有效的方式是通过美感教育，利用美感这种超越利害关系、人我之分界的特性去破除现象世界的意识，陶冶、净化人的心灵。所以，美感教育是世界观教育的主要途径。因此，答案选 D。

17.【解析】 D 记忆题 此题考查蔡元培的教育思想。

大力提倡美育是蔡元培教育思想和实践的一个重要特点，其“五育”并举的教育思想中，美育是重要构成之一，提出了“以美育代宗教”。蔡元培对宗教教育的排斥，从其在收回教育权运动中率先反基督教教育，主张教育脱离政党与宗教而独立中也能感受到。因此，答案选 D。

18.【解析】 C 记忆题 此题考查蔡元培的教育思想。

蔡元培明确提出：“教育者，与其守成法，毋宁尚自然；与其求划一，毋宁展个性。”他反对封建主义教育对学生个性的束缚，主张应该使学生得到自由发展。因此，答案选 C。

19.【解析】 C 记忆 + 理解题 此题考查蔡元培北大改革的教育实践。

蔡元培认为“学术”中的“学为学理，术为应用”，二者实际是基础理论学科与应用学科，具有不同的性质，因此他主张“治学”和“治术”的学校应该分开办理。鉴于当时存在“重术而轻学”的现象，蔡元培认为大学要偏重于纯粹学理研究的文、理两科。因此，答案选 C。

20.【解析】 A 记忆＋理解题 此题考查学校教学的改革。

A. 教育科学化：让科学内容和方法渗入社会各项事业，改变人的态度和观念，并不只是在学校进行科学教育。科学方法的运用重于科学知识的获得，而运用科学方法的目的是形成科学精神。因此，答案选 A。

B. 科学平民化：新文化运动对教育观念的又一改变，是教育平民化观念的形成。这是民主思潮在教育领域里的回响。当时所谓民主，包括自由、平等、互助等要素。

C. 教育实用化：一方面，人们认识到教育要培养个人的生活能力和实际应用能力，从而在观念上解决了改革教育结构、发展职业教育的问题；另一方面，人们认识到学校内部必须进行全面改革，要求课程内容和教学组织形式须适应生产和生活发展的需要。

D. 教育个性化：新文化运动促进个性解放，增强了人们对个人价值的肯定、对个性化教育的倡导。

21.【解析】 B 记忆题 此题考查新文化运动时期的教育思潮。

新文化运动时期的教育思潮有：平民教育思潮、工读主义教育思潮、职业教育思潮、实用主义教育思潮、科学教育思潮、国家主义教育思潮以及勤工俭学运动。因此 A、C、D 选项属于新文化运动时期的教育思潮。人文主义教育思潮是文艺复兴时期的核心社会思潮，它最早起源于古希腊，反对宗教神学世界观，提出肯定人、重视人、把人从宗教神学的束缚中解放出来。人文主义在 14 世纪复兴，17 世纪成熟。B 选项不属于新文化运动时期的教育思潮。因此，答案选 B。

22.【解析】 B 记忆题 此题考查工读主义的流派。

工读主义分为四派，内容如下：

（1）主张实业救国的工读主义。“北高师”学生周予同、匡互生等发起组织工学会，发展实业救国，倡导工学主义。

（2）更为激进的工读主义。王光祈发起北京工读互助团，受无政府主义和空想社会主义影响。

（3）共产主义知识分子的工读主义。李大钊初步提出知识分子与工农结合的思想。

（4）纯粹的工读主义。胡适、张东荪将工读看作纯粹的经济问题，不承认其改造社会的功能。题干问胡适，所以其代表的是纯粹的工读主义者。因此，答案选 B。

（说明：这里真题出过类似的题，请考生掌握）

23.【解析】 B 记忆题 此题考查新文化运动的影响。

从题干中“庶民”“平民大众都能享有教育”可分析出描述的是教育的平民化。因此，答案选 B。

24.【解析】 B 记忆题 此题考查 20 世纪 20 年代的学校教学改革与实验。

清末以来，西方的教学法开始渐次输入中国，其中输入最早的是赫尔巴特的教学法。因此，答案选 B。

拔高特训

1. 【解析】 B 记忆＋理解题 此题考查中国近代的学制。

“壬戌学制”将高等教育缩短年限，延长了中学年限，取消了大学预科。因此，答案选 B。

2. 【解析】 C 记忆题 此题考查“壬子癸丑学制”。

A. 1922 年“新学制”以儿童身心发展规律为依据，采用“六三三”分段标准，将学制划分为三段。

B. 1922 年“新学制”第一次依据我国学龄儿童的身心发展规律划分教育阶段。

C. “壬子癸丑学制”是仿照日本的中国近代第一个资产阶级性质的学制。因此，答案选 C。

D. 1922 年“新学制”提出两项“附则”：注重天才教育；注重特种教育。

3.【解析】C　理解题　此题考查近代的学制。

"癸卯学制"与"壬子癸丑学制"仍具有一定的半封建性，得到胡适称赞的可能性不高。"壬戌学制"虽然实施年限较短，但它是中国近代教育史上的一座里程碑，标志着中国近代以来国家学制体系建设的基本完成，可见是较为完善的学制，且其七项标准中的"多留各地伸缩余地"与题干中的"弹性"是一致的，可以选择。"戊辰学制"基本沿用"壬戌学制"，且政府的教育决策明显向职业教育倾斜。因此，答案选 C。

4.【解析】A　记忆题　此题考查近代学制的内容。

A."壬戌学制"：又称 1922 年"新学制"，中等教育是改革核心，首次兼顾升学和就业的双重需要。因此，答案选 A。

B."壬子癸丑学制"：民国政府的第一个学制，取消封建性，主张小学男女同校，没有涉及中学阶段兼顾升学和就业的问题。

C."癸卯学制"：中国第一个正式实施的学制，没有涉及中学阶段兼顾升学和就业的问题。

D."戊辰学制"：南京国民政府依据"壬戌学制"略加修改的学制。

5.【解析】C　记忆题　此题考查我国近代的学制。

清末学制与民国初年的"壬子癸丑学制"都是仿照日本学制而建立的，只有"壬戌学制"是仿照美国学制而建立的。因此，答案选 C。

6.【解析】C　记忆＋综合题　此题考查我国的近代学制。

A、B、D 选项说法均正确。C 选项说法错误，"壬子癸丑学制"废除了读经讲经课程，但是却保留了修身课程，所以该学制在去除封建性上具有不彻底性。因此，答案选 C。

7.【解析】C　记忆题　此题考查"癸卯学制"。

"癸卯学制"分为纵、横两方面，共计二十六年，是中国第一个经正式颁布并在全国范围内实际推行的学制，修业年限最长。因此，答案选 C。

8.【解析】A　记忆题　此题考查收回教育权运动的成果。

B、C、D 选项均正确，A 选项应该是向教育部行政官厅请求认可。因此，答案选 A。

9.【解析】C　记忆题　此题考查教会学校的相关内容。

巴顿调查团的调查活动从 1921 年 9 月开始，历时 4 个多月，写出了对中国教会学校发展具有重要影响的调查报告——《基督教教育在中国》。该调查报告分析了教会学校在中国所面临的问题和挑战，提出了三项重要的发展建议："更有效率、更基督化和更中国化。"因此，答案选 C。

10.【解析】B　理解题　此题考查教会教育与收回教育权运动。

A、C、D 选项表述均正确。B 选项中，教会学校课程与教学方面的重大变化是教育与宗教分离，即立案的学校不得将宗教作为必修科目，不得在课内宣传宗教，不得强迫或劝诱学生参加宗教仪式，小学不得举行宗教仪式。但是，允许将宗教列为选修科目，以维护教学自由和信仰自由的原则。因此，答案选 B。

11.【解析】D　记忆＋理解题　此题考查蔡元培的北大改革。

蔡元培的北大改革与德国的柏林大学改革相同之处有：时代背景，都是在保守氛围和官僚习气中进行的改革；大学职能，都强调教学与科研相结合；办学理念，都主张自由自治。在改革措施方面二者有不同之处：柏林大学将哲学看作最高学问，职业性专业被看低；而北京大学的科学门类丰富完善，各个专业地位平等。因此，答案选 D。

12.【解析】 C　理解题　此题考查蔡元培的“五育”。

世界观教育是蔡元培教育思想中最独到之处，是其首创。他把世界划分为现象世界和实体世界两部分，前者是相对的，后者是绝对的。世界观教育是一种哲理的教育，旨在培养学生具有远大的目光和高深的见解，具有兼收并蓄的胸襟和融通百家的学术视野，其根本目的是“兼采周秦诸子、印度哲学及欧洲哲学，以打破两千年来墨守孔学的旧习”。因此，答案选 C。

13.【解析】 A　理解题　此题考查蔡元培改革北大的教育实践。

题干中这句话主要表达的是：使某种学说或学派与其他相反的理论或实践并存，只要它们能够自圆其说且有合理的依据支持，就应允许它们自由发展，而不是被自然选择或市场机制淘汰。这一观点体现了蔡元培想让各种思想和学说都能得到公平的展示和发展机会。因此，答案选 A。

14.【解析】 D　理解题　此题考查蔡元培的美育思想。

蔡元培认为，美感“介乎现象世界与实体世界之间，而为津梁”。世界观教育是引导人们具有实体世界的观念，但不是靠简单的说教可以实现的，其有效的方式是通过美感教育，利用美感教育陶冶、净化人的心灵。因此，答案选 D。

15.【解析】 C　记忆题　此题考查平民教育思潮的实践。

平民教育思潮一部分以陈独秀、李大钊、邓中夏等初步具有共产主义思想的知识分子为代表。他们的实践活动有：1917 年，毛泽东在湖南第一师范学校读书期间举办了工人夜校。1919 年，邓中夏发起组织了“平民教育讲演团”及负责筹备了长辛店劳动补习学校。A、B 选项错误。另一部分以资产阶级和小资产阶级知识分子为代表。他们的实践活动有：北京高等师范学校的师生于 1919 年组织了平民教育社。朱其慧、陶行知、晏阳初于 1923 年组织成立了中华平民教育促进会，向全国推广平民教育。晏阳初还主编了教材《平民千字课》。C 选项正确，D 选项错误。因此，答案选 C。

（说明：真题考过类似的细节题，请考生注意这个知识点的细节内容）

16.【解析】 B　记忆题　此题考查工读主义教育思潮。

A. 由匡互生、周予同等北京高等师范学校学生于 1919 年 2 月发起组织的工学会，倡导“工学主义”，主张把工学作为实现民主自由、发展实业、救济中国社会的武器。

B. 由少年中国学会成员王光圻发起组织的北京工读互助团代表更为激进、影响也更大的工读主义派别。他们受无政府主义和空想社会主义的影响，将工读视为实现新组织、新生活、新社会的有效手段。因此，答案选 B。

C. 以胡适、张东荪为代表的一派将工读看成纯粹的经济问题，不承认其改造社会的功能。

D. 以李大钊为代表的初步具有共产主义思想的知识分子也倡行工读，提出了工人和农民的工读问题，支持青年学生的工读互助实验，尤其是号召知识青年到工农中去，初步提出了知识分子与工农结合的思想。

论述题

1.　试述蔡元培改革北大的措施和意义（对我国现代大学发展的意义）。

答：(1) 改革北大的措施

①提倡抱定宗旨，改变校风。 a. 改变学生观念，让学生抱定“大学是研究高深学问之所”的宗旨；b. 整顿教师队伍，延聘积学热心的教员；c. 发展研究所，广积图书，引导师生研究兴趣；d. 砥砺德行，培养正当兴趣。

②贯彻“思想自由、兼容并包”的办学原则。 a. 在教师聘任上，以学术造诣为主，不管出身贵贱，无论

何种思想；b. 开创我国公立大学招收女生之先河；c. 开创了旁听生制度。

③**提出教授治校，民主管理**。为贯彻这一原则，蔡元培在北大建立了全校最高立法和权力机构，还把治理大学的任务交给了教育家，让真正懂学术的人管理教育。

④**进行学科与教学体制的改革**。a. 扩充文理，改变“轻学而重术”的思想，加强基础学科学术研究的比重；b. 沟通文理，废科设系；c. 改年级制为选科制（学分制），目的是让学生“尚自然，展个性”。

（2）评价

①**从教育制度和学校管理上看，**促进了高等教育民主化发展，加强了高等教育办学的自主性。

②**从教育宗旨上看，**奠定了高等教育进行学术研究的职能。

③**从办学原则上看，**奠定了大学学术自由的氛围，加强了高等教育的包容度，促进高等教育为社会服务。

④**从学科与教学体制改革上看，**促使高等教育更加重视人的个性与差异，当今大学的分科制以及必修、选修制度都深受蔡元培改革北大教学体制的影响。

⑤**总体上看，**蔡元培改革北大影响深远，远远超出了教育领域。蔡元培的改革让北大焕然一新，成为中国首屈一指的著名学府，是高等教育近代化发展过程中的里程碑。此外，北大改革中“思想自由，兼容并包”的办学原则，不仅包容了资产阶级的思想，也包容了早期共产主义思想，促进了马克思主义在中国的传播。北大也因此成了五四运动的发源地，新文化运动时期思想启蒙的重要阵地。

（3）对我国现代大学发展的意义

①**在教育观念上，注重大学的研究性职能**。大学应当以研究学问为第一要义，教师和学生都应当热爱学问，培养自己的学者风范，可见北大改革“抱定宗旨，改变校风”的影响。

②**在办学理念上，重视人的个性与差异**。蔡元培曾提出“尚自然，展个性”，对我国大学办学理念有重要影响。

③**在培养目标上，注重培养全面发展的人**。帮助学生发展能力、完善人格，在人类文化上尽一份责任的同时也兼顾学生的技能和道德教育。蔡元培提出“五育”并举的教育思想，主张培养健全之人格。

④**在办学原则上，崇尚自由**。这是受了蔡元培办学原则的影响。

⑤**在教学体制上，坚持分科制以及必修、选修制度**。这深受蔡元培改革北大教学体制的影响。

⑥**在教育管理上，要倾听教职工的意见**。管理者、办学者要审视大学的意义、角色，做好正确的定位，真正把教育办好，把学校办活。这体现了受“教授治校，民主管理”思想的影响。

⑦**在大学职能上，注重大学为社会服务的职能**。大学代表着一个社会的最高层次群体与一个国家的精神面貌，应担起带领社会风气的责任。这与当时蔡元培的教育救国理念也是一脉相承的。

2. 试述1922年“新学制”的中学改革的特点。

答：（1）简介：1922年11月，教育部公布了《学校系统改革案》，这就是1922年“新学制”，或称“壬戌学制”。由于该学制采用的是美国式的“六三三”分段法，又称“六三三学制”。

（2）中学改革的特点：

①**提高了中学教育的程度**。将中学从4年改为6年，延长了中学年限，将中学分为初中和高中两个阶段，各三年，促使中学的学习内容和深度都有了加强，且因为高中阶段的出现，高等教育取消了大学预科，高中成为衔接初中与高等教育的重要桥梁，原有学制中因中学年限过短而造成知识基础薄弱的缺陷得到一定程度的解决。

②**增加了中学教育的灵活性**。初级中学和高级中学两级的划分，不仅增加了学生的选择余地，也增加了地方办学的伸缩余地。所谓选择余地指学生可以选择自己需要的教育阶段求学，有的学生仅接受初中，不打算接受高中，有的学生想一直读到高中，中学两段的划分就可以满足不同学生的选择需要；所谓地方办学的伸缩余地，指地方应该依据自己的财力和当地居民的实际需求，可以只选择办初中，不办高中，或者选择初中与高中都创办。

③**给学生提供更大的个性发展空间**。在中学开设综合中学，开始实行分科制和选科制。初中分为必修科目和选修科目。高中分设普通科、职业科与师范科，普通科分文理两组；开设公共必修科目、（文理）分专修科目和选修科目；力求适应不同发展水平和学术或职业取向的学生的需要。选修课的出现，最能适应学生的个性与差异。

④**职业教育受到重视**。初中和高中附设职业科，加强了普通教育与职业教育的沟通，增加了职业教育在学制中的比重。以前的中等教育偏向升学，不服务学生职业发展，导致毕业就失业的现象非常严重，但“新学制”中综合中学里建立职业教育就可以促使中学的职能发生变化，使得中学既服务于学生的升学，又服务于学生的就业。

⑤**师范教育受到重视**。高中设置师范科，突破了专门的师范教育系统。原本的师范教育体系仅包括各级师范学校和小学附设的小学教员讲习所，“新学制”后，高级中学设置的师范科壮大了原有的师范教育体系，体现了国家对培养师范人才的重视，同时也是为了加强中学生的就业需要。

（3）评价：“新学制”具有科学性、民主性、实用性、先进性、创新性等优点，是我国近代教育史上的一座里程碑，标志着中国近代以来国家学制体系建设的基本完成。但其也具有一定的局限性，在一些方面脱离了中国的实际，如过度模仿美国学制，尤其是在开设综合中学和推行选修课方面。“新学制”的这些特点也同样体现在由其引发的中学改革中。

3. 试述蔡元培“五育”并举的教育方针。

答：（1）内容：

①**军国民教育，即体育**。蔡元培主张将军事教育引入学校和社会教育之中，在学校教育中，强调学生生活的军事化，特别是体育的军事化，希望改变重文轻武的教育传统，强体强兵。

②**实利主义教育，即智育**。“以人民生计为普通教育之中坚”，密切加强教育与国民经济生活的关系，加强职业技能培训，使教育发挥提高国家经济能力和改善人民生活水平的作用。

③**公民道德教育，即德育**。基本内容是自由、平等、博爱。主张尊重与继承中国传统文化，汲取有利于资产阶级道德建设的养分，将二者结合起来，培养国民的道德感。

④**世界观教育**。培养人们立足于现象世界，但又能超脱现象世界而贴近实体世界的观念和精神境界。

⑤**美感教育**。与世界观教育紧密联系。要引导人们具有实体世界的观念，最有效的方式就是通过美感教育。美感可超越利害关系、人我分界，陶冶、净化人的心灵。

（2）“五育”的关系：“五育”不可偏废其一，尽管各自目的不同，但都是“养成共和国民健全之人格”所必需的，是统一整体中不可分割的有机部分。应以公民道德教育为根本，美感教育辅助德育，世界观教育将德育、智育、体育三育合而为一，是教育的最高境界。

（3）评价：蔡元培“五育”并举的思想，是以公民道德教育为中心的德、智、体、美诸育和谐发展的。这在中国近代教育史上是首创，是对中国的半殖民地半封建教育宗旨的否定。它顺应了当时中国社会的变革，以及世界发展的潮流。

（4）启示：

①**在教育理念上，要坚持“五育”融合**。当今强调的“五育”融合是对蔡元培“五育”并举思想的继承、发展与创新。要以培养全面发展的个体为目标，依托现有国家课程，通过学科内、学科间以及跨学科“五育”资源的开发、协调与统整，强化课程的综合性、实践性和融通性，实现课程的融合育人价值。

②**在教育目标上，要促进人的和谐、自由发展**。蔡元培的“五育”并举教育思想是中国近代教育史上第一个充分体现人的自由、和谐发展的教育思想。这启示我们要注重构建受教育者的精神家园，促进人的全面发展、和谐自由发展，培养完全人格。

③**在教育体制上，要重视职业教育的发展**。蔡元培强调重视世界观教育与美感教育，并通过美感教育来实现世界观教育。这启示我们在掌握科学技术的同时，要培养和树立使用科学技术的正确观念，要重视职业教育的发展。

第十章　南京国民政府时期的教育

单项选择题

基础特训

1.【解析】A　记忆题　此题考查南京国民政府时期的教育方针。

A.“战时须作平时看”是在抗日战争爆发后，国民政府提出的教育方针，颇有成效。因此，答案选 A。

B.“民办公助”是在抗日民主根据地发展群众教育的政策，为新中国成立后教育的普及积累了经验。

C. 统一战线是抗日战争时期中国共产党的文化教育方针政策。

D. 党化主义即南京国民政府成立后实施的“党化”教育方针，目的在于强化国民党对学校教育的控制。

2.【解析】B　记忆题　此题考查南京国民政府的战时政策。

抗日战争时期，由于国民政府提出“抗战建国”的口号，实施国民教育制度，使得初等教育在时局动荡中仍能维持一定发展。因此，答案选 B。

3.【解析】B　记忆题　此题考查高校西迁。

高校迁移中，国立北平大学、国立北平师范大学、国立北洋工学院被迁往陕西汉中，成立国立西北联合大学。而国立中央大学迁往重庆，是今天南京大学的前身。因此，答案选 B。

4.【解析】D　记忆题　此题考查南京国民政府时期战时教育方针的内容。

南京国民政府遵循战时教育方针，采取的应变措施有：高校迁移；学校国立，保障部分学校正常办学；建立战地失学青年招致训练委员会，安置、培训流亡失学、失业青年；设置战区教育指导委员会，实施战区教育。因此，答案选 D。

5.【解析】C　记忆题　此题考查大学院与大学区制。

1927 年，蔡元培提出仿照法国的教育行政制度，在中央设中华民国大学院主管全国教育，地方试行大学区制，但大学院和大学区制是一次忽视中国国情的教育管理改革实践，一年后就宣告失败。因此，答案选 C。

6. 【解析】 B 记忆题 此题考查大学院与大学区制。

大学院和大学区制是蔡元培于 1927 年提出的仿照法国的教育行政制度建立的教育管理模式。因此，答案选 B。

7. 【解析】 D 理解题 此题考查“戊辰学制”。

“壬戌学制”和“戊辰学制”都提出了七项标准，其中“戊辰学制”的七项标准和“壬戌学制”不同的是：提高教育效率，提高学科标准。因此，答案选 D。

8. 【解析】 D 记忆题 此题考查抗日战争时期的高校西迁。

抗日战争时期，为保存国家教育实力，国民政府将沿海地区不少著名大学西迁，高等教育的基础不仅得以保存，还获得了一定发展。国立北京大学、国立清华大学、私立南开大学辗转迁到湖南，组成长沙临时大学，最后迁往昆明，组成国立西南联合大学。因此，答案选 D。

9. 【解析】 B 记忆题 此题考查训育制度。

1939 年教育部颁布的《训育纲要》是最为集中体现国民党训育思想的纲领性文件。因此，答案选 B。

10.【解析】 C 记忆题 此题考查南京国民政府实行的军训制度。

为了严格控制学校和学生，作为对学生训育的组成部分，国民政府在小学和初中实行童子军训练，在高中以上学校实行军事教育和军事训练，以养成儿童和青少年的绝对服从意识、划一行动习惯，培养青少年的团体主义精神、军事知识技能。因此，答案选 C。

11.【解析】 B 记忆题 此题考查南京国民政府管控措施的性质。

国民政府建立和完善教科书审查制度，贯穿了思想控制的意图，力图借助教科书贯彻国民党的党义和“三民主义”精神。因此，答案选 B。

拔高特训

1. 【解析】 B 记忆题 此题考查我国近代的公民教育宗旨。

“忠君、尊孔、尚公、尚武、尚实”是在新政时期所提出的教育宗旨。A、C、D 选项的描述都是正确的。因此，答案选 B。

2. 【解析】 B 记忆题 此题考查高校西迁政策的成果。

当时的高等学校建设有三种情况：（1）合并，如清华大学、北京大学与南开大学合并成西南联合大学；（2）新建，如江西中正大学、贵州大学的建立；（3）改制，如云南大学由省立改国立，复旦大学由私立改国立。因此，答案选 B。

3. 【解析】 D 记忆题 此题考查南京国民政府时期的中等教育发展情况。

1932 年，教育部整顿全国教育，认为中学系统混杂，目标分歧，导致中学的普通教育无从发展，师范教育和职业教育难以保证。同年 12 月，教育部相继公布《师范学校法》《职业学校法》《中学法》，废止综合中学，将普通学校、师范学校、职业学校分别设立，高中不分文理科等。因此，答案选 D。

4. 【解析】 C 理解题 此题考查南京国民政府时期幼儿教育的情况。

新文化运动时期，西方国家很多教学法传入中国，但是在中国影响最持久的是设计教学法。南京国民政府时期的幼儿教育大多数采用西方的设计教学法，办园形式以半日制为主。因此，答案选 C。

5.【解析】A　记忆题　此题考查南京国民政府时期学校教育的管控措施。

南京国民政府为了加强思想控制，实行了毕业会考制度。其中，在高等教育领域，教育部规定专科以上学校将毕业考试改为“总考制”，不及格者不得毕业。因此，答案选 A。

6.【解析】C　理解题　此题考查大学院与大学区制。

“大学院与大学区制”的实行主要是为了解决当时中国学术机构官僚化，且学校办学常常被官僚机构左右的问题，不是为了解决宗教教育的问题。因此，答案选 C。

论述题

阅读材料，并按要求回答问题。

请回答：

（1）材料描述的是哪所学校？它的历史背景是什么？

（2）结合实际，谈谈此次事件的意义。

答：（1）学校及历史背景：

①**学校：材料描述的是国立西南联合大学**。抗日战争时期，国立北京大学、国立清华大学、私立南开大学三所大学先是辗转迁到湖南，组成长沙临时大学，最后又迁往昆明，组成了国立西南联合大学。

②**历史背景**：1937 年，抗日战争爆发后，国民政府提出了“战时须作平时看”的教育方针，颁布了“一切仍以维持正常教育”为主旨的《总动员时督导教育工作办法纲领》。他们一方面采取一些战时的教育应急措施，另一方面强调维持正常的教育和管理秩序。为保存国家教育实力，国民政府将沿海地区不少著名大学西迁，国立西南联合大学就是这一政策的成果。

（2）意义：

①**全面抗日战争时期**，大学西迁使高等教育的基本力量不仅得以保存，还获得一定发展。一些著名大学经过合并组合，使各自的优良传统和学科优势得以发扬和互补，形成新的特色，国立西南联合大学在极其困难的条件下，无论是学术研究还是人才培养都成绩斐然。

②**抗战胜利后**，通过西迁大学的回迁复原和改设、停办大学的恢复办学、内地在回迁大学遗址上重办新校、接收改造敌伪地区大学等方式，高等教育在短期内发展较快。1947 年，全国高等教育在数量上曾达到国民政府时期的最高点。

③**国立西南联合大学的存在为抗日战争提供了精神支持和行动支援**。例如，全国抗战爆发，闻一多随校迁往昆明，任国立西南联合大学教授，积极投身到抗日救亡的斗争中，国立西南联合大学的学生也积极报名从军，为抗日战争做出了贡献。

④**国立西南联合大学代表着中华民族的爱国主义精神和文化精华**，其核心价值在于自强不息，为国家、民族崛起而读书、学习、拼搏。国立西南联合大学留下的精神文化遗产对我们仍然具有重大意义。

第十一章　新民主主义教育的发展

单项选择题

基础特训

1. 【解析】 B　记忆题　此题考查黄埔军校。

黄埔军校始终把政治教育放在首要地位，让学员了解中国国民革命的国际背景和国内的政治、经济形势，明确革命军人的责任。因此，答案选 B。

2. 【解析】 B　记忆题　此题考查中国共产党的教育实践。

A. 湖南自修大学是毛泽东、何叔衡等于 1921 年在长沙兴办的新型学校，为中国共产党培养了许多干部。

B. 鲁迅艺术学院于 1938 年 4 月由毛泽东等人联名发起成立，旨在培养抗战艺术干部，研究革命艺术理论，整理中国文化遗产，建立中国的新艺术。因此，答案选 B。

C. 上海大学是在中国共产党领导下，于 1922 年创办的又一类型的高等学校，主要培养研究社会实际问题和建设新文艺的革命人才。

D. 农民运动讲习所创办于 1924 年 7 月，是中国共产党领导下的干部教育，它是国共合作时期培养农民运动干部的学校，也是全国农民运动研究中心。

3. 【解析】 A　记忆题　此题考查中国共产党领导的工农教育。

党的工农教育围绕着提高工农政治觉悟和文化水平的目标展开，而教育形式则多是因地制宜、灵活多样。因此，答案选 A。

4. 【解析】 C　记忆题　此题考查李大钊的教育思想。

C 选项为早期马克思主义者恽代英的教育思想。在儿童教育方面，恽代英主张实行儿童公育，设立专门机构，使儿童一出生就受到良好的公共教育。因此，答案选 C。

5. 【解析】 D　记忆题　此题考查抗日战争时期中国共产党的教育方针政策。

“一切仍以维持正常教育”是抗日战争爆发后，国民政府颁布的《总动员时督导教育工作办法纲领》的主旨。因此，答案选 D。

6. 【解析】 B　记忆题　此题考查革命根据地的干部教育。

1941 年 1 月林伯渠明确提出“干部教育第一，国民教育第二”的政策。此政策是基于民族解放战争的需要、根据地文化教育的实际状况和党的未来事业发展的准备而提出的。因此，答案选 B。

7. 【解析】 B　记忆题　此题考查“抗大”。

中国人民抗日军事政治大学，简称“抗大”。毛泽东为“抗大”题写办学方针，即“坚定不移的政治方向，艰苦奋斗的工作作风，加上机动灵活的战略战术”，其中“坚定不移的政治方向”是学校教育工作的首位。因此，答案选 B。

8. 【解析】 B　记忆题　此题考查“抗大”。

“抗大”是抗日民主根据地干部学校的典型，其教育方针是“坚定不移的政治方向，艰苦奋斗的工作作风，加上机动灵活的战略战术”。其校训是“团结、紧张、严肃、活泼”；办学宗旨为训练抗日救国军政领导人才。其学风为理论联系实际。“抗大”初始，在课程设置的规划上提出“军事、政治、文化并重”。题干考查它的办学宗旨。因此，答案选 B。

9.【解析】A　记忆题　此题考查“抗大”。

A. 中国人民抗日军事政治大学（简称“抗大”）：中国共产党创建的一所培养抗日军政干部的学校。其教育方针是“坚定不移的政治方向，艰苦奋斗的工作作风，加上机动灵活的战略战术”。因此，答案选 A。

B. 华北人民革命大学：1949 年 2 月创立，是中共中央华北局于解放战争后期开办的短期干部培训学校。

C. 东北军政大学：中国人民解放军以各地的“抗大”分校为基础，成立培养军地干部的军政大学。

D. 延安大学：1941 年 9 月由陕北公学、中国女子大学、泽东青年干部学校合并而成的综合性大学。

10.【解析】C　记忆题　此题考查抗日根据地的教育形式。

抗日根据地的普通中小学教育主要有“游击小学”“两面小学”“联合小学”“一揽子小学”“流动小学”“巡回小学”（又称“轮学”）等形式。抗日根据地的社会教育重心在成人教育，其组织形式主要有：冬学、民众学校（民校）、夜校等。其中，冬学和民校是最受欢迎、最普遍、最广泛的社会教育形式。因此，答案选 C。

11.【解析】D　记忆题　此题考查革命根据地的群众教育。

冬学和民校适应分散的农村群众生产和生活实际，是最受欢迎、最普遍和最广泛的社会教育形式。因此，答案选 D。

12.【解析】D　记忆题　此题考查解放区的高等教育。

解放战争时期解放区的成人教育重于儿童教育，干部教育又重于群众教育；解放战争后，高等教育从干部教育向普通教育转轨。因此，答案选 D。

13.【解析】D　记忆题　此题考查革命根据地教育的经验。

训育制度和导师制度是国民党政府为控制学校教育、帮助实施专制独裁统治而实施的。因此，答案选 D。

拔高特训

1.【解析】B　记忆题　此题考查恽代英的教科书改革。

恽代英主张用归纳法编撰教科书，通过提供事实，让学生自己得出结论。因此，答案选 B。

2.【解析】C　记忆题　此题考查湖南自修大学。

湖南自修大学在办学宗旨上是一所“平民主义的大学”，实现平民读大学的理想，目的是为“改造社会”做准备，培养有志于革命的青年。因此，答案选 C。

3.【解析】C　记忆题　此题考查黄埔军校。

C 选项为农民运动讲习所的办学特色。农民运动讲习所为国共合作时期培养农民运动干部的学校，也是全国农民运动研究中心。它创办于 1924 年 7 月，课程与教学安排始终坚持马克思主义理论与实际斗争需要紧密联系的原则，采取课堂讲授与课外实习、自学与集体讨论、调查研究相结合的方式。A、B、D 选项均为黄埔军校的办学特色。因此，答案选 C。

4.【解析】C　记忆题　此题考查革命根据地的干部教育。

A、B、D 选项均是抗日根据地中国共产党创办的学校，但黄埔军校是第一次国共合作的产物，建立在

“三民主义”的思想基础上，提出了一套比较完备的建军路线，培养了大批高级军事政治人才。因此，答案选 C。

5.【解析】A　记忆题　此题考查革命根据地的干部教育。

国立西北联合大学是南京国民政府时期建立的，不属于新民主主义时期的高级干部学校。因此，答案选 A。

6.【解析】C　记忆题　此题考查革命根据地的普通高等教育。

随着解放战争战线的南移，东北解放区最先成为稳固的后方。高等教育的大规模整顿和创办新大学就最先从东北开始，如哈尔滨工业大学、哈尔滨医科大学等的建立。因此，答案选 C。

7.【解析】B　理解题　此题考查革命根据地的小学教育。

游击小学是抗日战争时期的小学名称，其他三所小学都是苏区的小学，后来一律改称为列宁小学。因此，答案选 B。

8.【解析】D　理解题　此题考查“民办公助”政策。

“民办公助”的办学形式，就是依靠群众办学，群众教育由群众自己办，可以根据群众的需要灵活地确定学制、科目、学习时间等。因此，答案选 D。

论述题

论述中国共产党领导下在革命根据地实行“教育与生产劳动相结合”的基本经验。

答：(1) 基本内涵：“教育与生产劳动相结合”在西方盛传已久，早期空想社会主义者提出这一概念，裴斯泰洛齐第一次实践了这一思想，而马克思和恩格斯第一次论证了二者结合的历史必然性。这一思想传入中国后，中国早期马克思主义者和中国共产党非常重视这一思想，不仅认为这一思想体现了学校教育要融合生活劳动，劳苦大众的教育也要融合生产劳动，还可以在生产劳动中加强教育，尤其是提高政治觉悟，同时，还强调知识分子与工人农民要结合。这充分体现了这一思想的中国化过程。

(2) 具体表现：

①教育内容要紧密联系生产和生活实际。无论是成人教育还是儿童教育，都将劳动列为必修课，作为重要课程，以培育人们的劳动习惯、劳动知识和技能。

②教学组织和时间安排注意适应生产需要。根据地的教学根据对象、季节而作灵活处理。如学校成人班是白天生产，夜晚教学；晴天分散教学，雨天集中教学；农忙分散教学，冬闲集中办冬学。儿童教育中，也有全日班、半日班、早午班；既有班级教学，也有分组教学，还有个别教学。

③要求学生参加实际的生产劳动。在根据地，干部学校中的成人、普通中小学中的青少年都是重要的劳动力资源，各级各类学校学生（员）直接参加生产劳动是普遍现象。学生参加生产劳动不仅具有教育意义，也具有经济意义。

(3) 评价：

①对当时：教育与生产劳动相结合这一经验确保了根据地教育的成功，以及中国共产党在全国的胜利，是革命时期中国走出贫穷和战争时期的重要法宝，它不仅是具体的教育方法，更是知识分子和劳苦大众团结在一起的指导思想。

②对当下：在经济腾飞且处于信息时代的中国，我们依旧需要做到教育与生产劳动相结合。如果中国广大学生投入应试教育，每日静坐学习，并轻视劳动教育，其实非常不利于全面发展的人的培养，甚至阻碍人的发展。在信息化智能化的今天，其实更需要有劳动能力和劳动美德的人。我国当下提出要加强劳动

教育，再次重申“教育与生产劳动相结合”有重大现实意义，这也许是我们冲破应试教育的法宝之一。

第十二章　现代教育家的教育理论与实践

单项选择题

基础特训

1.【解析】B　记忆题　此题考查杨贤江的“全人生指导”教育思想。

杨贤江重视和关注青年问题，以他编辑的《学生杂志》为主要阵地，发表了大量关于青年问题的文章。他常与青年通信，对青年各方面的问题悉心指导。这种全方位的教育可谓“全人生指导”。因此，答案选 B。

2.【解析】C　记忆题　此题考查杨贤江的教育本质论。

杨贤江说教育是“社会所需要的劳动领域之一”，这句话就是指教育属于生产力，也叫作“教育是劳动力再生产的手段”。杨贤江还说，教育是“观念形态的劳动领域之一”，这句话就说明教育属于上层建筑之一。因此，答案选 C。

3.【解析】D　记忆题　此题考查杨贤江的教育成果。

与同时代教育家相比，杨贤江的独特建树表现在两方面：（1）他致力于中国的马克思主义教育理论建设，创造性地阐述了教育的本质问题，并贡献出像《教育史 ABC》《新教育大纲》等这样的名著；（2）他致力于中国的青年教育，提出了“全人生指导”的青年教育思想。因此，答案选 D。

4.【解析】B　记忆题　此题考查杨贤江的教育思想。

指导青年树立正确的人生观是杨贤江青年教育思想的核心。因此，答案选 B。

5.【解析】A　记忆题　此题考查黄炎培的教育思想。

1913 年，黄炎培发表《学校教育采用实用主义之商榷》一文。这篇文章对“癸卯学制”颁布以来中国教育尤其是普通教育发展中的问题做了考察，指出学生在普通学校所学的知识在社会上毫无用处，从理论上论证要改革普通教育，加强学校教育与个人生活实际的联系，引发了人们教育观念的变化。因此，答案选 A。

6.【解析】B　记忆题　此题考查黄炎培的职业教育思想体系。

黄炎培认为职业教育的地位是一贯的、整个的、正统的。“整个的”指不仅在学校教育体系中应有一个独立的职业教育系统，而且其他各级各类教育也要与职业教育相互沟通。因此，答案选 B。

7.【解析】C　记忆题　此题考查教育家们的教育实践成果。

中华职业教育社是我国活动时间最长的人民教育团体，直至今日依旧存在，并在我国职业教育舞台上发挥着重大作用。因此，答案选 C。

8.【解析】B　记忆题　此题考查黄炎培的职业教育思想。

黄炎培职业教育思想体系的另一重要特色和组成部分是职业道德教育思想。黄炎培把职业道德教育的基本要求概括为“敬业乐群”，并以之为中华职业学校的校训，时时警策学生。因此，答案选 B。

9.【解析】A　记忆题　此题考查对黄炎培的评价。

黄炎培是我国近代职业教育的创始人和理论家。他以毕生精力奉献于中国的职业教育事业，被誉为我国的“职业教育之父”。因此，答案选 A。

10.【解析】A　理解题　此题考查晏阳初的“四大教育”。

“知识力、生产力、强健力和团结力”对应“愚、穷、弱、私”四个问题。要从根本上救国救民，必须通过文艺教育、生计教育、卫生教育、公民教育来解决，即平民教育。因此，答案选 A。

11.【解析】C　记忆题　此题考查晏阳初的教育实践。

晏阳初在乡村教育中，主持了中华平民教育促进总会所进行的河北定县乡村教育实验。他首先进行了对定县的社会调查，1933 年，晏阳初主持的中华平民教育促进会出版了李景汉编著的《定县社会概况调查》。因此，答案选 C。

12.【解析】D　理解题　此题考查晏阳初的“四大教育”。

A. 文艺教育是基础，必须是人人认识最低限度的中国文字，然后才可以接受生活所需的其他方面必不可少的知识教育。

B. 生计教育是关键，它通过科技知识、增强农民的生产能力发展经济，逐步摆脱贫困。

C. 卫生教育是保障，通过普及卫生知识，重视预防疾病，注重妇婴工作，提倡节制生育、养成卫生习惯，使人人成为强健的国民。

D. 公民教育是根本，它使每个人了解个人与社会的关系，发扬公共心和团结力，唤醒人民的公民意识。因此，答案选 D。

13.【解析】C　理解题　此题考查晏阳初的“四大教育”。

晏阳初认为，中国农村问题千头万绪，但基本可以用“愚”“穷”“弱”“私”四个字代表。解决措施是：以文艺教育攻愚，培养知识力；以生计教育攻穷，培养生产力；以卫生教育攻弱，培养强健力；以公民教育攻私，培养团结力。因此，答案选 C。

14.【解析】C　记忆题　此题考查梁漱溟的乡农学校。

1933 年，山东省政府将邹平、菏泽划为县政建设实验区，实验区两县的行政机构与研究院事实上合一，而整个行政系统与各级教育机构合一，希望以教育的力量替代行政的力量。因此，答案选 C。

15.【解析】C　记忆题　此题考查梁漱溟的乡村建设理论。

梁漱溟立足于传统道德文化的发扬编写了《村学乡学须知》，主张将社会的政治、经济、法律、风俗等问题都通过道德教育来实施，乡农学校则成了实施基地。因此，答案选 C。

16.【解析】C　记忆题　此题考查教育家的教育实践。

晏阳初主持的是河北定县乡村平民教育实验，黄炎培建立的中华职业教育社于 1918 年在上海创办中华职业学校，梁漱溟在山东邹平、菏泽创建实验区，陶行知在南京、上海、重庆等地均有教育实践。因此，答案选 C。

17.【解析】D　记忆题　此题考查陈鹤琴的“活教育”思想。

陈鹤琴进行了“活教育”实验，提出了著名的“活教育”理论体系，该思想对今天的我们仍有启发。因此，答案选 D。

18.【解析】A　记忆题　此题考查陈鹤琴“活教育”理论的目的论。

陈鹤琴赋予“现代中国人”五方面要求：“要有健全的身体”“要有建设的能力”“要有创造的能力”“要

能够合作”“要服务”。因此，答案选 A。

19.【解析】 A　记忆题　此题考查“活教育”的教学步骤。

陈鹤琴归纳出“活教育”教学的四个步骤，即实验观察、阅读思考、创作发表和批评研讨。实验观察是教学过程的第一步骤，也是最重要的一个步骤。因此，答案选 A。

20.【解析】 A　记忆题　此题考查陈鹤琴的教育实践。

陈鹤琴于 1923 年创办了中国第一所实验幼稚园——鼓楼幼稚园；1940 年春，他应江西省政府主席之邀筹建省立实验幼稚师范学校；山海工学团和育才学校均为陶行知所办。因此，答案选 A。

21.【解析】 D　理解题　此题考查陈鹤琴的教育思想。

陈鹤琴归纳出“活教育”教学的四个步骤：实验观察、阅读思考、创作发表、批评研讨。其中，在批评研讨这个阶段，教师和学生共同检验学习的成果，互相学习、互相批评、总结经验、吸取教训，既把总结所得应用到生活实践中去，又把它作为新的学习过程开始的基础。因此，答案选 D。

22.【解析】 D　记忆题　此题考查我国现代幼儿教育。

A. 燕子矶幼稚园：1927 年，陶行知在南京创办，是我国第一个乡村幼稚园。

B. 香山慈幼院：1917 年 9 月，熊希龄在北京创办，前身为北京慈幼局。

C. 集美幼稚园：1919 年，爱国华侨陈嘉庚在厦门创办。

D. 鼓楼幼稚园：1923 年，陈鹤琴在南京创设的我国第一所实验幼稚园，开创中国幼儿教育实验研究之风，使幼儿教育走上了中国化、科学化的道路。因此，答案选 D。

23.【解析】 D　记忆题　此题考查陶行知的教育思想。

A. 陶行知对“教学做合一”思想的具体阐述是“事怎样做便怎样学，怎样学便怎样教”，A 选项的描述与之相反。

B.“从做中学”是杜威的观点。

C.“做中教、做中学、做中求进步”是陈鹤琴的观点。

D.“教学做合一”是陶行知的观点，与题干的描述相吻合。因此，答案选 D。

24.【解析】 A　理解题　此题考查陶行知的教育思想。

陶行知推动了“科学下嫁运动”，创办“空中学校”，实行“小先生制”等推行普及教育的途径与方法，特别是把普及教育与控制人口结合起来的思想具有超前性，在我国后来普及教育的实践中被证明是完全正确的。因此，答案选 A。

25.【解析】 D　记忆题　此题考查陶行知的教育实践。

晓庄学校在南京，联合小学是革命根据地为发展普通教育而建的小学，平民小学非某所学校的特指，育才小学是抗战期间陶行知为收留难童在重庆创办的学校。因此，答案选 D。

26.【解析】 A　拓展题　此题考查对陶行知的评价。

题干中这句话是周恩来对陶行知的评价。因此，答案选 A。

27.【解析】 A　记忆题　此题考查陶行知的“小先生制”。

陶行知认为，“穷国普及教育最重要的钥匙是小先生”，即“小先生制”，其是为了解决普及教育中师资稀缺、经费匮乏、谋生与教育难以兼顾、女子教育困难等问题而提出的。因此，答案选 A。

28.【解析】 A　记忆题　此题考查陶行知的“艺友制”。

陶行知创办了南京晓庄学校，探索了乡村师范教育的新模式，其中“艺友制”最有创见。“艺友制”指与有经验的教师交朋友，在实践中学习当教师，方法是边干边学，这样学习才来得自然、有效。B 选项由陶行知在上海郊区大场创办，目的是达到普及教育。C 选项是陶行知为了抢救战区儿童和培养人才幼苗，收容战争中流离失所的难童创办的学校。D 选项是陶行知在“科学下嫁运动”中创办的学校。因此，答案选 A。

29.【解析】 B 理解题 此题考查陶行知的“生活教育”理论。

陶行知始终把教育和社会生活联系起来进行考察，认为生活与教育是一回事，是同一个过程，教育不能脱离生活。教育要通过生活来进行，无论是教育的内容还是教育的方法，都要根据生活的需要。要“用生活来教育”，通过生活来教育，教育与生活要高度一致，也即实际生活是教育的中心。因此，答案选 B。

30.【解析】 C 理解题 此题考查陶行知的教育思想。

A、B、D 选项均正确，而 C 选项的“教学做合一”指教的方法根据学的方法，学的方法根据做的方法。也就是说，事怎么做便怎么学，怎么学便怎么教，怎么教就要怎么训练教师，教与学都以做为中心。因此，答案选 C。

拔高特训

1. 【解析】 D 理解题 此题考查杨贤江的教育本质论。

杨贤江认为在原始社会和未来的社会主义社会，教育是“社会所需要的劳动领域之一”。在阶级社会中，教育是上层建筑，只有到了社会主义社会等特定阶段，教育才会回归到作为社会所需要的劳动领域之一等更本质的状态。因此，答案选 D。

2. 【解析】 D 记忆题 此题考查杨贤江的教育理论。

A. 体育生活就是健康生活，有鉴于传统教育的缺陷，健康生活尤显重要，也是青年应有的态度和义务。健康生活是个人生活的资本，倘若健康生活不完全，人将不能有所生产。

B. 职业生活或称劳动生活，是维持生命和促进文明的要素，是幸福的源泉，人人都应持“乐动主义”，快乐地劳动，并使之与生活目的保持一致，轻视劳动就是轻视了自己。

C. 社会生活就是公民生活，要懂得一个人不能离开社会和人群而存在，青年人尤其要处理好团体纪律与个人自由的关系。

D. 学艺生活或称文化生活，包括科学、文艺、语言、常识、游历等的研究和欣赏活动，可增添人生情趣，促进社会进步。因此，答案选 D。

3. 【解析】 B 理解题 此题考查教育家们的思想。

新文化运动时期，对教育和革命的关系，主要有两种不同的观点。具有资产阶级思想的教育家认为，应当通过教育改变中国的现状，即“教育救国”；具有早期共产主义思想的教育家认为，教育决定于经济基础且受政治制约，改造中国必须先通过革命的手段铲除军阀压迫和外国资本主义的障碍，批判“教育救国”论。B 选项中，李大钊、恽代英和杨贤江是早期共产主义思想的典型代表人物。因此，答案选 B。

4. 【解析】 B 记忆题 此题考查黄炎培的职业教育思想。

黄炎培强调职业教育必须适应社会需要，他将社会化视为“职业教育机关唯一的生命”。A 选项是职业教育的第一要义，C 选项是黄炎培对职业教育地位的表述，B、D 选项均为黄炎培职业教育的方针。因此，答案选 B。

5. 【解析】 D 记忆题 此题考查黄炎培的职业教育思想与实践。

黄炎培所谓职业教育社会化，内涵颇为丰富，其中包括：

A. 办学宗旨的社会化：以教育为方法，而以职业为目的。

B. 培养目标的社会化：在知识技能和道德方面适合社会生产和社会合作的各行业人才。

C. 办学组织的社会化：学校的专业、程度、年限、课时、教学安排均需根据社会需要和学员的志愿与实际条件。

D. 办学方式的社会化：充分依靠教育界、职业界的各种力量，尤其是校长要擅长联络、发挥社会各方面力量。因此，答案选 D。

6. 【解析】 A　理解题　此题考查黄炎培的职业教育思想。

黄炎培提出职业教育社会化和科学化的办学宗旨。所谓科学化，是指“用科学来解决职业教育问题”，开展职业教育需遵循科学原则。循此原则，黄炎培尝试将职业教育建立在职业心理学和社会心理学基础上，在中国率先运用心理测验的手段进行职业学校招生，根据学生的心理性向确定其所适宜从事的专业。因此，答案选 A。

7. 【解析】 D　理解题　此题考查晏阳初的“三大方式”。

三大教育中，学校教育是重点，起主导作用；家庭教育是协调，起辅助作用；社会教育是延伸，起推广作用。因此，答案选 D。

8. 【解析】 D　记忆题　此题考查晏阳初的教育思想。

晏阳初只看到了社会现象的表层，没有看到帝国主义侵略与封建势力的残余才是造成中国农村“四大问题”的根源。因此，答案选 D。

9. 【解析】 C　理解题　此题考查梁漱溟的乡农学校。

梁漱溟在乡农学校中提出“政、教、养、卫合一”，目的是“以教统政”，让真正懂教育的人来管理教育，使教育免受官僚制度的影响，这与蔡元培提出大学院与大学区制的目的一致。因此，答案选 C。

10. 【解析】 C　记忆题　此题考查陈鹤琴的教学方法。

A. 暗示教学法：用积极的暗示代替消极的命令，通过语言、图文及动作暗示，告诉他怎样做。

B. 比较教学法：通过比较，使儿童对事物得到格外正确的认识、格外深刻的印象和格外持久的记忆。

C. 替代教学法：运用兴趣迁移原理，杜绝不良兴趣，并将已发生的不良兴趣引导到积极方面。因此，答案选 C。

D. 生活教学法：强调教学要注重直接经验，儿童的知识和能力是由生活经验而来的，儿童所体验的生活越广泛，获得的经验越丰富，那么他所得到的知识也就越多，他的能力也就越强。

11. 【解析】 B　记忆题　此题考查陈鹤琴的“五指活动”。

陈鹤琴的“五指活动”包括：儿童健康活动、儿童社会活动、儿童科学活动、儿童艺术活动、儿童文学活动。因此，答案选 B。

12. 【解析】 B　记忆题　此题考查陈鹤琴的“活教育”思想体系。

实验观察是教学过程的第一步骤，也是最重要的一个步骤。从直接经验的要求出发，实验观察是获得知识的基本方法，也是儿童未来进行科学发明的钥匙。因此，答案选 B。

13. 【解析】 C　记忆题　此题考查陈鹤琴的教育实践。

C 选项为陶行知的教育思想。晓庄小学的学生自己组织起来，推举同学做校长，自己办、自己教、自己学，称为“儿童自动学校”。他认为小孩也能做大事，提出“即知即传”的“小先生制”。因此，答案选 C。

14.【解析】 B 记忆题 此题考查陈鹤琴的儿童教育思想。

A、C、D 选项均属于陈鹤琴的儿童教育思想。B 选项说法错误，陈鹤琴认为儿童生活是整个的，在学前和小学阶段，他们还未形成学科概念，如果按学科分类的形式组织课程，必将与儿童的生活和认识习惯相背离。因此，"活教育"的课程打破惯常按学科组织的体系，采取活动中心和活动单元的形式，即能体现儿童生活整体性和连贯性的"五指活动"形式。因此，答案选 B。

15.【解析】 A 记忆题 此题考查陶行知的教育思想。

中国幼儿教育在起步阶段，多模仿国外做法，如幼稚园多采用西方的设计教学法，办园形式以半日制为主，很少有符合本国国情的举措。陶行知形象地批判中国的幼儿教育害了三种病：外国病、花钱病、富贵病。因此，答案选 A。

16.【解析】 C 理解题 此题考查陶行知和陈鹤琴的教育思想。

陶行知和陈鹤琴都反对传统书本教育，但并不忽视书本的地位。陶行知认为传统书本教育，容易造成死读书的情况，当然书是有地位的，他认为书不过是工具，"过什么生活，用什么书"；陈鹤琴则认为传统的书本教育把书当作唯一的学习材料，隔离了学校和社会，但只要恰当地用作参考资料，"书本是有用的"。因此，答案选 C。

论述题

1. 试论黄炎培的职业教育思想。

答：黄炎培是我国近代职业教育的创始人和思想家，被誉为"职业教育之父"。

（1）内容：

①职业教育的作用。a. 理论价值：谋个性之发展；为个人谋生之准备；为个人服务社会之准备；为国家及世界增进生产力之准备。**b. 现实作用：**有助于解决中国最大、最急需解决的生计问题。

②职业教育的地位：一贯的、整个的、正统的。

③职业教育的目的：使无业者有业，使有业者乐业。

④职业教育的方针。a. 社会化：黄炎培将社会化视为"职业教育机关唯一的生命"。**b. 科学化：**"用科学来解决职业教育问题。"

⑤职业教育的教学原则：手脑并用；做学合一；理论与实际并行；知识与技能并重。

⑥职业道德教育：敬业乐群。不仅热爱职业，而且具有高尚的情操和群体合作精神。

（2）评价：①对普通教育来说，有利于解决当时中学教育"偏重升学，忽视就业"的弊端。**②对国计民生来说，**有利于发展实业技术，解决中国生计问题。**③对颁布学制来说，**对 1922 年"新学制"的内容产生了影响。**④对职业教育来说，**开创了中国化的职业教育体系，至今没有过时。

（3）意义（启示）：

①职业教育要实现促进个人发展和推动社会进步的双重目的。黄炎培的职业教育目的观体现了社会本位与个人本位的统一，这一点是我们现在应该继续发扬光大的。

②职业教育要实现学生的个性发展与全面发展的统一。黄炎培在他的职业教育目的观上把"谋个性之发展"放在职业教育目的的第一位，这是现代职业教育值得继承和学习的。

③职业教育要实现"谋生与乐生"的结合。职业教育应该把受教育者作为具有完整精神和独立人格的真正的人来对待，不仅仅要关怀他的物质所需，更要通过对其心灵的呵护，提升其探寻生活意义的能力。

综上，黄炎培的职业教育理论体系开创、推动了中国职业教育的发展，丰富了中国职业教育的理论，推动着中国职业教育向平民化、实用化、科学化的方向发展，至今仍有现实意义。

2.　试述晏阳初和梁漱溟所提出的乡村教育方案，并比较他们乡村教育理论的异同。

答:（1）晏阳初的乡村教育方案:“四大教育”与“三大方式”、“农民化”与“化农民”。①**“四大教育”:** a. 以文艺教育攻愚，培养知识力；b. 以生计教育攻穷，培养生产力；c. 以卫生教育攻弱，培养强健力；d. 以公民教育攻私，培养团结力。②**“三大方式”:** a. 学校式教育；b. 社会式教育；c. 家庭式教育。③**“农民化”与“化农民”是晏阳初进行乡村建设试验的目标和途径。**“农民化”指知识分子与村民一起劳动和生活，时人称为“博士下乡”。“化农民”指实实在在地进行乡村改造，教化农民。

（2）梁漱溟的乡村教育方案: 提出建立行政系统与教育机构合一的乡农学校。①**学校由学众、教员、学董、学长组成，**分村学和乡学两级，实行“政、教、养、卫合一”“以教统政”，将教育机构和行政机构合一，将学校式教育与社会式教育合一。②**教学方式:** 立足于传统道德文化的发扬，将政治、经济、法律、风俗等问题都通过道德教育来实施，乡农学校则成了实施基地。③**教育内容:** 共有课程包括识字、唱歌等普通课程和精神讲话；除此之外，还有根据自身生活环境需要而设置的课程。

（3）二者的异同:

①相同点

a. 时代背景相同: 在帝国主义和封建主义的双重压迫下，中国农村经济萎缩，农业生产落后，农民生活极端贫困。在这种形势下，一些爱国教育家通过乡村教育与乡村建设，改善农村生活，促进社会发展。

b. 改革措施有相同之处: 晏阳初与梁漱溟均注重乡村教育在乡村建设中的作用，并将教育与乡村经济、文化、道德等方面结合起来共同建设，在方式上均注意学校教育与社会教育的结合。

c. 实践目的相同: 都没有认清中国落后的根本原因，所以他们的乡村教育实践都有教育救国的意图。

d. 影响结果相同: 虽然都失败了，但均将科学技术带入乡村，给农民带来一定实惠。

②不同点

a. 对中国问题的认识不同: 晏阳初对中国农村问题的分析更多的是对中国“社会病”具体表象的归结；梁漱溟着力从中国文化寻找中国乡村问题的病因。

b. 乡村教育的理论和方案设计的指导思想不同: 晏阳初更注重乡村具体问题的解决，并引进现代民主意识和西方社会治理模式；梁漱溟主要借鉴中国古代乡村制度并加以改造，更注重弘扬传统道德。

c. 教育措施不同: 晏阳初通过“四大教育”与“三大方式”“农民化”与“化农民”进行改革，特别提出了家庭式教育；梁漱溟主要通过“政教合一”的乡农学校进行改革。

3.　试论陶行知的“生活教育”和陈鹤琴的“活教育”及二者的共同特点。/ 试论陶行知的“生活教育”和陈鹤琴的教育思想的内容和差别。

答:（1）简介

①陶行知是中国人民教育家、思想家，其“生活教育”思想贯穿始终。

②陈鹤琴是中国著名儿童教育家，中国现代幼儿教育的奠基人，明确提出“活教育”主张。

（2）相同点

①两种理论都是受杜威实用主义教育思想影响，并结合中国教育实际而形成的。陶行知的理论是受杜威实用主义思想的影响，但在实践中感到行不通，故将杜威的理论“翻了半个筋斗”；陈鹤琴的“活教育”也受到杜威实用主义思想的影响，但更多是针对当时中国教育的实际情况而提出的，完全是一种新的试验。

②两种理论都反对传统书本教育，但并不忽视书本的地位。陶行知认为传统书本教育是以书本为教育

重心，其结果是“读死书、死读书、读书死”。当然，在“生活即教育”的原则下，书是有地位的，但书只是工具，过什么生活就用什么书；陈鹤琴认为传统的书本教育是把书本作为学校学习的唯一材料，把学校与社会、自然隔离开了，培养的是五谷不分的书呆子。当然，如果将书恰当地作为参考材料，书还是有用的。

③两种理论都反对课堂中心和学校中心，强调教育与社会生活和大自然的联系。陶行知主张“生活即教育”“社会即学校”，认为教育应以生活为中心，以社会为学校，把学校的一切都扩大到大自然里去；陈鹤琴提出“大自然、大社会都是活教材”，主张把大自然、大社会作为活教育课程的出发点，让学生直接走向大自然、大社会去学习。

④两种理论都重视直接经验的价值，强调“做”在教学中的地位。陶行知提出“教学做合一”，主张事情应该怎样做就怎样学、怎样教，“教”与“学”都以“做”为中心；陈鹤琴认为“做”是学生学习的基础，也是“活教育”教学论的出发点，主张“做中教，做中学，做中求进步”。

⑤两种理论都批判传统教育忽视儿童的生活及其主体性，提倡相信儿童、解放儿童、发展儿童。陶行知认为儿童生活是学校的中心，教育不能创造儿童，其任务只是帮助儿童发展，为此教育者应了解儿童、尊重儿童、解放儿童；陈鹤琴主张凡是儿童能够做的就应当教儿童自己做，凡是儿童自己能够想的就应当让他们自己想，鼓励儿童去发现他们自己的世界。

（3）不同点

①在教学方法上：a. 陶行知的“教学做合一”要求“在劳力上劳心”，指的是“手脑双挥”，将传统教育下的劳力和劳心结合起来；b. 陈鹤琴的“做”强调的是学生在教学活动中的主体性，强调教师在教学中鼓励儿童自己去做、去思考、去发现，主要目的在于激发儿童的主体性，而非体力劳动。

②在教育目的上：a. 陶行知认为生活决定教育，教育改造生活，强调人们通过受教育能够最终改造生活，推动生活进步；b. 陈鹤琴“活教育”的目的论是“做人，做中国人，做现代中国人”，表达了陈鹤琴对人的发展、教育与社会变革的追求，较为突出教育的社会性价值。

③对学校的理解上：a. 陶行知的“社会即学校”扩大了学校教育的内涵和作用，认为社会含有学校的意味，学校也含有社会的意味，到处是生活，因此到处是教育，整个社会就像一个教育场所，通过学校与社会的结合，使学校和社会共同进步；b. 陈鹤琴认为应在自然和社会中去汲取知识，但并没有提出社会与学校相互融合的思想。

4. 试论陈鹤琴的教育思想及其当代价值。

答：陈鹤琴是中国近代学前儿童教育理论和实践的开创者，被称为“幼儿教育之父”。

（1）陈鹤琴的教育思想

①“活教育”的目的论：“做人，做中国人，做现代中国人。”a. 做一个人，要热爱人类，热爱真理。b. 做一个中国人，要热爱自己的祖国。c. 做一个现代中国人，要具备健全的身体，要有建设的能力，要有创造的能力，要有合作的态度，要有服务的精神。

②“活教育”的课程论：大自然、大社会都是活教材。a. 教材。陈鹤琴以大自然、大社会为出发点，让学生直接对它们进行学习，获取直接经验。但是陈鹤琴并非反对书本，而是反对将书本作为唯一的知识来源。b. 活动课程。打破惯常的学科中心体系，采取符合儿童身心发展和生活特点的活动中心和活动单元体系——“五指活动”，即儿童健康活动、儿童社会活动、儿童科学活动、儿童文学活动、儿童艺术活动。

③“活教育”的方法论：“做中教，做中学，做中求进步。”a. 教育应当以儿童的“做”为基础，重视儿

童在学习中的主体地位。b. 儿童的“做”带有盲目性，需要教师积极正确地引导。c. 教学过程的四个步骤：实验观察—阅读思考—创作发表—批评研讨。

（2）当代价值

①**在教育目的方面，**陈鹤琴“活教育”的目的论从“做人”开始使教育目标逐步具体，表达了他对人的发展、教育与社会变革的追求。当前的教育目的也应该将人的发展和社会的发展结合起来，教育不是为了培养“应试型”的人，而是培养全面发展的个体。陈鹤琴的教育思想对培养亲自动手、自觉的合作意识、懂得服务的意识等都具有十分重要的现实意义。

②**在课程方面，**陈鹤琴尽管主张从自然和社会中直接获得知识，但并未绝对否定书本。他追求的是要让自然、社会、儿童生活和学校教育内容形成一个有机联系的整体，当前学校的教材也要反映儿童的身心特点，贴近学生生活。同时，课程也不应仅局限于书本和课堂，要落实开展综合实践活动课，让学生获得更多的直接经验和更广泛的认知。

③**在教学方面，**陈鹤琴认为“做”是学生学习的基础，强调儿童在学习过程中的主体地位。在当前的教学活动中，我们同样要避免“灌输式”的教学方法，应该重视发挥学生的主体性和能动性，让学生在实践中找到乐趣，引发思考，提升能力。教师要对学生的实践过程进行有效指导，注重从各个方面去调动学生的积极性。

5.　试述陶行知的“生活教育”思想及其当代价值。

答：（1）“生活教育”思想：“生活教育”是陶行知教育思想的核心，生活教育理论的内涵是生活即教育、社会即学校、教学做合一。

①**“生活即教育”，这是“生活教育”的核心。a. 生活含有教育的意义。**生活每时每刻都含有教育的意义，过什么样的生活就有什么样的教育。**b. 实际生活是教育的中心。**教育联系生活，教育目的、内容、方法都需要根据生活来确定。**c. 生活决定教育，教育改造生活。**一方面，生活决定教育，表现为教育的目的、原则、内容和方法都由生活决定；另一方面，教育又能改造生活，推动生活进步。

②**“社会即学校”，这是“生活即教育”的具体化。**a. 社会含有学校的意味，“以社会为教育”。b. 学校含有社会的意味，学校是雏形社会。

③**“教学做合一”，这是“生活教育”的方法论。**a. 要求“在劳力上劳心”。b. 要求“行是知之始”。c. 要求“有教先学”和“有学有教”。d. 是对注入式教学法的否定，即教育要与实践相结合。

（2）评价：

①**强调了教育的生活性，**体现在教育与生活相联系，学校与社会相联系，学生的做与学相结合。

②**强调了教育的实用性，**体现在教、学、做的结合上，要求学生所学贵在实用。

③**强调了教育的大众性，**体现在为平民百姓办学的实践活动中，他的教育思想是奉献给劳苦大众的。

④**强调了教育的民主性，**体现在尊重儿童的主体性，课程与教学都充分强调儿童的兴趣与需要。

⑤**强调了教育的创造性，**他立足于国情，批判传统教育造成了书本与实际的脱离、学校与社会的割裂。

⑥**强调了教育的探索性，**陶行知探索了中国早期的活动课程，并形成了很多经典教学案例。

（3）当代价值：

①**在创新教育上，陶行知重视儿童创造力的培养。**他的创造教育思想及实践至今仍不失宝贵价值。当今社会迫切需要教育培养创造型人才，陶行知的创造教育思想无疑值得借鉴。

②**在教育发展上，陶行知提倡普及教育。**包括教育立法、教育机会平等、教育经费以及控制人口问题。

他的普及教育思想是从中国的实际出发的，具有超前性，对我国普及教育的实践具有重要意义。

③**在课程与教学上，陶行知提倡“教学做合一”，否定注入式教学法**。这一思想启发我们将学习的主动权还给学生，真正实现了学校教学对学生的重视。

④**在素质教育上，陶行知倡导“生活教育”**。表现在建立起生活、学校、社会的联动，学校结合地区与学校本身的特色，开设了丰富多彩的地方课程与校本课程、选修课程、综合实践活动课程等，满足了学生全面发展的需求。

综上，陶行知的“生活教育”理论是一种大众的、为人民大众服务的教育理论。“生活教育”理论是在教育观念的改变方面颇有建树的理论，显示出强烈的时代气息，至今都富有启示。

6. 论述杨贤江的“全人生指导”教育思想。

答：杨贤江的教育研究大都是关于青年问题的，他曾撰写大量专论文章、书信回复和答问，对青年的理想、修养、健康、求学等各方面都给予悉心指导，他把对青年的这种全方位的教育谓之“全人生指导”。

（1）含义：对青年进行全面关心、教育和引导。不仅关心他们的文化知识学习，同时对他们可能面对的各种实际问题给予正确的指导，使其成为一个“完成的人”，以适应社会改进之所用。

（2）途径与内容：

①**人生观指导**。指导青年树立正确的人生观是杨贤江青年教育思想的核心，通过对人类有所贡献来促进人生的幸福。

②**学习观指导**。青年必须学习，学习是青年的权利与义务。

③**政治观指导**。青年要干预政治，投身革命，他认为这在当时是中国社会的出路，也是青年的出路。

④**生活观指导**。青年要有强健的体魄和精神，要有工作的知识和技能，要有服务人群的理想和才干，要有丰富的风尚和习惯。对应的四种生活：a. 健康生活（体育生活）是个人生活的资本。主要包括对体育锻炼和卫生健康的指导。b. 劳动生活（职业生活）是维持生命和促进文明的要素，是幸福的源泉。主要包括对劳动和职业进行指导。c. 公民生活（社会生活）是懂得一个人不能离开社会和人群而存在，要处理好团体纪律与个人自由的关系。主要包括对社交和婚恋的指导。d. 文化生活（学艺生活）是可增添人生情趣，促进社会进步。主要包括对求学和文化生活的指导。

（3）评价：

①**对当时青年的影响：**使青年的品德得到净化；使青年的良知得到唤醒；使青年的思想得到引领；使青年的生活得到指导。

②**对当下教育的启示：**对教师而言，只有开启“全人生指导”才是真正的教育；对学生而言，只有追求“全人生发展”才是真正的成长。

中国教育史综述题特训

1. 有观点认为，春秋战国时期的教育思想体现出平等精神。请依据实例，对这种观点进行分析。

答：平等精神是指对人与人之间在经济、政治、文化、教育等方面处于同等地位、享有同等权利的思想追求。春秋战国时期的不少教育思想确实体现了平等精神，也有一些主张存在着与平等精神相违的情形，但其主流是合乎平等精神的。

（1）春秋战国时期教育思想的平等精神表现在：

①**教育家充分肯定人性的平等**。无论是儒家，还是墨家、道家和法家，都认为所有人的本性都是相同或相似的。

②**教育家认为教育对任何人的发展都具有必要性和可能性**。孟子认为，教育通过扩充人人皆善的本性，而使“人皆可以为尧舜”；荀子认为，教育通过“化性起伪”，而使“涂之人可以为禹”；墨子认为，“官无常贵而民无终贱”，教育可使人得到改变；等等。

③**教育家并不限定教育对象的范围，主张普通民众也有受教育的机会**。孔子提出“有教无类”，认为不分贵贱、贫穷和族群，人人都可以受教育；孟子认为，设立学校的目的是“皆所以明人伦”，使民众通过学校教育懂得人伦之道；墨子提出“兼爱”的社会理想，要求做到“有道者劝以教人”；等等。

（2）春秋战国时期教育思想与平等精神的相违之处表现在：

①**有些教育家在教育对象和教育作用问题上仍带有社会等级观念甚至性别歧视**。孔子认为，“唯上智与下愚不移”“唯女子与小人为难养也”；孟子认为，兴办学校可以使“人伦明于上，小民亲于下”；等等。

②**不少教育家提出教育的目的对不同的人而言有不同的含义**。孔子与孟子都将教育目的区分为“君子”与“小人”两种，他们所办的私学都以培养“君子”为目的，都对“小人”有所鄙视；荀子提出以培养官僚政治所需要的各级儒学人才为目的；等等。

2.　试比较孔子、孟子、荀子、墨子的教育作用观。

答：（1）孔子、孟子、荀子、墨子的教育作用观：

①**孔子。a. 教育在社会发展中的作用：“庶、富、教。”**孔子认为经济的发展是教育发展的物质基础，只有在先庶、先富的基础上才能有效地进行教化。**b. 教育在人的成长中的作用：“性相近也，习相远也。”**他认为人的先天素质没有多大差别，只是由于后天教育和社会环境的影响才造成人的发展的差别。

②**孟子。a. 教育对社会的作用：教育是“行仁政，得民心”最有效的手段**。他认为仁政必须辅以善教，教育对维护社会安定、治理国家有重大作用。**b. 教育对个人的作用：教育是扩充“善端”的过程**。一方面，教育要“存心养性”，把人天赋的“善端”发扬光大。另一方面，孟子提出“求放心”。

③**荀子。a. 教育对社会发展的作用：教育可以促进国富民强**。荀子认为，教育能够统一思想、统一行动，使兵劲城固、国富民强。**b. 教育对个人的作用：教育在个人发展中起着“化性起伪”的作用**。也就是通过人为的努力改变人的本性，使人改恶迁善。

④**墨子。a. 教育的社会作用：建立“兼爱”社会**。墨家主张通过教育建设民众平等、互助的“兼爱”社会。教育通过使天下人“知义”实现社会的完善。**b. 教育对人的作用：以“素丝说”为喻，说明教育可以改变人性，有什么样的环境与教育就造就什么样的人。**

（2）相同点：孔子、孟子、荀子、墨子都处于春秋战国时期，他们都强调了教育对社会和个人的作用，并且其理论对当时及后世都产生了重大影响。

（3）不同点：

①**对社会来说：**孔子、孟子、荀子属于儒家学派，主张维护贵族阶级利益，教育是治国治民最重要的统治手段，可收到“德礼为治”的效果。墨家强调下层人民的利益，是“农与工肆之人”的代表，重视生产生活实际和人的实利，教育通过使天下人“知义”，实现社会的完善。

②**对个人来说：**孔子提出了“性相近，习相远”的人性观并首次论述教育与人的关系。孟子提出了“性善论”，认为教育是扩充“善端”的过程。荀子提出了“性恶论”，认为教育的作用是化恶为善。墨子提出了“素丝说”，认为人性不是先天所成的，而是由环境和教育造就的，更明确且富有天赋平等的色彩。

3. 春秋战国时期是一个私学发展的时代，也是一个百家争鸣的时代。请从人性论、教育目的、教育内容三个角度论述孟子、荀子、墨子对孔子教育思想的看法。

答：（1）人性论：

①孔子：孔子提出了“性相近也，习相远也”的人性观并首次论述教育与人的关系。

②孟子、荀子：孟子提出了“性善论”；荀子提出了“性恶论”，认为教育的作用是化恶为善。孔子不强调人性论的善恶属性，孟子、荀子则为人性论增添了善恶属性，但他们都高度重视教育的作用。与孔子上、中、下三品人的划分相比，孟子“人皆可以为尧舜”和荀子“涂之人可以为禹”更具有平等性。

③墨子：墨子提出了“素丝说”，认为人性不是先天所成的，而是由环境和教育共同造就的，这体现了外铄论的思想。墨子比孔子的人性论思想更明确，且富有天赋平等的色彩。

（2）教育目的：

①孔子提出培养德才兼备的从政君子，主张“学而优则仕”。孔子强调的是道德崇高的谦谦君子的人格理想。

②孟子在继承君子观，提出“富贵不能淫，贫贱不能移，威武不能屈”的“大丈夫”的人格理想。孟子为君子观赋予了一种正义凛然、刚健有为的英气，塑造了中国人崇高的精神境界。

③荀子在改造君子观，主张培养“大儒”。荀子不仅强调德才兼备，还强调学以致用，更突出人格与社会的协调性，更体现机智与圆通、严谨与务实。

④墨子在反对君子观，主张培养“兼士”，强调“厚乎德行，辩乎言谈，博乎道术”。兼士与君子有本质不同，墨家更强调小生产者平等、博爱的精神。

（3）教育内容：

①孔子：儒家的教育内容为“六经”，偏重社会人事、文事，轻视科技与生产劳动。

②孟子、荀子：孟子继承了“六经”。荀子改造了“六经”，并通过口耳相传的方式，传播和保存了“六经”。

③墨子：墨家重视科学与技术教育和思维训练，注重实用技术的传习，反感儒家“六经”，认为“六经”里有烦琐的礼教和乐教。

（4）总评：孟子继承孔子的教育思想；荀子在儒学的范畴里改造孔子的教育思想；墨子反对孔子的教育思想，并建立了与儒学对立的墨家思想。百家争鸣，各有千秋，又共同证明教育的多样性、丰富性和重要性。

4. 孔子、荀子、《中庸》对学习过程的论述。

答：（1）孔子：学、思、行结合的为学顺序。其含义有：①“学而知之。”学是求知的途径，也是求知的唯一手段。对已学知识要时常复习，才能牢固掌握。②“学而不思则罔，思而不学则殆”这句话论证了“学”与“思”的关系。将学习和思考结合起来，这种见解符合人的认识规律，能够揭示学习和思考的辩证关系。③“学以致用”指不论是学习知识还是学习道德，如果不能应用，学得再多也没有意义。

学、思、行之间的关系：学是手段，行是目的，行比学更重要，学与行离不开思。这是孔子探究和总结的学习过程，也就是教育过程，与人的一般认识过程基本符合。

（2）荀子：“闻见知行”结合的学习过程。①闻见是学习的起点、基础和知识的来源。②知是思维的过程，是感性认识向理性认识提升的过程。③行是学习必不可少的，也是最高的阶段。

学习过程中阶段与过程的统一，以及学习初级阶段必然向高级阶段发展，学习的高级阶段又必须依赖于初级阶段的思想。闻见、知、行在每个阶段都具有充分的意义，由此构成一个完整的学习过程。

(3)《中庸》:“学、问、思、辨、行”的学习过程。这一表述概括了知识获取过程的基本环节和顺序，五个步骤是一个完整的过程，只有充分实现每个步骤，才能有个人学习的进步。

由此可见，荀子在继承了孔子学思行并重的思想后形成了自己完整又系统的学习过程理论,《中庸》是对从孔子到荀子的先秦儒家学习过程和思想——学、思、行的发挥和完整表述。孔子、荀子和《中庸》对学习过程的论述是不断完善的过程。

5.　论述中国古代教育家的教师观及其“尊师重道”的思想。

答:（1）中国古代教育家的教师观

①孔子：孔子提出了自己独到的教师观，树立了理想教师的典型形象。他认为作为教师要具备的品格是学而不厌，诲人不倦，温故知新，以身作则，爱护学生，教学相长。

②荀子：荀子将教师视为治国之本，把教师的地位提高到与天地、祖宗并列的地位。他强调学生对教师的无条件服从，主张“师云亦云”，教师在教学过程中应处于绝对的主导地位。教师要有尊严和威信，有丰富的经验和崇高的信仰，能循序渐进，诵说不凌不乱，见解精深且表述合理。

③《学记》：强调尊师。强调学识只是为师的条件，而非充分条件；懂得教育成败的原理才能为师；指出善于在分析达成学习目标的难易程度和学生素质高下的基础上，采用各种有针对性的教学方法，可以为师。

④韩愈：撰写了中国古代第一篇集中论述教师问题的文章《师说》。他认为教师的任务是“传道、授业、解惑”；以“道”为求师的标准，主张“学无常师”；提倡“相师”，建立民主性的师生关系；师生的关系是相对的，在一定条件下可以互相转化。

（2）中国古代教师观的评价

①中国古代教育家特别注重教师的思想修养、品德修养以及人格的完善。中国古代教育家都充分地认识到教育的社会价值和作用，他们都将建立和传播封建伦理道德作为教育的主要宗旨，要达到这样的目的，作为施教者必须是道德的楷模、社会的典范。

②中国古代教师观特别强调教育者对受教育者应有充分的认识，做到因材施教。我国古代教育实践中相当重视对人的研究，从几千年前就开始注意到人的不同长处和不同生理阶段的不同心理特征。所以，教育家对学生的不同个性特点做了深入的研究，并将因材施教的原则贯穿于他们的教育实践过程中。

③中国古代教育家对教师素质提出的高要求总是与对教师崇高社会地位的认识相一致。中国古代教育家们十分强调社会应形成尊师重教的风气。正因为古代教育家们将教育和教师的地位强调到一种神圣而崇高的程度，所以对教师的素质要求也十分严格。

6.　从白鹿洞书院、东林书院、漳南书院看我国古代书院教育的特点。

答:（1）简介

①白鹿洞书院：在江西庐山五老峰下，原为唐后期李渤、李涉兄弟隐居读书处。南宋时期朱熹修复白鹿洞书院，自任洞主，亲自掌教，并制定《白鹿洞书院揭示》作为书院的学规，阐明教育宗旨。

②东林书院：在江苏无锡城东南，原为北宋理学家杨时讲学之所，也叫龟山书院，后由明朝顾宪成、顾允成等复创，是明朝影响最大的书院，并在此形成了著名的“东林学派”。

③漳南书院：由颜元亲自主持规划，其办学宗旨比较集中地反映了颜元的教育主张，尤其是“实才实德”的培养目标、“真学实学”的教育内容、“习行”的教育方法等。

（2）中国古代书院教育的特点

①**书院精神：突出自由。**办学者可以自由办学、自由讲学、自主管理，而学生则来去自由，可以与学者进行自由的学术交流。

②**教育目的：培养学术型人格。**书院一般注重学生的人格培养，强调道德与学问并进，注重培养学生的学术志趣，形成学术型人格，而官学大多以科举入仕为主要目标。

③**书院管理：自主自治。**a. 集育才、研究、藏书三位功能于一体。b. 书院制度走向制度化建设。南宋《白鹿洞书院揭示》标志着书院发展已经走向了制度化。明朝的东林书院使讲会活动走向了制度化。这些都说明书院在不断地发展，它的管理日趋完善。c. 办学主体：有私办、官办和私办公助等多种形式。d. 管理方式：实行山长负责制。e. 经费来源多样化。

④**教学课程：自主学习。**a. 教学与研究相结合。b. 课程设置灵活、富有弹性和选择性。c. 道德教育与知识教育相结合。d. 以学生自学和研究为主。e. 学术交流，门户开放。

⑤**师生关系：平等亲密。**书院的师生关系比官学更加平等，师生之间关系融洽，感情深厚，尤其以东林书院形成的“东林学派”为代表。

7. 试论科举制度的发展过程及其影响。

答：（1）科举制度的发展过程：

①**科举制产生于隋朝，在唐朝得到了进一步的发展。**

②**宋朝的科举制：**基本沿袭了唐制，但是也根据实际情况进行了改革，如提高科举地位，扩大考试规模，改革考试内容。

③**元代的科举制：**考试进入中落时期，但开创了以“四书”试士的先例。

④**明清的科举制：**进入鼎盛时期，确立八股取士，也标志着封建社会开始走向衰落。科举制的弊病日益显现，徇私舞弊现象严重，科举考试日益僵化、衰落。

⑤**清末新政时期，废除了科举制。**

（2）积极影响：科举制度是中国封建社会的选士制度，在历史上存在了大约 1 300 年，对我国后世产生了深远的影响，其存在有一定合理性。

①**有利于加强中央集权。**a. 中央政府掌握选士大权，有利于加强中央集权；b. 官吏经考试选拔，提高了文化修养，有利于国家长治久安；c. 士子通过科举获得参政机会，扩大了统治基础；d. 科举制度统一思想，笼络人心，有助于缓和阶级矛盾，维护了国家的稳定与发展。

②**使选士与育士紧密结合。**a. 促进社会形成良好的学习风气；b. 促使人们的思想统一于儒学，结束思想混乱的局面；c. 刺激学校教育的发展，有利于教育的普及；d. 扭转了人们重文轻武、重经书轻科学的思想。

③**使选拔人才较为公正客观。**a. 重视人的知识才能，而非门第；b. 考核策问与诗赋有利于检验人的能力；c. 我国是世界上最早实行文官考试制的国家。

（3）消极影响：从整个发展历程看，科举制度从隋唐到宋朝，积极影响大于消极影响。到了明清时期，消极影响日趋明显，最终被社会淘汰。

①**国家只重科举取士，而忽略了学校教育。**学校成为科举考试的预备机构，逐渐沦为科举的附庸。

②**科举制度具有很大的欺骗性。**a. 评分具有主观性；b. 考官受贿和考试作弊现象严重；c. 诱骗知识分子为功名利禄学习，大部分考生将终身时间浪费在考场上。

③**科举制度束缚思想，败坏学风。**a. 学校形成教条主义、形式主义的学习风气；b. 影响中国知识分子

的性格，使其重权威轻创新、重经书轻科学、重书本轻实践、重记忆轻思考，形成了依赖性强的性格特征；c. 形成了功利色彩的畸形读书观、学习观，如“万般皆下品，唯有读书高”“书中自有黄金屋，书中自有颜如玉”等，这些思想长期束缚人心。

8. 梁启超说：“近五十年来，中国人渐渐知道自己的不足了……第一期，先从机器上感觉不足……上海制造局等渐次建立起来。……第二期是制度上感觉不足……第三期便从文化上感觉不足。”试论这句话描述的“三期教育”的演变过程及其改革措施与改革思想。

答： 材料中的“三期教育”分别指的是从洋务运动到维新运动、新政改革，再到新文化运动的教育改革。教育演变过程：学习器物—学习制度—学习思想，循序渐进，不断深化。

（1）洋务运动的教育——开启学习西方器物层面的改革。

19 世纪 60—90 年代，洋务派发起了洋务运动，要求向西方学习，维护封建统治。

①**具体措施：** 兴办学堂；派遣留学生，留美与留欧教育的学生都对中国的发展做出了杰出的贡献。

②**指导思想：**“中体西用”是洋务教育的指导思想。“中体西用”思想启动了中国近代教育改革的步伐。它极大地冲击了传统教育的价值观，为新式教育的进一步推广扫清了障碍。

（2）维新运动的教育和新政改革——开启学习西方制度层面的改革。

维新时期的教育改革。 维新派主张在保留清朝皇权的前提下，用和平的方式进行自上而下的改良，建立君主立宪制。

①**具体措施：**“百日维新”前，以学会为阵地，以报刊为宣传工具，传播西学，宣传变法主张，与维新学堂互为补充，起到了扩大教育面、开通民风的作用，扩大了维新变法的社会基础。“百日维新”中，创办京师大学堂，废除八股，改革科举制度，建立新式学堂讲“实学”。

②**指导思想：** 以君主立宪作为维新教育的指导思想，深入学习西方的政治。康有为主张废八股、改试策论，办学校、育新人。梁启超主张“开民智”与“伸民权”，培养“新民”。严复提出“三育论”和“体用一致”的文化教育观。

新政时期的教育改革。 19 世纪末，列强将中国视为可瓜分的稳定市场。清政府被迫实行“新政”，改革图强，教育是其中的一部分。

①**具体措施：** 颁布“壬寅学制”和“癸卯学制”；改革和废除科举制度，兴办新式学堂；改革教育行政体制；制定教育宗旨；留学教育勃兴，留日高潮和留美潮流兴起。

②**指导思想：** 以“中体西用”作为新政时期教育改革的指导思想。1898 年张之洞对《劝学篇》做了系统的理论阐述。首要任务是培养学生效忠封建王朝，也对近代中国政治经济、思想文化改革产生实际影响。

（3）新文化运动的教育——中国在思想观念层面上开始自觉地接受西方教育。

①**具体措施：** 一是废除读经，恢复“养成健全人格，发展共和精神”的国民教育宗旨，二是义务教育阶段的人数有所增长，三是学校教学内容的改革，推行白话文和国语教学，中等教育注重科学和实用等，四是对师范教育和大学教育也进行了改革。

②**思想解放：** 新文化运动促进了教育观念的变革。教育的个性化要使受教育者各尽其性。教育的平民化则强调打破以往社会种种差别的阶级教育。教育的实用性着重凸显教育与生活、学校与社会之间的联系。教育的科学化让科学内容和方法渗入社会各项事业。

综上所述，近代中国的发展体现了很多弱势文明的国家遭遇强势文明的侵扰时的发展路程，经历了渐进式的器物—制度—思想观念层面的变革，层层深入，缓慢图强。

9. 评述民国初年至 20 世纪 20 年代末的学制改革。

答：（1）“壬子癸丑学制”，即“1912—1913 年学制”。

①简介： 1912—1913 年，教育部在参照日本学制的基础上，结合中国的实际经验，制定了中国近代第一个资产阶级性质的学制，称为“壬子癸丑学制”，又称“1912—1913 年学制”。“壬子癸丑学制”主系列划分为三段四级，仍保持以“小学—大学”教育为骨干，兼重师范教育和实业教育的整体结构。学制总年限为 17～18 年。小学前的蒙养园和大学本科后的大学院均不计入学制年限。此外，设立师范类和实业类学校。

②进步之处： a. 学制总年限缩短了 3 年，易于普及教育；b. 取消对毕业生科举出身的奖励，消除教育中的封建等级性；c. 女子享有与男子平等的法定教育权，突破了封建礼教对女性的限制；d. 高等教育设大学预科；e. 课程内容和教学方法更加突出实用性，教育更加联系儿童实际，适合儿童身心发展。

③消极方面： 中学修业年限太短，且偏重于普通教育而轻视职业教育。

（2）“壬戌学制”，即 1922 年“新学制”。

①简介： 1922 年 9 月，教育部公布了《学校系统改革案》，又称 1922 年“新学制”。由于该学制采用的是美国式的“六三三”分段法，又称“六三三学制”。“新学制”以儿童身心发展规律为依据，采用“六三三”分段标准，将学制划分为三段。纵向看，小学 6 年，其中初级小学 4 年（义务教育阶段）、高级小学 2 年；中学分为初、高中各 3 年；大学 4～6 年；小学之下有幼稚园，大学之上有大学院。横向看，与中学平行的有师范学校和职业学校。两项“附则”：注重天才教育，注重特种教育。

②进步之处： a. 1922 年“新学制”体现出实用主义色彩，适应当时资本主义工商业发展的实际情况；b. 学制根据儿童身心发展的规律划分教育阶段，课程设置具有合理性和科学性；c. 1922 年“新学制”的内容具有时代性和合理性，比较彻底地摆脱了封建传统教育的束缚，具有适应社会和个人需要等新的时代特点；d. 1922 年“新学制”具有灵活性，反映了新文化运动以来教育领域的一些创新性综合成果；e. 1922 年“新学制”是我国学制史上的里程碑，标志着中国近代以来国家学制体系建设的基本完成，一直沿用到中华人民共和国成立前夕；f. 1922 年“新学制”发扬了平民教育的精神。

③消极方面： 此学制在具体实施过程中存在不少问题，如缺乏师资、教材、设备等，故不得不通过对其后所创办的综合中学增开大量的选科等做法进行调整。

（3）“戊辰学制”，即 1928 年学制。

①简介： 该学制以 1922 年“新学制”为基础并略加修改，提出了七项原则。根据本国国情；适应民生需要；提高教育效率；提高学科标准；谋个性之发展；使教育易于普及；留地方伸缩之可能。在学校系统方面，“戊辰学制”基本框架与 1922 年“新学制”相比没有太大的变化。

②进步之处： a. 使占人口 80% 以上的不识字儿童和成年人受到一定的教育，较为重视义务教育和成人补习教育；b. 为提高民族文化程度，中等教育和高等教育的工作重心定为整理充实，求质量提高，不求数量增加；c. 为适应 20 世纪 30 年代经济的增长，政府的教育决策明显倾向于职业教育，使职业教育得到一定发展。

③消极方面：“提高学科标准”“提高教育效率”两条新增原则，取代了“新学制”中“发挥平民教育精神”“注意生活教育”两条标准，一定程度上体现出“戊辰学制”对教育规律、民主精神的缺失。

10. 试从教育思想、制度、实践三个方面，说明新文化运动时期民主思想在当时中国教育领域里的体现。

答： 新文化运动时期，以反封建、倡导自由平等为重要内容的民主思想在当时中国教育领域有着鲜明的体现：对封建传统教育的反思和批判更为全面、深入；肯定个人价值，倡导个性化教育；倡导平等的师生关系；强调受教育权利的平等，如阶级（阶层）、性别教育权利的平等；教育关注点下移，重视底层民众受教育权利的保障。

举例:(1)教育思想方面,如陶行知的“生活教育”理论和陈鹤琴的“活教育”理论。他们都强调尊重儿童个性，发挥其创造性；适应儿童的身心特点和生活特点；建立平等、友好的师生关系等，体现出对儿童、对人的个性的尊重。

(2)教育制度方面,如1922年“新学制”的建立。“新学制”七项标准中“发扬平民教育精神”“谋个性之发展”“使教育易于普及”“注意生活教育”等内容；学制体系中将学制阶段的划分建立在儿童、少年身心发展阶段的研究上，缩短了小学年限，在中学阶段实行选科制和分科制等，体现出尊重儿童发展、力求教育普及的思想。

(3)教育实践方面,如乡村教育运动。1925年后平民教育运动逐渐转向农村，平民教育运动也逐渐转变为乡村教育运动。晏阳初领导河北定县乡村教育实验，总结出“四大教育”和“三大方式”,“化农民”和“农民化”的乡村教育经验，体现出对农民受教育权利的重视和对农民的尊重。

11. 论述民国时期的乡村教育发展及其对当代教育的启示。

答:(1)民国时期的乡村教育发展。民国时期的乡村改造和乡村建设运动中，涌现出了一批有知识、有情怀、有责任的教育学家和社会学家，如黄炎培、梁漱溟、晏阳初、陶行知等。他们既是乡村改造和建设运动的推动者，也是开展乡村平民教育、职业教育和“生活教育”的发起者。

①黄炎培作为我国近代职业教育的先驱，从普及教育的角度，论述了乡村教育的重要性，提出“划区试办乡村职业教育计划”，并选定农村改进试验区。

②陶行知以中华教育改进社的名义起草了《改造全国乡村教育宣言书》，之后陆续创办了晓庄中心小学、晓庄试验乡村师范学校、山海工学团、劳工幼儿团等，在农村开展普及教育运动。

③晏阳初是世界平民教育与乡村改造运动的倡导者，任中华平民教育促进会总干事，设立乡村平民教育试验区、乡村平民学校，有力地推动了乡村教育运动的发展。

④梁漱溟主持的山东乡村建设研究院1931年在邹平设立乡村建设实验区，至此，乡村教育进入了实验阶段，随后，各学术团体和教育机构纷纷到乡村创办实验区，在全国掀起了乡村教育的热潮。

(2)启示:

①根据现实条件构建符合我国国情的乡村教育。乡村振兴背景下，应结合各教育家的平民教育思想与我国现实情况，促进学校、家庭和社会教育的合作与交流，培养本土化特殊人才。

②秉持“以人为本”的乡村教育理念。新时代人才振兴要扩大农民教育的培养目标，使农民掌握知识、拥有技能，还要注意对农民“整个的人”的培养，实现农民物质和精神生活的双重满足。

③建设专业人才队伍发展乡村职业教育。乡村振兴最主要的就是人才振兴，人才振兴需要教育提供支持。乡村职业教育要加快构建专业人才队伍，不断提高农民素质和生活能力。

④抱有“教育救国”的爱国情怀。近代教育家的救国情怀为后世做出了良好示范，如今的我们应该继承近代教育家身上所具有的历史责任感与爱国精神，真正投身于教育事业，为社会发展做出应有的贡献。

⑤重在乡村教育与乡村建设的结合。乡村教育的发展应该是为乡村发展服务的，是为满足村民需求服务的。所以，乡村教育不仅要重视社会教化，也要重视向乡村居民传递农业生产方面的知识。

12. 新文化运动时期，美国著名教育家杜威来到中国。两年后，他离开时，胡适写道:“我们可以说，自从中国与西洋文化接触以来，没有一个外国学者在中国思想界的影响有杜威先生这样大的。我们还可以说，在最近的将来几十年中，也未必有别个西洋学者在中国的影响可以比杜威先生还大的。”请从教育

制度、教育思想和教育实践三个角度，论述杜威的教育思想对民国时期的中国教育发展的影响。

答：杜威的教育思想是实用主义教育思想，在中国新文化运动时期，产生了重大影响。

（1）教育制度方面：1922 年“新学制”的制定。

1922 年“新学制”在实用主义教育思想的影响下制定并实施。“新学制”强调教育要适应社会发展的需要，注重培养学生的实际能力和个性发展。它的实施打破了传统教育制度对学生的刻板要求，为学生提供了更多的选择和发展空间，使教育更加贴近学生的实际需求和社会的多元需求。

（2）教育思想方面：

①**对传统教育思想的冲击**。杜威反对传统的灌输和机械训练的教育方式，强调教育应该以儿童为中心，关注儿童的兴趣和需要。这一思想对民国时期中国的传统教育思想产生了强烈的冲击，促使教育界开始反思传统教育中以教师为中心、以书本知识为中心的弊端，要求加强教育的民主性、个性、生活性和实用性。

②**“生活教育”思想的兴起**。杜威的实用主义教育思想为陶行知的“生活教育”思想提供了理论基础。陶行知提出“生活即教育，社会即学校，教学做合一”的教育理念，推动了实用主义教育思想的本土化。

③**“活教育”思想的发展**。陈鹤琴也在实用主义教育思想的熏陶下，提出了“做人、做中国人、做现代中国人”的目的论，“大自然、大社会都是活教材”的课程论和“做中教、做中学、做中求进步”的教学论。

④**实用主义教育思潮的形成**。中国在新文化运动时期，受杜威的影响，形成了实用主义教育思潮。黄炎培撰写了《学校教育采用实用主义之商榷》，晏阳初、梁漱溟等人的乡村教育思想都主张教育与社会的结合，促使实用主义教育思潮成为当时最有影响力的一股思潮。

⑤**促进教育的民主思想发展**。杜威的民主主义教育思想强调教育是培养民主社会公民的重要途径，这一思想对民国时期中国的教育思想产生了积极的影响。教育界开始关注教育的民主性，强调教育机会的平等，主张教育应该为社会的民主进步服务。

（3）教育实践方面：

①**促进课程与教材改革**。在课程方面，初中采用学分制和选修制，实施综合性课程；高中采用分科制，分设普通科和职业科。在教材方面，提倡采用白话文课本，将儿童文学编入小学教材，注重实用知识的传授，加强了学校与社会、书本与生活的联系。这些改革打破了传统的课程和教材体系，使教育更加贴近学生的实际生活。

②**引入新式教学方法**。设计教学法、道尔顿制、文纳特卡制等教学方法传入中国。这些教学方法注重儿童的主体地位，发挥其自主性。这些改革也引发了国内很多新式教育方法的改革。

第二部分　外国教育史

第一章　东方文明古国的教育

单项选择题

基础特训

1. 【解析】 A　记忆题　此题考查古代巴比伦的学校。

A. 泥板书舍是在古代巴比伦的苏美尔时期出现的人类历史上最早的学校。因此，答案选 A。

B. 古儒学校是古代印度时期办在家庭中的婆罗门学校。

C. 昆它布是阿拉伯一种简陋的初级教育场所。

D. 堂区学校是西欧中世纪时期教会举办的面向世俗群众的教会学校。

2. 【解析】 C　记忆题　此题考查古代巴比伦的学校教育。

在泥板书舍中，负责人称为“校父”，教师称为“专家”，助手称为“大兄长”，学生称为“校子”。因此，答案选 C。

3. 【解析】 B　记忆题　此题考查古代埃及的教育。

A. 宫廷学校：学习内容以世俗知识为主，主要学习书写、阅读、宫廷习俗和仪式等。

B. 僧侣学校：着重学习科学知识。如天文学、水利学、数学、建筑学、医学及科学等。因此，答案选 B。

C. 职官学校：学习普通文化课程和专门职业知识。

D. 文士学校：着重学习书写算和有关律令的知识。

4. 【解析】 A　记忆题　此题考查古代埃及的教育。

A. 古代埃及的文字写在纸草上。因此，答案选 A。

B. 苏美尔时期，人们将黏土和水调匀，制成大小不等的泥板，作为“纸”使用。

C. 古代印度，雅利安人创造了自己的文字——梵文，并用铁笔把梵文写在棕榈树叶上。

D. 竹简是我国古代时期用来写字的竹片。

5. 【解析】 D　记忆题　此题考查古代印度的教育形式。

公元前 8 世纪以后，古代印度出现了一种办在家庭中的婆罗门学校，通称“古儒学校”，教师被称为“古儒”。因此，答案选 D。

6. 【解析】 B　记忆题　此题考查古代印度婆罗门教育的学习内容。

《吠陀》经是婆罗门教育主要的学习内容，以神学为核心，也涉及比较广泛的知识领域。因此，答案选 B。

7. 【解析】 B　记忆题　此题考查古代希伯来的教师。

A. 在古代埃及，“文士”是指一些精于文字书写、通晓国家法令且有较好文化修养的人。

B. 在古代希伯来的学校教育中，教师被称为“拉比”，类似古代埃及的“文士”。因此，答案选 B。

C. 古代印度的佛教教育中，把经考验合格的男僧称为“比丘”，把学习完毕的女僧称为“比丘尼”。

D. 婆罗门的古儒学校中教师被称为“古儒”，系婆罗门种姓，是能够解读和研究婆罗门教经典的人。

8. 【解析】 B 记忆题 此题考查古代希伯来的教育。

古代希伯来的教育内容既重视犹太教宗教内容，又重视世俗知识。B 选项错误，其他选项都正确。因此，答案选 B。

9. 【解析】 D 记忆 + 理解题 此题考查东方文明古国的学校教育。

A. 古儒学校——古代印度培养婆罗门教教徒的学校。

B. 寺院学校——古代印度培养佛教教徒的学校。

C. 僧侣学校——古代埃及设于寺庙之中的学校，也称寺庙学校，不仅传授宗教事务，也重视科学技术教育，是当时的学术中心。

D. 泥板书舍——古代巴比伦的泥板书舍虽然设在寺庙里，但是学习的主要内容都是世俗化的。因此，答案选 D。

10. 【解析】 D 记忆 + 理解题 此题考查东方文明古国的教育特点。

东方文明古国的教学方法简单，体罚盛行，实行个别施教，尚未形成正规的教学组织形式，并没有突出灵活的特点。因此，答案选 D。

拔高特训

1. 【解析】 C 记忆题 此题考查古代巴比伦的学校教育。

在古代巴比伦的泥板书舍中，负责人被称为“校父”，教师被称为“专家”，助手被称为“大兄长”，学生被称为“校子”。因此，答案选 C。

2. 【解析】 C 记忆题 此题考查古代巴比伦的教育。

A. 古代希伯来的教育方法具有民主色彩，教师在教学时鼓励儿童发问，认为不善发问就不善学习。

B. 婆罗门学校教学时，教师常常利用年长儿童充当助手，由助手协助教师把知识传给一般儿童。

C. 说法正确。因此，答案选 C。

D. 在古代巴比伦的学校中，书写和计算是基本的教学内容，但训诫是古代埃及学生主要的书写内容。

3. 【解析】 B 记忆 + 理解题 此题考查古代印度婆罗门的教育。

A. 古代巴比伦学校的教育方法。

B. 古代印度的古儒学校是婆罗门的教育机构，学校内善用导生制。导生制是指教师利用年长儿童充当助手，由助手协助教师把知识传给一般儿童。这种方法后来被英国教师贝尔所袭用，19 世纪在英国成为盛行一时的导生制。因此，答案选 B。

C. 古代希伯来学校的教育方法。

D. 古代印度佛教的教育方法。

4. 【解析】 B 记忆题 此题考查古代埃及的教育。

A. 古代埃及有自己的象形文字。

B. 说法正确。因此，答案选 B。

C. 古代埃及的教学方法主要以灌输和体罚为主。

D. 古代埃及的学校主要有四种，即宫廷学校、职官学校、僧侣学校、文士学校。

5. 【解析】 D　理解 + 综合题　此题考查古代印度的婆罗门教育和佛教教育的异同。

婆罗门教育具有贵族性，佛教教育具有平民性。因此，答案选 D。

6. 【解析】 B　记忆题　此题考查古代希伯来的教育。

A. 在早期家庭教育时期，父亲虽有权惩戒和体罚子女，但儿童在家庭中享有较高的地位。

B. 说法正确。因此，答案选 B。

C. 只有男子可进入学校接受教育，女子不能享受此权利。

D. 前期的家庭教育以及后期的学校教育，都极不重视自然科学知识的学习和对人文知识的传授。

7. 【解析】 A　记忆 + 综合题　此题考查东方文明古国学校的性质。

A. 泥板书舍是古代巴比伦的早期学校，具有世俗性质。因此，答案选 A。

B. 古儒学校是古代印度一种在家办学的婆罗门学校，是当时古代印度宗教教育的重要组成。

C. 犹太会堂是古代希伯来人建立的作为公共聚会之处，主要是进行宗教活动的场所，属于宗教教育。

D. 僧侣学校也叫寺庙学校，主要进行宗教活动、学术研究和传播科学文化知识，属于宗教教育。

8. 【解析】 C　记忆 + 综合题　此题考查东方文明古国的教育内容。

A. 古代印度的教育内容除了《吠陀》经还有佛教经典。

B. 古代埃及的学校是文士学校、职官学校、僧侣学校和宫廷学校，古代巴比伦的学校是泥板书舍。

C. 说法正确。因此，答案选 C。

D. 古代巴比伦的教育内容可以考证，除了读、写、算，还会学习苏美尔文学、文法等。

9. 【解析】 C　记忆 + 综合题　此题考查东方文明古国的教育。

古代印度分为婆罗门教育和佛教教育，婆罗门的教育目的是维持种姓等级和宗教意识；佛教的教育目的是培养僧侣。因此，答案选 C。

（说明：本章内容的考题通常较为细节，选项中的细节需要掌握）

论述题

论述古代东方文明古国教育的共同特点。

答：人类由原始社会进入文明时代始自东方，人类教育的发达亦以东方为先。古代东方文明古国的教育大致具有以下特点：

（1）教育产生：作为世界文化的摇篮，东方产生了最早的科学知识、文字以及学校教育。

（2）教育性质：教育具有强烈的阶级性和等级性。学校主要招收奴隶主子弟，教育对象按其等级、门第而被安排进入不同的学校。

（3）教育内容：教育内容较丰富，包括智育、德育及宗教教育等。这既反映了统治阶级的需要，也反映了社会进步及人类多方面发展的需要，既有世俗性内容，也有宗教性内容。

（4）教育机构：教育机构种类繁多，形态各异。这有助于满足不同统治阶层的需要，既具有森严的等级性，也具有强大的适应力。

（5）教育方法：教学方法简单机械，体罚盛行。各国通过丰富的教育实践，在教育方法上不乏创新之举，但总的来说，教学方法简单，体罚盛行，实行个别施教，尚未形成正规的教学组织。

（6）教师方面：知识常常成为统治阶级的专利，故教师的地位较高。这与后来古希腊、古罗马学校教师的社会地位卑下形成鲜明对比。

(7) **教育延续性**：东方文明古国的文化教育甚为古老，但失于早衰或有过断层期，唯中国的文化和教育绵延不断、源远流长。这是中国教育史的独特之处和优异之处，也是其他文明古国所不及之处。

第二章 古希腊教育

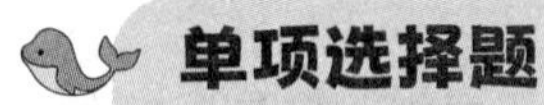

单项选择题

基础特训

1. 【解析】 C 记忆题 此题考查古希腊荷马时期的教育。

A. 这一时期尚未出现专门的教育机构，是一种非制度化的教育。

B. 这一时期的教学是在实际的社会生活中进行的个别教学。

C. 这一时期的教育的目的是培养英勇果敢、武艺高强和足智多谋、能言善辩的武士。因此，答案选 C。

D. 这一时期重视道德教育，最为重视的道德品质是智慧、勇敢、节制和正义。

2. 【解析】 C 记忆题 此题考查斯巴达的教育目的。

斯巴达的教育目的是培养英勇果敢、保家卫国的战士。因此，答案选 C。

3. 【解析】 B 记忆题 此题考查智者派的教育思想。

智者派确立了西方“七艺”教育中的“前三艺”，即文法、修辞学和辩证法，后来柏拉图又补充了“算术、几何、天文、音乐”，合称为“七艺”。因此，答案选 B。

4. 【解析】 C 记忆题 此题考查智者派的教育特征。

智者派的教育特征是相对主义、个人主义、感觉主义和怀疑主义，理想主义不是智者派的教育特征。因此，答案选 C。

5. 【解析】 A 记忆题 此题考查古希腊的希腊化时期的教育特点。

在古希腊的希腊化时期，初级学校主要局限于读、写、算等知识性科目，偏重于知识教学，体育和美育被忽视，注重和谐发展和多方面教育的传统遭到破坏。因此，答案选 A。

6. 【解析】 B 记忆题 此题考查苏格拉底的教育目的。

苏格拉底认为教育的目的就是培养治国人才，他认为治国者必须有才有德、深明事理，具备各种实际知识。因此，答案选 B。

7. 【解析】 C 记忆题 此题考查苏格拉底的“产婆术”。

A. 讥讽：就对方的发言不断提出追问，迫使对方自陷矛盾，无词以对，最终承认自己的无知。

B. 助产：帮助对方自己得到问题的答案。

C. 归纳：从各种具体事物中找到事物的共性、本质，通过对具体事物的比较寻求“一般”。因此，答案选 C。

D. 定义：把个别事物归入一般概念，得到关于事物的普遍概念。

8. 【解析】 A 记忆题 此题考查苏格拉底的德育论。

A. 苏格拉底提出知识即美德，他认为教人以道德就是教人以智慧和知识。因此，答案选 A。

B. 苏格拉底提出道德可教，他认为通过传授知识、发展智慧，就可以培养有道德的人。

C. 苏格拉底认为道德就像知识一样，是可以被总结、概括、教育与传递的。

D. 苏格拉底认为美德的内容总是很多，但古希腊人最重视“四大德”，即节制、正义、勇敢和智慧。所以，道德内容可以确定。

9. 【解析】 B　记忆题　此题考查柏拉图的学园。

A. 吕克昂学园是亚里士多德建立的古希腊的高等学府。

B. 学园是柏拉图于公元前 387 年创立的西方最早的高等教育机构，存在了九百多年，对后来中世纪大学的形成和发展产生了重要影响，最终并入雅典大学。因此，答案选 B。

C. 修辞学校也称雄辩术学校，是古罗马共和后期的高等教育机构，其目标是培养雄辩家或演说家。

D. 文法学校非特指，古希腊的雅典、古罗马，包括后来的英国等都有文法学校。

10.【解析】 C　记忆题　此题考查亚里士多德的道德教育思想。

亚里士多德将美德分为两类：理性美德和伦理美德，后者才是伦理学讨论的对象。伦理美德就是“中道”，“中道”就是中国的中庸之意，力求做事适度，恰如其分，恰到好处。因此，答案选 C。

11.【解析】 C　理解题　此题考查亚里士多德的灵魂论。

亚里士多德将人的灵魂分为营养的灵魂（植物的灵魂）、感觉的灵魂（动物的灵魂）、理性的灵魂（人的灵魂）。理性的部分是人的灵魂，非理性的部分包括植物的灵魂和动物的灵魂。植物的灵魂主要表现在营养、发育、生长等生理方面。动物的灵魂主要表现在本能、情感、欲望等方面。因此，答案选 C。

12.【解析】 B　记忆题　此题考查亚里士多德的儿童年龄分期论。

亚里士多德是第一个依据教育适应人的自然天性发展对教育进行年龄分期的人。因此，答案选 B。

拔高特训

1. 【解析】 D　记忆题　此题考查斯巴达与雅典的教育。

A. 斯巴达人的军事教育过程充满着体罚、鞭笞和野蛮的训练。

B. 斯巴达只重视军事体育和道德训练，雅典重视体、智、德、美和谐发展。

C. 斯巴达的教育目的是培养英勇果敢、保家卫国的战士。

D. 斯巴达十分注重女子教育，认为女子要接受军事教育，当男子外出打仗时，女子可以保卫家园。因此，答案选 D。

2. 【解析】 D　记忆 + 理解题　此题考查古希腊教育。

A. 斯巴达人除了重视军事体育训练，还很重视道德教育，要求公民爱国，保卫祖国。

B. 雅典盛行私人办学，国家只负责 16～20 岁青年的教育。

C. 斯巴达由长老代表国家检查新生儿的体质情况，雅典儿童的体检是由父亲负责进行的。

D. 青年军事训练团，即埃佛比，是一种广泛存在于斯巴达、雅典等古希腊城邦中的教育机构。因此，答案选 D。

3. 【解析】 C　记忆题　此题考查雅典的教育体制。

A. 15、16 岁时多数公民子弟不再继续上学，开始从事各种职业。少数贵族子弟则进入国立体育馆，接受体育、智育与审美教育。

B. 18 岁时，学生进入青年军事训练团（埃佛比），接受进一步的军事训练。

C. 13~15 岁，公民子弟除在文法学校与弦琴学校学习外，还要进入体操学校（角力学校），接受各种体育训练。因此，答案选 C。

D. 国家教育机构只负责 16~20 岁的青年教育。至于 16 岁之前的教育，可根据儿童的具体情况由家庭负责实施，这也是造成雅典私人办学兴盛的原因之一。

4. 【解析】 B 记忆题 此题考查智者派的教育思想。

智者派的教学内容以“三艺”为主，还包括自然科学，音乐教学也为某些智者所重视。学习这些科目也都是为了使人能够发表打动人心的演说。因此，答案选 B。

5. 【解析】 C 记忆 + 理解题 此题考查古希腊智者派与中国士阶层的比较。

C 选项中，智者在古希腊既包括治国能力的人，还包括很多技术人员，如医生，雕刻师，造船者，他们除了确立了前三艺，还重视科技知识；士阶层百家争鸣，内容丰富，但多强调儒家“六经”与“六艺”，轻视科技知识。因此，答案选 C。

古希腊智者派与中国士阶层的对比表

	古希腊智者派	中国士阶层
产生背景	希波战争、伯罗奔尼撒战争；奴隶主民主政治制度确立	战争动乱、封建制发展、官学衰落、学术下移
目的	培养政治家	各家教育目的不同
表现	收费授徒，著书立说	收费授徒，著书立说
内容	智慧、科学、音乐、数学等各科； 重视道德与政治知识教育	重视政治、道德知识
影响	扩大教育对象； 丰富教育内容，拓展研究领域，确立“前三艺”：文法、修辞学、辩证法； 促进教师职业化； 形成教育理论	扩大教育对象； 丰富教育内容； “百家争鸣”、自由原则； 开辟教育新时代

6. 【解析】 C 记忆题 此题考查苏格拉底的教育思想。

苏格拉底要求人们以明智的认识约束自己的行为，抑制自己的欲望。他认为自制是“一切德行的基础”。对一个人来说，口才的流利、办事的能力、心思的精巧都是次要的，“首先必需的是自制”。因此，答案选 C。

7. 【解析】 C 理解题 此题考查苏格拉底和孔子的启发式教学法的异同。

C 选项中，孔子的启发诱导属于演绎法，从一般到特殊；苏格拉底的“产婆术”属于归纳法，从特殊到一般。因此，答案选 C。

8. 【解析】 A 记忆 + 理解题 此题考查学园。

A. 学园是柏拉图于公元前 387 年创立的西方最早的高等教育机构，其开设的课程门类众多，数学占有重要地位。相传，学园的大门上镌刻着“不懂几何者莫入”的入学要求。因此，答案选 A。

B. 吕克昂是亚里士多德建立的古希腊的高等学府。

C. 雄辩术学校也称修辞学校，是古罗马共和后期的高等教育机构，其目标是培养雄辩家或演说家。

D. 文法学校非特指，古希腊的雅典、古罗马，包括后来的英国等都有文法学校。

9. 【解析】 B 记忆题 此题考查柏拉图的教育思想。

双语教育是由昆体良最早提出的。因此，答案选 B。

10. 【解析】 B 记忆题 此题考查柏拉图的教育目的。

柏拉图将世界划分为现象世界和理念世界，他认为现象世界是感性的、现象的、暂时的世界，理念世界却是理性的、本质的、永恒的世界。教育要培养人从现象世界转向遇见真理、本质、共相的理念世界，这一过程就是“灵魂转向”，这也是教育的最终目的。因此，答案选 B。

11.【解析】 B　记忆题　此题考查柏拉图的教育思想。

亚里士多德最早提出教育效法自然的原理。因此，答案选 B。

12.【解析】 B　记忆题　此题考查亚里士多德的自由教育。

A. 基于灵魂论，亚里士多德提出德、智、体、美和谐发展的和谐教育思想。自由教育是指对自由公民所施行的，强调通过自由技艺的学习进行非功利的思辨和求知，从而免除无知、愚昧，获得各种能力全面完美的发展，以及达到身心和谐自由状态的教育。自由教育是和谐教育的内容。

B. 亚里士多德认为实现自由教育的必备条件之一是自由学科，自由学科即“七艺”。因此，答案选 B。

C. 自由教育的根本目的是促进人的各种高级能力和理性的发展。

D. 自由教育并非完全放任自由，需要学习者最终实现身心和谐发展。

13.【解析】 C　记忆题　此题考查亚里士多德的教育思想。

亚里士多德提到了人成为人的三个因素：天性、习惯和理性。天性和习惯受理性的领导，人又是通过教育来发展理性的，所以，教育在于促进人的理性的发展。因此，答案选 C。

14.【解析】 D　记忆 + 综合题　此题考查“古希腊三哲”的教育思想。

苏格拉底强调“知识即美德”，不注重实践道德。因此，答案选 D。

15.【解析】 D　记忆 + 综合题　此题考查古希腊教育家的教育思想。

A. 苏格拉底提出了德智统一观。

B. 亚里士多德认为古风时期的毕达哥拉斯是第一个试图讲授道德的人。苏格拉底时代，已经有很多古希腊学者谈论德育观了，苏格拉底是其中一个但并不是第一个。

C. 苏格拉底最早提出了道德可教。

D. 亚里士多德最早提出实践道德，促进了德育思想的进步。因此，答案选 D。

论述题

1.　论述斯巴达和雅典的教育的异同及启示。

答：斯巴达和雅典是古希腊最著名的两个城邦，它们的教育特点各不相同。

（1）相同点：

①**教育性质：**具有阶级性，教育都为国家奴隶制政治服务，具有等级性。

②**教育内容：**都重视体育军事训练。

③**教育方法：**都使用体罚。

④**教育管理：**都实行国家管理的教育体制。

（2）不同点：

①**背景：**在地理位置上，斯巴达是山区内的平原，雅典是优良的港湾；在经济上，斯巴达是自给自足的农业经济，雅典经济繁荣，工商业和制造业发达；在政治体制上，斯巴达是奴隶制的军事专制体制，雅典是奴隶制的民主政治体制。

②**教育体制：**斯巴达的教育完全被国家控制，并被视为国家的事业；雅典的教育体制既有公共教育，也有私人教育，国家不完全控制教育。

③**教育目的：**斯巴达的教育目的是培养英勇果敢、保家卫国的战士；雅典的教育目的是培养身心和谐

发展的国家公民。

④**教育内容：** 斯巴达的教育内容只注重军事体育，不重视文化科学知识的学习；雅典的教育内容是体、智、德、美和谐发展，既注重体育训练，也强调文化知识的学习及德育、美育。

⑤**教育方法：** 斯巴达的教育方法是野蛮训练和鞭笞；雅典的教育方法更加温和，具有民主色彩。

⑥**女子教育：** 斯巴达重视女子教育；雅典忽视女子教育。

（3）启示： 教育受生产力水平、政治经济制度以及文化的影响和制约，有什么样的政治、经济和文化，就有什么样的教育，两个城邦的教育完全符合马克思主义基本原理中教育与社会发展关系的基本规律。

2. 试论“苏格拉底方法”（“产婆术”）及其在实践中的应用 / 启示。

答：（1）简介：“苏格拉底方法”又称“问答法”“产婆术”。它是指苏格拉底在哲学研究和讲学中，形成的由讥讽、助产术、归纳和定义四个步骤组成的独特方法，这是西方最早的启发式教学法。

（2）内容：

①**讥讽**。就对方的发言不断提出追问，迫使对方自陷矛盾，无词以对，最终承认自己的无知。

②**助产术**。帮助对方自己得到问题的答案。

③**归纳**。从各种具体事物中找到事物的共性、本质，通过对具体事物的比较寻求“一般”。

④**定义**。把个别事物归入一般概念，得到关于事物的普遍概念。

（3）优点：

①**反对灌输**。该方法不是将现成的结论硬性灌输或强加给对方，而是通过探讨和提问的方式，诱导对方认识并承认自己的错误，自然而然地得到正确的结论。

②**走向归纳**。这种方法遵循从具体到抽象、从个别到一般、从已知到未知的规则，为后世的教学法所吸取。

（4）局限：适用人群受限。“苏格拉底方法”也不是万能的教学方法，只能在一定条件下和适度范围内参照使用，例如：①学生对讨论的问题要有愿望和热情；②学生对讨论的问题要有一定的知识积累；③学生必须是有一定思维推理能力的人。所以，这种方法不适用知识和推理能力尚未完全发展的幼年儿童。

（5）在实践中的应用：

①**有利于建立民主、平等、和谐的师生关系**。在实施教学管理的过程中，要把学生当成完成工作任务的合作者，注意发挥教师和学生的主观能动性，这样更能提高管理效率。

②**有利于开发学生的潜能，调动学生的主动性和积极性**。教师在教学过程中不应该将现成的结论强加于学生，而应与学生共同讨论，激发学生的兴趣，调动学生的积极性。

③**有利于推动学生思考**。教师可以采用开放式的提问方式向学生提问，引起学生的思考、探究，促进学生创造性思维的发展。

④**有利于帮助学生走向归纳和定义**。运用“苏格拉底方法”教学能够展现教学的科学性与精准性，促使教学走向更高程度的总结，这也有利于学生的深度学习，并帮助他们了解、掌握、运用归纳与定义的方法去学习。

3. 请分析西方古希腊苏格拉底的教育思想与中国孔子的教育思想的异同。

答：（1）相同点：

①**时代背景：** 孔子和苏格拉底均生活在一个繁荣社会的末世，都目睹了社会从兴旺发达走向衰败，且都是轴心时代的重要思想家。他们也不约而同地看到了教育对于社会改变的重要作用，进而提出了自己的教育思想和教育主张。

②教学思想：

a. 教育目的：二者都致力于教育为政治服务。孔子提出从平民中培养德才兼备的从政君子的教育目标；苏格拉底的教育目的是培养治国人才。

b. 教育内容：二者都倡导道德教育，强调道德的可教性。具体来看，二者都注重人的道德动机，都把德行普遍化，并且他们的思想尚无个人主义和集体主义之分。

c. 教学方法：二者主要都采用问答的方式进行教学，重视营造和谐民主的教学氛围。孔子采用“启发式教学”的方法；苏格拉底主要采用“产婆术”的方法。

d. 师生观：二者都爱护与尊重学生，表现出极具师德的教师人格形象。他们不仅把学生看作传授知识的对象，也把学生当作自己探求知识的伙伴。

③教学实践：

a. 教学对象：二者都主张扩大教育对象。孔子认为在教育对象上，不分贫富贵贱与种族，人人都可以入学接受教育；苏格拉底一生都在追求真理并力求将知识传递给民众。

b. 述而不作：孔子和苏格拉底都述而不作，由其弟子记录言行。

④教学影响：孔子和苏格拉底的教学思想是世界古代史上的里程碑，他们是东西方理想教师人格的化身，都对后世产生了重大影响。

（2）不同点：

①时代背景：孔子与苏格拉底所处的地理环境、社会环境、文化传统不同，个人的生活经历也不尽一致，这就决定了他们的思想各具特色，互有短长。如孔子在集权制下更希望维护西周旧秩序，在教育内容上更强调使用西周文献；苏格拉底生活在小城邦下，更希望教育事业体现民主色彩。

②教学思想：

a. 教学内容：在智育上，孔子更强调文事知识和经学知识，如“六经”；苏格拉底更强调的是天文、算术、占卜等知识，更强调科学性。

b. 教学方法：孔子的启发式教学主张从一般到特殊，以学生问、老师答的方式为主，体现以学为主；苏格拉底的启发式教学主张从特殊到一般，更强调教师的追问，体现以教为主。

③教学影响：二者的两种对话教学反映出东西方教育两种不同的文化传统。中国自孔子开始建立起延续两千多年的世俗性的、非宗教的传统道德体系；而苏格拉底则促成了西方哲学史从自然科学向精神哲学的转变，建立起唯心主义体系。

第三章　古罗马教育

单项选择题

基础特训

1.【解析】A　记忆题　此题考查古罗马时期的学校。

A. 堂区学校又称“教区学校”，是西欧中世纪时期教会举办的面向世俗群众的教会学校。因此，答案选 A。

B. 修辞学校是古罗马共和时期的高等教育学校，目标是培养雄辩家或演说家。

C. 雄辩术学校是古罗马共和时期的高等教育学校，目标是培养演说家或雄辩家。

D.“卢达斯”是古罗马共和时期的初等教育学校，招收 7～12 岁的儿童。

2. 【解析】 C 记忆题 此题考查古罗马共和早期的培养目标。

古罗马共和早期的教育内容为农事和军事，教育目的是培养农民和军人。因此，答案选 C。

3. 【解析】 A 记忆题 此题考查古罗马共和后期的培养目标。

A. 演说家——古罗马共和后期。因此，答案选 A。

B. 官吏和顺民——古罗马帝国时期。

C. 农民和军人——古罗马共和早期。

D. 公民——古罗马时期的培养目标不包括公民。

4. 【解析】 B 记忆题 此题考查古罗马时期的教育形式。

古罗马共和后期学校制度开始建立，这一时期主要的教育形式是私立学校教育。因此，答案选 B。

5. 【解析】 A 记忆题 此题考查古罗马共和时期的家庭教育。

古罗马共和时期的家庭教育以道德—公民教育为核心。因此，答案选 A。

6. 【解析】 D 记忆题 此题考查古罗马帝国时期的教育。

A. 古罗马把部分文法学校和修辞学校改为国立，但绝大部分学校（特别是初等学校）属于私立。

B. 这一时期的教育目的只是更侧重于培养官吏和顺民，但是也在培养雄辩家。

C. 这一时期的教育内容更重视文法文学，轻视实用科目，逐渐走向形式主义。

D. 在文法学校里，拉丁文法与罗马文学的地位逐渐压倒了希腊文法与希腊文学。因此，答案选 D。

古罗马三阶段教育总结表

时期	教育性质	教育内容	教育目的
共和早期	家庭教育	以道德—公民教育为核心， 农事、军事、《十二铜表法》	农民、军人
共和后期	私立教育	读、写、算，文法，实用的、广博的知识	雄辩家或演说家
帝国时期	国立教育 + 私立教育	集中于文法、文学，实用学科减少	官吏和顺民

7. 【解析】 B 记忆题 此题考查古罗马时期基督教教会的教育活动。

A. 初级教义学校由教会长老对入教者进行有关教义、教规的教育。

B. 高级教义学校（教理学校）是为年轻的基督教学者提供深入研究基督教理论的场所。因此，答案选 B。

C. 君士坦丁堡大座堂学校是拜占廷最高级的教会学校。

D. 堂区学校又称教区学校，是由教会举办的，面向一般的世俗群众开放的普通性质的学校。

8. 【解析】 B 记忆 + 理解题 此题考查西塞罗的教育思想。

夸美纽斯与奥古斯丁未提出雄辩家的主题，只有西塞罗和昆体良提出培养雄辩家。排除 A、D 选项。西塞罗关注雄辩家的“举止风度”，与题干中的“恰当的姿势”“得体”相一致。因此，答案选 B。

9. 【解析】 B 记忆 + 理解题 此题考查昆体良的教育思想。

只有西塞罗与昆体良提出培养雄辩家，但他们的侧重点不同。西塞罗强调雄辩家的技能和能力；昆体良强调雄辩家的德行，认为德行败坏，即便有雄辩才能也不能称之为雄辩家。题干强调“善良”，符合昆体良注重德行的特点。因此，答案选 B。

10.【解析】 C　记忆题　此题考查昆体良的教育思想。

题干中的这两句话出自昆体良，他十分重视学前教育。关于学前教育的方法，他主张快乐教育。因此，答案选 C。

拔高特训

1.【解析】 B　理解 + 综合题　此题考查古罗马教育。

A. 共和早期主要进行的是家庭教育，尚未出现专门的教育机构，共和后期的教育主要是私立教育。

B. 说法正确。因此，答案选 B。

C. 帝国时期的教育目的是培养官吏和顺民，共和后期的教育目的是培养雄辩家。

D. 帝国时期既有私立教育又有国立教育，而不是只有国立教育。

2.【解析】 B　记忆题　此题考查帝国时期的古罗马教育。

A. 帝国时期古罗马的教育目的从培养演说家变为培养忠于帝国的官吏和顺民。

B. 帝国时期拉丁语学校压倒希腊语学校，所以拉丁修辞学校更繁荣。因此，答案选 B。

C. 帝国时期国家确实开始加强教育控制，把部分私立文法学校和修辞学校改为国立，但绝大部分学校（特别是初等学校）仍属于私立性质。

D. 基督教教育产生于帝国初期，一开始受迫害，后来发展为古罗马帝国的国教。

3.【解析】 C　记忆 + 理解 + 综合题　此题考查古希腊、古罗马的教育。

A. 古罗马重视法律，法律是儿童必须学习的重要内容，但没有反映古希腊教育对古罗马教育的影响。

B. 古罗马中等、高等教育以希腊语和拉丁语作为教育语言。

C. 在希腊文化的影响下，罗马人效仿希腊人逐渐地建立起了初等学校、中等学校和高等学校，罗马的教育开始由非正规教育向正规教育转变，并得到了迅速的发展。因此，答案选 C。

D. 在希腊文化涌入之前，罗马并没有学校，儿童和青年人的教育主要是在家庭和实际生活中进行的，这是在受希腊文化影响前的教育特征。

4.【解析】 D　记忆题　此题考查昆体良的教育思想。

D 选项中，昆体良认为选择教师首要的一点是，弄清他是否具有良好的德行。教师务必以自己纯正的德行引导未成熟的儿童走上正道。因此，答案选 D。

5.【解析】 C　记忆题　此题考查昆体良的教育思想。

昆体良反对体罚，认为体罚有百害而无一利，它会产生多方面的消极影响。体罚不但不能调动学生学习的积极性和自觉性，相反会使学生产生厌学的情绪。如果学生出现不良行为，学校和教师应采用竞赛、奖励和赞扬的方法激发学生的进取心和兴趣。因此，答案选 C。

6.【解析】 D　记忆 + 综合题　此题考查西塞罗与昆体良的教育思想。

A. 昆体良重视雄辩术，西塞罗主张雄辩术与哲学并重。

B. 西塞罗认为有出色的演讲才能就是雄辩家。昆体良认为德行不足，再有演讲才能也不是雄辩家。

C. 昆体良更重视道德教育和教学法。

D. 昆体良和西塞罗都主张培养雄辩家学习广博的知识和技能。因此，答案选 D。

（说明：昆体良的教育思想常考细节，需要注意：西方教育史上第一本关于教育教学的著作——《雄辩

术原理》；教育观——德行第一；第一次提出双语教育问题；主张快乐教育；班级授课制的萌芽；对教师的要求）

论述题

论述昆体良的教育思想以及与西塞罗教育思想的不同之处。

答：(1) 简介：昆体良是古罗马最有成就的教育家，也是杰出的雄辩家，代表作是《雄辩术原理》。

(2) 昆体良的教育思想：

①**教育观。a. 教育目的：**培养善良而精于雄辩术的人。**b. 教育作用：**遵循学生的天性，充分肯定教育的巨大作用。**c. 教育任务：**德行是雄辩家的首要品质，学校教育优于家庭教育，此外要特别重视学前教育。

②**教学观。a. 教学组织形式：**他提出了分班教学的思想，这是班级授课制的萌芽。**b. 课程设置：**他认为专业教育应该建立在广博的普通知识的基础上，雄辩家应学习广博的知识。**c. 教学方法：**昆体良提倡启发诱导和提问解答的方法。**d. 教学原则：**激发学生的兴趣和意愿。

③**教师观。**昆体良高度重视教师的作用，对教师提出了要求，如应当德才兼备、宽严相济、因材施教、拥有耐心，还应当懂得教学艺术。

(3) 评价：昆体良是古罗马时期最重要的教育家，也是第一位教学理论家和教学法专家。他的教育思想是古罗马教育理论的最高成就。他所论述的教育教学的原理、原则和方法，在 1—5 世纪，为整个罗马帝国的学校和教师所重视和效法，并在文艺复兴时期对人文主义教育家乃至其后西方教育的发展产生了深远影响。总之，昆体良是无愧于“古希腊、古罗马教育思想集大成者”之称谓的。

(4) 昆体良与西塞罗教育思想的不同之处：

①**时代背景：**昆体良处于古罗马帝国时期；西塞罗处于古罗马共和后期。

②**教育内容：**昆体良只说雄辩术，不提哲学，更重视道德教育和教学法；西塞罗注重广博学识，修辞修养，举止风度。

③**对雄辩家的定义：**昆体良认为德行不足，即便再有演讲才能也不是雄辩家；西塞罗认为有出色的演讲才能就是雄辩家。

第四章　西欧中世纪教育

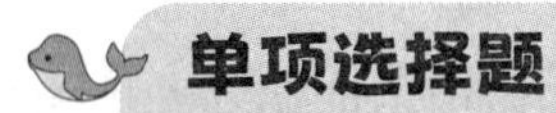

单项选择题

基础特训

1. 【解析】 A　记忆题　此题考查西欧中世纪的教育类型。

B、C、D 选项均属于世俗教育。A 选项的教会教育是西欧教育当中最典型的教育类型，基督教教育决定中世纪全部教育的基本精神。因此，答案选 A。

2. 【解析】 B　记忆题　此题考查中世纪的教会教育。

中世纪最典型的教会教育机构是分散于各地的修道院学校。因此，答案选 B。

3. 【解析】 C　记忆题　此题考查西欧中世纪的宫廷学校。

宫廷学校的主要目的是培养封建统治阶级需要的官吏，教育内容与教会学校相似，主要为“七艺”，也会学习宗教知识。教育方法主要采取教会学校盛行的问答法。因此，答案选 C。

4. 【解析】 B　记忆题　此题考查骑士教育。

A. 家庭教育阶段（0~7 岁）。儿童在家接受母亲的教育，重视宗教知识、道德及身体的养护与锻炼。

B. 礼文教育阶段（7~14 岁）。低一级的贵族将儿子送到高一级贵族的家庭中充当侍童，学习礼节、行为规范、简单的知识技艺和进行军事训练。因此，答案选 B。

C. 侍从教育阶段（14~21 岁）。贵族子弟重点是学习“骑士七技”，同时还要侍奉领主和贵妇。年满 21 岁时，通过授职典礼，正式获得骑士称号。

D. 社会教育。此为干扰项。

5. 【解析】 C　记忆题　此题考查骑士教育。

骑士教育是西欧中世纪封建社会一种特殊的家庭教育形式，它与等级鲜明的欧洲中世纪封建制结构是相适应的。因此，答案选 C。

6. 【解析】 A　理解题　此题考查城市学校。

A. 城市学校：主要培养从事手工业、商业的职业人才，学习世俗知识，满足新兴市民阶层发展的需要。因此，答案选 A。

B. 文法学校：主要培养学生走向上流社会，学习古典人文知识，是典型的贵族学校。

C. 实科学校：主要培养应用型人才，面向大众，学习实科知识。

D. 世俗学校：没有这种名称的学校，但可以理解为是只学世俗知识、不学宗教知识的世俗性质的学校。

7. 【解析】 C　记忆题　此题考查城市学校。

城市学校是应新兴市民阶层的需要而产生的，它不是一所学校的名称，而是为新兴市民阶层子弟开办的学校的总称。虽然与教会有着千丝万缕的联系，但基本上属于世俗性质，打破了教会对学校教育的垄断。虽然城市学校属于初等学校，但也具有职业训练的性质。因此，答案选 C。

8. 【解析】 A　记忆题　此题考查中世纪大学的课程设置。

13 世纪以后，中世纪大学的课程趋向统一。文学院属大学预科，一般课程为六年。学生结束学习后分别进入法学院、神学院、医学院，学习有关专业课程。因此，答案选 A。

9. 【解析】 A　记忆题　此题考查中世纪大学的学位制度。

中世纪大学已有学位制度，学生修毕大学课程，经考试合格，可获得“硕士”“博士”学位，这是西方学位制度的最早起源。因此，答案选 A。

10.【解析】 B　记忆题　此题考查中世纪大学的教学方法。

中世纪大学的教学方法主要是演讲和辩论。因此，答案选 B。

拔高特训

1. 【解析】 C　记忆 + 理解题　此题考查骑士教育。

骑士教育是一种西欧中世纪封建社会特殊的家庭教育形式，分为家庭教育阶段（0~7 岁）、礼文教育阶段（7~14 岁）和侍从教育阶段（14~21 岁）。18 岁时正处于侍从教育阶段，重点学习“骑士七技”——骑马、游泳、投枪、击剑、打猎、弈棋和吟诗。因此，答案选 C。

2. 【解析】 B　理解 + 综合题　此题考查中世纪的教育特点。

基督教成为中世纪的主流意识形态，也是社会最为重要的统治力量，因此中世纪教育具有浓厚的宗教色彩，并陷入了思想相对停滞的状态。因此，答案选 B。

3. 【解析】 B　记忆题　此题考查中世纪大学。

B 选项中，中世纪大学已经有了学位制度，主要是“硕士”或“博士”学位。“学士”学位起源要比“硕士”和“博士”学位晚，时间约在 13 世纪，起初只是一种获得教授证书的候补者的资格，意味着取得了进一步学习的资格，后来才发展成为一种独立的、低于“硕士”水平的学位。因此，答案选 B。

4. 【解析】 B　记忆题　此题考查城市学校。

对于平民子弟来说，城市学校的兴起使得文化知识不再为修道院学校所独享。它打破了以往教会垄断教育的状态，使牧师们的利益受损。因此，在城市学校发展初期，教会往往采用殴打师生、捣毁学校的方式来阻挠其发展。因此，答案选 B。

5. 【解析】 C　记忆 + 综合题　此题考查西欧中世纪的学校。

A. 波隆那大学：中世纪大学，建于意大利北部，以研究和传授法律知识著称。

B. 基尔特学校：新兴市民子弟开办的学校的总称，是中世纪世俗教育的重要组成部分。

C. 君士坦丁堡大学：拜占廷最有影响力的高等教育场所，不属于西欧地区。因此，答案选 C。

D. 法兰克王宫的宫廷学校：西欧最著名的宫廷学校，由阿尔琴管理。

6. 【解析】 C　记忆 + 推理 + 综合题　此题考查西欧中世纪的教育机构。

修道院学校是中世纪最典型的教会教育机构，城市学校是新兴市民阶层兴起后最主要的教育机构，因为城市学校的数量远多于中世纪大学的数量。因此，答案选 C。

7. 【解析】 A　记忆 + 综合题　此题考查西欧中世纪的教育。

A 选项中，智力成就指知识方面的学习，中世纪时期将知识局限在宗教知识中，因此发展有限，智力成就低于欧洲历史上任何时期，但这一时期形成了现代大学的雏形，宗教教育、骑士教育等的发展也非常繁荣。因此，答案选 A。

8. 【解析】 C　记忆 + 综合题　此题考查各时期的教育内容。

古希腊崇尚“五项竞技”，古罗马并不崇尚五项竞技，古罗马崇尚角斗竞技。因此，答案选 C。

论述题

论述中世纪大学的兴起原因、特点和意义 / 影响。

答:（1）兴起原因

①**政治经济方面：**西欧封建制度进入鼎盛时期之后，王权日渐强固，社会趋于稳定，农业生产稳步上升，手工业逐渐成为专门的职业。

②**文化交流方面：**西欧形成了一批新兴的市民阶层，提出了新的文化要求；十字军东征复兴了西欧地区的古希腊、古罗马文化，追求新学问成为一种时尚。

③**传统教育方面：**以上两方面原因导致传统的宫廷学校和骑士教育已不能满足现实需要，新的教育机构和教育形式开始出现。其中，以中世纪大学最为引人注目。

（2）特点

①**总体特征：自治和自由。**关于自治，指学校内部事务基本由大学自己管理；关于自由，表现为中世纪大学的师生来自欧洲各个国家，从人员的构成来看，中世纪大学具有国际性。

②**教育目的：培育职业人才**。进行职业训练，培育社会所需的职业人才，也叫专业人才。

③**教育体制："学生"大学与"先生"大学**。前者由学生主管校务，后者由教师主管校务。

④**课程设置：文、法、神、医四科**。大学的课程开始并不固定，由教师自己规定开设的课程。

⑤**学位制度："硕士"和"博士"学位**。学生经考试合格，可获得"硕士""博士"学位，这是西方学位制度的最早起源。

⑥**教学方法：演讲和辩论**。演讲和辩论是主要的教学方法。

（3）意义 / 影响

①**权利方面：自由自治**。中世纪大学保留了高等教育自由、自治的优良传统。它打破了教会对教育的垄断，促进了教育的普及，大学也成了一些著名学者的舞台及育才基地。

②**思想方面：促进教育世俗化**。中世纪大学动摇了人们盲目的宗教信仰，为现代大学孕育了新的教育观念，各大学之间的学术研究活动也对国际文化交流起到了积极的作用。

③**制度方面：现代大学的雏形**。现代意义上的大学基本上都直接来源于欧洲中世纪大学，现代大学的一系列组织结构和制度建设都与欧洲中世纪大学有着直接的历史渊源。

④**局限：宗教色彩浓厚**。大学教学受经院哲学的影响很深。

第五章　文艺复兴与宗教改革时期的教育

单项选择题

基础特训

1. 【解析】 A　记忆题　此题考查人文主义教育的特点。

人文主义教育的内涵包括：歌颂和赞扬人的价值和尊严；宣扬人的思想解放与个性自由；肯定现世生活的价值和尘世的享乐；提倡学术，尊崇理性；主张人生而平等，批判等级制度。人文主义教育的核心思想是"以人为本"，也就是肯定人的价值。因此，答案选 A。

2. 【解析】 D　理解题　此题考查全人思想的特征。

A、B、C 选项是全人思想的内涵。D 选项是马克思与恩格斯的主张。因此，答案选 D。

3. 【解析】 D　记忆题　此题考查维多里诺的"快乐之家"。

A. 儿童之家：蒙台梭利创办，具体在"第十三章　近现代超级重量级教育家"处学习。

B. 贫儿之家：裴斯泰洛齐创办，具体在"第十三章　近现代超级重量级教育家"处学习。

C. 乡村教育之家：德国利茨创办的德国第一所新式学校，具体在"第十四章　近现代教育思潮"处学习。

D. 快乐之家：维多里诺创办的宫廷学校。因此，答案选 D。

4. 【解析】 C　记忆题　此题考查弗吉里奥的教育思想。

意大利的弗吉里奥是率先阐述人文主义教育思想的学者，其思想大大受益于昆体良，并为昆体良的《雄辩术原理》作注释。其论文《论绅士风度与自由学科》最能体现他的教育思想。因此，答案选 C。

5. 【解析】 A 记忆题 此题考查伊拉斯谟的教育思想。

A. 伊拉斯谟是一位基督教人文主义教育理论家，他并不像意大利人文主义那样过于偏重古典文化，而是主张基督教与人文主义并重，即人文主义基督教化、基督教人文主义化。因此，答案选 A。

B. 斯图谟是马丁·路德思想的践行者之一，他创建并完善了新教中学。

C. 奥古斯丁是罗马帝国后期的神学家、哲学家，创造了基督教宗教哲学体系。

D. 弗吉里奥是率先阐述人文主义教育思想的学者，并未讨论神学。

6. 【解析】 C 记忆题 此题考查人文主义教育家的教育思想。

人文主义者强调古典学科的重要性，古典科目构成人文主义课程的基础和主体，其强调培养美德最好的方式是学习古典文化。因此，答案选 C。

7. 【解析】 A 记忆题 此题考查路德派的教育思想。

A. 路德派认为，教育的管理权应完全归于世俗政权——国家。尽管教育目的是双重的，但教育管理权的归属却是唯一的。因此，答案选 A。

B. 加尔文派认为国家应开办教育，但需听从教会的指导和命令，教会权力高于国家权力。

C. 英国国教派主张国家通过教会管理学校。教育活动由教会管理，国王为首脑，但只负责认定教师资格、审核教材等事。

D. 天主教势必维护教会权力，不可能主张教会权力在国家之下。

8. 【解析】 C 记忆题 此题考查加尔文派新教教育的特点。

加尔文认为国家应该开办公立学校，实行免费教育，但他也主张国家办理教育需要听从教会的指导和命令，因为教会权力要高于国家权力，所以国家和教会都对教育负有责任。因此，答案选 C。

9. 【解析】 A 记忆题 此题考查英国国教派的教育。

英国国教派的教育改革在本质上是当时的英国国王想要夺取教皇在英国所具有的权力和教会的财产而产生的，因此其目的必然是让国家取代教会掌握教育权，只是由于各种因素未能完全实现，最终形成国家通过教会管理学校的教育制度。因此，答案选 A。

10. 【解析】 B 记忆 + 理解题 此题考查耶稣会学校。

耶稣会学校提倡温和纪律、爱的管理方式，强调师生间的亲密关系，主张废除体罚。因此，答案选 B。

11. 【解析】 D 理解 + 综合题 此题考查人文主义教育与中世纪教育。

人文主义具有浓厚的世俗精神，教育更关注今生而非来世，中世纪教育显著的特点是基督教教育的繁荣及其对学校教育的影响，这是人文主义教育与中世纪教育的根本区别。因此，答案选 D。

拔高特训

1. 【解析】 B 记忆题 此题考查人文主义教育的特点。

B 选项中，人文主义教育具有贵族性，教育的对象主要是上层子弟，教育的形式多为宫廷教育和家庭教育，而非大众教育。因此，答案选 B。

2. 【解析】 C 理解题 此题考查意大利和北欧人文主义教育思想的不同点。

意大利为共和体制，其教育目的是培养富有自由、平等精神的公民；而北欧人文主义教育家崇尚君主制，教育目的是培养具有人文主义精神的君主和朝臣。因此，答案选 C。

意大利和北欧人文主义教育思想的对比表

	意大利人文主义教育思想	北欧人文主义教育思想
不同点	教育性质：具有较强的世俗性	教育性质：宗教虔诚与世俗道德并重
	教育目的：培养城市公民，注重个人全面发展	教育目的：培养君主与朝臣
相同点	教育内容：重视古典学科与古典语言	
	重视教育与社会的联系	
	后期表现出形式主义	

3. 【解析】 D　记忆题　此题考查维多里诺的"快乐之家"。

"快乐之家"的学生多为贵族富豪子弟，也有少数贫民中的天才儿童。6、7 岁入学，20 岁毕业，从小学一直到大学，修业年限约 15 年。因此，答案选 D。

4. 【解析】 D　记忆题　此题考查维多里诺的教育思想。

维多里诺创建"快乐之家"受到了亚里士多德和谐发展教育及中世纪的课程体系的影响。维多里诺是弗吉里奥教育观的实践者，对西塞罗的《论雄辩术》颇有心得，对伊拉斯谟的教育思想产生了影响。因此，答案选 D。

5. 【解析】 C　记忆 + 理解题　此题考查维多里诺的教育观。

题干中，"使用活动字母教授读写"体现了古典教育，"用游戏的方法"和"一边散步一边讨论和学习"体现了快乐教育和个性教育。维多里诺还提倡自由教育，但是他和很多人文主义者都反对专业教育。因此，答案选 C。

6. 【解析】 D　记忆 + 综合题　此题考查人文主义教育。

人文主义教育具有宗教性，几乎所有的人文主义教育家都信仰上帝。他们虽然抨击天主教会的弊端，但不反对宗教，更不打算消灭宗教。他们希望以世俗和人文精神改造中世纪专横的宗教性，以造就一种更富世俗色彩和人性色彩的宗教性。因此，答案选 D。

7. 【解析】 A　理解题　此题考查人文主义教育的基本特征。

人文主义教育的基本特征包括人本主义、古典主义、世俗性、宗教性和贵族性。题干中"不可人云亦云""服从和热爱真理"等论述体现了人应注重自身的个性发展、跟随自身的天性，这符合人本主义。因此，答案选 A。

8. 【解析】 B　记忆 + 综合题　此题考查加尔文派和路德派的教育主张。

路德和加尔文都提出普及教育，但是二者都主张本族语教学。因此，答案选 B。

9. 【解析】 D　记忆 + 综合题　此题考查宗教改革。

D 选项说法错误。天主教教育改革的目的是恢复天主教在欧洲的统治，是倒行逆施的。但在与新教各派竞争中，天主教教育在理论和实践上吸纳各派教育之长，汇集当时人文主义教育许多有效的教学主张，实现了内容体系化、方法综合化、管理规范化，因此教育质量与效率均高于其他教派。因此，答案选 D。

10. 【解析】 A　记忆 + 综合题　此题考查天主教教育和新教教育。

A. 天主教教育具有贵族性，新教教育具有平民性。因此，答案选 A。

B. 天主教教育与新教教育都重视古典主义与人本主义。

C. 天主教教育与新教教育都具有宗教性和世俗性。

D. 天主教教育与新教教育在教学管理方面都逐渐取消体罚，注重身心的全面发展。

11.【解析】 D　记忆＋综合题　此题考查人文主义教育和新教教育。

A. 人文主义教育与新教教育在教学管理方面都逐渐取消体罚，注重身心的全面发展。

B. 人文主义教育与新教教育都重视古典主义与人本主义。

C. 人文主义教育与新教教育都具有宗教性和世俗性。

D. 人文主义教育具有贵族性，新教教育具有平民性。因此，答案选 D。

12.【解析】 A　记忆＋综合题　此题考查人文主义教育、天主教教育和新教教育。

它们都信仰上帝，但是程度不同。人文主义教育有宗教性，同时也带有异教因素；新教教育和天主教教育都是宗教教育，都反对人文主义教育中的一些异教倾向，宗教改革运动中具有宗教性和世俗性的双重目的；而天主教教育则是想恢复到宗教性更强的中世纪。因此，答案选 A。

论述题

分析比较文艺复兴时期的人文主义教育、新教教育和天主教教育之间的联系、区别和影响。

答:（1）联系 / 相同点

①**时代背景:** 都是文艺复兴时期的教育，这三种教育势力交织在一起，相互间产生了错综复杂的关系。

②**世俗性:** 内容中都包含世俗知识，所以都具有世俗性。

③**宗教性:** 它们都信仰上帝，只是程度不同。人文主义教育有宗教性，同时也带有异教因素；新教和天主教教育都是宗教教育，都反对人文主义教育中的异教因素，所以都具有宗教性。

④**人本主义:** 都对人性有一定的解放作用，所以都具有人本主义性质。

⑤**古典主义:** 都以古典人文学科作为课程的主干，所以都具有古典主义性质。

⑥**教学方式方面:** 都取消体罚，重视身心和谐发展；都采取班级授课制。

⑦**教育影响方面:** 都在冲突和融合中共同奠定了近代西方教育的基本格局，都推动了教育的近代化（国家化、世俗化和普及化）的发展。

（2）区别 / 不同点

①**教育目的:** 这三种教育的根本差异在于它们所服务的目的不同。人文主义教育是为推广人文主义思想服务的；新教教育为新教服务；天主教教育为天主教服务，以此挽救新教教育冲击下的天主教教育的颓势。

②**教育对象:** 人文主义教育和天主教教育的教育对象是贵族子弟，新教教育的教育对象是平民子弟，具有较强的群众性和普及性。

（3）影响

①尽管宗教改革是人文主义引发的，但是宗教改革对近代教育转折的历史意义远远高于人文主义。宗教改革运动结束后，西方教育的近代化历程便真正开始了。

②教育的总体发展产生了重大变化，这种转折标志着世俗性的近代教育从根本上取代了宗教性的中世纪教育，标志着教育迈向近代化。

第六章　英国的近现代教育制度

单项选择题

基础特训

1.【解析】B　记忆题　此题考查公学。

公学是典型的贵族学校，属于私立学校，不受国家教育行政部门干涉。因此，答案选 B。

2.【解析】C　记忆题　此题考查公学。

公学是由公众团体集资兴办，培养一般公职人员，学生在公开场所接受教育的中等私立学校，是典型的贵族学校。因此，答案选 C。

3.【解析】A　记忆题　此题考查学园。

A. 学园是约翰·弥尔顿设想的学校，这种学校既为升学青年服务，也为就业青年服务。因此，答案选 A。

B. 公学是由公众团体集资兴办，培养一般公职人员，学生在公开场所接受教育的中等私立学校。

C. 文法学校是早在中世纪就在欧洲等地出现的中等教育机构，以培养神职人员和官吏为目标。

D. 实科中学是专为中产阶级子弟设立的学校，主要学习现代语、数学和自然科学等实用学科。

4.【解析】A　记忆题　此题考查苏格兰大学。

牛津大学与剑桥大学是英国传统的古典大学，排除 B、C 选项。伦敦大学成立于十九世纪，与新大学运动相关，排除 D 选项。苏格兰大学不依赖政府，高度自治，与社会的联系较为密切。与传统古典大学相比，苏格兰大学比较注重自然科学和现代外语等实用课程的开设，招收中小资产阶级的子弟入学，收费低廉。因此，答案选 A。

5.【解析】D　理解题　此题考查 17—18 世纪英国的教育管理。

17—18 世纪，英国在教育管理方面的特征是自由放任政策；“二战”前，英国通过《巴尔福教育法》开始建立中央和地方友好合作关系；19 世纪，英国开创了国家通过拨款间接干预教育的先河；“二战”后至 20 世纪 80 年代和 90 年代，继续中央和地方友好合作关系。因此，答案选 D。

6.【解析】A　记忆题　此题考查导生制。

古代印度的古儒学校善用导生制，即教师利用年长儿童充当助手，由助手协助教师把知识传给一般儿童。这种方法后来被英国教师贝尔所袭用，19 世纪在英国成为盛行一时的导生制。因此，答案选 A。

7.【解析】B　记忆题　此题考查《福斯特法案》。

英国《初等教育法》（又称《福斯特法案》）的颁布，标志着英国初等国民教育制度的正式形成。从此，英国出现了公立、私立学校并存的局面。因此，答案选 B。

8.【解析】A　记忆题　此题考查新大学运动。

1828 年，伦敦大学学院的成立标志着新大学运动的开始。B、C、D 选项的学院名称不存在，对应的剑桥大学和牛津大学是英国传统大学，耶鲁大学是美国大学。因此，答案选 A。

9.【解析】A　记忆题　此题考查英国大学推广运动。

19 世纪 40 年代，尽管伦敦大学和城市学院的创建拓展了中产阶级的教育机会，但是普通民众接受高等教育的机会仍然有限，大学推广运动就是在这种背景下兴起的。其最主要的特点是伦敦大学、牛津大学、剑桥大学等全日制大学以校内或校外讲座形式将教育推广到非全日制学生。因此，答案选 A。

10.【解析】 B　记忆题　此题考查《巴尔福教育法》。

1902 年，英国通过了《巴尔福教育法》，该法案促成了英国中央教育委员会和地方教育当局的结合，形成了以地方教育当局为主体的英国教育行政体制，突出了英国的教育管理是由中央和地方以合作伙伴的方式来完成的，直到今天仍是英国现行教育制度的主要基础。因此，答案选 B。

11.【解析】 C　理解题　此题考查《费舍教育法》。

《费舍教育法》首次建立了公共教育制度，规定了一个包括幼儿学校、初等学校、中等学校和补习学校在内的公立学校系统。它是英国教育史上第一次明确宣布教育立法的实施“要考虑到建立面向全体有能力受益的人的全国公共教育制度”。因此，答案选 C。

12.【解析】 B　记忆题　此题考查《哈多报告》。

1926 年颁布的《哈多报告》是英国教育史上第一次从国家角度阐明“中等教育面向全体儿童”的法案。因此，答案选 B。

13.【解析】 B　记忆题　此题考查《斯宾斯报告》。

《斯宾斯报告》根据初级技术学校增加的现实，把《哈多报告》中的双轨改成三轨，即文法中学、现代中学、技术中学，使技术中学成为中等教育的重要组成部分。该报告同时提出了设立一种兼有文法、现代和技术学科的多科性中学的设想。因此，答案选 B。

14.【解析】 A　记忆题　此题考查综合中学。

A. 1944 年的《巴特勒教育法》颁布后，到 20 世纪六七十年代，为促进教育机会均等，英国工党政府将文法中学、技术中学和现代中学合并为一种新型学校，叫作综合中学。因此，答案选 A。

B. 英王学院是英国国教派于 1829 年成立的，后来与伦敦大学学院合并为伦敦大学，领导了新大学运动。

C. 城市学院是在 19 世纪英国新大学运动中出现的一类学校。

D. 1892 年，美国芝加哥大学校长哈珀提出将四年制大学分为“初级学院”和“高级学院”，兴起了初级学院运动。

15.【解析】 C　记忆题　此题考查《1988 年教育改革法》。

《1988 年教育改革法》存在争议，它统一课程，剥夺教师自主权，压抑学生的创造性，有“一刀切”的嫌疑，并没有减轻师生负担。因此，答案选 C。

16.【解析】 D　记忆 + 理解题　此题考查《1988 年教育改革法》。

《1988 年教育改革法》是继《1944 年教育法》之后英国又一个重要的教育法案，在英国历史上首次以立法的形式规定了学校的基本教学内容。因此，答案选 D。

17.【解析】 C　记忆题　此题考查“罗宾斯原则”。

A. 20 世纪 80 年代的《雷弗休姆报告》提出要加强专业化管理，特别是高校内部专业化的管理，从而提高教学和科研水平，承担更多的社会和经济课题。

B.《1988 年教育改革法》要求废除双重制，包括多科技术学院和其他学院在内的高等院校将脱离地方教育当局的管辖而成为“独立”机构。

C. 是“罗宾斯原则”的含义。因此，答案选 C。

D.《1992 年继续教育和高等教育法》建立了新的高等教育质量保证体系，主要包括质量控制、质量审查和质量评估。

18.【解析】 A 记忆题 此题考查《詹姆斯报告》。

A.《詹姆斯报告》提出了著名的“师资培训三段法”，把师资培训分成由个人高等教育、职前教育专业训练和在职进修三个阶段构成的统一体。因此，答案选 A。

B.《罗宾斯报告》探讨了英国高等教育如何为社会服务的问题，提出了“罗宾斯原则”。

C.《哈多报告》第一次从国家的角度阐明了初等教育和中等教育衔接，中等教育面向全体儿童的思想。

D.《雷弗休姆报告》与加强高等教育质量有关，很多建议被后来的政府报告或立法采纳。

19.【解析】 C 记忆题 此题考查《雷弗休姆报告》。

1981—1983 年，英国高等教育研究会连续发表了十多份关于高等教育的调查报告，它们被合称为《雷弗休姆报告》。因此，答案选 C。

20.【解析】 D 记忆题 此题考查《1992 年继续教育和高等教育法》。

《1992 年继续教育和高等教育法》成为英国高等教育体制结构变革的分水岭，标志着英国高等教育“双重制”的彻底终结与新型英国高等教育大众化框架的形成。因此，答案选 D。

21.【解析】 C 记忆题 此题考查《学习社会中的高等教育》。

为了检讨和评估《罗宾斯报告》以来英国高等教育政策和发展状况，制定面向 21 世纪的高等教育改革框架与发展战略，英国政府于 1997 年发表了《学习社会中的高等教育》(又称《迪尔英报告》) 的咨询报告。因此，答案选 C。

22.【解析】 A 记忆 + 综合题 此题考查“二战”后英国高等教育。

《教育改革法》是由法国政府于 20 世纪 50 年代颁布的。因此，答案选 A。

拔高特训

1. 【解析】 A 记忆题 此题考查导生制。

19 世纪上半叶，英国初等教育主要由宗教团体和慈善机构办理，教育质量低下，师资极为短缺。于是，导生制盛行起来。因此，答案选 A。

2. 【解析】 D 记忆题 此题考查英国公学的教学内容。

公学注重古典语言的学习和上层社会礼仪的培养，同时还进行体育和军事训练，注重绅士风度的养成。因此，答案选 D。

3. 【解析】 B 记忆 + 综合题 此题考查英国 19 世纪的教育。

A. 在教育管理上，国家对教育是间接管理。

B. 在初等教育上，通过 1870 年的《初等教育法》建立了公立的初等教育制度。因此，答案选 B。

C. 汤顿委员会提出的建议是建立新式中等教育，不是沿袭旧制，而且其建议并没有被采纳。

D. 英国开始新大学运动和大学推广运动后，古典大学还存在，并不断改进。

4. 【解析】 D 理解题 此题考查《哈多报告》。

A、B、C 选项正确。D 选项属于《斯宾斯报告》的意义，该报告提出了“多科性中学”的设想，促进了未来综合中学的发展。因此，答案选 D。

5.【解析】B 记忆题 此题考查英国的新大学运动。

新式大学主要以中产阶级为教育对象，采取寄宿和走读两种制度，收费低廉，满足中产阶级子弟的需要。因此，答案选B。

6.【解析】A 理解题 此题考查新大学运动和大学推广运动。

新大学运动和大学推广运动是19世纪英国高等教育发展的主要表现，而不是德国。因此，答案选A。

7.【解析】D 记忆题 此题考查《费舍教育法》。

《费舍教育法》的主要内容有：（1）加强地方教育当局发展教育的权力和国家教育委员会制约地方教育当局的权限；（2）地方教育当局为2～5岁的儿童开设幼儿学校；（3）规定5～14岁为义务教育阶段，小学一律实行免费；（4）地方教育当局应建立和维持继续教育学校。因此，答案选D。

8.【解析】A 记忆+理解题 此题考查《1988年教育改革法》。

《1988年教育改革法》对英国教育体制全面进行改革，该法案规定实施全国统一课程，确定在5～16岁的义务教育阶段开设核心课程、基础课程和附加课程。因此，答案选A。

9.【解析】A 理解+综合题 此题考查英国20世纪下半叶的高等教育。

A. 20世纪下半叶，为响应“罗宾斯原则”，英国努力扩大招生规模，满足年轻人接受高等教育的愿望。因此，答案选A。

B.《詹姆斯报告》提出师范教育应由“定向和非定向相结合”的体制转变为“非定向”体制。

C.《雷弗休姆报告》在课程方面主张改革高等教育的课程结构，适应知识综合化和职业多变化的需要。

D. 彻底废除“双重制”的是《1992年继续教育和高等教育法》。

10.【解析】A 理解+综合题 此题考查英国20世纪下半叶的高等教育。

A.《1992年继续教育和高等教育法》是沿着《1988年教育改革法》在高等教育方面继续跟进的法案。因此，答案选A。

B.《学习社会中的高等教育》是1997年颁布的法案，并没有直接跟进。

C.《詹姆斯报告》于1972年颁布。

D.《雷弗休姆报告》于1981—1983年期间颁布。

11.【解析】B 理解题 此题考查英国高等教育的“双重制”。

英国高等教育的“双重制”指的是各类院校由地方管理、大学由中央管理的体制。因此，答案选B。

12.【解析】B 记忆+综合题 此题考查英国的教育法案。

（1）1902年，为了公平分配教育补助金和加强对地方教育的管理，英国通过了《巴尔福教育法》。

（2）1918年，英国国会通过了教育大臣费舍提出的关于初等教育的法案，即《费舍教育法》。

（3）1926—1933年，以哈多为主席的调查委员会提出了三份关于青少年教育的报告，一般称为《哈多报告》。

（4）1938年，为适应经济发展对技术人才的需要，英国政府颁布了以改革中等教育为中心的《斯宾斯报告》。

因此，答案选B。

13.【解析】C 记忆+综合题 此题考查英国各法案的义务教育年龄。

A.《初等教育法》要求对5～12岁的儿童实施强迫性初等教育。

B.《费舍教育法》规定5～14岁为义务教育阶段。

C.《1944 年教育法》要求实施 5～15 岁的义务教育。因此，答案选 C。

D.《1988 年教育法》确定 5～16 岁为义务教育阶段。

（说明：此题解析也是对英国义务教育年龄的总结）

论述题

1. 论述《1988 年教育改革法》及启示。

答：(1) 简介： 1988 年，英国教育大臣贝克提交了教育改革法案——《1988 年教育改革法》。该法案对英国的教育体制进行了全面改革，这是“二战”结束以来规模最大的一次教育改革。

(2) 主要内容：

①**基础教育：a. 统一课程。** 实施国家统一的课程，确定在 5～16 岁的义务教育阶段开设核心课程、基础课程和附加课程。**b. 统一考试。** 实施国家统一考试，规定在义务教育阶段，学生要参加四次全国性考试。**c. 摆脱政策。** 改革学校管理体制，实施“摆脱选择”政策。**d. 自由择校。** 赋予学生家长为子女自由选择学校的权利。

②**高等教育：** 废除了高等教育的“双重制”，也实行摆脱政策。

③**职业教育：** 建立城市技术学校。

(3) 评价：

①**成效：**

a. 关于统一课程： 加强集权，统一价值观，缩小各校差距，实现教育均等，提高教育质量。

b. 关于统一考试： 英国历史上第一次实行统一考试，有利于维护教育公平，要求各校排名，加强学校竞争，方便高校录取，提高了教育质量。

c. 关于摆脱政策： 中央直接拨款，提高行政效率，狠抓教育质量，增强教育活力，促进了各校竞争。

d. 关于高等教育： 扩大高校自主权，统一大学管理，满足更多人接受高等教育的需要。

e. 关于教育管理： 加强集权，提高教育质量，促进基础教育多样化发展。

②**争议：**

a. 统一课程： 加重师生负担，剥夺教师自主权，压抑学生的创造性。

b. 统一考试： 加重应试教育色彩，学生学习负担越来越重。

c. 摆脱政策与自由择校： 学校差距拉大，好学校人满为患，差学校门庭冷落，反而老百姓的上学选择余地越来越小。

③**总影响：**

a. 对英国： 教育改革历史上的里程碑；巩固国家权威；触动教育管理传统；加强中央集权；顺应自由竞争；拉开各级教育全面改革的序幕，激活市场竞争，实现多个教育创举。

b. 对世界： 该法案是各国教育改革效仿和参考的典范法案。

(4) 启示：《1988 年教育改革法》当时在英国的轰动效应可与今天中国“双减”政策改革的轰动性相比较，虽二者改革内容截然不同，但在如何推动一项改革上依然有很多正面和反面启示。

①**正面启示：**

a. 认清方向，果断执行。 当今中国认清我们的改革方向是“坚决减负，校内外双减，教育不得与资本挂钩”，就要加大力度，切不可因听到一些反对的声音就停滞不前，每种改革都有反对的声音，关键在于认清楚多数人的利益和秉持以人为本的精神。

b. 及时修改，不断完善。当下中国围绕“双减”政策，又出台了多个管理校外培训和加强校内管理的文件。在实施过程中，应充分听取民意，不断完善政策，防止完全“一刀切”的做法。

c. 两手都要抓，两手都要硬。今天中国的“双减”一手抓校内，有所作为，提升教学质量，一手抓校外，严控不合理的培训，但也要做到双管齐下，互为补充。

②**反面启示：防止“一刀切”**。我国“双减”政策需不断调节，毕竟部分学业薄弱的学生有补习需求，如何满足教育形式和需求多样化，还需一并考虑。且政府应多加强新政策的宣传，防止百姓不理解，政府曲高和寡。

2. 试论英国“二战”后高等教育的发展。

答：(1)“二战”后的英国高等教育法案

①**《罗宾斯报告》**：主要探讨的是英国的高等教育如何为社会大众服务的重大问题，希望为所有想进入高校且成绩合格者提供接受高等教育的机会。

②**《詹姆斯报告》**：将师范院校变成了“公共”高等教育机构，这样既加强了师范教育的地位，又加强了政府对师范教育的宏观调控。

③**《雷弗休姆报告》**：扩大了高等教育的入学途径，培养各种专门人才，使得民众受高等教育的机会增多。

④**《1988 年教育改革法》**：在高等教育方面强调要废除“双重制”，使得技术学院和其他学院脱离地方教育当局的管辖而成为“独立”机构，并与大学有同等地位。

⑤**《1992 年继续教育和高等教育法》**：正式废除“双重制”，使英国高等教育大众化框架得以形成。

⑥**《学习社会中的高等教育》**：对高等教育提出了很多设想，提高高校对社会的回报率，这是新千年的高等教育发展战略。

（2）总趋势

①**大众化**。《罗宾斯报告》希望满足大众接受高等教育的机会，这是高等教育大众化的开始，说明高等教育的大门向社会各阶级打开。之后各法案逐步扩招，实现高等教育的大众化，完善了高等教育大众化的框架。从 20 世纪 80 年代到 21 世纪初，英国实现了高等教育普及化。

②**高效化**。《1988 年教育改革法》和《1992 年继续教育和高等教育法》废除了“双重制”的管理，还在高等教育方面建立了新的教育质量评估体系，主要包括质量控制、质量审查和质量评估等。到 20 世纪 90 年代，英国已经完全实现了高等教育统一管理。

③**战略化**。英国高等教育每隔十年就有重大法案推出，规划明确，执行彻底。20 世纪 90 年代的《学习社会中的高等教育》就是面向 21 世纪高等教育发展的典型的战略性文件。

综上，“二战”后英国的高等教育表现出来的是大众化和普及化的趋势，能满足大众受高等教育的愿望。

3. 阅读材料，并按要求回答问题。

请回答：

（1）材料 1 中伊顿公学出现的背景及特点是什么？

（2）材料 2 体现的是什么法案？它的内容是什么？

（3）试论材料 1 和材料 2 的历史意义。

答：(1) 背景：公学由公众团体集资兴办，培养一般公职人员，是学生在公开场所接受教育的中等私立学校，它是典型的贵族学校。其中，最为人所称道的是伊顿、温彻斯特、圣保罗等九大公学。

特点。①教育对象：以贵族子弟为招生对象。**②教育目的：**培养学生升入学术型大学。其实，公学就是高等学校的中学预备校。**③师资条件：**较之一般的文法学校，师资以及教学设施条件更好，收费更高。**④教育年限及内容：**修业年限一般为5年，注重古典语言的学习和上层社会礼仪的培养，同时还进行体育和军事训练，养成绅士风度。**⑤教育经费：**公学办学初始，学校经费主要由大贵族集资构成，但收取的高昂学费和私人捐助又促使公学有更充足的管理经费。**⑥管理权：**公学属于私立学校，不受国家教育行政部门干涉。

(2) 材料2体现了《哈多报告》的内容。英国政府任命哈多为主席，对中等教育改革的三种意见进行调查，并提出了关于青少年教育的报告，亦称《哈多报告》。主要内容：

①儿童在11岁之前所受到的教育称为初等教育。其中，5～8岁进入幼儿学校，8～11岁进入初级小学。

②儿童在11岁后所受到的各种教育均称为中等教育。中等教育阶段分设四种类型的学校：文法学校、选择性现代中学、非选择性现代中学、公立小学高级班或高级小学。

③为了使每个儿童进入最合适的学校，应在11岁时进行选拔性考试。同时规定义务教育的最高年龄是15岁。

(3) 历史意义：

①公学的历史意义：公学为英国培育了很多精英人才，被誉为"英国绅士的摇篮"。但公学只满足贵族子弟的需要，不向平民开放，是教育不平等的产物。

②《哈多报告》的历史意义：《哈多报告》第一次从国家的角度阐明了初等教育和中等教育衔接，中等教育面向全体儿童的思想。明确提出了初等教育后教育分流的主张，以满足不同阶层人们的需要。

第七章　法国的近现代教育制度

单项选择题

基础特训

1. 【解析】 A　记忆题　此题考查法国大革命时期的教育。

法国大革命时期，资产阶级主张建立国家教育制度；主张人人享有接受教育的机会和权利，国家应当给予保护并实行普及教育；在教育内容和教师问题上，主张实现世俗化和科学化；教育改革方案还在男女平等教育、成人教育等方面提出了要求。没有涉及职业教育。因此，答案选A。

2. 【解析】 D　记忆题　此题考查法国大革命时期的主要教育改革方案。

法国大革命中在教育改革方面分别制定了具有代表性的三个教育改革方案，即《塔列兰教育法案》《康多塞方案》《雷佩尔提教育方案》。这些方案内容各异，都反映了法国资产阶级对教育改革的共同主张，但没有被实施。《基佐法案》是法国于1833年颁布的与初等教育相关的法案。因此，答案选D。

3. **【解析】 D 记忆题 此题考查帝国大学。**

A. 苏联、英国的最高教育管理机构采用该名称。

B. 美国的联邦教育管理机构采用该名称。

C. 该名称使用广泛，许多国家都有使用。

D. 拿破仑建立了法兰西第一帝国，为牢固掌握教育管理权，他建立了以帝国大学为核心的中央集权式的教育管理体制。帝国大学是全国最高教育行政管理机构，专门负责整个帝国的所有公共教育事务。因此，答案选 D。

4. **【解析】 A 记忆题 此题考查《费里法案》。**

A. 法国 19 世纪 80 年代颁布的《费里法案》确立了国民教育义务、免费、世俗化三大原则。因此，答案选 A。

B.《哈比法》是法国 20 世纪 70 年代颁布的有关中小学改革措施的法案，难以在实践中完全实施。

C. 1833 年，法国教育部长基佐颁布《基佐法案》，大力发展初等教育和师范教育，规定每乡区设立一所小学，教师任教需具备资格证书。

D. 1968 年颁布的《富尔法》确立了法国高等教育“自主自治、民主参与、多科性结构”的办学原则。

5. **【解析】 B 记忆题 此题考查《费里法案》。**

1881 年和 1882 年，法国两次颁布有关义务教育的法令，合称《费里法案》。该法案确立了国民教育义务、免费、世俗化三大原则，而且把这些原则的贯彻实施予以具体化。因此，答案选 B。

6. **【解析】 C 理解题 此题考查 19 世纪法国的中等教育机构。**

A、B 选项均属于法国 19 世纪古典性质的中等教育机构，D 选项属于法国 17—18 世纪的高等教育机构，只有 C 选项的现代中学属于 19 世纪法国中等教育机构中具有实科性质的学校。因此，答案选 C。

7. **【解析】 A 记忆题 此题考查《国立大学组织法》。**

A.《国立大学组织法》确定在原来分散设立学院的基础上组建大学，每个大学区设一所大学。如此，传统意义上的“大学”在 1793 年被废止后重新现身于法国社会，结束了一个世纪之中法国只有一所大学（帝国大学）的局面。因此，答案选 A。

B.《帝国大学令》是日本明治维新时期颁布的法令。

C.《费里法案》确定了义务、免费、世俗化三原则。

D.《高等教育指导法》为干扰项。

8. **【解析】 C 记忆题 此题考查“统一学校运动”。**

“统一学校运动”提出民主教育、择优录取，试图衔接初等和中等教育，其实质就是冲击双轨制，实现单轨教育。因此，答案选 C。

9. **【解析】 A 记忆题 此题考查“统一学校运动”。**

A. 1919 年，法国掀起“统一学校运动”，“新大学同志会”在批判双轨制教育的斗争中提出了建立统一学校的主张，主要解决两个问题：民主教育和择优录取。因此，答案选 A。

B. 新教育运动于 19 世纪末 20 世纪初在欧洲兴起，成立的协会有“国际新学校局”和“新教育联谊会”。

C. 1937 年，法国教育部长让·泽提出在中学的初级阶段实行统一学校制度的方案。

D. 进步教育运动产生于 19 世纪末的美国，成立了进步教育协会。

10.【解析】 D　记忆题　此题考查《阿斯蒂埃法》。

A.《斯宾斯报告》产生于英国，讨论中等教育问题，在坚持《哈多报告》改革方向的同时将双轨改为三轨，并设想了建立多科性中学。

B.《巴尔福教育法》是英国 1902 年颁布的法案，调整了英国的教育行政管理体制。

C.《费里法案》确立了法国国民教育义务、免费、世俗化三原则。

D. 1919 年颁布的《阿斯蒂埃法》被称为法国“技术教育宪章”，它建构了法国职业技术教育的基本框架。因此，答案选 D。

11.【解析】 C　记忆题　此题考查《郎之万—瓦隆教育改革方案》。

A.《费里法案》：法国 19 世纪 80 年代确立了国民教育义务、免费、世俗化三原则的法案。

B.《关于统一学校教育事业的修正协定》：德国 20 世纪 60 年代的法案，也称《汉堡协定》。

C.《郎之万—瓦隆教育改革方案》：因历史因素未实施，但为战后法国的教育指明了方向，并被称为法国教育史的“第二次革命”。因此，答案选 C。

D.《法国学校体制现代化建议》：也称《哈比法》，因要求较高，改革步子过大，难以在实践中完全实施。

12.【解析】 B　记忆题　此题考查《教育改革法》。

A.《国家与私立学校关系法》：法国于 1959 年颁布，规定国家给予私立学校财政资助，私立学校采用公立学校的生活规则和教学大纲，接受国家监督。

B.《教育改革法》：法国于 1959 年颁布，规定中等教育分为两个阶段，第一阶段为两年观察期，第二阶段分为四种类型，即短期职业型、长期职业型、短期普通型、长期普通型。因此，答案选 B。

C.《法国学校体制现代化建议》：也称《哈比法》，因要求较高，改革步子过大，难以在实践中完全实施。

D.《富尔法》：1968 年颁布，确立了法国高等教育“自主自治、民主参与、多科性结构”的办学原则。

13.【解析】 A　记忆题　此题考查《国家与私立学校关系法》。

A.《国家与私立学校关系法》于 1959 年颁布，规定法国给予私立学校财政资助，私立学校采用公立学校的生活规则和教学大纲，接受国家监督。因此，答案选 A。

B.《高等教育方向指导法》也称《富尔法》，确立了法国高等教育“自主自治、民主参与、多科性结构”的办学原则。

C.《郎之万—瓦隆教育改革方案》因历史因素未实施，但为战后法国的教育指明了方向，并被称为法国教育史的“第二次革命”。

D.《教育改革法》于 1959 年颁布，规定法国中等教育分为两个阶段，第一阶段为两年观察期，第二阶段分为四种类型，即短期职业型、长期职业型、短期普通型、长期普通型。

14.【解析】 D　记忆题　此题考查《高等教育方向指导法》。

A.《郎之万—瓦隆教育改革方案》因历史因素未实施，但为战后法国的教育指明了方向，并被称为法国教育史的“第二次革命”。

B.《法国学校体制现代化建议》即《哈比法》，重点是加强法国职业教育，但因要求较高，改革步子过大，难以在实践中完全实施。

C.《大学令》是日本 1918 年颁布的法案，使日本出现并发展了多类大学，培养了大批学术人才与技术人才。

D. 1968 年颁布的《高等教育方向指导法》确立了法国高等教育“自主自治、民主参与、多科性结构”的办学原则，要求按照新的原则调整和改组法国的大学。按照这三项原则，大学是享有教学、行政和财政自主权的国家机构。因此，答案选 D。

15.【解析】 A 记忆题 此题考查《哈比法》。

A. 1975 年，法国议会通过了《法国学校体制现代化建议》(又称《哈比法》)，重点是加强法国的职业教育。因此，答案选 A。

B.《郎之万—瓦隆教育改革方案》因历史因素未实施，但为战后法国的教育指明了方向，并被称为法国教育史的“第二次革命”。

C.《教育改革法》于 1959 年颁布，规定法国中等教育分为两个阶段，第一阶段为两年观察期，第二阶段分为四种类型，即短期职业型、长期职业型、短期普通型、长期普通型。

D.《高等教育方向指导法》也称《富尔法》，确立了法国高等教育“自主自治、民主参与、多科性结构”的办学原则。

16.【解析】 B 记忆题 此题考查《课程宪章》。

A. 1975 年，法国议会通过了《法国学校体制现代化建议》(又称《哈比法》)，重点是加强法国的职业教育。

B. 1992 年，法国颁布了《课程宪章》。该法案对学科体系进行综合改革，既有从小学到高中课程融为一体的纵向改革，也有各科知识融会贯通的横向改革等。因此，答案选 B。

C.《教育改革法》于 1959 年颁布，规定法国中等教育分为两个阶段，第一阶段为两年观察期，第二阶段分为四种类型，即短期职业型、长期职业型、短期普通型、长期普通型。

D.《富尔法》于 1968 年颁布，确立了法国高等教育“自主自治、民主参与、多科性结构”的办学原则。

拔高特训

1. 【解析】 C 记忆 + 理解题 此题考查法兰西第一帝国时期的教育。

这一时期，开办任何学校教育机构都必须得到国家的批准，一切公立学校的教师都由帝国大学管理，薪酬由国家支付。因此，答案选 C。

2. 【解析】 D 理解 + 综合题 此题考查法国大学区制。

A、B、C 选项的国家都曾仿照法国的体制进行过学区制改革。中国的大学院与大学区制改革发生在 20 世纪上半叶。美国存在学区，但性质不同于法国的中央集权制的学区制度。美国学区是顺应殖民地人们的迁徙产生的，初期无明确界限划分，且没有类似帝国大学的统一的管理机构。因此，答案选 D。

（说明：学习日本和俄国教育制度的发展、中教史民国时期的教育时，都会学到与法国大学区制有关的内容）

3. 【解析】 D 记忆题 此题考查《费里法案》。

《费里法案》的免费原则是免除公立幼儿园及初等学校的学杂费，免除师范学校的学费、膳食费与住宿费。A、B、C 选项均为义务原则的体现。因此，答案选 D。

4. 【解析】 B 理解 + 综合题 此题考查 19 世纪法国的教育。

A 选项是为教育管理做出的贡献；C 选项中的国立中学和市立中学属于古典文科中学，针对贵族招生，没有体现教育平等；D 选项体现的是高等教育的发展，不是教育平等。因此，答案选 B。

5. 【解析】 B　理解题　此题考查《郎之万—瓦隆教育改革方案》。

A. 后来的法案并不都是沿着这一法案实施成功的。

B.《郎之万—瓦隆教育改革方案》虽未实施，但突出了教育现代化和教育民主化的趋势和方向。因此，答案选 B。

C.《郎之万—瓦隆教育改革方案》是不符合国情的，所以没能实施。

D. 法案本身并不是完美无缺的。

6. 【解析】 C　记忆题　此题考查《法国学校体制现代化建议》。

《法国学校体制现代化建议》即《哈比法》，其中的“三分制教学法”把教学内容分为工具课程（包括数学和法语）、启蒙性课程（包括历史、地理、公民道德、自然科学、人文科学、艺术等）和体育课程三个部分。因此，答案选 C。

7. 【解析】 D　理解 + 综合题　此题考查 20 世纪前期英国和法国的教育改革。

A、B、C 选项是英、法两国在 20 世纪前期的教育改革中解决的问题。D 选项是德国 20 世纪前期教育改革的趋势。因此，答案选 D。

8. 【解析】 C　理解 + 综合题　此题考查 17—18 世纪英国和法国的教育改革。

英国和法国是在 19 世纪提出义务教育法案的。因此，答案选 C。

9. 【解析】 A　记忆 + 综合题　此题考查法国的教育特色“方向指导”。

B、C、D 选项均正确，均为法国关于“方向指导”的教育特点。A 选项为苏联的教育改革，并且苏联没有“方向指导班”。因此，答案选 A。

论述题

论述《郎之万—瓦隆教育改革方案》的内容及其对教育现代化的影响。

答：(1) 内容

①基本原则：提出了战后法国教育改革的六项基本原则。包括：社会公正；社会上的一切工作价值平等，任何学科的价值平等；各级教育实行免费；人人都有接受完备教育的权利；在加强专门教育的同时，适当注意普通教育；加强师资培养，提高教师地位。

②义务教育：实施 6～18 岁的免费义务教育。主要通过基础教育阶段（初等学校）、方向指导阶段（方向指导班）和决定阶段（学生经分流进入学术型、技术型、艺徒制三种中学）进行。

③高等教育：对义务教育后的高等教育改革提出了设想。在学术型学校结业的学生可进入一年制大学预科接受教育，然后进入高等学校学习。

(2) 影响

①为落实现代化提供了可行的思路。

a. 教育内容的多样化可促进教育现代化。法案提出社会上的一切工作，不论是手工的、技术的、艺术的还是学术的，价值均平等。

b. 教育系统的现代化可促进教育现代化。法案提出义务教育的第二阶段是方向指导期，12～15 岁的学生由教师根据能力、禀赋、兴趣等进行方向指导，且方向指导分为学校教育的一般方向指导以及职业教育的方向指导。

c. 职普教育的平等化促进教育现代化。法案提出在加强专门教育的同时也要重视普通教育，而且认为普通教育是一切专门教育和职业教育的基础。

d. 加强师范教育，进而提高教育质量，促进教育现代化。法案提出加强师资培训，提高教师的地位必然会使得社会重视教育事业，并且提高教育质量。

②为法国历次法案改革指明了方向。

a. 对 1959 年《教育改革法》的影响：进一步落实免费政策，将义务教育的年龄由 14 岁延长至 16 岁；实行两年的观察期教育，并设置长期普通型中等教育，为升入大学做准备。

b. 对 1968 年《高等教育方向指导法》的影响：法国的高等教育确立了“自主自治、民主参与、多科性结构”三项办学原则，使得高等教育越来越开放，越来越民主、自由、现代化。

c. 对 20 世纪 70 年代《哈比法》的影响：在教育内容上，强调现代化，增设很多实际应用的学习内容；在教学方法上，注重学生的个性特征和能力差异，采用现代化教学手段；在课程设置上，实行“三分制教学法”，课程设置有工具课程、启蒙性课程和体育课程三部分；在教学管理上，设置各种管理组织，参与学校的行政管理，教育和教学工作均体现出教育的现代化。

③为世界各国法案改革也指明了现代化的方向。世界各国都意识到未来的教育发展方向是现代化趋向。各国都走向了三个发展方向：一是增加教育内容的实用性；二是促进教育系统现代化；三是促进职普教育的平等化。这也是未来教育现代化的前进方向。

综上，《郎之万—瓦隆教育改革方案》对后世的教育现代化发展产生了深远的影响，为法国教育向现代化发展指明了方向，同时也对世界教育的现代化发展产生影响。虽然该法案因为陈述立意太高以及法国国情不稳而最终没有实施，但它的民主化方向却毋庸置疑。

第八章　德国的近现代教育制度

单项选择题

基础特训

1. 【解析】 A　记忆题　此题考查 19 世纪德国学前教育的概况。

19 世纪，德国教育家福禄培尔创办了世界上第一所幼儿园，此后德国各地纷纷创办幼儿园，德国的学前教育走在了世界前列。因此，答案选 A。

2. 【解析】 A　记忆题　此题考查 17—18 世纪德国初等教育的概况。

受马丁·路德思想的影响，并从巩固自己王朝的统治需要出发，德意志各邦从 16 世纪中期起，先后颁布了有关国家办学和普及义务教育的法令，成为近代西方最早颁布法令实施强制初等义务教育的国家。因此，答案选 A。

3. 【解析】 D　记忆题　此题考查巴西多的教育著作。

A.《母育学校》是夸美纽斯的著作，是西方教育史上第一本学前教育学著作。（此为必记点，在“第十三章　近现代超级重量级教育家”处学习）

B.《人的教育》是福禄培尔的著作。

C.《童年的秘密》是蒙台梭利的著作。

D. 巴西多的《初级读本》附有 100 幅插图，被誉为 18 世纪的《世界图解》，是教育史上第二本有插图的教科书。因此，答案选 D。

4. 【解析】 C 记忆题 此题考查泛爱学校。

A. 文科学校具有强烈的古典主义倾向。

B. 实科学校主要学习实科知识，其出现与工商业的发展和城市生活的丰富有关。

C. 泛爱学校以泛爱主义为宗旨，提倡实物教学，儿童主动学习，重视知识的实用性和儿童的兴趣，寓教学于游戏之中。因此，答案选 C。

D. 劳作学校是凯兴斯泰纳主张建立的学校，以完成“职业陶冶的准备”“职业陶冶的伦理化”“团体的伦理化”为任务。

5. 【解析】 B 记忆题 此题考查哈勒大学。

A. 哥廷根大学是典型的新式大学，但诞生于哈勒大学之后。

B. 德国新大学运动中诞生了哈勒大学，它是欧洲第一所新式大学，是新大学运动的中心。因此，答案选 B。

C. 柏林大学是德国于 1810 年建立的，它是世界上第一个建立了现代大学制度的高等学府。

D. 慕尼黑大学是德国传统大学。

6. 【解析】 A 记忆题 此题考查德国的义务教育概况。

受马丁・路德思想的影响，并从巩固自己王朝的统治需要出发，德意志各邦从 16 世纪中期起先后颁布了有关国家办学和普及义务教育的法令，成为近代西方最早颁布法令实施强制初等义务教育的国家。因此，答案选 A。

7. 【解析】 C 记忆题 此题考查柏林大学。

德国于 1810 年建立了柏林大学，它是在民族丧失独立、经济十分困难的情况下创办的。它是世界上第一个建立了现代大学制度的高等学府，是世界高等教育的典范。因此，答案选 C。

8. 【解析】 A 记忆题 此题考查魏玛共和国时期的教育。

魏玛共和国时期，在初等教育上废除双轨学制，实行四年制的统一初等学校制度，并实施八年义务教育后教育，还为完成义务教育的毕业生提供补习教育和职业教育。因此，答案选 A。

9. 【解析】 D 记忆题 此题考查《改组和统一公立普通学校教育的总纲计划》。

《改组和统一公立普通学校教育的总纲计划》在中等教育上，建议设置三种中学，即主要学校、实科学校和高级中学，分别培养不同层次的人才。因此，答案选 D。

10.【解析】 B 记忆题 此题考查《汉堡协定》。

A.《总纲计划》在初等教育方面建议所有儿童均接受四年的基础学校教育，再接受两年的促进阶段教育。

B.《汉堡协定》规定所有儿童均应接受九年义务教育，义务教育阶段应是全日制学校的教育。因此，答案选 B。

C.《高等学校总纲法》是针对高等教育进行改革的。

D.《教育基本法》是日本于 1947 年颁布的法案，说明了教育发展的宗旨和原则。

11.【解析】 C 记忆题 此题考查《高等学校总纲法》。

1976 年颁布的《高等学校总纲法》是“二战”后联邦德国第一部有权威的高等教育方面的法案。其精神实质是保留传统大学民主自治的特色，发掘大学的潜力，以适应新的国际竞争的需要。因此，答案选 C。

12.【解析】 A 记忆题 此题考查德国统一以来的教育改革。

统一后的德国注重学生外语能力、创造能力以及现代信息技术应用能力的培养。因此，答案选 A。

拔高特训

1. 【解析】 C 理解题 此题考查德国的义务教育。

A. 当时英国发展比德国更加迅速。

B. 当时的德国民众还没有产生义务教育的需求。

C. 德国深受马丁·路德的普及教育思想影响。因此，答案选 C。

D. 这句话表述正确，但不是德国最早实施义务教育的原因。

2. 【解析】 D 记忆 + 理解题 此题考查泛爱学校。

德国的泛爱学校受到卢梭和夸美纽斯自然主义思想的影响，因过于注重儿童的自由而受到了赫尔巴特等人的批评；重视本民族语言，也开设外国语；严禁体罚。因此，答案选 D。

3. 【解析】 D 理解题 此题考查泛爱学校。

自然主义思想反对封建主义、古典主义、传统的经院哲学，但不反对实用主义，且实用主义是在自然主义之后出现的。因此，答案选 D。

4. 【解析】 A 记忆 + 理解题 此题考查德国实科中学的性质。

实科中学反对学习古典知识，主张学习具有实用性的自然科学知识，用现代语教学，加强了科学与教育的联系。实科中学的学生大多无法升入大学，只能进入职业领域，这种教育实际上开创了职业教育的先河。所以，实科中学既具有普通教育的性质，也具有职业教育的性质。因此，答案选 A。

5. 【解析】 D 记忆 + 理解题 此题考查柏林大学。

A. 日本仿照柏林大学建立了东京大学，这是日本现代大学的开端。

B. 蔡元培将柏林大学的理念运用在北京大学改革中。

C. 美国效仿柏林大学创建了约翰斯·霍普金斯大学，该校成为美国高等教育改革的引领者。

D. 牛津大学是著名的中世纪大学，此时柏林大学还未成立。因此，答案选 D。

6. 【解析】 B 理解 + 综合题 此题考查柏林大学与北京大学改革的对比。

B 选项中，柏林大学将哲学视为最高学问而看轻职业性专业；北京大学各个专业地位平等，偏重文理，沟通文理，后取消文、理、法三科界限，实行选科制。因此，答案选 B。

柏林大学与北京大学改革对比表

	柏林大学	北京大学
背景	德国在普法战争中丧失大片国土，哈勒大学、哥廷根大学等知名大学丢失	外受列强压迫，内有军阀混战，北大自身腐败混乱
人物	洪堡	蔡元培
措施	宗旨：倡科研，斥职业	抱定宗旨，改变校风
	管理：“教自由”“学自由”	“思想自由，兼容并包”
	学生：培育研究型人才；“习明纳”	教授治校，民主管理
	教师：聘请学术型教师	学科与教学体制改革

续表

	柏林大学	北京大学
影响	对德国：德国科学和艺术的中心；德国经济进步的象征。 对世界：世界上第一个建立了现代大学制度的高等学府；世界高等教育的典范	对北大："思想自由，兼容并包"是改革成功的金钥匙。 对高等教育：高等教育近代化发展中的里程碑。 对其他领域：新文化新思想的传播中心

7. 【解析】 D　理解 + 综合题　此题考查柏林大学的特点。

A、B、C 选项是相同点。D 选项是不同点：把科学研究看作大学发展的最高宗旨，这是柏林大学最大的特点，虽然哈勒大学和哥廷根大学也把科学研究看作大学的任务之一，但是并没有把它放在最高宗旨的地位上。因此，答案选 D。

8. 【解析】 A　记忆题　此题考查《改组和统一公立普通学校教育的总纲计划》。

A.《改组和统一公立普通学校教育的总纲计划》（又称《总纲计划》）建议设置主要学校、实科学校和高级中学，分别培养不同层次的人才。主要学校是为下层子弟开设的，是层次最低的一种中学。因此，答案选 A。

B. 实科学校以科学教育为重点。

C. 高级中学包括完全中学和学术中学，前者招收完成促进阶段教育的学生，后者吸收基础学校毕业生中有特殊才能的学生。

D. 国民学校是德意志帝国时期产生的为下层阶级设立的学校。

9. 【解析】 A　理解 + 综合题　此题考查西方高等教育的发展。

最早的高等教育场所——学园，是由柏拉图创办的。因此，答案选 A。

10. 【解析】 A　记忆 + 综合题　此题考查德国职业教育。

A. 德国的职业教育采用双元制，职业学校学生必须经过职业学校和企业两个场所的培训。因此，答案选 A。

B.《阿斯蒂埃法》是法国的职业教育法案，有"技术教育宪章"之称。

C.《史密斯—休斯法案》是美国的职业教育法案，将职业教育的发展变为政府行为。

D. 英国在《1988 年教育改革法》中，建立城市技术学院，促进职业教育的发展。

11. 【解析】 D　记忆 + 综合题　此题考查德国统一以来的教育改革。

A. 基础学校的毕业生，多数不经过考试直接升入主要学校或综合学校，部分学生需经过考试分别进入其他中学。

B. 德国各州实行九年义务教育，仅勃兰登堡实行十年义务教育。

C. 德国统一后，各州在义务教育之后实施三年制义务职业教育。

D. 德国统一后，师资培养任务已由高等学校来承担，不需要师资养成所培训。因此，答案选 D。

12. 【解析】 C　理解 + 综合题　此题考查德国 20 世纪下半叶的教育改革。

题干中的教育法案与改革事件主要是对学制体系进行继承和改革，前两个法案未涉及教育内容、教育方法和课程体系的改革。因此，答案选 C。

论述题

述评北大教育改革与柏林大学教育改革的异同。

答：(1) 相同点

①**时代背景：**不论是蔡元培的北京大学改革，还是洪堡的高等教育改革，都是在民族危亡、国家落后

时进行的改革，都承担着振兴国家的希望；双方的改革都是在保守的氛围和官僚习气中进行的。

②**大学认识**：洪堡和蔡元培在高等教育改革中都认识到，大学不应该是功利性的、职业性的，而应该是研究性的、学术性的，要为国家的长远利益而不是为了眼前的目标服务。

③**大学职能**：大学不是单纯的传授知识的场所，还应承担起科学研究的任务。

④**办学理念**：都主张自由自治，学术自由。

⑤**改革措施**：洪堡在进行柏林大学改革时聘请了一批学术造诣深厚、教学艺术精湛的教授到校任教，切实提高柏林大学的教学质量和学术声望；蔡元培在教师聘任上采取“学诣第一”的原则，推崇具有真才实学、教学热心、有研究兴趣的学者任教，并兴建各科研究所和图书馆。

⑥**大学管理**：都主张教师治校，突出自治，鼓励学习自由和教学自由。

（2）不同点

①**时代背景**：洪堡创建的柏林大学于普法战争战败后创建，北京大学在此一百年后突破官僚主义和封建主义进行改革，柏林大学是北京大学改革的典范和榜样。

②**“自由”的侧重点**：柏林大学鼓励学习自由和教学自由，教师的教学和科学研究活动不受干涉，能自由地传授和研究知识；北京大学的“自由”指兼容并包、思想自由，不仅包括教自由和学自由，还包容各种学派，也包容女生和旁听生。

③**改革措施**：柏林大学认为哲学是最高的学问，一切职业性的专业都被看低；北京大学在改革中设立了各科研究所，各专业地位平等，但偏重文理，沟通文理两科，取消文、理、法三科的界限，实行选科制。

④**影响力**：柏林大学是全世界高等教育的典范，建立了现代大学制度；北京大学的改革引领了中国高等教育的发展方向，借鉴了柏林大学的改革思路。

第九章　俄国（苏联）的近现代教育制度

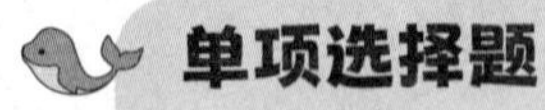

单项选择题

基础特训

1.【解析】D　记忆题　此题考查彼得一世的教育改革。

A. 18 世纪后半叶，叶卡捷琳娜二世设立“国民学校委员会”，并颁布了《俄罗斯帝国国民学校章程》。

B. 19 世纪初，亚历山大一世颁布《国民教育暂行条例》，实施《大学附属学校章程》，借鉴法国大学区制，逐步建立和完善了学校体系和管理体制。

C. 18 世纪中期，罗蒙诺索夫倡导设立莫斯科大学。

D. 17 世纪后半叶，彼得一世在国内进行了教育改革，主要内容是实行新的文化教育发展政策，其中包括简化俄文字母，翻译国外书籍等；开设普通学校，传授读、写、算等初级知识，强制贵族子弟学习文化；设立专门学校，培养国家人才；提出创建科学院的设想。因此，答案选 D。

2.【解析】D　记忆题　此题考查莫斯科大学。

莫斯科大学是在俄国科学家罗蒙诺索夫的倡导下设立的，具有世俗性和民主化的特点。这所大学打破传统的惯例，只设法律、哲学、医学三个系和两个文科中学，不设神学系。因此，答案选 D。

3. 【解析】 C　记忆题　此题考查《俄罗斯帝国国民学校章程》。

A/B. 19 世纪初，亚历山大一世颁布《国民教育暂行条例》，实施《大学附属学校章程》，借鉴法国大学区制，逐步建立并完善了学校体系和管理体制。

C. 18 世纪后半叶，叶卡捷琳娜二世颁布了《俄罗斯帝国国民学校章程》，这是俄国历史上最早颁布的关于国民教育制度的法令，此法案奠定了近代俄国国民教育的基础。因此，答案选 C。

D. 亚历山大二世于 1863 年颁布《俄罗斯帝国大学章程》，给予大学一些学术自由和自治权。

4. 【解析】 B　记忆题　此题考查《国民教育部女子学校章程》。

A.《俄罗斯帝国大学章程》规定给予大学一些学术自由和自治权。

B. 19 世纪 60 年代颁布的《国民教育部女子学校章程》是俄国历史上第一次规定建立女子学校的章程，推动了女子教育的发展。因此，答案选 B。

C. 无此法案。

D.《俄罗斯帝国国民学校章程》是俄国历史上最早颁布的关于国民教育制度的法令。

5. 【解析】 A　记忆题　此题考查“综合教学大纲”。

A. 1921—1925 年的《国家学术委员会教学大纲》(通称“综合教学大纲”或“单元教学大纲”)完全取消学科界限，指定要学生学习的全部知识按自然、劳动和社会三方面的综合形式来编排，而且以劳动为中心。因此，答案选 A。

B.《关于小学和中学的决定》是 20 世纪 30 年代苏联教育改革的纲领性文件。

C. 1918 年，苏俄制定了《统一劳动学校规程》和《统一劳动学校宣言》，建立了统一劳动学校。

D.《关于进一步改进普通中学工作的措施》于 1966 年通过，强调文化知识的重要性。

6. 【解析】 B　记忆题　此题考查《统一劳动学校规程》。

1918 年，苏俄制定了《统一劳动学校规程》和《统一劳动学校宣言》，建立了新的学校教育制度——统一劳动学校。因此，答案选 B。

7. 【解析】 C　记忆题　此题考查苏联 20 世纪 30 年代的教育改革。

20 世纪苏联教育的发展是曲折而反复的：20 年代（建国时期）重视劳动教育；30 年代重视知识教育；50 年代重视劳动教育；60 年代重视知识教育；70 年代重视劳动教育；80 年代开始将知识和劳动教育综合起来。对应题干的“二战”前和忽视劳动教育，可知答案为 30 年代。因此，答案选 C。

8. 【解析】 A　理解题　此题考查苏联 20 世纪 50 年代的教育。

四个选项均为苏联 20 世纪 50 年代教育改革的特点，但 A 选项是最根本的特点。因此，答案选 A。

9. 【解析】 D　记忆题　此题考查苏联 20 世纪 80 年代的教育改革。

1984 年，苏联通过了《普通学校和职业学校改革的基本方针》，该法案形成了四五二学制，“四”指小学四年，“五”指不完全中学五年，“二”指中等学校两年。因此，答案选 D。

10. 【解析】 C　记忆 + 推理 + 综合题　此题考查苏联 20 世纪 20—90 年代教育改革的特点。

苏联的教育改革重心从 20 世纪 20 年代以来不断摇摆：20 年代以劳动为重心，30 年代以知识为重心，40 年代处于战争时期，50 年代以劳动为重心，60 年代以知识为重心，70 年代以劳动为重心，80 年代开始将知识和劳动综合起来。因此，答案选 C。

11.【解析】 D 记忆题 此题考查俄罗斯的教育管理体制。

20 世纪 90 年代，俄罗斯形成联邦中央、联邦主体、地方三级教育管理体制。因此，答案选 D。

拔高特训

1. 【解析】 A 记忆题 此题考查《统一劳动学校规程》。

“统一”原则表现为学校类型是统一的，高、低两级是相互衔接的，没有等级性。因此，答案选 A。

2. 【解析】 C 记忆题 此题考查苏联 20 世纪 10—20 年代的教育改革。

C 选项是在《关于小学和中学的决定》中提出的，同时还提出采用长期稳定的教科书，停止发行“工作手册”“活页课本”，属于 20 世纪 30 年代的调整、巩固与发展的措施。因此，答案选 C。

3. 【解析】 A 记忆题 此题考查“综合教学大纲”。

20 世纪 20 年代苏联的教育是以劳动为重心的，忽视知识的学习，B、C、D 选项不符合。因此，答案选 A。

4. 【解析】 A 记忆题 此题考查《关于小学和中学的决定》。

20 世纪 20 年代苏联教育的重心是劳动，忽视知识的学习，所以 20 世纪 30 年代的《关于小学和中学的决定》直接指向之前 20 年代的改革弊端：重视劳动教育，轻视知识教育。因此，答案选 A。

5. 【解析】 B 记忆题 此题考查《关于加强学校同生活的联系和进一步发展全国国民教育制度的建议》。

1958 年颁布的《关于加强学校同生活的联系和进一步发展全国国民教育制度的建议》的重点在于加强学校和生活的联系，为学生就业做准备，但顾此失彼，生产劳动教学占据较多时间，削弱了知识的传授，导致了教学质量的下降。因此，答案选 B。

6. 【解析】 B 理解 + 综合题 此题考查赞科夫与苏联的教育改革。

赞科夫的教育思想是高难度教学、高速度教学、理论知识起主导作用、让学生理解学习过程、使所有学生都能获得一般发展。苏联 20 世纪 60 年代的教育改革主张系统讲授科学基础知识，减轻学生学习负担，发展学生多方面的兴趣和才能，培养高精尖人才，以理论知识为主，这与赞科夫的教育思想是一致的。因此，答案选 B。

7. 【解析】 D 记忆 + 综合题 此题考查苏联各个时期教育改革的特点。

苏联的教育改革重心从 20 世纪 20 年代以来不断摇摆：20 年代以劳动为重心，30 年代以知识为重心，40 年代处于战争时期，50 年代以劳动为重心，60 年代以知识为重心，70 年代以劳动为重心，80 年代开始将知识和劳动综合起来。因此，答案选 D。

8. 【解析】 C 记忆 + 综合题 此题考查各个国家有关“双轨制”的教育改革。

A.《哈多报告》明确提出了初等教育后教育分流的主张，以满足不同阶层人们的需要。

B. 法国的“统一学校运动”试图衔接初等教育和中等教育。

C.《初等国民教育章程》不涉及“双轨制”。因此，答案选 C。

D.《德国宪法》主张废除具有等级性的“双轨制”教育，建立统一的公立学校系统。

论述题

述评《国家学术委员会教学大纲》和《关于小学和中学的决定》中有关系统知识教学与生产劳动相结

合的规定及其实施结果。

答：(1)《国家学术委员会教学大纲》

①简介:《国家学术委员会教学大纲》又称“综合教学大纲”。该文件的主要特点是取消学科界限，将指定要学生学习的全部知识，按自然、劳动和社会三个方面的综合形式来编排，并以劳动为中心。苏联在实行新大纲的同时，相应地改变了教学方法，采取了“劳动教学法”。所谓“劳动教学法”是指在自然环境、劳动和其他活动中进行教学，废除教科书，广泛推行“工作手册”“活页课本”“杂志课本”等。在教学组织形式上主张取消班级授课制而代之以分组实验室制（道尔顿制）和设计教学法等。

②结果：新大纲力图打破学科界限，加强教学与生活的联系。其出发点虽好，但破坏了各学科之间的内在逻辑，导致教学质量下降，削弱了对知识内容的学习。

(2)《关于小学和中学的决定》

①简介: 1931 年苏联通过了《关于小学和中学的决定》。它成为 20 世纪 30 年代苏联教育改革与发展国民教育的纲领性文件。该决定指出，普通教育阶段一定要使学生有足够的读、写、算的能力，授予学生各科基本知识，要求学校依据规定的教育计划和教学大纲等严格进行各科教学，并恢复班级授课制。

②结果：苏联在第二次世界大战前基本上完成了扫除文盲的任务，各级教育都得到了很大的发展。它纠正了 20 世纪 20 年代所出现的各种弊病，提高了教育质量，使苏联教育取得了很大的成就。但这一决定又过分强调了知识教育，忽视了劳动教育，使学校工作走上了另一个极端。

第十章　美国的近现代教育制度

单项选择题

基础特训

1. 【解析】 B　记忆题　此题考查美国义务教育概况。

1852 年，马萨诸塞州第一个颁布强迫义务教育法，规定 8～12 岁适龄儿童每年须入学学习 12 周。因此，答案选 B。

2. 【解析】 A　记忆题　此题考查 17—18 世纪美国的教育。

A. 说法正确。因此，答案选 A。

B. 南部热衷于开辟庄园做生意，并不热衷于兴办公共教育，他们子女的初等教育或中等教育大多是由家庭教师完成的，然后送往欧洲中学和大学深造。

C. 堂区学校是中部殖民地主要的教育机构。

D. 马萨诸塞州的清教徒于 1636 年开办了美洲第一所高等学府——哈佛学院。

3. 【解析】 B　记忆题　此题考查美国的教育领导体制。

美国的教育领导体制是典型的地方分权制，教育的管理权主要在州一级政府。因此，答案选 B。

4. 【解析】 C　记忆题　此题考查公立学校运动。

A. 富兰克林于 1751 年在费城创办了一所文实中学，这是美国中等教育的发展进入新阶段的标志。

B. 贺拉斯·曼倡导开展了公立学校运动，被誉为“美国公立学校之父”。

C. 杰斐逊的《知识普及法案》是 18 世纪美国建国后倡导普及教育和公共教育制度的典型，成为 19 世纪公立学校运动的先声。因此，答案选 C。

D. 巴纳德是美国康涅狄格州建立免费公共学校议案的发起人和主要倡导者。

5. 【解析】 A　记忆题　此题考查美国 18 世纪的中等教育。

富兰克林于 1751 年在费城创办了一所文实中学，这是美国中等教育界的新生事物，是美国中等教育的发展进入新阶段的标志。18 世纪末，文实中学已有取代文法学校的趋势。因此，答案选 A。

6. 【解析】 B　记忆题　此题考查公立学校运动。

A. 该项为英国公学的特征。

B. 公立学校运动的本质特征是由公共税收维持、公共机关管理、面向所有公众。因此，答案选 B。

C. 公立学校运动是面向所有公众的教育，而不是面向所有中产阶级子弟的教育。

D. 该项杂糅了英国公学和公立学校运动的特征。

7. 【解析】 D　记忆题　此题考查 19 世纪美国的高等教育。

A、B、C 选项都正确。D 选项的错误之处在于：在办学形式上，以私立为主体，公私并重。因此，答案选 D。

8. 【解析】 D　记忆题　此题考查赠地学院。

赠地学院是美国从本国实际出发所独创的高等教育机构，改变了高等教育重理论轻实际的传统，开创了高等教育为工农业生产服务的方向。因此，答案选 D。

9. 【解析】 A　记忆题　此题考查《中等教育的基本原则》。

A.《中等教育的基本原则》的报告肯定了美国的“六三三学制”和综合中学的地位。因此，答案选 A。

B.《中小学教育法》重申了黑人和白人合校教育的政策。

C.《教育改革法》颁布后，一种名为“市立初级中学”的新型中等学校问世。

D.《美国 2000 年教育战略》明确指出未来美国教育改革的基本目标。

10. 【解析】 B　记忆题　此题考查美国的“八年研究”。

A. 1971 年，美国教育总署署长马兰为了提升学生的就业能力，倡导生计教育。

B.“八年研究”亦称“三十校实验”，是美国进步教育协会在中等教育方面开展的一项调查研究活动，旨在对进步主义学校的毕业生和传统学校的毕业生在大学的学习情况做对比研究。因此，答案选 B。

C. 美国 20 世纪 60 年代的课程改革是结构主义课程改革。

D. 20 世纪 70 年代，由于公众对公立学校的教育质量普遍不满，美国掀起了“返回基础”教育运动，实际是一种恢复传统教育的思潮。

11. 【解析】 A　记忆题　此题考查美国的“八年研究”。

20 世纪 30 年代，美国高等教育的发展带来了升学和就业的矛盾。为此，美国进步教育协会成立了大学与中学关系委员会，研究大学与中学的关系问题，开展了“八年研究”。因此，答案选 A。

12. 【解析】 D　记忆题　此题考查美国的初级学院运动。

19 世纪后半期，美国高等教育的教育目的和自身结构方面的问题引起广泛关注，芝加哥大学校长率先提出把大学的四个学年分为两个阶段：第一阶段的两年为“初级学院”；第二阶段的两年为“高级学院”。同时课程也分为两个部分。因此，答案选 D。

13.【解析】 A　记忆题　此题考查《史密斯—休斯法案》。

A. 美国《史密斯—休斯法案》主张联邦政府应与州合作，提供工业、农业、商业和家政等方面科目的师资培训，同时对职业教育师资训练机构提供资助。因此，答案选 A。

B. 1906 年，美国成立全国职业教育促进会，旨在推动制定一部能对全国的职业教育提供财政补助的法律。

C. 1919 年，法国通过有关职业技术教育的《阿斯蒂埃法》，该法有法国“技术教育宪章”之称。

D. 1902 年，英国通过《巴尔福教育法》，对教育管理体制及初等教育和中等教育衔接问题进行了讨论，推动了英国公立中等教育的发展。

14.【解析】 D　记忆题　此题考查《国防教育法》。

A.《高等教育法》关注高等教育发展。

B. 美国有职业教育性质的法案，但没有以“职业教育法”为名称的法案。

C.《生计教育法》所倡导的生计教育以职业教育和劳动教育为核心。

D.《国防教育法》强调“天才教育”，鼓励有才能的学生完成中等教育，攻读考入高等教育机构所必需的课程并升入该类机构，以培养拔尖人才。因此，答案选 D。

15.【解析】 A　记忆题　此题考查《国防教育法》。

1958 年，美国联邦政府颁布《国防教育法》，该法令主要内容包括加强数学、自然科学、现代外语（“新三艺”）的教学。因此，答案选 A。

16.【解析】 B　记忆题　此题考查美国 20 世纪 60 年代的教育改革。

20 世纪 60 年代美国的教育改革主要在三个方面进行：一是中小学的课程改革；二是继续解决教育机会不平等的问题；三是发展高等教育，提高高等教育的质量。因此，答案选 B。

17.【解析】 A　记忆题　此题考查生计教育。

1971 年，美国教育总署署长马兰为了提升学生的就业能力，倡导生计教育。生计教育的实质在于以职业教育和劳动教育为核心，引导和帮助人们在一生中学会许多新的知识和技能，以便在适应瞬息万变的社会过程中，实现个人生存与社会发展的双重目的。因此，答案选 A。

18.【解析】 B　记忆题　此题考查“返回基础”教育运动。

A. 生计教育运动以职业教育和劳动教育为核心，生计教育实际上是一种扩大的职业教育。

B. 20 世纪 70 年代，由于公众对公立学校的教育质量普遍不满，美国掀起了“返回基础”教育运动。“返回基础”教育运动实际上是美国的一种恢复传统教育的思潮，它否定了进步教育的一些基本主张，强调严格管理，有利于提高教育质量。因此，答案选 B。

C. 初级学院运动是一种从中等教育向高等教育过渡的教育。

D. 赠地学院运动开创了高等教育为工农业生产服务的方向。

19.【解析】 D　记忆题　此题考查美国 20 世纪 80 年代的教育改革。

D 选项并非《国家处在危险之中：教育改革势在必行》导致的问题，且其表述属于“意义”的范畴。因此，答案选 D。

20.【解析】 A　记忆题　此题考查《2000 年目标：美国教育法》。

A. 1994 年，克林顿总统签署《2000 年目标：美国教育法》，确立了国家和州级的内容标准、操作标准、学习机会标准以及州一级的评价标准。此法案正式把确立全国性中小学课程标准作为一项重要任务，要求每个州的教改计划都要包括课程内容标准的建立内容。因此，答案选 A。

B.《美国 2000 年教育战略》在分析美国教育存在问题的基础上，明确指出未来美国教育改革的六大基本目标。

C. 1958 年的《国防教育法》提出加强“新三艺”的教学和职业技术教育，强调“天才教育”，增拨大量教育经费。

D.《国家处在危险之中：教育改革势在必行》以提高美国教育质量为中心，是 20 世纪 80 年代重要的纲领性文件。

21.【解析】 A　记忆题　此题考查《美国 2000 年教育战略》。

1991 年 4 月 18 日，美国总统布什签发《美国 2000 年教育战略》，在分析美国教育存在问题的基础上，明确指出未来美国教育改革的六大基本目标。因此，答案选 A。

拔高特训

1. 【解析】 B　记忆题　此题考查 18 世纪美国的教育。

从 1725 年开始，马萨诸塞州出现巡回学校，即在镇周围的乡村设若干教学点，各教学点附近的儿童定时集中，由市镇学校的教师去各教学点巡回上课。这是“学区制”的萌芽。因此，答案选 B。

2. 【解析】 C　理解 + 综合题　此题考查美国公立学校运动和英国公学。

美国公立学校运动主要是指依靠公共税收维持，由公共教育机关管理，面向所有公众的免费的义务教育运动。英国公学是由公众团体集资兴办，培养一般公职人员，其学生是在公开场所接受教育的中等私立学校，它是典型的贵族学校。二者最大的区别在于是公立学校还是私立学校，是否属于国家管理。因此，答案选 C。

3. 【解析】 A　记忆题　此题考查《莫雷尔法案》。

A. 1862 年颁布的《莫雷尔法案》是美国第一部职业教育法，开创了高等教育中开设职业教育的先例。因此，答案选 A。

B. 1917 年美国的《史密斯—休斯法案》主张联邦政府应与州合作，提供工业、农业、商业和家政等方面科目的师资培训，同时对职业教育师资训练机构提供资助。

C.《阿斯蒂埃法》是法国有关职业技术教育的法案，有法国“技术教育宪章”之称。

D. 1958 年美国的《国防教育法》注重教育质量的提升。

4. 【解析】 C　理解题　此题考查 19 世纪美国的高等教育。

19 世纪初，德国洪堡创办的柏林大学是世界现代高等教育建立的标志，是世界各国现代教育的典范。19 世纪后半叶，美国吸取德国经验，建立研究型大学。因此，答案选 C。

5. 【解析】 C　记忆题　此题考查《中等教育的基本原则》。

《中等教育的基本原则》指出：美国教育的指导原则是民主原则。因此，答案选 C。

（说明：目前历年真题考过该报告的综合中学、服务社会发展的基本要点，考生还需要关注民主原则，以及七项目标——道德品格、公民资格、掌握基本的方法、职业、健康、适宜地使用闲暇、高尚的家庭成员。其中最主要的目标是公民资格、职业和高尚的家庭成员）

6. 【解析】 C　记忆 + 综合题　此题考查美国的教育改革。

A.《国防教育法》的命名只是为了突出教育的急迫性，内容是针对普通教育的。

B. 20 世纪 60 年代的结构主义课程改革过分强调知识本身，教与学均有难度，并没有提高教育质量。

C. 20 世纪 70 年代的“返回基础”教育运动强调加强学生的阅读、写作和算术能力，逐步提高美国教育质量。因此，答案选 C。

D. 在课程结构中突出学术性课程的重要性，而不是活动课程。

7. 【解析】 B 记忆题 此题考查生计教育。

1971 年，美国教育总署署长马兰为了提升学生的就业能力，倡导生计教育。生计教育的实质在于以职业教育和劳动教育为核心，引导和帮助人们在一生中学会许多新的知识和技能，以便在适应瞬息万变的社会的过程中，实现个人生存与社会发展的双重目的。生计教育针对的是普通教育学校，中小学是重点实施阶段。因此，答案选 B。

8. 【解析】 C 记忆题 此题考查《国家处在危险之中：教育改革势在必行》。

A. 出自“返回基础”教育运动。

B. 出自《1988 年教育改革法》。

C. 出自《国家处在危险之中：教育改革势在必行》。因此，答案选 C。

D. 出自《法国学校体制现代化建议》。

9. 【解析】 D 记忆 + 综合题 此题考查各个国家的教育改革。

19 世纪末至 20 世纪初兴起的初级学院运动有力地促进了美国高等教育的普及和发展，初级学院是一种从中等教育向高等教育过渡的教育。因此，答案选 D。

10. 【解析】 C 记忆 + 综合题 此题考查各国的职业教育法案。

C 选项的《巴尔福教育法》促成了中央与地方友好合作，形成了以地方为主的教育管理模式，不涉及职业教育。因此，答案选 C。

11. 【解析】 D 记忆 + 综合题 此题考查各国的高等教育改革。

A. 英国的《哈多报告》是针对中等教育的改革。

B. 法国的“统一学校运动”是试图衔接初等教育和中等教育的改革。

C. 法国的《基佐法案》是针对初等教育的改革。

D. 美国的《莫雷尔法案》促进了美国高等教育的民主化和大众化，属于高等教育改革。因此，答案选 D。

论述题

述评美国“二战”之后教育改革的进程以及对中国教育的启示。

答:（1）进程

① **20 世纪 50 年代的《国防教育法》**。1958 年由美国国会颁布，是为了改变美国教育质量差的现状。

② **20 世纪 60 年代的《中小学教育法》**。1965 年由美国国会颁布，是为了解决教育机会不平等的问题。它重申了黑人和白人学校合校教育政策，制定了对处境不利儿童的教育措施。

③ **20 世纪 70 年代的生计教育和“返回基础”教育运动**。生计教育的实质是以职业教育和劳动教育为核心的适应瞬息万变的社会的教育；“返回基础”教育运动主要是针对中小学校出现知识教学和基本技能训练薄弱的问题。

④ **20 世纪 80 年代的《国家处在危险之中：教育改革势在必行》**。1983 年，由美国中小学教育质量调查委员会提出，是为了提高美国中小学的教育质量。

⑤ **20 世纪 90 年代的《美国 2000 年教育战略》和《2000 年目标：美国教育法》**。前者制定了美国未来教育的蓝图，继续重视教育质量的提升；后者为了提升美国的教育质量，从州到国家建立了各种规范化的教育标准。

（2）启示

①**美国重视教育，想通过教育来促进国家发展，启示中国要重视教育的作用**。教育对个人、对社会都有着极其重要的作用，要把教育摆在优先发展的战略地位，通过教育促进人与社会的发展。

②**美国教育改革结合本国实际，启发我国要从本国实际出发进行教育改革**。只有紧紧围绕着本国的实际情况，才能使改革取得显著成效。

③**美国重视知识的价值，启示中国的新课改不要走向轻视知识的方向**。课程改革要精选适合学生发展和时代需要的课程内容，加强课程内容与学生生活、现代社会和现代技术发展的联系。

④**美国重视教育质量，启示中国要注重教育质量，办好人民满意的教育**。结合美国的中小学教育改革，我国要优化教育事业的发展，普及和巩固义务教育、大力发展中等职业教育、大力提升高等教育质量。

⑤**美国落实教育公平，倡导黑白人合校，启示我国要着重落实教育公平**。落实教育公平，可以从义务教育、乡村教育、教师队伍、教育机会均等、课堂教学改革、录取制度等方面推进。

第十一章　日本的近现代教育制度

单项选择题

基础特训

1. **【解析】 C　记忆题　此题考查明治维新的教育改革。**

A/B.《教育基本法》和《学校教育法》颁布于 1947 年，为战后日本教育指明了发展的方向。

C.《学制令》颁布于 1872 年明治维新时期，是日本近代第一个教育改革法令，规定了日本的教育领导体制为中央集权式的大学区制。因此，答案选 C。

D.《大学令》颁布于 1918 年，允许设立私立大学和地方公立大学。

2. **【解析】 D　记忆题　此题考查《中学校令》。**

1886 年的《中学校令》，认为中学应当承担两大任务：实业教育和为学生升入高等学校做准备而实施的基础教育。其中，将普通中学分为寻常中学和高等中学。因此，答案选 D。

3. **【解析】 A　记忆题　此题考查《大学令》。**

B、C、D 选项均为《学校教育法》的基本内容。因此，答案选 A。

4. **【解析】 B　记忆题　此题考查《学校教育法》。**

A. 1947 年的《教育基本法》主要说明教育发展的宗旨和原则。

B. 1947 年的《学校教育法》是《教育基本法》的具体化，规定了废除中央集权制，实行地方分权。因此，答案选 B。

C.《教育敕语》于 1890 年颁布，加重了封建主义与军国主义色彩。

D. 此为干扰项。

5. 【解析】 C　记忆题　此题考查《教育基本法》。

《教育基本法》强调教育必须以陶冶人格为目标，培养和平的国家及社会的建设者。因此，答案选 C。

6. 【解析】 D　记忆题　此题考查 20 世纪 50—60 年代日本教育改革的特征。

1984 年，日本国会批准成立“临时教育审议会”，使之成为 20 世纪 80 年代以来教育改革的领导机构之一。因此，答案选 D。

7. 【解析】 C　记忆题　此题考查《关于今后学校教育综合扩充、整顿的基本措施》。

1971 年，日本颁布《关于今后学校教育综合扩充、整顿的基本措施》，主要涉及中小学教育和高等教育方面的改革。该报告是日本 20 世纪 70 年代以来教育改革的纲领性文件，也是日本继明治维新和《教育基本法》两次重大改革之后的所谓“第三次教育改革”的主要依据。因此，答案选 C。

8. 【解析】 A　记忆题　此题考查“临时教育审议会”。

1984 年，日本成立了“临时教育审议会”，它成为推进日本 20 世纪 80 年代教育改革的领导机构。因此，答案选 A。

9. 【解析】 C　记忆题　此题考查《面向 21 世纪我国教育的发展方向》。

A.《21 世纪的大学和今后的改革策略》《独立行政法人通则法》为“国立大学法人化”的重大改革奠定了基础。“国立大学法人化改革”启动于 2004 年。

B. 日本 1998 年的道德教育改革提出培养“具有主体性的日本人”。

C.《面向 21 世纪我国教育的发展方向》指出日本教育改革的方向应是“在宽松的环境中培养学生的生存能力”。因此，答案选 C。

D.《关于面向 21 世纪的我国教育》提出适应综合学习和课题学习的需要，设定“综合学习时间”。

拔高特训

1. 【解析】 B　记忆 + 理解 + 综合题　此题考查明治维新和洋务运动的异同点。

日本明治维新对教育进行了全面而系统的改革，涉及各级各类的教育；洋务运动中的教育改革只是中国教育体系中的一小部分，主要集中于专门教育。因此，答案选 B。

2. 【解析】 A　记忆题　此题考查明治维新的教育改革。

日本明治维新主张学习西方以求自强，否定本国封建制度。因此，答案选 A。

3. 【解析】 B　理解题　此题考查《学制令》。

A. 一律实行男女同校制度——《教育基本法》《学校教育法》。

B. 建立中央集权式的大学区制——《学制令》。因此，答案选 B。

C. 全体国民接受九年义务教育——《教育基本法》。

D. 中学分为普通中学和职业中学——《学制令》的配套法令《中学校令》规定日本实行普通中学和实业中学，并不是职业中学。

4. 【解析】 B　记忆题　此题考查日本明治维新时期的教育。

日本于 1886 年颁布的《中学校令》规定，中学承担为学生升入高等学校做准备的基础教育和实业教育两大任务。日本的中学类型主要由普通中学（寻常中学和高等中学）和实业中学构成，除此之外还发展了女子中学。《学校教育法》规定，高中按课程设置情况分为单科高中制和综合制高中两类。因此，答案选 B。

5. 【解析】 B　理解题　此题考查日本的教育改革。

“二战”后，日本确立了“六三三四”新学制，学制由过去复杂的双轨制转变为单轨制，贯彻了“教育机会均等”原则，体现了教育民主化改革的基本精神。因此，答案选 B。

6. 【解析】 A　记忆 + 综合题　此题考查《教育基本法》和《学校教育法》的关系。

二者的关系为《教育基本法》是宗旨，《学校教育法》是具体措施。因此，答案选 A。

7. 【解析】 C　理解题　此题考查《教育基本法》。

《教育基本法》对教育目的、教育原则、学校教育、社会教育、政治教育、教育行政等方面做了要求。题干中的公民馆是社会独立的综合性教育设施，体现的是对社会教育方面的规定。因此，答案选 C。

8. 【解析】 B　记忆题　此题考查 20 世纪 50 年代日本的教育管理体制。

日本从 1947 年颁布的《学校教育法》开始就废弃了中央集权制，实行地方分权制。因此，答案选 B。

9. 【解析】 D　记忆题　此题考查“临时教育审议会”。

D 选项表述错误，应改为完善终身教育体制，而不是职业教育体制。因此，答案选 D。

（说明：考生有必要了解一下“临时教育审议会”的下属内容）

10. 【解析】 A　记忆 + 推理题　此题考查《大学设置标准》。

A 选项为 1996 年日本中央教育审议会发表的题为《面向 21 世纪我国教育的发展方向》的主要思想，且是面向基础教育的，而 B、C、D 选项都是《大学设置标准》面向高等教育的内容。因此，答案选 A。

11. 【解析】 A　记忆 + 理解 + 综合题　此题考查 19 世纪各国的教育发展特征。

题干所问的“19 世纪”属于近代，但终身化与科学化是现代各国教育发展的共同特征，所以排除 B、C、D 选项。因此，答案选 A。

12. 【解析】 A　记忆 + 理解 + 综合题　此题考查 19 世纪欧美和日本的教育改革。

明治维新之前，近代意义上的教育管理体制在日本尚未确立，教育管理权主要掌握在皇室、幕府及各地藩国之中，而不是教会。19 世纪的明治维新，日本确立了中央集权式的教育管理体制。因此，答案选 A。

13. 【解析】 B　记忆 + 综合题　此题考查西欧各国的中等学校。

A、C、D 选项中都有实科中学，因此首先从它入手分析。实科中学反对学习古典知识，主张学习实用性的自然科学知识，用现代语教学。文法中学是英国为贵族和大资产阶级子弟设立的，学习的是经典学科，与实科中学相反，排除 A、C 选项。古典中学中学习古典知识，排除 D 选项。因此，答案选 B。

补充：（1）德国与俄国的文科中学相当于英国的文法学校和公学，具有强烈的古典主义倾向；（2）德国在《总纲计划》后设立高级中学，包括完全中学和学术中学；（3）国立中学和市立中学是法国 19 世纪主要的中等教育机构，主要教授古典语言与古典人文学科，古典主义色彩浓厚；（4）现代中学具有实科性质。

（总结：欧洲国家的文科中学 = 文法中学 = 古典中学，实科中学 = 现代中学）

论述题

1.　论述清朝洋务运动和日本明治维新改革的异同。

答：（1）简介

①洋务运动是 19 世纪兴起的一场引入西方资本主义先进科学技术，以兴办近代工矿业为中心，兼顾军事、文化教育等多方面内容的大规模运动。

② 1868 年倒幕派推翻德川幕府统治，建立了资产阶级联合执政的明治政府，这个政府为抵御外患、富国强兵，实施了一系列改革，史称“明治维新”。

（2）相同点

①**指导思想：**改革的重点都在于引进西方的先进科学技术，重视引进和兴办西方近代教育，同时又希望不丢掉本国文化传统的根本。

②**时代背景：**都是在两国遭受列强欺侮，签订不平等条约的情况下进行的奋发图强的自救改革，目的都是自强求富。

③**改革措施：**在进行教育改革时，都采取了向海外派遣留学生的措施，都聘请洋教员执教；二者培养近代科学技术人才的方式，都是靠兴办西式近代学校，培养新式人才。

（3）不同点

①**指导思想：**明治维新的指导思想为“文明开化，和魂洋才”，主张学习西方以求自强，否定本国封建制度；洋务运动的指导思想为“中体西用”，更多的是强调本国文化，维护本国的封建制度。

②**教育管理：**明治维新确立了以文部省为首的中央集权式的教育管理体制，通过政府动员全国力量进行改革，力量雄厚；洋务运动中，兴办教育的主体是小部分具有危机和开放意识的洋务派官员，未能获得全国统一教育领导机构的有力支持，力量薄弱。

③**改革措施：**明治维新使教育改革和社会改革同步进行，且对教育进行了全面而系统的改革，涉及各级各类的教育；洋务运动则未能使教育改革和社会改革同步，洋务教育也只是中国教育体系中的一小部分，主要集中于专门教育。

④**领导人：**明治维新中最高统治者明治天皇本人已经蜕变为具有资产阶级思想的领袖，进行了大刀阔斧的改革；洋务运动只是热心的洋务官员在主导，其内心以维护封建统治为目的。

⑤**改革结果：**明治维新成功实现了对封建教育的改造，使日本从一个落后的封建国家转变为新型的资本主义国家；洋务运动时期开办的洋务学堂拉开了中国教育近代化的序幕，逐渐动摇和瓦解了旧教育体系，但以失败告终。

2.　论述日本在第二次世界大战后为教育指明了发展方向的法案。

答：日本为战后指明教育发展方向的法案是1947年的《教育基本法》和《学校教育法》。

（1）《教育基本法》主要说明教育发展的宗旨和原则。其主要内容包括：①教育必须以陶冶人格为目标，培养和平的国家及社会的建设者；②全体国民接受九年义务教育；③尊重学术自由；④培养有理智的国民，不搞党派宣传；⑤公立学校禁止宗教教育；⑥教育机会均等，男女同校；⑦尊重教师，提高教师地位，保证教师享有良好的待遇；⑧鼓励和发展家庭教育和社会教育。

（2）《学校教育法》是《教育基本法》的具体化，其主要内容包括：①管理。废除中央集权制，实行地方分权。②**学制。**采用“六三三四”制单轨学制，延长义务教育年限。③**高中。**高级中学以施行普通教育和专门教育为目的，分为单科制和综合制。④**大学。**将原来多种类型的高等教育机构统一为单一类型的大学。大学以学术为中心，传授和研究高深的学问，培养学生研究和实验的能力。

（3）意义：《教育基本法》被视为日本教育史上划时代的教育文献。《学校教育法》为战后日本教育的系统化改革提供了有力的法律保证。这两个法案的颁布，否定了第二次世界大战时军国主义教育政策，为第二次世界大战后的教育指明了发展方向，标志着第二次世界大战后日本教育改革的开端。

第十二章　近现代主要的教育家

单项选择题

基础特训

1. 【解析】 D　记忆题　此题考查洛克的教育思想。

洛克是英国著名的绅士教育的倡导者，注重贵族子弟的教育，教育思想局限于绅士教育，以其世俗化、功利化为显著特点，缺乏夸美纽斯的民主性。因此，答案选 D。

2. 【解析】 B　记忆题　此题考查洛克的教育思想。

洛克认为“健康之精神寓于健康之身体”，体育是全部教育的前提，健康的身体是绅士事业成功、生活幸福的首要条件。因此，答案选 B。

3. 【解析】 C　记忆题　此题考查洛克的“白板说”。

洛克反对流行的“天赋观念论”，提倡“白板说”，认为人出生后心灵如同一块白板，一切知识都建立在经验的基础上。因此，答案选 C。

4. 【解析】 B　理解题　此题考查洛克的绅士教育。

绅士教育的本质就是培养既具有封建贵族遗风，又具有新兴资产阶级特点的新式人才。洛克反对学校教育，他认为教育发挥其正面作用的场所并不在学校，因为学校集合了形形色色的儿童，教师不可能认真顾及每一个儿童。所以，为了顾及每一个儿童天性的发展，找到适合儿童个性的个别指导，应该进行家庭教育。因此，答案选 B。

5. 【解析】 D　记忆题　此题考查斯宾塞的教育思想。

斯宾塞提出“科学知识最有价值”，并且根据人类完满生活的需要，按照知识价值的顺序，为每一种教育设计了课程，形成了以科学知识为核心的课程体系。因此，答案选 D。

6. 【解析】 A　记忆题　此题考查赫胥黎的教育思想。

赫胥黎主张英国的各类学校必须实施科学教育，以培养有能力利用自然科学的人。但他也批评当时的教育实践重视科学教育而忽视人文学科教育，他认为把二者结合起来才能算是完整的自由教育，受过自由教育的人才能从事多方面的职业。因此，答案选 A。

7. 【解析】 D　记忆题　此题考查爱尔维修的教育思想。

爱尔维修把人的成长归因于教育与环境，但是他在这个问题上走向了极端，提出了“教育万能”的口号。因此，答案选 D。

8. 【解析】 A　记忆题　此题考查拉夏洛泰的著作。

拉夏洛泰在《论国民教育》一书中系统地阐述了国家办学的教育思想。因此，答案选 A。

9. 【解析】 B　拓展题　此题考查洪堡的教育思想。

19 世纪，洪堡根据新人文主义教育思想制定了包括学制、课程、教法、考试、学校管理和师资在内的一系列改革方案。因此，答案选 B。

10.【解析】 C　记忆题　此题考查洪堡的高等教育改革。

1810 年，洪堡领导并创办了柏林大学。他认为大学的真正使命在于提高学术研究水平，不应该为经济、社会、国家的需求所左右。因此，答案选 C。

11.【解析】 A　记忆题　此题考查第斯多惠的著作。

A.《德国教师培养指南》是德国教育家第斯多惠的代表作。因此，答案选 A。

B.《科学与教育》是英国著名自然科学家和教育家赫胥黎的代表作。

C.《人是教育的对象》是俄国近现代教育家乌申斯基的代表作。

D.《和教师的谈话》是苏联教育家赞科夫的代表作。

12.【解析】 C　记忆题　此题考查第斯多惠的教学原则。

第斯多惠认为教育者的一项重要任务就在于把遵循自然与遵循文化协调起来。当二者发生冲突时，遵循文化应该让位于遵循自然。遵循文化的教学原则仅次于遵循自然的教学原则。因此，答案选 C。

13.【解析】 D　记忆题　此题考查贺拉斯·曼的教育思想。

知识富人、教育立国是日本教育家福泽谕吉的思想。因此，答案选 D。

14.【解析】 A　记忆题　此题考查福泽谕吉的著作。

福泽谕吉是日本近代著名的启蒙思想家、教育家，其主要著作有《劝学篇》《文明论概略》等。因此，答案选 A。

15.【解析】 D　记忆题　此题考查乌申斯基的教育思想。

乌申斯基是 19 世纪俄国著名的教育家，俄国国民学校和教育科学的奠基人。他长期从事教育实践和教育理论研究工作，缔造了俄国女子师范教育，被誉为“俄国教师的教师”和“俄国教育科学的创始人”。因此，答案选 D。

16.【解析】 A　记忆题　此题考查乌申斯基的教育本质。

乌申斯基认为教育所关注的主要问题不应该是学校的教学科目、教学论或体育规则问题，而应该是人的精神和人生问题。所以说，教育是一门需要耐心、天赋的才能和本领以及专门知识的艺术。因此，答案选 A。

17.【解析】 C　理解题　此题考查列宁的教育思想。

列宁是 19 世纪末 20 世纪初苏联著名的无产阶级革命家、政治家、教育家。他十分关注教育事业的发展，始终将教育看作无产阶级革命和社会主义建设的重要组成部分，他的教育思想对苏联的教育改革和发展起着重要的指导作用。因此，答案选 C。

18.【解析】 A　记忆题　此题考查克鲁普斯卡娅的教育思想。

克鲁普斯卡娅是俄国第一位马克思主义教育家，苏联著名的社会主义教育理论家和组织者，苏维埃教育学的奠基人之一。因此，答案选 A。

19.【解析】 A　理解题　此题考查马卡连柯的教育思想。

马卡连柯认为儿童在刚出生的时候就接受家庭教育了，要提高家庭教育的效果，不能等到他们成长到一定年龄的时候再进行有目的的家庭教育，家庭教育要及早进行。因此，答案选 A。

20.【解析】 D　理解题　此题考查马卡连柯的教育思想。

马卡连柯以极大的热情投入社会主义教育事业中，其主要教育思想包括集体教育、劳动教育和家庭教育，在集体教育思想中又体现了劳动教育和纪律教育，公民教育不属于马卡连柯的教育思想。因此，答案选 D。

21.【解析】 A 记忆题 此题考查赞科夫的“教学与发展的实验”。

赞科夫是 20 世纪 60—70 年代苏联最有影响力的教育家，其代表作是《教学与发展》《和教师的谈话》，他通过“教学与发展的关系问题”的实验提出他的发展性教学理论。因此，答案选 A。

22.【解析】 C 记忆题 此题考查巴班斯基的教育思想。

巴班斯基是苏联著名的教育家、教学论专家。20 世纪 70 年代，为了克服学生普遍存在的留级、学习成绩不佳的现象，他提出要对学校教学进行整体优化，提出了教学教育过程最优化理论。因此，答案选 C。

23.【解析】 D 记忆题 此题考查苏霍姆林斯基的教育思想。

苏霍姆林斯基认为，个性全面和谐发展教育由德育、智育、体育、美育和劳动教育组成，其中，高尚的道德是全面和谐发展的核心。因此，在个性全面和谐发展教育中，德育应当居于首位且应当及早开始。因此，答案选 D。

拔高特训

1. 【解析】 A 记忆题 此题考查洛克的绅士教育。

此题由 311 真题演变而来。洛克在《教育漫话》中提到了“健康之精神寓于健康之身体”，B、C、D 选项都不是洛克对绅士教育的描述。因此，答案选 A。

2. 【解析】 A 记忆 + 理解题 此题考查洛克的贫民教育思想。

洛克的贫民教育思想与他的绅士教育主张形成鲜明的对照，可见，并没有体现民主性。因此，答案选 A。

3. 【解析】 A 理解题 此题考查斯宾塞的教育思想。

依据我们对斯宾塞教育思想的了解，他主张科学知识比古典知识更有价值，因为他认为所学知识要具有实用性。考生可能会在 A、D 选项徘徊，相较而言，A 选项是最优答案，因为 D 选项“知识对个人发展的价值”，个人的发展有很多种，此处过于抽象和笼统，A 选项的描述更直接、具体。因此，答案选 A。

4. 【解析】 A 记忆题 此题考查斯宾塞的教育思想。

斯宾塞根据教育准备生活说和知识价值论，提出学校应该开设五种类型的课程，其中第四类是历史学，有利于调节人们的行为，维持正常社会关系。因此，答案选 A。

（说明：斯宾塞五种课程分类对应的具体学科需要关注，通过理解能够对应科目即可）

5. 【解析】 B 记忆题 此题考查斯宾塞的教育思想。

A. 生理学和解剖学是直接保全自己的知识。

B. 逻辑学、力学、数学等属于间接保全自己的知识。因此，答案选 B。

C. 历史学有利于调节人们的行为，成功履行公民的职责。

D. 文学、艺术等能够满足人们闲暇时休息与娱乐的需要。

补充：除上述之外，还有生理学、心理学和教育学，这是履行父母责任必需的知识。

6. 【解析】 A 记忆 + 理解 + 综合题 此题考查学校性质。

古儒学校——古代印度婆罗门教教育，具有家庭教育性质。

骑士教育——中世纪一种特殊形式的家庭教育。

绅士教育——文艺复兴时期西欧社会贵族的家庭教育的主要模式。

泛爱教育——文艺复兴时期德国巴西多的学校。

和谐教育——古希腊自古以来的德、智、体、美等方面的和谐发展。

城市教育——中世纪新兴市民阶层开办的初等学校。

综上所述，古儒学校、骑士教育、绅士教育具有家庭教育属性。因此，答案选 A。

7.【解析】 A　记忆题　此题考查拉夏洛泰的教育思想。

A. 拉夏洛泰系统地阐述了国家办学的教育思想。因此，答案选 A。

B. 爱尔维修提出“教育万能”的口号，否定遗传因素的影响。

C. 斯宾塞提出了“什么知识最有价值”的著名论断。他给予的答案是“科学知识最有价值”。

D. 涂尔干强调教育在于使年轻一代实现系统的社会化，由“个体我”向“社会我”转变。(了解)

8.【解析】 C　记忆题　此题考查第斯多惠的教育思想。

第斯多惠认为教育的作用在于激发主动性、促进自我完善。因此，答案选 C。

9.【解析】 C　记忆题　此题考查乌申斯基的教育思想。

乌申斯基强调教育不是一门科学，而是一门艺术。因此，答案选 C。

10.【解析】 D　记忆 + 理解题　此题考查马卡连柯的教育思想。

马卡连柯认为，正确教育的方式应该设法不与个别人发生关系，而只与集体发生关系，使每个学生都不得不参加共同的活动。他把这种教育形式称为“平行教育影响”。因此，答案选 D。

11.【解析】 A　记忆题　此题考查赞科夫的教育思想。

赞科夫提出的“一般发展”的概念针对的是人的生理与心理的发展，被理解为个性的发展。“全面发展”是社会教育学方面的概念，二者不能等同。因此，答案选 A。

12.【解析】 B　记忆题　此题考查苏霍姆林斯基的教育思想。

苏霍姆林斯基重视劳动教育在人的全面和谐发展中的作用，但劳动教育不是和谐发展的核心。苏霍姆林斯基认为全面和谐发展的核心是高尚的道德。因此，答案选 B。

13.【解析】 B　记忆 + 理解 + 综合题　此题考查俄国集体主义教育思想。

马卡连柯是典型的集体主义教育的代表人物；克鲁普斯卡娅和苏霍姆林斯基都是苏联时期主要的教育家。苏联是集体主义国家，此时主要的教育家也主张集体主义教育思想。因此，答案选 B。

14.【解析】 A　记忆 + 理解题　此题考查赞科夫的教学原则。

赞科夫认为，以高难度进行教学的原则在实验教学体系中起决定性的作用。高难度并不意味着越难越好，难度要控制在学生的“最近发展区”范围内。维果茨基强调教育学不应当以儿童发展的昨天，而应当以儿童发展的明天作为方向。要创造“最近发展区”，然后使“最近发展区”转化到现有发展水平的范围之中，推动发展前进，只有当教学走在发展前面的时候，才是好教学。赞科夫非常赞同这一思想，他的教学原则是以“最近发展区”为理论基础的。因此，答案选 A。

论述题

1.　论述苏霍姆林斯基的个性全面和谐发展教育观及启示。

答：苏霍姆林斯基是“二战”后苏联最有影响力的教育家，他最著名的思想是个性全面和谐发展的教育理论。

(1) 内涵：个性全面和谐发展意味着人在品性上以及同他人相互关系上的道德纯洁，意味着体魄的完美、审美需求和趣味的丰富以及社会兴趣和个人兴趣的多样，既使个性发展、全面发展、和谐发展相互融合，又以全面发展为主体。

（2）内容：苏霍姆林斯基认为，个性全面和谐发展教育由德育、智育、体育、美育和劳动教育组成。

①**德育：**全面和谐发展的核心是高尚的道德，因此，在个性全面和谐发展教育中，德育应当居于首位且应当及早开始。

②**智育：**智育包括获取知识，形成科学世界观，发展认识和创造能力，养成脑力劳动的技能，培养对脑力劳动的兴趣和需求，以及对不断充实科学知识和运用科学知识于实践的兴趣和需求。

③**体育：**苏霍姆林斯基十分重视身体健康发展在个性全面和谐发展中的作用，他把体育看作健康的重要因素、生活活力的源泉。

④**美育：**感知美、认识美和创造美的能力是个性全面和谐发展中不可或缺的组成部分，因此，美育也成为个性全面和谐发展教育中的有机组成部分。

⑤**劳动教育：**劳动教育的任务就是要让劳动渗入到学生的精神生活中去，使学生在少年时期和青少年早期就对劳动产生兴趣并热爱它。

（3）评价：苏霍姆林斯基被誉为“教育思想界的泰斗”，他的教育理论研究成果非常丰富。

①**理论研究是与教育教学实践紧密结合的。**他的教育思想扎根于丰富的教育实践，具有强大的生命力。

②**理论研究的同时注意总结历史经验。**在总结历史经验的过程中，他不与传统教育思想截然对立，而是采取批判继承的方法，于是他的思想既有现实基础，又有理论高度。

③**善于运用辩证唯物主义方法论与马列主义基本原理研究教育。**他深入钻研马克思、恩格斯和列宁的著作，对一个教育研究者来说，可以以此作为决定性的标准，这是他在教育理论研究和教育实践中取得辉煌成就的重要保证。

（4）启示：

①**当今教育要倡导“五育”全面发展。**苏霍姆林斯基倡导的体育、德育、智育、劳动教育和美育与我们今天要培养的全面发展的人的内涵一致，这启示我们今天的“五育”也要全面、和谐、统一，否则就不能培养出全面发展的人。

②**当今教育要以立德树人为根本任务。**苏霍姆林斯基强调个性全面和谐发展的核心是高尚的道德，德育应当居于首位，这与我们今天所强调的立德树人的根本任务是一致的。因此当今教育也要将立德树人融入教育的各个环节、各个阶段。

③**当今教育要注重个性的和谐发展。**我们今天所倡导的培养各方面和谐发展的人，其实就是指德、智、体、美、劳和谐发展，只有“五育”并举，和谐发展，才能形成完整的人格。

2. 论述马卡连柯的集体主义教育思想。

答：（1）简介：马卡连柯是苏联教育改革的主要设计师之一，是杰出的教育实践家和卓越的教育理论家。集体教育理论是其主要的教育思想观点。

（2）内容：

①**教育目的：**培育真正有教养的苏维埃人、劳动者与公民。

②**教育宗旨：**“在集体中、通过集体、为了集体。”

③**教育方法：**a. 防止两种危机，即“防止抹杀个性特点”“防止消极跟随个体”。b. 重视集体教育。c. 重视劳动教育。

④**教育原则：**主张尊重与要求相结合、平行教育、前景教育、优良的作风和传统、纪律教育等。

（3）评价：

①**教育理论：** a. 教育目的体现了人道主义和全面发展的思想。b. 集体教育理论成为教育科学的一个专门的、独立的教育范畴。c. 劳动教育与集体教育、思想道德教育相结合的观点对现代社会来说同样具有实用性。

②**教育实践：** a. 他把数以千计的流浪儿和违法青少年再教育成为真正的新人，教育效果极其卓越。b. 他的多本著作被翻译成多国文字并广泛流传。

③**局限性：** a. 马卡连柯阐释集体作用时把社会政治概念搬用至教育领域，具有教条主义倾向。b. 过于强调“平行影响原则”，会导致有滥用集体教育力量的倾向。c. 马卡连柯在教育中提倡集体利益至上的原则，不利于学生的个性化教育。d. 在他的家庭教育思想理论中，马卡连柯对资本主义家庭教育全面否定，片面夸大独生子女教育的难度。

综上，马卡连柯的教育思想反映了当时的认识水平，我们应从实际情况出发，因地制宜地灵活运用，这才能真正体现其教育价值。

（4）现实意义：

①**要坚持以人为本的教育理念。** 我们要相信每一个学生都有追求自我实现的积极品质，贯彻“尊重”与“要求”相统一的原则，注重学生个性的差异，通过因材施教促进他们的全面发展。同时，要关注特殊群体，从心理教育和制度建设两方面着手，帮助其解决遇到的问题，走出所处的困境。

②**必须重视班集体的建设。** 在建设一个优秀的班集体的过程中，首先要平衡“个体”与“集体”的关系，发挥班主任的引导作用；其次要加强纪律教育，组织性和纪律性是维持和巩固集体的基本条件，纪律教育必须有相应的惩罚制度和策略；最后应注重在班集体中营造积极正确的良好风气，通过正确的舆论引导促进班集体的良性发展。

3. 阅读材料，并按要求回答问题。

请回答：

（1）洛克认为教育的目标是什么？关键是什么？

（2）看似矛盾的地方是什么？为什么洛克说“调和了看似矛盾的地方就能觅得教育的真谛”？

（3）谈谈你如何看待这对矛盾。

答：（1）教育目标与关键： 洛克认为教育目标就是发展人的理智，关键是用理智和原则来规范儿童的行为。

（2）看似矛盾的地方及原因： 看似矛盾的地方是在儿童的约束和放任之间，很难找到平衡点，即发展学生的个性和约束儿童的行为之间的矛盾。将发展学生的个性和约束儿童的行为相结合能够促进儿童全面自由地向更好的方向发展，因此洛克说“调和了看似矛盾的地方就能觅得教育的真谛”。

（3）发展儿童的个性与约束儿童的行为是辩证统一的关系。

①**教育要尊重儿童的个性。** 儿童是一个正在发展的个体，儿童期不只是为成人期做准备，儿童具有自身存在的价值，他们不能只是为将来而活着，也要为现在而生活。因此他们应当充分享受儿童期的生活，拥有快乐的童年。

②**儿童的发展离不开行为的约束。** 儿童尚处于发展之中，他们在许多方面还不够成熟，如果过分强调个性化，一味强调无条件地尊重个体及其发展，那么人作为社会成员的意义将不能体现。

③**尊重儿童的个性发展要与约束儿童的行为相结合。** 教师不仅要尊重儿童的个性，遵循儿童发展的规

律，同时更要注重儿童的活动，树立一个既尊重儿童个性又不偏废人的社会性的儿童观。儿童既是“自然的人”，也是“社会的人”，教育既要尊重儿童的个性，也要约束儿童的行为，符合一定的社会规则。

④**关于现实生活中走向两种偏向的思考**。民众往往不知道何种情境应尊重个性或约束儿童行为。关系到道德与法律要求的是非对错时应该约束儿童；无关道德与法律要求的事情时，应该尊重儿童的个性。

第十三章　近现代超级重量级教育家

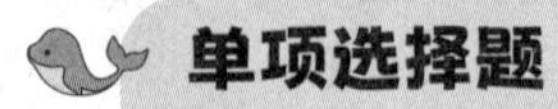

单项选择题

基础特训

近现代超级重量级教育家（一）

1.【解析】A　记忆题　此题考查夸美纽斯的统一学制思想。

夸美纽斯把儿童从出生到青年分为四个阶段，每个阶段都有与之相适应的学校。婴儿期对应母育学校，儿童期对应国语学校，少年期对应拉丁语学校，青年期对应大学。因此，答案选 A。

2.【解析】D　记忆题　此题考查夸美纽斯的“泛智教育”思想。

夸美纽斯认为一切男女儿童受教育的目的和程度应是不同的。权贵和富人子弟受教育是为了成为领袖人物，地位较低的人受教育是为了生计，女子受教育是为了照料家庭。因此，答案选 D。

3.【解析】C　记忆 + 理解题　此题考查班级授课制思想的发展。

在教学组织形式上，昆体良提出了分班教学的思想，这是班级授课制思想的萌芽。夸美纽斯从理论上对班级授课制加以总结和论证，使它基本确立了下来。因此，答案选 C。

4.【解析】A　理解题　此题考查夸美纽斯的自然类比法。

从夸美纽斯对教学的研讨和论证来看，主要采用的是自然类比法。他根据自然现象或事物的发生与发展来类比、推论教学，以确立教学的内容和方法。因此，答案选 A。

5.【解析】C　记忆题　此题考查夸美纽斯的教育著作。

A.《母育学校》是西方教育史上第一本学前教育学著作，对学前教育做出了开创性的研究。

B.《世界图解》是欧洲第一部儿童看图识字课本，被译成多国文字，保持其教科书地位近 200 年。

C.《大教学论》是西方近代以来第一本教育学著作，世界上第一本现代教育学著作是赫尔巴特的《普通教育学》。因此，答案选 C。

D.《泛智学校》是为实现泛智教育、开办新型学校而拟订的学校工作规划。

6.【解析】C　记忆题　此题考查夸美纽斯的教育思想。

夸美纽斯认为，教育对个人的作用是发展天赋。人都是有一定天赋的，而这些天赋发展得如何，关键在于教育。只要接受合理的教育，任何人的天赋都能够得到发展。因此，答案选 C。

7.【解析】A　记忆题　此题考查夸美纽斯的教育适应自然原则。

教育适应自然的原则是夸美纽斯整个教育理论体系的一条根本的指导性原则，它贯穿《大教学论》的始终。因此，答案选 A。

8.【解析】 A 记忆题 此题考查夸美纽斯的教学原则。

夸美纽斯从理论上对直观教学进行了论证，把直观教学引导到认识生活、认识社会和认识世界的广阔道路上，在当时具有革新意义。他认为直观性原则是教学工作的一条“金科玉律”。因此，答案选 A。

9.【解析】 B 记忆题 此题考查教育家及其著作。

1632 年，捷克教育家夸美纽斯写出了《大教学论》，这是西方近代以来第一本教育学著作。在这本著作中，他提出了普及教育的思想，主张建立适应学生年龄特征的学校教育制度，论述了班级授课制度，规定了广泛的教学内容、教学原则，高度地评价了教师的职业，强调了教师的作用。因此，答案选 B。

10.【解析】 A 记忆 + 理解题 此题考查卢梭的教育思想。

卢梭认为每个人都是由自然的教育、事物的教育、人为的教育三者培养起来的。只有三种教育圆满结合才能达到预期的目的。但自然的教育人力不能控制，所以无法使自然的教育向事物的教育和人为的教育靠拢，只能是后两者趋同于自然的教育，才能实现三种教育的良好结合。因此，答案选 A。

11.【解析】 C 记忆题 此题考查卢梭的女子教育思想。

卢梭并不赞成女子学习高深的知识，因为他认为她们没有相当精细的头脑和集中的注意力，无法研究严密的科学。因此，答案选 C。

12.【解析】 D 记忆题 此题考查卢梭的自然主义教育思想。

卢梭是自然主义教育思想的代表人物，其思想以“性善论”为理论基础。因此，答案选 D。

13.【解析】 C 记忆题 此题考查卢梭的教育思想。

卢梭提出女子和男子一样，也要接受教育，但他在女子教育问题上总的倾向是保守的，“小家碧玉，贤妻良母”是其女子教育的目标。因此，答案选 C。

14.【解析】 A 理解题 此题考查卢梭对“自然人”的定义。

卢梭提倡的“自然人”并不是回归到原始社会的野蛮之人，也不是封建专制社会的顺民，而是完全自由成长、身心调和发达、能自食其力、不受传统束缚、能够适应社会生活的一代新人。B、C、D 选项的“原始状态”“依赖职业求生”“突破社会等级”与“自然人”的定义不符。因此，答案选 A。

15.【解析】 B 记忆题 此题考查裴斯泰洛齐的教育与生产劳动相结合论。

A. 在“新庄”时期，裴斯泰洛齐在“贫儿之家”传授孤儿劳动技能，最后由于缺少经费停办。

B. 在斯坦兹孤儿院时期，裴斯泰洛齐首次把教育与生产劳动相结合的思想付诸实践。因此，答案选 B。

C. 在布格多夫国民学校时期，裴斯泰洛齐正式开始了他的初等教育改革实验。

D. 在伊佛东学校时期，裴斯泰洛齐更系统地开展他的教育革新实验和教育理论探索。

16.【解析】 C 记忆题 此题考查裴斯泰洛齐的教育思想。

裴斯泰洛齐认为语言教学最基本的要素是词，而词的最基本要素是发音。语言教学应当分三步进行：首先是发音教学；其次是单词教学；最后是语言教学。因此，答案选 C。

17.【解析】 B 记忆题 此题考查裴斯泰洛齐的初等学校各科教学法。

裴斯泰洛齐认为，测量教学最基本的要素是直线。因此要先学直线，然后学曲线、三角形、正方形、圆形和椭圆形等。因此，答案选 B。

18.【解析】 D 记忆题 此题考查裴斯泰洛齐的教育实践活动。

1800 年，裴斯泰洛齐在布格多夫的一所小学任教。这是一所公立学校，也是近代欧洲初等学校诞生的标志。因此，答案选 D。

19.【解析】 C　记忆题　此题考查裴斯泰洛齐的教育心理学化教育思想。

裴斯泰洛齐“教育心理学化”的主张包括：教育目的和教育理论心理学化；教学内容心理学化；教学原则和教学方法心理学化；让儿童成为他自己的教育者。他没有强调教育管理制度的心理学化。因此，答案选 C。

20.【解析】 A　记忆题　此题考查裴斯泰洛齐的要素教育论。

在裴斯泰洛齐看来，儿童对母亲的爱是道德教育最基本的要素，然后由爱母亲扩展到爱双亲、爱家人、爱周围的人，乃至爱全人类。因此，答案选 A。

21.【解析】 C　记忆题　此题考查赫尔巴特的教育思想。

依据统觉原理，赫尔巴特为课程设计提出了“相关”和“集中”两项原则，目的是保持课程教学的逻辑结构和知识的系统性。因此，答案选 C。

22.【解析】 D　记忆题　此题考查赫尔巴特的教育思想。

赫尔巴特重视教学在德育活动中的作用，他提出了教育性教学原则。其含义是教育（道德教育）只有通过教学才能真正产生实际作用，教学是道德教育的基本途径。因此，答案选 D。

23.【解析】 B　记忆题　此题考查赫尔巴特的教学形式阶段理论。

赫尔巴特把教学过程分成四个连续的阶段，分别是明了、联想（联合）、系统、方法。因此，答案选 B。

24.【解析】 B　记忆题　此题考查赫尔巴特的教育思想。

A. 明了：指教师讲解新教材时，把教材分解为许多部分，提示给学生。这时，学生的心理处于静止状态，思维处于专心状态，兴趣阶段是注意，教学方法是叙述。

B. 联想：指通过师生谈话把新旧观念结合起来，但又没出现最后的结果。这时，学生的心理表现为动态，思维还是处于专心状态，兴趣阶段发展到期待新的知识，教学方法是交流。因此，答案选 B。

C. 系统：指在教师的指导下寻找结论和规则，使观念系统化，形成概念。这时，学生的心理处于静止状态，思维处于审思状态，兴趣活动处于要求阶段，教学方法是综合。

D. 方法：指通过练习把所学的新知识应用于实际，以检查学生对新知识的理解是否正确。这时学生的心理是动态状态，思维处于审思状态，兴趣点在于进行学习行动，教学方法是运用。

25.【解析】 D　记忆题　此题考查赫尔巴特的四段教学法。

（1）明了：教师讲解新教材，把教材分解为许多部分提示给学生，方便学生领悟和掌握。教师主要采用提示教学，也可辅之演示，包括实物、挂图等直观教学方式帮助学生明了新观念，掌握新教材。此时兴趣处于注意阶段。

（2）联想：通过师生谈话把新旧观念结合起来，但又没出现最后的结果。此时兴趣处于期待阶段。

（3）系统：在教师的指导下寻找结论和规则，使观念系统化，形成概念。此时兴趣处于要求阶段。

（4）方法：通过练习将所学新知识应用于实际，以检查学生对新知识的理解是否正确。此时兴趣处于行动阶段。

题干中，陈老师通过展示图片帮助学生明了新观念，属于明了阶段，此时兴趣处于注意阶段。因此，答案选 D。

26.【解析】 B　记忆题　此题考查赫尔巴特的课程理论。

赫尔巴特将儿童的发展划分为四个阶段，分别是婴儿期、幼儿期、童年期和青年期。他认为婴儿期要注意身体的养护并加强感官训练，发展婴儿的感受性；幼儿期应学习《荷马史诗》等具有想象性的材料；

童年期和青年期应学习数学、历史等发展其理性。因此，答案选 B。

27.【解析】 D　记忆题　此题考查赫尔巴特的教育目的。

赫尔巴特认为，教育所要达到的目的可以分为两种，即所谓“可能的目的”和“必要的目的”。“可能的目的”是指与儿童未来所从事的职业有关的目的，这个目的要发展多方面的兴趣，使人的各种能力得到和谐发展；“必要的目的”是指教育所要达到的最高和最为基本的目的，即道德，这个目的就是要养成内心自由、完善、仁慈、正义、公平或报偿五种道德观念。因此，答案选 D。

近现代超级重量级教育家（二）

28.【解析】 D　记忆题　此题考查福禄培尔的教育思想。

福禄培尔认为幼儿园教育方法论是自我活动或自动性。自我活动是一切生命的最基本的特性，也是人类生长的基本法则。因此，答案选 D。

29.【解析】 A　记忆题　此题考查福禄培尔的教育实践。

福禄培尔是 19 世纪德国著名的教育家，幼儿园的创立者，也是“幼儿园运动”的创始人，近代学前教育理论的奠基人，被誉为“幼儿教育之父”。因此，答案选 A。

30.【解析】 C　记忆题　此题考查福禄培尔的幼儿课程体系。

福禄培尔认为人性是一种不断发展和成长的东西，发展具有阶段性和延续性，人只有不断发展才能更理解上帝。基于此，福禄培尔第一次把自然哲学中“进化”的概念充分地运用于人的发展和教育中。因此，答案选 C。

31.【解析】 C　记忆题　此题考查福禄培尔的幼儿园课程。

福禄培尔依据感性直观、自我活动与社会参与的思想，建立起一个以活动与游戏为主要特征的幼儿园课程体系，包括游戏与歌谣、恩物、作业、运动游戏、自然研究等。因此，答案选 C。

32.【解析】 D　记忆题　此题考查蒙台梭利的感官教育。

蒙台梭利极为重视感官教育。她认为感官教育主要包括视觉、听觉、嗅觉、味觉及触觉的训练，其中以触觉练习为主。因此，答案选 D。

33.【解析】 D　记忆题　此题考查蒙台梭利的幼儿发展教育思想。

蒙台梭利认为儿童具有独特的心理胚胎期（儿童的心理形成时期），而不是爆发期。因此，答案选 D。

34.【解析】 D　记忆题　此题考查蒙台梭利的教育思想。

幼儿生命力学说是蒙台梭利教育思想的基点。她认为，儿童存在着内在的生命力，其生长是由于内在生命潜力的自发发展。因此，答案选 D。

35.【解析】 A　记忆 + 理解题　此题考查马克思和恩格斯的教育思想。

马克思主义与社会本位论的不同，就在于马克思主义把社会的要求与人的发展统一起来。这种人不是西方思想家所言的“抽象人”，而是马克思主义所言的“作为社会关系总和的现实的人”。因此，答案选 A。

36.【解析】 C　记忆题　此题考查教育与生产劳动相结合的必然性。

教育与生产劳动相结合的历史必然性也就是教育与生产劳动相结合的原因，A、B、D 选项是原因。C 选项中，教育与生产劳动相结合是原因，培养全面发展的人是结果，因果关系错误。因此，答案选 C。

37.【解析】 C　记忆 + 理解题　此题考查杜威的教育思想。

杜威的教育理论着意要解决三个重要问题：教育与社会的脱离；教育与儿童的脱离；理论与实践的脱离。他提出的各种理论、各种设想从某种程度上可以说都是为了克服这三种根本弊端。因此，答案选 C。

38.【解析】 C　记忆题　此题考查杜威的“教材心理学化”思想。

“教材心理学化”是体现“教育即经验的改造”的最好的课程编制法则。“教材心理学化”指各门学科的教材或知识恢复到原来的经验，恢复到它被抽象出来的原来的直接经验，也就是把间接经验转化为直接经验，即直接经验化。教材内容的编写应尽可能地以学生的直接经验为起点，这样更容易让学生获得新知。因此，答案选 C。

39.【解析】 B　记忆题　此题考查杜威的教育目的论。

A. 杜威强调教育只有内在目的，没有外在目的，而不是教育没有目的。

B. 杜威提倡“教育即生活”，教育与儿童当下生活契合。因此，答案选 B。

C. 杜威并没有忽视儿童的社会化。

D. 二者不矛盾，杜威从全新的角度，试图调和社会本位论和个人本位论的分歧，努力建构个人与社会和谐沟通的教育机制。

40.【解析】 D　记忆题　此题考查西方教育史的三大里程碑。

西方教育史的三大里程碑分别是柏拉图的《理想国》、卢梭的《爱弥儿》、杜威的《民主主义与教育》。因此，答案选 D。

41.【解析】 B　记忆题　此题考查杜威的教育本质论。

杜威提倡“教育即生活”，教育即生活本身，而不是为未来生活做准备，杜威根据“教育即生活”，又提出了一个基本教育原则——“学校即社会”。因此，答案选 B。

42.【解析】 B　记忆题　此题考查杜威的教育思想。

杜威在“教育即生活”的内涵中提到，学校生活应与儿童当下的生活相契合。教育不是为学生未来的生活做准备，而是为学生的当下生活做准备。因此，答案选 B。

43.【解析】 D　记忆题　此题考查杜威的“思维五步法”。

杜威所谈的思维是反省思维，即对某个经验情境中的问题进行反复的、严肃的、持续的思考。这种思维方法是一种综合性的方法，涉及观察、分析、综合、想象、抽象、概括等多种能力的运用，还涉及间接经验的运用、假设的提出、假设的检验等方面，其过程更像是一种科学“实验”，所以也被称为科学思维的方法、科学探究的方法。因此，答案选 D。

44.【解析】 B　理解题　此题考查杜威的教育目的。

A. 杜威要求尊重儿童但不同意放纵儿童，因此“放飞”“任其”是不符合杜威主张的。

B. 杜威认为教育应尊重儿童，使儿童从教育本身和生长过程中得到乐趣。因此，答案选 B。

C. 杜威反对外在因素对儿童发展的压制。

D. 杜威既强调儿童的“内在生长”和“当下生活”，又强调教育要为民主社会服务。

45.【解析】 C　理解题　此题考查杜威和卢梭的教育思想。

A. 杜威和卢梭都看到了儿童个性与自由发展的需要。

B. 杜威和卢梭都注重儿童的感受。

C. 杜威批判卢梭极端的不顾及社会需要的个人本位论思想，认为卢梭太过偏激，没有把儿童的发展与社会的进步相联系。于是，杜威在批判继承卢梭教育思想的基础上提出了“教育即生长”，这也是杜威的教育目的的理论之一。因此，答案选 C。

D. 卢梭的教育思想属于个人本位论，注重经验对儿童发展的影响。

拔高特训

近现代超级重量级教育家（一）

1. 【解析】 C　记忆题　此题考查夸美纽斯的教育原则。

教育适应自然的原则是夸美纽斯教育体系的一条指导性原则；“泛智”思想是其另一条指导性原则，也是其教育理论的核心，就是“把一切事物教给一切人”。因此，答案选 C。

2. 【解析】 B　记忆题　此题考查夸美纽斯的教育思想。

第一个提出分班教学思想的人是昆体良。因此，答案选 B。

3. 【解析】 C　记忆题　此题考查夸美纽斯的道德教育。

夸美纽斯把谨慎、节制、刚毅、正义作为自己道德教育的内容，他还在德育中纳入一个新概念——劳动教育。因此，答案选 C。

4. 【解析】 D　记忆题　此题考查夸美纽斯的教育适应自然原则。

夸美纽斯并未因为要主张教育实践，就认为家庭教育更有优势，他更强调的还是学校教育。A、B、C 选项都是夸美纽斯的教育观点，都是以教育适应自然为基本原则。因此，答案选 D。

5. 【解析】 C　理解题　此题考查夸美纽斯的普及教育思想。

A、B、D 选项表述正确。C 选项的错误之处在于：夸美纽斯认为一切青年男女受教育的目的和程度是不相同的，权贵和富人子弟受教育是为了成为领袖人物，地位较低的人受教育是为了生计，女子受教育是为了照料家庭。因此，答案选 C。

6. 【解析】 A　理解题　此题考查卢梭的自然教育的培养目标。

自然人并不与社会人完全对立。自然人既强调人的个性发展，也强调人的社会性发展。可见，自然人里包含了社会人的特点。因此，答案选 A。

7. 【解析】 A　理解题　此题考查卢梭的自然教育思想。

卢梭认为乡村是最适于保持和发展儿童天性的环境，喧嚣的城市文明使人性扭曲、罪恶丛生。所以，15 岁之前的教育必须在乡村进行，才能保持人的善良天性。因此，答案选 A。

8. 【解析】 C　理解题　此题考查卢梭的自然主义教育思想和公民教育思想。

卢梭是坚定的“性善论”者，他认为教育的任务应该使儿童归于自然，发扬善性，恢复天性。“尊重儿童天性与自由”贯穿卢梭教育思想的始终，所以说公民教育也要顺应儿童的天性。因此，答案选 C。

9. 【解析】 B　记忆 + 理解题　此题考查裴斯泰洛齐的教育思想。

裴斯泰洛齐认为，体育是人的全部才能和潜能获得发展的基础，是人的和谐发展教育的一项重要内容。因此，答案选 B。

10. 【解析】 C　记忆题　此题考查裴斯泰洛齐的和谐教育思想。

裴斯泰洛齐认为，教育应适应儿童能力的发展，遵循儿童发展的自然顺序。因此，答案选 C。

11. 【解析】 C　记忆题　此题考查赫尔巴特的课程理论。

赫尔巴特认为，根据学生社会的兴趣，应当开设历史、政治、法律等课程。根据学生同情的兴趣，应当开设外国语、本国语等课程。根据学生宗教的兴趣，应当开设神学等课程。因此，答案选 C。

12. 【解析】 A　记忆题　此题考查赫尔巴特的训育思想。

“训育”与“儿童管理”是赫尔巴特进行道德教育的两种不同的方法，“儿童管理”是为了防止恶行，

“训育”是为了美德形成。因此，答案选 A。

13.【解析】 C 理解题 此题考查赫尔巴特的道德教育思想。

A. 有用的国家公民，是一切教育的目的——凯兴斯泰纳的“公民教育”。

B. 什么知识最有价值，一致的答案就是科学——斯宾塞的“科学知识最有价值”。

C. 教学如果没有进行道德教育，只是一种没有目的的手段——赫尔巴特的“教育性教学原则”。赫尔巴特认为，教育（道德教育）只有通过教学才能真正产生实际作用，教学是道德教育的基本途径。因此，答案选 C。

D. 教育是对某个经验情境中的问题进行反复、严肃、持续的思考——杜威的“反省思维教学法”。

14.【解析】 B 理解题 此题考查赫尔巴特的伦理学。

对应题干说法的是完善。因此，答案选 B。

近现代超级重量级教育家（二）

15.【解析】 B 记忆题 此题考查福禄培尔关于游戏的教育思想。

福禄培尔重视儿童的亲身观察，观察常与游戏交织，因此他把游戏看作儿童内在本质向外的自发表现，即游戏是儿童创造性自我活动的表现。因此，答案选 B。

16.【解析】 A 记忆题 此题考查恩物和作业的区别。

A. 从二者关系看，恩物是游戏用具，作业是将恩物用于创造和实践的游戏。因此，答案选 A。

B. 从活动顺序看，恩物在前，作业在后。

C. 从功能看，恩物重在接受和吸收，作业重在发表、创造和表现。

D. 从材料看，恩物是作业的一种材料，作业还有其他材料。

17.【解析】 A 记忆题 此题考查蒙台梭利的教育思想。

蒙台梭利认为，允许儿童自由活动，这是实施新教育的第一步。在自由活动中，儿童体验到自己的力量，这正是激励他们发展的最大动力。因此，答案选 A。

18.【解析】 B 理解题 此题考查蒙台梭利的教育思想。

蒙台梭利反对传统的依照某种外力强制形成的纪律，认为儿童是通过工作这样一种在相当程度上身心结合的自由活动，去建立良好纪律。这是蒙台梭利在自由与纪律问题上的独特观点。因此，答案选 B。

19.【解析】 D 记忆题 此题考查蒙台梭利的教育思想。

A、B、C 选项说法正确，D 选项说法错误。蒙台梭利认为儿童通过工作可以建立良好的纪律。在她看来，儿童身心的发展、良好纪律的形成必须通过工作而不是游戏来完成。只有工作才是儿童最主要和最喜爱的活动，而且只有工作才能培养儿童多方面的能力，并促进儿童心理的全面发展及良好纪律的形成。因此，答案选 D。

20.【解析】 B 记忆 + 理解 + 综合题 此题考查福禄培尔和蒙台梭利教育思想的对比。

福禄培尔强调教师的主导作用，蒙台梭利强调教师的辅助作用。因此，答案选 B。

21.【解析】 B 理解 + 综合题 此题考查福禄培尔和蒙台梭利教育思想的对比。

蒙台梭利主张工作，侧重感官训练和动作训练，反对想象类的游戏；福禄培尔主张游戏，可以发展想象力、创造力、社会合作。因此，答案选 B。

22.【解析】 D 理解题 此题考查杜威的“反省思维五步法”。

“反省思维五步法”的五个步骤的顺序并不是固定的，也不依固定的顺序而出现，在实际中有步骤合并的情况发生，复杂的思维也可能分为几个阶段，而每个阶段又包括若干分段。因此，答案选 D。

23.【解析】 B　记忆题　此题考查杜威的道德教育思想。

杜威要求学校生活、教材、教法皆应渗透社会精神，视学校生活、教材、教法为“学校道德之三位一体”，这三者都是道德教育的重要途径。因此，答案选 B。

24.【解析】 C　理解题　此题考查杜威的经验论。

A. 经验不再是感觉作用和感性认识，而是含有知识和情感因素的，具有理性与非理性的双重性。

B. 经验是一个连续发展的过程，不存在终极目的的发展过程。

C. 经验是包括理性与非理性的各种因素的思想与行为。因此，答案选 C。

D. 经验的过程是一个主动的过程，不但是有机体接受环境的塑造，还存在着有机体对环境的主动改造。

25.【解析】 B　理解题　此题考查杜威的课程教育思想。

杜威批判学校课程的编排原则往往依据逻辑顺序（也叫知识逻辑、学科逻辑），很少顾及儿童的心理现象，他主张课程的编排应符合儿童心理。因此，答案选 B。

26.【解析】 D　理解题　此题考查陈鹤琴和杜威教育思想的对比。

陈鹤琴曾说过，他的“活教育”理论与杜威的理论是相配合的，两人的理论无论是出发点、所使用的方式，还是所走的路，都是相同的。陈鹤琴的一切教育实践皆围绕着“活教育”展开，他积极地进行探索，促进了中国教育事业的发展。因此，答案选 D。

27.【解析】 B　记忆 + 理解 + 综合题　此题考查教育家的历史地位。

A. 卢梭首次完整总结了自然主义教育理论体系。

B. 裴斯泰洛齐首次提出“教育心理学化”口号，被称为“国民教育之父”。因此，答案选 B。

C. 赫尔巴特强调课堂、书本、教师三中心，这成为 19 世纪世界上最主流的教育理论。

D. 福禄培尔被誉为“幼儿教育之父”，蒙台梭利被誉为“儿童世纪的代表”。

28.【解析】 C　记忆 + 综合题　此题考查教育与生产劳动相结合的思想。

裴斯泰洛齐在新庄建立“贫儿之家”时期进行教育与生产劳动相结合的初步实验，在斯坦兹孤儿院时期，成功将教育与生产劳动相结合。因此，答案选 C。

29.【解析】 A　理解 + 综合题　此题考查各教育家的和谐教育思想。

亚里士多德提出的和谐教育是指德、智、体、美和谐发展，并强调音乐是和谐教育的核心部分。因此，答案选 A。

30.【解析】 D　理解题　此题考查杜威的教育思想。

20 世纪 20 年代和 30 年代，可以锁定的人物为杜威。《教室里的危机》一书的中心思想是反对静坐式的学习，应该让学生动手操作，带给学生欢乐，这也是杜威所倡导的。因此，答案选 D。

论述题

1.　试比较福禄培尔和蒙台梭利的幼儿教育思想。

答：(1）简介

①福禄培尔被誉为“幼儿教育之父”，第一次在教育史上提出了较为完整的幼儿教育思想。

②蒙台梭利被誉为“儿童世纪的代表”，在幼儿教育上，她是自福禄培尔以来影响最大的一个人。

(2）相同之处

①**理论基础：**他们都受到了卢梭思想的强烈影响，反对传统教育对儿童身心的束缚和压迫，都赞同内

发论和“性善论”。

②**重视幼儿**：他们都极其重视幼儿期，尤其是1～6岁幼儿期的教育，重视童年生活对人生的影响，倡导建立专门的幼儿社会教育机构及培训大批合格的教师来从事幼儿教育工作。

③**尊重儿童**：他们都强调儿童发展的自主性，主张以儿童为本位，要求认真研究儿童的特点，遵循自然，强调教育中自由及活动的重要性。

（3）不同之处

①**理论基础**：福禄培尔的教育理论主要以德国古典唯心主义哲学为基础；蒙台梭利的教育理论主要以心理学、医学、生理学为基础。

②**具体观点**：

a. 在教育内容、方法上，福禄培尔倡导“游戏”“恩物”“作业”，强调应通过游戏来发展幼儿的想象力和创造力；蒙台梭利则主张“工作”、自动教育、感官教育（包括读、写、算的练习）、实际生活训练等，否定了创造性游戏在幼儿教育中的重要作用。

b. 在教学组织形式上，福禄培尔要求组织集体教学；蒙台梭利则主张个别活动。

c. 在教师作用上，在福禄培尔的幼儿园里，教师被视为“园丁”，须承担对幼儿的关心、指导乃至教学的职责；而在蒙台梭利的幼儿学校中，教师被称为“指导者”，只是承担指导、引导及环境保护、看护的责任。

d. 在教育对象上，福禄培尔的幼儿园主要招收中产阶层子女，实行半日制，不供膳；蒙台梭利的幼儿学校则主要招收贫民子女，实行全日制，供膳。

2. 论述赫尔巴特的道德教育理论及其现实意义。

答：（1）道德教育理论：

①**教育目的**：在赫尔巴特看来，教育目的可以分为两部分，即“可能的目的”与“必要的目的”。“可能的目的”是指培养和发展儿童多方面的能力和兴趣，使人的各种能力得到和谐发展，以便将来选择职业；“必要的目的”是指教育所要达到的最高和最为基本的目的，即道德。

②**教育性教学原则**：其含义是教育（道德教育）只有通过教学才能产生实际作用，教学是道德教育的基本途径。

③**教育方法**：儿童管理和训育。赫尔巴特的道德教育包括儿童管理和训育两方面，儿童管理是要防止恶行，训育是要形成美德。

（2）评价：

①**积极方面**：突出教育、教学与德育之间的本质联系。在赫尔巴特提出这一理论之前，教育家往往把教学和德育分开，规定各自不同的任务和目的。赫尔巴特的贡献在于运用心理学的研究成果具体阐明了教育和教学之间的本质联系，使德育获得了坚实的基础。

②**消极方面**：赫尔巴特把教育、德育和教学的概念等同起来，没有找到它们的区别与界限。他认为教学完全从属于教育，将二者等同，具有机械论的倾向。

（3）现实意义：教育与教学之间存在内在的本质联系，学校应该发挥其优势，做好学科育人。

①**思政课程**：学校应做好思想政治理论课程的教学，它是落实立德树人根本任务和实现铸魂育人的关键课程，体现着我国的教育性质、办学方向和目标任务。

②**课程思政**：学校应在各学科中进行思想政治教育，形成各类课程与思政课程协同育人的效果，为社

会输送更多具备优秀道德品质和高尚思想境界的人才。

3.　论述赫尔巴特的教育思想及其影响。

答:（1）教育思想

①**著作方面:《普通教育学》**。赫尔巴特被誉为“现代教育学之父”。他的《普通教育学》是近代以来最系统的教育学著作，他把教育学建成一门独立学科，并提出了完整的教育理论体系。

②**理论基础：教育学的理论基础体现了科学化**。赫尔巴特提出教育学的两大理论基础——伦理学和心理学，其中，统觉论的提出促进了教育学的科学化。

③**德育论的思想：赫尔巴特对道德教育非常重视，提出了教育性教学原则**。这一原则成为德育存在于一切教学之中的理论基础，虽然这一说法也有弊端，但是其理论价值不可低估。赫尔巴特提到的很多德育方法都是有效的。

④**课程论的思想：赫尔巴特提出了完整的课程理论**。在课程设置上，务必重视与儿童的经验、兴趣相吻合，也要求课程中包含统觉的成分，体现儿童的发展过程。赫尔巴特为课程编制做出了卓越贡献。

⑤**教学论的思想：赫尔巴特提出了较完整的教学理论**。教学进程理论和教学形式阶段论对教学理论和实践的发展做出了贡献，其中教学形式阶段论包括明了、联想、系统和方法四个步骤。

（2）影响

①**在理论上，赫尔巴特建立了较为完整严密和科学的教育思想体系**。a. 赫尔巴特建立了 19 世纪科学性突出的德育论、课程论与教学论。b. 赫尔巴特既是近代教育科学的开拓者，也是近代教育心理学化最重要的代表人物之一。c. 作为传统教育的代表人物，赫尔巴特强调课堂、书本、教师三中心，并使其成为 19 世纪世界上最主流的教育理论。

②**在实践上，赫尔巴特致力于将理论成果运用到教育过程中**。他讲授哲学和教育学课程，编写《教育学讲授纲要》《科学心理学》等一系列教育著作，创办教育学杂志，传播科学教育学思想。他还创办了教育科学研究所、实验学校和培训教师的机构，并把心理学的研究成果应用于教育过程中。

③**在传播上，赫尔巴特对欧美、亚洲乃至全世界都有广泛的影响力**。a. 在德国，成立了科学教育学协会，致力于赫尔巴特教育理论的研究和传播。b. 在美国，成立了全国赫尔巴特协会，其目的在于促进赫尔巴特思想的传播和它在美国学校的运用。c. 在中国，最早且有系统地引进的西方教育学说就是赫尔巴特及其信徒的理论，对当时废科举、兴学堂和发展近代师范教育起了积极的推动作用。

④**局限性：**赫尔巴特的教育理论也有不足之处，其教育体系中充满了思辨和神秘色彩，许多论述也带有一定程度的机械性和片面性。

综上所述，赫尔巴特被誉为“现代教育学之父”“科学教育学的奠基人”。他的《普通教育学》是标志着教育学成为一门独立形态学科的著作。

4.　论述杜威的教育本质论及其影响与启示。

答:（1）简介：杜威批判赫尔巴特的以教师为中心、以课堂为中心、以知识为中心的学习方式，认为这样的教育没有真正解放儿童。于是，他提出了自己的新的教育本质观。

（2）内容：

①**“教育即生长”**。儿童的心理发展基本上是以本能为核心的情绪、冲动、智慧等天生机能不断开展、生长的过程。教育的目的就是促进这种本能的生长。杜威批评传统教育无视儿童内部的本能与倾向，只是从外部强迫他们学习成人的经验，教育成为一种“外来的压力”，他明确提出了以儿童为中心的教育主张。

②**“教育即生活”**。在杜威看来，一切事物的存在都是由人与环境相互作用而产生的，人不能脱离环境，学校也不能脱离眼前的生活。因此，教育即生活本身，而不是为未来的生活做准备。根据“教育即生活”，杜威又提出了一个基本教育原则——“学校即社会”，明确提出应把学校创造成一个小型的社会，从而培养能够适应现实生活的人。

③**“教育即经验的改造”**。经验是杜威实用主义哲学和实用主义教育体系中的核心概念。他把教育视为从已知经验到未知经验的连续过程，这种过程不是教给儿童既有的科学知识，而是让他们在活动中不断积累经验。经验的获得离不开儿童的亲身活动，由此杜威又提出了另一个基本教育原则——“做中学”，他认为这是教学的中心原则。

（3）影响：杜威反对把抽象的、成体系的知识作为教育的中心，认为这是学生学不懂的主要原因，重视直接经验的价值，并把直接经验置于教育的中心，催生了新式的课程类型、课程理论和教学理论。但在教学中，由于教育实践又走向了另一个极端，只重视直接经验而忽视知识体系，因此造成了教育质量下降的现象。

（4）启示：

①**教育目的：**在教育改革中，要坚持教育的本体功能，即教育促进人内在的生长，并协调好教育的派生功能，即教育对政治、经济、文化发展的作用。教育的社会功能固然重要，但要建立在人才培养的基础上，绝不能把教育混同于政治、经济来谈教育社会功能的发挥，否则教育将偏离其本质。

②**课程设置：**课程内容的设置应适应儿童的生活，是儿童感兴趣的和需要的，而不是远离儿童的、与学校和社会脱节的内容，要使得教育既要适应儿童当下的生活，也要为未来的生活做准备。

③**教学方式：**改变传统单一的教学模式，开发多样的、生动的教学组织形式，激发学生的学习兴趣。不仅要让学生学习间接的知识，还要设置课程，让学生自己探索知识，以加深学生对所学内容的理解和记忆。

5. 杜威曾说道：“回顾一些近代教育改革的尝试，我们很自然地会发现，人们已经把改革的重点放在课程上了。”请论述杜威课程与教材论的相关内容与影响。

答：（1）简介：杜威批判传统教育中的学科课程肢解了儿童认识世界的整体性和统一性，而且课程内容抽象、难以理解。同时，传统教材与实际生活相脱离，枯燥乏味，内容缺乏现代的社会精神。于是，他提出了自己的见解。

（2）主要内容：

①**课程编制应以直接经验为中心**。如果说教育的中心是“直接经验”，那么课程与教材就要充分联系学生的直接经验。杜威希望直接经验成为学生认识知识的一座桥梁。

②**学校应以活动课程为主要课程类型**。学生在学校的绝大多数时间都是在活动中寻找和联结自己的直接经验，从而主动地学会知识，甚至是发现知识，那种学会学习的新奇感和成就感远比学生被动地接受效果要好。

③**教材应引导学生“从做中学”**。杜威强调应该对直接经验加以组织、抽象和概括，不然经验将支离破碎，混乱不堪。但如何将直接经验“组织”成系统的知识，是一个难题。

④**编写教材要做到“教材心理化”**。杜威强调把各门学科的教材或知识恢复到它所被抽象出来的原来的经验。这就需要做到：教材的编制应该依据学生的心理逻辑来编写；教材直接经验化。

（3）影响：

①**优点**：重视直接经验的价值。杜威克服了经验与理性的对立，拓宽了经验的外延，强调学生学习的主动性。他重视直接经验的价值，并把直接经验置于教育的中心，催生了新式的课程类型、课程理论和教学理论，这在当时学校课程严重脱离社会实际和儿童身心发展条件的情况下有积极作用。

②**局限**：a. 过于强调儿童的直接经验，忽视系统学科知识的价值。b. 过于强调儿童个人的主动性和能力，忽视教师在课程教学中的地位和作用。c. 过于强调根据儿童个人的需要和实际生活经验组织课程，实施困难。实施困难的原因主要是杜威忽视了以下问题：活动不一定推导出所有知识结论；间接经验不一定还原成直接经验；活动不一定符合学生兴趣。

6.　论述马克思主义“生产劳动与教育相结合”“教育与生产劳动相结合”各自的目的和内涵。

答：（1）“生产劳动与教育相结合”是马克思主义的早期观点。针对的是生产劳动中的工人，解决的是他们受教育的问题，目的是希望生产劳动的工人能够接受到一定的教育，提高生产效率。

（2）“教育与生产劳动相结合”是马克思主义的后期观点，是对“生产劳动与教育相结合”的再改造。针对的是教育领域的学生，解决他们参加劳动的问题，目的在于促进他们的全面发展。希望在校学生不仅要接受教育，还要参与生产劳动，让教育和劳动紧密结合。

7.　结合所学，论述蒙台梭利在“儿童之家”中对于“纪律”的理解。

答：（1）蒙台梭利认为在“儿童之家”中“纪律”是必要的。“自由”“纪律”“工作”是她教育思想中为儿童营造良好教育的三大支柱，所以“纪律”是必不可少的。

（2）蒙台梭利认为“纪律”对于儿童来说是主动服从的，是建立在自由活动的基础上的，而非强制要求遵循的。

（3）蒙台梭利认为自由活动基础上的“纪律”也需要教师的引导。她说，“纪律”也并不是指随心所欲的胡动蛮干，应该是有成人适当引导的、给予儿童一个充分自由便利的活动环境，从而让儿童在自由活动中形成的。

（4）蒙台梭利认为儿童天生就有遵守纪律和秩序的心理特点。教育只要顺应儿童愿意遵守纪律的心理特点，就更容易激发儿童遵守纪律。

8.　论述陶行知为什么说杜威先生的“教育即生活”理论在中国的经验是“此路不通”。

答：（1）从社会背景来看，杜威所处的美国在当时是超级大国，而且教育已经发展到一定程度；而陶行知所处的中国当时还处于贫穷落后、教育不发达的情况之下。

（2）从关注的教育角度来看，杜威在教育比较完善的情况下，关注的是教育质量的问题；而陶行知在教育极其不发达，甚至教育未普及的情况下，关注的是教育的普及问题。

（3）从教育目的来看，杜威提出的“教育即生活”的理论中教育所承担的任务是为民主社会服务、为培养在生活中学习的人才服务；而陶行知提出的“生活即教育”的理论中教育所承担的任务是为民族解放、国家独立事业而服务，为实现民主的普及教育。

9.　杜威曾高度评价福禄培尔的游戏思想。他说：“只有古代的柏拉图和近代的福禄培尔算是两个重大的例外。”根据所学，说明杜威认为柏拉图和福禄培尔是重大例外的原因。

答：（1）柏拉图是“寓学习于游戏”的最早提倡者，他在同时代其他教育家都不了解“游戏”重要性的情况之下，率先提出采用游戏的方式能够更好地了解每个孩子的天性，这是他区别于其他教育家的独特之处。

（2）福禄培尔高度评价了游戏的教育价值，认为游戏是创造性的自我活动和本能的自我教育，是一个可以专门设置的教育课程，而非单纯的只在教育中渗透游戏。他将游戏上升到一个完整的课程体系的程度，并使游戏课程体系可达到与其他课程体系相提并论的地位，这是他区别于其他教育家的独特之处。

（3）杜威之所以说柏拉图与福禄培尔是重大例外，是因为在西方历史长河里，少有学者发现游戏的价值，但柏拉图和福禄培尔挖掘了游戏的教育价值和意义。所以，他们两位教育家是重大例外。

10. 结合材料，评述卢梭的自然教育理论，并谈谈对我国目前教育改革的启示。

答:（1）卢梭的自然教育理论

①**理论基础:**“性善论”和感觉论。

②**基本含义:** 教育应遵循自然天性；儿童受到自然的教育、人为的教育、事物的教育三方面的影响；发挥儿童在自身成长中的主动性，主张“消极教育”与“自然后果法”。

③**培养目标:** 培养“自然人”，即完全自由成长、身心调和发达、能自食其力、不受传统束缚、能够适应社会生活的一代新人。

④**方法原则:** 正确看待儿童；给儿童以充分的自由；教育要符合儿童发展的年龄特征。

⑤**实施阶段:** 根据年龄阶段的分期，卢梭将人的发展分为婴儿期、儿童期、青年期、青春期。

（2）评价

①**积极影响。a. 理论价值:** 系统地论证了自然教育理论，为教育理论科学化奠定了基础。**b. 教育对象:** 确立了儿童在教育中的中心地位，主张解放儿童的天性，具有划时代的意义。**c. 教育实践:** 泛爱学校是将自然主义思想实践化的典型范例。**d. 历史影响:** 具有反宗教、反封建的历史意义，促进了教育的近代化。

②**局限性。a. 理论缺陷:** 对“自然”的界定不甚清晰，缺乏严谨性。**b. 实践弊病:** 容易在教育教学实践中给予儿童过度的自由，导致可行性很弱。**c. 价值取向:** 有学者认为卢梭算得上是一种理想的、极端的个人本位思想者。**d. 研究方法:** 通过想象的写作方式论述儿童教育和教育方法，缺乏科学依据。

（3）启示

①**反对过度教育，尊重学生的身心发展规律和年龄特点。**我们不应把学生当作成人看，而是要按学生的接受能力、自然进程实施教育。学生成长到哪个阶段，就让他做该阶段应做的事情，不要贪速求快，破坏学生成长的自然进程。

②**反对灌输教育，尊重学生的兴趣与需要。**教育要根据每个学生的不同性格特点、兴趣爱好进行。因此，真正的教育应该做到因材施教，根据学生的个性差异，引导每个个体发挥自身的特长，有针对性地引导他们得到最好的发展结果。

③**反对封闭教育，尊重学生与大自然和社会生活的联系。**学校可以开展各种课外活动和综合实践活动，让学生在实践性学习活动过程中感受和体验生活，发现和解决问题，从而发展学生的实践能力和创新能力。

④**反对权威教育，尊重学生的兴趣、自由与主体性。**教师在实施教学的过程中要切实做到“以人为本”，关注学生的天性发展特点，尊重学生的主体地位，充分挖掘学生的潜能，最大限度地调动学生的主动性，让他们积极主动地投入到学习的过程中。

第十四章　近现代教育思潮

单项选择题

基础特训

近代教育思潮

1. 【解析】 A　记忆题　此题考查自然主义教育的代表人物。

洛克是英国著名的实科教育和绅士教育的倡导者，其思想具有实用性、功利化的特征，不属于自然主义教育。因此，答案选 A。

2. 【解析】 B　记忆题　此题考查教育心理学化思潮。

赫尔巴特提出的伦理学的五项基本道德对应的是伦理学和道德的基本观点，这五项基本道德，不论是儿童还是大人都要遵循，是整个人类社会的共有准则和秩序，并不是教育心理学化的体现。因此，答案选 B。

3. 【解析】 B　记忆题　此题考查教育心理学化思潮。

第斯多惠使“教育适应自然”这一术语直接被“教育心理学化”所代替，推动了教育心理学化的应用。他力图用当时心理学的研究成果揭示人的自然本性及其发展规律，主张教育要尊重人的自然发展规律，教育要充分考虑学生的年龄特点和个性差异。因此，答案选 B。

4. 【解析】 A　记忆题　此题考查 19 世纪的近代教育思潮。

科学教育思潮引发了人们关于古典教育和科学教育的大讨论。在形式教育论和实质教育论的争论中，科学教育思潮抨击传统古典主义教育，强调和宣传科学知识的价值。因此，答案选 A。

5. 【解析】 D　记忆题　此题考查国家主义教育思潮的观点。

国家主义教育思潮的主要观点有强调教育的社会功能、培养国家公民、主张普及教育和免费教育、提倡国家开办和管理教育、主张教育要有公平、公正的基本原则，并未提到教育要促进每个人个性发展。因此，答案选 D。

新教育运动与进步教育运动

6. 【解析】 B　记忆题　此题考查新教育运动。

A. 乡村教育之家——德国利茨创办的德国第一所新式学校。

B. 阿博茨霍尔姆学校——英国雷迪创办的欧洲第一所新式学校，标志着欧洲新教育运动的开始。因此，答案选 B。

C. 罗歇斯学校——法国德莫林创办的法国第一所新式学校。

D. 夏山学校——英国尼尔创办的一所新式学校。

7. 【解析】 A　记忆题　此题考查进步教育运动的始末。

B、C、D 选项均属于进步教育转折时期的事件，A 选项出现在进步教育衰落时期，标志着美国进步教育的终结。因此，答案选 A。

8. 【解析】 C 记忆题 此题考查新教育实验。

A. 阿博茨霍尔姆学校是雷迪创办的欧洲第一所新式学校，标志着新教育运动的开始。

B. 萨默希尔学校也叫夏山学校，主要特点是自由。

C. 罗歇斯学校是德莫林创办的法国第一所新式学校，该学校重视师生之间家庭式的亲密关系，在开设各种正规课程的同时，还从事体力劳动和小组游戏，尤其重视体育运动，被称为“运动学校”。因此，答案选 C。

D. 皮肯希尔学校是罗素开办的，强调自由教育、爱的教育和更多地发展个人主义。（了解）

9. 【解析】 D 记忆 + 理解题 此题考查凯兴斯泰纳的教育思想。

凯兴斯泰纳认为“有用的国家公民”应具备三种品质：（1）具有关于国家的任务的知识（聪明）；（2）具有为国家服务的能力（能干）；（3）具有热爱祖国、愿意效力于祖国的品质（爱国）。没有提到“具有关于国家国防安全的意识”。因此，答案选 D。

10.【解析】 C 记忆题 此题考查帕克的教育思想。

帕克的昆西教学改革反对传统学校的机械教学方法，被认为是美国教育史上的新起点。其教育思想与教育改革经验成为杜威教育思想的直接源泉之一，被杜威誉为“进步教育之父”。因此，答案选 C。

11.【解析】 D 记忆题 此题考查约翰逊的有机教育学校。

约翰逊是美国进步教育协会的创始人之一，她创办了费尔霍普学校，该校以“有机教育学校”而闻名。因此，答案选 D。

12.【解析】 C 记忆题 此题考查葛雷制。

葛雷制曾被认为是“美国进步教育运动中最卓越的例子”。它的课程设置能保持儿童的天然兴趣和热情，它的管理方式经济而有较高的效率。葛雷制成为进步学校流行最广的一种形式。因此，答案选 C。

13.【解析】 B 理解题 此题考查葛雷制。

题干描述的是葛雷制学校在教学中采用的二重编法。葛雷制学校的建立得益于葛雷制，它是进步教育运动的产物。因此，答案选 B。

14.【解析】 C 记忆题 此题考查进步教育实验。

A. 葛雷制以具有社会性质的作业为学校的基本课程，以二重编法为教学制度。

B. 道尔顿制是一种个别教学制度，强调学生的个别差异应该得到照顾。

C. 文纳特卡制将课程分为共同知识或技能和创造性的、社会性的作业。因此，答案选 C。

D. 设计教学法的核心是有目的的活动，儿童自动的、自发的、有目的的学习是设计教学法的本质。

15.【解析】 B 记忆题 此题考查道尔顿制。

道尔顿制是为了解决如何使学校的教学适应儿童的个别差异这个问题而提出来的，主要特色有在学校里废除课堂教学、课程表和年级制，代之以“公约”或“合同式”的学习，同时采用作业室或实验室、表格法、自由与合作来照顾学生的个别差异。因此，答案选 B。

16.【解析】 D 理解题 此题考查道尔顿制。

道尔顿制是针对班级授课制的弊端而提出的一种个别教学制度，强调学生的个别差异应该得到照顾，这不是一种集体教学制度。因此，答案选 D。

17.【解析】 A　记忆题　此题考查设计教学法。

克伯屈强调有目的的活动是设计教学法的核心，儿童自动的、自发的、有目的的学习是设计教学法的本质。因此，答案选A。

18.【解析】 C　记忆题　此题考查新教育运动和进步教育运动的异同。

A、B、D选项说法正确。C选项的错误之处在于：新教育是一种精英教育，进步教育是一种大众教育。因此，答案选C。

现代欧美教育思潮

19.【解析】 B　记忆题　此题考查改造主义教育。

改造主义教育认为教育最重要的目的就是要改造社会，旨在通过教育为社会成员建设社会新秩序和实现人们共同生活的理想社会。所以，教育要重视培养“社会一致”的精神，消除彼此的分歧，培养人们的群体意识和集体心理，形成人们共同的思想、信念以及习惯，使之在口头上和行动上表现一致，最终有利于实现一个民主的富裕社会。因此，答案选B。

20.【解析】 D　记忆题　此题考查要素主义教育。

A. 永恒主义教育认为教育要培养人的理性。

B. 改造主义教育认为教学课堂应以社会问题为中心。

C. 新行为主义教育认为教学的过程就是塑造人的行为的过程。

D. 要素主义教育认为教育要对人的心智进行训练，在教学上应该坚持传统的心智训练，传授人生的知识，教学过程是一个训练智慧的过程。因此，答案选D。

21.【解析】 A　记忆题　此题考查要素主义教育。

所谓“要素”是指在人类的文化遗产中存在着永恒不变的、共同的、超时空的事物，它们是种族文化和民族文化的基础，包括学术、艺术、道德以及技术与习惯等。因此，答案选A。

22.【解析】 B　记忆题　此题考查要素主义教育的师生关系。

A. 这属于存在主义教育的师生观。

B. 要素主义教育反对指责发挥教师的作用就是在压抑儿童自由的观点，主张教师在教育教学过程中的核心和权威地位，认为教师的管束是正当的。因此，答案选B。

C. 这属于改造主义教育的师生观。

D. 这属于结构主义教育的师生观。

23.【解析】 C　记忆题　此题考查20世纪中后期的现代欧美教育思潮。

A. 存在主义教育强调教育目的在于使学生实现“自我完成”。

B. 要素主义教育强调学校教育的核心是人类文化遗产的共同要素，教学过程是训练智慧的过程。

C. 永恒主义教育强调教育的性质永恒不变，教育的目的是要培养永恒的理性，永恒的古典学科应该在学校课程中占有中心地位。因此，答案选C。

D. 改造主义教育强调教育应该以“改造社会”为目标，教育要重视培养“社会一致”的精神。

24.【解析】 A　记忆题　此题考查新托马斯主义教育。

新托马斯主义教育的著作主要有《19世纪哲学总结》《青年的基督教教育》《教育处在十字路口》《托马斯主义教育观》。《人与人之间》由存在主义教育家布贝尔所著;《教育与新人》由要素主义教育家巴格莱所著;《教育漫谈》由永恒主义代表人物之一的阿兰所著。因此，答案选A。

25.【解析】 B 记忆题 此题考查存在主义教育。

存在主义教育强调人的生成，甚至认为“教育即生成”，主要关注人的本质实现，其中首先要发展自我意识，培养人做出自我选择的能力；然后要充分发展自我责任感，最终实现“自我完成”。因此，答案选B。

26.【解析】 C 记忆题 此题考查20世纪中后期的现代欧美教育思潮。

新行为主义教育认为教学的过程就是塑造人的行为的过程，强调按照程序进行教学。因此，答案选C。

27.【解析】 D 记忆题 此题考查20世纪中后期的现代欧美教育思潮。

结构主义教育强调教育和教学应重视学生的智能发展，注重教授各门学科的基本结构，主张学科基础的早期学习，提倡“发现学习法”，教师是结构教学中的主要辅助者。因此，答案选D。

28.【解析】 B 记忆题 此题考查20世纪中后期的现代欧美教育思潮。

人本主义教育强调，在教育目标上，培养自我实现的人；在教育内容上，构建以人为本的课程；在教育环境上，创造自由的心理氛围。因此，答案选B。

29.【解析】 D 理解题 此题考查终身教育的内涵。

终身教育强调人的一生的不间断的学习与发展，强调人的学习的自主性，旨在构建学习型社会，终身教育并没有废除学校教育。因此，答案选D。

30.【解析】 A 记忆题 此题考查多元文化教育思潮。

多元文化教育思潮属于未来教育战略的教育思潮。因此，答案选A。

31.【解析】 B 理解题 此题考查20世纪中后期的现代欧美教育思潮。

A. 要素主义教育认为学校教育的核心是人类文化遗产的共同要素。

B. 改造主义教育认为教育最重要的目的就是要改造社会，旨在通过教育为社会成员建设社会新秩序和实现人们共同生活的理想社会。因此教育要重视培养“社会一致”的精神，即消除彼此的分歧，培养人们的群体意识和集体心理，形成人们共同的思想、信念以及习惯，使之在口头上和行动上表现一致。因此，答案选B。

C. 永恒主义教育强调理性训练以及人的理性和教育基本原则的永恒性。

D. 存在主义教育是一种把人的存在当作基础和出发点的哲学，其基本论点是萨特的“存在先于本质”。

拔高特训

近代教育思潮

1. 【解析】 C 记忆题 此题考查自然主义教育思潮。

A. 亚里士多德是首个提出教育适应自然的人。

B. 卢梭并没有反对一切知识教育，只是反对过早接受知识教育。

C. 第斯多惠认为遵循自然和遵循文化同等重要，二者冲突时，遵循自然。因此，答案选C。

D. 自然主义教育思潮的各位代表人物虽然都主张教育适应自然，但是具体观点有差异。

2. 【解析】 D 记忆＋理解题 此题考查启蒙运动的思潮。

A. 教育心理学化是18世纪初欧洲兴起的一场旨在将教育建立在心理学基础上的教育思想革新运动。

B. 科学教育思潮产生于16世纪末17世纪初，兴盛于19世纪后期，在欧美国家得到广泛传播。

C. 18—19世纪，在法国启蒙运动中，国家主义教育思潮开始形成并广泛传播。

D.“全人”教育的思想是人文主义在文艺复兴运动中体现的，并非启蒙运动的教育思潮。因此，答案选 D。

3.【解析】 D　理解题　此题考查自然主义教育思想。

自然主义与科学主义的发展并不冲突，如卢梭既强调教育适应自然，也强调学生要学习科学知识。因此，答案选 D。

4.【解析】 D　记忆 + 理解题　此题考查教育心理学化教育思想。

裴斯泰洛齐首次提出“教育心理学化”的口号，开拓了西方教育心理学化运动；赫尔巴特为教育心理学化奠定了理论基础，使教育心理学化思想系统化；第斯多惠使“教育适应自然”这一术语直接被“教育心理学化”所代替，推动了教育心理学化的应用。因此，答案选 D。

5.【解析】 A　记忆题　此题考查 19 世纪西方教育的发展趋势。

文艺复兴时期的人文主义教育具有古典主义的特征，19 世纪时古典主义思想已经衰落。因此，答案选 A。

6.【解析】 C　记忆题　此题考查国家主义教育思潮。

A、B、D 选项可以体现国家教育思潮。实科中学并不一定是公立的。最早的实科中学出现在 18 世纪初，此时国家主义思潮还没有真正来临，所以此时的实科中学完全是私立的性质，难以说明它是国家主义教育思潮的表现。因此，答案选 C。

7.【解析】 A　理解 + 综合题　此题考查 19 世纪的教育思潮。

A. 说法正确。因此，答案选 A。

B. 教育适应自然直接被教育心理学化思潮所代替，而非科学教育思潮。

C. 巴西多的泛爱学校以自然主义教育思潮为指导思想。

D. 裴斯泰洛齐首次提出教育心理学化的概念，赫尔巴特使教育心理学化思想系统化。

新教育运动与进步教育运动

8.【解析】 D　记忆 + 理解题　此题考查进步教育运动。

这五点均是美国进步教育衰落的原因。因此，答案选 D。

9.【解析】 A　记忆题　此题考查进步教育实验。

A. 阿博茨霍尔姆乡村寄宿学校规定学校的作息时间为上午主要学习功课，下午从事体育锻炼和户外实践，晚上是娱乐与艺术活动。因此，答案选 A。

B. 罗歇斯学校重视师生之间家庭式的亲密关系，重视体育运动，被称为“运动学校”。

C.“劳作学校”着重强调把“劳作教学”列为独立科目，改革传统科目的教学。

D. 皮肯希尔学校是英国教育家罗素开办的，强调自由教育、爱的教育和个人主义。

10.【解析】 A　记忆 + 理解题　此题考查克伯屈的设计教学法。

A. 生产者设计（建造设计）：以实现一个观念、思想或计划为主要目的，如做科学实验等。因此，答案选 A。

B. 消费者设计（欣赏性的设计）：主要的目的是欣赏，如听一段交响乐、欣赏芭蕾舞等。

C. 问题设计：主要是解决某种理智上的困难和障碍，如思考人为什么不能飞上大气层。

D. 练习设计：目的是达到某项任务或获得某种程度的技能、知识，如学习阅读、拼写等。

11.【解析】 C　记忆题　此题考查进步教育运动。

“有机教育学校”和“道尔顿制”的创办者确实有受到卢梭和蒙台梭利的影响，但“葛雷制”是以杜威教育思想为依据进行的。因此，答案选 C。

12.【解析】 A　记忆题　此题考查新教育运动中的著名实验。

帕克的昆西教学法属于进步教育运动中的著名实验。因此，答案选 A。

13.【解析】 C　记忆题　此题考查新教育实验。

阿博茨霍尔姆乡村寄宿学校是由雷迪创办的，此学校的建立标志着新教育运动的开始。因此，答案选 C。

14.【解析】 B　记忆 + 综合题　此题考查进步教育实验。

A. 特朗普制实行大班上课、小班研究和个别作业相结合。

B. 说法正确。因此，答案选 B。

C. 葛雷制被认为是“美国进步教育运动中最卓越的例子”。

D. 道尔顿制主张学校废除课堂教学、课程表与年级制，代之以“公约”的学习。

15.【解析】 C　记忆 + 综合题　此题考查进步教育运动和新教育运动的区别。

C 选项是二者最大、最本质的区别，进步教育运动更侧重儿童的需要，新教育运动更侧重教育管理，其余选项均是附带的，并不是最大、最本质的区别。因此，答案选 C。

现代欧美教育思潮

16.【解析】 D　记忆题　此题考查改造主义教育思想。

改造主义教育是从实用主义和进步教育中分化出来，逐渐形成的一个独立的教育思潮。因此，答案选 D。

17.【解析】 D　理解题　此题考查结构主义教育。

20 世纪 60 年代课程改革是由布鲁纳倡导的，他是结构主义的代表人物。人本主义重视知情统一，永恒主义主张学习古典知识，改造主义重视社会改造，这三个思潮都没有影响美国 20 世纪 60 年代的课程改革。因此，答案选 D。

18.【解析】 B　记忆 + 理解题　此题考查教育思潮。

A. 要素主义教育强调把人类文化遗产的共同要素作为学校教育的核心。

B. 改造主义教育认为教学应当与解决社会实际问题结合起来，突出教学内容的民主性，未强调知识中心的教学。因此，答案选 B。

C. 永恒主义教育认为应该组织一些永恒课程来传授永恒的真理，这些课程应当成为普通教育的核心。

D. 结构主义教育认为教学要注重教授各门学科的基本结构，这有助于理解和把握整个学科的内容。

19.【解析】 D　记忆 + 理解题　此题考查要素主义教育思想。

要素主义教育认为中小学最能体现人类文化共同要素的基础知识是“新三艺”，分别为数学、自然科学、外语。因此，答案选 D。

20.【解析】 C　记忆题　此题考查永恒主义教育思潮。

永恒主义教育的代表作有《美国高等教育》《为自由而教育》《怎样读一本书》《保卫古典教育》《教育的未来》《教育漫谈》等。《教育哲学的模式》是布拉梅尔德的代表作，《我的教育信条》是杜威的代表作，《教育处在十字路口》属于新托马斯主义的著作。因此，答案选 C。

21.【解析】 D　记忆题　此题考查新托马斯主义教育思想。

新托马斯主义教育认为教育应该处在教会的严密控制之下。教育的使命主要属于教会，人一生下来就要接受以宗教教育为核心的完整的教育体系。因此，答案选 D。

22.【解析】 D　记忆 + 理解题　此题考查 20 世纪中后期的现代欧美教育思潮。

人本主义教育认为，在学习过程中应提倡以人为中心的教学、非指导性教学、自由学习、自我学习，没有强调教师在教育中的重要作用。因此，答案选 D。

23.【解析】 B　记忆 + 综合题　此题考查 20 世纪中后期欧美教育思潮的主要教育观点。

A. 存在主义教育认为教育的本质就是品格教育。

B. 改造主义教育强调行为科学对教育工作的意义，行为科学应成为改造教育的基础。因此，答案选 B。

C. 永恒主义教育认为永恒的古典名著应在学校课程中占有中心地位。

D. 改造主义教育主张教育要重视培养“社会一致”的精神。

24.【解析】 D　记忆 + 综合题　此题考查新传统教育思潮。

D 选项中，以教师为主导、学生为主体的教师观更多地体现的是以学生为中心，而新传统教育思潮主张以教师为中心，突出教师在教育教学过程中的权威地位与主导作用。因此，答案选 D。

论述题

1.　试述近代西方自然主义教育思想的历史意义和局限性。

答：(1) 简介：近代西方自然主义教育思想产生于 17 世纪，形成于 18 世纪，19 世纪仍有所发展，强调教育遵循自然，适应儿童身心发展的顺序。主要代表人物是夸美纽斯、卢梭、裴斯泰洛齐。

(2) 观点：

①**教育目的是培养人的自然本性。**以人的自然本性为基础，保护人的善良天性，反对封建教育的强制性；以人的自然发展为内容，重视人的生存教育和素质教育，重视人身心的和谐发展，促进人的全面发展。

②**主张儿童发展年龄分期论。**儿童发展分期是自然主义教育思潮的特色，自然主义教育家都主张依据人的身心发展规律和年龄特点对儿童的发展划分阶段，不同的年龄阶段有不同的教育目标。

③**主张内容丰富的课程论。**不同的自然主义教育家对课程有不同的论述，其中包括“泛智”课程、家庭教育、无系统的课程、以心理和社会的标准选择课程等。

④**教育教学的原则与方法都要体现教育适应自然。**自然主义教育家们都认同教育适应自然的原则并提出了具体的教学原则和教学方法，如自然适应性原则、顺应自然原则、实物教学法、自然后果法等。

(3) 历史意义：

①**理论价值：**自然主义教育家们积极寻求教育的规律，为教育理论科学化奠定了必要的基础。

②**教育对象：**自然主义重视对儿童的研究，确立了儿童在教育中的中心地位，主张解放儿童的天性，具有划时代的意义。

③**教育实践：**自然主义教育家们重视教学内容、教学原则和方法的研究，初步形成了完整的、系统的教学原则体系和各科教学法体系，为教学理论的发展奠定了坚实的基础。

④**历史影响：**自然主义教育家们反对压制儿童个性和自由，具有反宗教、反封建的历史影响，促进了教育近代化的发展，对后来新教育、进步教育以及杜威的教育思想都有一定的影响。

(4) 局限性：

①**理论缺陷：**有些自然主义教育家对于“自然”概念的界定并不清晰。同时，一些自然主义教育家混

淆了自然现象和社会现象的区别，以自然的规律机械地论证教育规律，缺乏一定的科学依据。

②**实践弊病**：自然主义教育家们容易在教育教学实践中给予儿童过度的自由，使教育实践极富理想化，导致可行性很弱，降低了教育质量。

③**价值取向**：一些自然主义教育家将个性与社会性对立起来，忽视了教育的社会制约性，未能深刻地揭示教育的本质。

④**研究方法**：自然主义教育家们运用类比论证、思辨演绎、经验推理、天才设想等方法论述儿童教育和教育方法，用粗浅提炼的方式总结的教育结论缺乏严谨的论证。

2. 比较新教育运动与进步教育运动的异同。

答：（1）相同点

①**时代背景**：二者都发生在 19 世纪末到 20 世纪上半叶，当时欧美国家经济发达，科技快速发展、义务教育普及，这些都促使人们开始关注教育质量。

②**改革目的**：二者都是针对传统教育以教师为中心、忽视学生个性发展等弊端而进行的改革，都提出新的教育目标、原则、方法，并且注重以儿童为中心，重视儿童的自由、个性、创造性和主体性等。

③**改革措施**：a. 二者都开办新式学校，采用新式教学法进行教育实验。如新教育运动中雷迪的阿博茨霍尔姆学校、进步教育运动中约翰逊创办的有机教育学校。b. 二者都通过成立协会、办杂志来宣传。如新教育运动中的“国际新学校局”和《新时期的教育》杂志；进步教育运动中的“美国进步教育协会”和《进步教育》杂志。

④**理论指导**：二者都有理论指导，如新教育运动的理论是梅伊曼、拉伊的实验教育学等；进步教育运动的思想来源于卢梭、裴斯泰洛齐和福禄培尔等人，并以杜威的实用主义理论为指导。

（2）不同点

①**在运动场所方面**，新教育运动始于欧洲，主要在乡村私立学校中展开，建立在环境优美的地方，展开新式的教学实验；进步教育运动在美国，在城市公立学校中进行。

②**在改革力度方面**，作为教育改革运动，新教育运动更温和、理性；进步教育运动则激进、彻底、批判性更强。

③**在改革侧重点方面**，新教育运动重视学校管理和自治；进步教育运动重视儿童需要、自由活动和个体经验，更关心民众的教育，更强调教育与社会的联系，更重视“做中学”，更注重教育民主化。

④**在学校持续时间方面**，新教育运动的新学校持续时间更长；进步教育运动的实验学校在 20 世纪 50 年代后就陆续关闭了。

⑤**在理论基础方面**，虽然两种运动都有理论指导，但是它们各自所依据的理论是不同的。新教育运动的理论基础多样化，主要以梅伊曼、拉伊的实验教育学和凯兴斯泰纳的公民教育理论为指导；进步教育运动则主要是以杜威的实用主义教育学为理论基础。

⑥**在影响力方面**，新教育运动的影响力主要在欧洲；进步教育运动不但对美国，而且对整个世界都产生了深远的影响。

3. 论述 19 世纪末 20 世纪初欧美教育思潮产生和发展的历史背景、共同特征及其历史意义。

答：（1）历史背景：19 世纪末至 20 世纪前期欧美新教育运动和进步教育运动的开展，是欧美国家教育理论与教育实践发展为适应当时欧美各国社会经济、政治和科学文化发展需要的结果。

①**欧美教育思潮是社会改革运动的重要组成部分**。在经济发展上，欧美经济发达促使其整个社会生活

发生重大变化；在科技发展上，心理学和自然科学的实验化研究方式更适应社会发展的进展，人们开展各种教育研究与实验，力图建立“科学的教育学”。

②**随着义务教育的普及，教育家开始关注教育质量的提高，重视研究儿童的特性**。人们抨击传统教育的弊端，质疑传统的讲授教法和静坐学习是否真正适应学生的个性发展需求，尊重学生的需要、兴趣、生活、个性与自由、身心发展规律与年龄特点等成为当时的重要主题。

③**卢梭的教育思想成为当时教育革新运动的主要思想渊源**。卢梭提倡的自由教育、自然教育等思想也开阔了人们的视野，给教育带来了“哥白尼式”的教育变革，20 世纪上半叶的杜威、蒙台梭利、克伯屈、约翰逊等教育家都在他们的教育改革中或多或少地使用自然主义改造自己学校的教育。

（2）共同特征：

①**重视儿童在教育过程中的主体地位**。认为儿童具有善性和自我发展的能力，不再把儿童视为被动的教育对象。如新教育运动和进步教育运动都反对体罚，重视儿童兴趣和思维能力的发展。

②**重视儿童研究和教育调查，力图使教育研究科学化**。运用比较和测量等新方法，定性研究与定量研究相结合，思辨与经验相结合。如新教育运动重视现代人文科学与自然科学课程；进步教育运动重视学生直接经验，以活动课程为主，要求学生“做中学”。

③**重视儿童的创造性活动、社会合作和劳动在儿童身心发展中的作用**。如新教育运动和进步教育运动都重视培养学生的自由精神、观察能力、审美能力和独创精神，向儿童灌输民主、合作的观念，培养儿童的责任心和进取心。

（3）历史意义：

①积极意义：

a. 新教育运动和进步教育运动促使人们对西方教育传统进行反思，推动了人们对教育现象的重新认识。它们批判传统教育对儿童思想与创造性的禁锢，尊重学生的主体性，促进儿童天性与自由的发展，重视儿童个性差异。

b. 新教育运动和进步教育运动奠定了现代教育的重要思想基础。它们对 20 世纪欧美国家的教育发展产生了广泛而深刻的影响，构成了 20 世纪西方教育发展的重要起点。

②消极意义：

a. 在儿童研究中存在着生物化的倾向。新教育运动和进步教育运动倾向于强调儿童生物化本能、天性的生长，忽视了教育的社会性。

b. 突出个人主义，过高估计儿童自由、个性和创造性的意义。新教育运动和进步教育运动过分强调儿童个人自由，忽视社会和文化对个人发展的作用。

c. 忽视儿童基本知识的传授，导致教育质量下降。新教育运动和进步教育运动强调以儿童活动为中心，片面强调实用、适应，只顾眼前利益而忽视长远利益，忽视基本知识的传授，降低了教育质量，因而引起了传统派思想的回潮。

d. 对教师提出了过高的要求。活动课程对部分教师而言操作难度大，使得教师难以完成和达到进步教育家所期望的教育效果，这也是降低了教育质量的原因。

4.　试论新传统教育派教育思潮的共有观点，并从教育制度、教育实践、教育思想三个方面分析该思潮给美国带来的积极影响与局限性。

答：（1）简介：新传统教育派教育思潮是 20 世纪 30 年代在欧美国家出现的，包括要素主义教育、永恒主义教育和新托马斯主义教育。

（2）共有观点：

①**在教育观上，**反对进步主义教育的“儿童中心主义”。

②**在课程设置上，**主张学校恢复基础课程，重视基础知识和基本技能教学。

③**在教学过程上，**突出智力标准，注重心智训练，严格学校的学业成绩标准。

④**在师生观上，**主张以教师为中心，突出教师在教育教学过程中的权威地位与主导作用。

⑤**在学生管理上，**强化教育教学管理，加强学校的纪律性。

（3）积极影响：

①**对美国：**

a. 教育制度：新传统教育派教育思潮的许多教育主张已被美国当时的教育改革所采纳，对 20 世纪五六十年代美国教育改革产生了重要影响，为 20 世纪 70 年代“返回基础”教育运动提供了直接的理论基础。

b. 教育实践：新传统教育派教育思潮针对美国教育实践中存在的问题，提出了解决学校教育弊端的措施，在促进学校教育质量提升和缓解社会政治、经济危机等方面产生了一定的影响。

c. 教育思想：该思潮影响美国从实用主义和进步教育的思想转向传统教育的价值，要求回归传统教育，重视学术型课程。

②**对世界：**新传统教育派教育思潮不同程度地影响了西方主要发达国家的教育改革，促使各国教育回归到学科课程和学术型知识的学习上。

（4）局限性：新传统教育派教育思潮在 20 世纪 70 年代后也开始衰落。首先，其核心力量要素主义又引起了新争执，增强知识价值是否会忽视学生的主体性，过度的竞争是否可以培养英才，是否还会像传统教育一样脱离学生的兴趣；其次，永恒主义只在高等教育领域有影响，在民间曲高和寡，一直以来没有形成大的气候；最后，新托马斯主义由于强调宗教的价值而影响范围更小。

综上，我们应该既吸收进步教育的精华，也重视新传统教育派教育思潮的观点，这对于我国新一轮课程改革具有重要的借鉴意义。

5. 述评 19 世纪以来，西方科学教育思潮发展的时代背景、观点与历史影响。

答：（1）时代背景：

①**传统教育缺乏实用性。**进入 17 世纪，传统的经院哲学教育和古典教育越来越无法适应生产力发展的需求。

②**资本主义生产的发展与科学兴起的文化思想环境。**资本主义生产的发展和新兴资产阶级的出现极大地推动了自然科学的发展，实科教育更符合时代的需求。如地理大发现和新航路的开辟刺激了欧洲近代科学的兴起，文艺复兴运动提供了近代科学兴起的文化思想环境。

③**科学革命时代的到来。**17 世纪是科学革命的时代，科学研究的爆发式发展，引发了人们对科学的普遍关注，随着自然科学的兴盛，实科教育也开始受到重视。

（2）观点：

①**批判旧教育：**实科教育家批判古典教育和经院主义教育空疏无用、束缚思想、不合时宜，认为教育到了非改革不可的程度。

②**教育目的：**主张培养经世致用的科学人才和实用人才。这样的人才能适应当时的生活和生产发展的

需要。

③**教育内容：**认为科学知识最有价值，主张建立以科学知识为核心的课程体系。

④**教育实践：**一方面，科学革命时期的教育催生了新式学校的建立，如实科中学、新式大学等。另一方面，这一时期的教育也改变了教学方法，如推崇直观教学法、实物教学法、实验推理等。

⑤**理论论争：**科学的迅速发展引发了英国思想家和社会人士对古典教育和科学教育的讨论。斯宾塞与赫胥黎猛烈抨击古典教育，积极倡导和宣传科学教育，逐渐受到各国政府的重视，最终形成一场科学教育运动。

（3）历史影响：

①**对经济与社会的影响：**科学教育思潮适应了当时工业革命后资本主义快速发展的需要，也适应了社会进步和时代发展的客观要求。

②**对科学革命的影响：**自然科学知识获得了空前增长；科学研究方法取得突破性进展；科学理性精神得以形成。

③**对教育改革的影响：**完善了学校教育的课程设置和教学内容，推动了欧美各国课程改革，促进了教育理论与实践的发展，也促进了教育的近代化和世俗化。

外国教育史综述题特训

1.　阅读材料，并按要求回答问题。

请回答：

（1）比较两则材料中的义务教育观。

（2）简要论述二者的义务教育思想对英、法、德、美初步建立义务教育制度的影响。

答：（1）两则材料分别是马丁·路德和加尔文的义务教育思想，二者的义务教育观的异同如下：

①相同点

a. 作用目的：都强调世俗性和宗教性。二者都认为教育对个人生活、社会生活和宗教生活有重要意义。

b. 教育内容：都强调世俗与宗教科目。《圣经》是主要学习科目，同时也学习世俗知识。

c. 教学语言：都强调本族语教学。二者都意识到本族语教学更实用，也能增强民族团结力。

d. 教育制度：都强调发展普及教育。二者都强调教育对人发展的重要作用，因此主张所有儿童不分性别和贫富贵贱，都应当接受教育。

②不同点

a. 教育管理权：路德认为，教育的管理权应完全归于世俗政权——国家，而不是像中世纪那样归于教会；加尔文认为国家应该开办公立学校，实行免费教育，国家和教会都对教育负有责任。

b. 教育制度：路德提出强迫义务教育的主张，国家应对不承担这项义务的父母予以惩罚；加尔文认为普及教育最好是一种免费教育，不仅能推动宗教信仰的传播，还有利于道德的进步。

c. 教育实践：路德没有亲自进行教育实践，由其追随者梅兰克顿、斯图谟、布根哈根等人初步实现；加尔文亲自领导了教育实践，如在初等教育方面，他亲自领导了日内瓦城免费、普及的教育活动。在中等教育方面，他创办了文科中学。在高等教育方面，他创办了日内瓦学院。

（2）对英、法、德、美初步建立义务教育制度的影响：

①**英国：**1870 年，英国政府颁布了《初等教育法》，在完善宗教和慈善团体已兴办的初等教育的基础上建立公立的初等教育制度。该法案的颁布表明英国政府全面承担起国民教育的职责，标志着英国国民教育制度的正式形成，加速了英国初等教育的发展，到 1900 年，英国基本普及了初等教育。

②**法国：**1881 年和 1882 年，法国制定并颁布了《费里法案》，确立了国民教育义务、免费、世俗化三大原则。《费里法案》的颁布与实施为这一时期初等教育的发展提供了必要的法律保障，指明了进一步努力的方向，标志着法国初等教育步入一个新的历史发展阶段。

③**德国：**德意志各邦国从 16 世纪中期起先后颁布了有关国家办学和普及义务教育的法令，如威丁堡法令、魏玛公国法令、普鲁士法令；19 世纪之后，德国初等教育发展加速，一些公国颁布了《初等义务教育法》；1885 年普鲁士实行免费初等义务教育；19 世纪 60 年代德国初等教育入学率达到 95%。

④**美国：**1642 年和 1647 年，马萨诸塞州制定了强迫教育法令，要求家长和师傅们对自己的孩子或学徒进行教育，要求各乡镇居民点的居民共同出资兴办初等和中等学校，否则予以罚款；19 世纪在贺拉斯·曼的领导下，美国发起了公立学校运动，基本实现了义务教育的普及。

2. 16 世纪宗教改革的洪流中，马丁·路德提出了义务教育思想，形成了义务教育思潮，之后 17—19 世纪的历史进程里，西方各国都先后开始实施义务教育制度。试论英、法、德、美四国义务教育的开端，并说明近代义务教育发展的趋势。

答：（1）英、法、德、美四国义务教育的开端：

①**英国：**1870 年，英国政府颁布了《初等教育法》（又称《福斯特法案》），这是英国义务教育开始的标志。法案规定国家对教育有补助权与监督权，在各学区设立国民学校，对 5～12 岁儿童实施强迫性初等教育等。它奠定了英国国民教育制度的基础，加速了英国初等教育的发展，标志着英国义务教育制度的正式形成。

②**法国：**1881—1882 年，法国颁布了《费里法案》。该法案确立了国民教育发展的义务、免费和世俗化三大原则，规定 6～13 岁为法定义务教育阶段。这一法案确立了法国义务教育的基本框架，成为法国义务教育开始的重要标志，极大地推动了法国普及义务教育的进程。

③**德国：**德国是世界上最早实施义务教育的国家。受马丁·路德思想的影响，德意志各邦从 16 世纪中期起先后颁布了有关国家办学和普及义务教育的法令，成为近代西方最早颁布法令实施强制初等义务教育的国家。如魏玛公国在 17 世纪初，要求列出 6～12 岁男女儿童的名单，以保证适龄儿童上学。

④**美国：**19 世纪初，贺拉斯·曼与巴纳德等人倡导开展公立教育运动，旨在各州推行依靠公共税收维持、由公共教育机关管理、面向所有公众的免费的义务教育。自此以后，各州也陆续制定义务教育法，美国的义务教育逐步发展起来。

（2）近代义务教育的发展趋势：

①**普及化。**各国义务教育的入学年龄大多在 6～8 岁之间，并且随着时间推移，义务教育年限逐渐延长。且各国从最初部分阶层的儿童入学，扩大到逐步涵盖社会各个阶层的儿童入学。

②**强制化。**各国通过颁布一系列法律来保障义务教育的实施，对适龄儿童都有强制入学的要求，以此保证义务教育的普及。

③**免费化。**许多国家在义务教育发展过程中逐渐实现了免费。开始可能只是部分免费，如免除学费。随着国家经济实力的增强和对教育重视程度的提高，逐步扩大到入学项目一律免费。

④**世俗化**。在近代义务教育发展过程中，教育逐渐摆脱宗教的束缚，要求宗教知识与世俗知识相分离。世俗化使教育更加贴近现代社会发展的需求，注重培养具有理性思维、民主意识和现代知识技能的公民。

⑤**实科化**。在世俗知识的学习中，古典知识的比重开始大大降低，义务教育阶段更突出本族语教学，突出近代以来的实科知识，主张培养实用性人才。

⑥**公立化**。主要体现在办学主体的转变上，例如西方各国都建立了公立学校，它们的特点是依靠公共税收维持、由公共教育机关管理、面向所有公众。对此，公立学校成为义务教育的主要办学主体。

3. 论述"二战"后主要发达国家教育改革的具体表现和总体特点。

答：(1)"二战"后主要发达国家教育改革的具体表现

①**重新设计和改革中等教育的结构和职能**。英国的《巴特勒教育法》提出为所有学生提供免费的中等教育。法国的《郎之万—瓦隆教育改革方案》规定：实施 6～18 岁的免费义务教育，主要通过基础教育阶段、方向指导阶段和决定阶段进行。德国的《汉堡协定》规定：所有儿童均应接受九年义务教育，所有儿童在接受基础学校教育和两年促进阶段或观察阶段教育之后，都可以进入三种中学，即三至四年制的主要学校、四年制的实科学校和七年制的完全中学。为了解决教育机会不平等的问题，美国通过了《中小学教育法》，该法取消了种族隔离，强制规定黑人与白人合校，促进了教育公平。

②**扩大高等教育**。英国 1963 年的《罗宾斯报告》指出应为所有在能力和成绩方面合格并愿意接受高等教育的人提供高等教育课程。法国 1968 年的《高等教育方向指导法》确立了高等教育"自主自治、民主参与、多科性结构"的办学原则，要求按照新的原则调整和改组法国的大学。《高等学校总纲法》是战后联邦德国第一个权威的高等教育方面的法案，以适应新的国际竞争的需要。美国在高等教育方面则有《高等教育设施法》等系列法案，强调培养科技人才，增加对高等教育院校的拨款，更新高校教学与科研设施等。这些内容促进了高等教育的迅速发展。

③**大力发展职业技术教育**。在学校教育阶段和后学校教育阶段，增加技术教育、商业教育和职业教育课程。德国统一规定在职业教育方面，各州在义务教育之后，实施三年制义务职业教育。

④**彻底改革学校课程**。美国的《国防教育法》、"返回基础"教育运动、《国家处在危险之中：教育改革势在必行》等对课程内容进行了调整。苏联通过的《关于进一步改进普通中学工作的措施》《关于进一步完善普通学校学生的教学、教育和劳动训练的决议》等都对课程内容进行了相应的调整。

⑤**提高大多数教学人员的职业资格和能力**。英国在 1972 年发表的《詹姆斯报告》对英国乃至世界的教师教育都产生了重大影响，被誉为英国的"教师教育宪章"。德国统一之后，师资培养任务由高等学校承担。

⑥**消除经济障碍以确保人人都有学习机会**。英国、法国、德国等国家都提出了免费教育。

(2)"二战"后主要发达国家教育改革的总体特点

①**民主化**：对教育对象要求教育机会均等，以平等、参与、自主的原则建立相应的教育教学和管理制度。基本精神不再体现浓厚的等级性与宗教性，显示了民主性、进步性。

②**科学化**：教学中尊重学生的个性特点及才能兴趣，给予完备的教育，学科内容设置广泛，改革教学内容中的陈旧部分，增加大量的科学知识，适应社会需要。

③**法制化**：各国陆续颁布教育体系中重要的教育法令，加强教育立法，确立从学前教育到高等教育的完整的教育制度，提高教育管理水平。

④**国际化**：各个国家进行的教育改革也纷纷刺激了彼此的教改，科学技术的进步推动了国与国之间的联系，在经济全球化的推动下，国际化步伐加快。

⑤**终身化：**终身教育成为改革成人教育和学校教育并使之一体化的基本指导理论，在很多国家占据了教育改革中的指导理论地位。

4. 谈谈 20 世纪初欧美综合中学运动的发展及其特点。

答：（1）简介：20 世纪以来，在社会民主化和追求平等教育的趋势下，在初等教育和高等教育发展的双重推动下，欧美各国注重改革中等教育结构，综合中学也应运而生。它是面向所有民众招生，以普通课程与职业课程的综合性为特色，兼顾升学和就业，加强学生个性选择的中学类型。它旨在反对造成教育不平等的双轨制，促使综合中学在课程、招生对象、分组等方面更加综合、全面和平等，以便有效地改变中等教育机构的分类、选拔和分流等制度结构。

（2）欧美综合中学运动的发展：

①**美国：**1918 年颁布的《中等教育的基本原则》认为应该使“综合中学”成为美国中学的标准模式，指出中等教育应当在统一组织的包容所有课程的综合中学进行，肯定了综合中学的地位。

②**英国：**1938 年，《斯宾斯报告》明确提出建立具有综合性质的多科性中学，这是关于综合中学最早的实践性建议。“二战”后，英国工党主张设立综合中学，以体现教育机会均等。

③**法国：**1937 年，法国出现了改革中等教育的新设想，即在中学一年级设立一批定向实验班，通往普通综合中学，但因“二战”开始而停滞。

（3）特点：

①**广泛性：**综合中学运动作为教育发展到一定阶段的必然趋势，是各个国家都必须经历的过程。其教育对象是全体国民，带来的影响涉及西方发达国家和其他发展中国家。

②**综合性：**综合中学的课程编排和教育内容都体现了一种全面、综合、优化选择的特性。它把古典、现代、技术和职业等知识融合起来，向学生提供更加丰富的课程选择和教育内容。

③**平等性：**综合中学运动的根本目的体现出来的是平等性。总体上是为了打破西方国家中等教育传统中的不平等的双轨制，建立新的平等教育机构，以达到教育平等的目的。

④**科学性：**综合中学运动发展过程是建立在科学研究成果之上的。如对社会分层和流动与教育的关系的实证研究等，为综合中学运动提供了科学理论基础。

⑤**民主性：**综合中学运动体现了教育本身的民主性，也体现了社会民主性。

⑥**功利性：**综合中学的建立，是为了解决传统教育与社会经济发展所需要的人才之间的矛盾，进而达到社会和谐。

（4）意义：“二战”之后，在民主思想的推动下，西方各国反对造成教育不平等的双轨制，强力推进综合中学的实施，实现中等教育的民主化。

5. 阅读材料，并按要求回答问题。

请回答：

（1）“此消息”指什么？

（2）结合所学知识，谈谈在“此消息”的影响下，美国及其他西方国家当即进行的教育改革。

答：（1）“此消息”指苏联成功发射世界上第一颗人造卫星。1957 年 10 月 4 日，苏联发射了世界上第一颗人造卫星，在西方世界引起了巨大的震动。各国在痛感国家安全受到极大威胁的同时，纷纷探索军事科技落后的原因，并把目光再次投向教育，进行教育改革。

（2）美国及其他西方国家当即进行的改革：

①**美国：**1958 年颁布《国防教育法》，该法的目的是加强国防并鼓励和资助相关教育方案的扩充和改进，以满足国家迫切需要。内容是：a. 加强自然科学、数学、现代外语和其他重要科目的教学，联邦政府为此提供财政援助；b. 加强天才教育，鼓励有才能的中学生升入高等教育机构研修，从中培养拔尖人才；c. 积极发展职业教育，培养大批高级技术人才；d. 为低收入家庭的儿童提供必要援助。

②**英国：**1963 年颁布《罗宾斯报告》，讨论高等教育的扩展问题，拉开了 20 世纪 60 年代英国高等教育发展的序幕。内容是让所有愿意并有能力接受高等教育的民众都能够接受高等教育。

③**法国：**1959 年颁布《教育改革法》，使法国教育适应世界的文化和国内发展的需要。内容是：a. 改变中学教育双轨制的局面，向单轨制方向发展；b. 所有学生在中学的前两年接受同样的教育，两年后再进入不同类型的学校，即短期职业型、短期普通型、长期职业型、长期普通型。长期普通型是为升入大学做准备。

④**联邦德国：**1959 年颁布《总纲计划》，对普通初等与中等教育进行改革。内容是：a. 要让所有的儿童先接受 4 年基础学校教育，再给 2 年时间充分促进其能力和特长的发展，之后决定进入不同类型的中学；b. 设立 3 种中学。以职业教育为重点的主要中学，以科学教育为重点的实科中学，包括完全中学和学术中学的高级中学。

综上，“人造卫星事件”不仅是美国教育改革的催化剂，也促进了其他西方国家的教育改革，教育在国家政治生活中的地位比以往任何时候都高，各国把教育改革推到了国家议事日程的前沿地带，加紧了教育改革的步伐。

6. 试论西方教育史上教育与生产劳动相结合的主张。

答：（1）教育与生产劳动相结合的思想概述

①**莫尔等早期空想社会主义家**提出了教育要与生产劳动相结合的教育主张，但他们未揭示教育与生产劳动相结合的客观规律。

②**裴斯泰洛齐**是西方教育史上第一位将教育与生产劳动相结合付诸实践的教育家，并在自己的实践活动“贫儿之家”和斯坦兹孤儿院中推动和发展了这一思想。他在一定程度上看到了教育与生产劳动相结合对人的和谐发展和社会改造的重要意义，并在理论认识上加以发展，为教育理论发展做出重要贡献。但由于时代限制，他未能真正找到教育与生产劳动相结合的内在联系，也就无法做出全面的历史分析。

③**马克思、恩格斯**第一次揭示了教育与生产劳动相结合的历史必然性。a. 大工业生产对多方面发展的工人的需要，客观上要求将生产劳动与教育结合起来。b. 大工业生产对科学技术的需要，要求将教育与生产劳动有机地结合起来。c. 综合技术教育也为教育与生产劳动相结合提供了重要的“纽带”。

④**后继马克思主义教育家们，**如凯洛夫、马卡连柯、苏霍姆林斯基等普遍重视教育与生产劳动相结合，并将理论付诸实践。

（2）评价

①**对教育来说：**教育与生产劳动相结合是造就全面发展的人的唯一方法，也是提高教育质量、培养高水平人才的不二法门。

②**对社会发展来说：**教育与生产劳动相结合是当代社会生产发展对教育的要求。培养知识与劳动相结合的人才是提高社会生产的一种强有力的手段。

③**条件：**只有在合理的社会制度下，教育与生产劳动相结合的重大意义和作用才能得到充分的实现。随着社会生产力的高度发展，社会将对生产劳动和教育相结合提出越来越高的要求，同时也在劳动制度和教育制度上提供日益完善的条件，从而使教育与生产劳动相结合的重大意义和作用得到充分的实现。

7. 谈谈西方教育史上关于和谐教育的发展。

答：(1) 西方和谐教育思想的萌芽。古希腊是西方教育思想的发祥地，产生了西方最早的和谐教育思想。古希腊“三哲”对和谐教育都有过深刻的论述。苏格拉底认为教育的目的在于培养德、智、体和谐发展的治国人才；柏拉图强调人的音、体、智、德等方面的身心和谐发展；亚里士多德提出的和谐教育是指德、智、体、美和谐发展，特别强调音乐是和谐教育的核心部分。

(2) 西方和谐教育思想的形成。文艺复兴时期的人文主义教育家从提倡“人性”出发，批判经院主义教育，提出了将人的身心或个性的全面发展作为教育的培养目标。维多里诺将自己创办的学校取名为“快乐之家”，以学生人格的和谐发展为办学宗旨；拉伯雷在其著作《巨人传》中赞颂了人文主义和谐教育思想；蒙田也强调将儿童培养成身心两方面和谐发展的新人。

(3) 西方和谐教育思想的发展。17—18 世纪和谐教育思想开始勃兴，形成了和谐教育思想发展史上的高潮。夸美纽斯认为宇宙万物和人的活动中存在着的“秩序”保证了宇宙万物和谐发展，因此提出了教育适应自然的原则；卢梭提出培养“自然人”的教育目的，强调儿童教育必须“顺应自然”；洛克提出教育的最高目的就是培养绅士，绅士应该具备“德行、智慧、礼仪和学问”四种精神品质以及健康的身体素质。

(4) 西方和谐教育思想的多元变革。

①民主主义和谐教育思想。裴斯泰洛齐提出教育的目的在于全面和谐发展人的一切天赋力量和才能，“和谐发展”是人作为一个社会成员所必须具备的要素。

②实用主义和谐教育思想。杜威重视儿童本身的能力和主动精神在教育过程中的地位，提倡教育主客体的和谐性，提出了以儿童为中心的和谐教育主张。

③人本主义和谐教育思想。马斯洛认为，人本化的教育的目的是人的“自我实现”，即完美人性的形成和达到人所能及的境界；罗杰斯认为，教育目标应是促进“整体的人的学习”与变化，培养独特而完整的人格特征，使之能充分发挥作用。

④马克思主义和谐教育思想。马克思关于人的全面发展学说是从个体如何更好地适应社会发展的角度上阐述和谐教育，为和谐教育提供了哲学基础和科学指导思想。苏霍姆林斯基是马克思主义个性全面和谐发展教育思想的代表人物，他强调培养“个性全面和谐发展”的人，提出学校教育应把德育、智育、体育、美育以及劳动教育有机地结合在一起，使儿童的个性获得协调的发展。

综上所述，和谐教育思想源远流长，西方的思想家、教育家对和谐教育的探索一直没有停止过。他们都看到了和谐教育在培养和谐发展的人才中的重要作用，因而将其作为孜孜以求的教育理想境界。西方和谐教育思想对世界影响深远，即使在当代，也具有重要的时代意义。和谐教育思想启示我们要促使学生的基本素质和谐地发展，设置全面和谐的课程；适应不同学生的发展需要，尊重学生的主体地位；营造安全自由的和谐课堂，构建民主、融洽、和谐的师生关系。

8. 试述陶行知“生活教育”理论与杜威教育理论的关系与区别（异同）。

答：(1) 简介：

①陶行知：陶行知是中国人民教育家、思想家，伟大的民主主义战士和爱国者。他于 1915 年入读美国哥伦比亚大学，师从杜威攻读教育学博士，其“生活教育”思想贯穿始终。

②杜威：杜威是美国著名哲学家、教育学家，一生从事教育活动及教育理论的研究，对美国乃至世界教育的发展都产生了深远的影响，其代表作有《民主主义与教育》。

(2) 相同点：二者都主张教育与生活相结合，学校与社会相结合，做与学相结合，实行活动课程，突出学生的主动性，体现实用主义之风。

（3）不同点：

①**核心不同点：**陶行知重视教师引导；杜威忽视教师的作用。

②**之所以有上述核心的不同，是因为：**

a. 时代背景不同：陶行知所处的背景正是中国受日本侵略，民不聊生，国家处于危难之际，他思考的是普及教育的问题；杜威所生活的时代是美国国富民强时期，他思考的是教育质量的问题。

b. 对生活的理解不同：陶行知认为生活即教育，即生活是教育的中心，生活决定教育，这里的“教育”指社会生活中的教育，“生活”指学生的日常社会生活；杜威认为“教育即生活”，即教育是生活的过程，学校是社会的一种形式，这里的“教育”指学校教育，“生活”指学生的理想生活。

c. 对学校与社会联系的理解不同：陶行知认为社会即学校，即学校具有社会的意味，社会也具有学校的意味，二者是双向的；杜威认为学校即社会，即学校有社会的意味，二者是单向的。

d. 对师生关系的理解不同：陶行知认为学生具有主体性，不唯学生中心论，强调教师的作用；杜威主张学生中心论，弱化教师的地位。

e. 对教育方法的理解不同：陶行知提出教、学、做合一，强调知行统一；杜威提出从“做中学”，在实践中忽视知识与活动的结合。

9. 阅读材料，并按要求回答问题。

请回答：

问题 1：（1）材料 1 体现了杜威的什么教育理论？

（2）简述陶行知结合我国社会情况将杜威的教育理论“翻了半个跟斗”的原因。

（3）谈谈“生活教育”理论中体现的有关学校与社会的关系的观点。

问题 2：（1）材料 2 中“好事就成了坏事”指的是什么？

（2）布鲁纳提出的结构主义理论是如何解决这一问题的？

（3）杜威和布鲁纳的教育改革对我国的教育改革有何启示？请说明理由。

答：问 1：（1）材料 1 体现了杜威的“教育即生活、学校即社会”的实用主义教育理论。杜威明确提出应把学校和社会紧密联系起来，把学校创造成一个小型的社会，使学校生活成为一种经过选择的、净化的、理想的社会生活，使学校成为一个合乎儿童发展的雏形社会。

（2）“翻了半个跟斗”的原因：杜威的实用主义教育理论提出了“教育即生活，学校即社会”；陶行知提出的“生活教育”理论认为“生活即教育，社会即学校”。因此，可以说，陶行知的“生活教育”理论把杜威的理论“翻了半个跟斗”。

①**国情不同：**杜威所处的美国在当时是超级大国，教育已经发展到一定程度；而陶行知所处的中国当时还处于贫穷落后、教育不发达的情况之下。

②**教育发展不同：**杜威在教育比较完善的情况下，关注的是教育质量的问题；陶行知在教育极其不发达，甚至教育未普及的情况下，关注的是教育的普及问题。

③**教育目的不同：**杜威提出的“实用主义教育”理论中教育所承担的任务是为民主社会服务、培养在生活中学习的人才；陶行知提出的“生活即教育”理论中教育所承担的任务是为民族解放、国家独立事业而服务，为实现民主的普及教育。

（3）“生活教育”理论中体现了学校与社会的关系：

①**内容。**陶行知在“社会即学校”中体现了学校与社会的关系，表现为两层含义：a.“社会含有学校的意味”或者说“以社会为学校”。因为到处是生活，所以到处是教育，整个社会就像一个教育的场所。b.“学校含有社会的意味”。学校通过与社会生活相结合，一方面“运用社会的力量，使学校进步”；另一方面“动员学校的力量，帮助社会进步，使学校真正成为社会生活必不可少的组成部分”。陶行知认为“学校即社会”是半开门，“社会即学校”是拆除学校的围墙，在社会中创建学校。

②**评价。**“社会即学校”强化了学校教育的内涵和作用，使传统的学校观、教育观有所改变，使劳苦大众能够受到起码的教育，体现了普及民众教育的良苦用心。

问 2：（1）“好事就成了坏事”指的是过于重视儿童的直接经验，导致教育质量下降。杜威注重直接经验的价值，强调经验中人的主动性，并把直接经验置于教育的中心，催生了新式的课程类型、新式的课程理论和新式的教学理论，这是好事。但在教学中由于只注重直接经验，忽视了间接经验，忽视了知识体系，忽视了教师的主导作用，造成了教育质量的下降，因此好事就变成了坏事。

（2）布鲁纳从教学方法、教学内容设置以及教师地位三方面来解决上述片面重视直接经验而忽视间接经验导致教学效率低下的情况。①**在教学方法上，**提倡在教学中运用发现法让学生自主探究知识，发现知识。②**在教学内容设置上，**注重教授各门学科的基本结构。③**在教师地位的认识上，**布鲁纳认为教师是结构教学中的主要辅助者，学生都是在教师的引导下发现知识的。

（3）启示：

①**注重儿童的直接经验与间接经验的结合。**学生认识的主要任务是学习间接经验，学习间接经验必须以学生个人的直接经验为基础。

②**注重教育内容与实际生活的结合。**教育的特点决定了它与社会生活的各个方面都有联系，教育不能脱离生活。

③**注重教师的引导性与学生的主体性的结合。**发挥教师的主导作用是保证学生主体性的必要条件，调动学生的学习主动性是教师有效教学的重要保障。

④**注重学科逻辑与心理逻辑的结合。**学生的心理发展有先后顺序、不平衡性和差异性等特征，要求教学过程要同时兼顾学科知识的逻辑顺序和受教育者学习的心理顺序。

⑤**注重教学内容与教学方式的有效结合。**教学方式是教学内容有效传递的基本保障，教学内容是教师个体确定教学方式的依据之一。

10. 试论杜威与进步教育运动的关系，并分析形成这种关系的原因。

答：（1）简介

①**杜威**是 20 世纪上半叶世界著名教育家，他提出了实用主义教育思想，创立了以学生、活动、经验为中心的“新三中心论”，推动进步教育运动，解放学生、尊重学生，具有鲜明的进步性。但是也导致在教育实践中忽视教师的作用，夸大学生的自由，使教育质量下滑。

②**进步教育运动**是 19 世纪末 20 世纪初开始于美国的教育运动，批判传统教育对儿童思想与创造性的禁锢，呼吁解放儿童，促进儿童天性与自由的发展，重视儿童个性差异，尊重学生的主体性，强调教育与生活实际相联系。但较为极端化地主张以儿童为中心，放纵儿童，轻视知识体系和教师的作用，导致教育质量下滑，最终退出历史舞台。

（2）关系

①**杜威的教育理论成为进步教育运动的主要理论依据。**进步教育运动在某种程度上就是以杜威的教育哲学为指导的，杜威的教育思想为进步教育运动提供了系统的哲学。在实践上，杜威所创办的芝加哥大学实验学校在美国受到广泛关注，成为进步教育运动最重要的中心。因此，从理论到实践，杜威被人们广泛地看作是进步教育的一位主要理论发言人，是美国进步教育运动及20世纪前半期的杰出教育革新家。

②**杜威批判进步教育运动中出现的一些极端片面的东西。**杜威在肯定进步教育运动和进步学校的工作成就的同时，也指出进步教育运动只是带来了教育气氛上的改变，并没有真正深入和渗透到教育制度的基础中去，并批评了进步教育运动实践中的种种做法；尤其是杜威要求尊重儿童但不同意放纵儿童，这是杜威与进步教育运动实践的一个重要区别。在20世纪30年代，杜威更是对进步教育运动中出现的一些极端片面的东西不断提出强烈的批评，以至于人们称他为“拒不承认的进步教育之父”。

③**杜威实用主义与进步教育运动处于同一时代，二者不可避免地交织在一起，互惠互利，互相促进与影响。**

（3）原因

①时代背景相同。

a. 社会发展情况：美国精神文明的发展落后于物质文明的飞速进步。美国工业化的完成，引起了社会结构的重大调整和社会面貌的深刻变化，带来了物质财富的巨大增长，但工业化也带来了一系列政治、经济、文化等社会问题。杜威的教育思想及进步教育运动就产生于美国社会发生重大变化的历史时期。

b. 教育情况：他们从社会改良主义的立场出发，试图通过教育的改革，改革传统教育存在的脱离社会实际和儿童生活的状况，使教育积极适应美国社会政治、经济和科学文化发展的需要，为完善资本主义制度服务。

②**人的发展与社会发展关系的看法不同。**进步教育运动过分强调儿童个人自由，忽视社会和文化对个人发展的作用；杜威则认为个人与社会是共存的而非割裂的，是有机统一而非对立的。所以，杜威一方面大力倡导儿童中心论，另一方面又把社会的需要、社会的目标放在教育的中心。二者在教育中都很重要，相辅相成，不可偏废。

11. 论述“五四”新文化运动时期西方教学理论在中国的传播。

答：新文化运动开始，西方教学理论在中国逐渐传播，促进了中国的教育改革。

（1）赫尔巴特的教学法在中国的传播

我国最早输入的西方教学理论是赫尔巴特的教学法。赫尔巴特的教学法以学生的心理过程为依据，强调教师的主导作用，注重课堂教学形式的组织和规范化。这较之传统私塾的个别教学和死记硬背的方法更为优越，尤其是给教师以很大的便利，一时之间得到普遍应用。

影响：赫尔巴特的教学法对当时中国废科举、兴学堂和发展近代师范教育起到了积极的推动作用。在一定程度上适应了清末教育教学实践改革的需要，满足了当时学堂的发展需求，促进了基础教育的正常稳定教学，缓解了当时从私塾到班级授课所出现的教师对课堂教学束手无策的尴尬局面，对当时新兴师范学堂的完善和发展有所帮助。

（2）进步主义教育思想在中国的传播

① 20世纪初兴起了进步教育运动，形成了“以儿童为中心”“以活动为中心”的关注学生兴趣和个性发展的教学思想和教学方式。新文化运动所掀起的思想解放潮流，加速了中国教育界对进步主义教育思想与

方法的引进。“五四”时期的中国教育是以反封建、反传统为主旨的，实用主义教育思潮恰好为中国批判封建传统教育提供了有力的理论武器。

②**杜威、孟禄、麦柯尔和推士等学者来华讲学**。1919 年杜威来华讲学，掀起了中国教育界宣传、介绍并运用实用主义教育理论的高潮。1921 年孟禄来华做了《平民主义在教育上的应用》的讲演。1922 年麦柯尔和推士来华，指导编制心理与教育测验，并指导学校搞实验。1927 年克伯屈应中华教育改进社之邀来华，讲演“设计教学法”，并参观晓庄师范学校附小的实验，出版了《克伯屈讲演集》。

③**道尔顿制的传播**。道尔顿制主张废除班级授课制，指导每个学生各自学习不同的教材，以发展其个性。1922 年，道尔顿制被介绍到中国。同年 10 月，舒新城率先在上海吴淞公学中学部试验。一些教育家纷纷著文、著书大力宣传，一些学校也纷纷仿行。而道尔顿制试验难以为继的原因颇为复杂，主要是理论本身的缺陷和师资、设备等方面的困难。20 世纪 20 年代后期，试验逐渐停止。

影响：进步主义教育思想对中国教育制度的逐步完善、教育教学的改革都起到了重要的推动作用。其中一些教育理论影响了中国一批教育学者，产生了许多教育实践家，为中国的教育改革奠定了理论基础，积累了宝贵经验。如陶行知创造性地发扬杜威“教育即生活”的原则，结合中国教育实践，提出“生活即教育”的新主张，并广泛应用于现实。

第三部分　教育心理学

第一章　心理发展与教育

单项选择题

基础特训

1.【解析】D　记忆题　此题考查认知的内涵。

认知是个体在认识事物的过程中所表现出的感知、记忆、思维、想象、言语和注意等心理活动。动机是使人的行为朝向某一目标进行的内部动力，不属于认知范畴。因此，答案选 D。

2.【解析】D　记忆题　此题考查人格的结构。

人格的结构包括许多成分，其中最重要的有气质、性格和自我调控系统，A、B、C 选项符合题意。图式是皮亚杰在认知发展理论中提出的概念，属于认知结构。因此，答案选 D。

3.【解析】B　记忆 + 理解题　此题考查自我发展。

超我遵循理想原则监控自我的行为。当违背社会规范时，超我的良心作用就会使人产生一种内疚感、犯罪感来惩罚自己。弗洛伊德希望少一些“完美主义”，不必苛求自己和他人，不被良心所束缚而使自己精疲力竭。由此可知，我们应避免过度的超我。因此，答案选 B。

4.【解析】A　记忆题　此题考查认知发展理论。

根据皮亚杰的认知发展理论，同化是指个体把新的刺激纳入已经形成的图式中去的认知过程。因此，答案选 A。

5.【解析】B　理解题　此题考查皮亚杰的认知发展阶段理论。

前运算阶段的特征：（1）具体形象性；（2）言语和概念获得发展；（3）泛灵论；（4）自我中心主义；（5）集体的独白；（6）思维的不可逆性和刻板性；（7）尚未获得物体守恒的概念。“人踩在小草身上，它会疼得哭”是儿童泛灵论的表现，泛灵论是前运算阶段的典型特征。因此，答案选 B。

6.【解析】D　理解题　此题考查皮亚杰的影响心理发展的因素。

皮亚杰认为心理发展就是个体通过同化和顺应日益复杂的环境达到平衡的过程，个体也正是在平衡与不平衡的交替中不断建构和完善其认知结构，实现其认知发展的。平衡具有自我调节的作用，是心理发展的决定因素。因此，答案选 D。

7.【解析】B　理解题　此题考查皮亚杰的认知发展阶段理论。

在前运算阶段，儿童的思维存在自我中心主义的特点，这在儿童的语言中也存在，即使没有一个人在听，年龄小的儿童也会高兴地谈论他们在做什么，皮亚杰将这种现象称为“集体的独白”。因此，答案选 B。

8.【解析】A　记忆题　此题考查皮亚杰的认知发展阶段理论。

皮亚杰的认知发展阶段理论认为，儿童发展到具体运算阶段时获得守恒概念。守恒是指物体不论其形态如何变化，其物质总量是恒定不变的。因此，答案选 A。

9.【解析】B　记忆题　此题考查维果茨基的最近发展区。

维果茨基提出的最近发展区，即“实际的发展水平与潜在的发展水平之间的差距”。前者指个体独立解决问题的能力，后者指在成人的指导下或与更有能力的同伴合作时解决问题的能力。因此，答案选 B。

10.【解析】B　理解题　此题考查教学模式的应用。

支架式教学模式指教师在最近发展区内给学生提供适当的指导和支持，以帮助学生理解知识。因此，答案选 B。

11.【解析】A　记忆题　此题考查维果茨基的心理学理论。

认知地图是由美国心理学家托尔曼提出的。因此，答案选 A。

12.【解析】C　理解题　此题考查维果茨基的最近发展区。

根据维果茨基最近发展区的观点，教学应走在发展的前面，教学塑造着发展、促进着发展。因此，答案选 C。

13.【解析】A　理解题　此题考查艾里克森的心理社会发展理论。

自主感对羞怯感（1.5～3 岁）阶段的儿童已经学会了走路，并且能够充分地运用掌握的语言和他人进行交流，而且儿童开始表现出自我控制的需要与倾向，渴望自主并试图自己做一些事情，如吃饭、穿衣、大小便。如果父母允许儿童自主探索，并给予儿童关心和保护，儿童会自主又自信。因此，答案选 A。

14.【解析】D　记忆题　此题考查艾里克森的心理社会发展理论。

勤奋感对自卑感（6、7～12 岁）阶段应帮助儿童在学习和活动中体验胜任感。因此，答案选 D。

15.【解析】C　记忆题　此题考查艾里克森的心理社会发展理论。

主动感对内疚感阶段儿童的活动范围逐渐超出家庭的圈子，开始主动参与一些活动。他们想象自己正在扮演成年人的角色，并因为能从事成年人的活动和胜任这些活动而体验到一种愉快的情绪。因此，答案选 C。

16.【解析】A　记忆 + 理解题　此题考查科尔伯格的道德发展阶段理论。

惩罚与服从的定向阶段的儿童缺乏是非善恶观念，只是因为恐惧惩罚而要避免它。题干中桃桃只从谁打碎的东西更多来判断谁应受更严重的惩罚，没有考虑行为的动机，故桃桃的道德发展处于惩罚与服从的定向阶段。因此，答案选 A。

17.【解析】C　理解题　此题考查科尔伯格的道德发展阶段理论。

小华的道德推理具有灵活性，认为社会契约是为了维护社会公正，但如果它不符合大众的权益，则可以修改，使之更符合大众的权益。故小华的道德判断处于后习俗水平的社会契约定向阶段。因此，答案选 C。

18.【解析】A　理解题　此题考查布朗芬布伦纳的生态系统理论。

微观系统指个体活动和交往的直接环境，是环境系统中最里层的系统。对大多数婴儿来说，微观系统仅限于家庭，然后随着儿童进入托儿所、学前班，以及与同伴群体和社区玩伴的交往，此系统变得越来越复杂。因此，答案选 A。

19.【解析】B　理解题　此题考查智力发展的差异。

心理学研究发现，智力发展存在个体差异，这种差异表现在四个方面：（1）智力类型上的差异；（2）智力发展水平上的差异；（3）智力表现早晚的差异；（4）智力性别的差异。大器晚成说明智力差异表现为有的人早熟，有的人晚成。因此，答案选 B。

20.【解析】 C　理解题　此题考查认知方式的差异。

场独立型的个体对客观事物做出判断时，常常以自己内部作为参照，不易受外来因素的影响，习惯独立对事物做出判断。被试能排除背景干扰，把简单图形从复杂图形中迅速地分离出来，体现了他们依靠自身内部感知和判断来完成任务，这属于场独立型认知方式。因此，答案选 C。

21.【解析】 C　理解题　此题考查气质的类型。

黏液质气质类型的特点是安静、稳重、踏实，反应较慢，交际适度，自制力强，话少，适于从事细心、程序化的学习，表现出内倾性，可塑性差，有些死板，缺乏生气。因此，答案选 C。

22.【解析】 D　理解题　此题考查人格上的性别差异。

A、B、C 选项均属于认知上的性别差异。人格上的性别差异包括性格特征、学习兴趣、学习动机、学习归因，D 选项属于学习动机的性别差异。因此，答案选 D。

拔高特训

1. 【解析】 B　理解题　此题考查弗洛伊德的自我发展理论。

自我是意识的结构部分，它处在本我和外部世界之间，根据外部世界的需要而活动，遵循现实原则。题干中“我内心想吃，但不能偷拿，会被警察抓”，即对本我进行控制，遵循外部世界的法律规定，属于自我。因此，答案选 B。

2. 【解析】 A　记忆题　此题考查马西娅的自我同一性。

同一性早闭是指个体完全接受他人对自己提出的要求和为自己树立的目标及选择的生活方式。因此，答案选 A。

3. 【解析】 A　理解题　此题考查皮亚杰认知发展的实质。

幼儿将新刺激——会动的月亮，纳入已有的认知结构——“所有会动的东西都是有生命的”中，认为月亮是有生命的。像这样个体利用已有图式把新刺激纳入已有的认知结构中的过程被称为同化。因此，答案选 A。

4. 【解析】 D　理解题　此题考查皮亚杰的认知发展阶段理论。

题干中，8 岁的儿童没办法只通过语言描述回答问题，说明他处于具体运算阶段，尚不具备抽象推理能力，运算时需要有具体事物（木棍）的支持。当儿童达到形式运算阶段，就可以脱离木棍进行抽象的逻辑运算。因此，答案选 D。

5. 【解析】 D　理解题　此题考查皮亚杰的认知发展阶段理论。

在形式运算阶段，儿童的思维已超越了对具体的内容或可感知事物的依赖，使形式从内容中解脱出来。因此，当认知发展进入形式运算阶段后，儿童可以轻松答出苏珊的头发最黑而不必借助于布娃娃的具体形象。因此，答案选 D。

6. 【解析】 C　理解题　此题考查艾里克森的心理社会发展理论。

A. 信任感（0~1.5 岁）。孩子对周边环境和切身需要感到安全、满足和信任。

B. 自主感（1.5~3 岁）。孩子自主穿衣和吃饭，自己的事情可以自己做——对自身活动。

C. 主动感（3~6、7 岁）。孩子可以自己独立活动，而不受他人的干涉——对外部活动。因此，答案选 C。

D. 胜任感（6、7～12 岁）。孩子可以获得教师的鼓励，在学习中有胜任感和勤奋感。

7. 【解析】 B　理解题　此题考查维果茨基的最近发展区。

最近发展区指实际的发展水平与潜在的发展水平之间的差距。题干中的花花目前还处于一一对应点数的状态，而且每次都是从头点数，所以最贴近的目标是默数、接着数等计数能力。因此，答案选 B。

8. 【解析】 C　理解题　此题考查科尔伯格的道德发展阶段理论。

处于普遍道德原则的定向阶段的个体认为海因兹应该偷药，他们所持的观点是人类生命的尊严必须无条件地优先得到考虑。因此，答案选 C。

9. 【解析】 D　理解题　此题考查科尔伯格的道德发展阶段理论。

题干体现了道德发展与不同社会环境的刺激及儿童与社会环境的交往有关。因此，答案选 D。

10. 【解析】 A　理解题　此题考查布朗芬布伦纳的生态系统理论。

微观系统指个体活动和交往的直接环境，是环境系统中最里层的系统。对大多数婴儿而言，微观系统仅限于家庭，然后随着儿童进入托儿所、学前班以及与同伴群体和社区玩伴的交往，此系统变得越来越复杂。微观系统是一个动态的发展情境，生活于其中的每个人都影响着别人，同时也受别人的影响。“国家的整体课程计划”属于外层系统，是儿童并未直接参与，但却对他们的发展产生影响的系统。因此，答案选 A。

11. 【解析】 C　理解题　此题考查布朗芬布伦纳的生态系统理论。

题干中的一系列阐述（父母工作、亲戚环境等）都属于儿童并未直接参与却对他们的发展产生影响的系统，属于外层系统。因此，答案选 C。

12. 【解析】 C　理解题　此题考查认知方式的差异。

该教师从大单元的角度进行教学设计到完成教学设计，体现了其从全盘考虑问题、解决问题，这属于整体性；该教师采用大单元的方式进行教学设计，实际上是为了促进学生深刻理解所学内容，将所学内容与更大的概念框架联结起来，以获取内容的深层意义，这属于深层加工。因此，答案选 C。

13. 【解析】 C　理解题　此题考查认知方式的差异。

采用整体性策略的学生倾向于对整个问题所涉及的各个子问题的层次结构以及自己将采取的方式进行预测，全盘考虑如何解决问题；采用系列性策略的学生通常按逻辑顺序一步一步解决问题，因而在使用类比或图解等方法时会相对谨慎。因此，答案选 C。

材料分析题

1. 阅读材料，并按要求回答问题。

请回答：

（1）结合艾里克森的理论，说明上述三则材料中的学生分别处于哪个发展阶段，如何帮助学生度过这三个阶段？

（2）请从三个角度分析如何帮助学生获得角色同一性。

答：（1）发展阶段及引导措施

①材料 1 中的小林处于自主感对羞怯感阶段，一般在 1.5～3 岁，是婴儿期，主要事件是自主吃饭和穿衣。这个阶段的婴儿渴望自主地做一些事情，父母要允许婴儿自由探索，并给予婴儿关心和保护，婴儿就会自主和自信；如果父母对婴儿一味地严格要求和限制，就会使婴儿对自己的能力产生羞怯和怀疑，有可能导致其一生都缺乏信心。

②**材料 2 中的小刚处于勤奋感对自卑感阶段，一般在 6、7～12 岁，是儿童期，主要事件是入学。**这个阶段的儿童进入学校想体验成功感，父母和教师要帮助儿童不断体验学习和活动中的胜任感，儿童就会变得勤奋；如果儿童遭遇到挫折和困难，父母和教师没有让孩子在学业和活动中获得胜任感，儿童就会学业颓废，自卑和退缩。

③**材料 3 中的小亮处于角色同一性对角色混乱阶段，一般在 12～18 岁，是少年期和青春期，主要事件是同伴交往。**个体开始考虑"我是谁"这样的自我概念问题，体验着角色同一和角色混乱的冲突。学校和教师可以为学生提供职业选择的榜样和其他成人角色，宽容对待他们的狂热与流行文化，为他们的自我和学业提供现实的反馈，帮助学生处理这种危机。

（2）措施

①**分阶段有层次地培养。**对于中学阶段的学生（12～18 岁），班主任可开展主题班会，鼓励学生参与实践活动，使学生在与同伴交往中形成良好的性格；教师要为他们的学业提供积极的反馈，帮助学生获得成就感，使学生的自我能力得到肯定；教师应指导学生制定生涯发展规划，使学生明确不同阶段的发展任务，并在其中提高其完善自我同一性的能力，减少角色混乱的发生。

②**善用教师的期待效应。**有的学生之所以自暴自弃，把不理想的自己呈现在人们面前，可能是害怕受到伤害。所以，教师不必着急去改变他们，可以对学生给予肯定和鼓励，让学生获得积极的反馈和强化，使学生逐渐从人生的瓶颈中走出来，消除发展中可能出现的心理障碍，完成自我同一性。

③**重视学生的心理延缓偿付期。**对于那些没有完成自我同一性的年轻人，允许他们有一段拖延的时期，给他们一些时间去准备。教师抓住了学生的延缓偿付期，并及时给予他们正确的引导和指向，学生就能够较容易地度过，从而确立完善的自我同一性。

2.　阅读材料，并按要求回答问题。

请回答：

（1）请分析材料 1 中的分班行为是否正确，并说明原因。

（2）结合材料 2，谈一谈男女生之间为什么会产生这种性别差异。

（3）作为教师，应如何避免上述问题？

答：（1）材料 1 中的男女分班行为不正确。理由如下：

①**教育过程中的男女互补是教育不可或缺的环节。**男女分班教学也许会让教育者临时得到一些便利，但这是以牺牲学生基本的心理需求为代价的，男女分班教学不利于不同性别学生之间的互补学习和合作学习，也不利于良好教育生态的形成。

②**根据男女性别分班并不能解决早恋问题。**针对早恋问题，教师应该进行正确的心理健康教育和性心理疏导。

（2）依据材料 2，产生性别差异的原因：

①**两性之间的许多行为差异源自男性和女性的不同生活经历，其中包括成人对不同类型行为的强化。**社会对个体的期望和要求也会造成性别差异。社会的期望和要求会通过影响个体的学习态度、学习期望进一步影响个体的学习成绩。材料 2 体现出学生一生都在持续进行着性别角色的社会化过程，即接受并做出被社会认定的性别角色行为。学校教育中的性别偏向也影响着这种社会化过程。

②**学校教学中普遍存在性别偏见（也叫性别刻板印象）。**教师在教学中无意识地存在性别偏见，如班级里教师更容易让女生去参加跳舞比赛，让男生参加实践能力比赛。课本中科学家的插图人物总是男性，做

家务的插图人物总是女性。又如材料 2 中人们总认为物理、化学是男生主宰的领域，女生天生不擅长。

（3）教师如何避免：

①**教育要因势利导，发挥不同性别的优势。**心理的性别差异是遗传的生物学因素和后天的环境、教育因素相互作用的结果。环境和教育对性别差异的形成起主导性作用。因此，提供良好的环境条件和施行科学的、正确的教育，可以使男女两性在心理发展中充分发挥各自的优势，克服劣势，促进自身的全面发展。

②**在教学中，教师要避免性别偏见。**身为教师，要尽可能打破性别偏见，鼓励学生冲破社会固化思维的牢笼，释放自己的个性。要真正做到在教学过程中尊重不同性别的学生，并实现男女平等的教育价值观。在教学中，教师要在教学材料的选择和呈现、课堂管理、课堂活动设计、师生互动方式以及其他行为方式等方面避免性别偏向。

3. 阅读材料，并按要求回答问题。

请回答：

（1）这两则材料反映了维果茨基的什么观点？

（2）维果茨基从自身理论出发，提出了很多教学模式，请设计一个以支架式教学为核心的课堂教学活动。

答：（1）观点：

①**材料 1 体现了维果茨基的内化论。**内化是指个体将外部实践活动转化为内部心理活动的过程。材料中，丽莎丢玩具时通过与父亲讨论交流找到玩具，丢课本时通过上次的经验，推断出课本掉在公交车上，这一过程正是内化的过程。

②**材料 2 体现了维果茨基的最近发展区理论。**最近发展区即实际的发展水平与潜在的发展水平之间的差距。材料中，汤姆的母亲始终保持问题在汤姆的最近发展区内，即一个可操作的难度水平，通过提问、鼓励和建议策略进行指导，体现了最近发展区理论。

（2）支架式教学设计。

①**课堂主题：**学习三角形的面积（小学数学）。

②**创设情境：**

老师：有同学能够根据我们之前学习的知识计算三角形的面积吗？

学生：不知道。

③**呈现支架：**

老师：同学们还记得我们之前学习的平行四边形吗？

同学：记得。

老师：那现在我们利用七巧板中的哪些图形，能够拼凑成平行四边形呢？

同学：两个相同的三角形。（同学们开始用七巧板拼凑出平行四边形）

老师：我们一起来回顾一下平行四边形的面积如何计算。

师生：平行四边形的面积 = 底 × 高。

老师：那我们再来看看大家手上拼好的平行四边形，大家发现了什么？

学生：这两个三角形的面积就是平行四边形的面积。

老师：刚才大家发现了两个相同的三角形可以拼成平行四边形，那三角形的面积应该如何计算呢？

学生：平行四边形面积的一半就是一个三角形的面积。

老师：那我们是不是可以得出三角形面积的计算公式了？

学生：底 × 高 ÷2。

④**具体应用：**教师呈现新的关于三角形面积计算的应用题，让学生进行应用。

⑤**评价总结：**教师梳理三角形面积的推导过程，并在应用题中呈现，总结三角形面积的计算公式，与学生探讨解答应用题的规律及技巧。

4.　阅读材料，并按要求回答问题。

请回答：

（1）上述两个发展阶段（两个回答）的儿童分别处于皮亚杰认知发展阶段理论中的哪个阶段？请分别说明特点。

（2）从上述发展阶段来看，皮亚杰认知发展阶段理论认为儿童思维发展具有什么趋势？

答：（1）认为约翰更不好的儿童处于前运算阶段，认为亨利更不好的儿童处于具体运算阶段。其特点如下：

①**前运算阶段：**这一阶段的儿童能用语言、抽象符号命名事物，但不能很好地掌握概念的概括性和一般性；具有自我中心主义和泛灵论；思维具有不可逆性、刻板性、不守恒性和一维性。5～7 岁的儿童觉得约翰更不好，是因为他碰倒的杯子数量更多，儿童只能通过行为的后果来判断问题，不能从多个角度去思考问题，体现了该阶段儿童思维的刻板性和不守恒性，在注意事物的某一方面时往往忽略其他方面，只注意到结果而忽略了约翰打碎杯子的动机。

②**具体运算阶段：**这一阶段的儿童具有逻辑思维，可以进行群集运算，但仍需要具体事物的支持；社会中心，表现为刻板地遵守规则；思维具有了守恒性、去集中化等特点。9 岁以上的儿童觉得亨利更不好，是因为他们具备了一定的逻辑思维能力，能够从多个角度思考问题，因此在回答对偶故事问题时，会从行为结果和行为动机两个方面综合地考虑，从而最终判断亨利的行为更不好。

（2）具有的趋势：

①**儿童的思维由一维逐渐向多维发展。**随着儿童思维逐渐发展，儿童思考问题的角度逐渐增多。在前运算阶段，儿童会关注某一方面而忽视其他方面，而到了具体运算阶段和形式运算阶段时，儿童思考问题的角度逐渐增多，能从多个角度综合地思考问题。如材料中，儿童从单一的行为后果角度思考问题，到从动机等角度综合思考问题。

②**儿童的思维由具体思维向抽象思维发展。**在前运算阶段，儿童主要依靠现实存在的物质化内容来分析问题，如材料中根据打破杯子的数量来判断问题。在具体运算阶段或者形式运算阶段，儿童会从道德法则、主观动机等抽象概念的角度思考问题，即从具体思维逐渐发展到抽象思维。

③**儿童从自我中心主义向去自我中心化发展。**在儿童发展过程中，逐渐以社会为中心，并能够意识到别人的看法。材料中，9 岁以上的儿童会从动机的角度来看待问题，而且会和社会规范等联系起来思考问题，体现了儿童的去自我中心化。

5.　阅读材料，并按要求回答问题。

请回答：

（1）请从个别差异的角度来评价材料 1 中 A 老师的建议。

（2）结合材料 2 分析小明和小红的认知风格差异。

（3）结合材料 2，假如你是他们的老师，如何根据认知风格差异展开教学？

答：(1) 评价：

①匹配策略。场独立型的学生更加擅长自然科学和数学，场独立型的教师在教学时较为重视知识的逻辑性。场依存型的学生喜欢讨论的教学方式，场依存型的教师在教学时喜欢与学生相互作用。因此，如果教师和学生的认知方式匹配，教学会更加高效，学生的学习效果会更好。从这个角度分析，A 老师的建议有一定的合理性。

②失配策略。我们的培养目标是促进学生的全面发展，因此，教师在教学过程中也要采用失配策略，帮助学生弥补非优势的不足。例如，场独立型的学生可以被指定去参加某些要求具有社会敏感性的任务，如主持一个委员会。场依存型的学生也可以被指定去进行那些要求应用分析性技能单独完成的工作。从这个角度分析，A 老师的建议有一定的片面性。

③学生的全面发展不仅需要匹配策略让教学更加高效，同时也需要失配策略促进学生全面发展。

(2) 小明的认知风格是场独立型，小红的认知风格是场依存型。

①具有场独立认知方式的人，对客观事物做出判断时，常常利用自己内部的参照，不易受外来因素的影响和干扰。材料中，小明在学习上遇到问题时，经常自己独立判断分析，不容易受外部影响，是场独立型人格的表现。

②具有场依存认知方式的人，对物体的知觉倾向于以外部参照作为信息加工的依据，难以摆脱环境因素的影响。他们的态度和自我知觉更易受周围的人，特别是权威人士的影响和干扰，善于察言观色，注意并记忆言语信息中的社会内容。材料中，小红在解决问题时，更愿意倾听他人的建议，并且善于察言观色，关注社会问题，是场依存型人格的表现。

(3) 在教学中，要尊重学生的认知风格，根据学生各自的特点和偏好，采用不同的教学方法，有的放矢，因材施教，更好地促进学生发展。我会在教学过程中因材施教，扬长避短，具体措施如下：

①对小明而言，即场独立型的学生，提供较为宽松的教学结构，多给予其独立思考的空间和机会，采取问答、讨论、谈话等教学方法，培养学生勤于思考的习惯，为学生提供表现自我的空间。

②对小红而言，即场依存型的学生，提供严密的教学结构，培养学生的自主意识，改变学生的依赖思想，采取指导、启发的教学方法，为学生提供明确而具体的讲解与指导。

第二章　学习及其理论解释

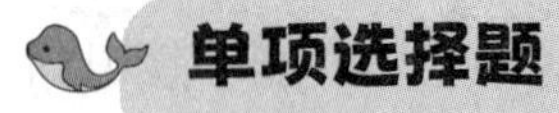

单项选择题

基础特训

1. 【解析】 B　记忆题　此题考查加涅学习结果的分类。

加涅按学习结果将学习分为五种类型：言语信息的学习、智慧技能的学习、认知策略的学习、态度的学习、动作技能的学习。习惯不属于加涅的学习结果分类。因此，答案选 B。

2. 【解析】 D　记忆题　此题考查加涅学习水平的分类。

加涅按学习的繁简水平不同，提出了八类学习：信号学习、刺激—反应学习、连锁学习、言语联想学习、辨别学习、概念学习、规则（原理）的学习、解决问题的学习。加涅的这一分类是由简单到复杂，由低级到高级的。其中复杂程度最高的是解决问题的学习。因此，答案选 D。

3. 【解析】 D 理解题 此题考查巴甫洛夫的经典条件作用说。

一开始，狗听到铃声不会分泌唾液，铃声属于中性刺激，即一个并不自动引起唾液分泌的刺激。多次同步呈现食物和铃声，狗听到响铃就会分泌唾液，使中性刺激（铃声）变成了条件刺激（铃声）。因此，答案选 D。

4. 【解析】 B 理解题 此题考查经典条件作用的主要规律。

A. 第一信号系统的刺激：指能够引起条件反应的物理性的条件刺激，“一想到或一听到”都不属于物理性的刺激。

B. 第二信号系统的刺激：指凡是能够引起反应的以语言符号为中介的条件刺激。题干中，有关测验的观念和语义导致学生焦虑，属于第二信号系统的刺激。因此，答案选 B。

C. 消退：条件作用形成后，反应行为得不到无条件刺激的强化，原先建立的条件反射将会减弱并且逐渐消失。

D. 分化：只对条件刺激做出条件反应，而对其他相似的刺激不做出条件反应。

5. 【解析】 A 理解题 此题考查经典条件作用的主要规律。

题干中，小狗学会只对圆形光圈做出反应，而不理会椭圆形光圈，体现了小狗对与条件刺激相类似的刺激做出不同的条件反应，是刺激分化。因此，答案选 A。

6. 【解析】 B 理解题 此题考查桑代克的联结—试误说。

桑代克认为学习的实质在于形成刺激—反应联结（无须观念作媒介），学习的过程是通过盲目的尝试与错误的渐进过程，人和动物遵循同样的学习律。因此，答案选 B。

7. 【解析】 A 记忆题 此题考查桑代克的学习规律。

桑代克的效果律表明，在一个情境中，一个动作如果带来一个满意的变化，那么在类似的情境中这个动作重复的可能性将增加。反之，这个行为重复的可能性将减少。题干很显然体现了效果律。因此，答案选 A。

8. 【解析】 C 记忆 + 理解题 此题考查斯金纳和班杜拉的强化理论。

题干中，枯燥的但有奖品的任务由于有外部愉快刺激，属于正强化；有意思的但没奖品的任务虽然没有奖品，但是由于任务有意思，使人产生了兴趣，属于自我强化。因此，答案选 C。

9. 【解析】 B 理解题 此题考查操作性条件作用的主要规律。

触犯严重刑法的犯人此时处在严重刑罚的不愉快刺激中，当有机体做出反应时（认错态度好供出同伙），从而避免了严重刑罚的出现（法院酌情减轻对他的刑罚），从而使犯人良好行为（认错态度）的反应概率增加，属于负强化。因此，答案选 B。

10. 【解析】 C 理解题 此题考查系统脱敏法。

系统脱敏法是指当个体处于充分放松的状态下，让个体逐渐地接近使其害怕或焦虑的事物，或是逐渐地提高此类刺激物强度，以逐渐降低个体的敏感性，从而减轻和消除对该刺激物的恐惧或焦虑情绪。题干中是让学生逐渐地接近使他害怕的兔子，以消除对兔子的惧怕反应。因此，答案选 C。

11. 【解析】 D 理解题 此题考查班杜拉动机过程中的三种强化。

一级强化是满足人和动物的基本生理需要的强化，如食物、水、安全、温暖、性等。自我强化指观察者依照自己的标准对行为做出判断后而进行的强化。部分强化亦称间歇强化，是在对刺激发生反应时，不一定每次都予以强化（或补强）的强化法。替代强化指观察者因看到榜样受强化而受到的强化。因此，答案选 D。

12.【解析】 B 记忆题 此题考查班杜拉的社会（观察）学习理论。

个体在信息保持过程中，需要将学习的信息在记忆中以符号的形式表征，个体使用两种表征系统：表象和言语。个体储存他们所看到的感觉表象，并且使用言语编码记住这些信息。题干中编制歌诀、贴标签等做法是为了促进个体对信息的保持。因此，答案选 B。

13.【解析】 A 记忆 + 综合题 此题考查认知学习理论。

奥苏伯尔——有意义接受说；布鲁纳——认知发现说。因此，答案选 A。

14.【解析】 C 理解题 此题考查布鲁纳的发现学习。

教师要求学生通过实验来确定如何测量体积，说明希望学生通过自己的发现去学习。因此，答案选 C。

15.【解析】 A 理解题 此题考查奥苏伯尔的认知同化过程。

蔬菜、水果、肉的英文单词属于概括程度或包容范围比较高的类别，羊肉、牛肉、胡萝卜、辣椒、西红柿、芒果、木瓜、香蕉等英文单词属于概括程度或包容范围比较低的类别，将后者纳入前者的类别中，是一种下位学习。因此，答案选 A。

16.【解析】 B 理解题 此题考查奥苏伯尔的先行组织者策略。

"树"是抽象、概括和综合水平高于"松树、柳树"的上位概念，是先于学习任务本身呈现的一种引导性材料。因此，答案选 B。

17.【解析】 C 记忆题 此题考查奥苏伯尔学习性质的分类。

奥苏伯尔根据学习的形式，将学习分为接受学习和发现学习；根据学习材料和学习者原有认知结构的关系，将学习分为机械学习和有意义学习。因此，答案选 C。

18.【解析】 C 记忆题 此题考查加涅的信息加工模型。

编码是促进信息保持并顺利进入长时记忆的重要前提条件。因此，答案选 C。

19.【解析】 B 记忆题 此题考查建构主义的理论取向。

激进建构主义认为知识完全是主观的；信息加工建构主义认为知识不能完全主观化，还要看知识本身的特点；社会性建构主义认为社会交往互动影响知识的建构；社会文化认知建构主义认为文化、历史、风俗习惯影响知识的建构。因此，答案选 B。

20.【解析】 C 理解题 此题考查认知灵活理论。

高级知识的获得是对结构不良领域知识的学习，要求学生在各种情境下通过应用知识解决问题，把握概念的复杂性以及概念之间的联系，最终能够广泛而灵活地将知识应用到各种具体情境中，案例解决属于结构不良领域的问题。因此，答案选 C。

21.【解析】 B 理解题 此题考查建构主义学习理论的应用。

认知学徒制是知识经验较少的学习者在专家的指导下参与某种真实的活动，让学习者学习专家所使用的知识和问题解决策略。题干中医学生见习的过程就是跟随专家积累经验的过程，属于认知学徒制。因此，答案选 B。

22.【解析】 D 理解题 此题考查人本主义学习理论。

人本主义学习理论强调学习要有个人情感的参与，学习的内容要有个人价值，师生要有互动的关系，课堂中教师尽可能地满足学生爱与被爱的需要，体现了人本取向。因此，答案选 D。

23.【解析】 D　理解题　此题考查马斯洛和罗杰斯的观点。

罗杰斯将学习分为认知学习和经验学习。认知学习只发生在“颈部以上”，只涉及心智，不涉及情感；经验学习是教育者以学生的经验生长为中心，以学生的自发性和主动性为学习动力，把学习与学生的愿望、兴趣和需要有机结合起来。经验学习与马斯洛的“内在学习”观点一致。因此，答案选 D。

拔高特训

1. 【解析】 D　理解题　此题考查学习的含义。

学习是由于经验所引起的行为或思维的比较持久的变化。A 选项是一种生理反应。B 选项是酒精导致的情绪变化，不属于学习。C 选项是兴奋剂导致的行为变化，不属于学习。D 选项婴儿通过练习和反复经验，学会了开口说“妈妈”，是行为的持久的变化。因此，答案选 D。

2. 【解析】 D　理解题　此题考查学习的分类。

高级规则学习即问题解决的学习。题干中，学生在学会长方形面积公式、三角形面积公式及面积的可加性原则后，学会使用所学规则去解决问题，属于高级规则学习。因此，答案选 D。

3. 【解析】 B　理解题　此题考查奥苏伯尔有意义学习的类型。

表征学习是学习单个符号或一组符号的意义或者说学习它们代表什么。儿童逐渐学会用狗（语音）代表他们实际见到的狗就属于表征学习。命题学习是掌握概念或事物之间的关系，命题是以句子的形式表达的。“北京是中国的首都”是个句子，而且北京代表特殊城市，中国的首都是一个特殊对象的名称，符合只表示两个或两个以上的特殊事物之间的关系，属于命题学习中的非概括性命题。因此，答案选 B。

4. 【解析】 A　理解题　此题考查经典条件作用的主要规律。

消退是指消除强化从而消除或降低某一个行为的过程。教师不理会那些不举手就回答问题的学生从而消除学生这一行为，属于消退方法。因此，答案选 A。

5. 【解析】 C　理解＋综合题　此题考查巴甫洛夫的高级条件作用。

中性刺激一旦成为条件刺激，就可以作为无条件刺激，另一个中性刺激与其反复结合，可形成新的条件作用，这一过程被称为高级条件作用。测验失败一开始也许只是一个中性刺激，但逐渐与家长或老师的批评联系起来，而批评本身是引起学生焦虑的条件刺激，久而久之，测验失败引起焦虑。因此，答案选 C。

6. 【解析】 B　理解题　此题考查经典条件作用说的学习规律。

熟读精思说明既要熟读成诵，也要精于思考。因此体现了频因律的特点，即某种行为练习的次数越多，习惯形成得就越迅速。因此，答案选 B。

7. 【解析】 B　记忆＋理解题　此题考查操作性条件作用的主要规律。

A. 逃避条件作用：指当厌恶刺激或不愉快情境出现时，有机体做出某种反应，从而逃避了厌恶刺激或不愉快情境，该反应在以后的类似情境中发生的概率会增加。

B. 回避条件作用：指当预示厌恶刺激或不愉快情境即将出现的信号呈现时，有机体自发地做出某种反应，从而避免了厌恶刺激或不愉快情境的出现，则该反应在以后的类似情境中发生的概率也会增加。题干中，班主任在假期前进行防溺水教育，避免学生出现溺水现象，防患于未然，属于回避条件作用。因此，答案选 B。

C. 正强化：呈现愉快刺激。（如给予表扬）

D. 替代强化：因看到榜样受强化而受到的强化。（如看到他人助人为乐被表扬时，自己也愿意表现出助人行为）

8.【解析】B　理解题　此题考查操作性条件作用的主要规律。

逃避条件作用指当厌恶刺激或不愉快情境出现时，有机体做出某种反应，从而逃避了厌恶刺激或不愉快情境，该反应在以后的类似情境中发生的概率会增加。题干中，躲开蚊虫或将其拍死，都属于在厌恶刺激的信号出现时有机体做出反应，从而逃避厌恶刺激。因此，答案选 B。

9.【解析】A　理解题　此题考查操作性条件作用的主要规律。

虽然受到批评，但小鹏认为这是老师关注自己的表现。这对小鹏而言是增加愉快的刺激，增加了恶作剧的行为次数是提高了反应的概率，属于正强化。因此，答案选 A。

10.【解析】D　记忆题　此题考查间歇强化。

所谓间歇强化，指的是一种偶然地（或间歇地）而不是每一次都对所发生的行为进行强化的方法。因此，某些行为必须持续一段时间才能得到强化，建立慢。斯金纳的实验表明，间歇强化停止后产生的反应消退，远远低于数量相同的连续强化停止后产生的反应消退。因此，答案选 D。

11.【解析】D　记忆题　此题考查观察学习的基本过程。

动机过程决定所习得的行为中哪一种将被表现出来。班杜拉把习得与行为表现相区分，认为行为表现是由动机变量控制的。因此，答案选 D。

12.【解析】D　理解题　此题考查认知结构。

认知地图是指动物在头脑中形成的对环境的综合表象，是一种认知结构。认知结构≈认知地图≈统觉团≈图式≈编码系统。知识结构即学科基本结构，它与认知结构不同。因此，答案选 D。

13.【解析】A　理解题　此题考查奥苏伯尔学习性质的分类。

A. 学生在已有知识体系的基础上整合讲座知识的过程，属于有意义的接受学习。因此，答案选 A。

B. 小学生通过学校实验室实验了解到氢气易燃，属于有指导的发现学习。

C. 科学家探索新材料也是发现学习的一种表现。

D. 儿童尝试错误走迷宫是机械的独立发现学习。

14.【解析】B　理解题　此题考查奥苏伯尔的认知同化理论。

派生类属学习和相关类属学习都属于下位学习。其中，派生类属学习是指新的知识是学生已有知识的一个例证；相关类属学习是指新内容扩展、修饰、限定了已有内容。从题干中定滑轮是一种特殊的杠杆，可以说明新知识对原有知识进行了扩展、修饰和限定，这属于相关类属学习。因此，答案选 B。

15.【解析】C　理解 + 综合题　此题考查奥苏伯尔的认知同化过程。

A. 上位学习指新概念、新命题具有广泛的包容范围或较高的概括水平，将一系列已有观念包含于其下而获得意义。

B. 下位学习指将概括程度或包容范围较低的新概念或命题，归属到认知结构中原有的概括程度或包容范围较高的适当命题或概念之下，从而获得新概念或新命题的意义。

C. 质量的概念与热量的学习既不产生下位关系又不产生上位关系，这时发生的学习就是组合学习。因此，答案选 C。

D. 干扰项，与题无关。

16.【解析】 C 记忆题 此题考查加涅的学习阶段与教学设计原理。

在“概括”阶段对应的教学事件是教师帮助学生在变化的情境或现实生活中利用所学知识，对知识进行概括，将知识迁移到新的情境中。因此，答案选 C。

17.【解析】 C 理解题 此题考查认知负荷。

使用图表和实例辅助教学可以使学习材料更直观，降低外加认知负荷，从而有助于学习。增加学习材料的难度和加快教学进度会增加认知负荷（内在 + 外加）。采用大量的文字说明可能使学习材料更复杂，增加外在认知负荷。因此，答案选 C。

18.【解析】 D 理解题 此题考查社会建构主义学习理论的应用。

该历史教师通过向同学们展示正义女神雕像的图片来创设问题情境，通过设问向学生进行抛锚，从而确定教学内容和进程，培养学生独立解决问题的能力，这属于抛锚式教学。因此，答案选 D。

19.【解析】 A 理解题 此题考查建构主义学习理论的观点。

建构主义者强调知识的动态性、情境性、主观性，学生经验世界的丰富性和差异性。研究性学习、合作学习、教学对话等教学方式有助于使学生主动建构知识，通过社会互动交流经验和观点。由此可知，倡导上述教学方式的主要理论依据是建构主义学习理论。因此，答案选 A。

20.【解析】 D 理解 + 综合题 此题考查罗杰斯的自由学习理论。

按照罗杰斯的观点，奥苏伯尔的有意义学习是一种认知学习，实际是无意义的。因为这种学习强调新旧知识之间的联系，它只涉及理智，而不涉及个人意义，是一种在“颈部以上发生的学习”，所以在罗杰斯看来，奥苏伯尔的有意义学习未强调兴趣。因此，答案选 D。

材料分析题

1. 阅读材料，并按要求回答问题。

请回答：

（1）试分析材料中的老师使用了哪几种行为矫正技术。

（2）除材料中老师的方案之外，请你设计出其他矫正方案。

答：（1）材料中的教师主要采用了正强化、间歇强化、塑造、代币制四种行为矫正技术。

①**正强化：**指当有机体做出某种反应，并得到了令人愉悦的强化物的刺激，那么这一反应在今后发生的频率就会增加。当夏夏完成教师要求的行为后，教师会给夏夏代币作为强化物，是一种正强化。

②**间歇强化：**也叫延缓强化，是相对于连续强化的一种强化，即对发生的行为不是每次，而是偶然地或间歇地给予强化来提高该行为的发生率的一种方法。材料中为了达到让夏夏能够在座位上待 15 分钟的目标，教师使用的是间歇强化。

③**塑造：**指通过对连续趋近于目标行为的行为进行系统的有区别的强化，并最终帮助个体学会新的目标行为的过程。一般来说，塑造新行为时，一是要设计阶段性的目标行为，逐渐接近最终目标行为；二是要为不同阶段的目标行为设立区别性的强化方式，由此塑造即可完成。教师为帮助夏夏成功在座位上待 15 分钟，不断调整目标行为，并变更强化方式，完成对夏夏行为的塑造。

④**代币制：**以代币作为强化物，使用代币及其交换系统对个体行为进行强化的一种行为矫正方法。材料中教师使用代币作为强化物帮助夏夏完成行为的矫正，是一种代币制的矫正技术。

（2）其他矫正方案：

①**负惩罚：**指当个体出现不适宜行为时，撤销愉悦刺激，以减少个体不适宜行为的出现概率。

如果夏夏没有达到教师的要求，教师可以采取扣除夏夏的代币的方式进行行为矫正。

②**渐隐：**指在目标行为培养的过程中，逐渐改变控制某一反应的刺激，使个体对部分变化了的或完全新的刺激仍能产生相同的反应。也就是说，刺激渐渐减少，儿童反应依旧。

如教师给予夏夏一段时间的强化，当夏夏适应新的行为方式时，不断减少对夏夏目标行为的强化的频次，直到不需要刺激夏夏也能完成目标行为。

③**行为契约：**指一种特殊的书面合同，规定了当事人应该有的行为表现以及行为出现或未出现会伴随的具体结果。

如教师可以与夏夏建立行为契约，如果夏夏能达到目标行为则给予奖励等形式，对其进行行为矫正。

2. 阅读材料，并按要求回答问题。

请回答：

（1）结合材料，说明为何王老师的教学没有收到明显成效。

（2）请结合加涅的学习层次理论，就如何改善小亮的数学学习情况，给王老师提出建议，并思考此教学案例带来的启示。

答：（1）小亮学不会的原因分析

原因 1：教法不得当。当前小亮出现会计算“3+5”，但不会计算“5+4”“2+6”的情况，是因为小亮并未真正掌握加法的计算原理，所以不会解决类似的问题。

原因 2：不良情绪干扰。王教师的情绪越失控，小亮就越紧张，大脑就越无法专注思考知识本身，消极情绪开始弥漫，导致王教师脾气越大，小亮学习越迷茫无助。

（2）建议及教学案例的启示

①建议：

为了改善小亮的数学学习情况，建议王老师从如下三个方面对教学加以改进：

a. 根据学习层次理论，明确教学重心。如这节课是概念学习、规则学习还是其他层次的学习，需明确本节课的教学方向。

b. 突出规则或原理教学。教师教学时，如果为了突出规则或原理，要引导学生推导出做同一类题的规律。

c. 分析学情，了解学生学习困难的原因。小亮学习困难可能是对“7、8、9、10”等数字的概念不清，导致无法理解数字的规律；或许是教师的教学只有例子，没有总结加法的运算规律。教师要分析学生的问题，才能因材施教，达到好的教学效果。

②启示：

a. 明确任务所需具备的前提知识、技能及其层级关系。教师不能简单地针对所学内容进行教学，更不能简单地重复教学，而是要分析掌握此知识所需要具备的条件，将此部分内容都呈现给学生。

b. 了解学生当前所处的水平，根据学生现有水平进行教学。教师需因材施教，根据学生现有水平，选取适合学生的教学方案。

c. 注重对于规则原理的教学。学生掌握了规则和原理，才能举一反三，灵活地解决问题。因此，教师重点关注的并不应该是学生是否会解决某个特定的问题，而要关注的是学生对该问题背后的原理是否已经完全掌握。

d. 教师要对学生学习效果进行及时反馈。反馈是给予强化的过程，教师要及时地给予学生反馈，让学生了解自己的学习状况，以便更好地开展下一步的学习。

3. 阅读材料，并按要求回答问题。

请回答：

（1）请用人本主义学习理论分析上述材料。

（2）有人说："现在是建构主义学习理论的时代了，结构主义学习理论已经落后了。"请评述这种观点。

答：（1）从罗杰斯倡导的有意义的自由学习观和非指导性教学观对材料进行分析。

①**有意义的自由学习**：自由学习指教师要信任学生的学习潜能，提供学习资源和营造学习氛围，让学生自己决定如何学习。材料提到让学生通过阅读、分析等方法来掌握法学理论，体现了教师能够信任学生，为学生提供案例、创造相关情境，使学生的潜能在具体的法律情境中得到发挥，进而掌握法学理论。

②**非指导性教学**：教师应成为学生学习的"促进者"，以学生为中心促进教学；采用"非指导"形式教学的关键在于促进形成良好的学习氛围。材料中的教师是学生学习的"促进者"，以学生主动探索和解决问题能力的培养为中心，进行非指导性教学，为学生营造了良好的学习氛围，促进学生的主动发展。

（2）该观点不正确，理由如下：

①**建构主义学习理论**：强调知识的动态性、情境性和主动建构性，认为学生并不是空着脑袋走进教室的，学生的经验世界具有差异性。因此学习是学生主动地赋予信息以意义、建构自己的知识经验的过程。

建构主义学习理论批判了传统教学模式一味地灌输、接受等弊端，将教师的注意力更多地放在学生获得知识的过程上。但这一教学模式，不利于学生完整、系统地掌握知识，使学生缺乏独立探索的知识基础。

②**布鲁纳的结构教学观**：重在促进学生理解学科的基本知识结构，主张学生用自己的头脑亲自获得知识的一切形式。其教学过程分为四个步骤：提出问题、做出假设、检验假设和形成结论。

结构主义学习理论的价值在于，它有利于促进学生形成系统的知识体系，并促进学生对知识的迁移。它的弊端是在注重学生先前经验、发挥学生主动性、提倡学生主导方面做得较差，不允许学生有个性化的想法，设定标准答案等。

综上所述，该观点不正确。我们要正确看待不同的学习理论，客观分析其优缺点，合理地把握、运用各种学习理论中有益于我们教育教学发展的观念。

第三章　学习动机

基础特训

1. 【解析】 C　理解题　此题考查学习动机的分类。

小明努力学习的目的是获得父母和老师的夸奖，属于附属内驱力。因此，答案选 C。

2. 【解析】 C　理解题　此题考查学习动机的分类。

近景的直接性动机是指与近期目标相联系的一类动机，是与学习活动直接相连的，源于对学习内容或学习结果的兴趣；远景的间接性动机是指动机行为与长远目标相联系的一类动机。题干中，"为中华之崛起而读书"属于周恩来总理少年时代的长远目标，属于远景的间接性动机。因此，答案选 C。

3. 【解析】 B 理解题 此题考查学习动机的分类。

自我提高内驱力是个体因自己的胜任能力或工作能力而获得相应的地位和威望的需要。附属内驱力是个体为了获得长者的赞许和同伴的接纳而表现出来的把学习、工作做好的一种需要。自我提高内驱力和附属内驱力是一种间接的学习需要，属于外部动机。因此，答案选 B。

4. 【解析】 C 记忆题 此题考查学习动机与学习效果的关系。

根据耶克斯—多德森定律，动机强度与学习效果之间是一种倒 U 型曲线关系。因此，答案选 C。

5. 【解析】 C 记忆题 此题考查学习动机与学习效果的关系。

学习动机具有促进学习的作用，但是学习动机强度与学习效率是一种倒 U 型曲线关系。过分强烈的学习动机往往使学生处于一种紧张的情绪状态，使其思维效率降低，而中等强度的动机最有利于任务的完成。因此，答案选 C。

6. 【解析】 C 记忆题 此题考查学习动机与学习效果的关系。

根据耶克斯—多德森定律，学习动机存在一个最佳水平。在一定范围内，学习效率随学习动机强度增加而提高，直至达到学习动机最佳强度而获最佳效率，之后则随学习动机强度的进一步增大而下降。因此，答案选 C。

7. 【解析】 B 记忆题 此题考查学习动机的强化理论。

学习动机的强化理论是由联结主义（行为主义）学习理论家提出来的，他们不仅用强化来解释学习的发生，而且用它来解释动机的产生。因此，答案选 B。

8. 【解析】 B 理解题 此题考查马斯洛的需要层次理论。

学生在学校里最重要的缺失需要是归属与爱的需要和尊重的需要。学生如果感到没有被人爱，或自认为无能，就不可能有强烈的动机去实现较高的目标。因此，答案选 B。

9. 【解析】 D 记忆题 此题考查马斯洛的需要层次理论。

马斯洛将七种需要分为缺失需要和成长需要。其中前四种属于缺失需要，它们是我们生存所必需的，一旦缺失需要得到满足，对其需求的强度就会下降；自我实现的需要是成长需要，其特点在于永不满足。因此，答案选 D。

10. 【解析】 A 记忆题 此题考查马斯洛的需要层次理论。

马斯洛认为人的基本需要有七种，它们由低到高依次为：生理的需要、安全的需要、归属与爱的需要、尊重的需要、求知与理解的需要、审美的需要、自我实现的需要。前四种属于缺失需要，后三种属于成长需要。因此，答案选 A。

11. 【解析】 C 记忆 + 理解题 此题考查阿特金森的成就动机理论。

避免失败的人对失败的担心大于获得成功的动机，这种人在选择任务时倾向于选择非常容易或者非常难的任务，因为前者容易成功，而后者即使失败了，也有借口挽回面子。因此，答案选 C。

12. 【解析】 A 理解题 此题考查学习动机的类型。

题干中引用的论述表明了学习动机主要来自对学习本身的兴趣，属于内部动机。因此，答案选 A。

13. 【解析】 B 记忆题 此题考查阿特金森的期望—价值理论。

力求成功的学生敢于冒险去尝试并追求成功，他更倾向于选择具有一定挑战性的任务，并保证具有一定的成功可能性。因此，他会选择难度适中的任务。避免失败的学生也追求成功，但他更想避免失败，因此更倾向于选择非常容易或非常难的任务。因此，答案选 B。

14.【解析】 A　理解题　此题考查韦纳的成败归因理论。

韦纳将人们对于成败的归因分为三维度六方面，三维度即内部性、稳定性和可控性，六个方面包括能力高低、努力程度、任务难度、运气好坏、身心状态、外界环境。努力程度属于内部的、不稳定的、可控的因素。因此，答案选 A。

15.【解析】 B　记忆题　此题考查韦纳的成败归因理论。

能力属于学习动机中稳定的、内部的因素。因此，答案选 B。

16.【解析】 D　记忆题　此题考查班杜拉的自我效能感。

自我效能感是指个体对自己能否成功进行某一成就行为的主观判断，人的行为受行为的结果因素与先行因素的影响，D 选项说法错误。因此，答案选 D。

17.【解析】 C　理解题　此题考查自我价值理论。

低趋高避型学生被称为“逃避失败者”，他们更看重逃避失败而非期望成功。不爱学习的背后隐藏着他们对失败的强烈恐惧。题干中学生“多一分浪费”即不追求高分的思想属于“低趋”，“60 分万岁”即看重避免挂科的思想属于“高避”。因此，答案选 C。

18.【解析】 A　记忆题　此题考查自我价值理论。

自我价值理论认为，人天生就有维护自尊和自我价值感的需要，个人追求成功的内在动力是自我价值感。例如，学生学习成功的内在动力就是保持积极的、有能力的自我形象。因此，答案选 A。

19.【解析】 A　记忆 + 理解题　此题考查目标定向理论。

自我卷入的学习者又称为设置表现目标的学生，他们学习是为了做给别人看或向别人证明自己的能力。题干中的学生属于自我卷入的学习者。因此，答案选 A。

20.【解析】 B　记忆题　此题考查目标定向理论。

掌握目标的学生持能力发展观，表现目标的学生持能力不变观。因此，答案选 B。

21.【解析】 D　记忆题　此题考查自我决定理论。

自我决定理论在强调内部动机的同时，也关注外部动机是如何影响内部动机的。它认为外部动机使用不当会导致内部动机的抵消。因此，答案选 D。

22.【解析】 A　记忆 + 综合题　此题考查学习动机理论的分类。

自由学习理论是人本主义学习动机理论的典型代表。因此，答案选 A。

拔高特训

1.　【解析】 A　记忆 + 综合题　此题考查学习动机的分类。

A. 个人动机是与个人自身的需求、信念和价值观以及性格特征密切相关的动机。“学生认为努力学习是自己的职责”属于个体价值观的表达。因此，答案选 A。

B. 外部动机是指由外部诱因引起的动机。如有的学生是为了得到奖励、避免惩罚、取悦教师等。

C. 情境动机是与情境因素密切相关的动机。它是暂时的、不稳定的，往往表现在某一具体学习活动中。

D. 远景动机是指与长远目标相联系的一类动机。它往往与个人的理想、志向、世界观等高层次的心理因素相关。

2.　【解析】 A　理解 + 综合题　此题考查学习动机的分类。

宋真宗以此诗激励天下读书人刻苦读书、博取功名。读书之目的不是当下的快乐，而是未来的生活富足、社会地位，因此涉及远景动机、外部动机和成就动机。因此，答案选 A。

3. 【解析】 C 理解题 此题考查奥苏伯尔对学习动机的分类。

A. 认知内驱力是指要求获得知识、了解周围世界、阐明问题和解决问题的欲望与动机，与通常所说的好奇心、求知欲大致同义。

B. 附属内驱力指个体为了得到赞许或认可而表现出把工作做好的一种需要，属于外部动机。

C. 自我提高内驱力把成就看作赢得地位和自尊的根源。题干中“获得他人的尊重和仰慕”体现了个体对地位和自尊的需要。因此，答案选 C。

D. 干扰选项，无此说法。

4. 【解析】 B 记忆题 此题考查学习动机与学习效果的关系。

A. 学习动机是影响学习效果的一个重要因素，但不是决定性因素。

B. 学习动机是有效地进行学习的前提，但学习动机的巩固和发展又依赖于学习效果，二者之间是良性循环。因此，答案选 B。

C. 学习动机与学习效果的关系并不是直接的，它们之间往往以学习行为为中介。

D. 动机强度的最佳水平会因任务的难易程度而异。从事比较容易的学习活动，动机强度的最佳水平点会高些。

5. 【解析】 C 理解题 此题考查学习任务难度与学习动机之间的关系。

学习任务难度与学习动机之间的关系：中等难度的任务，动机水平越高，越容易激励自己努力。因此，答案选 C。

6. 【解析】 C 记忆题 此题考查学习动机理论学派。

社会（观察）学习理论学派的代表人物班杜拉在自我效能感理论中提到的结果期望和效能期望，融合了行为主义学派和认知主义学派的观点，既考虑行为的结果，又考虑个人信念等因素的影响。因此，答案选 C。

7. 【解析】 B 理解 + 综合题 此题考查奥苏伯尔对学习动机的划分。

自我提高内驱力是个体因自己的胜任能力或工作能力而赢得相应地位的需要，是学业成就动机的重要组成部分。因此，答案选 B。

8. 【解析】 A 理解题 此题考查成败归因理论。

根据成败归因理论，将失败归因于稳定因素或不可控因素时，有可能导致消极、不作为的行为，排除 C 选项。小叶在多次考试成绩均不理想后才变得消极，可见她将失败归因于稳定因素，排除 B 选项。将失败归因于内部因素时，易产生羞愧和无助的情绪，归因于外部因素时，则会有生气、愤懑的情绪，小叶的情绪偏向于对自己不满，排除 D 选项。因此，答案选 A。

9. 【解析】 A 记忆题 此题考查韦纳的成败归因理论。

在付出同样努力时，能力低的，应得到更多的奖励。因此，答案选 A。

10.【解析】 B 拓展题 此题考查罗特的控制点理论。

罗特的控制点理论认为，内控型强调结果由个体的自身行为造成或者由个体的稳定的个性特征决定；外控型认为事情是由个体之外的因素导致的。“认为自己无法控制周围环境的人”是将结果归因于外在因素，故属于外控型。因此，答案选 B。

11.【解析】 D　记忆 + 理解题　此题考查韦纳的成败归因理论。

题干中的“贪玩”“开小差”属于努力程度低，努力程度属于不稳定、内部、可控归因。因此，答案选 D。

12.【解析】 D　理解题　此题考查自我效能感理论。

结果期望指人对自己某种行为会导致某一结果（强化）的推测，是传统的期望。效能期望指人对自己能否做出某种行为的能力的推测，即自我效能感。题干中努力学习是行为，能考上好大学是结果，故结果期望高；觉得很难听懂是推测自己能力低，故效能期望低。因此，答案选 D。

13.【解析】 C　理解题　此题考查自我价值理论。

A. 高趋低避型的学生拥有无穷的好奇心，对学习有极高的卷入水平。

B. 高趋高避型的学生同时感受到成功的诱惑和失败的恐惧。题干未体现出成功对小明的诱惑。

C. 小明属于低趋高避型，这种类型的学生被称为“逃避失败者”。这类学生更看重逃避失败而非期望成功，他们看起来懒散，不爱学习的背后隐藏着他们对失败的强烈恐惧，尤其是面对没有把握成功的任务时，这种恐惧甚至让其必须采用逃避的手段，这种防御更多体现在心理层面，如尽量降低该任务的重要性，“认为数学不重要”。因此，答案选 C。

D. 低趋低避型的学生不奢望成功，对失败也没有羞耻感和恐惧感，他们对成就表现得漠不关心，不接受任何有关能力的挑战。

14.【解析】 B　记忆题　此题考查成就目标理论。

掌握回避目标着眼于避免跟自己相比、跟任务相比显得自己无能，避免任务没有完成或者内容没被掌握，如努力避免对数学课的内容不完全理解。因此，答案选 B。

15.【解析】 D　记忆 + 理解题　此题考查目标定向理论。

表现回避目标着眼于避免在别人面前表现差劲，避免跟别人相比显示出自己无能。题干中，该学生为了避免给小组拖后腿，怕自己技不如人，因此是为了避免跟同学相比显示自己无能而学习。因此，答案选 D。

16.【解析】 B　理解题　此题考查自我决定理论的动机分类。

自我决定理论根据个体对行为的自主程度，把外部动机分为四种类型：外部调节、内摄调节、认同调节与整合调节。其中，内摄调节指个体吸收了外部规则，但没有完全接纳为自我的一部分。个体是为了避免焦虑或羞愧，或维护自尊和自我价值，而做出某种行为。题干中，甜甜下定决心要努力练习唱歌是为了维护个人自尊，体现了内摄调节。因此，答案选 B。

17.【解析】 C　理解题　此题考查有机整合理论的动机类型。

有机整合理论将人的动机看作一个从无动机、外部动机到内部动机的自我决定程度不断增加的连续体。

A. 无动机者处于缺少行为意愿的状态，可能是由于个体觉得行为结果不重要，即使做了也得不到想要的结果，或者自己没有能力做出这个行为。

B. 外部动机者不是出于对活动本身的兴趣，而是为了获得某种可分离的结果而去从事一项活动。

C. 内部动机者从事活动是为了活动本身的乐趣，是发自内心想做这项活动，在做的过程中感到快乐和享受，与题意相符。因此，答案选 C。

D. 干扰选项，无此说法。

18.【解析】 C　理解题　此题考查学习动机。

A、B、D 选项的这三种情况都可以使用外部诱因来激发学生的兴趣、给予学生肯定或鼓励。C 选项中学生不需要外部诱因就有工作动机，说明学生的动机是自发的，是不需要通过外部诱因去增强动机的，当学生完成工作时，有利于增强学生的自我效能感。因此，答案选 C。

19.【解析】 B 理解题 此题考查目标定向理论。

在竞争型的课堂结构中，学生关注的是自己与他人的比较结果，更注重外在表现，目的是显示自己的能力，获得他人的认可或超过他人，所以能激发学生以表现目标为中心的动机系统。因此，答案选 B。

材料分析题

1. 阅读材料，并按要求回答问题。

请回答：

（1）用教育心理学的动机理论分析材料中学生的反应。

（2）请你谈一谈如何加强学生的学习动机。

答：（1）对学生反应进行的分析：

①用期望—价值理论解释小红的反应：期望—价值理论认为成就需要、期望水平和诱因价值三者共同决定了学生的学习动机。小红显然因为教师表扬的诱因而变得积极学习了，但是她属于力求成功型，不愿意接受过难的任务，只愿意接受难度居中的任务。

②用自我价值理论解释小军的反应：小军属于自我价值理论中的低趋高避型，他要逃避失败，又不是特别渴望成功。他并不一定存在学习问题，只是对布置的作业的兴趣不高，对成功的取向不高而已。

③用自我效能理论解释小亮的反应：小亮不爱学习，对学习产生了低效能，认为自己学不好，就彻底不学了。（还可以用自我价值理论解释小亮的行为：小亮属于低趋低避型，对成功的渴望较低，也很容易面对失败，他会认为“我已经相信自己就是个失败者”，彻底放弃自己的学业了）

（2）加强学习动机的措施：

①创设问题情境，实施启发式教学。根据成就动机理论，问题的难度系数为 50% 时，挑战性与胜任力同在，最容易激发学生的学习动机。

②根据作业难度，恰当控制动机水平。根据耶克斯—多德森定律，最佳的动机水平与作业难度密切相关。对于简单任务，尽量让学生集中注意力、紧张一些；对于复杂任务，则要尽量创造轻松自由的气氛。

③充分利用反馈信息，给予恰当的评定和反馈。不恰当的评定会有消极的作用，如使学生过分关注结果、抑制内在动机等。因此，在评定时应该注意：要用评定表示进步的快慢，根据学生的个别差异加上恰当的评语。

④妥善进行奖惩，维护内部学习动机。在使用中应注意以下原理：奖励能激发动机，惩罚则不能；滥用外部奖励会破坏内部动机；奖惩影响成就目标的形成；表扬应该针对学生的具体行为，而不是针对个人；态度要真诚；要强调学生的努力。

⑤合理设置课堂环境，妥善处理竞争与合作之间的关系。

⑥坚持以内部动机作用为主，外部动机作用为辅。

⑦适当地进行归因训练，促使学生继续努力。指导学生进行积极的成败归因，有时候积极比正确更重要，尤其是差生，引导其将失败归因于努力程度不足，而不是能力不足。

⑧注意学生的个别差异，因材施教。

⑨注意内外部动机的相互补充，相辅相成。

⑩加强自我效能感。引起和增强学生的自我效能感，有利于培养学习动机，我们要做好三个方面：直

接经验训练；间接经验训练；说服教育。

2.　阅读材料，并按要求回答问题。

请回答：

（1）运用韦纳的归因理论，分析材料 1 中所体现的归因的因素及其对学习的影响。

（2）结合材料 2，谈谈小明出现“摆烂”心理的原因。

（3）作为教师，应该如何帮助材料 2 中的学生正确归因，克服“摆烂”心理？

答：（1）根据韦纳的归因理论，该博士把成功归因于努力这一内部的、不稳定的、可控的因素时，会让他在学习结果好的时候感到自豪、愉快，因此会愿意更加努力地学习，有利于提高其学习动机。

（2）“摆烂”的心理是典型的习得性无助。习得性无助指个体后天习得的，由于认为自己无论怎样努力也不可能取得成功，从而采取逃避努力、放弃学习的无助行为。一个总是失败并把失败归于内部的、稳定的和不可控的因素（能力低）的学生会形成一种习得性无助的自我感觉。材料中，小明在多次考试失败后，发现学习努力的程度与学习好坏没有关系，认为自己对学习已经无能为力，是习得性无助状态。

（3）教师帮助学生正确归因，克服“摆烂”心理的措施。

①教师要引导学生正确归因。引导学生把失败归因于内部的、可控的、不稳定的因素（努力程度）上，为的就是以防学生在失败时，自我效能感下降，从而自我放弃。

②教师在给予奖励时，不仅要考虑学生的学习结果，而且要联系学生学习进步与努力程度的状况来看，强调内部、不稳定和可控制的因素。在学生付出同样努力时，对能力低的学生应给予更多的奖励；对能力低而努力的人给予最高评价；对能力高而不努力的人则给予最低评价，以此引导学生进行正确归因。

③教师要引导学生建立积极的自我概念。自我概念指个体对自身存在的体验，它包括一个人通过经验、反省和他人的反馈，逐步加深对自身的了解。正确归因是帮助学生获得自我概念的方式之一。

④一般情况下，引导学生将成败归因于努力，但不能极端地将一切均归因于努力。如学生已经很努力但还是没有成功时，要帮助学生找到正确的原因，避免学生产生习得性无助。

3.　阅读材料，并按要求回答问题。

请回答：

（1）结合材料，说明这种做法试图通过影响哪种心理需求来激发学生的学习动机。

（2）试述学习动机与学习效果的关系。

（3）从学习动机与学习效果的关系的角度对这种做法的有效性进行分析。

答：（1）这种做法试图通过刺激学生的自尊心，激起学生的“尊重需要”，来进一步激发学生的学习动机。马斯洛的需要层次理论将人的需要分为生理的需要、安全的需要、归属与爱的需要、尊重的需要、求知与理解的需要、审美的需要、自我实现的需要。材料中在第一考场的学生会感到受人尊重、有成就感，在其他考场的学生也会因为想得到尊重的需要而产生学习动机，努力学习从而进入第一考场。

（2）学习动机与学习效果的关系如下：

①学习动机是影响学习效果的一个重要因素，但不是唯一因素。

②学习动机具有加强学习的作用，但学习动机与学习效果的关系常以学习行为为中介，而学习行为既受学习动机的影响，也受其他因素的制约。所以，只有把学习动机、学习行为、学习效果三者放在一起，才能看出学习动机与学习效果之间的关系。

③学习动机强度与学习效率的关系。a. 依据耶克斯—多德森定律，学习动机强度与学习效率之间是一种倒 U 型曲线关系，中等强度的动机，最有利于任务的完成。b. 学习动机存在一个最佳水平，即在一定范围内，

学习效率随学习动机强度增大而提高，直至达到学习动机最佳强度而获最佳效率，之后随学习动机的强度进一步增大而下降。c. 动机强度的最佳水平因任务的难易程度而异。d. 动机强度的最佳水平因人而异。

（3）材料中根据成绩分考场的有效性可能会因人而异。因为学习动机的最佳水平会受学习者个性的影响。对在第二考场、学习成绩处于中上等水平的学生来说，这种做法可能具有一定的促进作用，激励他们再稍加努力就可以进到第一考场；对内向的、学习水平偏低的学生来说，则易使其处于过度紧张的状态中，反而限制了他们正常的智力活动，降低其思维活跃性和学习效率，甚至还可能引发其中一些处于后面考场的学生出现自暴自弃、学业自我妨碍等问题。

4. 阅读材料，请分别用3种学习动机理论对小明的厌学情绪、弃学行为做出解释。

答：对小明的厌学情绪、弃学行为可以用多种学习动机理论来解释。

（1）归因理论。归因理论认为，学生对自己学业成败原因的推断，通过影响其情绪感受和对未来学习结果的预期，从而影响其后续学习的动机。小明进入高中后，在几次年级统考中名次后移，因经努力而未见成效，就将自己学业失败归因于能力低下，这一消极归因使其感到羞愧，对未来学习结果的预期也很不乐观，因而降低了学习的坚持性。

（2）自我效能感理论。自我效能感指个人对自己是否具有完成某项任务能力的判断与信念。该理论认为，人总是愿意在自己有成功把握的事情上投入精力。小明进入高中后由于几次考试连续失利，因消极的归因模式而导致自我效能感降低，对学习成功的期望降低。当“改变失败结局”的目标一再受挫后，体验到更多的紧张、焦虑，因而产生厌学情绪。

（3）自我价值理论。自我价值理论认为自我价值需要是人最重要的需要。学生努力学习的动机是获得自我价值需要的满足，维护自尊。小明进入高中后成绩不理想，并且在继续努力学习后成绩仍不能提高，小明因此觉得自己“无能”，面临丧失自尊的威胁；如果放弃学习，便可将学业失败归因于“没有学习”“没有努力”，从而避免自尊的丧失。因此，放弃学习是小明保护自我价值、避免自尊丧失的一种策略。

5. 阅读材料，并按要求回答问题。

请回答：

（1）结合马斯洛的需要层次理论，分析材料中的现象。

（2）从教师角度谈谈如何缓解师生间的矛盾。

答：（1）基于马斯洛需要层次理论，导致课堂师生冲突的原因是师生的各种需要得不到满足。

①尊重与爱的需要得不到满足。a. 从教师的角度讲，教师有被人尊重尤其是被学生尊重、爱戴的心理需要。小明态度强硬，通过撕纸条与老师进行对抗，李老师激愤之下失去理智与他发生扭打行为，致使事态出现了不可逆转的局面。**b. 从小明的角度讲，**小明也有被人尤其是被自己老师尊重、重视、理解、关怀等心理需要。但他由于英语成绩不好，经常被留堂甚至挨骂，感觉自己没有得到尊重，所以通过贴字条的方式挑战教师权威。

②自我实现的需要得不到满足。课堂教学的目的是传授知识，学生希望通过教育获得生存与发展所需要的知识和技能，满足自我实现的需要。由于小明英语成绩不好，经常被李老师留堂，有时还会挨骂，导致小明成就感低，动机不强，久而久之便可能会把消极心理带到课堂上，进而引发师生冲突。小明在老师后背上贴了张“我是乌龟，我怕谁”的字条，这是通过捣乱甚至以侮辱教师人格的方式获得心理满足，是学生畸形自我实现的需要在课堂中的表现。

（2）从教师的角度缓解师生间矛盾的措施有：

①树立正确的教育观念。教师要有正确的学生观、平等的师生观、正确的人才观。教师不应因小明英

语成绩不好将其留堂并且骂他，应该在发现学生英语成绩不理想时去了解和研究学生，发现学生学习中的困惑，恰当地引导学生。

②**尊重与理解是建立良好师生关系的重点**。作为教师，要充分了解学生、信任学生，尊重学生主体性；要公正对待学生，尊重个体差异，做好因材施教；要主动与学生沟通，做到“移情体验”，最大限度地理解学生。只有这样，教师的教学和对学生的教导才能令学生信服。

③**教师加强自我修养与健全人格是建立良好师生关系的保障**。提高教师的师德修养、知识能力、教育态度、个性品质，能够对学生起到良好的引领和示范作用，从而影响学生的个性品质和行为习惯，使师生之间融洽相处。

6. 从自我效能感的角度分析材料，回答问题。

请回答：

（1）结合材料，说明自我效能感对小明的影响有哪些。

（2）分析材料中小明的学习变化最主要受什么因素影响。

答：（1）自我效能感对小明的影响有两个方面：

①**决定小明对学习活动的坚持和选择**。通过班主任的鼓励和关心，小明从不合群、成绩差到坚持学习、考上大学。

②**影响小明面对困难的态度、情绪及行为表现**。小明因父母离异，自我效能感降低，使小明对待学习、与人相处的态度发生转变；后因班主任的鼓励、言语劝说、情绪唤醒，小明自我效能感增强，重新转变了对学习、与人相处的态度和面对学习的情绪状态，通过坚持和努力考上了梦想的大学。

（2）班主任的鼓励和关心是小明学习变化的最主要因素。影响自我效能感的因素主要有：

①直接经验；②间接经验；③言语劝说；④情绪唤醒；⑤身心状况。班主任的鼓励和关心对小明自我效能感的影响主要体现在后三个因素。

父母离异影响了小明的情绪，班主任的鼓励和关心就是一种言语劝说，将小明奋斗的情绪唤醒，使得小明的身心状况好转，成绩逐渐提高。也就是说，班主任的鼓励和关心使得小明的自我效能感增强，这是小明学习变化最主要的因素。

第四章 知识的建构

单项选择题

基础特训

1. 【解析】 C 记忆题 此题考查知识的类型。

根据不同的状态和表述形式，知识分为陈述性知识与程序性知识。因此，答案选 C。

2. 【解析】 C 记忆题 此题考查知识的类型。

题干中描述的是程序性知识的定义。因此，答案选 C。

3. 【解析】 B 记忆 + 理解题 此题考查知识建构的基本机制。

顺应意味着新旧知识的对立性和改造性，同化意味着新旧知识的连续性和累积性。因此，答案选 B。

4. 【解析】 A 理解题 此题考查知识建构的基本机制。

题干中描述的是知识的顺应的概念。C 选项知识的同化是将新知识与旧知识相联系，从而获得新知识的意义，并把它纳入原有认知结构而引起认知结构发生量变的过程。注意区分同化和顺应，同化是“量变”，顺应是“质变”。因此，答案选 A。

5. 【解析】 A 理解题 此题考查知识的表征方式。

图式指有组织的知识结构，即关于某个主题的一个知识单元，包括与该主题相关的一套相互联系的基本概念，构成了感知、理解外界信息的框架结构。根据题意，儿童对狗的认识已经构成了一定的框架结构，该表征方式是图式。因此，答案选 A。

6. 【解析】 D 理解题 此题考查知识的表征方式。

了解“长方形”的基本属性和基本特征，是通过概念进行表征的方式，它是一种简单的表征形式。因此，答案选 D。

7. 【解析】 C 记忆 + 理解题 此题考查知识掌握的阶段理论。

冯忠良认为，要掌握知识，首先应领会知识，然后应在头脑中将领会的知识加以巩固，从而在实践中去应用这类知识，以便得到进一步的检验和充实。因此，答案选 C。

8. 【解析】 D 记忆 + 理解题 此题考查遗忘的特点与原因。

动机性遗忘说，也叫压抑说，该理论认为遗忘是由情绪或动机的压抑作用引起的。如果这种压抑被解除了，记忆就能恢复，压抑说考虑了个体的需要、欲望、动机、情绪等在记忆中的作用。“由于紧张”导致已经记住的知识想不起来，是受到了个体情绪的影响。因此，答案选 D。

9. 【解析】 A 记忆题 此题考查迁移的类型。

根据迁移内容的抽象和概括水平，可将迁移划分为水平迁移和垂直迁移。因此，答案选 A。

10. 【解析】 B 记忆题 此题考查迁移的类型。

一般迁移是指将从一种学习中习得的一般原理、方法、策略和态度等迁移到另一种学习中去。因此，答案选 B。

11. 【解析】 B 理解题 此题考查迁移的类型。

正迁移是一种学习对另外一种学习的“积极影响”，负迁移是一种学习对另外一种学习的“消极影响”。学习汉语拼音对学习英语产生了消极影响，即负迁移。因此，答案选 B。

12. 【解析】 A 理解题 此题考查迁移的类型。

小明之前的羽毛球的基础对之后的网球学习产生了积极的影响，故属于顺向正迁移。因此，答案选 A。

13. 【解析】 B 记忆题 此题考查早期的迁移理论。

桑代克提出的共同要素说强调只有两个训练技能之间有相同要素时，才可能有迁移。“情境相似性”反映出两个情境之间有相同的要素。因此，答案选 B。

14. 【解析】 C 记忆题 此题考查概括化理论。

贾德通过著名的水中打靶实验提出了概括化理论。因此，答案选 C。

15. 【解析】 D 理解题 此题考查迁移的类型。

从迁移发生的自动化程度来看，迁移分为低通路迁移与高通路迁移。高通路迁移指有意识地将在某一情境下习得的抽象知识运用到新的情境中。题干中，小强利用数学课上学到的知识去做板报设计属于高通路迁移。因此，答案选 D。

拔高特训

1. 【解析】 D 理解题 此题考查知识的分类。

小刚知道如何增强和减弱摩擦力的方法，“方法”是关于怎样做的知识，即程序性知识。因此，答案选 D。

2. 【解析】 D 记忆＋理解题 此题考查知识的分类。

结构良好领域知识是由明确的事实、概念和规则构成的结构化的知识。结构不良领域知识是将结构良好领域知识应用于具体问题情境时产生的知识，即关于知识被应用的知识。题干中教师想把专家的教学方法加以运用，需要处理大量结构不良领域知识。因此，答案选 D。

3. 【解析】 A 记忆题 此题考查知识的分类。

通过隐性知识社会化，我们分享别人的经历和经验，理解别人的思想和情感。因此，答案选 A。

4. 【解析】 D 理解题 此题考查陈述性知识。

A、B、C 选项都带有具体的操作步骤，说明“怎么做”，属于程序性知识；而 D 选项是反映事物的状态，导游解说主要描述的“是什么”“怎么样”，属于陈述性知识。因此，答案选 D。

5. 【解析】 A 理解题 此题考查陈述性知识。

“知识就是力量”表达的观念突出了知识本身的重要性，而知识本身反映的是事物的状态、内容及事物发展变化的时间、原因等，因此属于陈述性知识。因此，答案选 A。

6. 【解析】 A 理解题 此题考查知识建构的基本机制。

在新旧知识之间建立联系，利用旧知识获得新知识的意义，生成更丰富的理解，说明认知结构发生了量变，没有发生改造或者改组，因此属于同化。因此，答案选 A。

7. 【解析】 C 理解题 此题考查知识的表征方式。

我们头脑中储存着多种不同类型的图式，如物体图式（杯子的图式）、事件图式（脚本）、动作图式（骑自行车的图式）等。题干中的图呈现的就是脚本，即各事件发生的过程及其各过程间的相互关系的图式。因此，答案选 C。

8. 【解析】 B 理解题 此题考查知识的表征方式。

命题是意义观念的最小单元，用于表述一个事实或描述一个状态。命题是用句子表达的，但命题不等于句子，命题代表观念本身，同一命题可以用不同的句子表达。“蜻蜓是益虫”在表征形式上是一个命题。因此，答案选 B。

9. 【解析】 B 理解题 此题考查迁移理论。

A. 形式训练说：认为人的心智是由各种官能组成的，这些官能可以像肌肉一样通过训练而得到发展和加强。

B. 相同元素说：认为只有在原来的学习情境与新的学习情境有相同要素时，原来的学习才有可能迁移到新的学习中去。题干中的识字课是引导学生分析已学过的简单汉字（“日”和“月”）与新学习材料（“明”）之间的关系，通过把二者之间的共同要素进行迁移，使学生掌握更多的汉字。因此，答案选 B。

C. 概括化理论：认为迁移产生的关键在于学习者能够概括出两组活动之间的共同原理。

D. 关系转换理论：重视学习者对学习情境内部关系的顿悟在迁移中的作用。

10.【解析】 B 理解题 此题考查影响知识理解的因素。

“水”“植物的花”“植物的根”对学生来讲是具体的、形象的，容易激活学生的先前经验。“化学键”“分子式”属于抽象的、概括化的、远离具体经验的内容，学生需要用更多的意识努力，去分析、思考这些内容，生成与原有知识经验的联系。这个例子说明影响知识理解的因素是学习材料内容的具体程度。因此，答案选 B。

11.【解析】 C 理解题 此题考查迁移的类型。

低通路迁移指反复练习的技能自动化的迁移，如驾驶不同的汽车、用不同的笔写字就属于低通路迁移。另外，题干中的自然而然也体现了自动化迁移。因此，答案选 C。

12.【解析】 D 记忆 + 理解题 此题考查早期的迁移理论。

形式训练说认为，通过一定的训练，心智的各种官能可以得到发展，从而转移到其他学习上去。一般迁移是指将从一种学习中习得的一般原理、方法、策略和态度等迁移到另一种学习中去。不难发现，形式训练说本质上就是一般功能的迁移。因此，答案选 D。

13.【解析】 A 理解题 此题考查迁移的类型。

同化迁移是指不改变原有的认知结构，直接将原有的认知经验应用到本质特征相同的一类事物中去。举一反三指拿已知的一件事理去推知相类似的其他事理；闻一知十指听到一点就能理解很多，形容人禀赋聪敏，领悟力、类推力强；触类旁通指掌握了解某一事物的知识或规律，从而类推了解同类的其他事物。以上都说明了不改变原有认知结构就能将原有认知经验应用到本质特征相同的一类事物中去，属于同化迁移。因此，答案选 A。

14.【解析】 B 理解题 此题考查迁移的类型。

根据迁移内容的抽象和概括水平的不同，可将迁移分为横向迁移（水平迁移）和纵向迁移（垂直迁移）。横向迁移是指处于同一抽象和概括水平的经验之间的相互影响，学习内容之间的逻辑关系是并列的；纵向迁移是指处于不同抽象和概括水平的上位经验与具有较低的抽象与概括水平的下位经验之间的相互影响。“凹透镜”知识和“凸透镜”知识处在同一抽象和概括水平，这一迁移现象是横向迁移。因此，答案选 B。

材料分析题

1. 阅读材料，并按要求回答问题。

请回答：

（1）从学习迁移的性质来看，材料中甲、乙同学的情况分别属于哪种学习迁移？

（2）说明影响学习迁移的因素有哪些。

（3）就如何指导学习迁移谈谈你的看法。

答：（1）从学习迁移的性质来看，甲同学的情况属于正迁移，乙同学的情况属于负迁移。

①甲同学在学习英语字母时，以前学习的汉语拼音字母，对甲同学学习英语字母的字形产生了积极的影响，因此属于正迁移。

②乙同学在学习英语字母时，以前学习的汉语拼音字母，对乙同学学习英语字母的读音产生了消极的影响，因此属于负迁移。

（2）影响学习迁移的因素：

①主观因素：

a. 个体加工学习材料过程的相似性。个体加工信息的方法、习惯和风格各有不同，个体善于将自己习惯化的加工信息的过程迁移到其他问题和情境中去。

b. 已有经验的概括水平。学习迁移实际上是已有经验的具体化或新旧经验的协调过程。因此，已有经验的概括水平对迁移的效果有很大影响。

c. 学习态度和定势。在学习态度上，个体具有主动迁移的意识、能进行自我调控是学习迁移的关键。一般来说，定势对学习能够起促进作用，但是有时也会起阻碍作用。

d. 年龄、智力水平。学习者的年龄、智力水平等方面都在不同程度上影响迁移的产生。

②客观因素：

a. 学习材料、问题和情境的相似性。越是相似的材料、问题和情境，迁移越容易发生。

b. 教学指导、外界提示语的影响。越是清晰的教学指导或外界提示语，越容易促进迁移；越是模糊的、无效的教学指导或外界提示语，越容易阻碍迁移。

（3）学习迁移的指导：

教学应该为迁移而教，把迁移渗透到每一项教学活动中去。主要措施有以下几点：

①**培养迁移意识。**教师通过反馈和归因控制等方式使学生形成关于学习的积极态度，鼓励学生大胆地进行迁移，将知识灵活应用。

②**加强知识联系。**教师应重视新旧知识技能之间的联系，要促使学生把已学过的内容迁移到新知识上去，可以通过提问、提示等方式，使学生利用已有知识来理解新知识，促进纵向迁移。

③**整合学科内容。**教师应注意把各个独立的教学内容整合起来，注意各门学科之间的横向联系，鼓励学生把在某一门学科中学到的知识运用于其他学科中，促进横向迁移。

④**重视学习策略。**教师要有意识地教学生学会如何学习，帮助他们掌握概括化的认知策略和元认知策略。认知策略和元认知策略是可教的，教授学习策略就会促进学习迁移。

⑤**强调概括总结。**教师要有意识地启发学生对所学内容进行概括总结。教师可以引导学生提高概括总结的能力，充分利用原理、原则的迁移。在讲解原理、原则时要尽可能用丰富的例子进行说明，帮助学生将理论应用于实践之中。

2. 阅读材料，并按要求回答问题。

请回答：

（1）贾德在该实验基础上，提出了何种学习迁移理论？

（2）该理论的基本观点是什么？

（3）依据该理论，产生学习迁移的关键是什么？

（4）该理论对教学的主要启示是什么？

答：（1）贾德通过“水下击靶”实验，提出了概括化理论（经验类化说）。

（2）该理论的基本观点：贾德的概括化理论强调概括化的经验或原理在迁移中的作用。该理论认为先前的学习之所以能迁移到后来的学习中，是因为在先前的学习中获得了一般原理，这种一般原理可以部分或全部应用于前后两种学习中。

（3）产生迁移的关键：学习者所概括出来的、并且是两种活动所具有的共同的原理或概括化的经验。

（4）在教学中，要重视基本原理、理论的教学，教会学生如何概括，如何迁移运用。

①**在学生认知结构上，**提高学生知识的概括化水平，加强原理或规则的教学，引导学生准确地理解和掌握基本原理，培养和提高概括能力，充分利用原理和规则的迁移。

②**在教学内容和过程上**，要精选教材，选择具有共同性原理的基本概念或事实。合理安排教学过程，遵循学生的学习水平和身心规律。

③**在教学方法上**，教授学生必要的学习方法和策略，帮助学生学会利用原理，举一反三，迁移知识。

第五章　技能的形成

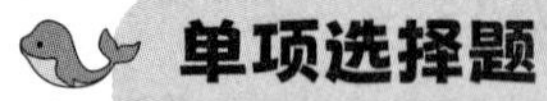

单项选择题

基础特训

1. 【解析】 C　理解题　此题考查技能的含义。

技能是通过练习形成的合乎法则或程序的身体或认知活动方式。A、B、D 选项均是需要练习才会获得的活动方式，且具有一定的规则性。C 选项做梦属于本能。因此，答案选 C。

2. 【解析】 A　记忆题　此题考查对心智技能的理解。

心智技能也称智力技能、智慧技能，指借助于内部言语在人脑中进行的认知活动方式。如默读、心算、写作、观察、分析等。阅读技能、写作技能、心算技能都属于心智技能，书写技能属于操作技能。因此，答案选 A。

3. 【解析】 D　记忆题　此题考查心智技能的特点。

心智技能具有三个特点：动作对象的观念性；动作执行的内潜性；动作结构的简缩性。因此，答案选 D。

4. 【解析】 D　记忆题　此题考查运动技能的表征方式。

产生式系统是程序性知识的表征方式。运动技能的形成需要先掌握程序性知识，再通过实际操作将程序性知识转化为外显的动作。因此，答案选 D。

5. 【解析】 B　记忆题　此题考查心智技能的形成过程。

冯忠良根据有关研究并结合教学实际，提出心智技能形成三阶段说：原型定向、原型操作、原型内化。因此，原型定向是心智技能培养的第一步。因此，答案选 B。

6. 【解析】 B　记忆题　此题考查操作技能的主要类型。

分类标准	肌肉运动强度和动作的精细程度	操作的连续性	动作对环境的依赖程度（控制机制不同）	操作对象的不同
主要类型	细微性操作技能	连续性操作技能	闭合性操作技能	徒手性操作技能
	粗放性操作技能	断续性操作技能	开放性操作技能	器械性操作技能

因此，答案选 B。

7. 【解析】 D　记忆题　此题考查冯忠良的四阶段模型。

操作技能的熟练阶段形成的动作方式对各种变化的条件具有高度的适应性，动作的执行达到高度的系统化、完善化和自动化。外显化是操作技能的模仿阶段的特点，即个体实际再现出特定的动作或行为模式。因此，答案选 D。

8. 【解析】 C　记忆题　此题考查冯忠良的四阶段模型。

冯忠良认为操作技能的形成过程可以分为操作的定向阶段、操作的模仿阶段、操作的整合阶段、操作的熟练阶段。因此，答案选 C。

9. 【解析】 A　记忆题　此题考查冯忠良的四阶段模型。

操作技能的形成阶段包括定向、模仿、整合和熟练四个阶段。熟练阶段是高级阶段，即最后形成操作的自动化阶段。因此，答案选 A。

10.【解析】 B　理解题　此题考查冯忠良的四阶段模型。

在操作的模仿阶段，个体将其在操作定向阶段头脑中形成的定向映象以外显的实际动作表现出来，但是动作的稳定性、准确性、灵活性较差，各要素相互干扰，个体动作主要靠视觉控制。因此，答案选 B。

11.【解析】 D　理解题　此题考查练习中的相关现象。

练习过程中技能的进步情况可以用练习曲线来表示。练习曲线表明，在学生动作技能的形成过程中，练习到一定阶段往往出现进步暂时停顿的现象，称为高原现象。因此，答案选 D。

拔高特训

1. 【解析】 C　理解题　此题考查技能的含义。

技能是指通过练习形成的合乎法则或程序的身体或认知活动方式，具有以下特点：(1) 技能要通过练习而形成，不是本能，也不是潜能，更不是一下子就能学会的；(2) 技能是合乎法则或程序的活动方式，区别于随意行为；(3) 技能是身体或认知活动方式，不是活动程序，技能的掌握不是通过言语表述，而是通过实际的动作活动表现出来的。因此，答案选 C。

2. 【解析】 B　理解题　此题考查动作技能的特点。

动作技能的特点是物质性、外显性和扩展性，但是要知道动作技能的特点远不止于此，我们是在与心智技能对比的条件下总结了动作技能的主要特点。所以这道题要理解题干的含义，题干描述的是动作技能的精确性。因此，答案选 B。

3. 【解析】 B　理解题　此题考查技能的类型。

心智技能也称智力技能、认知技能，是通过学习而形成的合乎法则的心智活动方式。按一定格式排版属于心智技能。因此，答案选 B。

4. 【解析】 D　记忆题　此题考查对心智技能的理解。

心智技能是指借助于内部言语在人脑中进行的认知活动方式，具有以下特点：(1) 观念性——活动的对象是内部思维；(2) 内潜性——活动的对象是看不见的；(3) 简缩性——动作可以简略和合并。D 选项解应用题是以心智活动的方式进行的，属于心智技能。因此，答案选 D。

5. 【解析】 C　记忆题　此题考查操作技能和心智技能的区别与联系。

操作技能是系列动作的连锁，因而其动作结构必须从实际出发，符合实际，不能省略。而心智技能是借助于内部言语实现的，可以高度省略、高度简缩。因此，答案选 C。

6. 【解析】 B　理解题　此题考查对运动技能的理解。

A 选项摇头不属于技能，属于本能动作。C、D 选项均属于心智技能。因此，答案选 B。

7. 【解析】 B　理解题　此题考查心智技能的形成过程。

加里培林将心智技能的形成划分成五个阶段，其中物质活动或物质化活动阶段是指运用实物或者模型、示意图等进行教学的阶段。这一阶段，教师要将动作展开，让学生实际完成每个动作，与题干中的例子对应。因此，答案选 B。

8. 【解析】 B 理解题 此题考查操作技能的主要类型。

连续性操作技能表现为连续的、不可分的、协调的动作系列，需要对外部环境进行不断调节，而且动作序列较长。A、C、D 选项均属于断续性操作技能。因此，答案选 B。

9. 【解析】 A 理解题 此题考查操作技能的主要类型。

开放性操作技能在大多数情况下主要依据外界反馈信息进行活动，对外界信息的依赖程度高，即根据外界环境变化来调整、控制并做出适当动作。B、C、D 选项主要依赖机体自身的内部反馈信息进行活动，因此属于封闭性操作技能。因此，答案选 A。

10. 【解析】 A 理解题 此题考查操作技能的主要类型。

“在黑板上徒手快速画一个大圆”是一种完全依赖内部肌肉反馈作为刺激指导的技能，接近于封闭性技能。因此，答案选 A。

11. 【解析】 C 理解题 此题考查操作技能的主要类型。

A、B、D 选项均需要依据外界反馈信息进行活动，对外界信息依赖程度高，属于开放性操作技能。因此，答案选 C。

12. 【解析】 D 理解题 此题考查操作技能的主要类型。

断续性操作技能由一系列不连续的动作构成，只包括较短的序列，其精确性可以记录，如射箭。A、B、C 选项的动作均表现为连续的、不可分的、协调的动作序列，属于连续性操作技能。因此，答案选 D。

13. 【解析】 A 理解题 此题考查操作技能的主要类型。

徒手性操作技能即无须器械，仅通过身体协调来完成的操作技能。B、C、D 选项均需要通过一定的器械来完成，属于器械性操作技能。因此，答案选 A。

14. 【解析】 A 理解题 此题考查操作技能的主要类型。

B、C、D 选项均无须器械即可完成，是徒手性操作技能。弹琴需借助乐器来完成。因此，答案选 A。

15. 【解析】 D 理解题 此题考查操作技能的主要类型。

在心智技能中，根据适用的范围不同，可以把它分为专门心智技能和一般心智技能。专门心智技能是为某种专门的认知活动中所必需的，也是在相应的专门智力活动中形成、发展和体现出来的。例如，默读与心算等技能是学生在学习活动中必须掌握的最基本的专门心智技能。因此，答案选 D。

16. 【解析】 D 理解题 此题考查动作技能。

认知心理学认为，在技能的学习中，学习者经过多次练习就会在头脑中形成关于动作程序的认知结构，即动作程序图式，这种动作程序图式在相似情境的激发下就会自动地调节和控制人的行为，使其活动进行下去。因此，答案选 D。

17. 【解析】 D 理解题 此题考查操作技能的训练要求。

题干中的表述是让学生用对动作的动觉控制替代视觉控制，建立动作与肌肉之间的联系，增强学习者内在反馈的作用，提高学习者对各种肌肉动作的自我调节、控制能力，属于动觉反馈。因此，答案选 D。

18. 【解析】 C 理解题 此题考查动作技能的学习。

在整个示范过程中，教师要防止学生的认知负荷超载，每次示范的信息量和速度要切合学生的实际水平。因此，答案选 C。

19.【解析】 A　理解题　此题考查操作技能的训练要求。

“见”指观察别人执行动作技能，相当于示范。“学”则指观察后的模仿和练习。“学者难”，强调的是“学”，即练习的重要性。因此，答案选 A。

材料分析题

阅读材料，并按要求回答问题。

请回答：

（1）通过阅读材料，分析“1 万小时定律”的练习与“刻意练习”的区别在哪里。

（2）结合材料，说明“刻意练习”中是否会出现高原现象，为什么？

（3）请从加德纳的多元智力理论出发，谈谈如何更高效地促进“刻意练习”。

答：（1）“1 万小时定律”的练习与“刻意练习”的区别在于：前者属于重复性的、低水平的练习；后者属于有目的的练习，有助于提高水平。

①“1 万小时定律”的练习强调的是通过简单重复的、多次的练习就能成功。这一练习是自动化水平的练习，如果不刻意提高，能力可能缓慢退化。

②“刻意练习”强调的是：明确目标，练习的真正目的在于提高；专注投入，强调效率；及时反馈，变换训练模式；保持动机，不断挑战舒适区。

（2）“刻意练习”中会出现高原现象。

“刻意练习”中出现高原现象的原因：①旧的技能结构限制了人们按照新的方式组织动作，在没有完成这种改造之前，练习成绩只会处于停顿甚至暂时下降的状态。这也就是材料中强调“刻意练习”要变换训练模式，就不容易陷入停滞的原因。②经过较长时间的练习，学生的练习兴趣下降、产生厌倦情绪或者由于身体疲劳等原因而导致练习成绩出现暂时停顿的现象。因此，“刻意练习”中，面对的最大问题就是保持动机。教师可以在学生进行“刻意练习”的过程中，通过练习方法的引导，帮助学生摆脱高原现象或者走向更高水平的练习。

（3）高效地促进“刻意练习”的方法：

①善于观察学生，发现学生的优势智力，给予期望效应。加德纳认为每名学生都具备 8 种智力，但所擅长的智力各不相同，因此他提倡发展以人为中心的教育。这就要求教师要善于观察学生，发现学生擅长的智力，恰当地引导学生，并给学生期望暗示。

②以学生的优势智力为基础，培养学生的特长智力。选择学生认同的、感兴趣的、擅长的技能进行刻意练习，有助于更高效地促进“刻意练习”。

③通过天才案例，增强学生的练习动机。使学生意识到每一个天才背后，也都需要经历大量的练习。杰出并非代表天赋，而是一种人人都能学会的技巧。成功背后并非只有刻苦，而是一套系统的训练方法。人人通过刻意练习都有可能获得在天赋智能上的成功，所以应该推动学生们在天赋能力上进行练习。

第六章　学习策略及其教学

单项选择题

基础特训

1. 【解析】 D　记忆题　此题考查学习策略的特征。

学习策略的特征有主动性、有效性、过程性、程序性。因此，答案选 D。

2. 【解析】 B　理解题　此题考查认知策略的含义。

认知策略是学习过程中为了提高学习效率而采取的措施。A、C 选项均属于对学习的管理，是元认知策略；D 选项是资源管理策略。因此，答案选 B。

3. 【解析】 C　理解题　此题考查精细加工策略。

题干中，学生利用谐音来记住单词，是运用联想赋予“ice”一定的意义，属于谐音联想法，它是精细加工的常用策略。因此，答案选 C。

4. 【解析】 B　记忆题　此题考查精细加工策略。

题干“对重点内容通过圈点批注的方法来帮助记忆”属于精细加工策略中的做笔记法。因此，答案选 B。

5. 【解析】 A　记忆题　此题考查精细加工策略。

A 选项过度学习属于复述策略。因此，答案选 A。

6. 【解析】 D　记忆题　此题考查基本的记忆规律。

当先前所学的信息干扰了后面信息的学习时，就出现前摄抑制；后面所学的信息干扰了前面信息的学习时，就出现倒摄抑制；中间部分容易遗忘是受前摄抑制和倒摄抑制的影响。因此，答案选 D。

7. 【解析】 D　记忆题　此题考查基本的记忆规律。

学习某件事常常有助于以后学习类似的事，这叫作前摄促进；后面所学的信息有助于先前信息的学习，这叫作倒摄促进。先前所学的信息对后面所学信息的干扰叫作前摄抑制；后面所学的信息对前面所学信息的干扰叫作倒摄抑制，与题干描述相符。因此，答案选 D。

8. 【解析】 D　记忆题　此题考查基本的记忆规律。

人们倾向于记住开始的事，因为对开始的信息倾注了更多的注意，这是首因效应。因此，答案选 D。

9. 【解析】 B　记忆题　此题考查复述策略的常用策略。

“随着学习的任务越来越少，学生学得越来越好，完成任务所需要的注意力也就越来越少”，这一过程属于自动化。因此，答案选 B。

10. 【解析】 A　记忆题　此题考查组织策略。

组织策略指整合所学新知识之间、新旧知识之间的内在联系，形成新的知识结构的策略。组织策略主要有列提纲、做图解、做表格等方式。因此，答案选 A。

11. 【解析】 B　记忆题　此题考查组织策略。

组织策略主要包括列提纲、做图解、做表格等。提问属于学业求助策略。因此，答案选 B。

12.【解析】 D　理解题　此题考查元认知策略。

A. 精细加工策略：通过把所学的新信息和已有的知识联系起来以增加新信息意义的策略。

B. 组织策略：整合所学新知识之间、新旧知识之间的内在联系，形成新的知识结构的策略。常用的组织策略有列提纲、做图解、做表格。

C. 努力管理策略：为了维持或促进意志努力，而对自己的学习兴趣、态度、情绪状态等心理因素进行约束和调整，实现学习目标的策略。它主要包括归因于努力、调整心境、意志控制和自我强化等策略。

D. 元认知策略：对信息加工流程进行控制的策略，包括计划策略、监察策略（监控策略）和调节策略。题干中，研究者的自我反问体现了研究者对实验的监控，属于元认知策略。因此，答案选 D。

13.【解析】 D　记忆 + 理解题　此题考查元认知策略。

调节策略是指根据对认知活动结果的检查，如发现问题则采取相应的补救措施。发现文章难懂，则放慢阅读速度，这属于调节策略。因此，答案选 D。

14.【解析】 D　理解题　此题考查资源管理策略。

常常思考自己的学习方法是否正确是个体对自我学习过程的监控和调节，属于元认知策略。因此，答案选 D。

15.【解析】 D　记忆 + 理解题　此题考查学业求助策略。

大学生利用参考资料、工具书、图书馆是对工具书的求助（这里的“利用图书馆”是利用图书馆的图书资源），利用广播电视、电脑、网络是对多媒体和网络等工具的求助，这属于学业求助策略中的工具利用策略。因此，答案选 D。

16.【解析】 D　理解题　此题考查学业求助策略。

学业求助策略是指在学习中遇到困难时，向他人请求帮助的行为，包括对工具的求助和对人的求助。因此，答案选 D。

17.【解析】 C　记忆题　此题考查环境管理策略。

学习的环境管理策略是指善于选择安静、干扰较小的地点学习，充分利用学习情境的相似性；注意调节自然条件；设计好学习的空间等。善于利用零碎时间属于时间管理策略。因此，答案选 C。

拔高特训

1.　【解析】 B　记忆题　此题考查学习策略的概念。

“学会如何学习”就是学会在适当的条件下使用适当的策略。因此，答案选 B。

2.　【解析】 B　理解题　此题考查时间管理策略。

A. 计划策略：属于元认知策略。计划策略主要指设置学习目标、浏览材料、产生待解决的问题、分析如何完成任务——针对做事的顺序规划。

B. 时间管理策略：指通过一定的方法合理安排时间、有效利用学习资源。其中最优时间策略强调每个人要根据自己的模式，合理安排学习时间——针对个人的时间规划。题干中，小红将侧重记忆的内容安排在晚上学习是根据一天的学习效率变化来决定的，因为在晚上记忆的效率更高。此题重在区别 A、B 选项，A 选项侧重做事情的规划，B 选项侧重时间安排。因此，答案选 B。

C. 努力管理策略：指为了维持或促进意志努力，而对自己的心理因素进行约束和调整，实现学习目标。

D. 环境管理策略：主要指对自然条件的调节（如流通的空气、适宜的温度等）和对学习空间的设计

（如空间的范围、室内布置、用具摆放等）。

3. 【解析】 B 记忆题 此题考查注意策略。

B 选项摘抄属于复杂知识的精细加工策略，是做笔记中的一小步。因此，答案选 B。

4. 【解析】 B 理解题 此题考查精细加工策略。

这种学习方法是谐音联想法，属于精细加工策略。因此，答案选 B。

5. 【解析】 D 记忆 + 理解题 此题考查认知策略。

分清任务的轻重缓急属于资源管理策略中的时间管理策略。因此，答案选 D。

6. 【解析】 A 记忆题 此题考查精细加工策略。

精细加工策略是通过把所学的新信息和已有的知识联系起来以增加新信息意义的策略。题干中通过附加一句话，使以后的回忆相对容易一些，就是通过增加新信息意义来促进记忆的方式。因此，答案选 A。

7. 【解析】 C 理解题 此题考查限定词法。

限定词法即谐音联想法，如马克思生日：1818 年 5 月 5 日——马克思一巴掌一巴掌打得资本主义呜呜地哭。因此，答案选 C。

8. 【解析】 A 理解题 此题考查基本的记忆规律。

题干中描述的前后影响是积极的，属于促进，排除 C、D 选项。前面的学习有助于后面学习类似的信息，属于前摄促进。因此，答案选 A。

9. 【解析】 C 理解题 此题考查基本的记忆规律。

在记忆中，我们更倾向于记住最开始的事情和距离我们最近的事情，分别叫作首因效应和近因效应。根据首因效应，教师应当把重要的、最基本的概念放在一堂课的开始。因此，答案选 C。

10. 【解析】 C 理解题 此题考查学习策略。

A 选项为精细加工策略中的关键词法，B 选项为组织策略，C 选项为注意策略，D 选项为时间管理策略。因此，答案选 C。

11. 【解析】 B 理解题 此题考查组织策略。

列提纲是以简要的语词写下主要和次要的观点，也就是以金字塔的形式呈现材料的要点，使每个具体的细节都包含在高一级水平的类别中。题干所述符合列提纲的策略。因此，答案选 B。

12. 【解析】 D 理解题 此题考查元认知策略。

元认知策略是指学生对自己学习过程进行有效监控的策略。学生在阅读时，遇到难点立即停下来思考或回到前面重新阅读，是对学习过程的监控，故属于元认知策略。因此，答案选 D。

13. 【解析】 B 理解题 此题考查元认知策略。

元认知策略是对知识加工的过程进行计划、监控和调节。题干中学生对知识加工过程的监控属于元认知策略。因此，答案选 B。

14. 【解析】 A 记忆题 此题考查时间管理策略。

时间管理策略是通过一定的方法合理安排时间、有效利用学习资源的策略。“将事情按照重要和紧急程度进行排序”属于对时间的规划与安排，高效率利用时间。因此，答案选 A。

材料分析题

阅读材料，并按要求回答问题。

请回答：

（1）材料 1 中采用的是哪种学习策略？

（2）请从学习策略的角度，分析教育部禁止“拍照搜题”App 的原因。

答：（1）材料 1 采用了精细加工策略。精细加工策略是通过把所学的新信息和已有的知识联系起来以增加新信息意义的策略。一个信息与其他信息联系得越多，能回忆出该信息原貌的途径就越多，提取的线索也就越多。

（2）拍照搜题现象体现的学习策略是学业求助策略。学业求助策略指学生在学习过程中遇到困难时向他人寻求帮助以克服学习困难、提高学习效率的策略。根据学生寻求他人学业帮助的动机，学业求助策略划分为执行性求助和工具性求助两大类。

①**禁止原因：**拍照搜题软件可以帮助学生直接搜索答案，会使学生产生依赖性，丧失独立学习和思考的能力。同时，拍照搜题使学生的学业求助演变成了执行性求助，而不是工具性求助，不利于学生学习能力的提高，阻碍了学生的思维能力和问题解决能力的发展。因此，教育部禁止该类软件。

②**正确做法：**学生应正确使用学业求助策略，学会利用工具性求助。要明确学业求助的关键在于求得他人的点拨和提示，而不是直接寻求答案。在解决问题时，学生首先应进行独立思考，经过深思之后还不能解决问题时才应寻求帮助。

第七章　问题解决能力与创造性的培养

单项选择题

基础特训

1. 【解析】 A　记忆题　此题考查传统智力理论。

传统智力理论以心理测量为基础，认为智力由因素构成，通过因素分析可以探索这些因素，进而认识智力的内核。斯滕伯格的成功智力理论不仅关注学业方面，而且使智力与真实世界相联系，解释生活中的各种成功，即成功智力。因此，答案选 A。

2. 【解析】 B　记忆题　此题考查吉尔福特的智力三维结构理论。

美国心理学家吉尔福特提出智力三维结构理论，该理论认为，智力结构应从操作、内容、产物三个维度去考虑。因此，答案选 B。

3. 【解析】 D　理解题　此题考查智力的类型。

A. 语言智力：学习和使用语言文字的能力。

B. 内省智力：认识自己并选择自己生活方向的能力。

C. 流体智力：基本与文化无关的、非言语的心智能力，如计算能力等。

D. 晶体智力：从社会文化中习得解决问题的方法的能力。这种智力在人的一生中都在增长，且依赖于后天的学习和经验。如知识的广度、判断力、常识等。题干暗指长辈的生活和处世经验多，属于晶体智力。因此，答案选 D。

4. 【解析】 B 记忆题 此题考查卡特尔的流体智力和晶体智力理论。

卡特尔认为，流体智力在 30 岁左右达到顶峰，随后逐渐衰退，这种智力受先天遗传影响较大；晶体智力在人的一生中都在增长，这种智力主要依赖后天的学习和经验。因此，答案选 B。

5. 【解析】 C 记忆题 此题考查卡特尔的流体智力和晶体智力理论。

美国心理学家卡特尔根据对智力测验结果的分析，将智力分为流体智力和晶体智力。因此，答案选 C。

6. 【解析】 B 记忆题 此题考查多元智力理论。

多元智力理论认为人的心理能力中至少应该包括 8 种不同的智力：语言、逻辑—数学、空间、音乐、肢体—动觉、人际、内省、自然观察。因此，答案选 B。

7. 【解析】 D 理解题 此题考查加德纳多元智力理论。

内省智力指能正确建构自我，知道如何利用这些意识察觉做出适当的行为，并规划、引导发展。因此，答案选 D。

8. 【解析】 C 记忆题 此题考查成功智力理论。

成功智力理论包括分析性智力、实践性智力、创造性智力。因此，答案选 C。

9. 【解析】 C 理解题 此题考查成功智力理论。

斯滕伯格用“成功智力”的概念赋予智力新的含义。成功智力，是用以达到人生中的主要目标的智力，它能导致个体以目标为导向并采取相应的行动，是对个体的现实生活真正产生举足轻重的影响的智力。因此，答案选 C。

10.【解析】 B 理解题 此题考查问题的类型。

结构良好问题是初始状态、目标状态和如何达到目标状态的一系列过程都很明确的问题，一般数学、物理问题都属于结构良好问题。题干的描述属于典型的结构良好问题，有标准答案的问题。因此，答案选 B。

11.【解析】 B 记忆题 此题考查问题解决的基本过程。

算法式是把解决问题的所有可能方案都列举出来，逐一尝试，直到选择出一种有效方法来解决问题。因此，答案选 B。

12.【解析】 B 记忆题 此题考查问题解决的途径。

限定词法属于精细加工策略中的一种常用策略。因此，答案选 B。

13.【解析】 C 记忆题 此题考查影响问题解决的因素。

动机强度与问题解决效率的关系呈“倒 U 型曲线”，适宜的动机强度最有利于问题的解决。因此，答案选 C。

14.【解析】 D 记忆 + 理解题 此题考查影响问题解决的因素。

思维定势指由先前的活动所形成的并影响后继活动趋势的一种心理准备状态。当问题情境不变时，思维定势对问题的解决有积极的作用；当问题情境发生了变化时，思维定势容易阻碍主体用新方法来解决问题，不利于问题的解决。题干中，学生检查自己的作业时，很难发现其中的错误，但帮助别的同学检查时容易发现错误，这是受思维定势的影响。因此，答案选 D。

15.【解析】 A 记忆 + 理解题 此题考查影响问题解决的因素。

问题情境是呈现问题的客观情境，不属于个体因素。因此，答案选 A。

16.【解析】 B　理解题　此题考查酝酿效应。

酝酿效应又称直觉思维，指当一个人长期致力于某一问题而又百思不得其解的时候，如果他暂时停下对这个问题的思考去做别的事情，几个小时、几天或几周之后，可能会忽然想到解决问题的办法。因此，答案选 B。

17.【解析】 A　记忆题　此题考查创造性的基本结构。

创造性也叫创造力，它不是单一的能力，是以创造性思维为核心的多种能力的综合。创造性认知品质、创造性人格品质、创造性适应品质是创造性的基本结构。创造性情意特征是创造性人格品质的主要表现。因此，答案选 A。

18.【解析】 A　记忆题　此题考查华莱士创造性问题解决过程的阶段。

华莱士的四阶段论认为，创造性思维过程包括准备—酝酿—灵感—验证。因此，答案选 A。

19.【解析】 D　理解题　此题考查芬克的生成探索模型的“约束”。

芬克的生成探索模型认为创造性思维具体包括生成阶段和探索阶段。此外还假设，对于最终结果的“约束”可以发生在生成阶段或探索阶段的任何时候。因此，答案选 D。

20.【解析】 A　理解题　此题考查创造性思维的训练方法。

脑激励法即头脑风暴法，基本做法是教师先提出问题，然后鼓励学生畅所欲言，寻找尽可能多的答案，不必考虑该答案是否正确，教师也不作评论，一直到所有可能想到的答案都提出来为止。因此，答案选 A。

21.【解析】 B　理解题　此题考查创造性思维的特点。

A. 小明能在 1 分钟之内想出 30 个单人旁的字，说明小明的思维具有流畅性。

B. 独创性指产生不寻常的和非常规的反应的能力，B 选项小芳的例子符合独创性的定义。因此，答案选 B。

C. 对同一问题，小红想到 6 种不同的思路，比其他同学都多，说明小红的思维具有灵活性。

D. 当个体思维的流畅性较好时，灵活性不一定好。

22.【解析】 D　记忆题　此题考查影响创造性发展的主要因素。

影响创造性发展的个人因素有智力、知识、个性、动机、情绪与认知风格。因此，答案选 D。

拔高特训

1. 【解析】 A　理解题　此题考查传统智力理论。

一般能力通常指在不同种类的活动中都表现出来的能力，如观察力、记忆力、抽象概括力、想象力、创造力等。B、C、D 选项属于特殊能力。因此，答案选 A。

2. 【解析】 C　理解题　此题考查智力的基本理论。

流体智力是与基本心理过程有关的智力，受先天遗传因素影响较大。A、B、D 选项均属于晶体智力的内容。因此，答案选 C。

3. 【解析】 C　理解题　此题考查多元智力理论。

空间智力指能以三维空间的方式思考，准确地感觉视觉空间，并把所知觉的内容表现出来。题干中，物理教师的描述为学生提供了比喻或视觉表象，这属于空间智力教学的应用。因此，答案选 C。

4. 【解析】 A　理解题　此题考查斯滕伯格的三元智力理论。

多数人在这三种能力上存在着不均衡，个体的智力差异主要表现在三种能力的不同组合上。成绩好、喜爱学校、能够听从指示、偏爱接受指令的学生属于分析能力高的学生。因此，答案选 A。

5.【解析】C　理解题　此题考查问题解决的特点。

问题解决是有目标的，在头脑内进行的而不是外显的，是一个复杂的心理运算过程，是个人化的。A 选项不是心理运算，只是简单的回忆，B 选项是无目的的，D 选项是外显的技能。因此，答案选 C。

6.【解析】A　理解题　此题考查问题解决的策略。

A 选项属于爬山法，以渐进的步子向目标状态靠近，在不确定手段与目标的差距时应用。因此，答案选 A。

B 选项属于逆向反推法，是指从目标状态出发，考虑如何达到初始状态。

C 选项属于类比法，当面对某种问题情境时，个体可以运用类比思维，先寻求与此有些相似情境的解答。

D 选项属于算法式，为了达到某一个目标或解决某个问题而采取的程序，通过严格执行算法程序来获得问题的解答。

7.【解析】C　记忆 + 理解题　此题考查问题解决的特征。

问题解决的前提是需要构成问题。问题指的是给定信息和目标情境之间存在的障碍需要加以解决的情境。C 选项机械记忆一串电话号码符合问题的条件，个体需要从没有记忆电话号码达到记忆电话号码的目标情境，并且存在的障碍需要加以解决。因此，答案选 C。

8.【解析】D　理解题　此题考查问题解决的途径。

医生给慢性病人用药，很难预估最佳剂量，需要通过尝试并观察病人的变化，再决定下一阶段用药的剂量，适宜采用爬山法。因此，答案选 D。

9.【解析】B　理解题　此题考查影响问题解决的因素。

原型启发是指在其他事物或现象中获得的信息对解决当前问题的启发。其中对解决问题具有启发作用的事物或现象叫作原型，如题干中的“蒲公英”就是“降落伞”的原型。因此，答案选 B。

10.【解析】B　理解题　此题考查影响问题解决的因素。

功能固着是指个体在解决问题时往往只看到某种事物或现象的通常功能，即人们长期以来形成的对某些事物的功能或用途的固定看法，而看不到它其他方面可能有的功能。题干中，小丽只看到平时生活中纽扣扣衣服的功能，忽视了纽扣其他的功能，属于功能固着。因此，答案选 B。

11.【解析】B　理解题　此题考查问题的分类。

结构良好问题是具有明确的目标、条件和需解答的问题。“地月最短距离是多少”符合结构良好问题的特征。因此，答案选 B。

12.【解析】C　理解题　此题考查影响问题解决的因素。

功能固着是指个体在解决问题时往往只看到某种事物的通常功能，而看不到它其他方面可能有的功能。题干中只看到了电吹风的吹头发功能，却未看到电吹风的烘干衣物功能，属于功能固着。因此，答案选 C。

13.【解析】D　理解题　此题考查创造性的基本概念。

《金刚经》是创造性作品，原文手抄稿只是一种复制。因此，答案选 D。

14.【解析】C　理解题　此题考查创造性思维的特点。

流畅性指在限定时间内产生观念数量的多少。在短时间内产生的观念多，思维流畅性好；反之，思维缺乏流畅性。题干中老师让学生在规定时间内尽可能多的举出“矿泉水瓶”的用途，是为了培养学生思维的流畅性。因此，答案选 C。

15.【解析】 B 理解题 此题考查功能固着。

功能固着是一种从物体正常功能的角度来考虑问题的定势。也就是说，当一个人熟悉了一种物体的某种功能时，就很难看出该物体的其他功能。创造性思维的灵活性是指摒弃以往的习惯思维，开创不同思维方向的能力。因此，答案选 B。

16.【解析】 A 记忆题 此题考查影响创造性发展的因素。

愤怒可以促进创造性思维的发展，B 选项说法错误。对于场独立个体，愤怒情绪会促进人的创造性思维，C 选项说法错误。对于场依存个体，高兴情绪会促进人的创造性思维，D 选项说法错误。因此，答案选 A。

17.【解析】 C 理解题 此题考查创造性的思维过程。

华莱士的创造性思维过程包括准备、沉思、灵感或启迪、验证四个阶段，其中“灵感或启迪”即突然涌现出问题解决办法。题干中“突然想到可以用钨丝作为灯丝”的想法就属于华莱士创造性思维过程中的灵感或启迪阶段。因此，答案选 C。

材料分析题

阅读材料，并按要求回答问题。

请回答：

（1）上述实验主要说明哪种因素影响问题的解决？该实验结果对教学工作有何启示？

（2）请指出问题的解决还受到哪些因素的影响。

（3）请设计一个教学活动，以体现对学生问题解决能力的培养。

答：（1）材料中的实验说明功能固着会影响问题的解决。功能固着指的是个体在解决问题时，往往只看到某种事物的通常功能，而看不到其他方面可能的功能。这是人们长期以来形成的对某种事物的固有看法。

对教学工作的启示：在教学中，教师应摆脱功能固着思想，引导学生认识事物的多样性，获取更多丰富的知识，鼓励学生的创造性思维，训练学生思维的变通性，如发散思维训练、推测与假设训练、自我设计训练、头脑风暴训练等，从而更好地培养学生的创新意识和实践能力。

（2）影响问题解决的因素还包括以下方面：

①问题情境与表征方式。问题情境指个体面临的刺激与其已有知识结构之间形成的差异。a. 情境中物体和事物的空间排列不同，会影响问题的解决。b. 问题情境中的刺激模式与个人的知识结构越接近，问题就越容易解决。c. 问题情境中所包含的物件和事实太少或太多都不利于问题的解决。问题表征反映着对问题的理解程度，涉及在问题情境中如何抽取有关信息的问题，包括目标是什么、目标和当前状态的关系等。

②个体已有的知识经验。个体已有的相关知识经验会影响问题的解决，如果是相似情境的问题，则先前的经验有利于解决当前问题；反之，可能会产生阻碍。同时，专家解决问题的能力要比新手更强一些。

③个体的智力、动机、情绪等特征。个体的智力水平是影响问题解决的重要因素。智力中的推理能力、理解力、记忆力、信息加工能力和分析能力等成分都影响着问题解决。解决问题的动机是动力因素，也会有重要影响。个体的情绪变化也会对问题解决产生影响，如平静、愤怒、悲伤等。

④思维定势。它是指先前活动所形成的并影响后续活动进行的一种心理准备状态，通常表现为个体以最熟悉的方式做出反应和解决问题。在解决问题的过程中，会产生积极影响也会有消极影响。

⑤原型启发与酝酿效应。原型启发就是通过与假设的事物具有相似性的东西，来启发人们解决新问题的途径。如根据飞鸟发明飞机。酝酿效应指的是当一个人长期致力于某一问题而百思不得其解的时候，如果他暂停思考，去做其他事情，由于某个契机突然产生灵感，问题便迎刃而解。

（3）教学活动：学习平行四边形的面积。

①**课堂主题：**学习平行四边形的面积（小学数学）。

②**呈现问题情境：**之前已经学习了三角形的面积计算公式，是底乘高除以 2，那同学们还记得为什么要除以 2 吗？

③**引导学生利用已有知识经验解决问题：**三角形的面积计算和平行四边形的面积计算有何联系？平行四边形的面积该如何计算呢？

④**学生进入问题情境：**回想关于三角形面积的计算公式为什么要除以 2，从而发现三角形面积的计算和平行四边形面积的计算之间的联系。因为三角形面积等于与它等底等高平行四边形面积的一半，也就是说平行四边形面积等于与它等底等高三角形面积的 2 倍。

⑤**学生独立解决问题，由教师梳理总结。**

综上，该教学活动通过利用个体已有的知识经验，来解决相似的问题情境，培养学生问题解决的能力。

第八章　社会规范学习、态度与品德发展

单项选择题

基础特训

1. 【解析】 D　理解题　此题考查社会规范学习的过程。

社会规范学习的内化是指主体随着对规范认识的概括化与系统化，以及对规范体验的逐步累积与深化，最终形成一种价值信念作为个体规范行为的驱动力。题干中，将践行社会规范看作一种价值信念，这是内化阶段的特征。因此，答案选 D。

2. 【解析】 B　理解题　此题考查社会规范学习的过程。

个体对社会规范的接受应当依次经历遵从—认同—内化。因此，答案选 B。

3. 【解析】 D　记忆题　此题考查态度的心理结构。

态度是人对客观对象、现象是否符合主体需要而产生的心理倾向。态度的心理结构包括认知成分、情感成分和行为意向成分。行为成分不属于心理层面。因此，答案选 D。

4. 【解析】 C　理解题　此题考查道德情感。

道德情感是伴随着道德认识而产生的一种内心体验。因此，答案选 C。

5. 【解析】 D　记忆题　此题考查影响态度形成的主客观条件。

当个体处于认知失调状态时，就会努力改变自己的观念或信念来求得新的平衡。个体的观念或信念属于主观条件。因此，答案选 D。

6. 【解析】 B　记忆题　此题考查皮亚杰的道德认知发展理论。

皮亚杰用认知发展的观点来解释道德发展，把道德认知分为两个阶段——他律期和自律期。因此，答案选 B。

7. 【解析】 D 记忆题 此题考查皮亚杰的道德认知发展理论。

皮亚杰认为，5 岁以前是“无律期”，以自我为中心来考虑问题，还谈不上道德发展。0～5 岁的儿童既不是道德的，也不是非道德的。因此，答案选 D。

8. 【解析】 A 记忆题 此题考查道德认知的培养。

科尔伯格开创的道德两难故事法，通过引起儿童的道德认知冲突，以讨论的方式解决认知的冲突，促进儿童的道德发展。因此，科尔伯格等心理学家研究的重点是儿童的道德认知。因此，答案选 A。

9. 【解析】 C 理解题 此题考查道德认知的培养。

小组道德讨论是指让学生在小组中就某个有关道德的典型事件进行讨论，以提高他们的道德判断水平，如科尔伯格的道德两难故事。因此，答案选 C。

10. 【解析】 D 记忆题 此题考查皮亚杰的道德认知发展理论。

皮亚杰的道德认知发展理论的研究过程为：先给儿童讲包含道德价值内容的对偶故事，然后在观察和实验过程中向儿童提出一些事先设计好的问题，分析儿童的回答，尤其是错误的回答，从中找出规律性的东西，揭示儿童道德认知发展的阶段及其影响因素。因此，答案选 D。

11. 【解析】 C 理解题 此题考查品德培育的方法。

角色扮演是让个人暂时置身于他人的社会位置，并按这一位置所要求的方式和态度行事，以增进个人对他人的社会角色及自身原有角色的理解，从而更有效地扮演自己角色的技术方法。题干中，当调皮的学生担任纪律委员时，就会按照这一位置所要求的方式和态度行事，增进该学生对维护纪律的认识，从而改变了他的调皮行为，更好地扮演纪律委员的角色。因此，答案选 C。

12. 【解析】 C 记忆题 此题考查品德不良学生的转化。

品德不良学生的转化要经历一个由量变到质变的过程，这个转化过程大体可以划分为醒悟、转变与自新三个阶段。因此，答案选 C。

13. 【解析】 A 理解题 此题考查品德不良的纠正。

李老师通过理解学生学习的处境，去感受学生的情绪体验，建议该学生给自己放个假，这一做法考虑了学生可能需要的帮助，体现了教师对学生能够进行移情性理解。因此，答案选 A。

拔高特训

1. 【解析】 B 理解题 此题考查社会规范学习的过程。

社会规范的遵从一般指行为主体在对别人或团体提出的某种行为要求的依据或必要性缺乏认识，甚至有抵触的认识和情绪时，既不违背，也不反抗，仍然遵照执行的一种现象。题干中现象的发生是由于权威的命令及现实的压力，体现了遵从，没有体现认同和内化（信奉）。因此，答案选 B。

2. 【解析】 C 记忆题 此题考查态度的性质。

态度是个体内在的心理状态，不能从外部直接观察到，只能间接地推测得知。因此，答案选 C。

3. 【解析】 C 理解题 此题考查品德的性质。

道德情感是人的道德需要是否得到实现所引起的内心体验，它与道德认知是推动人产生道德行为或抑制不道德行为的内在动力。因此，答案选 C。

4. 【解析】 C 理解题 此题考查道德行为发展的理论。

抑制效应是指观察者看到他人的不良行为受到社会谴责，观察者会暂时抑制受到谴责的不良行为。因此，答案选 C。

5.【解析】C　记忆＋理解题　此题考查态度的改变。

对原来持赞同态度的人，应提供单面证据，对持反对态度的人，应提供双面证据，A、B 选项错误。对待大学生，需先以情动人，然后用充分的材料进行说理论证，说服效果才能长久，D 选项错误。因此，答案选 C。

6.【解析】C　理解题　此题考查皮亚杰的道德认知发展理论。

根据皮亚杰的道德认知发展理论，在他律道德阶段，儿童的道德认知一般是服从外部规则，接受权威指定的规范，他们只根据行为后果判断对错，而不考虑行为的动机。题干中儿童根据打碎杯子的多少来判断后果，属于他律道德阶段。因此，答案选 C。

7.【解析】B　理解题　此题考查道德情感的培养。

情境理解指教师理解当事人的处境，从他的处境去感受他的情绪体验，考虑他需要的帮助。这可以采用故事讨论的形式，让学生分析故事中人物的处境和体验。因此，答案选 B。

8.【解析】C　理解题　此题考查德育方法。

公正团体法主张团体的民主管理，只有直接的民主管理，才能从一开始就在团体中创设平等公平的人际关系和生活气氛。题干中的做法是科尔伯格在剑桥中学贯彻的方式，属于公正团体法。因此，答案选 C。

9.【解析】C　理解题　此题考查道德认知的培养方法。

低年级的学生理解能力较差，所以更适合只提供正面论据，并且具有强烈情感色彩的说服内容。因此，答案选 C。

10.【解析】D　理解＋综合题　此题考查从众现象。

“随波逐流”“人云亦云”都是比喻没有坚定的立场，缺乏判断是非的能力，只能随着别人走，属于从众现象。因此，答案选 D。

材料分析题

阅读材料，并按要求回答问题。

请回答：

（1）结合材料，分析导致校园欺凌事件的原因有哪些。

（2）结合实际，分析如何纠正与教育学生的这种行为。

答：（1）校园欺凌事件的发生是由学生的品德不良造成的，造成学生品德不良的原因包括客观原因和主观原因。

①**客观原因。a. 家庭方面：**养而不教，重养轻教；宠严失度，方法不当；要求不一致，互相抵消；家长生活作风不良，缺乏表率作用；家庭结构的剧变。**b. 学校方面：**只抓升学率，忽视道德教育。有的教师对学生不能一视同仁，对学习成绩差或者有缺点的学生，教育方法简单粗暴，或对他们冷淡，甚至是歧视他们，使他们失去了自尊心和自信心，在一定程度上助长了他们的缺点和错误行为的形成。少数教师的不良品德直接对学生的品德产生了不良影响。**c. 社会方面：**社会环境中也会有很多消极影响。如社会中的不良风气和错误思想会误导学生，再如社会中也有具有各种恶习的人，青少年受到坏人的挑唆时，就会引起品德不良。所以，我们应该建设良好的社会风气，滋养青少年的成长。

②**主观原因：**错误的道德认知；异常的道德情感；薄弱的道德意志；不良的道德习惯。

（2）品德不良的纠正与教育：

①**以充满信任的教育和关爱，消除疑惧心理和对抗情绪。**教师不能歧视、打击有违规行为的学生，应给予其特殊的关爱，经常了解这类学生的所思所想，建立师生间的合作、依赖关系，沟通内心世界。

②**培养正确的道德观念，提高明辨是非的能力。**通过认知疗法和道德辩论、行为矫正和移情训练，消除不正确的道德认知、行为障碍和情感障碍，为社会规范的接受扫清道路。

③**保护和利用学生的自尊心，在集体中激发道德情感。**教师应基于正确的教育观，将违规学生身上所有向善的可能性激发出来，再通过集体活动培养学生的集体荣誉感，以此激发其自尊心与道德情感。

④**加强道德意志训练，增强抵抗诱惑的能力。**以事实为基础，采用开放式民主辩论活动，以及构建情感教学模式与活动教学模式来转变传统的德育模式，从而提高学校德育的效果。

⑤**针对学生个别差异，培养良好的行为习惯。**教师要针对学生年龄特点的不同、性格差异，以及品德不良成因和类型的不同，给予有针对性的教育，才能更好地矫正他们的行为，培养良好的行为习惯。

⑥**学校、家庭、社会全方位配合。**以学校教育为主体，积极争取社会力量的支持与家庭教育的配合，对违规学生进行综合矫治，为他们创造纠正背离社会规范行为的良好生态环境。

教育心理学综述题特训

1. 阅读材料，并按要求回答问题。

请回答：

（1）结合材料，请从态度的构成要素角度分析孩子对满满当当的学习计划的态度。

（2）借助教育心理学理论，评析参加实践活动对学生潜能发展的帮助。

（3）结合生态系统理论，谈谈如何为学生减负增能。

答：（1）从态度的构成要素角度分析孩子对满满当当的学习计划的态度：

态度是人对客观对象、现象是否符合主体需要而产生的心理倾向。态度的心理结构包括认知成分、情感成分和行为意向成分。

①**认知成分：**指个体对态度对象所持的认识和评价，是态度得以形成的基础。如材料显示，很多学生调侃自己已经“学到了高中”，却不知学习的意义，说明学生在认知上不认同父母的计划。

②**情感成分：**指个体对态度对象的情绪取向，表现为人对态度对象的喜爱或憎恶、亲近或冷漠等。它是态度的核心成分，对态度起着调节和支持作用。学生对待满满的学习计划往往非常厌倦。

③**行为意向成分：**指个体对态度对象可能产生某种行为反应的倾向，表现为接近或回避、赞成或反对等倾向。当学生出现身体不适、心理疾病的时候，就不得已只能休学，暂时离开校园进行调整和治疗。

（2）评析参加实践活动对学生潜能发展的帮助，可借助布鲁纳的认知—发现说：

①**有助于学生主动地自我建构知识。**在参与实践活动的过程中，学生从知识的被动接受者转变为主动的建构者，对信息进行积极的加工，有利于培养学生主动学习的能力和习惯。

②**有助于提高学习者的探究能力。**参与实践活动的过程就是学生主动发现问题、探索问题、尝试解决问题的过程，在这一过程中学生会获得最大的满足感和求知欲，从而增强学生的内部动机。

③**有助于促进知识的迁移。**学生在具体活动中，可以将所学的相关知识运用于实践，从而获得对知识的新的理解，锻炼实际操作能力。

（3）结合生态系统理论，为学生减负增能的对策如下：

布朗芬布伦纳将个体生活于其中、与之相互作用的、不断变化的环境称为行为系统。依据行为系统对儿童发展影响的直接程度划分为五个层次，包括微观系统、中间系统、外层系统、宏观系统和时间系统。

①**微观系统：**家长应注意自身的言行，正确看待教育，明白过犹不及的道理，减轻学生的心理负担。

②**中间系统：**家长应教导学生以平常心看待学业成绩，避免与同伴群体进行比较，产生不平衡的心理，引导学生建立亲密和谐的友谊关系，促进学生的心理健康发展。

③**外层系统：**学校应开设综合实践活动课，使学生做到学习知识和实践锻炼相结合，培养学生的综合素质；社区应积极开展社会实践，为学生提供社会锻炼的机会，促进学生的社会化发展。

④**宏观系统：**大力宣传核心素养教育，使学校和家长理解核心素养教育的内涵，转变教育观念，形成健康积极的教育观念。

⑤**时间系统：**家长应尊重孩子的身心发展规律，理解学生身心发展的阶段性、不平衡性，将时间和环境结合起来考察儿童发展的动态过程。

2. 阅读材料，并按要求回答问题。

请回答：

（1）结合材料，谈谈陈老师违背了哪种认知发展理论。

（2）该理论对教学有哪些影响？

（3）请用问题解决的基本过程分析陈老师应如何促进学生解决题目。

答：（1）陈老师违反了维果茨基提出的“最近发展区”教学理论。最近发展区是指教师在教学时必须注意到儿童的两种发展水平：一种是儿童现有的发展水平；另一种是儿童在他人指导和帮助下达到的潜在的发展水平。维果茨基把这两种水平之间的差距称为“最近发展区”。材料中，陈老师没有顾及大多数学生现有的发展水平，即多数学生只能达到高二数学的基本目标，也没有考虑到学生潜在的发展水平，即多数同学请教老师、查阅书籍后仍然无法解答题目。虽然他试图用教学创造最近发展区，但没能做到量力而教，超出了学生所能接受的最高发展水平，导致了大多数学生没办法跟上进度。

（2）“最近发展区”教学理论的影响：

①为支架式教学、情境教学、合作学习奠定了基础，教师在教学中可以不断提供给学生一些互动或非互动性支架，让学生通过自己的努力来达到最佳的学习效果。

②教学应该量力而教，考虑学生的现有知识水平，教师要做到“以学定教”，从以教师为中心转向以学生为中心。

（3）问题解决是指个体在面临问题情境而没有现成方法可以利用时，将已知情境转化为目标情境的认知过程。陈老师应通过如下过程促进学生解决题目：

①**理解和表征问题阶段：**陈老师应帮助学生识别数学问题，理解问题中信息的含义，理解问题的整体表征，对问题进行归类。

②**寻求解答、确定认知操作阶段：**陈老师应根据学生的理解程度选择教学策略，如使用算法式策略、启发式策略。

③**执行计划或尝试某种解答阶段：**陈老师应在确认学生理解题目并选好解决方案后，引导学生尝试解答问题。

④**评价阶段：**陈老师应对学生的解答情况进行评价，以确定对问题的分析是否正确、选择的策略是否

合适、问题是否得到解决。如果没有得到解决，应针对学生现存的问题进行相应的引导，直到学生掌握解答这些题目的方法。

3.　阅读材料，并按要求回答问题。

请回答：

（1）上述材料体现了哪种学习策略？

（2）用相关学习理论解释“教师让学生了解文章的内容及前后的关系，再逐个背段落，最后背全文”。

（3）“教师与学生拉近心理距离”体现了什么学习理论？

答：（1）材料体现了认知策略中的精细加工策略。精细加工策略是指通过把所学的新信息和已有的知识联系起来以增加新信息意义的策略。一个信息与其他信息联系得越多，能回忆出该信息原貌的途径就越多，提取的线索也就越多。材料中，老师没有让学生死记硬背，而是通过上下文的关系理解着背，使学生将信息联系起来，这是精细加工策略中的一种意义识记。

（2）用相关学习理论解释“教师让学生了解文章的内容及前后的关系，再逐个背段落，最后背全文”：

①体现了奥苏伯尔的有意义学习与认知同化理论。a. 有意义学习就是将符号所代表的新知识与学习者认知结构中已有的适当观念建立非人为的和实质性的联系。b. 认知同化理论指当学生把教学内容与自己的认知结构联系起来时，有意义学习便发生了。学习者接受知识的心理过程就是概念的同化过程。材料中，教师没有让学生直接去背课文，而是先让学生根据已有经验理解课文内容及前后关系，之后这也成了学生的已有经验，在此基础上再去背段落到背全文。这样学生背的是体系，进行的是有意义学习，也是认知同化的过程。

②体现了布鲁纳的结构教学观。布鲁纳认为教学目的在于理解学科的基本知识结构。学习学科的基本结构的必要性在于学生理解了学科的基本结构，就容易掌握整个学科的基本内容，容易记忆学科知识。材料中，教师没有让学生直接去背课文，而是先让学生理解课文内容及前后关系，理解基本结构，从而掌握整篇课文的结构，以及学科的基本结构，再逐个背段落，最后背全文。

（3）“教师与学生拉近心理距离”体现了人本主义学习理论。

人本主义学习理论的代表人物罗杰斯倡导“非指导性教学”。他提出教学应该提供一种令人愉快的环境气氛。在这个气氛中，学生是教学的中心，教师为学生的学习提供各种条件，从而形成了“以学生为中心”的非指导性教学。

非指导性教学的含义：a. 非指导性教学是不再具体指导知识教学的过程，而是另一种指导，即指导学生学习的心理氛围，“非指导”强调指导的间接性、非命令性。b. 教师应该成为学生学习的“促进者”，以学生为中心促进教学。c. 非指导性教学的关键在于促进学习的良好心理氛围。良好的心理氛围包括以下因素：真诚一致、无条件积极关注、同理心。

4.　阅读材料，并按要求回答问题。

请回答：

（1）请用学习动机理论，对材料中静波“不听讲，不完成作业”的行为做出解释，并谈谈应如何解决这一问题。

（2）请运用你所了解的学习策略知识，针对静波“老是记不住东西，知识学完很快就忘记”，谈谈你的建议。

答：（1）解释及解决措施

①**自我效能感理论**。自我效能感指个人对自己是否具有完成某项任务能力的判断与信念。该理论认为，人总是愿意在自己有成功把握的事情上投入精力。静波认为自己作业错误很多、周测成绩越来越差的原因是自己很笨，因其消极的归因模式而导致自我效能感降低，对学习成功的期望降低，所以开始不听讲，不完成作业。教师可以依据自我效能感的四个因素进行教学，进而提高他的自我效能感。

②**成败归因理论**。归因是人们对自己或他人活动及其结果的原因所做出的解释和评价。静波认为自己听课认真，成绩却不理想，觉得自己很笨，他把自己失败的原因归为稳定的、内部的、不可控的因素。对于静波，教师要引导他正确归因，让他建立积极的自我概念，帮助他找到成绩提不上去的原因，避免产生习得性无助。

③**期望一价值理论**。成就动机是一种成就需要，指个体对重要成就、技能掌握、控制或者高标准的渴望。教师应该提供较简单的任务，让静波在学习中可以获得成就感，发挥表扬、激励的作用，同时教师要营造竞争性较弱的环境，给予较为宽松的评分，让静波增强其成就动机。

（2）建议

①**认知策略**：学习者加工信息的方法和技术，能使信息从记忆中有效地提取出来。教师可以指导静波对知识进行有效的加工与整理，对知识进行分类记忆，以提高记忆效果。

②**元认知策略**：对信息加工流程进行控制的策略。老师可以指导静波在每一节课之前都给自己安排预习，对学习进行计划，这样有助于他更好地理解知识，在遇到难懂的知识时也要及时调整学习方法。

③**资源管理策略**：辅助学生管理可用环境和资源的策略。它有助于学生适应环境和调节环境以适应自己的需要，对学生的学习动机起着重要作用。教师可以引导静波合理安排自己的学习时间和学习环境，并且对自己的学习兴趣、态度、情绪状态等心理因素进行约束和调整。

5. 阅读材料，并按要求回答问题。

请回答：

（1）总结材料中中国中考语文测试题在培育学生批判性思维中出现了什么问题。

（2）依据教育心理学相关理论说明培育学生批判性思维的重要性。

（3）请依据中小学某一学科设计三个试题，来体现你如何对学生的批判性思维进行培养。

答：（1）出现的问题：

①**选材内容**：一方面，出自权威或名家的经典性话题定评比较高，这类选材会抑制批判性思维的发展；另一方面，出题内容上，开放性、观点分歧性的材料非常少见。

②**出题方式**：中国测试重在考查学生对信息的提炼，对作答的要求容易促成套路化，这种出题方式也会抑制批判性思维的发展。

（2）从创造性基本结构看，批判性思维是创造性思维的重要体现，没有批判性思维，就不可能发展创造性能力，为了培养创新人才，培养学生的批判性思维非常重要。

①**从自由学习理论看，**允许学生大胆质疑，敢于批判，是在培养人的自主学习的精神，可以真正促成罗杰斯所讲的有意义学习，可以帮助学生达到自由学习的状态。

②**从自我效能感理论看，**允许学生批判，还能赞成学生批判，是在增强学生的自我效能感，自我效能感越强，学生的发展潜力越大。

③**从建构主义学习理论看，**学生进行批判性思维训练时，就是突出自主建构知识的过程。这种训练可

以锻炼学生对知识的动态生成能力，可以帮助学生学会学习。

（3）道德与法治课中批判性思维培养的试题设计：

试题 1：有人说我国应该尽快普及高中阶段的义务教育，有人说我国乡村发展受限，义务教育还达不到普及高中教育的程度，你怎么看？

试题 2：讨论人工智能的发明创造是否真的能为人类的未来带来福音。

试题 3：讨论学习是否一定能带给我们富裕的生活。

6. 阅读材料，并按要求回答问题。

请回答：

（1）阅读材料，结合《指南》关于 3～4 岁幼儿人际交往的具体要求，对其目标进行总结。

（2）结合教育心理学相关理论，分析《指南》关于 3～4 岁幼儿人际交往的具体要求的合理性。

（3）根据《指南》3～4 岁目标 A 的具体要求，给幼儿园提供一种游戏建议，并说明你的理由。

答：（1）目标总结：

目标 A：喜欢 / 愿意与他人交往。**目标 B：**能与同伴友好相处。**目标 C：**具有自尊、自信、自主的表现。**目标 D：**关心尊重他人。

（说明：目标总结回答相关关键词即可）

（2）合理性分析：

①基于马斯洛的需要层次理论：3～4 岁幼儿在生理和安全需要满足后，有社交需要。《指南》的要求符合该阶段幼儿心理，引导教育者满足幼儿社交需求，有利于幼儿的心理健康。

②从皮亚杰的认知发展阶段理论角度看：此阶段幼儿处于前运算阶段，虽以自我为中心但有初步社交互动能力。《指南》的要求有助于其克服自我中心主义，学会分享、合作等技能，如在平时游戏中学会尊重同伴。

③结合艾里克森的心理社会发展理论：3～4 岁幼儿处于主动对内疚阶段，积极反馈其主动行为可助其发展自尊、自信、自主的品质。《指南》的要求契合该理论，幼儿在人际交往中获得认可会增强自信。

④依据班杜拉的自我效能感理论：幼儿在家庭、幼儿园等环境中会观察他人交往的行为模式及行为后果，好的行为后果有助于激发幼儿的交往动机。《指南》引导教育者为幼儿提供积极的交往榜样，使幼儿愿意参与交往，并引导幼儿关注积极体验以提高其自我效能感。

⑤依据维果茨基的文化—历史发展理论：幼儿通过社会交往学习社会文化规范。《指南》的要求符合该需求，可帮助幼儿在家庭和幼儿园环境中学习关心尊重他人这一良好行为。

⑥依据科尔伯格的道德发展阶段理论：关心和尊重他人是基本的道德观念。《指南》的要求有利于幼儿在该阶段初步建立道德意识，为后续发展奠基。

（3）游戏建议与理由：

①“玩具分享日”游戏：每周安排一天为“玩具分享日”。

活动前：教师通知幼儿将自己带来的玩具放在分享区。

活动时：教师让每个幼儿介绍自己带来的玩具的名称、玩法和特点，然后鼓励幼儿自由选择自己感兴趣的玩具进行玩耍，可以互相交换玩具，也可以一起合作玩玩具。教师在一旁观察幼儿的交往情况，适时引导幼儿学会分享、协商和合作。例如，当两个幼儿都想玩同一个玩具时，引导他们通过商量、轮流玩等方式解决问题。

活动后：教师让幼儿将玩具收拾好，放回原位，并鼓励他们回家后和家长分享在幼儿园的玩具分享经历。

②**理由：**培养幼儿的分享意识和合作能力，促进同伴之间的友好交往。帮助幼儿学会珍惜自己的玩具，同时体验到分享的快乐。

7. 阅读材料，并按要求回答问题。

请回答：

（1）结合材料分析美育与心理健康的关系。

（2）请用马斯洛的需要层次理论分析审美的需要的重要性。

（3）请结合你所在家乡的传统文化元素，设计一个美育活动，要求写出活动的主题、目的、内容，其中内容中至少包含两种不同的活动类型。

答：（1）关系

①**美育促进心理健康。**柏拉图认为接受审美教育能够使人的心理得到净化，使某种强烈的情绪恢复和保持心理和谐。因此，美育对促进人的心理健康具有重要作用。

②**心理健康又促进美育。**孔子认为完善的人就是心理健康的人。因此，想要追求完善就有接受艺术熏陶的需要。所以说，人的心理健康对人接受美育具有促进作用。

③**美育与心理健康是统一的，**甚至可以说审美活动本身就是一种心理活动，从这个角度说，美育实际上也是心理健康教育的基本内涵。它的教育目的就是达到心理系统的自然和谐，而自然和谐本身就是一种美。

（2）重要性

①审美是人的高层次心理需要，它能使人不断获得对美的体验。②美育有利于满足学生的审美需要。③美育能够净化学生心理。④美育能够维护学生心理平衡。⑤美育可以提升学生审美意识、审美能力和艺术创造能力。⑥美育可以帮助学生追求自我实现等。

（3）活动设计

①**活动主题：**感受剪纸的乐趣。

②**活动目的：**通过剪纸活动，让学生接触我国民间传统工艺，学习剪纸的方法，体会剪纸的乐趣和传统智慧的结晶，促进学生动手能力和解决问题能力的发展。

③**活动内容。**

a. 通过学生自我搜集的方式，获得有关剪纸的信息。该项内容在剪纸活动进行前一周布置，对剪纸相关的文化进行搜集与整理，以锻炼学生的信息搜集能力，激发学生搜集剪纸信息的兴趣。

b. 通过班集体共同交流学习剪纸的方法和剪纸的文化艺术，开展剪纸活动。剪纸活动要求原创，在分享自己的成果时要向大家说明剪纸设计的思路、表达的内涵以及动手活动的心得体会。锻炼学生的动手能力、创新思维能力、解决问题的能力，引导学生感受剪纸的美。

8. 阅读材料，并按要求回答问题。

请回答：

（1）请分析材料 1 中两位同学谈话所涉及的教育心理学相关知识。

（2）结合材料 2，请你谈谈影响学生知识迁移的因素有哪些。

（3）请给材料 2 中的马老师提一些促进学生知识迁移的建议。（至少四种）

答：（1）材料1中，A、B两位同学的谈话所涉及的教育心理学相关知识是知识迁移中的正迁移和负迁移。迁移是一种学习对另一种学习的影响，指已经获得的知识、技能，甚至方法和态度对学习新知识、新技能的影响。这种影响可能是积极的，也可能是消极的。

①**正迁移：**一种学习对另一种学习产生积极的影响。例如，B说学习平面几何后对学习立体几何有帮助；A说会弹电子琴就比较容易学钢琴。

②**负迁移：**一种学习对另一种学习产生消极的影响。例如，B说学习英语音标的时候总是会受到汉语拼音的干扰。

（2）影响迁移的因素：

①**主观因素：**a. 个体加工学习材料的过程的相似性。b. 已有经验的概括水平。c. 学习态度和定势。d. 年龄、智力水平。智力水平是影响迁移效果的非常重要的主观因素之一。

②**客观因素：**a. 学习材料、情境的相似性。b. 教学指导、外界提示语的影响。

（3）给马老师的建议：

①**培养迁移意识。**教师通过反馈和归因控制等方式使学生形成关于学习的积极态度，鼓励学生大胆地进行迁移，将知识灵活应用。

②**加强知识联系。**教师应重视新旧知识技能之间的联系，要促使学生把已学过的内容迁移到新知识上去，可以通过提问、提示等方式，使学生利用已有知识来理解新知识，促进纵向迁移。

③**整合学科内容。**教师应注意把各个独立的教学内容整合起来，注意各门学科之间的横向联系，鼓励学生把在某一门学科中学到的知识运用于其他学科中，促进横向迁移。

④**重视学习策略。**教师要有意识地教学生学会如何学习，帮助他们掌握概括化的认知策略和元认知策略。认知策略和元认知策略是可教的，教授学习策略就会促进学习迁移。

⑤**强调概括总结。**教师要有意识地启发学生对所学内容进行概括总结。教师可以引导学生提高概括总结的能力，充分利用原理、原则的迁移。在讲解原理、原则时要尽可能用丰富的举例说明，帮助学生将理论应用于实践之中。

9.　阅读材料，并按要求回答问题。

请回答：

（1）根据材料中桃桃妈妈对女儿“厌学”原因的分析，简要说明现阶段一年级教学存在的问题。

（2）依据材料，从学习理论和动机理论角度分析桃桃不愿上学的原因。

（3）依据最近发展区理论，以桃桃目前的识字水平为基础，为桃桃设计两道数学题，并说明设计思路。

答：（1）现阶段一年级教学存在的问题：

①**教学进度与学生基础不匹配。**材料中，桃桃识字量很少，看题如同看天书，说明教学内容对于零起点的学生来说可能存在一定难度，教学进度没有很好地适应学生的实际水平。

②**作业难度设置不合理。**老师每天布置的“聪明题”比较难，对于一年级的学生来说，这样的作业难度可能超出了他们的能力范围，容易打击学生的学习信心。

（2）桃桃不愿上学的原因：

①**桑代克的准备律和效果律。**准备律指学习者在学习开始时的预备定势，当个体无准备而强制活动时会感到烦恼。材料中，桃桃看不懂题目的汉字就是缺乏准备律。效果律是指某行为成效不好，该行为的发生次数就会减少。材料中，桃桃的数学学习效果不好，使得她对学习数学的行为产生了抵触，不愿上学。

②**斯金纳的正强化规律**。正强化指给予一个愉快刺激可以增加行为发生的频率。材料中，由于桃桃的数学不好，她很难获得老师的表扬，缺乏积极强化导致其学习积极性难以提高，久而久之就不愿意上学了。

③**班杜拉的自我效能感理论**。材料中，“聪明题”的设置使桃桃多次体会到失败的滋味，从而降低了她的自我效能感，打击了其自信心。

④**韦纳的归因理论**。材料中，桃桃将自己数学不好归因于能力不足，认为“使劲学都学不会”。能力是相对稳定且难以改变的因素，这种归因方式会让她感到绝望和无力。

（3）两道数学题及设计思路：

根据材料，一年级的桃桃识字量少且基础较弱，当题目中有“数一数”“填一填”时，“数”和“填”两个字她都不认识，这影响了她解读题目的能力。根据最近发展区理论及桃桃的识字基础设计的数学题目和思路如下：

①数学题目：

第一幅图：有 5 只小兔子在吃草，又来了 4 只小兔子，请问一共有几只小兔子？

第二幅图：有 5 只小兔子在吃草，来了 4 只小兔子，又走了 2 只小兔子，请问还有几只小兔子？

②设计思路：

第一幅图：这道题通过直观的图画形式呈现，不需要太多文字描述，桃桃可以直接通过观察图画数出原来的兔子数量和新来的兔子数量，然后进行相加。对于已经有一定“数数”基础的桃桃来说，将两个数量相加处于她的“最近发展区”。

第二幅图：在第一幅图加法的基础上，通过观察图片增加减法的运算，这个减法对于刚掌握加法运算的桃桃来说又处于另一个“最近发展区”。

10. 阅读材料，并按要求回答问题。

请回答：

（1）请从外在动机和内在动机的角度分析材料中的现象。

（2）谈谈在教学中如何运用奖励。

答：（1）分析

内在动机是人所固有的一种追求新奇和挑战、发展和锻炼自身能力、勇于探索和学习的先天倾向，如材料中学生对玩积木的兴趣。外在动机则不是出于对活动本身的兴趣，而是为了获得某种可分离的结果而去从事一项活动，如材料中的“一美元”。内在动机和外在动机可以共同存在，而且会相互影响。

①**外在动机使用不当会削弱内在动机**。内在动机的获得源于自主需要的满足。当个体对于从事的活动拥有一种自主选择感而非受到他人的控制时，就会产生内在动机。如果行为由他人决定，则对内在动机有削弱作用。如材料所示，对于这种积木玩具，学生可能本身就是有兴趣的，但第一组学生因为物质奖励这种外在的控制，失去了行为的自主选择感，降低了对玩具的兴趣。

②**外在动机也可能转化成内在动机**。如果满足了学生的基本心理需要，一开始做事或许是外在动机，而后因为喜欢这件事，也会促进外在动机的内化，形成内在动机。

（2）方法

①**防止内在动机的削弱**：教师的奖励要因人而异，因任务而异。在设置奖励物之前，应当充分调查学生对学习任务的态度。如果学习任务本身就是学生感兴趣的，教师就可以用任务驱动，不断设置适度的挑战性的任务，让学生获得“心流体验”，维持学生对任务的内在动机，此时绝不能滥用外在动机。

②**促进外在动机的转化：**外部奖励在必要时可以使用，能够提高学生的学习动机。但是在使用时应当注意以下几个问题。

a. 引导树立内部目标：教师需要强调考试和评价是为了自我提高，引导学生关注知识或任务对个人成长的内在价值。

b. 设置适度挑战任务：调动学生的积极性，在完成后进行奖励，以言语激励为主，让学生在胜任感中获得对学习本身的兴趣。

c. 提供自主性支持：对于追求自由、渴望独立的青少年来说，自己能够主宰自己的行为，也是一种奖励。教师可以给学生提供独立工作和决策的机会，适当放宽对学生的管理，让学生学会自己决定，自己承担责任。

d. 呈现信息性的指导、规则、反馈、评价和奖励：向学生传达个体能够胜任所从事的活动，或者如何更好地胜任该活动，而不是要求个体必须遵守一定规则才能获得奖励。

e. 营造和谐的人际关系氛围：对学生给予充分的鼓励和支持，帮助学生获得归属感。

11. 阅读材料，并按要求回答问题。

请回答：

（1）材料中体现了哪种教育方法？有什么优点？

（2）请用科尔伯格的道德认知发展阶段理论说明安尼、杰克和维斯所处的道德发展阶段。

（3）近年来，校园欺凌事件频繁发生。2021 年 9 月 1 日颁布的《未成年人学校保护规定》第 20 条明确规定，学校应当教育、引导学生建立平等、友善、互助的同学关系，组织教职工学习预防、处理学生欺凌的相关政策、措施和方法对学生开展相应的专题教育。如果你是教师，请设计 3～4 个问题来引导学生继续使用上述方法，以达到预防校园欺凌的目的。

答：（1）材料中体现的是公正团体法。

公正团体法：公正团体途径主张给学生更多的民主参与机会，反对道德说教和灌输，主张利用学校环境氛围和伙伴之间相互影响的教育资源促进儿童道德向前发展。

优点：①发挥了学生的主动性作用。在讨论的过程中学生可以积极地认知、主动地思考、认真地感悟道德。②团体会议的质量得到提高。对于材料中的偷窃问题，经讨论后学生才认识到偷窃是不好的，通过这个过程形成集体荣誉感，达到育人的目的。③利用公正的机制在创设公正团体中培养学生的公正观念，达到更高的道德发展水平。

（2）三人所处的道德发展阶段：

①**安尼：工具性的相对主义定向阶段。**这一阶段的儿童对自己行为的评判标准是对自己有利就好，对自己不利就是不好。安尼不敢告发坏人是因为怕被报复，他认为告发坏人可能会对自己不利。

②**杰克：人际协调的定向阶段（"好孩子"定向阶段）。**这一阶段的儿童按照人们所称"好孩子"的要求去做，以得到别人的赞许。孩子会认为，别人称赞的，就应该去做，别人不称赞的，就不应该去做。杰克在乎别人对自己的看法，认为自己知道坏人是谁却不告发，担心被老师同学说不热爱集体。

③**维斯：维护权威或秩序的定向阶段。**这一阶段的个体服从团体规范，认为要尽本分，要尊重法律权威，个体判断是非已有了法制观念。判断某一行为的好坏，要看他是否符合维护社会秩序和法律的要求。维斯认为应该揭发坏人，让他受到法律的惩罚。

（3）根据材料可向学生提问。

讨论 1：同学们认为校园欺凌可以容忍吗，为什么？

讨论 2：如果我们自己正在受到欺凌，你会告发吗？会害怕被报仇吗？我们应怎么做？

讨论 3：如果我们看到别人正在忍受欺凌，你会告发吗？

讨论 4：对欺凌者，我们该如何处置？

12. 阅读材料，并按要求回答问题。

请回答：

（1）依据材料罗列出使用费曼学习法的步骤。

（2）分析费曼学习法背后的教育心理学机制。

（3）从主动学习和被动学习的角度，分析材料中“如果你不能向其他人简单地解释一件事，那么你就还没有真正弄懂它”的原因。

答：（1）使用费曼学习法的步骤：

第一步：选定讲解主题。材料中，费曼学习法要求学习者首先选定想要学习或深入理解的主题。

第二步：组织语言，表述信息。材料中，学习者应该尝试用自己的话把这个概念解释给别人听，学会使用自己的语言组织和表达知识。

第三步：解释不清时，重新学习。材料中，学习者遇到自己解释不清的问题时，说明此处还理解不清，应该重新学习，搞懂知识。

第四步：重新组织和复述，加强理解和记忆。材料中，学习者无法解释清楚某个部分时，需要重新组织语言，重新表达，直到自己表述清楚，同时还需要学习者多次复述，以达到理解和巩固的目的。

（2）费曼学习法背后的教育心理学机制：

①建构主义学习理论强调学习者不是被动地接受知识，而是通过自身经验和思考主动建构知识。费曼学习法要求学习者用自己的语言解释知识，这正是基于学习者已有经验对新知识进行建构的过程。

②元认知策略是对信息加工流程进行控制的策略。费曼学习法中的回顾和简化环节，符合元认知的理念，学习者在讲述知识后，会意识到自己理解的不足和错误，从而调整学习策略和方法。

③认知策略是注重大脑对信息加工和编码的策略。费曼学习法强调学习者不仅通过主动讲解回忆知识要点，还通过简化知识进行自我提问，最后梳理知识进行讲述，体现了注意策略、精细加工策略、组织策略和复述策略。

④认知负荷理论认为学习过程中的认知负荷会影响学习效果。费曼学习法要求学习者用简单易懂的方式解释复杂知识，这有助于降低认知负荷，使学习更加高效。

⑤信息加工学习理论认为学习是对信息的获取、编码、存储和提取的过程。费曼学习法中的讲解和反馈环节，有助于学习者对知识进行更有效的编码和存储，提高信息提取的效率。

⑥自我效能感理论指个体对自己能否成功进行某一成就行为的主观判断。费曼学习法中当学习者能够成功地向他人讲解知识，会增强他们对自己学习能力的信心，提高自我效能感，从而更积极地投入学习。

（3）原因：

①不能向他人解释清楚的学习是一种被动学习。被动学习的常见方式是听、看、读、练，是一种自我感觉学会了的学习。当学习者发现自己无法向别人讲清楚时，才发现被动学习有两种缺陷：一是无法加深对知识的理解和记忆；二是无法通过反馈检查自己的学习效果。

②当学习者可以向他人讲清楚一件事时，属于一种主动学习。主动学习会促使学生做到以下几点：一是学习者只有深度理解信息的意义和逻辑关系，才能给他人讲清楚；二是学习者只有对知识做深度加工和编码，才能记住信息、提取信息；三是学习者只有提炼最关键的信息，给他人讲解时才能减少认知负荷，容易描述清楚；四是学习者将自己理解的知识转化成让对方听懂的知识时，说明学习者已经学会了主动应用知识和转化知识，达到这个程度，学习者其实又对知识进行了一次深加工，将更有利于巩固知识和长期存储知识。

13. 阅读材料，并按要求回答问题。

请回答：

（1）结合材料，说明 STEM 课程中科学探究的步骤与对应的心理过程。

（2）请从三个认知主义理论出发，分析科学知识的学习过程。

（3）《义务教育科学课程标准（2022 年版）》中规定了科学课的核心素养，主要体现在科学观念、科学思维、探究实践、态度责任四个方面，这些是科学课程育人价值的集中体现。请以“浮与沉”为主题，设计一个科学课程的教学过程环节，并要求体现上述的四种素养。

答：（1）STEM 课程中科学探究的步骤与对应的心理过程：

第一步：创设情境，提出问题——引起注意力，产生求知欲。

第二步：实践探究——思考、重组知识。

第三步：遇到困难，学习新知——理解、巩固、记忆新知识。

第四步：带着新知识再次探究——更多知识重组、编码，促进知识的转化、迁移与应用。

第五步：探索成功——改造和应用知识或方案。

（2）科学知识的学习过程：

认知主义理论强调人类的学习是一个认知过程，关注知识的获取、加工、存储和运用。该理论认为学习者是积极的信息加工者，他们通过感知、注意、记忆、思维等认知过程来构建知识体系。

①布鲁纳认知—发现说的应用。一方面促进学生理解科学的基本结构；另一方面倡导发现学习，促进学生主动构建。在培养科学素养方面，要让学生理解科学学科的基本概念、原理和规律等结构要素。同时，可以通过设置探究性实验、问题情境等方式引导学生发现科学知识。

②奥苏伯尔有意义接受说的应用。奥苏伯尔的有意义学习，一是建立新旧知识的联系，二是使用先行组织者策略。在科学素养培养中，要注重引导学生将新学习的科学知识与他们已有的知识经验相联系。同时，利用先行组织者来帮助学生学习科学知识，提高学生对科学知识的接受效果，进而提升其科学素养。

③加涅信息加工学习理论的应用。信息加工的学习模型包括信息的三级加工系统、期望系统和执行控制系统。在科学素养培养中，首先，要引起学生对科学信息的注意；其次，信息进入工作记忆后，要帮助学生对科学知识进行有效的编码；最后，要通过不断的复习、应用等方式促进科学知识在长时记忆中的储存。

（3）科学课程的教学过程设计：

①导入环节——体现态度责任素养。

展示一些生活中常见的物体浮在水面或沉在水底的现象图片或视频。提问学生：“你们知道为什么有些物体能浮在水面上，而有些物体会沉下去吗？”引导学生思考，培养学生对科学的探究兴趣和积极态度。

②知识讲解环节——体现科学观念素养。

讲解物体沉浮的概念，让学生明确什么是浮，什么是沉。介绍影响物体沉浮的因素，通过例子和实验演示，让学生直观地理解这些因素对物体沉浮的影响。引导学生总结物体沉浮的规律，形成科学的观念。

③探究实验环节——体现探究实践和科学思维素养。

提出探究问题："不同材料的物体在水中的沉浮情况是怎样的？"教师引导学生思考并设计实验方案。

学生分组实验：实验过程中，教师引导学生观察、分析实验现象，培养学生的科学思维能力。

小组讨论总结：实验结束后，组织汇报，分享结果和发现。教师引导学生进行总结和归纳，得出结论。

④应用拓展环节——体现科学观念和态度责任素养。

展示一些生活中利用物体沉浮原理的实例，加深学生对科学观念的理解。提出新问题："如果我们要制作一个能够浮在水面上的玩具小船，你会选择什么材料？怎样设计它的形状和结构？"让学生运用所学的知识进行思考和设计，培养学生科学探究的乐趣、团队合作和勇于探索的精神以及解决实际问题的能力等。

第四部分　教育学原理

第一章　教育及其产生与发展

单项选择题

基础特训

1. 【解析】 B　理解题　此题考查规定性定义。

根据题干“从教育的定义来看”可以排除 A、D 选项。“本论文中所说的教育指……”说明这是作者自己创制的定义，其内涵在作者的某种话语语境中始终是统一的。也就是说，不管其他人如何定义某个词，作者在自己的文章中就是这样定义的，并在自己定义的意义上来使用这个词。因此，答案选 B。

2. 【解析】 C　理解题　此题考查纲领性定义。

排除干扰选项 D 再观察题干，“教育是……”“最终极的目的应是……”表明这是一种关于定义对象应该是什么的界定。其主要功能是倾向于陈述一种道德规范，它包含“是”和“应当”两种成分。因此，答案选 C。

3. 【解析】 A　理解题　此题考查教育口号。

教育口号是在特定的社会时空环境下，政府或权威机构、组织以及个人根据不同的教育目的和思想理念，提出符合本机构、组织及个人利益或思想的非系统化、简练、明晰、通俗易懂，并富有宣传和鼓励作用的公共言语。题干中的句子宣传教育的重要性，鼓励群众通过学习改变未来和命运。因此，答案选 A。

4. 【解析】 B　理解题　此题考查教育的陈述类型。

A. 教育术语：也称教育定义，指对于一种事物的本质特征或一个概念的内涵和外延的确切而简要的说明。

B. 教育隐喻：人们运用隐喻性思维解释教育事实、描述教育理想的认知活动与语言现象。题干中，陶行知把教育比喻成喂鸡，这种表述属于教育隐喻。因此，答案选 B。

C. 教育概念：有广义和狭义之分，广义的教育指一切促进人发展的教育活动，狭义的教育主要指学校教育。

D. 教育口号：通常是非系统化、简练、明晰、通俗易懂的，且富有宣传和鼓励作用的公共言语。

5. 【解析】 D　记忆题　此题考查规定性定义。

谢弗勒在其《教育的语言》一书中探讨了“规定性定义”“描述性定义”“纲领性定义”。所谓“规定性定义”，即作者自己所创制的定义，其内涵在作者的某种话语语境中始终是统一的。谢弗勒对教育定义的分类不包括解释性定义。因此，答案选 D。

6. 【解析】 C　理解题　此题考查非正规教育。

A. 社区教育是一种典型的非正规教育形式。国家标准化管理委员会对社区教育的定义是：在社区中，开发利用各种教育资源，以社区全体成员为对象，开展旨在提高成员的素质和生活质量，促进成员的全面发展和社区可持续发展的教育活动。故社区教育属于非正规教育。

B. 国家中小学智慧教育平台是教育部搭建的一站式教育信息化服务平台。该平台为广大中小学校、师生、家长提供丰富的课程资源、教学工具、互动交流等多种服务，为广大师生提供在线学习的途径，属于非正规教育。

C. 高等教育自学考试。1988 年，国务院颁布《高等教育自学考试暂行条例》，以行政法规形式确定自学考试是“个人自学、社会助学、国家考试相结合的高等教育形式”，获得国家承认的高等教育自学考试本科或专科学历文凭。故高等教育自学考试属于正规教育。因此，答案选 C。

D. 校外教育补习班。教育补习通常由私人或专门机构提供，是对正规教育的一种补充，也是非正规教育的一种比较典型的形式。故校外教育补习班属于非正规教育。

7. 【解析】 D　记忆题　此题考查教育的概念。

一般认为，教育的概念最早见于《孟子・尽心上》中的“得天下英才而教育之，三乐也”。孟子最早把“教”和“育”合成一个词运用。“教育”一词的含义是指培养人的行为。在该语境中，“教育”合成一个词，取“教”和“育”两个词所共同具有的词义，即培养。因此，答案选 D。

8. 【解析】 A　理解题　此题考查教育的本质。

教育是有目的地培养人的社会活动，这是教育活动与其他社会活动的根本区别。B、C、D 选项，教育活动和社会活动具有这些特点。因此，答案选 A。

9. 【解析】 C　记忆题　此题考查心理起源说。

孟禄主张心理起源说，他认为原始教育的形式和方法主要是日常生活中儿童对成人生活的无意识模仿。因此，答案选 C。

10.【解析】 A　理解题　此题考查教育的发展。

教育与社会共存、共延续，反映了教育的永恒性和历史性，二者由此产生的紧密联系，同时也体现了教育的社会性，但没有体现阶级性。因此，答案选 A。

11.【解析】 C　理解题　此题考查教育的发展。

原始社会时期，教育制度尚未形成，因此不具有系统性、制度性和阶级性。阶级性是古代社会的学校教育的特点，教育目的是培养统治人才。因此，答案选 C。

12.【解析】 B　理解题　此题考查教育的发展。

“不同级别官员的子孙进入不同的学校”体现了封建社会的学校教育具有等级性。因此，答案选 B。

13.【解析】 B　理解题　此题考查生物起源说。

生物起源说认为教育的产生完全来自动物本能，是种族发展的本能需要。题干中有明显的“种族需要”，由此可知，描述的是生物起源说。因此，答案选 B。

14.【解析】 B　记忆题　此题考查现代教育的特征。

现代教育具有从实际行动中重视全面发展、教育民主化向纵深发展、教育终身化的特点。现代教育变革的速度在加快，而不是减慢。因此，答案选 B。

15.【解析】 A　记忆题　此题考查劳动起源说。

马克思主义教育起源说认为，人类教育起源于劳动和劳动过程中所产生的需要。因此，答案选 A。

教育起源说总结表

名称	观点
神话起源说	教育是由上帝或天创造的，教育的目的就是体现神或天的意志，使人皈依于神或顺从于天
生物起源说	教育的产生完全来自动物本能，是种族发展的本能需要
心理起源说	原始教育的形式和方法主要是日常生活中儿童对成人生活的无意识模仿
劳动起源说	教育源于劳动和劳动过程中所产生的需要，是人类特有的一种社会活动

16.【解析】 B　记忆题　此题考查教育的个体享用功能。

A. 个体谋生功能：个体通过教育获得生存技能和知识以维持生计。

B. 个体享用功能：教育能使个体的精神生活得到满足，使个体获得自由和幸福。因此，答案选 B。

C. 个体个性化功能：教育促使个体形成独特个性和自主能力。

D. 个体社会化功能：教育帮助个体学习社会规范、价值观等，使个体更好地融入社会。

17.【解析】 A　理解题　此题考查教育的功能。

（1）教育的正向功能：指教育对个体发展和社会发展的积极影响和推动作用。

（2）教育的负向功能：指教育对个体发展和社会发展的消极影响和阻碍作用。

（3）教育的显性功能：指依照教育目的、任务和价值期待，教育在实际运行中所体现出来的与之相符合的功能。

（4）教育的隐性功能：指教育非预期的且具有较大隐藏性的功能。

题干中，运动会锻炼了学生身心，丰富了学生的课余文化，活跃了校园气氛体现了教育的正向显性功能；无形之中增强了班级凝聚力体现了教育的正向隐性功能。因此，答案选 A。

18.【解析】 D　理解题　此题考查教育的本体功能。

教育的本体功能即教育的个体发展功能，是指教育对个体生存和发展的影响和作用，主要体现为个体个性化功能、个体社会化功能、谋生功能、享用功能。A、B、C 选项是教育的社会发展功能。因此，答案选 D。

19.【解析】 A　记忆题　此题考查教育活动方式。

教育活动方式是指教育者引导受教育者学习教育内容所选用的交互活动方式，主要指教育手段、教育方法、教育组织形式等，不包括教学内容。因此，答案选 A。

20.【解析】 A　记忆题　此题考查教育的基本要素。

在教育的四要素中，教育者起主导作用，受教育者（也称学习者）起主体作用，教育内容是精神客体，教育活动方式是中介桥梁。因此，答案选 A。

21.【解析】 B　理解题　此题考查融合教育。

A. 全民教育：每个人都应获得旨在满足其基本学习需要的受教育机会，人人都必须接受一定程度的教育。

B. 融合教育：让大多数残障儿童进入普通班，并促进其在普通班的学习。因此，答案选 B。

C. 补偿教育：泛指国家或社会为保障处境不利群体接受合格教育所采取的各种补偿措施或行动的总和。

D. 生命教育：引导学生认识、尊重和珍爱生命，促进学生积极地提升生命质量，实现生命的意义和价值。

拔高特训

1. 【解析】 B 理解题 此题考查谢弗勒关于教育的陈述类型。

教育隐喻是指人们运用隐喻性思维解释教育事实，描绘教育理想的认知活动与语言现象。题干将“学校”比作乐器，将奏出的和谐的旋律对人的影响比作学校教育对学生心灵的影响，是一种隐喻。因此，答案选 B。

2. 【解析】 C 理解题 此题考查纲领性定义。

题干中，蔡元培的这段话对“教育应该是什么”进行了界定，特别说明“不是把被教育的人造成一种特别器具”，与旧观念形成了一种鲜明对比，所以这句话属于纲领性定义。因此，答案选 C。

3. 【解析】 A 理解题 此题考查教育的陈述方式和谢弗勒对教育定义的分类。

结合题干，这句话属于教育隐喻，排除 C、D 选项。题干的意思是教师不是将知识直接灌输给学生，而是应该启发学生，“把挖掘宝藏的钥匙给学生”包含了“是”和“应该”的成分，属于纲领性定义。因此，答案选 A。

4. 【解析】 A 理解题 此题考查教育定义的分类。

（1）规定性定义：指作者自己所创制的定义，其内涵在作者的某种话语语境中始终是统一的。

（2）描述性定义：指对被定义对象的适当描述或对如何使用定义对象的适当说明。

（3）纲领性定义：指一种关于定义对象应该是什么的界定。

（4）功能性定义：干扰项，不属于谢弗勒对教育定义的分类。

根据题干“有位作者认为……”，说明这一定义在这位作者的作品里是通用的，这体现了规定性定义，可排除 C、D 选项。题干中的这句话是在描述教育在实际运行时的表现，没有涉及教育应然价值的说明，这体现了描述性定义。因此，答案选 A。

5. 【解析】 D 理解题 此题考查教育的陈述类型。

教育定义旨在揭示教育的本质、内在意涵与外部特征，帮助人们认识和理解“教育是什么”，一般具有清晰的含义及较为明确的规定。结合题干，这属于教育定义。因此，答案选 D。

6. 【解析】 B 理解题 此题考查教育的本质。

教育是一种有目的、有意识地培养人的社会活动。

A. 小明偶然通过自身体验获得认知，这个过程缺少教育者的引导和传授，缺乏教育的目的性，不属于教育。

B. 妈妈作为教育者，教会小明逃生技巧，这个过程属于教育。因此，答案选 B。

C. 盗窃团伙教给成员技巧是为了进行违法犯罪活动，这不符合教育期待人向好发展的特点。

D. 学校严格管理引火物品属于一种管理，不涉及对学生的教育。

7. 【解析】 B 理解题 此题考查家庭教育。

四个选项的说法都是正确的，但是只有 B 选项与题干内容相匹配。因此，答案选 B。

8. 【解析】 A 理解题 此题考查非正规教育。

非正规教育是在正规教育系统外进行的有组织、有计划的教育活动。因此，答案选 A。

9. 【解析】 A 理解 + 推理题 此题考查教育的含义。

“教育”一词取代传统的“教”与“学”，成为我国教育学的一个基本概念。这是我国教育现代化和传统教育学实现转换的一个标志。通过题干中的“教育宗旨”“正式改‘学部’为‘教育部’”，亦可推断出A选项。因此，答案选A。

10.【解析】 B　记忆+理解题　此题考查教育的起源。

A. 勒图尔诺是生物起源说的代表人物，并且心理起源说从本质上并没有说明人的模仿与动物的本能活动的差别。

B. 心理起源说认为人是有心理活动的，但它忽视了人的教育的有意识性。因此，答案选B。

C. 心理起源说主张教育起源于日常生活中儿童对成人生活的无意识模仿，这种模仿是无意识性的，从根本上抹杀了教育的有意识性。

D. 生物起源说标志着在教育的起源问题上开始从神话解释转向科学解释。

11.【解析】 D　理解题　此题考查近现代教育发展趋势。

A、B、C选项均属于现代社会教育发展的趋势。D选项注重教育义务化是近代教育发展过程中的典型特征。因此，答案选D。

12.【解析】 B　理解题　此题考查家庭教育。

A选项只是抚养行为。B选项妈妈对小明进行诚实教育，属于家庭教育。C选项父亲用陈旧的观念阻止女孩接受教育，这种行为恰恰是家庭教育的绊脚石。D选项小张的妈妈给孩子报名补习班，并没有对小张进行教育。因此，答案选B。

13.【解析】 B　理解题　此题考查教育功能。

社会流动性下降，阶层逐渐固化，体现了教育的社会负向功能。因为这种负向功能并不能直接被人察觉，也不是教育直接造成的，所以是社会隐性负向功能。因此，答案选B。

14.【解析】 A　理解题　此题考查教育功能。

光明小学建立的表扬制度“激发了学生的学习热情”，体现了正向显性功能。“与此同时竟然也增强了学生对学校的归属感”，“竟然”说明这是没有预料到的，体现了正向隐性功能。因此，答案选A。

15.【解析】 A　理解题　此题考查教育功能。

B、C、D选项分别体现了教育对人的发展的促进作用、教育的文化功能和教育的经济功能，均为显性功能；而学校照管儿童是非预期的目的，是附带的功能，所以是隐性功能。因此，答案选A。

16.【解析】 A　理解题　此题考查教育热点词汇。

“随班就读”原本是指让部分肢残、轻度弱智、弱视和重听等残障孩子进入普通班就读进行教育，其目的就是要让这些特殊孩子能够与普通学生一起活动、相互交往，获得必要的有针对性的特殊教育和服务，以及必要的康复和补偿训练，以便使这些孩子能够更好地融入社会。这与国际理解教育、多元文化教育无关。补偿教育是为处境不利者或受正规教育失败者提供的可供选择的、补充的教育，以帮助他们获得社会就业能力，与“随班就读”不匹配。因此，答案选A。

材料分析题（无）

第二章　教育与社会发展

单项选择题

基础特训

1.【解析】A　理解题　此题考查教育独立论。

蔡元培在《教育独立议》中阐述了“教育独立论”的基本思想。他主张教育脱离政党、脱离教会而独立，应把教育事业完全交给教育家来办。因此，答案选 A。

2.【解析】A　理解题　此题考查人力资本论。

人力资本论认为教育能够提升劳动者的知识和技能，知识和技能可以转化为劳动者的人力资本，对社会经济的发展起到促进作用。因此，答案选 A。

3.【解析】C　理解题　此题考查筛选假设理论。

筛选假设理论主张教育具有筛选的功能，是用来区别不同人的能力的手段，主要作用是帮助雇主识别能力不同的求职者。因此，答案选 C。

4.【解析】D　理解题　此题考查再生产理论。

布尔迪厄认为，教育系统控制着文化资本的生产、传递和转换，是支配社会地位、形成社会无意识的重要体制，也是再生产不平等社会结构的主要手段。这是再生产理论的核心观点。因此，答案选 D。

5.【解析】D　理解题　此题考查生产力对教育的影响与制约。

生产力的发展水平影响着社会对教育事业的需求程度，也影响着社会对劳动力的需求水平，进而影响着教育事业发展的速度与规模。因此，答案选 D。

6.【解析】B　理解题　此题考查教育的政治功能。

我国古代通过教育教化人民，形成良好的风俗习惯，这体现了教育的政治功能。因此，答案选 B。

7.【解析】B　记忆题　此题考查政治经济制度对教育的影响与制约。

政治经济制度的性质决定教育性质，影响教育目的，影响教育的领导权、受教育权，影响教育内容、教育结构和教育管理体制，但不包括教育发展水平。因此，答案选 B。

8.【解析】D　理解题　此题考查教育功能。

人口结构对教育产生影响，但没有决定教育结构，影响体现在：一方面，人口的年龄结构会影响教育的发展；另一方面，人口就业结构也会影响教育的发展。因此，答案选 D。

9.【解析】A　理解题　此题考查教育的人口功能。

随着家庭教育程度的普遍提升，改变了人们传统的“多子多福”“人丁兴旺”的教育观念。于是，教育反过来起到了控制人口增长的作用。因此，答案选 A。

10.【解析】B　理解题　此题考查教育的功能。

职业教育传授专门的知识和技能，提高人的劳动能力，使其能够在生产中直接运用高科技，并且进行技术创新。题干中的报道体现了职业教育的经济功能。因此，答案选 B。

11.【解析】 B　记忆题　此题考查教育的生态功能。

A、C、D 选项均属于教育的生态功能。B 选项的生态系统承载能力是生态系统自身具有的一种有限的自我调节能力，教育在一定程度上可以通过提高人口素质等方法提高生态系统承载能力，但当人口数量超出最大负荷量，调节便会失效，不存在能够“不断提高”。因此，答案选 B。

12.【解析】 C　理解题　此题考查教育现代化。

A. 教师素质现代化：包括教师思想观念现代化、职业道德素质现代化、知识构成现代化和教育能力现代化。

B. 教育观念现代化：摒弃与时代和社会发展相背离的、落后的教育观，树立与现代社会发展需要相一致的教育观念。

C. 教育内容现代化：注重课程的导向，加强学科间的渗透，引进新的理论，体现了通过教育内容的调整推进教育现代化。因此，答案选 C。

D. 教育制度现代化：建立高质、高效的教育管理体制；坚持开放、民主的教育管理原则；使用融合现代管理技术的教育管理手段。

13.【解析】 A　理解题　此题考查教育国际化。

教育国际化是指以国际的视野和全球认同的方式，构建教育发展和运行的完整体系和管理制度。题干中，孔子学院传播中国文化，体现了教育国际化。因此，答案选 A。

14.【解析】 C　理解题　此题考查教育终身化。

题干反映的是在知识大爆炸的时代，人人可以通过互联网进行学习，教师不再是学生获取知识信息的唯一渠道。所以，互联网时代客观上更容易促使师生关系平等化，进而促进教师终身学习。因此，答案选 C。

拔高特训

1. 【解析】 C　综合题　此题考查教育与社会关系的理论。

筛选假设理论认为“教育并不能提高人的能力，教育只是一个筛子，是用来区别不同人的能力的手段，教育具有筛选的功能”。教育万能论认为人的成长归因于教育与环境，“人受了什么样的教育，就成为什么样的人”。题干中两种观点分别属于筛选假设理论和教育万能论。因此，答案选 C。

2. 【解析】 D　综合题　此题考查教育与社会关系的理论。

A、B、C 选项说法均正确，D 选项人力资本论与筛选假设理论关于教育与工资正相关的结论，只在主要劳动力市场中成立，在次要劳动力市场中是不成立的。因此，答案选 D。

3. 【解析】 D　综合题　此题考查教育与社会关系的主要理论。

A. 人力资本论注重教育投资的作用，主张教育能提升劳动者的知识和技能。

B. 筛选假设理论认为教育与个人收入呈正相关。

C. 筛选假设理论认为信号和标识能表明一个人的生产能力。

D. 再生产理论主张学校的教育行为是一种符号暴力。因此，答案选 D。

4. 【解析】 B　理解题　此题考查教育万能论。

题干中的这句话突出教育对社会发展的积极作用，人力资本论为易错选项。人力资本论只探讨教育可以促进社会发展，但是用词上不激进，题干中莱布尼茨的话语是激进的，认为仅靠教育就可以改变欧洲，因此一直被看作是教育万能论的经典论据。因此，答案选 B。

5. 【解析】 C　记忆题　此题考查人力资本论。

人力资本投资包括通过学校教育、职业教育等多种形式进行教育，并没有否认正规教育的优势。因此，答案选 C。

6. 【解析】 B　理解题　此题考查劳动力市场理论。

劳动力市场理论认为一个人的工资水平主要取决于他在主要劳动力市场还是在次要劳动力市场工作，教育只是决定一个人在哪一个劳动力市场工作的重要因素之一，两个劳动力市场具有封闭性。因此，答案选 B。

教育与社会关系的主要理论总结表

主要理论	代表人物	核心观点
教育独立论	蔡元培	教育经费独立；教育行政独立；教育内容独立；教育脱离宗教而独立
教育万能论	爱尔维修	人的成长归因于教育与环境；人的发展完全是由教育决定的
人力资本论	舒尔茨	人力资本是促进个体发展和社会发展的重要因素，所以国家要重视教育投资对人力资本的作用
筛选假设理论	迈克尔・斯宾塞	教育并不能提高一个人的能力，却能表征一个人的能力。教育水平是反映一个人能力高低的有效信号，是雇主鉴定求职者能力、筛选求职者的工具
劳动力市场理论	皮奥雷、多林格、戈登等	教育是决定个体进入哪种劳动力市场的重要因素之一
再生产理论	布尔迪厄	教育系统控制着文化资本的生产、传递和转换，是支配社会地位、形成社会无意识的重要体制，也是再生产不平等社会结构的主要手段

7. 【解析】 A　理解题　此题考查生产力对教育的影响与制约。

不同时代，经济发展水平不同，从古至今生产力水平有了飞跃式的发展。题干的中心意思是教学组织形式的改变受生产力发展水平的影响和制约。因此，答案选 A。

8. 【解析】 A　理解题　此题考查媒介对教育的影响与制约。

媒介影响教育的发展规模，现代媒介打破了时空的限制，使得教师可以在同一时间为数以万计的人提供优质教学，教学效率大大提升，教育规模也空前扩大。B、C、D 选项均没有体现。因此，答案选 A。

9. 【解析】 A　理解题　此题考查教育的政治功能。

世界各国的学校开展政治教育，是为了发挥政治功能，主要体现在教育能维系社会政治稳定、提高社会政治文明水平、促进社会政治变革、培养社会政治人才。A 选项不属于深层次原因。因此，答案选 A。

10. 【解析】 C　记忆 + 理解题　此题考查教育的文化功能。

“文化过分庞杂，不能全部吸收……”因此，文化需要通过教育来“简化”，体现了文化的选择功能。“为了使人们避免他所在社会群体的文化局限，必须通过教育来‘平衡’社会文化中的各种成分，以便和更广阔的文化建立充满生机的联系”体现了教育的文化融合功能。因此，答案选 C。

11. 【解析】 A　理解题　此题考查科技发明未能推动中国工业发展的深层因素。

从教育角度来说，中国封建社会的先进技术没有在近代社会推动中国工业的高速发展，其深层因素是教育观念。落后的教育观念导致国人缺乏将先进的生产技术转化为生产力的前沿意识，缺乏对科学技术发展和传播的重视。教育观念落后陈旧，教育内容、教育目的和教育媒介的革新也就无从谈起。因此，答案选 A。

12.【解析】 C 理解题 此题考查教育的相对独立性。

C 选项表明教育的社会制约性，不是相对独立性的表现。因此，答案选 C。

13.【解析】 D 记忆 + 理解题 此题考查教师素质的现代化。

教师素质的现代化包括教师的思想观念现代化、职业道德素质现代化、知识构成现代化和教育能力现代化，并不包含下放教育管理权。因此，答案选 D。

14.【解析】 B 理解题 此题考查现代教育的特征。

A. 教育全民化：全民教育是满足所有人“基本学习的需要”的教育，是普及教育的继续与发展。

B. 教育国际化：以国际的视野和全球认同的方式，构建教育发展和运行的完整体系和管理制度。题干中，“百校项目”推动中文教学走向世界，在尊重彼此文化差异的条件下，增进中国和阿联酋两国人民文化交流和民心相通，这体现了教育国际化。因此，答案选 B。

C. 教育现代化：教育将社会现代化的理念和要求逐渐现实化的过程。

D. 教育信息化：在教育领域全面深入地运用现代信息技术来提升教育现代化水平的过程。

材料分析题

阅读材料，并按要求回答问题。

请回答：

（1）如何理解材料中“今天我们要培养的学生不是一个简单的劳动者，而是一个可以领导人工智能的人”这句话?

（2）分析科技与教育的关系。

（3）面对人工智能时代的变革，教师应如何利用人工智能进行教育?

答：（1）理解：

①**人工智能的发展对劳动者素质提出新的要求。**人工智能的自动化和智能化将取代那些涉及重复性和常规任务的工作，我们要改变原有的传统教学方式，重新思考未来的劳动力需求、关键技能，培养可以领导人工智能的学生。

②**人工智能的发展对教学方式提出新的要求。**从低阶的题海战术，走向高阶的问题导向、观念整合、迁移应用、创新创造，形成“学以致用，用以致学”的有机闭环，以人工智能激活人的学习与发展潜能，而不是用人工智能取代人类劳动。

（2）科技与教育的关系：

①**科技对教育的推动。**首先，科技可以丰富教育资源。互联网的普及让学生可以轻松获取海量的学习资料、在线课程、学术文献等，打破了时间和空间的限制。其次，科技为教育带来了新的教学方法和手段。例如，多媒体教学、虚拟现实等技术可以使教学更加生动、直观，提高学生的学习兴趣和参与度。最后，科技可以提高教育管理和教学过程的效率。科技通过智能化教学平台实现教学资源精准推送、自动化教学评估以及高效的师生互动。

②**教育对科技的促进。**首先，教育可以培养科技人才。学校通过系统的教育教学，培养学生的科学知识、技能和创新能力，为科技发展提供人才支持。其次，教育可以传播科技知识。学校通过课程设置和教学活动，向学生传授科学技术的基本原理、方法和最新进展，提高学生的科学素养。最后，教育有利于推动科技创新。教育机构与企业、科研机构的合作，可以促进科技成果的转化和应用，可以推动科技创新。

③**科技与教育相互依存、相互促进。**科技的发展为教育提供了新的机遇和挑战，推动教育不断创新和

进步；教育的发展则为科技提供了人才支持和知识传播的渠道，促进科技的持续发展和创新。

（说明：不同教材对科技与教育的关系的阐述有所不同，考生不必细究标题句是否与课堂所学一致，言之有理即可）

（3）方法 / 措施：

①**在教学目标上，培养科技和创新人才**。借助人工智能分析学生特点与社会需求，精准设定培养核心素养的教学目标。利用人工智能动态调整目标，确保教学目标始终适应学生发展和未来社会需要。

②**在教学方式上，促进人工智能参与课堂**。运用人工智能实现个性化教学，为不同学生定制专属学习路径。采用人工智能辅助的互动式教学，增加课堂参与度和趣味性。

③**在教学内容上，学习前沿的科技知识**。融入人工智能知识，促进跨学科整合，利用人工智能更新教学内容以紧跟现实。

④**在评价方式上，促进评价手段智能化**。借助人工智能实现多元化评价，提升评价的科学性和效率。通过人工智能提供个性化反馈，助力学生改进学习。

⑤**在教师角色转变上，突出教师育人职能**。教师要努力成为学生学习的设计师、引导者、促进者和情感支持者。利用人工智能做简单重复的工作，教师将有更多时间服务于个性化的育人工作，更突出教师的专业性。

⑥**在教学管理上，实现智能管理高效化**。利用人工智能实现智能化教学管理，提高管理效率。借助人工智能分析数据，优化教学管理决策。

第三章　教育与人的发展

单项选择题

基础特训

1. 【解析】 B　理解题　此题考查人的身心发展特点。

这两句话的意思是："在适当的时机进行教育，叫作及时""学习的最佳时机错过了再去学习，即使是非常勤奋苦学，也难有大的成就"。其中"时"含有按照学生的年龄特征和心理情况安排适当的教学内容的意思，强调要及时施教。

这说明，一方面，人的身心发展具有不平衡性，其中存在着关键期，错过了学习的关键期，学习的效果就会差些；另一方面，儿童的不同阶段有不同的发展特点和发展任务，教育者要把握好时机，抓住关键期以取得良好的教育效果，故①③正确。因此，答案选 B。

2. 【解析】 C　记忆题　此题考查人的身心发展的不平衡性。

人身心发展的不平衡性主要表现在：一是在不同的年龄阶段，其身心发展是不均衡的；二是在同一时期，青少年身心不同方面的发展也是不均衡的。差异性存在于不同个体之间，与题意不符。因此，答案选 C。

3. 【解析】 D　理解题　此题考查人的身心发展的协调性。

儿童的各种生理和心理能力的发展、成熟，虽然依赖于明确分化的生理机能的作用，但在总体发展水平方面，却又表现出一定的机能互补性特点，以协调人的各种能力，使其尽可能地适应自己的生活环境。这种协调性是具有生理缺陷的儿童发展的重要保障，使这些儿童不至于因某种生理机能的缺陷，而严重地阻碍其整体发展的实现。这一规律也是对残疾儿童进行教育的重要依据。因此，答案选 D。

4.【解析】 C　理解题　此题考查人的身心发展的特点。

“关注不同学生的进度和水平”“循序渐进”体现了教学要尊重学生的差异性和顺序性。因此，答案选 C。

5.【解析】 A　记忆题　此题考查关键期。

关键期是对特定技能或行为模式发展最敏感的时期或者应做准备的时期，只有在这个时期，个体发育过程中的某些行为在适当的环境刺激下才会出现。如果在这个时期缺少适当的环境刺激，这种行为便不会再得到良好的发展。因此，答案选 A。

6.【解析】 B　理解题　此题考查人的身心发展的差异性。

儿童身心发展的差异性要求教学要根据不同学生的特点因材施教。因此，答案选 B。

7.【解析】 A　记忆题　此题考查人的身心发展的顺序性。

人的身心发展具有方向性、顺序性和不可逆性。不仅身心发展的整体过程表现出一定的顺序，它的个别过程也是如此。人体的生长发育首先从头部开始，然后逐渐延伸到尾部（下肢），体现出顺序性。因此，答案选 A。

8.【解析】 A　记忆题　此题考查单因素论。

教育决定论认为教育这一因素在人的身心发展中起决定作用，属于单因素论。因此，答案选 A。

9.【解析】 B　理解题　此题考查内发论。

根据双生子爬楼梯实验得出结论：成熟是学习的先决条件。这说明了成熟对个体身心发展的影响。因此，答案选 B。

10.【解析】 A　记忆题　此题考查内发论。

此题可以用排除法作答。教育万能论强调“教育”的作用；环境决定论强调“环境”的作用；“白板说”也是在强调外界对人的身心的塑造。B、C、D 选项均强调外部因素。因此，答案选 A。

11.【解析】 A　记忆题　此题考查内发论。

“动因是人自身的内在需要”体现内部因素对人的身心发展的作用。因此，答案选 A。

12.【解析】 B　理解题　此题考查外铄论。

题干强调环境，即外界决定个体心理发展状况。因此，答案选 B。

13.【解析】 D　记忆题　此题考查外铄论。

外铄论主张人的发展主要依靠外在的力量，诸如环境的刺激和要求、他人的影响和学校的教育等。主要代表人物有荀子、华生、洛克等。格赛尔是内发论的代表人物。因此，答案选 D。

14.【解析】 B　理解题　此题考查环境对人的身心发展的作用。

“近朱者赤，近墨者黑”表明在什么样的环境中成长就变成什么样的人，强调环境对人的身心发展有重要作用。因此，答案选 B。

15.【解析】 A　理解题　此题考查教育的个体社会化功能。

个体社会化是指个体接受文化规范，学习其所处社会的行为模式，由一个自然的人转化为社会的人的过程。马克思认为，社会性是人的本质所在，个人生活经验与表现由社会关系所决定。这句话启发我们既然人的发展离不开社会关系，那么教育应当促进学生接触社会，实现自身的社会化。因此，答案选 A。

16.【解析】 D　理解题　此题考查人的发展的根本动力。

马克思主义教育学说认为，主体自身的实践活动是人发展的根本动力，人的主观能动性是根据人的活动体现出来的。因此，答案选 D。

17.【解析】 D　理解题　此题考查社会性发展。

社会性发展，也称“社会化”，是指个体在与社会生活环境相互作用的过程中，掌握社会规范，形成社会技能，学习社会角色，从而更好地适应社会环境的发展。因此，答案选 D。

拔高特训

1.【解析】 D　理解题　此题考查教育的生产性。

题干的意思是教育通过受教育者的实际活动转化为直接的生产力，体现了教育的生产性。因此，答案选 D。

2.【解析】 B　理解题　此题考查教育的文化性。

学生的发展与自身所处的社会文化紧密相关，学生喜欢穿汉服是对传统文化的继承，是对传统文化的热爱，体现了文化性。虽然大纲关于人的发展的特点没有文化性，但是我们要依据题意选出最优选项。因此，答案选 B。

3.【解析】 C　综合题　此题考查人的身心发展的特点。

“杂施而不孙，则坏乱而不修”是指施教者不按教学内容的一定顺序传授知识，打乱了条理，会使得学生的头脑混乱。此现象说明教学要遵循顺序性特点。“学前教育小学化”显然违背了人的身心发展的阶段性特点。“印刻效应”中，劳伦茨让刚破壳的小鸭子不先看到鸭妈妈，而是先看到自己，小鸭子就会把劳伦茨当作自己的妈妈。这一实验体现了身心发展的不平衡性，启示我们进行教育要抓住关键期，适时而教。因此，答案选 C。

4.【解析】 D　记忆 + 理解题　此题考查人的身心发展的特点。

A.“当其可之谓时”指在适当的时机进行教育或行动，体现了人身心发展的不平衡性。

B.“深其深，浅其浅，尊其尊，益其益”指在教学中用深一点的知识教育程度较深的人，用浅一点的知识教育程度较浅的人，用尊重的态度对待别人的自尊，用使其增长的办法对待人的长处。这体现了因材施教的教学原则，体现了人身心发展的差异性。

C.“不陵节而施之谓孙”指循序渐进地教学，在教学时不超越学生的接受能力，这体现了人身心发展的顺序性。

D.“柴也愚，参也鲁，师也辟”指高柴愚直，曾参迟钝，颛孙师偏激。这些都是孔子的学生，对不同的学生采取不同的教育方法，体现了人身心发展的差异性。因此，答案选 D。

5.【解析】 A　理解题　此题考查人的身心发展的特点。

题干中呈现的大脑皮层以及脑细胞的发展顺序体现了个体身心发展有一定的顺序性和方向性。因此，答案选 A。

人的身心发展特点总结表

特点	含义
差异性	由于遗传、环境及教育等因素的不同，不同个体之间身心发展存在着个别差异
不平衡性	在不同的年龄阶段，身心发展不均衡；在同一时期，青少年身心不同方面的发展也不均衡
顺序性	人的身心发展要遵循一定的方向性和先后顺序
阶段性	个体发展的不同阶段会表现出不同的年龄特征及主要矛盾，面临着不同的发展任务

6. 【解析】 B　理解题　此题考查人的身心发展特点。

走班制的本质是尊重每个学生的发展差异，使每个学生都能够得到最好的发展。这遵循了学生身心发展的差异性。因此，答案选 B。

7. 【解析】 C　理解题　此题考查内因与外因交互作用论。

题干既强调了教师作为“园丁”对学生进行精心呵护，也强调了学生作为“花朵”的先天条件与自我生长的作用，属于内因与外因交互作用论。因此，答案选 C。

8. 【解析】 D　理解题　此题考查影响人的身心发展的理论。

第一句话是墨子的“素丝说”，强调教育和环境的重要性，属于外铄论。后一句是孟子的“性善论”，属于内发论的观点。因此，答案选 D。

9. 【解析】 C　记忆 + 理解题　此题考查学校教育功能的异化。

学校教育功能的异化是指学校教育由促进人的全面发展的工具变成了阻碍人的全面发展的异己力量。学校教育自身的合理性与校外的环境等都制约着学校教育主导作用的发挥，这属于影响学校教育主导作用发挥的条件，而非学校教育功能的异化表现。因此，答案选 C。

10.【解析】 C　记忆题　此题考查影响人的身心发展因素的主要观点。

卢梭、孟子是内发论的代表人物，欧文、洛克是外铄论的代表人物。因此，答案选 C。

11.【解析】 B　记忆 + 理解题　此题考查内因与外因交互作用论（多因素相互作用论）。

题干这句话首先可以确定有遗传的影响。此外，由于教育是一种有目的地培养人的活动，所以从科学家和画家的孩子从小的学习历程来看，外部的环境（包括学校教育）和主观能动性也可能会促使科学家的孩子和画家的孩子选择父辈所从事的职业，以上体现了多因素相互作用论。因此，答案选 B。

12.【解析】 B　理解题　此题考查个体身心发展的动因。

题干中的这句话出自荀子的《性恶篇》，荀子是典型的外铄论的代表人物。他认为人生性好利、好斗，若顺其本性发展，必将使社会陷入混乱、抢夺之中，这是十分有害的。因此他强调外部力量的作用，属于外铄论的观点。因此，答案选 B。

关于影响人的身心发展因素的主要观点总结表

理论	观点
单因素论	只有一个因素对人的身心发展起决定作用。如环境决定论、遗传决定论
多因素论	影响人的身心发展的因素是多方面的，如成熟论（二因素论）
内发论	强调人的身心发展的力量主要源于人自身的内在需要，身心发展的顺序也是由身心成熟机制决定的
外铄论	人的发展主要依靠外在的力量，诸如环境的刺激和要求、他人的影响与学校的教育等
内因与外因交互作用论	人的发展是多种因素综合影响的结果，是先天遗传与后天社会影响以及主体在活动中的主观能动性的交互作用的统一

13.【解析】 C 记忆 + 理解题 此题考查影响学校教育发挥主导作用的条件。

C 选项属于学校教育的外部条件。因此，答案选 C。

14.【解析】 C 理解题 此题考查影响人的身心发展的因素。

出生在画家家庭的孩子可能遗传画画的基因，在日常生活环境中可能会受到影响，但是也有可能毫无兴趣，从不画画，这最能体现个体自身的主观能动性对其的影响。因此，答案选 C。

15.【解析】 A 理解题 此题考查个体个性化。

个体个性化是个体在社会生活中追求独特性、主体性、创造性的过程。个体社会化是指个体接受文化规范，学习其所处社会的行为模式，由一个自然的人转化为社会的人的过程。个体学习未来所扮演的职业角色的知识、技能属于个体社会化的表现。因此，答案选 A。

材料分析题

阅读材料，并按要求回答问题。

请回答：

（1）结合材料 1，运用影响人的身心发展因素理论分析此案例。

（2）结合材料 2，用相关知识分析“在家上学”的缺点。

（3）结合材料 1、2，说明学校教育的作用。

答：（1）影响人身心发展的主要因素有遗传、环境、教育和个体的主观能动性。

①遗传是人的身心发展的物质基础和生理前提。方仲永五岁能作诗，说明其有作诗的天赋。

②环境是人的发展的外部条件，为个体的发展提供了可能性和限制。方仲永所处的家庭环境主要是由其父亲决定的，其父亲只贪图眼前利益，让其错失了学习的最佳时间，影响了发展。

③教育在人的身心发展中起主导作用。方父只贪图眼前的利益，目光短浅，没有让方仲永接受后天教育。人的才能发展有赖于后天教育，即使天赋很高的人，如果不对其加以教育和培养，也会变成平庸无能的人。

④个体的主观能动性在个体发展中起最终的决定作用。一个人能否成才，与天资有关，更与后天所受的教育以及自身的学习有关。方仲永接受父亲的安排，自己亦不主动学习，不提高自己，最终“泯然众人矣”。

（2）“在家上学”的缺点。

①教师方面：专业性不强，教师角色易与家长角色混淆。“在家上学”的实施者通常是家长，家长教学的专业性无法保证。此外，家长“一人饰两角”可能给孩子造成认知混乱。

②学生社会化发展受阻。“在家上学”采取的教学组织形式主要是个别教学，学生活动范围小，社交圈子单一，导致缺失团队合作能力和解决复杂问题的能力，阻碍其个体社会化发展。材料中“李铁军父女越来越以独来独往的形象出现在邻居面前”就说明了这一点。

③教育质量堪忧。“在家上学”的学生家长，大多没有精力也没有能力自编教材，选择教材时有较大的主观性。教学内容选择缺乏科学性，部分家长忽略课程内在的逻辑顺序和心理顺序等，影响了教学效果。材料中李婧磁坦言“自己连初中试卷都考不及格”。

（3）学校教育在个体，尤其是在年轻一代的发展中起主导作用。

①学校教育对人施加的影响是全面的、系统的、深刻的。学校教育的价值主要在于引导年轻一代通过掌握知识获得身心发展，从而积极地促进社会发展。缺乏学校教育正是材料 1、2 的主人公教育失败的根本

原因。

②**学校教育通过传递文化知识来培养人。**文化知识蕴含着有利于人发展的认识价值、能力价值、陶冶价值和实践价值。材料1、2的主人公没有接受学校教育，所获得的知识是不全面的。

③**学校教育对提高人的现代化有显著的作用。**人的现代化是社会现代化的重要基础和前提条件。我们应当高度重视并充分发挥教育对人的现代化的促进作用。

第四章　教育目的与培养目标

单项选择题

基础特训

1. 【解析】D　理解题　此题考查教育目的与教育方针的关系。

A. 教育方针包含教育目的，二者具有内在的一致性。

B. 教育方针与教育目的是手段和目的的关系。

C. 教育方针一般是国家或政党提出的，但2015年、2018年我国的教育方针都有所修订。

D. 与教育目的相比，教育方针更为侧重“办什么样的教育”“怎样办教育”。因此，答案选D。

2. 【解析】B　记忆题　此题考查我国的教育方针。

2021年新修订的《中华人民共和国教育法》指出：教育必须为社会主义现代化建设服务、为人民服务，必须与生产劳动和社会实践相结合，培养德智体美劳全面发展的社会主义建设者和接班人。因此，答案选B。

3. 【解析】B　记忆＋理解题　此题考查教育目的的层次结构。

题干中这句话是对广大学生提出的具体标准和要求，符合培养目标的特点。因此，答案选B。

4. 【解析】C　理解题　此题考查教育目的的层次结构。

题干中描述的是某院校计算机系C语言学科的课程目标，是这一科目规定的学生在某一阶段应该达到的要求，属于课程目标。因此，答案选C。

教育目的的层次结构总结表

层次结构	含义
教育目的	国家关于培养的人才要达到什么样的质量和规格的总要求
培养目标	各级各类学校对受教育者身心发展所提出的具体标准和要求
课程目标	各个教学科目所规定的在较长的一段时间内（一般指1～2学年）应达到的教学要求或标准
教学目标	教师每一堂课需要完成的具体目标和任务，一般指一课时或几课时的教学目标

5. 【解析】D　理解题　此题考查社会本位论。

题干中“使青年……造成一个社会的我”体现了教育的社会本位论。因此，答案选D。

6. 【解析】A　记忆题　此题考查个人本位论的代表人物。

卢梭是个人本位论的代表人物。涂尔干、凯兴斯泰纳是社会本位论的代表人物。杜威是内在目的论的代表人物。因此，答案选A。

7. **【解析】 A 理解题 此题考查个人本位论。**

强调“儿童的天性和自由”决定教育目的，考虑儿童的内在生长，属于个人本位论。因此，答案选A。

8. **【解析】 C 理解题 此题考查外在目的论。**

杜威认为，“培养绅士”“为未来完满的生活做准备”都是外界对教育的要求，属于外在目的论。杜威否定教育的外在目的。因此，答案选C。

9. **【解析】 B 理解题 此题考查教育适应生活说。**

这是杜威的“教育适应生活说”的观点。杜威要求学校把教育和儿童眼前的生活联系在一起，依据儿童的身心发展规律、兴趣与需要进行教育，更好地促进儿童的生长与发展。因此，答案选B。

10. **【解析】 C 记忆题 此题考查外在目的论。**

斯宾塞重视实科教育，强调教育为完满生活做准备，是外在目的论的代表人物。因此，答案选C。

11. **【解析】 D 记忆题 此题考查内在目的论。**

杜威主张教育内在目的论，认为“教育的过程在它自身以外无目的，它就是它自身的目的”。因此，答案选D。

12. **【解析】 D 理解题 此题考查马克思关于人的全面发展学说。**

马克思关于人的全面发展学说的宗旨是人的劳动能力的全面发展，智力和体力的全面发展，包括先天和后天的才能、志趣、道德、审美的充分发展，教育与生产劳动相结合是培养人的全面发展的唯一方法。因此，答案选D。

13. **【解析】 B 记忆题 此题考查马克思关于人的全面发展学说。**

马克思认为社会分工造成了人的片面发展；生产力的高速发展为人的全面发展提供了物质基础。因此，答案选B。

14. **【解析】 B 理解题 此题考查影响教育目的演变的因素（教育目的确立的依据）。**

A、C选项中的“社会政治、经济、文化的需要”与D选项中的“社会生产和科技发展对人才的需要”均寓于“时代与社会发展的需要”之中，因此B选项的表述是最全面的。因此，答案选B。

15. **【解析】 C 记忆题 此题考查教育文件。**

1999年，《中共中央国务院关于深化教育改革全面推进素质教育的决定》首次提出培养德、智、体、美全面发展的社会主义事业建设者和接班人。因此，答案选C。

16. **【解析】 B 理解题 此题考查教育目的的精神实质。**

人的全面发展也是指人的个性的充分的、自由的发展，二者不是矛盾的。因此，答案选B。

17. **【解析】 C 理解题 此题考查体育。**

题干中提到的“学生通过体育活动能够获得愉悦的情感体验”体现了体育的娱乐性。因此，答案选C。

拔高特训

1. **【解析】 A 理解题 此题考查教育目的的功能。**

题干中强调“检查教师教育教学质量”说明教育最直接的功能是评价功能。因此，答案选A。

2. **【解析】 A 理解题 此题考查教育目的的确立依据。**

一国教育的性质是由其政治制度决定的，其教育目的首先适应的也是它的政治制度。因此，答案选A。

3. 【解析】 B 理解题 此题考查培养目标。

从“双基”到“三维目标”再到“核心素养”是我国课程目标的变化，不属于学校培养目标的演变。因此，答案选 B。

4. 【解析】 B 理解题 此题考查培养目标。

培养目标指各级各类学校对受教育者身心发展所提出的具体标准和要求。沈阳医学院属于高等教育领域的本科学校，它对学生提出的要求就是培养目标。因此，答案选 B。

5. 【解析】 C 理解题 此题考查培养目标。

学校要培养德智体美劳全面发展的社会主义建设者和接班人，这就要求我们同等重视必修课与选修课，明确二者的关系：(1) 在价值观上，必修课侧重于公平的、大众的发展，选修课侧重于个体的兴趣和个性发展；(2) 具有等价性，不具有主次关系或层次性；(3) 相辅相成、相互作用，同等重要。因此，答案选 C。

6. 【解析】 C 理解题 此题考查个人本位论。

A 选项是杜威的内在目的论，既不属于个人本位论，也不属于社会本位论。B、D 选项均强调教育是为了教化和统治人民，属于社会本位论。C 选项强调“发展个人天赋的内在力量”，属于个人本位论。因此，答案选 C。

7. 【解析】 A 综合题 此题考查教育目的的理论。

题干中的第一句话体现出个人的价值高于社会，体现了个人本位论的观点；第二句话中“塑造社会我，就是教育的目的”体现了社会本位论的观点。因此，答案选 A。

8. 【解析】 B 理解题 此题考查教育目的的理论。

A. 激进的人本价值取向是指从人与社会的对立上来强调人本位的主张。代表人物：卢梭。

B. 非激进的人本价值取向是指不否认人的社会性，不否认人的发展是社会需要的。题干观点出自裴斯泰洛齐，他是非激进的人本价值取向的代表人物。因此，答案选 B。

C. 基于人的社会化、适应社会要求的社会价值取向是指教育要造就社会化的人，就应该按照社会需要来培养人。代表人物：涂尔干。

D. 基于社会稳定或延续的重要性的社会价值取向是指注重人本性发展的教育，难以形成人的社会意识，容易导致人的社会观念淡化，甚至使人的本性疏离社会，使人的自由行为与社会冲突，不利于社会的稳定和发展。因此，社会（国家或民族）得以稳定延续及其利益得以实现与维护，教育目的必须以社会为本。代表人物：凯兴斯泰纳。

9. 【解析】 C 理解题 此题考查教育目的的理论。

外在目的体现了国家、社会对人才规格的需要，而内在的教育目的又局限于具体的目标，陷入琐碎的活动中，缺少终极方向的引导。所以，一个国家的教育目的不仅要重视教育的内在目的，还要依据教育的外在目的。无论何时，都无法直接用外在教育目的替代内在教育目的。因此，答案选 C。

10.【解析】 D 记忆 + 理解题 此题考查社会本位论与个人本位论。

杜威的这句话强调教育的内在目的，但也没有否认教育的社会目的，从他的社会理想——民主主义可知，教育也要为社会进步服务，为民主制度的完善服务，是实现民主社会的工具。这不属于个人本位论的观点。因此，答案选 D。

11.【解析】 A 理解题 此题考查教育目的的价值取向。

根据题意，教育最终的落脚点是“齐家”“治国”“平天下”，属于社会本位论。因此，答案选 A。

12.【解析】 C 理解题 此题考查马克思主义关于人的全面发展学说。

人的全面发展是个性的充分发展，强调个人发展与社会发展一致，这不属于个人本位论。因此，答案选 C。

关于教育目的的相关理论总结表

相关理论	观点
教育适应生活说	教育应该为当下儿童的生活做准备，关注儿童发展的切实需要
教育准备生活说	教育的目的应该为将来生活做准备
教育超越生活说	教育不应局限于当下的生活，而应引领个体超越现实生活
教育改造生活说	教育的目的在于改造社会生活，应积极运用教育的力量，推动社会进步
个人本位论	教育目的的制定应由受教育者的需要、潜能和个性决定，个人价值高于社会价值
社会本位论	教育目的的制定应该由社会的需要决定，社会价值高于个人价值
国家本位论	教育目的应以国家利益为出发点和归宿
生活本位论	把教育目的与受教育者的生活紧密联系在一起
文化本位论	以文化发展的要求确定教育目的，以文化为内容，根据学生的个性特点进行教育

（说明：教育超越生活说与教育改造生活说，国家本位论、生活本位论与文化本位论作为拓展性内容了解即可）

13.【解析】 C 理解题 此题考查素质教育。

A. 素质教育不代表取消考试，考试作为评价的手段，是衡量、激励学生发展的尺度之一。

B. 这是对素质教育形式多样化的误解。素质教育是我国全面发展教育在新形势下的体现，因而它一方面体现了新形势对教育的要求，另一方面符合教育的本质要求。教育培养人的基本途径是教学，学生的基本任务是在接受人类文化精华的过程中获得发展。这就决定了素质教育的主渠道是教学，主阵地是课堂。

C. 克服应试教育弊端是素质教育提出的背景与原因。因此，答案选 C。

D. 这是对素质教育使学生生动、主动和愉快发展的误解。学生真正的愉快来自通过刻苦努力而带来成功之后的快乐，学生真正的负担是不情愿的学习任务。素质教育要学生刻苦学习，因为只有刻苦学习，才能真正体会到努力与成功的关系，才能形成日后所需要的克服困难的勇气、信心和毅力。

14.【解析】 D 理解题 此题考查美育和艺术教育的关系。

A. 艺术教育中有很大一部分是艺术技巧的教育，并以培养人的艺术感受力与创造力为主。审美教育却不一定涉及艺术技巧的培养，对艺术的感受力的培养是为审美主体形成完善的结构和健康人格服务的。二者不同。

B. 广义的艺术教育强调普及艺术的基础知识和基本原理，通过对优秀艺术作品的评价与欣赏，来提高人们的审美修养和艺术鉴赏力，培养人们健全的审美心理结构，并不单指吹拉弹唱。

C. 艺术教育不局限于美育，但不包括体育教育。

D. 艺术教育是实施美育的主要途径和手段，由于艺术具有审美认知、审美教育、审美娱乐等独特的功能和作用，具有以情感人、潜移默化、寓教于乐等特点，使得艺术教育成为审美教育的主要内容和主要方式。因此，答案选 D。

15.【解析】 D 记忆题 此题考查劳动教育的主要内容。

我国劳动教育新课标中明确规定我国劳动教育的主要内容包含服务性劳动、生产劳动、日常生活劳动，不包括体验式劳动。因此，答案选 D。

16.【解析】 B　理解题　此题考查全面发展教育。

“五育”之间相对独立、不可相互替代，相互联系、相互促进，实施过程中会有交叉和融合，不是并列平行或独立实施的，当下我国有一个新概念是“五育”融合。因此，答案选 B。

17.【解析】 C　理解题　此题考查全面发展教育。

通过教学，学生在教师有计划、有步骤的引导下，积极主动地掌握系统的科学文化知识和技能，发展智力、体力，陶冶品德，养成全面发展的个性。A、B、D 选项都不是基本途径。因此，答案选 C。

材料分析题

1.　阅读材料，并按要求回答问题。

请回答：

（1）材料 1 和材料 2 分别体现了哪种教育目的？评析两则材料中体现的教育目的观。

（2）试论材料 2 体现的价值取向。

（3）简述影响教育目的制定的因素。

答：（1）材料 1 是斯宾塞“教育准备生活说”的观点，认为教育是要为人未来的完满生活做准备。材料 2 是杜威“教育适应生活说”的观点，主张教育应该为儿童当下的生活做准备，关注儿童发展的切实需要。

这两种说法都具有合理性。教学立足于未来生活，为教育指明方向性和价值性，力求教学超越现状；教学立足于当下生活，总是通过儿童的现实生活来进行的，由儿童的真实生活组成，考虑儿童当下的生活。所以，我们一定要把当下生活和未来生活统一起来，教学要考虑儿童未来的生活，同时也不能忽视当下的生活。

（2）杜威试图调和教育目的价值取向上个人本位和社会本位的分歧，实现二者的兼顾和协调。一方面，杜威认为“教育就是生长；在它自身以外，没有别的目的”。他反对脱离儿童的本能、需要、兴趣、经验而对教育和儿童的发展过程强加外在的目的。另一方面，杜威又主张以民主主义改造社会。为了兼顾这两个方面，杜威还提出“学校即社会”的主张，要“使得每个学校都成为一种雏形的社会生活”。

（3）影响因素：

①**社会的依据：**社会生产力的发展是确立教育目的的最终决定性因素，除此之外，教育目的也要符合社会政治、经济、文化和科技的需要。

②**人的依据：**个体身心发展的特点与需要。符合教育对象不同阶段的身心发展规律与年龄特征、兴趣、需要、生活、天性与自由。

③**教育内部的依据：**马克思主义关于人的全面发展学说是理论依据，对我国教育目的的确立具有重要的理论指导意义。

2.　阅读材料，并按要求回答问题。

请回答：

（1）结合材料，谈谈你对素质教育内涵的理解。

（2）结合材料，试论我国实施素质教育的原因。

（3）实施素质教育就是在落实全面发展教育，试论全面发展教育的构成要素及各要素间的关系。

答：（1）理解：

“素质教育”是以全面培养学生高尚的思想道德情操、丰富的科学文化知识、良好的身体心理素质、较强的实践动手能力和健康的个性为宗旨，面向全体学生，教育学生学会做人、学会求知、学会劳动、学会健体、学会审美，使学生在德智体等方面得到全面协调发展的教育。素质教育就是为了克服应试教育弊端提出的，正如材料所说，素质教育的核心概念是“从应试教育突围”。

（2）原因：

①**从教育目的来说，**应试教育只追求学生的学习分数的提高以应付眼前的升学，这种高度功利化的教育是短视的；而素质教育的目的是培养德智体美劳全面发展的人，长远来看有益于学生的发展。

②**从教育对象来说，**应试教育强调整齐划一，用分数压抑学生的个性，学生只能被动地接受教师的“塑造”，优秀的学习成绩是以学生过长的学习时间为代价的；而素质教育尊重学生的个性以及学生在教育过程中的主体地位，提倡民主、平等、和谐的师生关系，是切实为学生减轻学习负担的。

③**从教育内容来说，**应试教育只重视与升学考试有关的学科教学，反复培养学生的应试技巧，其他教育内容则居于次要地位甚至干脆被取消，只重视智育，忽视其他四育，学生学到的内容是单一、单薄的；而素质教育把培养学生做人放在首位，主张德智体美劳并举，注重学生创造能力的培养，并能根据不同学生的兴趣爱好增设多样化的选修课，使学生全面学习。

从以上三个维度来看，应试教育已不适应我国的教育目的，因此我国要实施素质教育。

（3）全面发展教育的构成要素及各要素间的关系：

①**要素：**德育指关于人生活的意义和规范的各种教育活动的总和，它涉及人成长生活的各种品质内容；智育是传授学生系统的科学文化知识和技能，培养和发展学生学识素养和智慧才能的教育；体育是授予学生健身知识和技能，发展他们的体力，增强他们体质的教育；美育是培养学生正确的审美观，发展他们感受美、鉴赏美、表现美、创造美的能力，培养他们的高尚情操和文明素质的教育；劳动教育是引导学生掌握现代劳动的知识与技能，养成良好的劳动习惯和正确的劳动态度，培育学生科学的劳动价值观的教育。

②**关系：**“五育”之间相对独立，相互联系，相互促进，不可相互替代。我们要坚持“五育”并举与“五育”融合，通过立德树人培养“五育”并举的人。

第五章　教育制度

单项选择题

基础特训

1. 【解析】 A　记忆题　此题考查学校教育制度。

学校教育制度（学制）是教育制度的核心。因此，答案选 A。

2. 【解析】 D　记忆＋理解题　此题考查教育制度的特点。

A. 规范性：任何教育制度都有其规范性，主要表现在受教育权的限定和各级各类学校培养目标的确定上。

B. 客观性：教育机构的设置、各级各类教育机构的制度化等都受客观的生产力发展水平制约。

C. 历史性：教育制度是随着社会的发展变化而发展变化的。

D. 强制性：教育制度对于个体的行为具有一定的强制作用，要求受教育者无条件地适应和遵守制度。因此，答案选 D。

3. 【解析】 D　记忆题　此题考查学制的确立依据。

智力状况属于学习者的身心特点，所以整体来看，确立学制必须考虑到学习者的身心特点。因此，答案选 D。

4. 【解析】 D　记忆题　此题考查制度化教育。

制度化教育是从非制度化教育中演化而来的，是指由专门的教育人员、机构以及运行制度所构成的教育形态。学校的产生标志着教育开始走向制度化。因此，答案选 D。

5. 【解析】 D　记忆题　此题考查学制的要素。

学制的要素主要包括学校类型、学校级别和学校结构。课程的类型不属于学制的要素。因此，答案选 D。

6. 【解析】 D　记忆题　此题考查学制的概念。

学制是一个国家或地区各级各类学校的系统及其管理规则的总称。它规定着各级各类学校的性质、任务、入学条件、修业年限以及它们之间的衔接与分工的关系。因此，答案选 D。

7. 【解析】 B　记忆题　此题考查学制的类型。

分支型学制的特点是：（1）学制前段并轨。小学、初中阶段是单轨，所有学生一律入学。（2）学制后段分叉。初中阶段后，依据学生成绩和实际需要进入各种类型的学校，分叉后的学校上通高等学校，下达初等学校，左通中等专业学校，右达中等职业技术学校，上下左右畅通无阻。结合题干应选择分支型学制。因此，答案选 B。

8. 【解析】 C　记忆题　此题考查学制的类型。

双轨学制有两个平行的系统：一轨自上而下，其结构是大学—中学系统，这一轨具有学术性；另一轨自下而上，其结构是小学—职业学校系统，这一轨具有职业性。因此，答案选 C。

9. 【解析】 C　理解题　此题考查各级各类学校系统。

我国各类学校系统中：（1）依据教育对象的学习时间划分，分为全日制学校、半工半读学校和业余学校。（2）依据学校办学主体和体制划分，分为公办学校和民办学校。（3）依据人才培养的类别划分，分为两种，一是普通教育体系、职业技术教育体系、成人继续教育体系和特殊教育体系；二是基础教育体系、高等教育体系、职业技术教育体系、成人继续教育体系和特殊教育体系。学前教育、初等教育、中等教育、高等教育属于我国各级学校系统。因此，答案选 C。

10.【解析】 B　记忆题　此题考查教育文件。

“两基”指基本普及九年义务教育，基本扫除青壮年文盲。因此，答案选 B。

11.【解析】 B　热点 + 推理题　此题考查终身教育与《中国教育现代化 2035》。

首先，此题可以通过常识来分析，我国没有关于“使终身教育成为一项全国性的义务”的表述，排除 C 选项；其次，“健全充满活力的教育体制”主要指人才培养、办学体制、管理体制、保障机制等方面的改革，排除 D 选项；最后，A 选项和 B 选项可通过比较进行选择，《中国教育现代化 2035》作为最新的学制改革文件，对终身教育的表述应该更具体、更完善。二者相论，B 选项的表述更具体、更完善。因此，答案选 B。

12.【解析】 A 理解题 此题考查义务教育。

A. 普及教育更侧重于国家对教育的普遍提供，但不具有强制性和免费性，而义务教育在此基础上强调了教育的强制性、免费性以及对学生基本能力和素质的培养。所以，义务教育体现了普及教育，但不能将二者完全等同。因此，答案选 A。

B. 义务教育的三个特征是免费性、强制性和普及性。

C. 义务教育发展的趋势是既向学前教育延长，又向高中教育延长。所以反过来说，高中教育发展的趋势就是逐渐义务化。

D. 目前我国学前教育已经基本实现普及教育，但还不属于义务教育。

13.【解析】 D 理解题 此题考查职业教育。

职业教育以就业为目标，旨在让受教育者获得某种职业或生产劳动所需要的职业知识、职业技能和职业道德。普通教育以升学为目标，以基础科学知识为主要教学内容，二者的培养目标不同。2022 年新修订的《中华人民共和国职业教育法》规定职业教育与普通教育具有同等重要的地位，D 选项说法错误。因此，答案选 D。

14.【解析】 C 理解题 此题考查职业教育。

职业技术教育是指对受教育者实施可从事某种职业或生产劳动所必需的职业知识、职业技能和职业道德的教育。社会主义现代化建设同样需要技术人员、管理人员，技工和其他城乡劳动者，因此要大力发展职业技术教育。因此，答案选 C。

15.【解析】 B 记忆题 此题考查高等教育发展阶段论。

马丁·特罗将高等教育的发展划分为精英高等教育阶段（毛入学率在 15% 以下）、大众化高等教育阶段（毛入学率为 15%～50%）和普及化高等教育阶段（毛入学率在 50% 以上），不包括终身化阶段。因此，答案选 B。

16.【解析】 C 理解题 此题考查高等教育发展阶段论。

马丁·特罗将高等教育的发展划分为精英高等教育阶段（毛入学率在 15% 以下）、大众化高等教育阶段（毛入学率为 15%～50%）和普及化高等教育阶段（毛入学率在 50% 以上）。根据题干中 57.8% 的毛入学率，说明我国目前已进入普及化高等教育阶段。因此，答案选 C。

17.【解析】 A 记忆题 此题考查《学会生存——教育世界的今天和明天》。

《学会生存——教育世界的今天和明天》标志着联合国教科文组织首次提出终身教育理念，主张建设学习型社会。因此，答案选 A。

18.【解析】 B 记忆题 此题考查《学会生存——教育世界的今天和明天》。

“二战”结束以来，各国教育面临社会发展的新需求与挑战，存在三种普遍流行的现象，即“教育先行”“为未知社会培养新人”“社会拒绝使用学校毕业生”。因此，答案选 B。

19.【解析】 B 记忆题 此题考查《教育——财富蕴藏其中》。

《教育——财富蕴藏其中》中指出，面向 21 世纪教育的四大支柱，就是要培养学生学会四种本领：学会认知、学会做事、学会共同生活、学会生存。因此，答案选 B。

拔高特训

1. 【解析】 D　理解题　此题考查学校教育制度的形成与发展。

西周时期的大学、小学与今天、大学和小学的意思不同，A 选项错误。中世纪大学中有“学士”学位，但其较晚才成为正式学位，B 选项错误。现代大学是通过两条途径发展起来的：一条是通过增强人文学科和自然学科，把中世纪大学逐步改造成为现代大学，如牛津大学；另一条是创办新的大学和新的高等学校，如伦敦大学，C 选项错误。因此，答案选 D。

2. 【解析】 A　理解题　此题考查教育制度的特点。

教育制度的确立必须考虑客观的生产力发展水平，也必须遵循人身心发展的客观规律，这体现了教育制度的客观性。因此，答案选 A。

3. 【解析】 A　记忆 + 理解题　此题考查对学制类型的理解。

苏联型学制是分支型学制，在小学、初中阶段是单轨，后段分叉，故 A 选项说法错误。B、C 选项正确。高中本身是现代学制发展到一定阶段的产物，美国单轨学制最先有高中，接着苏联学制也有了高中，最后欧洲双轨制中学在变革中也有了高中。三种学制的小学和初中虽有不同，但其基本任务是完全一致的，即变成了一种类型。所以，在当代，单轨制、双轨制以及分支型学制事实上变成了高中阶段的三种类型，D 选项正确。因此，答案选 A。

学制的类型总结表

类型	特点
单轨制	所有学生可进入同一种学制体系。这一体系不分叉，形成小学—中学—大学自下而上的结构
双轨制	学制分为并行的两轨：一轨自上而下，针对贵族子弟，其结构是大学—中学；一轨自下而上，针对平民子弟，其结构是小学—职业学校
分支型学制	介于双轨制和单轨制之间，学制前段并轨，后段分叉

4. 【解析】 C　理解题　此题考查学校教育制度确立的依据。

学制的确立受学生身心发展规律和年龄特征的制约。青少年身心发展具有一定的规律，成长经历不同的年龄阶段，每一阶段各有其年龄特征。在确立学制时必须适应这种特征。因此，答案选 C。

5. 【解析】 D　理解题　此题考查我国学制。

A. 我国实行学前教育、初等教育、中等教育、高等教育的学校教育制度。

B. 普通教育主要包括普通中小学教育和普通高等学校教育。

C. 基础教育主要分为学前教育、义务教育、普通高中教育。

D. 目前我国九年制义务教育包括小学和初中，不包括普通高中教育。因此，答案选 D。

6. 【解析】 D　记忆题　此题考查教育文件。

《中共中央国务院关于深化教育改革全面推进素质教育的决定》指出，基础教育建立新的课程体系，试行国家课程、地方课程和校本课程。因此，答案选 D。

7. 【解析】 D　热点 + 推理题　此题考查教育文件。

《中国教育现代化 2035》提出的八大理念有：以德为先，全面发展，面向人人，终身学习，因材施教，知行合一，融合发展，共建共享。本题亦可采用推理法作答。《中国教育现代化 2035》是一个战略性文件，因此它应当是针对全国情况提出的要求，A、B、C 选项均是适用于全国范围的。D 选项“面向乡村”针对的是乡村，不能体现全国这一整体；“立足当下”针对的是目前的情况，没有体现未来。因此，答案选 D。

8. 【解析】 C 热点＋推理题 此题考查教育文件。

《中国教育现代化 2035》所提出的 2035 年主要发展目标：建成服务全民终身学习的现代教育体系、普及有质量的学前教育、实现优质均衡的义务教育、全面普及高中阶段教育、职业教育服务能力显著提升、高等教育竞争力明显提升、残疾儿童少年享有适合的教育、形成全社会共同参与的教育治理新格局。C 选项“全面普及普高教育”不等于“全面普及高中阶段教育”。因此，答案选 C。

9. 【解析】 A 热点＋推理题 此题考查教育文件。

“发达地区不得从中西部地区、东北地区抢挖优秀校长和教师”是《关于构建优质均衡的基本公共教育服务体系的意见》文件中“全面保障义务教育优质均衡发展”中“促进区域协调发展”中的具体阐述。本题亦可通过推理法作答，“中西部地区、东北地区”相对来说是教育资源匮乏的地区，不得从这些地区“抢挖优秀校长和教师”说明要保护当地教育资源，目的是促进区域协调发展。因此，答案选 A。

10.【解析】 A 理解题 此题考查义务教育。

义务教育不仅要普及，还有强制性。普及教育指绝大多数适龄学生接受高中阶段教育，国家提供足够的条件满足需求，但普及不等同于义务，不一定带有强制性，A 选项正确，B 选项错误。义务教育不收学费、杂费，但并不是完全免费，C 选项错误。义务教育的发展趋势是既向学前教育延长，又向高中教育延长，D 选项错误。因此，答案选 A。

11.【解析】 B 理解题 此题考查学前教育。

学前教育是终身教育的其中一环，属于国民教育和基础教育，但在我国目前还不属于义务教育，也不是强制性的。因此，答案选 B。

12.【解析】 D 记忆＋理解题 此题考查对现代教育制度改革的理解。

《中华人民共和国职业教育法》规定职业教育实行政府统筹、分级管理、地方为主、行业指导、校企合作、社会参与。D 选项错误。因此，答案选 D。

13.【解析】 A 理解题 此题考查对现代教育制度改革的理解。

中国高等教育在基础学科人才培养方面做的三件大事：（1）通过全方位谋划基础学科拔尖人才培养，提升国家“元实力”；（2）通过加快卓越工程师培养，提升国家“硬实力”；（3）通过培养具有交叉思维、复合能力的创新人才，提升国家“锐实力”，解决创造创新的问题。B、C、D 选项说法均正确。A 选项与题干不符，没有体现出培养基础学科和拔尖创新人才。因此，答案选 A。

14.【解析】 B 记忆题 此题考查《教育——财富蕴藏其中》。

2013 年联合国教科文组织在《教育——财富蕴藏其中》报告中增加“学会改变”的价值诉求。因此，答案选 B。

15.【解析】 A 记忆题 此题考查终身教育。

终身教育是人一生各阶段所受各种教育的总和，不是某一时期教育的延续和发展。因此，答案选 A。

16.【解析】 A 理解题 此题考查终身教育。

终身教育是人一生各阶段所受各种教育的总和。普遍关注所有时期的教育，并没有侧重某一时期。因此，答案选 A。

材料分析题

阅读材料，并按要求回答问题。

请回答：

（1）说明材料所反映的教育思想。

（2）依据材料说明终身教育的五个表现。

（3）在这种教育思想下，结合材料说明师生关系的发展趋势。

答：（1）材料中反映了终身教育思想。

终身教育是人一生各阶段所受各种教育的总和，既包括纵向的一个人从婴儿期到老年期在各个不同发展阶段所受到的各级各类教育，也包括横向的从学校、家庭、社会各个不同领域受到的教育，其最终目的在于“维持和改善个人社会生活的质量”。终身教育思想对个人、社会的发展都产生了重要影响，为建设学习化社会提供了理论基础和实践指导。

（2）表现。

①**学会生活，**积极适应、应对生活中的变化与挑战。

②**学会学习，**具备终身学习的意识和能力，终身吸收新的知识。

③**学会思考，**进行自由地和批判地思考，并运用理性的思维进行分析、判断和筛选信息。

④**学会热爱，**热爱自己、他人、自然，包括整个世界，使世界更有人情味。

⑤**学会创造，**培养创造性思维，通过创造性工作促进个人和社会的进步。

（3）发展趋势。

①**知识方面：**从传授接受到信息交换。传统教育中教师主要是将既定的知识单向传授给学生，学生是较为被动的接受方。随着终身教育思想深入人心，师生之间会出现越来越多的信息交换，教师和学生都在接收、传播和共享信息。材料主张教师将越来越成为学生思想的启发者、引导者、意见交换者。

②**情感方面：**从知识传递到情感共享。之前教师只关注学生的学习成绩，而终身教育强调人的全面、整体发展，不仅包括学习方面，还包括情感、态度和价值观的培养。材料认为人要学会生活、学会热爱……因此教师也要帮助学生发展学习之外的能力。

③**地位方面：**从传统权威到民主平等。传统的师生关系中，教师是权威，学生对教师存在敬畏心理，但在终身教育的影响下，师生关系走向民主平等，教学相长。材料认为人为了求生存、求发展，必须终身学习，师生都是具有“未完成性”特点的人。

第六章　课程

单项选择题

基础特训

1.【解析】C　理解题　此题考查课程的概念。

鲍尔斯等人认为，课程就是从某种社会文化里选择出来的材料，学校教育要再生产对下一代有用的知识与价值。因此，答案选 C。

2. 【解析】 B 记忆题 此题考查古德莱德的课程分类。

古德莱德的五种不同的课程为理想的课程、正式的课程、领悟的课程、实行的课程（运作课程）、经验的课程。因此，答案选 B。

3. 【解析】 B 理解题 此题考查学科中心主义课程论。

学科中心主义课程论主张学科逻辑是知识编排的基础，学生应在理解学科的基本结构的基础上学习。布鲁纳是这一理论的代表人物。因此，答案选 B。

4. 【解析】 D 记忆题 此题考查课程理论。

改造主义课程论的代表人物是布拉梅尔德，存在主义课程论的代表人物是奈勒，后现代主义课程论的代表人物是多尔，A、B、C 选项均错误。因此，答案选 D。

5. 【解析】 C 理解题 此题考查经验主义课程理论。

“不是科学，不是文学，不是历史，不是地理”说明不是学科中心主义课程论，B 选项错误。题干的中心意思是学校课程要围绕儿童本身的社会生活，尽管提到了社会生活，但重点在“儿童本身”，A、D 选项均没有体现。因此，答案选 C。

6. 【解析】 A 理解题 此题考查学科课程。

学科课程使学生可以在短时间内高效地学习到系统的知识，保证教育质量。因此，答案选 A。

7. 【解析】 C 理解题 此题考查综合实践活动课程。

综合实践活动课程是从学生的真实生活和发展需要出发，从生活情境中发现问题，转化为活动主题，通过探究、服务、制作、体验等方式，培养学生综合素质的跨学科实践性课程。实践性是综合实践活动课程的突出特点，注重学生通过实践获得直接经验。因此，答案选 C。

8. 【解析】 A 理解题 此题考查综合课程。

综合课程是打破传统的学科课程的知识领域，组合相邻领域的学科构成一门学科的课程，其根本目的是克服学科课程分科过细的问题。人口教育课、环境教育课、闲暇与生活方式课等融合了多门学科的知识。因此，答案选 A。

9. 【解析】 C 记忆题 此题考查综合课程。

根据综合程度的不同，综合课程分为相关课程、融合课程、核心课程、广域课程。因此，答案选 C。

10.【解析】 B 记忆题 此题考查融合课程。

融合课程指打破了学科界限，把有着内在联系的不同学科知识合并成一门课程。因此，答案选 B。

11.【解析】 D 理解题 此题考查课程的类型。

按照课程综合程度，综合课程从高到低排列的顺序为：核心课程、广域课程、融合课程、相关课程。因此，答案选 D。

12.【解析】 B 理解题 此题考查地方课程。

题干中的海洋教育课程由沿海地区的政府负责编制，在本地区实施，体现了地方特色，故属于地方课程。因此，答案选 B。

13.【解析】 D 记忆 + 理解题 此题考查课程的类型。

A. 国家课程：指自上而下由中央政府负责编制、实施和评价的课程。

B. 广域课程：指将各科教材依照性质归到各个领域，再将同一领域的各科教材加以组织和排列，进行系统教学的课程。

C. 地方课程：指地方各级教育主管部门根据国家课程政策，以国家课程标准为基础，在一定的教育思想和课程观念的指导下，根据地方经济、政治、文化的发展水平及其对学生发展的特殊需要，充分利用地方课程资源而开发、设计、实施的课程。

D. 校本课程：指以学校为课程编制主体，自主研发与实施的一种课程，是相对于国家课程和地方课程而言的。题干中，陶艺课程是该校自主研发与实施的一种课程，属于校本课程。因此，答案选 D。

14.【解析】 B　理解题　此题考查隐性课程。

校园环境、校服、校歌不是课程方案中明确列出和有专门要求的课程，是以内隐的、间接的方式呈现的课程，具有内隐性、间接性。因此，答案选 B。

15.【解析】 A　记忆题　此题考查泰勒原理。

A. 泰勒原理：被称为课程领域中“主导的课程范式”，是最有影响力的课程开发模式。因此，答案选 A。

B. 教育目标分类学：布卢姆建立了教育目标分类学，将教育目标分为认知领域、情感领域和动作技能领域。

C. 过程评价模式：对课程计划实施过程以及教学活动过程的评价。

D. 目标游离评价模式：评价的重点应从“课程计划预期的效果”转向“课程计划实际的结果”。

16.【解析】 A　理解题　此题考查泰勒原理。

A. 课程目标的主导作用：泰勒的目标模式是以目标为导向来进行的，突出目标的核心作用。因此，答案选 A。

B. 教师对课程的再开发：斯腾豪斯的过程模式、施瓦布的实践模式都强调教师对课程的再开发。

C. 管理者对课程的监控：目标模式、过程模式和实践模式没有强调管理者的监控。

D. 学生对课程的评价：施瓦布的实践模式特别强调学生对课程的评价。

17.【解析】 B　理解题　此题考查施瓦布的实践模式。

施瓦布的实践模式追求课程的实践性，但因过于注重实践性，忽视理论，走向相对主义极端。因此，答案选 B。

18.【解析】 A　理解题　此题考查课程计划。

学科设置是课程计划的核心问题。因此，答案选 A。

19.【解析】 D　理解题　此题考查课程标准。

课程标准在整体上规定着某门课程的性质及其在课程体系中的地位，是教材编写、教学、评估的依据，是国家管理和评价课程的基础。因此，答案选 D。

20.【解析】 B　理解题　此题考查课程计划。

课程计划是国家教育主管部门制定的有关课程设置与课程管理等方面的指导性文件。因此，答案选 B。

21.【解析】 B　理解题　此题考查课程开发的主要产品。

课程计划是课程的总体规划，课程标准和教科书乃是课程的具体体现，其中教科书是最具体的资料。因此，按序排列为：课程计划、课程标准、教科书。因此，答案选 B。

22.【解析】 B　理解题　此题考查布卢姆的教育目标分类学。

布卢姆主张能够作为教学目标的项目，必须是通过短期教学可达到的、具体化的、可观察的、可测量的外显行为。A、C、D 选项均为短期教学可完成的具体的目标。学生的创新意识与批判思维能力不可能在短期的教学中得到提升，不是具体可行的教学目标。因此，答案选 B。

23.【解析】 B 理解题 此题考查课程内容的组织形式。

采用螺旋式组织课程内容，即同一课程内容前后重复出现，前面呈现的内容是后面内容的基础，后面内容是对前面内容的不断扩展和加深，层层递进。题干中从小学通过测量或拼图得到三角形的内角和为180度，到中学通过原理证明这一结论，体现了螺旋式组织形式。因此，答案选B。

24.【解析】 D 记忆题 此题考查课程的忠实取向。

A. 缩减差距取向：通过各种方式，尽力缩小课程设计预期与课程实际实施情况之间的差距。

B. 相互调试取向：又称相互适应取向，教师将教材与其他教育资源相互调整和结合。

C. 课程创生取向：教师创新。

D. 课程忠实取向：教师忠实地执行教材。题干说明课程实施的程度高低，取决于实际课程与预定课程方案的差距，属于课程的忠实取向。因此，答案选D。

25.【解析】 B 记忆题 此题考查课程的相互适应取向。

题干的关键词是“相互调整、改变”“彼此协调”，属于相互适应取向。相互适应取向是教师既依据教材教学，又寻找教材以外的内容，做好课程计划与实际需要的相互调适。因此，答案选B。

26.【解析】 B 理解题 此题考查课程评价的功能。

课程评价具有诊断、导向、调控、激励、决策、修正的功能。题干中提到“了解一门课程，或一套课程方案的适应性及其优点与不足”，体现了课程评价的判断功能。因此，答案选B。

27.【解析】 A 记忆题 此题考查 CIPP 模式。

CIPP 模式就是背景评价（Context Evaluation）、输入评价（Input Evaluation）、过程评价（Process Evaluation）和结果评价（Product Evaluation）。因此，答案选A。

28.【解析】 B 记忆题 此题考查目标游离评价模式。

目标游离评价模式主张评价者应注意的是课程计划的实际效应，而不是其预期效应，评价的重点应从“课程计划预期的效果”转向“课程计划实际的结果”。因此，答案选B。

29.【解析】 B 理解题 此题考查课程改革。

普通高中课程由学习领域、科目、模块三个层次构成，这是对课程结构的改革，与课程内容、课程管理无关。课程组织广义上强调的是对课程整个开发过程的描述，狭义上强调的是课程内容如何组织和安排，也与题干不符。因此，答案选B。

拔高特训

1. 【解析】 A 理解题 此题考查课程的概念。

“六艺”与“七艺”是分科进行教学，属于教学科目。“课程即教学科目”是最普遍、最常识化的课程定义，广义的课程指学生所学的全部学科以及在教师指导下的各种活动的总称；狭义的课程是指一门学科或一类课程。因此，答案选A。

2. 【解析】 B 综合题 此题考查课程的概念。

B 选项将课程定义为学习经验，杜威认为课程就是学生在教师指导下或自发获得的经验或体验。其突出特点是把学生的直接经验置于课程的中心位置，但忽略了系统知识的重要性。因此，答案选B。

3. 【解析】 C 理解题 此题考查对古德莱德课程分类的理解。

该教师在上课之前对课程内容进行设计，按照教师自身领会的、理解的方式设计教学目标，属于领悟的课程。因此，答案选 C。

4.【解析】A　理解题　此题考查课程理论流派。

学科中心课程理论强调以学科知识为课程中心，严格按照每门学科的逻辑体系组织材料，并在此基础上进行分科教学，其代表是要素主义课程和永恒主义课程。题干中“主张教育的目的是传递人类共同的文化遗产，学校课程应教给学生知识”，体现了要素主义的课程观。因此，答案选 A。

5.【解析】D　综合题　此题考查课程理论及其流派。

A. 布拉梅尔德是社会中心课程理论的代表人物。

B. 巴格莱主张知识中心，重视间接经验的学习。

C. 罗杰斯主张学习者中心，注重直接经验的学习。

D. 学科（知识）中心课程理论——布鲁纳——注重学科知识的学习。因此，答案选 D。

6.【解析】A　理解题　此题考查课程理论及其流派。

A. 知识中心课程理论：学科逻辑是知识编排的基础，这一流派主要分为要素主义和永恒主义。根据题干中“永恒学科最有价值”可知是永恒主义的观点。因此，答案选 A。

B. 学习者中心课程理论：课程的核心是学生，课程应以学生的兴趣、生活为基础。

C. 社会中心课程理论：课程编制以解决实际社会问题的逻辑为基础。

D. 活动中心课程理论：课程的核心是儿童的活动和经验。

7.【解析】A　理解题　此题考查课程类型。

A. 题干中的课程全部围绕语文学科展开，语文属于分科课程。因此，答案选 A。

B. 题干并未涉及两个及以上学科的联合教学，不属于相关课程。

C. 题干并不是以一个问题为核心，将各种学科知识综合起来的核心课程。

D. 题干并非学校自主研发与实施的校本课程，而是国家规定的必修的语文课，不属于校本课程。

8.【解析】D　理解题　此题考查综合课程。

语文、数学、外语属于分科课程。基础教育课程改革中，设计了理科综合课程“科学”和文科综合课程“历史与社会”，在整个义务教育阶段设计了“艺术”等，这些都属于综合课程。因此，答案选 D。

9.【解析】B　理解题　此题考查劳动课程。

A. 劳动课程必须按照国家规定的课程标准和教学要求进行，是国家课程。

B. 劳动课程要求所有学生都必须修习，是必修课程。因此，答案选 B。

C. 劳动课程注重学生的动手实践、出力流汗，是活动课程。

D. 劳动课程有明确的教学目标、教学安排和系统的教学内容，能够进行教学评价，是显性课程。

10.【解析】B　理解题　此题考查地方课程。

地方课程是充分利用地方课程资源而开发、设计、实施的课程，具有地域性、民族性、文化性、适切性、探究性等特点。题干中的“皮影课”具有当地文化特色，属于地方课程。因此，答案选 B。

11.【解析】D　理解题　此题考查课程类型。

A. 核心课程：指打破原有学科界限，围绕一些重大社会问题组织教学内容。

B. 融合课程：指打破了学科界限，把具有内在联系的不同学科知识合并成一门课程。

C. 相关课程：指两门或两门以上的具有科际联系点的学科知识综合在一门课程中，但不打破原来的学科界限。

D. 广域课程：指将各科教材依照性质归到各个领域，再将同一领域的各科教材加以组织和排列，进行

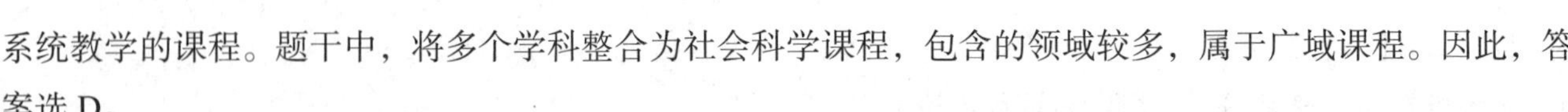
系统教学的课程。题干中，将多个学科整合为社会科学课程，包含的领域较多，属于广域课程。因此，答案选 D。

12.【解析】 A 理解题 此题考查课程的类型。

A. 隐性课程：以内隐的、间接的方式呈现的课程。校训是一种校园的文化情境，具有感染熏陶作用，可以潜移默化地影响学生的发展，属于隐性课程。因此，答案选 A。

B. 活动课程：以学生的兴趣、需要等为基础，通过引导学生自己组织有目的的活动而编制的课程。

C. 综合课程：打破传统的学科课程的知识领域，组合相邻领域的学科构成一门学科的课程。

D. 国家课程：自上而下由中央政府负责编制、实施和评价的课程。

13.【解析】 B 理解题 此题考查课程的类型。

核心素养明确学生应具备的必备品格和关键能力，从中观层面深入回答“立什么德、树什么人”的根本问题，引领课程改革和育人模式变革，如今写在课程标准里，属于国家实施的课程。因此核心素养属于古德莱德课程层次理论中正式的课程。因此，答案选 B。

14.【解析】 D 理解题 此题考查核心课程。

核心课程丰富和拓宽了学习内容的内涵和外延，使学生获得综合应用知识的能力，强调课程内容的统一性和实用性，引起学生的内在动机，促进学生用积极的方式认识和改造社会。但是，课程的内容和顺序可能是凌乱的、琐碎的或肤浅的，学习单元可能是支离破碎的，知识的逻辑性、系统性会受到影响。因此，答案选 D。

15.【解析】 B 理解题 此题考查拓展型课程。

拓展型课程重在拓展学生的知识与能力，开阔学生的知识视野，发展学生的各种不同的特殊能力，并将其迁移到对其他方面知识的学习。题干中提到的课程是典型的拓展型课程。因此，答案选 B。

课程的类型总结表

<table>
<tr><td colspan="2">学科课程
（同分科课程）</td><td colspan="2">根据各级各类学校培养目标和学生的发展水平，分门别类地从各学科中选择知识，并按照学科的逻辑组织学科内容的课程</td></tr>
<tr><td colspan="2">活动课程</td><td colspan="2">以学生的兴趣、需要、经验、能力为基础，通过引导学生自己组织有目的的活动而编制的课程</td></tr>
<tr><td rowspan="4">综合课程</td><td>相关课程</td><td>两门或两门以上的具有科际联系点的学科知识综合在一门课程中，但不打破原来的学科界限</td><td>综合程度较低</td></tr>
<tr><td>融合课程</td><td>打破了学科界限，把有着内在联系的不同学科知识合并成一门课程</td><td>综合程度较高</td></tr>
<tr><td>广域课程</td><td>将各科教材依照性质归到各个领域，再将同一领域的各科教材加以组织和排列，进行系统的教学</td><td>综合程度更高</td></tr>
<tr><td>核心课程</td><td>打破原有学科界限，围绕一些重大社会问题组织教学内容</td><td>综合程度最高</td></tr>
<tr><td colspan="2">必修课程</td><td colspan="2">国家、地方或学校规定的学生必须学习，保证所有学生的基本学力</td></tr>
<tr><td colspan="2">选修课程</td><td colspan="2">依据不同学生的特点与发展方向，容许学生进行个人选择的课程</td></tr>
<tr><td colspan="2">国家课程</td><td colspan="2">由中央政府负责编制、实施和评价的课程</td></tr>
<tr><td colspan="2">地方课程</td><td colspan="2">地方各级教育主管部门根据国家课程政策，充分利用地方课程资源而开发、设计、实施的课程</td></tr>
<tr><td colspan="2">校本课程</td><td colspan="2">以学校为课程编制主体，自主研发与实施的课程</td></tr>
<tr><td colspan="2">生本课程</td><td colspan="2">针对学生的个别差异而专门为某一类或某一个学生设计的课程。这一概念至今未被学界普遍接受，但可以将其看作是校本课程的延伸</td></tr>
<tr><td colspan="2">显性课程</td><td colspan="2">课程方案中明确列出和有专门要求的课程</td></tr>
<tr><td colspan="2">隐性课程</td><td colspan="2">以内隐的、间接的方式呈现的课程</td></tr>
</table>

（说明：生本课程作为拓展性内容了解即可）

16.【解析】 B 理解题 此题考查泰勒的目标模式。

泰勒认为，教育目标的三个来源分别是对学生的研究、对当代社会生活的研究以及学科专家对目标的建议。此题亦可通过推理作答。学科专家的主要作用是对知识的深刻研究，所以对知识的研究和学科专家对目标的建议其实有重合，A、C 选项错误。泰勒属于知识中心课程理论流派，只有学习者中心才会重视教育过程的研究和学生经验的研究，D 选项错误。B 选项中三个要素是互斥的，没有重合现象。因此，答案选 B。

17.【解析】 B 记忆题 此题考查对课程开发基本模式的理解。

斯腾豪斯“过程模式”与施瓦布“实践模式”都强调对传统的“自上而下”的课程决策模式进行变革。因此，答案选 B。

18.【解析】 D 理解题 此题考查综合实践活动课程。

A、B、C 选项说法正确。D 选项的错误之处在于：综合实践活动课程与各学科课程既相对独立，又紧密联系，形成有机整体，二者不是主导与从属的关系。因此，答案选 D。

19.【解析】 C 理解题 此题考查《义务教育课程方案和课程标准（2022 年版）》中课程标准的变化。

《义务教育课程方案和课程标准（2022 年版）》指出关于课程标准的几点变化：强化了课程育人导向；优化了课程内容结构；研制了学业质量标准；增强了指导性；加强了学段衔接。题干中表明新课标不仅明确了“为什么教”“教什么”，还明确了“教到什么程度”，这体现的是新课标更强的指导性。因此，答案选 C。

20.【解析】 B 理解题 此题考查布卢姆的教育目标分类学。

布卢姆的教育目标分类学中的“理解”意为：领悟所学材料的意义，但并不一定将其与其他事物相联系，代表最低水平的理解。题干中的问题涉及对课文的深层分析，已经超过了“理解”的范畴，刘老师的三个问题分别体现了布卢姆的教育目标分类学中的“分析”“评价”与“创造”。因此，答案选 B。

21.【解析】 D 理解题 此题考查布卢姆的教育目标分类学。

布卢姆按照从简单到复杂的顺序将认知领域教育目标分为六个层次：记忆、理解、应用、分析、评价、创造。

A. 理解文章的大意，可以概括中心思想，属于理解层次。

B. 学会做一道题目，就可以解决同一类题目，这种“举一反三”的能力属于应用层次。

C. 阅读文章后，辨别作者的观点和事实，属于理解层次。

D. 学生根据报告想出具体解决措施，属于创造层次。因此，答案选 D。

22.【解析】 C 理解题 此题考查布卢姆的教育目标分类学。

①属于认知领域的理解层面。②属于认知领域的评价层面。③属于认知领域的应用层面。④属于认知领域的记忆层面。因此，正确的排序应为④—①—③—②。因此，答案选 C。

23.【解析】 C 理解题 此题考查课程目标。

中学教学要求学生应在掌握小学阶段数学运算知识的基础上开始掌握方程的运算，体现了课程目标的递进性特点。因此，答案选 C。

24.【解析】 A 理解题 此题考查 CIPP 模式。

A. 背景评价：在特定的环境下评定其需要、问题、资源和机会。题干中，“在课程实施的学校里了解周边资源”与背景评价相符。因此，答案选 A。

B. 输入评价：在背景评价的基础上，对达到目标所需的条件、资源以及各备选方案的相对优点所做的评价，实质上是对方案的可行性和效用性进行评价。

C. 过程评价：对方案实施的过程进行连续不断的监督、检查和反馈。

D. 结果评价：对目标达到的程度所做的评价，包括测量、判断、解释方案的成就。

25.【解析】 C　理解题　此题考查课程改革的趋势。

课程实施从忠实取向走向了适应取向与课程创生取向。课程创生取向是课程实施研究中的新兴取向。这种取向认为，真正的课程是教师与学生联合创造的教育经验，课程实施本质上是在具体教育情境中创生新的教育经验的过程，即有的课程计划只是供这个经验创生过程选择的工具而已。因此，答案选 C。

26.【解析】 C　记忆 + 理解题　此题考查对课程改革的理解。

在世界各国的课程改革中，长期占据统治地位的学科课程受到深刻反思，经验课程、综合课程、选修课程等课程形态受到普遍关注。统合科学精神与人文精神的多样化的课程结构已经成为课程改革的重要趋势。因此，答案选 C。

27.【解析】 D　理解题　此题考查普通高中课程改革。

在普通高中开展研究性学习、社区服务和社会实践，科学评价教育质量，指导学生发展。种种举措都是站在提高学生综合素质和能力的全局上考虑的。A、B、C 选项虽然也围绕高中教育，但未点出题干之意。因此，答案选 D。

28.【解析】 D　理解题　此题考查核心素养。

中国学生发展核心素养，以“全面发展的人”为核心，分为文化基础、自主发展、社会参与三个方面，不包括健康生活。因此，答案选 D。

29.【解析】 D　记忆题　此题考查课程的设置。

从小学至高中设置的综合实践活动课程是必修课程，不是选修课程。因此，答案选 D。

材料分析题

1.　阅读材料，并按要求回答问题。

请回答：

（1）结合材料 1，谈谈苏州市青青草学校是如何开发校本课程资源的。

（2）结合材料 2，分析蓝星星小学校本课程难以为继的原因。

（3）如果你是教师，请从材料 1 中任选一门校本课程，做一个课程设计的简要规划。

答：（1）苏州市青青草学校开发校本课程资源的方法。

①从学生需要中挖掘课程资源。材料中该校基于学生的兴趣爱好开发“妙笔生花”“魔方世界”等课程。

②从当地的社会环境和文化中挖掘课程资源。材料中该校开设了外语特色课程、“典籍里的中国”“苏州童谣”等课程，还聘请符合任教条件的民间高手来校指导。

③从自身特点出发挖掘课程资源。材料中该校注重调研教师学科教学之外的特长，基于教师特长开发课程资源，统筹规划本校的课程项目。

④从学校实际出发挖掘课程资源。材料中管理团队还对“课程超市”的运作情况不断调查，做到动态调整，试图依据学校需要再开发新课程资源，以此实现学校办学理念：突出个性化发展，突出全面发展。

（2）蓝星星小学校本课程难以为继的原因。

①**学校不重视校本课程。**该校校本课程可有可无，说明校长推行力度不够。

②**教师不认同校本课程。**原因在于：教师开发能力不足；教师开发时间不够；教师开发动力不足。

③**社会重选拔的评价机制与校本课程理念冲突。**该校仍以国家规定的课程为主，校本课程以国家课程的辅助角色存在，加之现行的学生评价还未跳出甄别、选拔的功能，这就影响了教师开发校本课程的积极性。

④**校本课程开发本身有难度。**如果缺乏系统理论的指导，校本课程开发资源不足，加上开发校本课程耗时耗力，其本身的难度就让老师们难以驾驭，校本课程自然不易开展。

（3）以“经典诵读”为例，进行校本课程设计。

①**课程目标：**a. 能正确、流利、有感情地朗读经典名著，并联系上下文理解其中的疑难字词；b. 通过品读经典，体会经典书目传达的思想，积累文言知识，掌握阅读经典的方法；c. 赏析美文，体会情感，品悟哲理，培养阅读习惯，激发对传统文化的热爱之情。

②**课程内容：**诵读语文新课标中推荐的系列优秀书目，如《三字经》《弟子规》《古文观止》等。

③**课程实施：**本着由易到难、循序渐进的原则确定每个年级诵读的经典书目。

第一周：分组领任务。教师为学生分组，领取阅读任务，要求学生以组为单位，分工自学其中一部分。自学方式分为网上调查、查找课本或教师提供材料等，力求学生自己完成。

第二周：组内互教。每个学生将自己学到的经典内容，从理解到阅读方式各自做介绍，学生在讨论和互学中获得知识。

第三周：各组排练诵读经典。教师指导各组如何诵读，学生也可以自定形式做经典诵读，多加排练。

第四周：各组表演诵读经典。教师在各组的精彩表演中展开丰富的、激励性的评价，然后做好总结。教师自己表演诵读，呈现给学生一些高于各组诵读效果的新技巧、新感悟。让学生时刻接受经典文化的熏陶，比如组织学生观看经典背后的故事，调动学生的学习积极性。最后，布置下月的诵读任务。

2.　阅读材料，并按要求回答问题。

请回答：

（1）结合材料，谈谈我国目前课程设置存在的问题，以及清华附小是如何解决的。

（2）材料中的例子体现了什么教育原理？谈谈你的理解。

（3）结合我国基础教育课程改革现状，谈谈应该如何进行课程评价。

答：（1）问题主要体现在过于注重学科本位，科目过多，缺乏整合。如材料中所说“由于学科分得过细、内容过深，学习就变成了负担，使学生感觉厌烦”。

解决方法：清华附小对课程进行了整合，突出了三个特色：①学习现代世界儿童经典，凸显阅读经典的理念；②关注体育健康；③设置个性化课程，特别呈现了种子课程和对个体儿童的关注。

（2）材料中的例子体现了教育要顺应人的天性，要尊重学生的兴趣。孩子具有童心、童真与童趣，具有他们特有的想象力，家长要了解孩子的“内心世界”，即新的教育取向不能只关注知识与技能，还要关注过程与方法、情感与体验。材料中对苍蝇感兴趣的小朋友，正是因为老师的积极引导，家长尊重并保护了孩子的兴趣与想象，学校对学生的兴趣给予支持与鼓励，才得以使他在感兴趣的领域不断成长和发展。

（3）我国课程评价长期过于强调甄别与选拔的功能，因此在新的课程改革中，课程评价的改变体现在：①建立学生全面发展的评价体系。发挥课程评价促进学生发展、教师发展和改进教学实践的功能。②建立促进教师各方面能力不断提高的评价体系。强调教师对自己教学行为的分析与反思，建立以教师自评为主，校长、教师、学生、家长共同参与的评价制度，使教师从多种渠道获得信息，不断提高教学水平。③建立促进课程不断发展的评价体系。④继续改革和完善考试制度。课程评价要从终结性评价转变为与发展性评价、形成性评价相结合。

3. 阅读材料，并按要求回答问题。

请回答：

（1）根据材料论述影响新课程实施的主要因素有哪些。

（2）你认为新课程实施过程中应树立什么样的学习观？

（3）你认为教师应如何转变教学方式以促进新课程实施？

答：（1）影响因素：

①**教育管理者的积极推进**。教育管理者要带头组织好课程实施的计划、宣传、调查、督促等工作，取得课程参与者以及社会的认可。A校校长的积极推行和周密的计划确保了本校教改的实施。

②**教师的理解吸收**。教师是直接的课程实施者。A校校长充分认识到任何课程理论与方案，都需要教师的充分理解和转化，才能被合理有效地运用于教学实践。

③**学生个体的发展**。新课程的实施要依据学习者的身心发展规律与年龄特征、兴趣、需要、生活、天性与自由等因素。校长邀请学者前来讲解新课程体现的新理念，正是要求教育要注重学生的实际情况。

④**科学的课程计划**。符合学生身心发展特点和社会生产力、政治制度、文化水平、科技发展的课程计划是稳步推进新课程实施的首要条件。

⑤**国内国外的共同影响**。国内政治、经济、文化、科技的发展状况与经济全球化所带来的文化交流对新课程改革都有一定影响。校长说国内外新课程改革的经验是非常宝贵的，对当下的教育改革具有指导性。

（2）树立自主、合作、探究性学习的学习观念。改变传统教学强调接受学习、死记硬背和机械训练的现状，倡导学生在学习活动中具有主体意识和自主意识，主动参与、勤于动手，培养学生收集和处理信息的能力、获取新知识的能力、分析和解决问题的能力及交流与合作的能力，有利于增强学生之间的互动性，有利于合作和尊重的人际关系的生长。

（3）措施：

①**师生关系**：教师应尊重学生的人格，关注个体差异。新课改要求教师与学生积极互动，引导学生质疑、调查、探究，在实践中学习，促进学生在教师指导下主动地、富有个性地学习，师生之间教学相长。

②**教学手段**：大力推进信息技术在教学过程中的普遍应用，促进教学内容、学生的学习方式、教师的教学方式和师生的互动方式的变革。

③**课程评价**：建立促进学生全面发展的评价体系；建立促进教师不断提高的评价体系；建立促进课程不断发展的评价体系；继续改革和完善考试制度。

④**课程管理**：实行国家、地方和学校的三级课程管理（如促进校本课程的发展）。

第七章　教学

单项选择题

基础特训

1. 【解析】 B　理解题　此题考查发现教学模式。

发现教学模式是在教师的指导下，学生围绕某个问题，根据手中已有的学习资料，去慢慢地发现内容间的联系，获得表象背后的概念与原理。其教学目标是促进学生理智和思维的发展，培养学生的创造性思维能力与独立探索、解决问题的能力。因此，答案选 B。

2. 【解析】 C　理解题　此题考查非指导性教学模式。

非指导性教学模式的含义应是较少有“直接性、命令性、指示性”等特征，而带有较多的“不明示性、间接性、非命令性”等特征。这种自我评价使学生更能为自己的学习负起责任，从而更加主动、有效、持久地学习。非指导性教学的关键在于促进学生形成学习的良好心理氛围。罗杰斯将教师看作“学习的促进者”，也可以说是协作者、伙伴或朋友，师生关系是真诚友爱的，非指导性教学体现了学生中心的思想。因此，答案选 C。

3. 【解析】 B　记忆题　此题考查暗示教学模式。

抓住题干关键词“情境陶冶”即可判断正确答案为罗扎诺夫的暗示教学法。情境陶冶式教学模式是在吸取了罗扎诺夫的暗示教学理论的基础上，使学生处在创设的教学情境中，运用学生的无意识心理活动和情感，加强有意识的、理性的学习活动的教学模式。因此，答案选 B。

4. 【解析】 C　理解题　此题考查教学模式的含义。

教学模式指在某一教学思想或教学理论的指导下，为实现教学目标而形成的相对稳定的规范化教学程序和操作体系。因此，答案选 C。

5. 【解析】 C　理解题　此题考查人本主义教学理论。

人本主义教学观反对将教师和书本置于教学活动核心位置的做法，认为教学活动应把学生放在居中的位置，所有的教学活动不仅要服从“自我”的需要，而且要围着“自我”进行，重视自我评价，倾向于废除直接教学，废除考试。因此，答案选 C。

6. 【解析】 A　记忆题　此题考查传统教育学流派。

传统教育学流派的代表人物赫尔巴特主张的“三中心”是指教师中心、教材中心和课堂中心。因此，答案选 A。

7. 【解析】 B　记忆题　此题考查教学理论。

行为主义教学理论采用程序教学的方法。认知主义教学理论提倡发现教学方法。人本主义教学理论提倡有意义学习与非指导性学习。社会互动教学理论包括体现互动的所有方式方法。因此，答案选 B。

8. 【解析】 C　记忆题　此题考查范例教学模式。

范例教学模式的代表人物是瓦根舍因，主张运用精选的知识经验以及范例作为教学内容。因此，答案选 C。

9.【解析】B 记忆题 此题考查掌握学习教学模式。

布卢姆提出了掌握学习教学模式，旨在使大多数学生达到教学目标所规定的掌握标准。因此，答案选 B。

10.【解析】C 记忆题 此题考查情感教学理论。

情感教学理论又称人本主义教学理论，主要观点有：主张教学目标是把人培养成为充分发挥作用、自我发展和自我实现的人；主张非指导性的教学过程；提倡有意义学习和非指导性学习；师生关系的品质是真诚、接受和理解。非指导性教学属于情感教学理论流派。因此，答案选 C。

11.【解析】C 记忆题 此题考查程序教学模式。

程序教学模式的理论基础是行为主义教学理论。行为主义教学理论提倡建立预期行为结果的教学目标，形成相倚组织的教学过程，采用程序教学法。因此，答案选 C。

12.【解析】A 记忆题 此题考查人本主义教学理论。

罗杰斯提出了非指导性教学模式，改变了传统教学以教师为中心的、灌输性的教学，提出教学应该提供一种令人愉快的环境气氛。在这个气氛中，学生是教学的中心，教师为学生的学习提供各种条件，从而形成了“以学生为中心”的非指导性教学。因此，答案选 A。

13.【解析】B 记忆题 此题考查教学工作的环节。

上课是教学的中心环节，提高教学质量的关键是上好课。因此，答案选 B。

14.【解析】C 记忆题 此题考查“教学论”。

教育史上最早使用“教学论”一词的是德国教育家拉特克。因此，答案选 C。

15.【解析】D 记忆 + 理解题 此题考查教学组织形式。

A. 个别化教学：适应学生个别差异，可以一对一教学，也可以一对多教学。

B. 分层教学：学习水平相近的群体为一组，即分组教学中的能力分组。

C. 走班制：自由选课，走班上课。

D. 翻转课堂：课下学生依据教学视频进行自主学习，课上师生交流讨论，深化学习。因此，答案选 D。

16.【解析】C 理解题 此题考查泛在学习的特点。

泛在学习指利用信息技术为学生提供一个可以在任何地方、随时使用手边可以取得的科技工具来进行学习活动的学习，其特点有泛在性、便捷性和针对性。泛在学习强调个体能每时每刻地学习，不强调大规模地学习。因此，答案选 C。

17.【解析】B 记忆题 此题考查分组教学制。

A. 特朗普制：把大班上课、小班讨论、个人自学结合在一起，以灵活的时间单位代替固定统一的上课时间。

B. 分组教学制：按学生的能力或学习成绩把他们分成不同的组，分别进行教学的一种教学组织形式。因此，答案选 B。

C. 道尔顿制：教师每周进行有限的集体教学，然后指定学习内容，学生接受学习任务后，在各专业课堂自学，独立完成作业，接受教师考查，然后又接受新的学习任务。

D. 班级授课制：把一定数量的学生按照年龄与知识程度编成固定的班级，根据周课表和作息时间表，安排教师有计划地向全班学生上课的一种集体教学形式。

18.【解析】　B　记忆题　此题考查班级授课制。

17 世纪著名教育家夸美纽斯提倡用班级授课制代替个别教学，他所说的班级授课制就是把不同年龄、不同知识水平的儿童分成不同班级，通过班级进行教学，为班级授课制奠定了理论基础。因此，答案选 B。

19.【解析】　C　记忆题　此题考查班级授课制。

班级授课制是世界范围内使用最普遍和最基本的教学组织形式。因此，答案选 C。

20.【解析】　D　记忆题　此题考查教学方法。

实验法是在教师指导下，学生运用一定的仪器设备进行独立的实验作业，探求事物的规律，以获得知识或验证知识，培养操作能力和科学精神的方法。因此，答案选 D。

21.【解析】　B　理解题　此题考查教学原则。

对低年级学生展开教学必须量学生之力。教师带领学生用拆分法，拆分之前学过的词，组合成即将学习的新词，考虑到了小学生的可接受程度，体现了量力性原则。因此，答案选 B。

22.【解析】　B　理解题　此题考查教学方法。

演示法是教师向学生展示各种直观教具、实物，或让学生观察教师的示范实验，或让学生观看幻灯片、电影、录像等，从而使学生认识事物、获得知识或巩固知识的方法。张老师展示模型和挂图，运用的教学方法是演示法。因此，答案选 B。

23.【解析】　C　理解题　此题考查教学原则。

启发性原则要求教师不直接告诉学生现成的答案，而是对学生进行启发，教会学生学习的方法，故题干中这句话体现了教师要遵循启发性教学原则。因此，答案选 C。

24.【解析】　B　理解题　此题考查教学原则。

巩固性原则指教学要引导学生在理解的基础上牢固地掌握知识和技能，长久地将知识保持在记忆中，并能根据需要迅速再现出来，卓有成效地运用。题干中教师讲完课文，运用多种方法组织学生更好地掌握知识体现了巩固性教学原则。因此，答案选 B。

25.【解析】　B　记忆题　此题考查教学方法。

讲授法是教师通过语言系统连贯地向学生传授知识，促进学生智能和品德发展的方法。因此，答案选 B。

26.【解析】　A　记忆题　此题考查教学评价。

诊断性评价一般是在教育、教学或学习计划实施前期（在单元、学期、学年开始前）开展的评价，目的是弄清学生已有的知识基础和能力水平。因此，答案选 A。

27.【解析】　B　理解题　此题考查形成性评价。

形成性评价是在教学进程中，对学生的知识掌握和能力发展所做的比较经常而及时的测评，课堂小测验就属于形成性评价。因此，答案选 B。

28.【解析】　D　理解题　此题考查学业成就评价。

学业成就评价主要有三种类型：纸笔测验、表现性评价和档案袋评价。档案袋评价指由学生在教师的指导下收集起来的，可以反映学生的努力情况、进步情况、学习成就等的一系列学习作品的汇集，符合题干的描述。因此，答案选 D。

29.【解析】　B　理解题　此题考查教学与智育的关系。

教学是智育的主要途径，但不是唯一途径，教学同时还是德育、美育、体育、劳动教育的途径，A 选项错误，B 选项正确。智育是教学的主要任务，但不是唯一任务，C、D 选项错误。因此，答案选 B。

30.【解析】 C 记忆题 此题考查非智力因素。

非智力因素主要指兴趣、动机、需要、情感、意志和性格等个性心理特征方面的因素。因此，答案选 C。

31.【解析】 D 理解题 此题考查教学设计的特点。

教学设计是教师在分析学习者的特点、教学目标、教学内容、教学条件及教学系统组成部分特点的基础上统筹全局，提出教学的具体方案，包括一节课的教学结构、教学方法、教学模式、知识来源与板书设计等。进行教学设计后，教学工作的每个步骤、每个环节都将受到教学设计的约束和控制，这体现了教学设计的指导性，它规定着教学的方向。因此，答案选 D。

32.【解析】 D 理解题 此题考查当代国外主要的教学模式。

A. 发现教学模式是在教师的指导下，学生围绕某个问题，根据手中已有的学习资料去慢慢地发现内容间的联系，获得表象背后的概念与原理，体现了“自下而上的迁移”。

B. 范例教学模式的操作程序是选择并阐明“个案”→阐明“类”案→掌握规律原理→引导迁移，体现了“自下而上的迁移”。

C. 项目探究教学模式是通过调查、观察等收集的信息，完成自己的最终报告或成果，体现了“自下而上的迁移”。

D. 逆向设计教学模式是先确定学习的预期结果，再寻找相关的证据，体现了“自上而下的迁移”。因此，答案选 D。

33.【解析】 D 记忆题 此题考查教学设计模式。

过程模式由肯普提出，它与目标模式的主要区别在于其设计步骤是非直线型的。设计者依据教学的需要，可从整个设计过程中的任何一个步骤起步，向前或向后，它的特点是灵活、实用。因此，答案选 D。

34.【解析】 A 理解题 此题考查教学过程中应处理好的几种关系。

学习书本知识属于学习间接经验，在玩中学、做中学获得的知识属于直接经验的知识，题干体现了教学过程中应处理好间接经验与直接经验的关系。因此，答案选 A。

拔高特训

1. 【解析】 C 理解题 此题考查启发性教学原则。

“各因其材”说明教师教学是针对每个学生的不同情况区别对待的，体现了因材施教教学原则。“学不躐等”表明教学要遵循学生的心理发展特点，不能超越次第，要循序渐进，体现了系统性教学原则。“开而弗达”说明教学要启发学生而不是全部讲解，体现了启发性教学原则。“人不知而不愠”是说一个人虽然不被别人理解，却没有产生愤怒或抱怨的情绪，体现了宽容的品质，未体现教学原则。因此，答案选 C。

2. 【解析】 C 理解题 此题考查教学评价的功能。

在教学中，恰当的教学评价易激发学生的学习动机，提升学生学习的效果。题干体现的是教学评价的激励功能。因此，答案选 C。

3.【解析】 A　理解题　此题考查教学评价。

形成性评价是在教学进程中，对学生的知识掌握和能力发展所做的比较经常而及时的测评，目的是使教师与学生能及时获得反馈信息，更好地改进教与学，以促进教师和学生的发展。因此，答案选 A。

4.【解析】 C　理解题　此题考查教学模式。

逆向设计教学模式是一种先确定学习的预期结果，再明确预期结果达到的证据，最后设计教学活动以发现证据的教学设计模式。题干中，武老师先和学生明确了要达成的共识，再请学生讨论举例，并证实了优秀传统文化的重要性，运用的是逆向设计教学模式。因此，答案选 C。

5.【解析】 B　理解题　此题考查教学模式。

学生围绕“制作碳酸饮料”这一项目进行探究，在学习化学、物理学科的原理的同时，进行实验操作，并结合推理，最终掌握知识。这是一种“做中学”，体现了项目探究教学模式。因此，答案选 B。

6.【解析】 B　理解题　此题考查教学模式。

题干中，某校美院开展“×× 社区设计”，选定了这一项目，接着就此项目制订计划，随后由学生分小组完成任务并输出了各组特色的设计方案，最后对方案进行点评，这一系列活动体现了项目探究教学模式。因此，答案选 B。

7.【解析】 C　理解题　此题考查教学模式。

暗示教学模式指通过各种暗示手段，充分调动学生的无意识心理活动，不断促进学生潜能的发展。因此，答案选 C。

8.【解析】 C　记忆题　此题考查掌握学习教学模式。

掌握学习教学模式主张所有学生都能学好，以集体教学为基础。布卢姆提出“绝大多数学生都能学到学校所教的一切东西”，希望教师为掌握而教，学生为掌握而学，使每一个学生都能学好。因此，答案选 C。

9.【解析】 B　理解题　此题考查教学组织形式。

混合教学指“线上线下”结合起来，通过两种教学组织形式的有机结合，可以把学习者的学习由浅到深地引向深度学习。题干中，王老师请同学们“线上 + 线下”搜集相关资料，为在课堂上深度理解人物评价的方法奠定了基础。因此，答案选 B。

10.【解析】 D　记忆题　此题考查教学组织形式。

分层教学是教师根据学生现有的知识、能力水平和潜力倾向把学生科学地分成水平相近的群体并区别对待，实质是尊重学生个别差异，使学生的个性特长得到充分发挥。题干中描述的是分层教学。因此，答案选 D。

11.【解析】 C　理解题　此题考查教学方法。

题干中，老师让同学们分别扮演老师和告小状的学生，注重体会角色的情绪、情感，引导学生思考应不应该告小状。这一过程侧重情感体验，符合角色扮演法的特点。因此，答案选 C。

12.【解析】 A　记忆 + 理解题　此题考查教学原则。

“接知如接枝”是陶行知先生用语言做生动的讲解、通俗的描述、形象的比喻，起到了直观的作用，体现了直观性原则。陶行知先生在课堂引入与我们紧密联系的“嫁接”技术，体现了理论联系实际的教学原则。题干未体现量力性原则、因材施教原则。因此，答案选 A。

13.【解析】 D　记忆 + 理解题　此题考查教学方法。

A. 角色扮演法是学生在接近实际工作或生活的场景中，暂时扮演他人的社会角色，并按照这一角色的社会要求和方式进行社会活动，实质就是一种情境模拟。

B. 情境模拟法既可以扮演他人的角色，设身处地地体会他人的心理活动或者置身事外，旁观某种情境，预测事情的发展后果，也可以扮演自己，通过还原重现自己经历的事情。

C. 角色扮演法与情境模拟法都具有开放性，包括选材的开放性、学生表现力的开放性等。

D. 角色扮演法一般是“设身处地”的，站在他人角度，体会他人的处境和感受。因此，答案选 D。

14.【解析】 C 理解题 此题考查教学原则。

题干中的“君子之教，喻也”译为“高明的教师善于用启发的方法教育学生”，体现了启发性教学原则。

A.“杂施而不孙，则坏乱而不修”译为“施教者（教师）不按教学内容的一定顺序传授知识，打乱了条理，就不可收拾”，体现了循序渐进教学原则。

B.“接知如接枝”译为“我们要以自己的经验做根，以这经验所发生的知识做枝，然后别人的知识才可以接得上去，别人的知识才能成为我们知识的一个有机部分”，强调学习时要将直接经验与间接经验相结合，体现了理论联系实际的教学原则。

C.“开其意，达其辞”译为“用启发的意思，开导指点或阐明事例，引起对方联想并有所领悟”，体现了启发性教学原则。因此，答案选 C。

D.“语之而不知，虽舍之可也”译为“如果老师开导了还是不懂，暂时放弃开导，也是可以的”，体现了量力性教学原则。

15.【解析】 A 理解题 此题考查教学方法。

在课堂上进行争论，同学们提出了各自的看法，体现了讨论法，在讨论中提出了各种新的理论，体现了发现法。因此，答案选 A。

教学方法总结表

教学方法	含义
讲授法	教师通过语言系统连贯地向学生传授知识，促进学生智能和品德发展
谈话法	教师向学生提出问题，要求学生回答，通过问答的形式引导学生获取或巩固知识
讨论法	学生在教师指导下为解决特定问题而进行探讨，以辨明是非、获取知识、锻炼思维和独立思考能力
实验法	在教师指导下，学生运用仪器设备进行独立的实验作业，以获得知识或验证知识
实习法	学生在教师指导下进行学科实践活动，以培养学生专业操作能力
演示法	教师向学生展示各种直观教具或示范实验等，使学生认识事物、获得知识或巩固知识
练习法	学生在教师指导下运用知识反复完成一定的操作，以形成技能、技巧
参观法	组织学生到特定场所观察、接触客观事物或现象以获得新知识，或巩固、验证所学知识
自学辅导法	以学生自学为主、教师辅导为辅
角色扮演法	学生在教师的指导下，通过扮演角色而获得情绪体验
情境模拟法	教师在课堂上创设一定的场景，指导学生进行模拟活动，完成特定情境任务，解决特定问题

16.【解析】 B 理解题 此题考查教学原则。

王老师在讲《画杨桃》时，展示了真实的杨桃，借助了直观工具，有助于学生理解课文，这体现了直观性原则。因此，答案选 B。

教学原则总结表

教学原则	含义
直观性原则	通过引导学生观察所学事物或教师语言的形象描述，形成对所学事物、过程的清晰表象，使其正确理解书本知识并发展认识能力
巩固性原则	引导学生在理解的基础上牢固掌握知识和技能，长久记忆，并能迅速再现和运用
因材施教原则	从学生的实际情况和个性特点出发，有的放矢地进行有区别的教学
理论联系实际原则	教学要以学习基础知识为主导，从理论与实际的联系上理解知识，注重学以致用
启发性原则	教师要对学生进行启发，而不是告诉学生现成的答案，促使学生在教师的引导下积极思考，自觉地掌握科学知识，提高分析问题和解决问题的能力
系统性原则	依据学科知识的内在逻辑、学生发展水平和掌握知识的顺序循序渐进地进行教学
量力性原则	教学的内容、方法和进度要适合学生的身心发展水平，需要学生经过努力才能掌握
思想性和科学性统一的原则	教学要以马克思主义为指导，教授学生科学知识，并对学生进行思想教育

17.【解析】 C　理解题　此题考查教学评价方式。

扩展型表现性任务没有具体的限制，给予学生高度的自由。在这一过程中，学生可以自由展示他们选择、分析、综合和评价各种信息的能力，以及对探究结果的判断、组织和深层次的加工能力。题干中，教师请同学们设计一件衣服，让学生自由进行，并未做过多限制，所以是扩展型表现性任务。因此，答案选 C。

18.【解析】 D　记忆 + 理解题　此题考查教学评价方式。

A. 表现性评价是指通过客观测验以外的行动、表演、展示、操作、写作等更真实的表现来评价学生的口头表达能力、文字表达能力、思维能力、创造能力、实践能力的评价方法。题干中，教师评价学生的《静夜思》朗读表演，是表现性评价，评分具有主观性。

B. 外显性与内隐性相对，如果纸笔测验是内隐性的评价方式，那么，表现性评价方式就是外显性的。

C. 题干中，教师及时点评学生的朗读，注重学生在任务完成过程中的表现，是注重过程的评价。

D. 纸笔测验实施方便，既经济又省时，评分也较为客观、迅速。但它不能全面考查被测试者的工作态度、品德修养、组织管理能力及口头表达能力等。表现性评价强调真实的任务情境，聚焦学生在任务中的表现，从而考查学生更加复杂、应用的能力。但并非所有学习目标的达成都适合表现性评价，且评分的主观性难以完全避免，开发和实施评价的成本高。因此二者各有优劣。因此，答案选 D。

19.【解析】 C　记忆 + 理解题　此题考查教学评价方式。

形成性评价侧重质化，但也可以量化，如老师采用书面试卷检验学生不同阶段的学习状况，A 选项错误，C 选项正确。终结性评价侧重量化，但也可以质化，如老师对学生本学期综合素质进行书面评价，B、D 选项错误。因此，答案选 C。

20.【解析】 B　理解题　此题考查教学评价方式。

相对性评价又称常模参照性评价，是运用常模参照性测验对学生的学习成绩进行的评价。题干中，小丽在全班同学中处于中间水平，是通过和他人比较得出的评价，属于相对性评价。A、C、D 选项均与题干不符。因此，答案选 B。

21.【解析】 A　理解题　此题考查杜威的教育观。

题干中的这句话出自杜威，杜威批判“消极地对待儿童”“重心不在儿童自己的直接的本能和活动”，这恰恰体现杜威强调直接经验对儿童发展的重要作用。因此，答案选 A。

22.【解析】 D 理解题 此题考查掌握知识与发展智力的关系。

掌握知识是发展智力的内容、手段和基础，智力的发展是掌握知识的前提条件；掌握知识与发展智力并非同步进行，知识与技能的掌握并不完全导致智力的提高。A、B、C 选项说法正确。掌握知识与发展智力的统一不是自然而然实现的，只有当我们透彻地理解和创造性地应用知识时，才能使其有效地转化为能力，D 选项说法错误。因此，答案选 D。

23.【解析】 A 理解题 此题考查社会互动教学理论。

A. 社会互动教学理论最为强调人与人的交往和互动对学习的推动作用。因此，答案选 A。

B. 行为主义教学理论重视相倚组织的形成，认为教学目标越具体精确越好。

C. 认知主义教学理论强调促进学习者内部认知结构的形成或改组，提倡发现学习。

D. 人本主义教学理论认为，在教学中，教师应起到促进者的作用。

材料分析题

1. 阅读材料，并按要求回答问题。

请回答：

（1）结合材料与现实，分析我国中小学学生评价中的主要问题。

（2）结合你对未来时代的了解，谈谈变革教育评价的重要性。

（3）结合教育评价相关知识，谈谈怎样“强化过程评价，探索增值评价，健全综合评价”。

答：（1）主要问题：

①**重分数，轻能力**。在中小学的教育中，过度“唯分数论”，超前学习的现象普遍存在，这一过程轻视了学生能力的增长，忽视了学生问题解决能力和创造能力的发展。

②**重升学，轻成长**。由于中小学过度“唯升学论”，学校与家庭对考试科目聚焦重视，就忽视了学生体育、德育、美育、劳育的发展，最后无法培养全面发展的综合型人才。

③**重结果，轻过程**。由于中小学重视的是学习结果，重视学生之间的排名比较，教师和家长就会忽视学生的成长过程，缺乏对学生的激励和学习兴趣的引导。

④**重权威，轻个性**。由于中小学非常重视权威性的评价，重继承，重遵循，往往打压学生个性化的观点和思想，对学生的批判性思维的发展有着巨大的抑制作用。

（2）变革教育评价的重要性：

①**背景：**我国正在从信息化社会跨入智能化社会。人工智能的问世，正在替代人们进行大量的记忆工作。不可知的未来世界需要创造性人才、综合性人才。未来的世界人们可以利用闲暇时间让生活过得富有意义。如果我国轻视了学生的兴趣与特长，轻视学生对生活意义本身的思考，将在与其他国家的竞争中败下阵来。

②变革教育评价的重要性：

a. 适应社会需求。未来时代是多元化的社会，传统的教育评价难以全面评估学生的能力和素质。变革教育评价能够更加关注学生的综合素质，培养出符合未来时代需求的人才。

b. 推动教育创新。变革教育评价可以为教育创新提供有力的支持和引导，鼓励教育者尝试新的教育模式和教学策略，促进教育的不断进步和发展。

c. 培养创新人才。教育评价的变革更加注重对学生创新思维、批判性思维等的评价，激励学校和教师培养学生的创新精神和实践能力，使学生具备在科技创新领域有所作为的能力。

d. 促进教育公平。变革教育评价将更加关注教育过程和教育机会的公平性，促使政府和社会加大对教育资源薄弱地区和学校的投入，改善教育条件，提高教育质量，缩小教育差距。

(3)“强化过程评价，探索增值评价，健全综合评价”的具体措施：

①**强化过程评价**。我们可以采用表现性评价、成长记录袋等方法加强对学生成长过程中优点的关注，打破唯成绩评价的方式，还可以采用量化评价与质性评价相结合的方式，用教育的激励性评语来温暖学生、激励学生，还可以请学生做好自我评价，激发学生的自我反思和自我教育意识。

②**探索增值评价**。增值性评价就是以学生学业成就为依据，追踪学生在一段时间内学业成就的变化。教师可以写下学生各个方面的优点，包括学生的兴趣和特长，学生近几次成绩的进步性等一系列充分体现个体内差异的评价，以达到因材施教、长善救失、促进学生全面发展的增值性目的。

③**健全综合评价**。综合评价包括完善德育评价、强化体育评价、改进美育评价、加强劳动教育评价、修正智育评价、重视心理健康评价等，促进学生综合能力的发展。

2.　阅读材料，并按要求回答问题。

请回答：

(1) 评析这一教学片段中沈老师的教学行为。

(2) 结合材料，谈谈教师如何在教学过程中发挥主导作用。

答：(1) 沈老师的教学行为体现了新课改的教学观、学生观，运用了启发性、循序渐进的教学原则，体现在：

①**践行了新课改教学观的基本要求**。教学观要求教师的身份发生转变，对学生的学习进行引导。材料中，沈老师通过一步步地引领学生，让学生自己体会，激发了学生的兴趣，让学生不断体会与思考。

②**践行了以学生为主体的教学观**。在教学中应该尊重学生，发挥学生的主体性。材料中，沈老师在教学中发挥学生的能动性，调动了学生的积极性，引起了学生的情感共鸣，做到了以学生为中心。

③**运用了启发性教学原则**。教师在教学过程中，通过鼓励引导，让学生自己思考、探索问题的答案。材料中，沈老师逐步引导学生体会“走入雪野的情景”，让学生自己感知，独立思考，从而获得知识。

④**遵循了循序渐进原则**。根据学科知识的内在逻辑结构以及学生的认知发展程度来进行教学，能够使学生系统地掌握知识。材料中，沈老师循序渐进地引导学生体会作者所要表达的情感。

(2) 新课改强调教师的主导作用，在教学中，教师可以通过以下几个方面发挥教师的主导作用：

①教师要对学生学习的方向、内容、进程、结果等进行严格要求，同时在教学过程中发挥引导、规范、评价和纠正的作用，通过引导与帮助，促进学生的学习和成长。

②教师要针对学生的个体差异，对学生的学习方式进行指导，引导其树立正确的学生观，帮助其形成正确的学习态度，对学生因材施教。

③教师要促进学生的主体性、发展性、独立性、个性的形成，通过主导学生的学习，使学生树立正确的世界观、人生观、价值观。

总之，教师在整个教学过程中要充分发挥主导作用，发挥学生的主体性，鼓励、引导学生，激发学生的学习兴趣，调动积极性，从而促进学生更好地成长和发展。

3. 阅读材料，并按要求回答问题。

请回答：

（1）分析材料中小组合作存在的问题。

（2）结合材料及所学知识，分析小组合作出现问题的原因。

（3）如果你是教师，你该如何开展一次有效的小组合作？

答：（1）存在的问题：

①**小组合作问题简单，缺乏合作的必要**。小组合作探讨的问题一般是具有思考性与探索价值的问题，材料中，教师提出的问题更多基于学生的体验和感受，不需要以小组合作的形式完成。

②**小组合作的时间设置不合理，未留思考时间**。一节课的时间通常为 40 分钟，该教师预留的小组合作时间有 15 分钟，时间过长会导致讨论完成后，学生借机聊题外话，从而致使后面思考的时间过短。

③**小组成员相互推诿，参与度不高**。材料中，小组成员相互推诿，谁也不愿意起来回答，小组成员分工不合理，由 1～2 名学习好、较为活跃的人主导，其他学生则是“沉默的大多数”，参与度不高。

④**小组合作评价形式单一**。材料中，只是由教师简要点评了每个小组的发言，没有采用丰富的评价方式，如组间互评、组内互评等，小组合作草草结束，评价也流于形式。

⑤**无效合作，没有开展实质有意义的合作学习**。材料中，小组成员只是就老师提出的问题展开讨论，再选代表发言，并没有达到合作学习应有的效果，是一种无效合作。

（2）出现问题的原因：

①**教师缺乏对小组合作的正确认识**。教师只看到小组合作的形式，没有深入思考小组合作要达成的目标，认为把学生分为小组展开讨论就是小组合作，造成合作学习简单化。

②**教师缺乏开展小组合作的技巧与能力，小组合作流于形式**。小组合作的问题简单无意义，合作时间设置不合理，这样的合作学习不仅没有价值，也会浪费宝贵的课堂时间，降低教学效率。

③**小组成员划分简单**。小组成员按照前后座位划分，且分工不明确，没有按照“组内异质，组间同质”的原则搭配小组成员，这样的分组没有考虑学生的个别差异，没法进行组内成员的优势互补。

④**教师不能调动学生积极性**。在合作时，教师缺乏指导要求每个人发言；在合作后，教师的激励性评价做得不足，不能对学生形成激励效应，学生也就不会期待下一次讨论课。

（3）开展有效的小组合作需要做到以下几点：

①**目标明确，问题设置合理**。教师充分认识小组合作的价值，设计真正有价值、能引发学生讨论的问题，通过小组合作达到有效完成教学、启发学生思维的目的，且合作中注重时间的把控。

②**合理分组**。遵循“组内异质，组间同质”的原则，依据学生的能力、兴趣、个性差异等进行分组，实现组内成员的优势互补，调动组内成员合作的积极性。

③**合作过程中给予学生有效指导**。在小组合作过程中，教师及时观察学生的小组讨论情况，适时给予指导，处理合作过程中出现的问题，让小组合作的效果达到最佳。

④**注重评价**。教师采用多种方式评价学生的小组合作情况，让小组成员意识到此次小组合作的优势与不足，在评价中加深对小组合作的认识，提高小组合作的有效性。

第八章　德育

单项选择题

基础特训

1. 【解析】 D　理解题　此题考查我国学校德育的基本内容。

此题可用排除法作答，文化素养教育属于智育的内容，并非德育的任务，其他内容均属于德育范畴。因此，答案选 D。

2. 【解析】 C　记忆题　此题考查德育模式。

在德育模式中，体谅模式把道德情感的培养置于中心地位。因此，答案选 C。

3. 【解析】 B　记忆题　此题考查德育模式。

社会行动模式主张道德教育的目的是培养道德推动者。因此，答案选 B。

4. 【解析】 B　记忆题　此题考查德育模式。

价值澄清模式认为价值观最终是个人的，道德不是灌输的。该模式认为世界上不存在统一的价值观，而且价值观是不能通过传授与灌输获得的。因此，教师只能通过学习、分析、讨论、评价、反思等方法来帮助学生形成适合他们自己的价值观体系。因此，答案选 B。

5. 【解析】 A　理解题　此题考查德育方法。

移情是对事物进行判断和决策之前，将自己处在他人位置考虑他人的心理反应，理解他人的态度和情感的能力。题干中，教师请乱丢垃圾的学生站在别人的角度考虑，属于移情。因此，答案选 A。

6. 【解析】 D　记忆题　此题考查社会学习模式。

社会学习模式的代表人物是美国的班杜拉、米切尔等，强调人们通过观察和模仿他人的行为而获得知识技能和行为习惯，即儿童通过替代强化而获得道德行为。因此，答案选 D。

7. 【解析】 D　理解题　此题考查社会学习模式。

社会学习模式由美国心理学家班杜拉创建，认为儿童通过观察和模仿他人的行为而获得知识、技能和行为习惯。因此，答案选 D。

8. 【解析】 A　理解题　此题考查德育方法。

题干中的这句话的意思是："当政者本身言行端正，能做出表率模范，不用发号施令，大家自然起身效法，政令将会畅行无阻；如果当政者本身言行不正，虽下命令，大家也不会服从遵守。"榜样示范法是以他人的高尚品德、模范行为和卓越成就来影响学生品德的方法。因此，答案选 A。

9. 【解析】 A　理解题　此题考查德育方法。

实践锻炼法指有目的地组织学生进行一定的实践活动，以培养他们良好品德的方法，包括练习、执行、委托任务和组织活动等。题干中，李老师带领学生去敬老院帮助老人，体现了实践锻炼法。因此，答案选 A。

10. 【解析】 A　理解题　此题考查德育方法。

说服教育法指通过对学生摆事实、讲道理，经过思想情感上的沟通与互动，让学生认识道理的真谛，并自觉践行的方法。说服包括讲解、谈话、沟通、报告、讨论、参观等。题干中，孙老师在整个过程中循循善诱，通过让学生体会小树的情感，对学生实施了德育。因此，答案选 A。

11.【解析】 A 理解题 此题考查德育原则。

正面引导与纪律约束相结合原则又称疏导原则、循循善诱原则，指在德育过程中，以事实、道理、榜样等进行启发诱导，同时制定必要的规章制度进行约束。题干中，两位老师在讨论班级纪律差的问题，但是没有正面引导、耐心教育学生，这违背了正面引导与纪律约束相结合的原则。因此，答案选 A。

12.【解析】 C 理解题 此题考查德育原则。

"平行教育影响"原则指教育个人与教育集体的活动应同时进行，每一项针对集体开展的教育活动，应收到既教育集体又教育个人的效果，体现了集体教育与个别教育相结合原则。因此，答案选 C。

13.【解析】 D 理解题 此题考查德育原则。

照顾年龄特点与照顾个性特点相结合原则又称因材施教原则，指在德育过程中，要从学生品德发展的实际出发，根据他们的年龄特征和个性差异进行不同的道德教育，使每个学生的品德都能得到最大限度的发展。"一把钥匙开一把锁"体现了该原则。因此，答案选 D。

14.【解析】 C 记忆题 此题考查德育原则。

严格要求与尊重信任相结合原则指进行德育要把对学生的思想和品行的严格要求与对他们个人的尊重和信赖结合起来，使教育者的严格要求易于转化为学生主动的道德自律。题干中，李老师没有在课堂上批评小强，维护了他的自尊心，但是单独找小强谈话，并对小强提出了要求，遵循了严格要求与尊重信任相结合原则。因此，答案选 C。

15.【解析】 D 记忆题 此题考查德育途径。

班主任谈话与工作属于间接教育途径中的指导育人。因此，答案选 D。

16.【解析】 C 理解题 此题考查德育过程的规律。

德育实践具有针对性，指教师应根据知、情、意、行每一要素的规律和特点，采用不同的德育手段和方法，开展具有针对性的教育活动。题干中，小维知道自己的行为是不对的，说明他具有一定的道德认识，所以教师没有再强调道德理论知识，而是选择纠正小维的不良行为，体现了德育过程的针对性。因此，答案选 C。

17.【解析】 A 记忆题 此题考查德育过程的主要矛盾。

德育过程的主要矛盾是社会的道德要求与学生品德水平的矛盾。因此，答案选 A。

18.【解析】 A 记忆题 此题考查体谅模式。

《生命线丛书》由三部分组成，第一部分是《设身处地》，第二部分是《证明规则》，第三部分是《你会怎么办？》，循序渐进地向学生呈现越来越复杂的人际—社会情境。因此，答案选 A。

拔高特训

1. 【解析】 B 理解题 此题考查德育途径。

德育途径分为直接与间接两种。直接的德育途径指通过开设专门的德育课程（如思想品德课等），系统地向学生传授道德知识和道德理论。间接的德育途径是在其他学科教学或教育实践活动中，通过道德渗透的方式，潜移默化地引导学生形成和掌握道德知识与道德观念的教育活动。题干中，地理老师在课堂教学中引导学生思考环境保护的问题，是以学科育人的方式对学生进行道德渗透。因此，答案选 B。

2. 【解析】 C　记忆题　此题考查德育的任务。

我国的德育任务有三个层次：培养爱国、守法、明德的公民；培养具有科学世界观、人生观，具有较高思想觉悟的社会主义者；使少数优秀分子成为共产主义者。C 选项属于智育的任务。因此，答案选 C。

3. 【解析】 A　理解题　此题考查社会学习模式。

根据班杜拉的社会学习模式，儿童通过对榜样行为的观察和模仿可以学会良好行为，有时候也会学会攻击、骂人等不良行为，A 选项正确。在道德与品德培养过程中，家长因其天然的优势，也可以成为儿童的榜样，且不仅会在品德方面影响儿童，也会在待人接物等方面影响儿童，B、C 选项错误。儿童一般会选择自己生命中的“重要人物”作为榜样，如家长、老师、偶像等，并不是没有标准的，D 选项错误。因此，答案选 A。

4. 【解析】 A　理解题　此题考查团体公正法。

团体公正法反对道德说教和灌输，主张给学生更多的民主参与机会，利用学校环境氛围和伙伴之间相互影响的教育资源促进学生的道德向前发展。题干中，社团利用学生间的相互影响，经商讨决定每人都出钱来弥补丢钱女生的损失，促进了道德发展，符合团体公正法。因此，答案选 A。

5. 【解析】 B　理解题　此题考查德育的体谅模式。

体谅模式主张把道德情感的培养置于中心地位。道德教育重在提高学生的人际意识和社会意识，引导学生学会关心，学会体谅。该理论的特征有：(1) 坚持“性善论”，主张儿童是德育的主体，德育必须以儿童为中心，尊重儿童的发展需求。(2) 坚持人具有一种天赋的自我实现趋向，德育的关键是人的潜能得到充分自由的发展。(3) 主张在德育过程中建立民主平等的师生关系，把培养健全人格作为德育目标。因此，答案选 B。

6. 【解析】 C　记忆题　此题考查价值澄清模式。

A. 价值连续体法适用于大范围内对一些带有普遍意义的问题进行讨论。

B. 价值单是指针对那些不善于交谈或不适合交谈和讨论的问题而采取的一种价值澄清手段。它主要是以书写的形式促使学生思考，避免大范围讨论时学生易受干扰或受从众心理的影响。

C. 澄清应答中，教师面对学生的回答，不做出评价，在立场上始终保持中立。因此，答案选 C。

D. 澄清应答主要在课堂中进行，即运用巧妙的应答技术，激发学生对自己价值观的思考。

7. 【解析】 C　理解题　此题考查道德认知发展模式。

A、B、D 选项均为道德认知发展模式的优点。道德认知发展模式过于强调道德认知，忽视了对道德情感和道德行为的研究。因此，答案选 C。

8. 【解析】 C　理解题　此题考查德育模式。

价值澄清模式着眼于价值观教育，试图帮助人们减少价值混乱，并形成统一的价值观。价值澄清模式既可以利用班集体，也可以针对个体。题干中，李老师通过集体来帮助学生减少价值观的混乱，体现了价值澄清模式。因此，答案选 C。

9. 【解析】 C　记忆 + 理解题　此题考查价值澄清模式的方法。

A. 价值单填写法：由教师选择“某一发人深思的陈述和一系列相关问题，把它们复制在一张纸上，分发给学生”，由学生独立完成价值单，并将答案写在纸上，然后学生之间或师生之间进行交流。

B. 澄清反应法：教师针对学生所说的话或所做的事而做出的反应，旨在鼓励学生进行特别的思考，是在交谈中自然形成的。

C. 价值连续体法：师生共同确定所要讨论的问题后，确认两种极端的态度，并写在一条直线的两端（看上去像一个连续体），将处于两种极端态度之间的其他态度都写在连续体（直线）上。题干描述的方法为价值连续体法。因此，答案选 C。

D. 正反两极法：干扰项。

10.【解析】 A　理解题　此题考查德育方法。

品德评价法是根据德育目标的要求，对学生的品德水平给予肯定或否定的评价，以促进学生发扬优点、克服缺点，逐步培养其良好品德的德育方法。题干中，班主任对小明担任卫生委员一职和学习上的表现给予了肯定，并指出了不足之处，属于品德评价法。因此，答案选 A。

11.【解析】 D　理解题　此题考查德育方法。

奖惩包括奖励与惩罚。奖励是对学生突出的优秀品行做出较高的评价，惩罚是对学生所犯错误的处理。题干中，授予学生称号就是一种奖励方式，D 选项正确。A、B、C 选项均未体现。因此，答案选 D。

12.【解析】 D　理解题　此题考查德育方法。

自我教育法是在教师引导下，学生经过自觉学习、自我反思和自我改进，使自身品德不断完善的方法。实践锻炼法指有目的地组织学生进行一定的实践活动，以培养他们良好品德的方法。

A. 译为“多次自觉地检查自己”。

B. 译为“一个人如果反省自己的行为时，没什么愧疚忧虑的，何必害怕别人的议论呢？”

C. 译为“看见德才兼备的人就向他学习，希望能向他看齐，看见德行不足的人，就反省自己有没有和他一样的缺点，有的话就要改正”。

D. 译为“从书本上得到的知识终归是浅显的，最终要想认识事物或事理的本质，还必须亲身实践”，体现了实践锻炼法。A、B、C 选项均体现了自我教育法。因此，答案选 D。

13.【解析】 A　理解题　此题考查德育方法。

题干的意思是：“上天要把重任交给一个人，一定先要他在肉体上、思想上经历一番磨炼，然后使意志和能力都得到提高。”这句话体现了实践锻炼法，实践锻炼法指有目的地组织学生进行一定的实践活动，以培养他们良好品德的方法。因此，答案选 A。

14.【解析】 A　理解题　此题考查德育方法。

“桃李不言，下自成蹊”的意思是：“桃树、李树不会说话，但因其花朵美艳，果实可口，人们纷纷去摘取，于是便在树下踩出一条路来。”其比喻为人品德高尚，诚实、正直，用不着自我宣传，就自然受到人们的尊重和敬仰。题干体现了榜样示范法。因此，答案选 A。

15.【解析】 D　理解题　此题考查德育原则。

德育的疏导原则指在德育过程中，以事实、道理、榜样等进行启发诱导，同时制定必要的规章制度进行约束。对青少年进行德育，要注重摆事实、讲道理，启发他们认识问题并进行改正。题干中，陈老师以杏子为例教育学生不要早恋，遵循了德育的疏导原则。因此，答案选 D。

16.【解析】 B　理解题　此题考查德育原则。

“不以不善而废其善”是说不要用不好的行为来否定好的行为，即以一分为二的观点评价人。它体现了长善救失原则，即发挥积极因素与克服消极因素相结合原则，“一分为二”地看待学生，通过发扬学生的优点来克服缺点。“要尽量多地要求一个人，也要尽可能多地尊重一个人”体现了严格要求与尊重信任相结合原则，又称严慈相济原则。因此，答案选 B。

17.【解析】 A　理解题　此题考查德育原则。

题干中，小敏接受了学校“遵守交通规则”的教育，但是奶奶却带着小敏违反交通规则，导致家校教育产生冲突，抵消了学校教育的效果，从而给小敏的发展造成了消极影响，违背了教育影响的一致性原则。因此，答案选 A。

18.【解析】 B　理解题　此题考查德育原则。

正面引导与纪律约束相结合原则又称疏导原则、循循善诱原则，是指在德育过程中，以事实、道理、榜样等进行启发诱导，同时制定必要的规章制度进行约束。题干中这句话的意思是：“老师用各种典籍来丰富我的知识，又用各种礼节来约束我的言行，使我不想停止学习。”这句话体现了正面引导与纪律约束相结合的德育原则。因此，答案选 B。

19.【解析】 B　理解题　此题考查德育过程的要素。

题干中这句话的意思是：“人生自古以来有谁能够长生不死？我要留一片爱国的丹心映照史册。”道德情感是人根据一定的道德行为规范评价自己和别人的举止、行为、思想、意图时所产生的一种情感。题干抒发了文天祥的爱国情怀，是一种道德情感。因此，答案选 B。

20.【解析】 D　理解题　此题考查德育过程的规律。

德行可以通过先天自发和后天教育共同形成，体现了“自发”和“外铄”综合作用于人。因此学生的德行不是只能由内而外形成，外部的教育也会对其产生影响，学生的德行也可以由外向内渗透，D 选项错误。因此，答案选 D。

21.【解析】 D　记忆题　此题考查道德行为。

品德包括道德认知、道德情感、道德意志和道德行为，品德的形成具有多开端性，但是衡量思想道德高低好坏的根本标准是道德行为。因此，答案选 D。

22.【解析】 B　理解题　此题考查德育过程。

“内化于心，外化于行”指言行一致、表里如一。A、C、D 选项都体现了思想认识和实践行动的结合。B 选项中的小张同学在观看电影后撰写的观后感属于道德认知，没有体现出相应的行为。因此，答案选 B。

材料分析题

1.　阅读材料，并按要求回答问题。

请回答：

（1）结合材料，谈谈王老师遵循了哪些德育原则。贯彻这些原则有哪些基本要求？

（2）德育的实施途径除了在品德课上专门讲授道德知识，还有哪些其他途径？

（3）如何培养学生形成良好的道德行为？

答：（1）材料中王老师遵循了发挥积极因素与克服消极因素相结合的原则、集体教育与个别教育相结合的原则，具体内容如下：

①发挥积极因素与克服消极因素相结合原则：德育教学中，教育者要善于发扬学生自身的积极因素，调动学生自我教育的积极性，克服消极因素，长善救失。材料中，王老师能够了解到并认可学生乐于助人、力气大等优点，同时也教导学生要严格要求自己，养成良好的学习习惯。以上做法体现了这一原则，贯彻这个原则的基本要求如下：

a.“一分为二”地看待学生。全面分析，客观地评价学生的优点和不足。

b. 长善救失，通过发扬优点来克服缺点。引导学生自觉地巩固自身的优点来克服自身缺点。

c. 引导学生自觉进行自我评价，勇于自我教育，自觉提高道德水平。

②**集体教育与个别教育相结合的原则：**集体教育与个别教育相结合原则是指在德育过程中，既通过集体教育影响每个成员，又通过对个别成员的教育影响集体；既面向集体，又因材施教，从而把集体教育与个别教育辩证地结合起来。材料中，王老师在班会上通过对张伟施加教育影响而去影响集体体现了这一原则，贯彻这个原则的基本要求如下：

a. 引导学生关心、热爱集体，重视培养学生集体荣誉感。

b. 通过集体教育学生个人，通过学生个人转变来影响集体。

c. 把教师的主导作用和集体的教育力量有机结合起来。

（2）德育的实施途径：包括直接的德育途径和间接的德育途径。其中，在品德课上专门讲授道德知识属于直接的德育途径。间接的德育途径如下。①教学育人：道德课程以外的其他课程，如语文课。**②指导育人：**如班主任谈话、职业指导、心理咨询。**③管理育人：**如校风建设、教学理念对学生的影响等。**④活动育人：**如课外互动、校外活动、少先队活动。**⑤环境育人：**如校园环境建设。**⑥协同育人：**家庭、学校、社会三方面在德育上相互配合，形成合力。

（3）道德行为是衡量道德品质的重要标志，其培养方法包括：①激发学生的道德动机。②帮助学生掌握合理的道德行为方式。③帮助学生养成良好的道德行为习惯。④锻炼学生的道德意志。

2.　阅读材料，并按要求回答问题。

请回答：

（1）结合材料，谈谈李老师所采用的德育方法及取得的教育效果。

（2）结合材料，谈谈当前我国学校德育存在的主要问题。

（3）针对当前我国学校德育存在的主要问题谈谈解决措施。

答：（1）采用的德育方法及取得的教育效果：

①**德育方法：**李老师采用的是情境陶冶法，即通过创设良好的情境，对学生进行潜移默化的熏陶和感染，使其在耳濡目染中受到感化的方法。包括人格感化、环境陶冶和艺术陶冶。材料中，李老师以世界杯中的真实案例开始了一堂思想政治课，通过播放剪辑画面和新闻回放，让学生身临其境地感受到了塞黑队球员的爱国主义情怀。

②**取得的教育效果：**李老师从真实情境、学生经验出发，取代了常见的灌输式思想政治课，使学生更易于接受，更令学生难忘，取得了良好的教育效果。

（2）当前我国学校德育存在的主要问题：

①**德育地位不高。**具体表现为：第一，德育在学校中处于可有可无的状况，德育随时都要为升学让路，德育活动的开展受到德育经费的限制；第二，德育课堂以灌输式为主，学生对德育不感兴趣。

②**德育内容滞后，与丰富多彩的社会生活相脱离。**德育内容陈旧、单薄，不足以解释当前复杂的社会现象，既不能激发学生的情感，使其认同，也不能解决学生的思想实际问题，更难促使其内化。

③**德育重行为管理，轻人格养成。**现在的德育工作往往满足于抓外部行为而忽视深层思想情感的培养，使德育成了单纯的行为训练。长此以往，将会使德育的生命力日趋脆弱。

④**德育过程中形式主义和简单化盛行。**当前，德育形式主义主要表现为德育量化的滥用。不少学校把品德量化作为德育的“常规武器”大用特用，比如做好事加分、做坏事减分、年终评定等。

（3）解决措施：

①**在德育途径上，**尽量开拓更多间接的德育途径，如校外劳动、参观学习等。德育活动要在生活中进行，为了生活而进行，围绕生活内容而进行。

②**在德育方法上，**采用多种德育方法，如树立榜样、情境陶冶等。

③**在德育内容上，**德育教材要贴近生活实际和社会热点。可以运用体谅模式中的人际—情境故事，或者认知发展模式中的“道德两难故事”。

④**在德育原则上，**以生活为教育的中心，让生活来决定教育，让学生真正理解充满社会精神的生活内涵，并努力打造这样的新生活。

第九章　教师与学生

单项选择题

基础特训

1. 【解析】A　理解题　此题考查学生的权利。

受教育权是学生最基本的权利，题干中，教师不让迟到的学生进班听课侵犯了学生的受教育权。因此，答案选 A。

2. 【解析】B　记忆题　此题考查教师的专业权利。

教师的专业权利包括教育教学自主权、学术自由权、报酬待遇休假权、指导评价权、参与民主管理权、参与进修培训权。参与民主管理权体现在教师享有“对学校的教育教学、管理工作和教育行政部门的工作提出意见和建议，通过教职工代表大会或者其他形式，参与学校的民主管理”的权利。因此教师可以参与民主管理，但没有领导学校的权利，B 选项错误。因此，答案选 B。

3. 【解析】B　理解题　此题考查教师的素养。

题干中的这句话描述了陶行知先生作为教师的崇高的职业道德素养。因此，答案选 B。

4. 【解析】D　记忆题　此题考查教师专业发展的取向。

教师专业发展的取向包括理智取向、实践—反思取向、生态取向、专家型取向、创新型取向和自我更新取向。理智取向的教师专业发展的重点在于教师的专业知识基础，认为教师要进行有效教学，一要拥有学科专业知识，二要拥有帮助学生获得知识的知识与技能，即教育专业知识。题干中的描述表明张老师的教师专业发展的取向是理智取向。因此，答案选 D。

5. 【解析】A　理解题　此题考查教师专业发展的途径。

A. 师范教育培养体系包括对师范生培养的问题。因此，答案选 A。

B. 教师教育网络联盟是在教育行政部门的推动下，由各高校与其他企事业单位共同组建的汇集优质教师教育资源的网络平台。

C.“青蓝工程”是以老教师带新教师快速成长的帮扶活动。

D. 校本培训以学校为培训主体，以本校全体教师为培训对象。

6. 【解析】 A 理解题 此题考查教师劳动的特点。

学生向师性和模仿性的心理特征决定了教师劳动具有强烈的示范性。因此，答案选 A。

7. 【解析】 B 理解题 此题考查教师职业倦怠。

A. 职业迷茫：教师个体在教学方法、职业发展等方面陷入困惑与自我怀疑的状态。

B. 职业倦怠：教师职业倦怠是一种耗竭与疲劳状态，是由于个体不能确立自己的需要而紧张工作造成的。题干中的这种情况是教师职业倦怠的体现。因此，答案选 B。

C. 职业逃避：教师因教学压力、职业倦怠等因素，有意识地逃避教学责任，做出消极反应的表现。

D. 职业道德失范：教师违反职业道德规范和行为准则的行为。

8. 【解析】 D 理解题 此题考查教师劳动的特点。

“十年树木，百年树人”，说明对年轻一代的培养不是一朝一夕就能完成的，而是长期教育的结果。十年与百年都是表示时间长度的数量词，这指代教师劳动的长期性。因此，答案选 D。

9. 【解析】 C 记忆题 此题考查教师的作用。

教师在教育教学活动中起着主导作用。因此，答案选 C。

10. 【解析】 B 理解题 此题考查教师与学生的权利和义务。

题干中两位老师的做法都是错误的。李老师擅自拆开学生的私人信件，侵犯了学生的隐私权。上课时间王老师让学生回家拿作业，不让学生进班上课，侵犯了学生的受教育权。因此，答案选 B。

11. 【解析】 C 记忆题 此题考查教师的专业素养。

教师的教育理论知识与技能即教育教学知识，教师具备这种知识可以有效地把自己对教育内容的理解转化为学生的知识，解决教育教学中出现的问题。因此，答案选 C。

12. 【解析】 C 理解题 此题考查教师的专业技能。

教师必须通过专门化的教学技能来授课和培养学生。普通话水平属于教师必备的技能。因此，答案选 C。

13. 【解析】 A 理解题 此题考查学生发展的阶段。

儿童从 3 岁左右开始发展自我评价能力，自尊开始萌芽，如犯了错误感到羞愧，自尊的发展常常伴随着自我评价的发展。因此，答案选 A。

14. 【解析】 D 理解题 此题考查学生发展。

社会性发展也称“社会化”，指个体在与社会生活环境相互作用的过程中，掌握社会规范，形成社会技能，学习社会角色，从而更好地适应社会环境的发展。交际能力符合社会性发展。因此，答案选 D。

15. 【解析】 A 记忆题 此题考查学生的非正式群体。

非正式群体是学生自发形成或组织起来的群体，包括因志趣相同、感情融洽，或因邻居、亲友、老同学等关系以及其他需要而形成的学生群体。由学生自发形成的兴趣小组就是学生的非正式群体。因此，答案选 A。

16. 【解析】 B 理解题 此题考查学生观。

人是一种非特定化、未完成的存在物，人就意味着生成，永远在发展的过程中，也正是人的未完成性为人的无限开放性提供了真正的可能。因此，该观点体现了发展性学生观。因此，答案选 B。

17. 【解析】 D 理解题 此题考查师生关系的类型。

在放任型师生关系中，教师只管教书，对学生放任自流，张老师对班级里面出现的各种问题视而不见，张老师与学生之间属于放任型师生关系。在专制型师生关系中，教师作为专制者，管理学生的一切事务，学生完全处于被动接受的地位，李老师与学生之间属于专制型师生关系。因此，答案选 D。

18.【解析】 D　理解题　此题考查师生观。

题干体现了在教与学的过程中，师生关系是平等的。因此，答案选 D。

19.【解析】 D　理解题　此题考查儿童中心教育理论。

“儿童中心主义”过于强调教学过程中儿童的中心地位，忽视教师的主导作用，违背了教师主导作用与学生主体作用相结合的规律。因此，答案选 D。

拔高特训

1.【解析】 C　记忆 + 理解题　此题考查舒尔曼的实践性知识。

A. 实践性知识指教师对自己的教育教学经验进行反思和提炼后形成的，并通过自己的行动做出来的对教育教学的认识。

B. 实践性知识可以是由个人反思形成的明确的显性知识，也可以是个人潜意识中积累的缄默知识。

C. 实践性知识是在教育情境中支配教师具体行为的知识。因此，答案选 C。

D. 应用科学指以自然科学和技术科学为基础，直接应用于物质生产中的技术、工艺性质的科学。所以，实践性知识属于人文科学的范畴，而不是应用科学的范畴。

2.【解析】 B　理解题　此题考查舒尔曼教师知识的类型。

舒尔曼把教师的知识分为七大范畴。

（1）内容知识：教师所教科目的内容及其组织。教师必须对其所任教的学科有专业的、深刻的认识。例如，“20 世纪数学思想史”这门课是能够加深教师对所教科目的认识的课程。

（2）一般学科教学法知识：超越于教学内容的，关于课堂管理和组织的一般原则与策略的知识。

（3）课程知识：教师对将呈现给学生的教学材料和计划的掌握情况。

（4）与内容相关的教学法知识：包括解释某一特定课题的适当例子、类比和对学生易犯的错误、理解的难点以及克服的方法等知识。它是教师特有的知识领域，也是他们对自己职业理解的特殊形式。

（5）关于学生及其特点的知识：包括学习理论和学习者的特征等知识，如教育心理学、发展心理学等。

（6）教育环境的知识：包括小组或班级的运作方式，学校的管理及其财政状况，社区与文化的特点等。

（7）有关教育目的、宗旨、价值及其哲学与历史背景的知识。

题干中，语文教师为了讲清“通感”，准备了一些例子帮助学生理解，属于与内容相关的教学法知识。因此，答案选 B。

3.【解析】 D　理解题　此题考查雅斯贝尔斯的教师观。

A、B 选项是中国传统教师的角色观（“蜡烛论”“园丁论”“工程师论”“一桶水论”），尽管有其合理的地方，但总的来说难以勾勒出一个丰满、灵动的教师形象，难以适应终身教育和当代教育改革理念对教师的要求。A、B 选项排除。在我国传统教师角色观中，处于主导地位的“一桶水论”崇尚知识本位，这与雅斯贝尔斯的教师观刚好相反。C 选项排除。按照雅斯贝尔斯的观点，教育就是人对人的主体间的灵肉交流活动，就是人与人精神相契合，充满着爱的、有灵魂的活动，而非理智知识和认识的堆集。灵魂的觉醒，生命的成长，比获得知识更为重要。因此，答案选 D。

4.【解析】 D　理解题　此题考查教师的权利。

教师有“参加进修或者其他方式的培训”的权利。参加学术论坛或进行学历深造属于参与进修培训权。

题干中的做法侵犯了教师的进修培训权。因此，答案选D。

5.【解析】B　理解题　此题考查儿童的权利。

家庭困难、生理缺陷属于学生的隐私信息，泄露学生的隐私信息违背了尊重儿童权利与尊严原则。因此，答案选B。

6.【解析】D　理解题　此题考查教师的专业素养。

教师在教授学生时要有丰富的学科专业知识、教育专业知识以及通识性知识，因此三项都应具备。因此，答案选D。

7.【解析】A　理解题　此题考查教师的专业发展。

学位课程、专题研修和远程培训属于以集体的方式着重理论知识的学习；教师自主阅读是以个人的方式着重理论知识的学习；校本教研和师徒指导是以集体的方式着重实践性知识的学习；教学反思和行动研究是以个人方式着重实践性知识的学习。因此，答案选A。

8.【解析】B　热点＋理解题　此题考查教育文件。

B选项中谈到固化教师成长发展体系，依据常理，我们不该固化教师成长和发展，而是要激励教师成长和发展。正如文件中所说，深入实施新时代中小学名师名校长培养计划，健全分层分类、阶梯式教师成长发展体系。这样的表达才符合时代性的意义。因此，答案选B。

9.【解析】B　理解题　此题考查儿童发展。

根据舒伯的生涯发展理论，在成长阶段发展的任务是发展自我形象，发展对工作世界的正确态度，并了解工作的意义。

A. 幻想期，它以“需要”为主要考虑因素，在这个时期幻想中的角色扮演很重要。

B. 兴趣期，它以“喜好”为主要考虑因素，喜好是个体抱负与活动的主要决定因素。题干中，孩子因为喜欢当老师而在游戏中不断地扮演教师的角色。因此，答案选B。

C. 能力期，它以“能力”为主要考虑因素，能力逐渐具有重要作用。

D. 试探期属于探索阶段，考虑需要、兴趣、能力及机会，做暂时的决定，并在幻想、讨论、课业及工作中加以尝试。

10.【解析】D　理解题　此题考查师生关系。

“皮格马利翁效应”亦称“罗森塔尔效应”“期待效应”，本质上指人的情感和观念会不同程度地受到别人下意识的影响，即人们会不自觉地接受自己喜欢、钦佩、信任和崇拜的人的影响和暗示。这体现了师生之间的心理关系。因此，答案选D。

11.【解析】D　理解题　此题考查学生的权利。

首先明确学校让学生停课参加商演活动的做法是错误的，A、C选项可以排除。人身权是公民权利中最基本、最重要、内涵最为丰富的一项权利，包括身心健康权、人身自由权、人格尊严权和隐私权。题干中没有体现学校侵犯了学生这一权利，B选项可以排除。受教育权指学生享有“参加教育教学计划安排的各种活动，使用教育教学设施、设备、图书资料”的权利。这是学生的基本权利。题干中，“某校让三年级的学生停课参加某公司商演活动”侵犯了学生的受教育权。因此，答案选D。

12.【解析】B　理解题　此题考查合理惩罚的方式。

《中小学教育惩戒规则（试行）》中规定，教师在课堂教学、日常管理中，对违规违纪情节较为轻微的学生，可以当场实施以下教育惩戒：（1）点名批评；（2）责令赔礼道歉、做口头或者书面检讨；（3）适当增加额外的教学或者班级公益服务任务；（4）一节课堂教学时间内的教室内站立；（5）课后教导；（6）学校校规校纪或者班规、班级公约规定的其他适当措施。B 选项是合理惩罚，A、C、D 选项均不是合理惩罚。因此，答案选 B。

13.【解析】 C　理解题　此题考查教师的作用。

教师在教学过程中居于主导地位，学生居于主体地位，这是教学过程的规律。教师主导作用的正确和完全实现，最终会促进学生主动性的充分发挥。因此，答案选 C。

14.【解析】 B　记忆题　此题考查教师的专业发展取向。

自我更新取向的教师专业发展汲取了各类发展取向的精华，既有学习型教师的自主建构，也有反思型教师的反省认知；既有专家型教师的专业结构，也有终身教育理念的学习态度。这种取向是我国教师专业成长取向的较佳选择。因此，答案选 B。

15.【解析】 B　理解题　此题考查非正式组织。

公益青年自组织属于青年组织中的非正式组织。中华全国青年联合会、少年儿童小队、境外童军组织属于少年儿童组织中的正式组织。因此，答案选 B。

16.【解析】 B　理解题　此题考查对少年儿童组织的理解。

少年儿童子系统，如大队、中队和小队，制度化和规范化程度不同于一般的经济组织和行政组织，少年儿童没有明确的分工和严格的职责，没有等级森严的自上而下的组织层级，组织工作和活动有较大的弹性空间，更多强调情感的力量，体现了半制度化特点，B 选项正确。A、C 选项错误，D 选项是干扰选项。因此，答案选 B。

材料分析题

1.　阅读材料，并按要求回答问题。

请回答：

（1）结合材料 1、2 及所学知识，分析教育信息化给学校教育带来的影响。

（2）从教师角色的角度出发，分析人工智能给教师带来的机遇与挑战。

（3）结合材料 3，请举两例说明教师应如何实现信息技术与学科教学的融合。

答：（1）教育信息化给学校教育带来的影响：

①**积极影响：** a. 教育信息化拓展了人们学习的时空，提供了丰富的在线学习资源，改变了学生的学习方式，使得随时随地的“泛在学习”成为可能。

b. 教育信息化能根据学生的特定需求，为学生精准推荐个性化的学习内容，满足学生个性化的学习需求，促进个性化的学习体验，使个性化教育成为可能。

c. 教育信息化变革了教学组织形式和手段，提高了教师的教学效率，促进了教育数字化的转型，甚至改变了人才需求和教育形态。

②**消极影响：** a. 信息技术也带来了学生学习的肤浅化、平面化与碎片化倾向，这不利于学生学习系统知识，也不利于学生进行深度学习。

b. 教育信息化的出现也在一定程度上削弱了学生的思维能力，学生依赖它便捷地获得知识，从而不愿思考，甚至放弃了个人思考，长此以往，势必会弱化学生独立思考的意识，削弱学生自主解决问题的能力。

（2）人工智能给教师带来的机遇与挑战：

①**机遇：** 教师应成为人工智能的积极利用者，利用人工智能带来的丰富资源以及提供的巨大便利节省

个人备课、寻找教学资源的时间，让教师有更多的时间与精力做更有价值、更富创造性的工作，将人工智能带来的便利化作为教师专业发展的机遇。

②**挑战**：在教育信息化大背景下，如果教师仅仅是教书匠与知识传授者的角色，就很有可能被取代，如果教师成为学生心灵的培育者、个性思想的塑造者、优良品质的引领者、教学内容和方法的创新者、道德风尚的引领者、优秀文化的传承者、终身学习的学习者……此时的人工智能就无法取代教师，教师就能很好地应对人工智能带来的挑战。

（3）教师应立足学情分析信息技术和学科教学融合的路径。

举例 1：教师在教学中充分利用媒体素材，创设学习情境，营造浓厚氛围，让学生去欣赏和感知，从而有效激发学生学习动机，变被动学习为主动学习，实现课堂教学的有效性。如在教学《圆明园的毁灭》时，教师可播放圆明园被毁视频来调动学生的情绪。

举例 2：教师利用交互式电子白板进行教学，借助白板动态、多元的教学资源，使教学更加直观、具体、形象，充满新颖性与趣味性，充分发挥信息技术的价值。如教授低年级学生识字时，教师可借助电子白板向学生展示生字结构的动态变化，使原本枯燥的教学变得生动形象。

2. 阅读材料，并按要求回答问题。

请回答：

（1）结合材料，试分析“什么样的老师才是真正的好老师”。

（2）试述教师如何为儿童发展提供适合的教育。

（3）从教师的角度论述如何建立良好的师生关系。

答：（1）好老师不仅仅是知识的传授者，更应该是学生的教育者，具体包括以下几个方面：

①**好老师应该具备正确的学生观**。应该以学生为中心，为了学生的发展，为了每位学生的发展。材料中，教师关注到学生自身的特点，以学生发展为中心，才使学生树立了自信，有了学习的积极性。

②**好老师要具备崇高的职业道德**。师德是教师的根本，教师应树立良好的职业形象，在教学中不断研究和反思，提高自身的道德修养。材料中，教师运用温柔和蔼的语气引导学生，使学生敢于表现，树立信心。

③**好老师要树立正确的教育意识和教学观**。为学生的学习和发展提供帮助和指导。材料中，教师建议学生养成写日记的习惯，为学生的成长与发展提供指导，对学生最后的成功有着很大的帮助。

（2）教师为儿童发展提供适合的教育，要做到以下几个方面：

①**教师要尊重学生的差异性，重视个性化教育**。学生是学习过程的主体，具有差异性和独特性，教师要了解学生的个体差异，因材施教，重视学生独特性的发展。

②**教师要树立正确的教学观**。在教学过程中，以学生为中心，采用丰富的教学形式，调动学生学习的积极性和创造性，培养学生终身学习的意识。

③**教师要营造良好的教学氛围，发掘丰富的教育资源**。教师应精心选择符合学生发展特点的教育内容，利用校内校外的一切资源，为学生提供最大化的发展空间。

④**教师要不断丰富和提升自己**。无论是在知识方面还是能力方面，教师都应该不断学习，不断反思，把最先进的知识教授给学生。

（3）建立良好师生关系的措施：

①教师要转变旧有的观念。

a. 教师要有正确的学生观。教师要特别关注和理解学生的智力、情感、兴趣、生理、文化背景等方面存在的差异，要为不同禀赋的学生创造合适的发展空间，使学生的潜能和特长得到最大限度的开发。

b. 教师要有正确的人才观。相信天生其人必有才，只要扬长避短，就一定能人人成才。同时，要用发展的眼光看待学生，学生的可塑性很大，具有很大的发展潜能。

c. 教师要有平等的师生观。教师和学生虽然在教育中职责和任务不同，但地位是平等的。

②尊重与理解是创建新型师生关系的重要途径，教师要：a. 充分信任学生；b. 主动接近学生；c. 民主公正地对待学生；d. 尊重和理解学生；e. 以自身的形象影响学生。

教育学原理综述题特训

1.　阅读材料，并按要求回答问题。

请回答：

（1）根据《家庭教育促进法》第四十三条规定，结合教育学和心理学知识，谈谈学校实施教育惩戒的理论依据。

（2）根据《家庭教育促进法》第十七条规定，谈谈家庭教育的方法体现了哪些德育原则。

（3）根据《家庭教育促进法》第四十条规定，如果你是一所小学家长学校的负责老师，请使用四种教学组织形式组织家长学习家庭教育的知识。

答：（1）学校实施教育惩戒的理论依据：

①教育学依据：社会生活充满着各种规则和惩戒，教育要为学生的社会生活做准备就不能一味否定教育惩戒。此外，人在不良环境中有可能沾染恶习，也需要惩戒来培养良好习惯。这都说明学校教育实施惩戒的必要性。教师要正确区分惩戒和惩罚，利用惩戒来帮助学生改正错误，杜绝不合理的惩罚。

②心理学依据：依据斯金纳的强化、负强化和惩罚原理，惩戒就是要对学生的不当行为施以不愉快的结果，以抑制其不当行为的一种教育方式。《家庭教育促进法》规定中小学校发现未成年学生严重违反校规校纪时应及时制止、管教，是通过惩戒、管教等方式引导学生的正向发展。

（2）体现的德育原则：

①尊重信任与严格要求相结合原则。材料中第（五）点体现了此原则。

②照顾年龄特点与照顾个性特点相结合原则。材料中第（六）点体现了此原则。

③随机性原则。材料中第（三）点体现了此原则。

④共同成长原则。材料中第（八）点体现了此原则。

⑤言传身教原则。材料中第（四）点体现了此原则。

（3）使用下列四种教学组织形式组织家长学习家庭教育的知识：

①混合教学。教师可把儿童成长的各种问题录制成微课，请家长随时随地进行泛在学习，再进入学校面对面交流，讨论问题并提出解决方案。

②个别化教学。教师多和家长进行一对一或者一对多的交流，这样的方式更能适应学生的个别差异，针对学生的不同特点有针对性地进行教育。

③集体讲座与家长会。教师可以通过这种形式向家长讲授家庭教育的知识，并鼓励家长分享各自的家庭教育经验。

④家访。教师主动走进学生家庭，了解学生的成长环境，分析孩子出现某一问题的多方面原因，并与孩子的家庭成员共同探讨家庭教育的方法。

2. 阅读材料，并按要求回答问题。

请回答：

（1）从学校作用的角度分析你对“减轻学生负担，根本之策在于全面提高学校教学质量”的理解。

（2）从全面发展教育的角度分析“双减”政策落地后提出“双增”政策的现实意义。

（3）结合实际，分析教师应该如何应对“双减”政策带来的挑战。

答：**（1）学校教育在人的身心发展中起主导作用，**义务教育阶段学生的负担主要来自校内、校外两方面。因此，减负的根本之策就在于全面提高学校教学质量。

①如果学校教育质量提高，教师能做到应教尽教，对学生的教育做到全面、系统和深刻，学生跟着校内学习就不成问题，当学校主导作用发挥好时，家长就不会向校外寻求更多辅导，学生负担自然减轻。

②教师素养是学校教育主导作用发挥的重要条件之一。教师应创新课后作业的内容和形式，改进课堂教学方式，提高课堂教学效率，使校内教育提质增效，让学生既掌握知识也发展能力。

（2）“双减”政策落地后提出“双增”政策有助于学生的全面发展，形成促进人的全面发展的教育生态。表现在：

①**促进学生德育的发展。**立德树人是教育的根本目的，“双减”后提出“双增”改变了过于注重知识传授的倾向，在发展学生智力的同时也注重学生品德的发展，充分发挥德育的引领作用。

②**促进学生智育的发展。**这种智育不仅是对课本知识与考试科目的学习，而且注重启迪学生的智慧，发展学生的智力，培养学生的能力。

③**促进学生体育的发展。**“双减”后提出“双增”让学生从繁重的课业负担与校外补习中解放出来，拥有更多的时间与精力进行体育锻炼，从而增强学生体质，增强活力。

④**促进学生美育的发展。**“双减”后提出“双增”为美育的发展提供了时间，让学生有更多的时间与精力发展个人的兴趣爱好，在多样的活动中培养学生欣赏美、创造美的能力。

⑤**促进学生劳动教育的发展。**“双减”后提出“双增”强调了劳动的价值，为学生提供了参加劳动的机会，在形式多样的劳动中增强与实际生活的联系，促进了劳动教育的发展。

（3）“双减”政策对教师提出了许多新的挑战，这要求教师做到以下几点：

①**转变教育观念。**改变过去唯分数论的教育观念，树立人的全面发展的教育质量观，相信每个孩子都是人才，都有个性，都有潜力。

②**构建高效课堂。**学校教育提质增效，教师要在课堂上下功夫，让讲授法更有趣味，让讨论法、探究法更有实效性，让更多新方法加入，使课堂精彩、有艺术并且富有知识含量。

③**优化作业设计。**提高作业设计水平，在作业“量”上有所减少，在“质”上下功夫，创新作业的内容、形式等，让学生在掌握知识的同时也提升了能力。

④**改进评价方式。**改变单一的终结性评价模式，注重过程性评价和表现性评价的作用。

⑤**提高自身素养。**教师要终身学习，通过各种培训平台提升各方面能力，尽量让学生在校内学好学足。

3. 阅读材料，并按要求回答问题。

请回答：

（1）根据材料，分析劳动教育与德育、智育的关系。

(2) 根据材料和现状，从三个教育目的理论评析家长们的教育目的观。

(3) 如果你是教师，你会向李老师学习哪些方法和技巧助力家庭教育？

答：(1) 劳动教育与德育、智育的关系

①**德育处于思想引领地位，起着保证方向和动力的作用，是劳动教育的价值前提**。劳动教育是实施德育的重要途径，具有育德的重要价值。材料中，小芳的爷爷和小兰的爸爸都认为劳动可以让孩子体会父母的辛劳，孩子劳动之后更加懂事了。可见，劳动教育能够促进品德的发展。

②**智育是劳动教育的认识基础，劳动教育具有启智的作用**。在劳动中学生能获得生活中的直接经验，这些直接经验能够促进学生对知识的掌握，有助于知识的学习。材料中，小兰通过动手劳动提升了对生活的感觉，抽象的物理知识也变得容易理解了，物理成绩在动手操作和劳动的过程中得到提高。

(2) 家长们的教育目的观

①材料中，一些家长持有教育准备生活说的理念，认为教育是为人未来完满的生活做准备，教育就是为了提高孩子的成绩，最终能考上好大学、找到好工作。

②材料中，一些家长持有教育适应生活说的理念，认为教育不仅要教知识，也应教会孩子适应当下的生活。

③所有家长都要持有马克思主义的全面发展的教育目的观。家长应改变过分注重成绩、功利的教育目的观，重视孩子的身心健康和个性发展，挖掘孩子的潜能，帮助孩子获取全面的发展。

(3) 助力家庭教育的方法和技巧

①**树立榜样，分享经验**。李老师找了小强的妈妈在家长会上分享家庭教育的经验，希望通过家长的亲身分享为家长们提供学习的榜样，充分发挥了榜样的作用。

②**启发诱导，引起讨论**。当李老师对选择榜样的观念产生争议时，她没有简单地评判观点的对错，而是采用启发诱导的方式抛出问题，让每个家长都能各抒己见，通过发言引起广泛思考。

③**开放结局，引人深思**。结束时，李老师并没有做常规的家长会总结，而是采用开放式结尾，既不强制，也不教条，给了家长深入思考的空间。

4. 阅读材料，并按要求回答问题。

请回答：

(1) 比较材料中这位叔叔与妈妈教育方法的不同。

(2) 请从三个角度分析中国"从海淀家长到库尔勒家长"都很焦虑的原因。

(3) 请从教育与人的身心发展关系的角度分析材料中"超前教育"的弊端。

答：(1) 材料中这位叔叔与妈妈教育方法的不同

①材料中的妈妈把个人教育焦虑的情绪传达给了女儿，没有找到女儿出错的根本原因，没有解决知识点本身的问题，只是把分数作为衡量学习水平的唯一标准。

②材料中的叔叔在用启发法教育孩子，在启发诱导下让孩子主动发现问题，真正把知识搞懂了，让孩子感受到了学习的乐趣，叔叔解决的是知识出错本身的问题，而不是只盯着分数，叔叔在教育孩子上不带过多的个人情绪，而是给足了孩子期待和正强化，善于鼓励、表扬孩子，发现孩子身上的闪光点。

(2) 家长焦虑的原因

①**教育内部**："唯分数论"的教育评价体制把分数视为衡量学生学业的唯一指标，分数直接与考上好大学、找到好工作挂钩，分数的变化牵动着家长的心弦，引发了家长的焦虑情绪。

②教育外部：

a. 家长深受剧场效应的裹挟。以课外补习为例，原本补习的学生很少，但是班里的大多数学生，甚至最优秀的学生都在加班加点地学习，自己的孩子也不能落后，由此引发了“教育内卷”。

b. 优质教育资源有限且分布不均。这是引发家长教育焦虑的根源。为了让子女在激烈的教育竞争中占据优势，家长竞相争夺优质教育资源，且在与同辈群体的比较中更容易产生教育焦虑。

（3）“超前教育”的弊端

①材料中海淀家长的“超前教育”行为违背了人身心发展的阶段性，阶段性要求对不同年龄阶段的学生采用不同的教育方法，提出不同的教育任务，进行有针对性的教育。“超前教育”会造成当下学习内容过多过重，挤占学生自主发展的空间，抑制学生的想象力与创造精神。

②材料中海淀家长的“超前教育”行为违背了人身心发展的差异性，差异性要求教育要因材施教。不能把个别超前学习成功的案例复制给所有学生，这可能会损伤学生学习的积极性与自信心，让学生过早产生学业上的挫败感。

总之，教育要遵循人的身心发展规律，遵循规律才能促进人的全面、健康发展，违背规律可能会给人的发展带来负面影响。

5. 阅读材料，并按要求回答问题。

请回答：

（1）结合材料，分析哪些做法抑制了学生的创造性。

（2）如果你是老师，在课程设置和教学方式上如何培养学生的创造性?

（3）从教育评价的角度，谈谈如何促进创造性发展。

答：（1）抑制学生创造性的做法

材料 1：过于强调教师权威及教师评价不当。教学课堂缺乏自由、包容的氛围，导致学生养成迎合教师意愿的习惯，形成有疑无问的现象，学生个性被压制。材料中，学生说豆腐是方的，老师说你就知道吃，这种评价方式是侮辱学生的表现。

材料 2：过于强调教材权威。过于树立教材权威，学生的批判性思维会被减弱。日常生活中部分老师照着课本、参考书在讲台上照读，学生在底下无精打采地听讲。材料中，张老师不耐烦地说：“你比教材更厉害吗?”这是过于强调教材权威的表现，不利于发展学生通过自主探究去获得知识的能力。

（2）培养学生的创造性措施

①在课程设置上，体现在课程编制、课程类型方面。

a. 课程编制（教材编制）：课程编制时要适当引导和培养学生的创造性，例如，设置开放性的问题，让老师和学生在课堂上讨论，让知识“活起来”。

b. 课程类型：保证课程类型的多样化，不能只有基础性的课程，还要有活动课程、探究性课程、拓展性课程等。改变以灌输为主的教学方式，激发学生的参与热情，增加动手实践机会，让学生“动起来”。

②在教学方式上，体现在教学组织形式、教学方法和教学手段等方面。

a. 教学组织形式：改变传统的教学组织形式，加入小组合作学习等组织形式，能够培养创造性。

b. 教学方法：突破讲授式的方法，使用多种方法，如讨论法、探究法等。

c. 教学手段：通过互联网，包括动画、视频等新型传媒教学手段，增强学生对知识的理解力及感知力。

（3）促进创造性发展的措施

①**评价对象：**从少数天才到全体学生。创造性思维长期以来被认为是一种遗传才能或高智商人才拥有的品质。评价应更加侧重于学习过程而不是学习结果或个人特质，侧重于发展和改进而不是成就。

②**评价内容：**从外显知识到内隐品质。创造性与个体的情感和道德等内隐心理品质的关系更为密切，对创造性的评价必须重视非智力因素的作用，关注社会情感能力等内隐的心理品质。

③**评价方式：**从简单、单一到综合多元。创造性思维的评价更依赖于形成性的过程评价。PISA 测试对创造性思维的测评就是从发散思维、创意表达和反思改进三个方面进行的。

④**评价用途：**从对学习的评价到为了学习的评价。“对学习的评价”主要体现为终结性的结果评价，而“为了学习的评价”主要体现为课堂教学中的形成性过程评价，二者相互促进，不可或缺。

⑤**评价生态：**从局部改革到系统协同。“双减”政策与教育评价改革是党中央着力重塑基础教育生态的两大抓手，其核心目标是对拔尖创新人才的培养。

6.　阅读材料，并按要求回答问题。

请回答：

（1）根据材料的前两段内容分析作者的学生观。

（2）材料在提倡因材施教的同时又提到要“寻找集体的最大公约数”，这是否表明当前的学校教育是矛盾的?

（3）数学教学如何兼顾学生个性与共性的发展？请通过三种教学组织形式进行举例说明。

答：（1）作者的学生观：

①**尊重学生的个体差异。**作者从教多年，面对思维活跃且个体差异大的学生，喜欢注重生成性和启发式的课堂，这表明他认识到每个学生都是独特的，在教学过程中尊重学生的与众不同之处。

②**强调学生的主动性。**作者秉持“授人以鱼，不如授人以渔”的理念，认为教师应洞察学生状况，搭建“脚手架”，寻找“最近发展区”，引导学生自主学习，作者相信学生有自主学习和探索知识的能力。

③**重视学生的全面成长。**作者认为“比成绩更重要的是成长，比上课更重要的是育人”，表明他不仅仅关注学生的知识学习和成绩，更注重学生在知识、能力、道德品质等多方面的成长。

（2）当前的学校教育并不矛盾，因为因材施教与“寻找集体的最大公约数”之间并不矛盾。

①**因材施教。**每个学生的禀赋潜质各有不同，教师需要根据学生的个体差异进行个性化的教育，就像朱熹所说“夫子教人，各因其材”，这是尊重学生个体独特性的体现，有助于挖掘每个学生的潜力。

②**寻找集体的最大公约数。**班级是一个集体，虽然学生存在个体差异，但也有共同的学习目标、成长需求等因素。寻找集体的最大公约数，是为了在集体教育中找到适合大多数学生的教育方式和内容，确保整体教育的有效性。

③**二者相辅相成。**因材施教是在集体教育的基础上针对个体差异进行的补充和优化，而寻找集体的最大公约数则为因材施教提供了一个宏观的教育框架，二者共同促进学生的发展。

（3）兼顾学生个性与共性发展的措施：

①**在班级授课制下进行分层教学。**在班级统一教授数学课的过程中，将班级学生按数学的学习能力分为三组。教师针对不同层次的学生设计不同难度的教学任务，以适应学生之间的差异，如对优等生布置拓展性、探究性的数学作业，对薄弱学生则布置注重巩固基础知识的作业。

②**小组合作学习。**在小组合作完成数学项目时，每个学生都能根据自身特点发挥作用，各有分工，同

时又能相互帮助、取长补短，展现个性。每个小组都有共同的任务目标，如完成对特定几何图形的全面探究。此外，教师会针对小组合作中普遍存在的问题，对全体小组进行统一的指导和讲解。

③**走班制**。在数学课程中实行走班制，根据学生的数学兴趣和能力水平设置不同的课程，如数学竞赛班、数学拓展班和数学基础巩固班等。学生可以根据自己的情况选择适合的班级上课，如在竞赛班的学生可以深入学习高难度的数学知识，并进行数学竞赛训练。同时，学校要制定基本的数学教学大纲，确保走班制下的各个班级都涵盖基本的数学知识体系，以保证全体学生都能达到基本的数学素养要求。

7. 阅读材料，并按要求回答问题。

请回答：

（1）请结合教学方法、教学内容、教学过程的相关知识评价这堂语文课。

（2）从古德莱德的课程分类的角度分析这堂语文课。

（3）从师生关系的角度谈谈教师如何在课堂上进行启发式教学。

答：（1）评价：

①**从教学方法来看**，教师引导学生对“鹬和蚌的嘴”这一问题展开讨论，学生不仅发现了教材中的问题，还打开了自己的思路，敢于为修改教材提建议。教师不仅启发学生动脑，还启发学生不要盲目遵从权威。

②**从教学内容来看**，教师虽然没有按计划讲完《鹬蚌相争》这篇课文，但鼓励和引导学生对这篇课文有了新的思考和认识，在课本之外完成了新的学习内容。

③**从教学过程来看**，这堂语文课学生的参与度较高，大家都对“鹬和蚌到底应不应该张嘴说话”感兴趣并且愿意提出自己的想法。这堂语文课气氛活跃，真正调动了学生解决问题的积极性。

（2）分析：

①**领悟的课程**。在课前，李老师精心备课，有自己的备课计划。

②**实行的课程**。李老师实际上没有按备课计划讲课文，而是通过学生的问题实际开展了一节“讨论课”，课程在实施中受到了具体环境及教师组织能力、应变能力等因素的影响。

③**经验的课程**。学生在针对《鹬蚌相争》的发问、讨论和解决中，进行了能动地学习，将实际感受和体验与理论知识相结合，最终使学生的经验发生了改变。

（3）措施：

①**师生是主导与主体的关系**。当遇到问题时，教师要鼓励学生畅所欲言，充分保证学生的主动性，不干预和打断学生的想法，尊重学生积极思考的态度。

②**师生是共享共创的关系**。教师要设计富有启发性的问题来激发学生的兴趣和思考，通过互动，师生都会有所收获。

③**师生是民主平等的关系**。教师对所有学生应一视同仁，平等对待。在启发式教学中，对于学习困难的学生，教师要给予更多的耐心和关注。

④**师生是宽容理解的关系**。教师要营造轻松愉快的氛围，对学生越理解越宽容，学生越敢于提出自己的想法，越容易培养其发散性思维和创造能力。

8. 阅读材料，并按要求回答问题。

请回答：

（1）请用德育相关知识分析“只有孩子在具有人性的情况下，读写算的能力才有价值”这句话。

（2）请用教育与社会政治的关系来分析上述材料。

（3）如果你是教师，设计若干问题（不少于四个）组织学生讨论这个材料，并写出教学目标。

答：（1）材料中的这句话说明：道德品格、德行修养在教育目标中的优先性、全局性、根本性，立德树人是教育的根本任务。德育在教育过程中起着保证方向和动力的作用，处于思想引领的地位。只有落实立德树人的根本任务，才能为教育教学指明方向，真正培养具有人性美的人。该材料中道德败坏的知识分子就是社会败类的真实反映。

（2）从教育与社会政治的关系来分析材料：教育具有社会制约性，所以社会政治制约和影响教育，教育可以反作用于政治。纳粹集中营的背后是政治上的压迫，而教育被当时的政治裹挟，充当政府进行政治统治的工具。

因此，上述材料所讲的纳粹集中营的恶行，不完全是教育造成的，还包括社会政治的原因。在政治的要求下，德国中小学生所学的道德教育加深了对犹太人的仇恨，也是政治和军事的时代背景使得知识分子迷惑双眼，未看清局势，走上错误的道路。如果认为上述案例的根源是教育，那就犯了教育决定论的错误。

也许，人们在学校里学到的是真善美，但如果社会总体发展是消极的，他们在学校里学到的也会在社会风潮的带领下走向偏激和邪恶。所以，教育只具有相对独立性，不具有绝对独立性。

（3）组织学生讨论材料，并写出教学目标。

问题一：纳粹集中营里的知识分子为什么会做出如此惨绝人寰的事情？

教学目标：引导学生理解道德品质的重要性。

问题二：什么样的教育使这些知识分子看不清楚事情的真相？

教学目标：引导学生了解纳粹时期的道德教育。

问题三：如何避免这种泯灭良知的事情发生？

教学目标：引导学生从人性的角度拥有独立思考的能力。

问题四：为什么这种毒害人类的事情在纳粹集中营中却显得很平常，只有到消灭纳粹集中营后，大家才会反思这一事情？

教学目标：引导学生分析评价一个历史事件的终极原因。

9.　阅读材料，并按要求回答问题。

请回答：

（1）从“教育的社会功能”角度，分析材料中观点的合理性。

（2）根据相关理论分析材料中教育目的的价值取向。

（3）联系学校德育实际，阐述材料中观点的现实意义。

答：（1）合理性：针对当时国弱民贫的严峻现实，以及服务于个人完善、培养圣贤的教育传统，论者更加强调发挥教育的社会功能，通过培养人的社会意识和能力，服务社会公共事业，促进社会进步。这种主张切中时弊，具有历史进步意义。20 世纪以来教育对经济发展、文化变革、政治变革、道德进步的促进作用日益突出，论者在 20 世纪之初就洞察到教育的社会功能，颇具远见。

（2）教育目的的价值取向：论者认为，教育目的不仅在于个人，更在于社会。当今教育最重要的目的不在于造就圣贤，而在于谋求社会进步，培养具有效劳社会能力的新人。这表明论者在教育目的上具有鲜明的社会本位价值取向。

（3）现实意义：在德育目标上，不但要进行坚守道德底线（不骂人、不偷、不怒、不谎、不得罪于人）

的教育，还要在这个基础上有更积极、更高层次的追求，引导学生主动为善，对学生进行道德原则和道德理想教育；在德育内容上，不但要进行个人道德教育，更要加强社会公德教育。

10. 阅读材料，并按要求回答问题。

请回答：

（1）结合材料并联系生活实际，谈谈你对陶行知运用奖惩法的认识和理解。

（2）分析上述材料体现的师生观。

（3）根据上述材料，分析教师该如何对学生做德育的评价反馈。

答：（1）对陶行知运用奖惩法的认识和理解

①**教师运用奖惩法时要公平公正、正确适度、合情合理、实事求是，说明奖励的具体行为。**材料中，男孩因按时到场、尊重教师、正直善良受到了奖励，教师让学生明白原因，会激发他日后保持这种行为的动力。

②**惩罚要及时、合理，做到以情动人、以理服人。**材料中，男孩用泥块砸班里的同学，被陶行知叫到办公室接受教育，是对他不当行为及时做出的惩罚，这种惩罚是有理有据、以理服人的。

③**奖惩要包含着教育与爱，让学生在奖励与处罚中感受到教师对他们的关爱。**材料中，男孩受到陶行知教育方法的鼓舞，认识到了自己的错误并感受到校长对他的关爱。

（2）材料体现的师生观

①**师生间应该是民主平等的关系。**材料中，陶行知面对犯错误的学生并没有采取严厉的方法对他进行批评教育，而是给学生机会引导他自己发现错误，体现了师生之间民主平等、互相尊重的关系。

②**师生关系应坚持教师主导、学生主体。**材料中，陶行知不是靠说教让学生认识到错误，而是运用启发诱导的方式让学生逐步认识到自己的错误，这一过程体现了教师主导、学生主体的师生关系。

③**教师应做到理解包容学生。**学生犯错误属于正常现象，教师不应看到错误就责骂学生，应给学生犯错误—改正—成长的机会，让学生在宽容与爱的环境中成长。

（3）教师对学生做德育的评价反馈

①**教师在评价前应全面调查。**教师应了解事情发生的缘由，在了解事情缘由前不随意下结论、给学生“贴标签”，要本着实事求是、公正合理的态度，选择最适宜的方法来处理问题。

②**教师在评价时要遵循长善救失的原则。**教师要将发挥积极因素与克服消极因素相结合，遇到学生做得好的地方及时表扬、积极引导，做得不好的地方则立即纠正，这时应尽量避免单纯说教，鼓励学生自我反思、自我教育。此外，教师的评价反馈应该自然、真诚，晓之以理，动之以情。

③**教师在评价后还需多加观察。**教师应遵循德育影响的连续性原则，引导学生逐渐改变不当行为，并在日常生活中自觉养成良好的行为习惯。

11. 阅读材料，并按要求回答问题。

请回答：

（1）从教育作用的呈现方式和教育作用的方向上看，材料 1 体现了教育的何种功能？

（2）“双减”政策的目的是什么？

（3）请结合教育学原理中的三个相关理论，谈谈“双减”政策要求教育不能和资本挂钩的原因。

答：（1）教育功能

①**从教育作用的呈现方式上看，材料 1 体现的是教育的隐性功能。**因为谁都无法预料，校外培训机构的

补课和学生压力大、负担重会对冲教育效果，最终会阻碍人的全面发展。这是隐藏性功能，是非预期的。

②**从教育作用的方向上看，**材料1体现的是教育的负向功能。补课乱象对人和社会的发展都带来了消极的影响，不仅增加学生学习负担，还增加了家长和社会的负担。

（2）目的

①**重塑教育生态，调整教育格局。**学校充分发挥育人作用，校内上学，校外游戏。把童年还给学生，营造自由阅读的时间、空间和条件。

②**变革教育观念。**纠正育人初心之偏，纠正学业竞争之偏，纠正超前超量学习之偏，变革唯分数的人才观、学生观和质量观。

③**回归教育规律。**也可以说回归教育本质或教育目的，改变超前超量教育现象，促使教育内容符合各阶段儿童年龄的真实水平和特征。

④**坚守公益属性。**基础教育不是生意，教育不应该与资本绑定，否则教育就会追求眼前利益，被资本裹挟，难以促进教育公平、坚守教育良心。

⑤**缓解教育焦虑。**在国家教育的顶层设计中，如果多数家庭停止校外补习，把时间还给学生，让学生自由发展爱好，让校内教师更加关注课堂教学质量，那就可以慢慢减轻学生负担，减少教育内卷。

（3）教育不能和资本挂钩的原因

①**回归全面发展的需求要求教育不能和资本挂钩。**教育的本质是培养人的社会活动，而资本的目的在于创造财富，偏离了教育的本质。如果只有辅导考试才能盈利，就会导致学生的学习越来越功利，与素质教育、全面发展教育都越来越背道而驰。

②**教育的经济功能具有滞后性的特点要求教育不能和资本挂钩。**教育培养人的过程是一个持久的过程，教育求远效，而资本求近功，因此教育和资本挂钩势必会产生矛盾。

③**教育具有相对独立性的特点要求教育不能和资本挂钩。**教育具有自身的活动特点、规律与原理，教育的自身发展具有继承性与连续性，教育过度和资本挂钩，就是过度的外力在干扰教育自身的独立性的发展。

12. 阅读材料，并按要求回答问题。

请回答：

（1）从德育结构角度评析劳动中的道德教育价值。

（2）阐述劳动教育的功能。

（3）如何通过学校教育、家庭教育和社会教育促进劳动教育的落实？

答：（1）从德育结构角度评析劳动中的道德教育价值

①**劳动教育培养学生的道德认知。**学生只有亲自劳动了，才能认识到劳动不易、劳动光荣、劳动创造生活、人应该劳动、尊重劳动成果等，才会增强道德意识。

②**劳动教育加深学生的道德体验。**在劳动教育中，学生可以获得对劳动本身的认识和对劳动过程中人与人、人与世界关系的体悟，获得“同理心”，这是学生道德成长必备的基本德行。

③**劳动教育磨砺学生的道德意志。**劳动教育把学生带入劳动场域，使学生在感受和体验劳动过程的同时，也在意志磨炼，在协同合作的劳动过程中实现道德成长。

④**劳动教育丰富学生的道德实践。**通过劳动教育，空洞的道德规范不再仅仅是漂浮在德育课堂之中的文本，而成为在日常生活场景中可以实践和检验的行为。

（2）劳动教育的功能

①**劳动教育具有启智的功能。**学生能在动手操作中开阔视野，发展智力和创造力。

②**劳动教育具有育德的功能。**学生能在劳动中培养正确的劳动态度和习惯，能锻炼坚韧的劳动品质，能尊重和珍惜劳动成果。

③**劳动教育具有健体的功能。**学生在劳动中能强身健体、增强体质，还能增强体育精神和观念，劳动的过程就是锻炼身体的过程。

④**劳动教育具有育美的功能。**所有创造出的美的事物均出自人类的双手，劳动教育能提升人的动手能力，因此劳动的过程就是创造美的事物的过程，是将大脑中的构思通过双手劳动实现的过程。

总结：劳动教育是将德、智、体、美充分展现和运用的主要途径。劳动可促进体力与智力相结合、动手和动脑相结合、理论与实践相结合，劳动教育是“五育”并举中不可缺少的教育内容。

（3）措施

①**学校落实劳动教育：**a. 加强纵向衔接，大中小学课程一体化系统设计；b. 促进横向贯通，独立设课与学科渗透教学有机结合，完善劳动教育课程体系；c. 因地制宜常态实施，大胆探索多元化劳动实践项目。

②**家庭落实劳动教育：**a. 引导家庭重视生活技能养成，明确家庭教育细则，关注家长的劳动教育合理诉求；b. 引导家长职责归位，培养孩子的劳动意识和观念，要在孩子心中早早种下“劳动最光荣”的理念。

③**社会助力劳动教育：**a. 深化产教融合，改进劳动教育方式，为学生在现代企业中参与劳动体验、实习、实训搭建平台；b. 引导社会舆论，弘扬劳动精神，形成尊重、热爱、崇尚劳动的良好风气。

④**家庭、学校、社会协同实施劳动教育：**发挥家庭在劳动教育中的基础作用，落实学校在劳动教育中的主导作用，强化社会在劳动教育中的支持作用。

综上所述，劳动教育是任何时代创造美好生活的永恒的手段和方式，劳动教育在任何时代都不失光彩。时代只改变了劳动曾经的模样，而“劳动创造美好生活”的真理却从未改变。

13. 阅读材料，并按要求回答问题。

请回答：

（1）分析唐老师布置的“将做手工与写作文结合起来”的作业体现的教学理念。

（2）评析唐老师与家长沟通的技巧。

（3）从教师和家长两方面，试述家校合作共育的举措。

答：（1）该作业体现了跨学科学习的理念，突出学生学习的综合性、应用性，增强学生学习的体验性。

跨学科学习指每个学科教学中，既要基于自己学科的知识，又要有意识地结合其他学科的知识进行综合性的学习。泥塑艺术是我国非物质文化遗产，唐老师在课后布置这一手工作业，首先，可以帮助学生更好地理解所学知识，通过亲自动手得到最直观的经验，增强学习的体验性；其次，融合思政课的内容，学生在动手的过程中体会到传统文化的魅力，增强文化认同感和自豪感，体现了课程的综合性；最后，培养学生的动手能力，发展美育，增进学生对美的理解和创造，促进学生全面发展。

（2）唐老师的做法是值得肯定的，他在与家长的沟通中做到了以下几点：

①**态度平和，亮明原因。**唐老师意识到家长教育观念的落后，家长认为孩子在学校就应学习文化知识，做手工是“不务正业”。针对这一情况，唐老师心平气和地向家长说明了原因，得到了家长的理解和认同。

②**循循善诱，以情动人，以理服人。**唐老师从小强的作文切入，通过读作文让家长明白了孩子对做手工的兴趣以及通过手工学到了什么，在教师的引导下家长逐渐理解学校的教育意图，实现了家校的和谐

沟通。

③**自我意识与自我反思。**唐老师没有直接批评家长粗暴摔坏泥人的做法，而是通过作文为孩子发声，让家长自觉意识到错误并反思自己的教育方法，这一过程中家长学会了尊重孩子的兴趣，改善了亲子关系。

（3）家校合作共育的措施：

①**在教师方面，教师是家校共育实施的具体执行者。**一方面，教师要通过自主学习，树立家校共育的正确认识；另一方面，学校要为教师搭建家校共育的学习和实践平台，要增强教师特别是班主任的家庭教育指导意识，提升其指导能力。此外，教师必须学会有效进行家校沟通的技巧，为家校合作奠基。

②**在家长方面，家长作为家庭教育的责任主体、家校共育的另一方，要从思想上正确认识到家校共育的重要性。**一方面要进行家长教育和培训，打造专门的家庭教育指导队伍，根据父母的需要开设父母教育课程；另一方面家长自身要积极参与，为合力提升教育质量、维护和谐亲子关系贡献自己的力量。

14. 阅读材料，并按要求回答问题。

请回答：

（1）结合教育目的理论，谈谈人工智能时代对教育的要求。

（2）结合材料，分析在信息和人工智能时代教师需要提升的专业素养。

（3）为适应未来社会发展要求，请利用新型评价方法为我国教育评价改革建言献策。

答：（1）人工智能时代变革性很强、发展速度很快，对教育的要求体现在：

①**教育准备生活说。**斯宾塞论述教育的目的就是“为人类未来的完满生活做准备”。人工智能具有未来性的特点，人们期望通过人工智能教育获取能够使个人幸福的知识和能力。

②**教育适应生活说。**主张教育应当是生活本身的一个过程，要求学校把教育和儿童眼前的生活联系在一起，教会儿童适应眼前的生活环境。当下教育应该让学生接触互联网，充分利用信息社会的教育资源。

③**个人本位论。**个性发展是新时代的要求，个人本位论充分重视人的价值、个性发展和需要，个人价值高于社会价值。教育的目的在于帮助人们充分地发挥他们的自然潜能，这样才可能培养出创造性人才。

④**社会本位论。**教育的最高目的在于使个人成为国家的合格公民，具有基本的政治品格、生产能力和社会生活素质。未来国家需要创新型的人才，为了国家发展，也必须让当前的教育发生变革。

⑤**全面发展学说。**全面发展教育是对受教育者实施的旨在促进人的素质结构全面、和谐、充分发展的系统教育。信息时代需要综合性和全面发展的人、和谐的人，这才符合未来社会的需要。

⑥**内在目的论。**处在信息与智能时代之下的学生，其内在成长需求就是通过互联网选择和利用信息，就是发展创造能力。这已经成为当代学生教育过程中的一个重大需要。

（2）教师需要提升的专业素养：

①**信息素养。**应用信息技术优化课堂教学是对教师的基本要求，主要包括教师利用信息技术进行讲解、启发、示范、指导、评价等教学活动应具备的能力；利用信息技术支持学生开展自主、合作、探究等学习活动所应具有的能力。

②**学习素养。**教师学习素养是教师在学习中的知识、技能、态度和价值观等方面的综合体现，包括学习观、学习能力、学习方法和学习反思评价等方面。

③**合作素养。**新信息时代下，教师需要学会与教学机器合作，教师要与同事之间积极开展合作。技术让教师之间的合作更加便捷，信息资源和优质教学资源共享成为常态，也为跨区域的教师合作提供了可能。

④**育人素养。**借助人工智能，教师可以有更多时间来完成育人的工作，要积极学习学生成长的知识，

尊重学生的独立性，平等对待学生，激发学生的内驱力，了解学生的个性化需求，满足学生的差异性需求。

⑤**创新素养**。现代信息技术支撑下的教师教学，不仅需要创新意识和创新模式，也需要培养创新型人才。

（3）建议：

①**加强发展性评价**。发展性评价强调对学生多方面能力的评价；重视学习的过程，及时反馈；以促进发展为目标，重视形成性评价的作用。

②**加强激励性评价**。教师在教学过程中通过自己的语言，对学生的情感表达和一些教学动作、行为来让不同层次的学生获得充分的肯定和鼓励，让学生从心理上认为自己是可以成功的。

③**量化和质性评价相结合**。通过量化评价了解学生基本的发展数据，通过质性评价描述量化评价无法表达的学生个性、特长和发展潜能，引导学生更好地发展。

④**过程性评价与终结性评价相结合**。过程性评价是促进学生发展的有效手段，更关心学生的学习过程。终结性评价与过程性评价相结合能够全方位地评价学生的发展过程与发展结果。

⑤**“五育”评价相结合**。牢牢把握“德育为先、智育为重、体育为基、美育为根、劳育为荣”的育人方向，全面发展素质教育。

15. 阅读材料，并按要求回答问题。

请回答：

（1）分析材料中的考试标准不合理的原因。

（2）运用教育学原理的有关知识，分析用统一的标准定义人才的弊端。

（3）请以材料中提到的古代“四书五经”考试标准的局限性和现代残奥会打破统一标准实现公平的例子为基础，分析教育评价标准应如何与时俱进，以适应不同类型人才的发展需求。

答：（1）材料中的考试标准不合理的原因：

①**忽视个体差异**。不同的动物各有所长、各有所短，用单一的标准去衡量所有动物，无法公平地评估每个个体的真实水平。

②**缺乏公平性**。公平的考试标准应该能够给每个个体提供展示自己能力的机会，而这种以爬树为标准的考试对不擅长爬树的动物来说不公平，无法满足不同类型个体的发展需求。

③**无法选拔真正的人才**。这场考试的目的是选拔人才，但由于其标准的不合理，无法展现出不同个体的隐藏天赋。

（2）用统一的标准定义人才的弊端：

①**从个体的差异性来看，**学生具有独特的天赋、兴趣、学习风格和能力倾向。用统一的标准定义人才忽视了个体差异，可能导致个体的才能被忽视、能力被低估。

②**从教育目标的多元性来看，**教育既要培养学生在知识和技能方面的能力，还要培养他们的品德、社会责任感、创新精神等。统一的标准往往侧重于知识和技能的掌握，而忽略了其他重要的素质。

③**从教育评价的激励作用来看，**统一的标准可能会削弱学生的学习积极性和主动性。当学生发现自己的个性和特长无法在统一的标准中得到体现时，他们可能会感到挫败，从而失去对学习的热情。

④**从社会发展的需求角度来看，**社会需要多样化的人才来推动其发展。统一的人才标准可能无法满足社会的多元化需求，从而限制社会的创新和进步。

（3）教育评价标准的改进：

①**教育评价标准应更加多元化**。不能仅仅以考试成绩作为唯一的评价标准，而应该综合考虑学生的多方面能力和素质。例如，创新能力、实践能力、团队合作能力、沟通能力、社会责任感等。

②**教育评价标准应具有个性化**。教育评价标准应该根据学生的个体差异进行调整，为每个学生制订个性化的评价方案。例如，对于有科技创新能力的学生，可以通过科技项目、发明创造等方面进行评价。

③**教育评价标准应注重过程性**。教育评价标准应该更加注重过程性评价，关注学生在学习过程中的表现和进步。例如，可以通过课堂表现、作业完成情况、小组合作参与度等方面进行评价，及时给予学生反馈和指导，帮助他们不断改进和提高。

④**教育评价标准应注重增值性**。教育评价标准不要过度重视不同个体的比较，应该强调增值性评价，这时常表现为个体内差异评价，即更关注个体自身的进步与发展。